21世纪
高等院校经济管理学科
数学基础系列教材 / 主编 刘书田

微 积 分

编著者 刘书田 孙惠玲

图书在版编目(CIP)数据

微积分/刘书田,孙惠玲编著. —北京:北京大学出版社,2006.4
(21世纪高等院校经济管理学科数学基础系列教材)
ISBN 978-7-301-10577-1

Ⅰ.微… Ⅱ.①刘… ②孙… Ⅲ.微积分-高等学校-教材 Ⅳ.O172

中国版本图书馆 CIP 数据核字(2006)第 016714 号

书　　　名:微积分
著作责任者:刘书田　孙惠玲　编著
责 任 编 辑:刘　勇
标 准 书 号:ISBN 978-7-301-10577-1/O·0681
出 版 发 行:北京大学出版社
地　　　址:北京市海淀区成府路 205 号　100871
网　　　址:http://www.pup.cn
电　　　话:邮购部 62752015　发行部 62750672　理科编辑部 62752021　出版部 62754962
电 子 邮 箱:zpup@pup.pku.edu.cn
印 刷 者:北京大学印刷厂
经 销 者:新华书店
　　　　　787×960　16 开本　24 印张　527 千字
　　　　　2006 年 4 月第 1 版　2008 年 7 月第 3 次印刷
印　　　数:8001—12000 册
定　　　价:32.00 元

未经许可,不得以任何方式复制或抄袭本书之部分或全部内容。
版权所有,侵权必究
举报电话:010-62752024　电子邮箱:fd@pup.pku.edu.cn

内 容 简 介

本书根据教育部颁布的本科《经济数学基础》教学大纲、高等教育适应 21 世纪的改革和创新精神,并结合作者长期在教学第一线积累的丰富教学经验编写。全书共分九章,内容包括:一元函数微积分、多元函数微积分、无穷级数、微分方程和差分方程初步。按节配置适量习题,每章配有总习题,书末附有习题参考答案与提示,便于读者参考。

本书针对高等院校本科经济管理学科学生的接受能力、理解程度,讲述"微积分"的基本内容,选材上强调"加强基础、培养能力、重视应用";叙述上由浅入深,思路清晰、语言精炼、讲解透彻,注意各章节之间的内在联系;例题丰富、图文并茂,便于教学与自学。

本书内容适应面广,富有弹性,可作为高等院校经济类、管理类各专业本科生微积分课程的教材或教学参考书。

《21 世纪高等院校经济管理学科数学基础系列教材》
编审委员会

主　编　刘书田
编　委　（按姓氏笔画为序）
　　　　卢　刚　冯翠莲　许　静
　　　　孙惠玲　李博纳　张立卓
　　　　胡京兴　袁荫棠　阎双伦

21 世纪高等院校经济管理学科数学基础系列教材书目

微积分	刘书田等编著	定价 32.00 元
线性代数	卢　刚等编著	定价 24.00 元
概率论与数理统计	李博纳等编著	定价 28.50 元
微积分解题方法与技巧	刘书田等编著	定价 28.00 元
线性代数解题方法与技巧	卢　刚等编著	定价 18.00 元
概率论与数理统计解题方法与技巧	张立卓等编著	定价 32.00 元

前　言

　　当前,我国高等教育蓬勃发展,教育改革不断深入,高等院校经济管理学科数学基础课的教学理念、教学内容及教材建设也孕育在这种变革之中。为适应高等教育21世纪教学内容和课程体系改革的总目标,培养具有创新能力的高素质人才,我们应北京大学出版社的邀请,经统一策划、集体讨论、并分工编写了这套《21世纪高等院校经济管理学科数学基础系列教材》,其中包括:《微积分》、《线性代数》、《概率论与数理统计》。

　　本套教材参照教育部本科《经济数学基础教学大纲》,按照"加强基础、培养能力、重视应用"的指导方针,为培养"厚基础、宽口径、高素质"的人才,力求实现基础性、应用性、前瞻性的和谐与统一,集中体现了编写者长期讲授经济管理学科数学基础课所积累的成功教学经验,反映了当前本科数学基础课的教学理念和教学内容的改革趋势。具体体现在以下几个方面:

　　1. 精心构建教材内容。本教材在内容选择方面,既考虑了数学的科学性、系统性、逻辑性,又汲取了国内外优秀教材的优点,对传统的教学内容在结构和内容上作了适当的调整,更紧密了各章内容之间的内在联系,注意了数学基础课与相关专业课的联系,为后续课程打好坚实的基础。

　　2. 按照认知规律,以几何直观、经济解释或典型例题作为引入数学基本概念的切入点;对重要概念、重要定理、难点内容从多侧面以辩证思维进行剖析,讲透它们的本质涵义,便于学生理解。教材叙述深入浅出、通俗易懂,行文严谨、逻辑性强,富有启发性,便于教学与自学。

　　3. 强调基础训练和基本能力的培养。紧密结合概念、定理和运算法则配置丰富的例题,并剖析一些综合性例题。按节配有适量习题,每章配有总习题,书末附有答案与提示,便于读者参考。

　　4. 注重学以致用,特别是经济与管理领域中的应用。通过分析具有典型意义的经济应用例题和配置多样化习题,以培养学生应用数学知识分析和解决实际问题的能力。

　　5. 为使学生更好地掌握教材的内容,提高分析和解决问题能力,我们编写了配套的辅导教材:《微积分解题方法与技巧》、《线性代数解题方法与技巧》、《概率论与数理统计解题方法与技巧》。教材与辅导教材相辅相成,同步使用。本辅导教材按题型特点着重讲授解题思路、解题方法和解题技巧，可作为参加考研学生的一本无师自通的复习指导书。

本套教材在编写过程中，同行专家和教授提出了许多宝贵的建议，在此一并致谢！参加本书编写工作的还有胡京兴副教授、冯翠莲教授、闫双伦教授、袁荫棠教授。

限于编者水平，书中难免有不妥之处，恳请读者指正。

编　者

2006年3月

目 录

第一章 函数与极限 …………………………………………………………… (1)

§1.1 函数 ………………………………………………………………………… (1)
    一、实数 …………………………………………………………………… (1)
    二、函数概念 ……………………………………………………………… (2)
    三、初等函数 ……………………………………………………………… (6)
    习题 1.1 …………………………………………………………………… (8)

§1.2 数列的极限 ………………………………………………………………… (9)
    一、数列极限定义 ………………………………………………………… (9)
    二、极限存在准则 ………………………………………………………… (12)
    习题 1.2 …………………………………………………………………… (14)

§1.3 函数的极限 ………………………………………………………………… (14)
    一、函数极限定义 ………………………………………………………… (14)
    二、有界变量、无穷小与无穷大 ………………………………………… (19)
    习题 1.3 …………………………………………………………………… (21)

§1.4 极限的性质与运算法则 …………………………………………………… (22)
    一、极限的性质 …………………………………………………………… (22)
    二、极限的运算法则 ……………………………………………………… (23)
    习题 1.4 …………………………………………………………………… (29)

§1.5 无穷小的比较 ……………………………………………………………… (31)
    习题 1.5 …………………………………………………………………… (34)

§1.6 函数的连续与间断 ………………………………………………………… (34)
    一、函数的连续性概念 …………………………………………………… (34)
    二、函数的间断点及其分类 ……………………………………………… (37)
    习题 1.6 …………………………………………………………………… (38)

§1.7 连续函数的性质 …………………………………………………………… (39)
    一、连续函数的运算性质 ………………………………………………… (39)
    二、初等函数的连续性 …………………………………………………… (39)
    三、闭区间上连续函数的性质 …………………………………………… (39)
    习题 1.7 …………………………………………………………………… (41)

总习题一 ·· (41)

第二章 导数与微分 ·· (44)

§2.1 导数概念 ··· (44)
一、问题的提出 ·· (44)
二、导数定义 ··· (46)
三、函数可导与连续的关系 ·· (49)
习题 2.1 ·· (49)

§2.2 初等函数的导数 ··· (50)
一、基本初等函数的导数公式 ·· (50)
二、导数的运算法则 ··· (51)
习题 2.2 ·· (55)

§2.3 高阶导数 ··· (56)
习题 2.3 ·· (59)

§2.4 隐函数的导数 ··· (59)
习题 2.4 ·· (61)

§2.5 函数的微分 ·· (62)
一、微分概念 ··· (62)
二、微分计算 ··· (64)
*三、用微分作近似计算 ·· (66)
习题 2.5 ·· (67)

§2.6 边际·弹性·增长率 ·· (68)
一、经济学中常用到的几个函数 ··· (68)
二、边际 ·· (69)
三、弹性 ·· (69)
四、增长率 ··· (72)
习题 2.6 ·· (73)

总习题二 ·· (75)

第三章 微分中值定理与导数应用 ·· (77)

§3.1 微分中值定理 ··· (77)
习题 3.1 ·· (82)

§3.2 函数的单调性与极值 ··· (82)
一、函数单调性的判别法 ··· (82)
二、函数的极值 ·· (84)
三、用函数的单调性与极值证明不等式 ··· (86)
习题 3.2 ·· (88)

§3.3 几何最值问题 ……………………………………………… (88)
 一、函数的最大值与最小值 …………………………………… (88)
 二、几何最值问题 ……………………………………………… (89)
 习题 3.3 ………………………………………………………… (91)

§3.4 经济最值问题 ……………………………………………… (92)
 一、利润最大 …………………………………………………… (92)
 二、收益最大 …………………………………………………… (93)
 三、平均成本最低 ……………………………………………… (94)
 四、产量最高 …………………………………………………… (95)
 五、征税收益最大 ……………………………………………… (97)
 六、最佳时间选择 ……………………………………………… (99)
 七、最优批量 ………………………………………………… (101)
 习题 3.4 ……………………………………………………… (103)

§3.5 曲线的凹凸与拐点 ……………………………………… (104)
 习题 3.5 ……………………………………………………… (107)

§3.6 函数图形的描绘 ………………………………………… (108)
 习题 3.6 ……………………………………………………… (110)

§3.7 洛必达法则 ……………………………………………… (110)
 习题 3.7 ……………………………………………………… (113)

§3.8 泰勒公式 ………………………………………………… (114)
 一、泰勒公式 ………………………………………………… (114)
 二、几个初等函数的麦克劳林公式 ………………………… (116)
 习题 3.8 ……………………………………………………… (118)

总习题三 ………………………………………………………… (118)

第四章 不定积分 ……………………………………………… (121)

§4.1 不定积分概念 …………………………………………… (121)
 一、原函数与不定积分概念 ………………………………… (121)
 二、基本积分公式 …………………………………………… (123)
 习题 4.1 ……………………………………………………… (125)

§4.2 换元积分法 ……………………………………………… (126)
 一、第一换元积分法 ………………………………………… (126)
 二、第二换元积分法 ………………………………………… (130)
 习题 4.2 ……………………………………………………… (134)

§4.3 分部积分法 ……………………………………………… (135)
 习题 4.3 ……………………………………………………… (139)

§4.4 有理函数的积分 ……………………………………………………… (140)
    一、真分式的分解 ………………………………………………… (140)
    二、有理函数的积分 ……………………………………………… (141)
    习题 4.4 …………………………………………………………… (143)
总习题四 ………………………………………………………………… (143)

第五章 定积分

§5.1 定积分概念与性质 ………………………………………………… (145)
    一、问题的提出 …………………………………………………… (145)
    二、定积分概念 …………………………………………………… (148)
    三、定积分的性质 ………………………………………………… (150)
    习题 5.1 …………………………………………………………… (153)

§5.2 微积分基本定理 …………………………………………………… (154)
    一、微积分基本定理 ……………………………………………… (154)
    二、牛顿-莱布尼茨公式 ………………………………………… (156)
    习题 5.2 …………………………………………………………… (157)

§5.3 定积分的计算 ……………………………………………………… (158)
    一、定积分的换元积分法 ………………………………………… (158)
    二、定积分的分部积分法 ………………………………………… (161)
    习题 5.3 …………………………………………………………… (162)

§5.4 反常积分 …………………………………………………………… (164)
    一、无限区间上的反常积分 ……………………………………… (164)
    二、无界函数的反常积分 ………………………………………… (166)
    习题 5.4 …………………………………………………………… (168)

§5.5 反常积分敛散性的判别法・Γ函数与B函数 …………………… (168)
    一、无限区间反常积分敛散性的判别法 ………………………… (169)
    二、无界函数反常积分敛散性的判别法 ………………………… (171)
    三、Γ函数与B函数 ……………………………………………… (173)
    习题 5.5 …………………………………………………………… (176)

§5.6 定积分的几何应用 ………………………………………………… (176)
    一、微元法 ………………………………………………………… (176)
    二、平面图形的面积 ……………………………………………… (177)
    三、立体的体积 …………………………………………………… (179)
    习题 5.6 …………………………………………………………… (182)

§5.7 积分学在经济学中的应用 ………………………………………… (183)
    一、由边际函数求总函数 ………………………………………… (183)

二、投资和资本形成 …………………………………………………………… (185)
　　三、现金流量的现在值 ………………………………………………………… (186)
　　习题5.7 …………………………………………………………………………… (187)
总习题五 ……………………………………………………………………………… (188)

第六章　多元函数微积分 …………………………………………………………… (191)
§6.1　空间解析几何基本知识 …………………………………………………… (191)
　　一、空间直角坐标系 …………………………………………………………… (191)
　　二、两点间的距离 ……………………………………………………………… (192)
　　三、空间曲面与方程 …………………………………………………………… (193)
　　习题6.1 …………………………………………………………………………… (198)
§6.2　多元函数的基本概念 ……………………………………………………… (198)
　　一、平面区域 …………………………………………………………………… (199)
　　二、多元函数概念 ……………………………………………………………… (199)
　　三、二元函数的极限 …………………………………………………………… (201)
　　四、二元函数的连续性 ………………………………………………………… (202)
　　习题6.2 …………………………………………………………………………… (203)
§6.3　偏导数 ………………………………………………………………………… (204)
　　一、偏导数 ……………………………………………………………………… (204)
　　二、高阶偏导数 ………………………………………………………………… (207)
　　习题6.3 …………………………………………………………………………… (208)
§6.4　全微分 ………………………………………………………………………… (209)
　　一、全微分概念 ………………………………………………………………… (209)
　*二、用全微分作近似计算 ……………………………………………………… (211)
　　习题6.4 …………………………………………………………………………… (212)
§6.5　复合函数的微分法 ………………………………………………………… (212)
　　一、复合函数的全导数公式 …………………………………………………… (212)
　　二、复合函数的偏导数公式 …………………………………………………… (214)
　　三、全微分形式的不变性 ……………………………………………………… (216)
　　习题6.5 …………………………………………………………………………… (217)
§6.6　隐函数的微分法 …………………………………………………………… (218)
　　习题6.6 …………………………………………………………………………… (219)
§6.7　多元函数的极值 …………………………………………………………… (220)
　　一、多元函数的极值 …………………………………………………………… (220)
　　二、条件极值 …………………………………………………………………… (222)
　　三、有界闭区域上的最大值与最小值问题 …………………………………… (226)

*四、最小二乘法 ……………………………………………… (226)
　　习题 6.7 ……………………………………………………… (228)
§ 6.8　边际・偏弹性・经济最值问题 ……………………………… (229)
　　一、边际及偏弹性 …………………………………………… (229)
　　二、经济最值问题 …………………………………………… (233)
　　习题 6.8 ……………………………………………………… (236)
§ 6.9　二重积分概念与性质 ………………………………………… (237)
　　一、曲顶柱体的体积 ………………………………………… (237)
　　二、二重积分概念 …………………………………………… (238)
　　三、二重积分的性质 ………………………………………… (239)
　　习题 6.9 ……………………………………………………… (240)
§ 6.10　二重积分的计算与应用 …………………………………… (241)
　　一、在直角坐标系下计算二重积分 ………………………… (241)
　　二、在极坐标系下计算二重积分 …………………………… (245)
　　三、二重积分的几何应用 …………………………………… (247)
　　*四、无界区域上的反常二重积分 …………………………… (248)
　　习题 6.10 …………………………………………………… (250)
总习题六 ……………………………………………………………… (252)

第七章　无穷级数 …………………………………………………… (254)

§ 7.1　无穷级数概念与性质 ………………………………………… (254)
　　一、无穷级数的收敛与发散 ………………………………… (254)
　　二、无穷级数的基本性质 …………………………………… (257)
　　习题 7.1 ……………………………………………………… (258)
§ 7.2　正项级数 ……………………………………………………… (259)
　　习题 7.2 ……………………………………………………… (265)
§ 7.3　任意项级数 …………………………………………………… (266)
　　一、交错级数 ………………………………………………… (266)
　　二、绝对收敛与条件收敛 …………………………………… (267)
　　习题 7.3 ……………………………………………………… (268)
§ 7.4　幂级数 ………………………………………………………… (269)
　　一、函数项级数概念 ………………………………………… (269)
　　二、幂级数及其收敛域 ……………………………………… (270)
　　三、幂级数的性质 …………………………………………… (272)
　　习题 7.4 ……………………………………………………… (274)
§ 7.5　函数的幂级数展开 …………………………………………… (274)

一、泰勒级数 ·· (274)
　　　二、函数展开成幂级数 ·· (276)
　　习题 7.5 ·· (280)
　总习题七 ··· (280)
第八章　微分方程 ·· (283)
　§8.1　微分方程的基本概念 ··· (283)
　　习题 8.1 ·· (286)
　§8.2　一阶微分方程 ·· (287)
　　　一、可分离变量的微分方程 ·· (287)
　　　二、齐次微分方程 ·· (288)
　　　三、一阶线性微分方程 ·· (289)
　　习题 8.2 ·· (293)
　*§8.3　可降阶的二阶微分方程 ··· (294)
　　　一、形如 $y''=f(x)$ 的微分方程 ··· (294)
　　　二、形如 $y''=f(x,y')$ 的微分方程 ······································· (295)
　　　三、形如 $y''=f(y,y')$ 的微分方程 ······································· (295)
　　习题 8.3 ·· (296)
　§8.4　高阶常系数线性微分方程 ·· (296)
　　　一、线性微分方程解的基本定理 ··· (296)
　　　二、二阶常系数线性微分方程的解法 ······································ (298)
　　　*三、n 阶常系数线性微分方程的解法 ··································· (303)
　　习题 8.4 ·· (305)
　§8.5　微分方程在经济学中的应用 ·· (306)
　　习题 8.5 ·· (310)
　总习题八 ··· (312)
第九章　差分方程初步 ·· (313)
　§9.1　差分方程的基本概念 ·· (313)
　　　一、差分概念 ·· (313)
　　　二、差分方程的基本概念 ·· (314)
　　习题 9.1 ·· (316)
　§9.2　常系数线性差分方程 ·· (316)
　　　一、线性差分方程解的基本定理 ··· (317)
　　　二、一阶常系数线性差分方程的解法 ······································ (318)
　　　三、二阶常系数线性差分方程的解法 ······································ (322)
　　　*四、n 阶常系数线性差分方程的解法 ··································· (326)

习题 9.2 ……………………………………………………………… (328)
§9.3 差分方程在经济学中的应用 ………………………………… (329)
习题 9.3 ……………………………………………………………… (331)
总习题九 ………………………………………………………………… (331)
习题参考答案与提示 …………………………………………………… (333)
参考文献 ………………………………………………………………… (366)
名词术语索引 …………………………………………………………… (367)

第一章 函数与极限

"微积分"研究的对象是函数,其理论基础是极限理论,基本方法是极限方法.

本章先复习函数概念;然后讲述极限概念,极限的性质及运算,并在此基础上导出函数连续性概念及连续函数的性质.

§1.1 函 数

一、实数

"微积分"是在实数范围内研究函数,先概述学习本课程所必须具备的一些实数知识.

1. 实数与数轴

实数由有理数与无理数两大类数组成,全体实数构成的集合称为实数集,记做 **R**;排除数 0 的实数集记做 **R***;全体正实数的集合记做 **R**$^+$.自然数集合,即全体非负整数的集合记做 **N**;全体正整数的集合记做 **N**$_+$;全体整数的集合记做 **Z**.

数轴是定义了原点、正方向和单位长度的直线.

由于全体实数与数轴上的所有点有一一对应关系,所以本教材在以下的叙述中,将把"实数 x"与"数轴上的点 x"两种说法看做有相同的含义,而不加以区别.

2. 实数的绝对值

设 x 是一个实数,则记号 $|x|$ 称为 x 的**绝对值**,定义为

$$|x| = \begin{cases} x, & x \geqslant 0, \\ -x, & x < 0. \end{cases}$$

数 x 的绝对值 $|x|$ 的**几何意义**:在数轴上,不论点 x 在什么位置,$|x|$ 都表示点 x 到原点的距离.

设 x, y 是两个数,按绝对值的定义可得

$$|x-y| = \begin{cases} x-y, & x \geqslant y, \\ y-x, & x < y. \end{cases}$$

设数 $h > 0$,由绝对值的定义,有下述等价关系式:

$|x| < h$ 等价于不等式 $-h < x < h$;$|x| \leqslant h$ 等价于不等式 $-h \leqslant x \leqslant h$;

$|x| > h$ 等价于不等式 $x < -h$ 或 $x > h$;$|x| \geqslant h$ 等价于不等式 $x \leqslant -h$ 或 $x \geqslant h$.

3. 区间与邻域

3.1 区间

区间是实数集 **R** 的子集.区间分为有限区间和无限区间.

设 $a,b \in \mathbf{R}$,且 $a<b$,有限区间有

$(a,b) = \{x \mid a < x < b\}$,称为以 a,b 为端点的**开区间**;

$[a,b] = \{x \mid a \leqslant x \leqslant b\}$,称为以 a,b 为端点的**闭区间**;

$(a,b] = \{x \mid a < x \leqslant b\}$,$[a,b) = \{x \mid a \leqslant x < b\}$,称为以 a,b 为端点的**半开半闭区间**.

以上各有限区间的**长度**都为 $b-a$.

无限区间有

$(a, +\infty) = \{x \mid a < x < +\infty\}$; $[a, +\infty) = \{x \mid a \leqslant x < +\infty\}$;

$(-\infty, b) = \{x \mid -\infty < x < b\}$; $(-\infty, b] = \{x \mid -\infty < x \leqslant b\}$;

$(-\infty, +\infty) = \mathbf{R}$.

本教材在以后的叙述中,若我们所讨论的问题在任何一种区间上都成立时,将用**字母 I** 表示这样一个泛指的区间.

3.2 邻域

设数 $\delta > 0$,称开区间 $(x_0 - \delta, x_0 + \delta)$ 为**点 x_0 的 δ 邻域**,记做 $U_\delta(x_0)$. x_0 称为邻域的**中心**,δ 称为邻域的**半径**. 邻域的长度为 2δ,点 x_0 的 δ 邻域(图 1-1)用不等式表示为

$$x_0 - \delta < x < x_0 + \delta \quad \text{或} \quad |x - x_0| < \delta.$$

以下,以 x_0 为中心,以任意长为半径的邻域记做 $U(x_0)$,称为**点 x_0 的某邻域**.

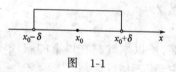

图 1-1

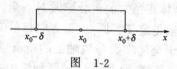

图 1-2

若把邻域 $(x_0 - \delta, x_0 + \delta)$ 中的中心点 x_0 去掉,由余下的点构成的集合,称为**点 x_0 的 δ 空心邻域**(图 1-2),记做 $U_\delta^\circ(x_0)$. 常表示为

$$(x_0 - \delta, x_0) \cup (x_0, x_0 + \delta) \quad \text{或} \quad 0 < |x - x_0| < \delta.$$

以下,以任意长为半径的点 x_0 的空心邻域记做 $U^\circ(x_0)$,称为**点 x_0 的某空心邻域**.

二、函数概念

1. 函数定义

定义 设 D 是一个非空数集,若按照某一确定的对应法则 f,对 D 内每一个数 x 都有唯一确定的数 y 与之对应,则称 f 是定义在 D 上的函数,记做

$$y = f(x), \quad x \in D,$$

其中 x 称为函数 f 的**自变量**,y 称为函数 f 的**因变量**,D 称为函数 f 的**定义域**,可记做 D_f.

定义域 D 是自变量 x 的取值范围. 若 x 取数值 $x_0 \in D$ 时,则称该函数在点 x_0 **有定义**,与 x_0 对应的 y 的数值称为函数在点 x_0 的**函数值**,记做 $f(x_0)$ 或 $y|_{x=x_0}$. 当 x 遍取数集 D 中的所有数值时,对应的函数值 $f(x)$ 的全体构成的数集

$$Y = \{y \mid y = f(x), x \in D\}$$

称为函数 f 的**值域**. 若 $x_0 \overline{\in} D$,则称该函数在点 x_0 **没有定义**.

由函数的定义可知,决定一个函数有三个因素:定义域 D,对应法则 f 和值域 Y. 注意到每一个函数值都可由一个 $x \in D$ 通过 f 而唯一确定,于是给定 D 和 f,y 就相应地被确定了,从而 D 和 f 就是决定一个函数的**两个要素**. 正因为如此,两个函数相同是指它们的定义域和对应法则分别相同.

若一个函数的对应法则是用一个数学式子来表达,其定义域是使这一"式子"有意义的自变量所取值的全体,这时定义域 D 可省略不写. 这种定义域称为函数的**自然定义域**或**存在域**. 比如,用数学式 $y = \sqrt{4-x^2}$ 表示的函数,其定义域就是指区间 $[-2, 2]$.

按函数定义,应该称对应法则 f 为函数,而 $f(x)$ 为函数 f 在点 x 所对应的函数值. 但习惯上也称 $f(x)$ 或 y 为函数.

坐标平面上的点集

$$\{(x, y) \mid y = f(x), x \in D\}$$

称为**函数 $f(x)$ 的图形**,函数的图形一般是坐标平面上的一条曲线(包括直线).

表示函数的方法主要有三种:列表法,图形法和公式法. 在微积分学中主要是讨论用公式法表示的函数,而以函数的图形作为辅助工具.

若一个函数要用两个或多于两个数学式子来表示,即一个函数,在其定义域的不同部分用不同数学式子来表示,称为**分段函数**. 下述三个例题都是分段函数.

例 1 函数

$$y = |x| = \begin{cases} x, & x \geqslant 0, \\ -x, & x < 0 \end{cases}$$

称为**绝对值函数**. 它的定义域 $D = (-\infty, +\infty)$,值域 $Y = [0, +\infty)$,其图形如图 1-3 所示.

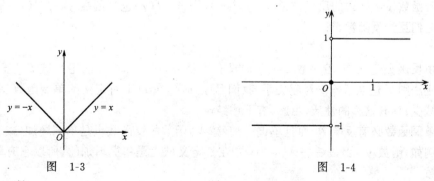

图 1-3 　　　　　　　　　　图 1-4

例 2 函数

$$y = \operatorname{sgn} x = \begin{cases} 1, & x > 0, \\ 0, & x = 0, \\ -1, & x < 0 \end{cases}$$

称为**符号函数**. 它的定义域 $D=(-\infty,+\infty)$，值域为集合 $Y=\{-1,0,1\}$，它的图形如图 1-4 所示. 对于任何数 x，下述关系式总成立：

$$x = \operatorname{sgn} x \cdot |x|.$$

例 3 函数

$$y = [x] = n, \quad n \leqslant x < n+1, n \in \mathbf{Z}$$

称为**取整函数**. 这里，记号 $y=[x]$ 表示"y 是不超过 x 的最大整数".

由于 n 是整数，且 $n \leqslant x < n+1$，所以该函数的定义域 $D=(-\infty,+\infty)$. 若 x 是整数，即 $x=n$ 时，则 $y=n$；若 x 不是整数，可把 x 看做是一个整数和一个非负小数之和，其函数值取 x 的整数部分. 显然它的值域 Y 是全体整数. 例如

$$[-7.5] = -8, \quad [5.63] = 5, \quad [35] = 35.$$

该函数的图形如图 1-5 所示，这图形呈阶梯形，在 x 取整数值处，图形有跳跃度为 1 的跳跃.

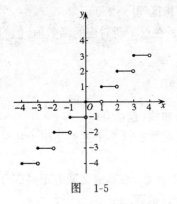

图 1-5

2. 反函数

定义 已知函数

$$y = f(x), \quad x \in D, y \in Y.$$

若对每一个 $y \in Y$，D 中只有一个 x 值，使得

$$f(x) = y$$

成立，这就以 Y 为定义域确定了一个函数，这个函数称为函数 $y=f(x)$ 的**反函数**，记做

$$x = f^{-1}(y), \quad y \in Y.$$

按习惯记法，x 作自变量，y 作因变量，函数 $y=f(x)$ 的反函数通常记做

$$y = f^{-1}(x), \quad x \in Y.$$

若函数 $y=f(x)$ 的反函数是 $y=f^{-1}(x)$，则 $y=f(x)$ 也是函数 $y=f^{-1}(x)$ 的反函数，或者说它们**互为反函数**，且

$$f^{-1}(f(x)) = x, \quad f(f^{-1}(y)) = y.$$

由反函数定义知，若函数 $y=f(x)$ 具有反函数，这意味着它的定义域 D 与值域 Y 之间按对应法则 f 建立了一一对应关系. 我们已经知道，在 D 上有定义的单调函数（单调增加或单调减少）具有这样的性质，由此，有下述**结论**：

单调函数必有反函数，而且单调增加（减少）函数的反函数也是单调增加（减少）的.

例如，函数 $y=2^x, x \in (-\infty,+\infty)$，在其定义域上是单调增加的，所以它有单调增加的反函数

$$y = \log_2 x, \quad x \in (0,+\infty).$$

而函数 $y=x^2, x \in (-\infty,+\infty)$，在其定义域上不是单调的，则它没有反函数. 事实上，对同一个 $y_0, y_0 \in (0,+\infty)$，将有两个不同的 x 值：

$$x_1 = \sqrt{y_0}, \quad x_2 = -\sqrt{y_0},$$

都满足关系式 $x^2=y$.

遇到这种情况,可以限制自变量的取值范围,使得在这个范围内,函数具有单调性,从而求得反函数. 例如,对 $y=x^2$,若限制 $x\in[0,+\infty)$,则它的反函数是(图 1-6)

$$y=\sqrt{x}, \quad x\in[0,+\infty).$$

若限制 $x\in(-\infty,0]$,则可得到反函数(图 1-6)

$$y=-\sqrt{x}, \quad x\in[0,+\infty).$$

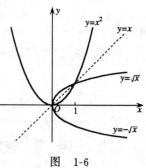

图 1-6

由于函数 $y=f(x)$ 与 $x=f^{-1}(y)$ 的图形是同一条曲线(图 1-7(a)),将关系式 $x=f^{-1}(y)$ 中的字母 x 与 y 互换,便得到关系式 $y=f^{-1}(x)$. 由此,若点 $M(x_0,y_0)$ 在曲线 $x=f^{-1}(y)$ 上(也就是在曲线 $y=f(x)$ 上),则点 $M_1(y_0,x_0)$ 必在曲线 $y=f^{-1}(x)$ 上,而点 $M(x_0,y_0)$ 与点 $M_1(y_0,x_0)$ 关于直线 $y=x$ 对称,从而我们有如下**结论**:

在同一直角坐标系下,函数 $y=f(x)$ 与其反函数 $y=f^{-1}(x)$ 的图形**关于直线 $y=x$ 对称**(图 1-7(b)).

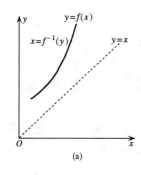
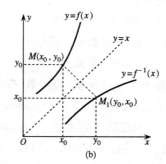

图 1-7

3. 复合函数

定义 已知两个函数

$$y=f(u),\ u\in D_f, \quad u=\varphi(x),\ x\in D_\varphi,$$

若 $D=\{x\mid \varphi(x)\in D_f, x\in D_\varphi\}\neq\varnothing$,即 D 表示 D_φ 中使 $\varphi(x)\in D_f$ 的 x 的全体所构成的非空数集,则确定在 D 上的函数,记做

$$y=f(\varphi(x)), \quad x\in D,$$

称为由函数 $y=f(u)$ 与 $u=\varphi(x)$ 经过复合而成的**复合函数**. 通常称 $f(u)$ 是**外层函数**,称 $\varphi(x)$ 是**内层函数**,称 u 是**中间变量**.

函数 $y=f(\varphi(x))$ 看做是将函数 $\varphi(x)$ 代换函数 $y=f(u)$ 中的 u 得到的.

例如,对两个函数

$$y=f(u)=\sqrt{u}, \quad u\in D_f=[0,+\infty),$$

$$u = \varphi(x) = 4 - x^2, \quad x \in D_\varphi = (-\infty, +\infty).$$

因 $D = \{x \mid \varphi(x) \in D_f, x \in D_\varphi\} = [-2, 2] \neq \varnothing$, 故

$$y = f(\varphi(x)) = \sqrt{4 - x^2}, \quad x \in D = [-2, 2]$$

就是由 $y = \sqrt{u}$ 与 $u = 4 - x^2$ 经过复合而成的复合函数.

再看下面的例子,对两个函数

$$y = f(u) = \sqrt{u - 2}, \quad u \in D_f = [2, +\infty),$$
$$u = \varphi(x) = \sin x, \quad x \in D_\varphi = (-\infty, +\infty),$$

因对任一 $x \in (-\infty, +\infty)$, $\sin x \overline{\in} [2, +\infty)$, 即 $D = \{x \mid \varphi(x) \in D_f, x \in D_\varphi\} = \varnothing$, 故 $y = \sqrt{u-2}$ 与 $u = \sin x$ 就不能构成复合函数.

复合函数不仅可由两个函数复合而成,也可以由多个函数相继进行复合而成. 例如,由三个函数 $y = e^u, u = v^2, v = \sin x$ 可以复合成函数是 $y = e^{\sin^2 x}$.

三、初等函数

1. 基本初等函数

下列六类函数称为基本初等函数.

(1) 常量函数: $y = C$(常数), $x \in (-\infty, +\infty)$.

(2) 幂函数: $y = x^\alpha$(α 为实数), $x \in D$.

D 随 α 而异,但不论 α 为何值,该函数在区间 $(0, +\infty)$ 上总有定义.

(3) 指数函数: $y = a^x$ ($a > 0, a \neq 1$), $x \in (-\infty, +\infty)$, $y \in (0, +\infty)$.

本课程常用以 e 为底的指数函数 $y = e^x$, $e = 2.71828182859\cdots$, 是一个无理数.

(4) 对数函数: $y = \log_a x$ ($a > 0, a \neq 1$), $x \in (0, +\infty)$, $y \in (-\infty, +\infty)$.

本课程常用以 e 为底的对数函数 $y = \ln x$.

对数函数与指数函数互为反函数.

(5) 三角函数: 三角函数是统称,分别为

正弦函数　　$y = \sin x, x \in (-\infty, +\infty), y \in [-1, 1]$;

余弦函数　　$y = \cos x, x \in (-\infty, +\infty), y \in [-1, 1]$;

正切函数　　$y = \tan x, x \neq n\pi + \dfrac{\pi}{2}, n \in \mathbf{Z}, y \in (-\infty, +\infty)$;

余切函数　　$y = \cot x, x \neq n\pi, n \in \mathbf{Z}, y \in (-\infty, +\infty)$;

正割函数　　$y = \sec x = \dfrac{1}{\cos x}$;

余割函数　　$y = \csc x = \dfrac{1}{\sin x}$.

(6) 反三角函数: 反三角函数是三角函数的反函数. 只给出如下四种:

反正弦函数(图 1-8)　　$y = \arcsin x, x \in [-1, 1], y \in \left[-\dfrac{\pi}{2}, \dfrac{\pi}{2}\right]$.

反余弦函数(图 1-9)　　$y=\arccos x, x\in[-1,1], y\in[0,\pi].$

反正切函数(图 1-10)　　$y=\arctan x, x\in(-\infty,+\infty), y\in\left(-\dfrac{\pi}{2},\dfrac{\pi}{2}\right).$

反余切函数(图 1-11)　　$y=\operatorname{arccot} x, x\in(-\infty,+\infty), y\in(0,\pi).$

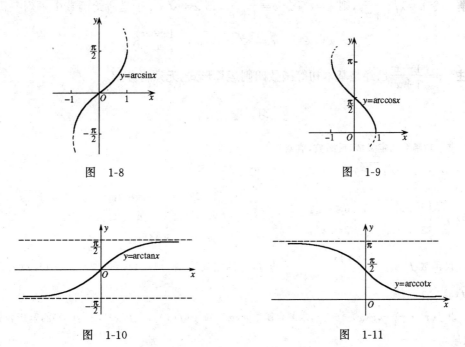

图　1-8　　　　　　　　　　　图　1-9

图　1-10　　　　　　　　　　图　1-11

我们来看反正弦函数. 正弦函数 $y=\sin x$ 在其定义域 $(-\infty,+\infty)$ 内不具备单调性, 不存在反函数. 若限制自变量 x 在区间 $\left[-\dfrac{\pi}{2},\dfrac{\pi}{2}\right]$ 上取值, 则它是单调增加的, 因而它存在反函数. 由此得到的正弦函数的反函数, 称为反正弦函数的**主值**, 记做

$$y=\arcsin x,\quad x\in[-1,1],$$

其值域是区间 $\left[-\dfrac{\pi}{2},\dfrac{\pi}{2}\right]$.

类似地, 函数 $y=\cos x, y=\tan x, y=\cot x$ 分别在其单调区间 $[0,\pi]$, $\left(-\dfrac{\pi}{2},\dfrac{\pi}{2}\right)$, $(0,\pi)$ 内得到相应的反余弦函数 $y=\arccos x$, 反正切函数 $y=\arctan x$, 反余切函数 $y=\operatorname{arccot} x$.

2. 初等函数

由基本初等函数经过有限次四则运算和复合所构成的函数, 统称为**初等函数**.

例如, $y=\sqrt[3]{x^2+\sin 2x}, y=\ln(x+\sqrt{x^2-1})$ 都是初等函数.

本课程研究的函数, 主要是初等函数. 为了本课程的需要, 今后经常要将一个给定的函数看成是由若干个基本初等函数或基本初等函数的四则运算复合而成的形式, 从而把它分解成若干个基本初等函数或基本初等函数的四则运算形式.

例 4 将函数 $y=\mathrm{e}^{\left(\frac{1-x^2}{1+x^2}\right)^{1/3}}$ 分解成由基本初等函数或基本初等函数四则运算复合而成的形式.

解 令 $u=\sqrt[3]{\frac{1-x^2}{1+x^2}}$，则 $y=\mathrm{e}^u$；令 $v=\frac{1-x^2}{1+x^2}$，则 $u=\sqrt[3]{v}$. 于是所给函数由下列各式构成

$$y=\mathrm{e}^u, \quad u=\sqrt[3]{v}, \quad v=\frac{1-x^2}{1+x^2}.$$

注 $v=\frac{1-x^2}{1+x^2}$ 已经是基本初等函数四则运算形式，无须再分解.

习 题 1.1

1. 求下列函数的定义域，反函数，值域：

(1) $y=\ln(x+\sqrt{1+x^2})$；

(2) $y=\frac{\mathrm{e}^x-\mathrm{e}^{-x}}{\mathrm{e}^x+\mathrm{e}^{-x}}$；

(3) $y=\begin{cases} 2-\sqrt{4-x^2}, & 0\leqslant x\leqslant 2, \\ 2x-2, & 2<x\leqslant 4; \end{cases}$

(4) $y=\begin{cases} 1+2^{-x}, & x\leqslant 0, \\ 2-2x^3, & 0<x<1, \\ 2x-(1+x^2), & x\geqslant 1. \end{cases}$

2. 设函数 $f(x)=\begin{cases} 2x+1, & |x|\leqslant 3, \\ x^2-3, & |x|>3, \end{cases}$ 求 $f(x)$ 的定义域；求 $f(-4), f(-3), f(-1), f(0), f(2), f(3), f(5)$.

3. 设 $f(x)=\frac{x}{1+x}, g(x)=\frac{1}{1-x}$，求复合函数 $f(g(x)), g(f(x)), f(f(x)), g(g(x))$ 的解析表达式及其定义域.

4. 求复合函数 $f(g(x)), g(f(x))$，其中

$$f(x)=\begin{cases} x^2, & x<0, \\ -x, & x\geqslant 0, \end{cases} \quad g(x)=\begin{cases} 2-x, & x\leqslant 0, \\ x+2, & x>0. \end{cases}$$

5. 下列函数由哪些基本初等函数复合而成：

(1) $y=\ln\sin x^3$； (2) $y=\left(\arctan\frac{1}{x}\right)^2$.

6. 将下列函数分解成由基本初等函数或基本初等函数四则运算复合而成的形式：

(1) $y=\sqrt{x^3+\sqrt{x}}$； (2) $y=\arctan^2\frac{2x}{1-x^2}$； (3) $y=\ln\frac{(1-x)\mathrm{e}^x}{\arccos x}$.

7. 由已知条件求 $f(x)$：

(1) $f\left(\frac{1}{x}-1\right)=\frac{1}{2x-1}$； (2) $f\left(\frac{x+1}{2x-1}\right)-2f(x)=x$.

8. 形如 $y=f(x)^{g(x)}(f(x)>0)$ 的函数称为幂指函数. 设 $f(x), g(x)$ 都是初等函数，试将其写成以 e 为底的指数函数的形式.

9. 已知曲线 $y=f(x)$，如何作出下列曲线；以曲线 $y=2^x$ 为例，作出下列曲线：

(1) 曲线 $y=-f(x)$； (2) 曲线 $y=f(-x)$；

(3) 曲线 $y=-f(-x)$； (4) 曲线 $y=f^{-1}(x)$.

§1.2 数列的极限

一、数列极限定义

按正整数顺序排列成的无穷多个数,称为**数列**.数列通常记做
$$y_1, y_2, y_3, \cdots, y_n, \cdots$$
或简记做 $\{y_n\}$.数列中的每个数称为**数列的项**,依次称为第1项,第2项,….第 n 项 y_n 称为**数列的通项**或**一般项**.

例如,数列 $\left\{1+\dfrac{(-1)^n}{n}\right\}$ 是
$$0, \frac{3}{2}, \frac{2}{3}, \frac{5}{4}, \cdots, 1+\frac{(-1)^n}{n}, \cdots.$$

若从函数定义看,正整数集合 $\mathbf{N}_+$ 理解成函数的定义域,数列中的"数"理解成对应的函数值,则数列中的"数"就是它所在"序号"的函数.由此,数列又可记做函数形式
$$y_n = f(n), \quad n \in \mathbf{N}_+.$$

关于数列极限的概念,我们来看一实例.

我国古代数学家刘徽早在公元263年就用"割圆求周"(简称"割圆术")的方法,算出圆周率 $\pi = 3.14$.他先把直径为1的圆分成六等分,求得内接正六边形的周长(图1-12),记做 y_1;再平分各弧求内接正十二边形的周长,记做 y_2;再平分各弧求内接正二十四边形的周长,记做 y_3.这样继续分割下去,就得到一个数列

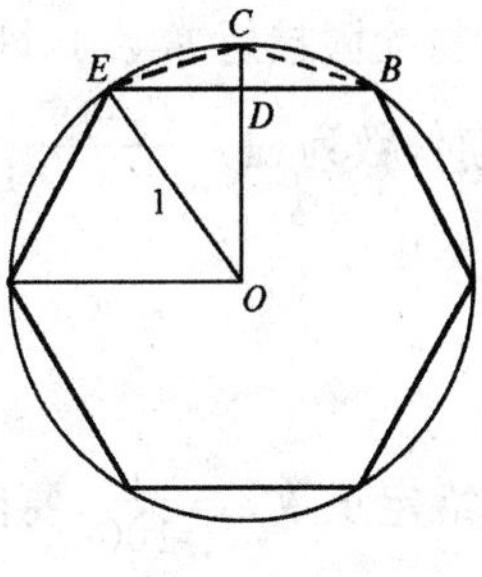

图 1-12

$$y_1, y_2, y_3, \cdots, y_n, \cdots,$$

其中,数列的通项 y_n 是内接正 3×2^n 边形的周长,其取值见表1.1.

表 1.1

序号(n)	内接正多边形数 3×2^n	正多边形周长 y_n
1	6	3.00000000
2	12	3.10582854
3	24	3.13262861
4	48	3.13935020
5	96	3.14103194
6	192	3.14145247
7	384	3.14155761
8	768	3.14158389
9	1536	3.14159046
10	3072	3.141592106
11	6144	3.141592517
12	12288	3.141592619
13	24576	3.141592645
14	49152	3.141592651
15	98304	3.141592653

由表 1.1 可以看到，n 越大，内接正多边形的周长就越接近圆的周长，从而用 y_n 作为圆的周长的近似值也就越精确．但不论 n 取多大，只要 n 取定为有限数，y_n 只能是内接正多边形的周长，而不是圆的周长．现令 n 无限增大，即内接正多边形的边数无限增加，在这个过程中，内接正多边形将无限接近圆周，而 y_n 也无限接近某一个确定的常数 A．我们就把这个确定的数值 A 理解为圆的周长．这正如刘徽所说"割之弥细，所失弥少，割之又割，以至于不可割，则与圆合体而无所失矣"．

这个例子反映了一类数列的一种性质：对数列 $\{y_n\}$，存在某一确定的常数 A，当 n 无限增大时，其通项 y_n 能无限接近这个常数 A．这时称数列 $\{y_n\}$ 当 n 趋于无穷大时以 A 为极限，并记做

$$\lim_{n\to\infty} y_n = A.$$

按照上述对数列极限的直观描述，易看出，当 n 无限增大时，数列 $\left\{1+\dfrac{(-1)^n}{n}\right\}$ 的通项 y_n 将无限接近常数 1，即该数列以 1 为极限．下面，我们就以该数列为例来说明：当 n 无限增大时，数列 $\left\{1+\dfrac{(-1)^n}{n}\right\}$ 以 1 为极限的精确含义．

由于

$$|y_n - 1| = \left|1 + \frac{(-1)^n}{n} - 1\right| = \frac{1}{n},$$

若给定正数 $\varepsilon = \dfrac{1}{100}$，要使

$$|y_n - 1| = \frac{1}{n} < \frac{1}{100},$$

显然，只要 $n > 100$ 即可．即从数列的第 101 项起始，以后的无穷多项都满足上式．可记做：取正整数 $N = 101$，当 $n > N$ 时，都有不等式

$$|y_n - 1| < \frac{1}{100}$$

成立．若给定的正数 $\varepsilon = \dfrac{1}{1000}$，要使

$$|y_n - 1| = \frac{1}{n} < \frac{1}{1000},$$

这只要 $n > 1000$ 即可，即从数列的第 1001 项起始，以后的无穷多项都满足上式．可记做：取正整数 $N = 1001$，当 $n > N$ 时，都有不等式

$$|y_n - 1| < \frac{1}{1000}$$

成立．

现任意给定正数 ε，要使

$$|y_n - 1| = \frac{1}{n} < \varepsilon,$$

这只要 $n > \dfrac{1}{\varepsilon}$ 即可. 取正整数 $N = \left[\dfrac{1}{\varepsilon}\right]$, 即从数列的第 $N+1$ 项起始, 以后的无穷多项 y_{N+1}, $y_{N+2}, \cdots$ 都满足上式. 这里, 正数 ε 是任意给定的, 不管正数 ε 给的多么小, 总存在正整数 $N = \left[\dfrac{1}{\varepsilon}\right]$, 对于 $n > N$ 的一切 y_n, 不等式

$$|y_n - 1| = \left|1 + \dfrac{(-1)^n}{n} - 1\right| < \varepsilon$$

都成立.

由以上分析可知, 若数列 $\{y_n\}$ 以 A 为极限, 就是: 要使绝对值 $|y_n - A|$ 要多小就能有多小, 这只要 n 充分大就可以做到. 由此, 有如下数列极限的定义.

定义 设 $\{y_n\}$ 是数列, A 是常数. 若对任意给定的正数 ε(不论它多少小), 总存在正整数 N, 使得当 $n > N$ 时, 都有

$$|y_n - A| < \varepsilon,$$

则称**数列** $\{y_n\}$ **以** A **为极限**. 记做

$$\lim_{n \to \infty} y_n = A \quad \text{或} \quad y_n \to A (n \to \infty).$$

上式读做"当 n 趋于无穷大时, y_n 的极限等于 A"或"当 n 趋于无穷大时, y_n 趋于 A".

有极限的数列, 称为**收敛数列**. 数列 $\{y_n\}$ 以 A 为极限, 也称为数列 $\{y_n\}$ **收敛于** A.

若数列 $\{y_n\}$ 没有极限, 则称数列 $\{y_n\}$ 是**发散的**, 也称极限 $\lim_{n \to \infty} y_n$ 不存在.

例如, 数列 $\{n^2\}$, 当 n 无限增大时, 其通项 $y_n = n^2$ 也将无限增大, 该数列是发散的.

数列 $\{y_n\}$ 以 A 为极限的**几何意义**是: 对任意给定的正数 ε, 下标大于 N 的所有点 y_n 都落在 $U_\varepsilon(A)$ 内, 落在该邻域之外的至多有 N 个点 $y_1, y_2, \cdots, y_N$(图 1-13).

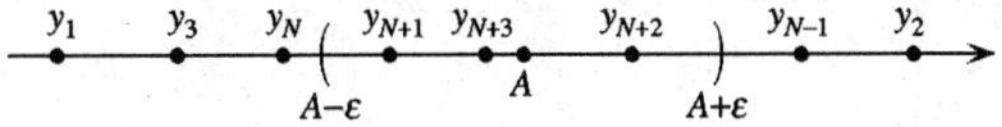

图 1-13

上述定义简称为数列极限的"ε-N"定义. 对于数列极限定义, 望读者注意下面几点.

(1) 正数 ε 的**任意性**. ε 是用来衡量 y_n 与 A 接近程度的. ε 越小, 表示 y_n 与 A 越接近. ε 的任意性, 正说明 y_n 与 A 能够接近到任何程度. 然而, 尽管 ε 具有任意性, 但当一经给出, 就应暂时看做是固定不变的, 以便根据它来求出正整数 N. 还有, ε 既然有任意性, 那么 $2\varepsilon, \varepsilon^2$ 等也具有任意性.

(2) 正整数 N 的**相应性**. 一般而言, N 是随着 ε 变化而变化, 但 N 并不是由 ε 所唯一确定. 对已给定的 ε, 若 $N = 1000$ 能满足要求, 则 $N = 1001$ 或 $N = 10000$ 等当然更能满足要求, 其实 N 等于多少并不重要, 重要的是它的存在性.

(3) 定义中的"使得当 $n > N$ 时, 都有 $|y_n - A| < \varepsilon$"这一句话是指: 下标大于 N 的所有 y_n 都满足不等式 $|y_n - A| < \varepsilon$.

极限定义反映了人们通过**有限去认识无限**的辩证思想. 变量 y_n 接近常数 A 是一个无限

接近过程,但就过程中的每一步而言,这种接近又是有限的. 对给定的正数 ε, $|y_n - A| < \varepsilon$, 表达了 y_n 与 A 之间的接近程度是有限的. 但 ε 可以任意给定,要多小,就可以给定多小;这种任意性,就使 $|y_n - A| < \varepsilon$ 表达了 y_n 与 A 之间这种无限接近的程度. 有限与无限就是这样矛盾着,而又通过任意给定 ε, 从有限向无限过渡.

例 1 用数列极限定义证明 $\lim\limits_{n \to \infty} \sqrt[n]{a} = 1 \ (a > 1)$.

分析 用数列极限定义证明数列 $\{\sqrt[n]{a}\}$ 以 1 为极限,就是对任意给定的正数 ε, 要求去寻求正整数 N, 使得当 $n > N$ 时,有 $|\sqrt[n]{a} - 1| < \varepsilon$ 成立.

证 对任意给定的正数 ε, 要使
$$|\sqrt[n]{a} - 1| = \sqrt[n]{a} - 1 < \varepsilon, \quad 即 \quad a < (1 + \varepsilon)^n.$$

注意到
$$(1 + \varepsilon)^n = 1 + n\varepsilon + \frac{n(n-1)}{2}\varepsilon^2 + \cdots + \varepsilon^n > n\varepsilon,$$

因此只要使
$$a < n\varepsilon, \quad 即 \quad n > \frac{a}{\varepsilon} \text{ 即可}.$$

于是,取 $N = \left[\dfrac{a}{\varepsilon}\right]$, 则当 $n > N$ 时,便有
$$|\sqrt[n]{a} - 1| < \varepsilon \quad 或 \quad \lim_{n \to \infty} \sqrt[n]{a} = 1.$$

注 当 $0 < a < 1$ 时,也有 $\lim\limits_{n \to \infty} \sqrt[n]{a} = 1$. 由此,有
$$\lim_{n \to \infty} \sqrt[n]{a} = 1 \quad (a > 0).$$

另外,也可证明
$$\lim_{n \to \infty} \sqrt[n]{n} = 1.$$

在以后章节的运算中,以上二式可作为已知公式使用.

二、极限存在准则

对数列 $\{y_n\}$ 的一切项 y_n:

若有 $y_n \leqslant y_{n+1}$, 则称该**数列是单调增加的**;若有 $y_n \geqslant y_{n+1}$, 则称该**数列是单调减少的**.

单调增加与单调减少的数列统称为**单调数列**.

例如,数列 $\dfrac{n}{n+1}$ 是单调增加的;数列 $\left\{\dfrac{1}{2^n}\right\}$ 是单调减少的.

对数列 $\{y_n\}$ 的一切项 y_n, 若存在常数 M:

使得 $y_n \leqslant M$, 则称该**数列有上界**;使得 $y_n \geqslant M$, 则称该**数列有下界**.

对数列 $\{y_n\}$ 的一切项 y_n, 若存在正数 M, 使得 $|y_n| \leqslant M$, 则称该**数列有界**;否则称该数列无界.

显然,既有上界又有下界的数列是有界数列.

定理(单调有界准则) 单调有界数列必有极限.

单调有界数列包括两种情形:一种是单调增加而有上界的数列;一种是单调减少而有下界的数列.

上述准则从几何图形上来看是很明显的. 数列$\{y_n\}$可看成是数轴上的动点,恒朝着数轴一个方向,假设朝正方向(单调增加数列)运动,但又不超越某个界限的动点,必然要无限接近某个定点. 如图 1-14 所示.

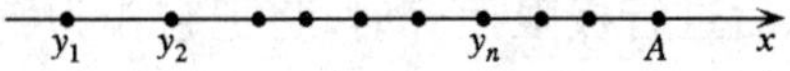

图 1-14

例 2 设 $y_n = \left(1 + \dfrac{1}{n}\right)^n$, $n = 1, 2, \cdots$,证明数列$\{y_n\}$单调增加且有上界.

证明 用"正数的几何平均数小于或等于算术平均数"这个命题来证明.

设$(n+1)$个数为 $1, \underbrace{\left(1+\dfrac{1}{n}\right), \cdots, \left(1+\dfrac{1}{n}\right)}_{n\text{个}}$,其几何平均数和算术平均数分别为

$$\sqrt[n+1]{1 \cdot \underbrace{\left(1+\dfrac{1}{n}\right)\cdots\left(1+\dfrac{1}{n}\right)}_{n\text{个}}} = \sqrt[n+1]{\left(1+\dfrac{1}{n}\right)^n},$$

和

$$\dfrac{1}{n+1}\left[1 + \underbrace{\left(1+\dfrac{1}{n}\right) + \cdots + \left(1+\dfrac{1}{n}\right)}_{n\text{个}}\right] = \dfrac{1}{n+1}\left[1 + n\left(1+\dfrac{1}{n}\right)\right]$$

$$= 1 + \dfrac{1}{n+1}.$$

因

$$\left(1+\dfrac{1}{n}\right)^{\frac{n}{n+1}} < 1 + \dfrac{1}{n+1},$$

两端$(n+1)$次方,得

$$\left(1+\dfrac{1}{n}\right)^n < \left(1+\dfrac{1}{n+1}\right)^{n+1}, \quad 即 \quad y_n < y_{n+1},$$

故数列$\{y_n\}$单调增加.

又$(n+2)$个数 $\dfrac{1}{2}, \dfrac{1}{2}, \underbrace{\left(1+\dfrac{1}{n}\right), \cdots, \left(1+\dfrac{1}{n}\right)}_{n\text{个}}$ 的几何平均数和算术平均数分别为

$$\sqrt[n+2]{\dfrac{1}{4}\left(1+\dfrac{1}{n}\right)^n} \quad 和 \quad \dfrac{1}{n+2}\left[\dfrac{1}{2} + \dfrac{1}{2} + n\left(1+\dfrac{1}{n}\right)\right] = 1,$$

故

$$\frac{1}{4}\left(1+\frac{1}{n}\right)^n < 1^{n+2} = 1, \quad \text{即} \quad y_n < 4, n = 1, 2, 3, \cdots.$$

从而数列$\{y_n\}$有上界.

综上,数列$\left\{\left(1+\frac{1}{n}\right)^n\right\}$单调增加且有上界. 由极限存在准则,极限 $\lim\limits_{n\to\infty}\left(1+\frac{1}{n}\right)^n$ 存在. 可算得其值为 e,即

$$\lim_{n\to\infty}\left(1+\frac{1}{n}\right)^n = \text{e}.$$

这是一个重要极限,在以后进行极限运算时,将把它作为一个公式来用.

习 题 1.2

1. 写出下列数列的通项,观察判定其敛散性,若收敛,写出其极限:

(1) $1, -2, 3, -4, \cdots$;

(2) $0, 1, 0, \frac{1}{2}, 0, \frac{1}{3}, \cdots$;

(3) $\frac{2}{3}, \frac{3}{5}, \frac{4}{7}, \frac{5}{9}, \cdots$;

(4) $\frac{1}{1\times 2}, \frac{1}{1\times 2}+\frac{1}{2\times 3}, \frac{1}{1\times 2}+\frac{1}{2\times 3}+\frac{1}{3\times 4}, \cdots$.

2. 用数列极限定义证明下列极限:

(1) $\lim\limits_{n\to\infty}\frac{n}{n+1} = 1$;

(2) $\lim\limits_{n\to 0}\frac{1}{n^2} = 0$.

3. 设 $0 < q < 1, s_n = 1 + q + q^2 + \cdots + q^n$,求证: $\lim\limits_{n\to\infty} s_n = \frac{1}{1-q}$.

4. 设 $\lim\limits_{n\to\infty} y_n = A$,今把数列$\{y_n\}$的有限项换成新的数,问新得到的数列是否有极限?若有,极限是什么?

5. 用单调有界准则证明下列以 y_n 为通项的数列极限存在:

(1) $y_n = 1 + \frac{1}{2^2} + \frac{1}{3^2} + \cdots + \frac{1}{n^2}$;

(2) $y_n = \frac{1}{n+1} + \frac{1}{n+2} + \cdots + \frac{1}{n+n}$.

§1.3 函数的极限

一、函数极限定义

1. $x \to \infty$ 时函数 $f(x)$ 的极限

x 作为函数 $f(x)$ 的自变量,若 x 取正值且无限增大,记做 $x \to +\infty$,读做"x 趋于正无穷大";若 x 取负值且其绝对值$|x|$无限增大,记做 $x \to -\infty$,读做"x 趋于负无穷大". 若 x 既取正值又取负值,且其绝对值无限增大,记做 $x \to \infty$,读做"x 趋于无穷大".

这里,所谓"$x \to \infty$ 时函数 $f(x)$ 的极限",就是讨论当自变量 x 趋于无穷大这样一个变化过程中,对应的函数值 $f(x)$ 的变化趋势;若 $f(x)$ 无限接近常数 A,就称当 x 趋于无穷大时,函数 $f(x)$ 以 A 为极限.

观察图 1-15,曲线 $y = \frac{1}{x}$ 沿着 x 轴的负方向和正方向无限远伸时,将无限接近 x 轴. 从函数的角度看,这就是:当$|x|$无限增大时,即 $x \to \infty$ 时,函数 $f(x) = \frac{1}{x}$ 以 0 为极限.

定义 1 设函数 $f(x)$ 在 $|x|>a(a>0)$ 时有定义，A 是常数. 若对于任意给定的正数 ε（不论它多么小），总存在正数 M，使得当 $|x|>M$ 时，都有
$$|f(x)-A|<\varepsilon,$$
则称**函数 $f(x)$ 当 $x\to\infty$ 时以 A 为极限**，记做
$$\lim_{x\to\infty}f(x)=A \quad \text{或} \quad f(x)\to A(x\to\infty).$$

上述定义称为函数极限的"ε-M"定义. 它的几何意义是：在直线 $x=-M$ 的左侧，在直线 $x=M$ 的右侧，曲线 $y=f(x)$ 介于两条平行直线 $y=A-\varepsilon$ 和 $y=A+\varepsilon$ 之间（图 1-16）.

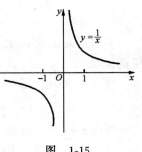

图 1-15

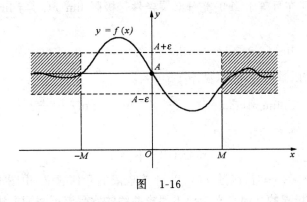

图 1-16

由于正数 ε 可以任意小（相应的正数 M 将随之增大），因此，以直线 $y=A$ 为中心线，宽为 2ε 的带形区域将可无限变窄. 从而，曲线 $y=f(x)$ 在沿着 x 轴的负方向和正方向无限远伸时，都将越来越接近直线 $y=A$. 即**曲线 $y=f(x)$ 以直线 $y=A$ 为水平**（因直线 $y=A$ 平行于 x 轴）**渐近线. 这正是极限** $\lim\limits_{x\to\infty}f(x)=A$ **的几何意义.**

例 1 试用"ε-M"定义证明 $\lim\limits_{x\to\infty}\dfrac{1}{x}=0$.

证 对任意给定的正数 ε，要使
$$\left|\frac{1}{x}-0\right|<\varepsilon,$$
由于
$$\left|\frac{1}{x}-0\right|=\left|\frac{1}{x}\right|=\frac{1}{|x|},$$
就是要使
$$\frac{1}{|x|}<\varepsilon, \quad \text{即只要} \quad |x|>\frac{1}{\varepsilon}.$$

取正数 $M=\dfrac{1}{\varepsilon}$，则当 $|x|>M$ 时，便有

$$\left|\frac{1}{x}-0\right|<\varepsilon, \quad 即 \quad \lim_{x\to\infty}\frac{1}{x}=0.$$

类似定义1,可以定义当 $x\to-\infty$ 时或 $x\to+\infty$ 时,函数 $f(x)$ 的极限.这样的极限称为**单侧极限**.

当 $x\to-\infty$ 时,函数 $f(x)$ 以 A 为极限,记做

$$\lim_{x\to-\infty}f(x)=A \quad 或 \quad f(x)\to A\ (x\to-\infty);$$

当 $x\to+\infty$ 时,函数 $f(x)$ 以 A 为极限,记做

$$\lim_{x\to+\infty}f(x)=A \quad 或 \quad f(x)\to A\ (x\to+\infty).$$

显然,单侧极限与极限($x\to\infty$ 时,$f(x)$ 的极限)有**下述关系**:

极限 $\lim_{x\to\infty}f(x)$ 存在且等于 A 的**充分必要条件**是极限 $\lim_{x\to-\infty}f(x)$ 与 $\lim_{x\to+\infty}f(x)$ 都存在且等于 A. 即

$$\lim_{x\to\infty}f(x)=A \Longleftrightarrow \lim_{x\to-\infty}f(x)=A=\lim_{x\to+\infty}f(x).$$

例 2 由反正切函数的性质如(见图 1-10),

$$\lim_{x\to-\infty}\arctan x=-\frac{\pi}{2}, \quad \lim_{x\to+\infty}\arctan x=\frac{\pi}{2}.$$

由极限存在的充分必要条件知,极限

$$\lim_{x\to\infty}\arctan x \text{ 不存在}.$$

当 $x\to-\infty$ 和 $x\to+\infty$ 时,函数 $f(x)$ 以 A 为极限的几何意义,由图 1-16 读者不难作出解释.我们正是用该**极限的几何意义**给出下面**求曲线的水平渐近线**的方法.

对曲线 $y=f(x)$,若

$$\lim_{x\to-\infty}f(x)=b \quad 或 \quad \lim_{x\to+\infty}f(x)=b,$$

则**直线 $y=b$ 是曲线 $y=f(x)$ 的水平渐近线**.

由例 2 知,曲线 $y=\arctan x$ 向左无限延伸以直线 $y=-\frac{\pi}{2}$ 为水平渐近线;向右无限延伸以直线 $y=\frac{\pi}{2}$ 为水平渐近线.

2. $x\to x_0$ 时函数 $f(x)$ 的极限

这里,x_0 是一个定数.若 $x<x_0$ 且 x 趋于 x_0,记做 $x\to x_0^-$;若 $x>x_0$ 且 x 趋于 x_0,记做 $x\to x_0^+$.若 $x\to x_0^-$ 和 $x\to x_0^+$ 同时发生,则记做 $x\to x_0$.

"$x\to x_0$ 时函数 $f(x)$ 的极限",就是讨论当自变量 x 无限接近定数 x_0(但 x 不取 x_0)时,函数 $f(x)$ 的变化趋势.根据我们已有的极限概念,容易理解,若当 x 趋于 x_0 时,函数 $f(x)$ 的对应值趋于常数 A,则称当 $x\to x_0$ 时,函数 $f(x)$ 以 A 为极限.

先看一个例子.

例 3 设 $f(x)=\dfrac{2(x^2-1)}{x-1}$,讨论当 $x\to 1$ 时,函数 $f(x)$ 的变化情况.

该函数在 $x=1$ 处没有定义.当 $x\to 1$ 时,x 不取 1;而当 $x\neq 1$ 时,有

$$\frac{2(x^2-1)}{x-1} = \frac{2(x-1)(x+1)}{x-1} = 2(x+1).$$

由图 1-17 可以看到,曲线 $y = \frac{2(x^2-1)}{x-1} = 2(x+1)(x \neq 1)$ 上的动点 $M(x, f(x))$,当其横坐标无限接近 1 时,它将无限接近定点 $M_0(1,4)$,即当 $x \to 1$ 时,有 $f(x) \to 4$. 这就是说,当 $|x-1|$ 小到一定程度时,$|f(x)-4|$ 可以任意小,或者说,对任意给定的正数 ε(不论它多么小),总存在 $\delta > 0$,当 $0 < |x-1| < \delta$ 时,有

$$|f(x) - 4| < \varepsilon.$$

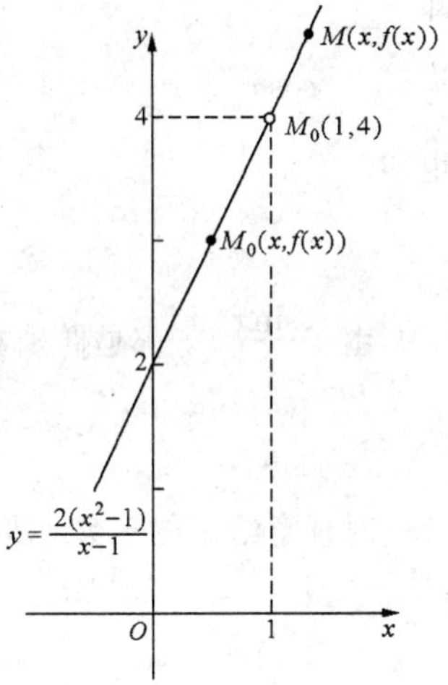

要使

$$|f(x) - 4| = \left|\frac{2(x^2-1)}{x-1} - 4\right|$$
$$= |2x - 2| = 2|x-1| < \varepsilon,$$

显然,只要 $|x-1| < \frac{\varepsilon}{2}$ 即可. 由此,取正数 $\delta = \frac{\varepsilon}{2}$,则当 $|x-1| < \delta (x \neq 1)$ 时,便有

$$|f(x) - 4| < \varepsilon.$$

这种情况,就是当 $x \to 1$ 时,函数 $f(x) = \frac{2(x^2-1)}{x-1}$ 以 4 为极限.

图 1-17

定义 2 设 A 是常数,在函数 $f(x)$ 有定义的 $U(x_0)$ 内(在 x_0 可以没有定义),若对任意给定的正数 ε(不论它多么小),总存在正数 δ,使得当 $0 < |x - x_0| < \delta$ 时,都有

$$|f(x) - A| < \varepsilon,$$

则称**函数** $f(x)$ **当** $x \to x_0$ **时以** A **为极限**,记做

$$\lim_{x \to x_0} f(x) = A \quad 或 \quad f(x) \to A (x \to x_0).$$

该定义简称为函数极限的"ε-δ"定义. 理解该定义时,须注意:函数 $f(x)$ 在 $x \to x_0$ 时是否有极限,要求 $f(x)$ 在点 x_0 的左右两侧有定义,而与 $f(x)$ **在点** x_0 **是否有定义以及有定义时其值如何都毫无关系**.

函数极限的"ε-δ"定义的**几何意义**是:任意画出以直线 $y = A$ 为中心线,宽为 2ε 的横带区域(不论怎样窄),必存在以直线 $x = x_0$ 为中心线,宽为 2δ 的竖带区域,使竖带区域内的曲线段 $y = f(x)$ 全部落在横带区域内(图 1-18). 但点 $(x_0, f(x_0))$ 可能例外或无意义.

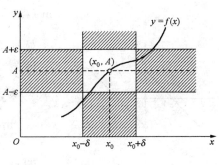

图 1-18

例 4 试用"ε-δ"定义证明 $\lim_{x \to 0} \frac{\sin x}{x} = 1$.

证 对于 $x \in \left(0, \frac{\pi}{2}\right)$,有

$$\sin x < x < \tan x \quad \text{或} \quad 1 < \frac{x}{\sin x} < \frac{1}{\cos x},$$

即

$$\cos x < \frac{\sin x}{x} < 1 \quad \text{或} \quad 0 < 1 - \frac{\sin x}{x} < 1 - \cos x = 2\sin^2 \frac{x}{2} < 2\left(\frac{x}{2}\right)^2,$$

也即

$$0 < 1 - \frac{\sin x}{x} < \frac{x^2}{2}.$$

由于 $\frac{\sin x}{x}, \frac{x^2}{2}$ 都是偶函数，显然上式对 $x \in \left(-\frac{\pi}{2}, 0\right)$ 也成立. 所以，对 $x \in \left(-\frac{\pi}{2}, \frac{\pi}{2}\right)$，有

$$0 < 1 - \frac{\sin x}{x} < \frac{x^2}{2} \quad \text{或} \quad \left|1 - \frac{\sin x}{x}\right| < \frac{x^2}{2}.$$

对任意给定的正数 ε，取 $\delta = \sqrt{2\varepsilon}$（假设 $\sqrt{2\varepsilon} < \frac{\pi}{2}$），只要 $0 < |x - 0| = |x| < \delta$，就有

$$\left|1 - \frac{\sin x}{x}\right| < \frac{x^2}{2} < \varepsilon, \quad \text{即} \quad \lim_{x \to 0} \frac{\sin x}{x} = 1.$$

$\lim\limits_{x \to 0} \frac{\sin x}{x} = 1$ 是一个重要极限，以后讲极限运算时，将把它作为一个公式来用.

可以用"ε-δ"定义证明下述两个极限：

$$\lim_{x \to x_0} x = x_0, \quad \lim_{x \to x_0} C = C \text{ (C 是常数)}.$$

有些函数在其定义域内的某些点（如分段函数中的分段点），它的左侧与右侧所用的表示其对应法则的解析式不同；或函数仅在某一点的一侧有定义（如在其有定义区间端点上，函数 $\ln x$ 仅在 $x > 0$ 时有定义），这时，函数在这样点上的极限问题只能单侧地加以讨论. 类似定义 2，可以定义当 $x \to x_0^-$ 时或 $x \to x_0^+$ 时，函数 $f(x)$ 的极限. 这样的极限也称为单侧极限.

当 $x \to x_0^-$ 时，函数 $f(x)$ 以 A 为极限，称为**函数 $f(x)$ 当 $x \to x_0$ 时以 A 为左极限**，记做

$$\lim_{x \to x_0^-} f(x) = A \quad \text{或} \quad f(x) \to A(x \to x_0^-) \quad \text{或} \quad f(x_0^-) = A.$$

当 $x \to x_0^+$ 时，函数 $f(x)$ 以 A 为极限，称为**函数 $f(x)$ 当 $x \to x_0$ 时以 A 为右极限**，记做

$$\lim_{x \to x_0^+} f(x) = A \quad \text{或} \quad f(x) \to A(x \to x_0^+) \quad \text{或} \quad f(x_0^+) = A.$$

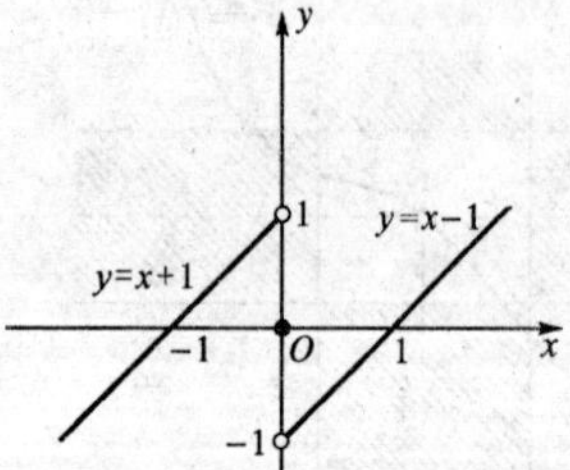

显然，在点 x_0 的左极限、右极限与极限有**下述关系**：

极限 $\lim\limits_{x \to x_0} f(x)$ 存在且等于 A 的**充分必要条件**是左极限 $\lim\limits_{x \to x_0^-} f(x)$ 与右极限 $\lim\limits_{x \to x_0^+} f(x)$ 都存在且等于 A. 即

$$\lim_{x \to x_0} f(x) = A \Longleftrightarrow \lim_{x \to x_0^-} f(x) = \lim_{x \to x_0^+} f(x) = A.$$

例 5 讨论函数 $f(x) = \begin{cases} x + 1, & x < 0, \\ x - 1, & x > 0 \end{cases}$ 在 $x = 0$ 处的极限.

图 1-19

由图 1-19 可看出

$$\lim_{x \to 0^-} f(x) = \lim_{x \to 0^-}(x+1) = 1,$$
$$\lim_{x \to 0^+} f(x) = \lim_{x \to 0^+}(x-1) = -1.$$

显然, $\lim\limits_{x \to 0} f(x)$ 不存在.

以上我们引入了下述七种类型的极限:

(1) $\lim\limits_{n \to \infty} y_n$;   (2) $\lim\limits_{x \to \infty} f(x)$;   (3) $\lim\limits_{x \to -\infty} f(x)$;   (4) $\lim\limits_{x \to +\infty} f(x)$;

(5) $\lim\limits_{x \to x_0} f(x)$;   (6) $\lim\limits_{x \to x_0^-} f(x)$;   (7) $\lim\limits_{x \to x_0^+} f(x)$.

为了统一地论述它们共有的性质和运算法则,本书若不特别指出是其中的哪一种极限,将用 $\lim f(x)$ 或 $\lim y$ 泛指其中的任何一种,其中的 $f(x)$ 或 y 常称为**变量**. 有时,在叙述或论证某命题时,仅就 $x \to x_0$ 时进行.

二、有界变量、无穷小与无穷大

有界变量、无穷小与无穷大这三个量都是由极限过程来确定的量.

1. 有界变量

先给出有界函数的定义.

定义 3 若存在正数 M,在函数 $f(x)$ 有定义的区间 I 上,有
$$|f(x)| \leqslant M \quad (可以没有等号),$$
则称 $f(x)$ 在区间 I 上是**有界函数**,或称函数 $f(x)$ 在区间 I 上**有界**;否则称 $f(x)$ 在区间 I 上是**无界函数**.

若 $f(x)$ 在区间 I 上是无界函数,即对任何正数 M,总存在 $x_0 \in I$,使 $|f(x_0)| > M$.

例如,在区间 $(-\infty, +\infty)$ 上,有 $|\sin x| \leqslant 1$, $|\cos x| \leqslant 1$,所以,$y = \sin x, y = \cos x$ 是 $(-\infty, +\infty)$ 上的有界函数. 而 $y = x^2, y = x^3$ 是 $(-\infty, +\infty)$ 上的无界函数.

由于 $|f(x)| \leqslant M$ 等价于 $-M \leqslant f(x) \leqslant M$,所以,从几何直观上看,有界函数 $y = f(x)$ 的图形必介于两条平行于 x 轴的直线 $y = -M (M > 0)$ 和 $y = M$ 之间.

有界变量不是就某个区间而言变量是有界的,而是指在某个极限过程中,变量有界. 例如

若在 $U°(x_0)$ 内函数 $f(x)$ 有界,即存在正数 M,有
$$|f(x)| \leqslant M, \quad x \in U°(x_0),$$
则称 $f(x)$ **在 $x \to x_0$ 时是有界变量**.

若在 $|x|$ 充分大时,函数 $f(x)$ 有界,即存在正数 M,有
$$|f(x)| \leqslant M, \quad x \in (-\infty, -b) \cup (b, +\infty),$$
其中 b 充分大,则称 $f(x)$ **在 $x \to \infty$ 时是有界变量**.

按有界变量的含义,有界变量包括了有界数列和有界函数,所以,常把有界函数称为有界变量.

2. 无穷小

定义 4 在某一极限过程中,以零为极限的变量称为无穷小.即若 $\lim y=0$,则称变量 y 是**无穷小**.

例如,当 $n\to\infty$ 时,变量 $\frac{1}{2^n},\frac{1}{n^2}$ 是无穷小;当 $x\to1$ 时,变量 $x^2-1,\sin(x-1)$ 是无穷小;当 $x\to0$ 时,$1-\cos x,e^x-1$ 是无穷小.

无穷小是一个变量,是指其绝对值无限地变小.**数 0 是一个常量,它是无穷小**,因为 $\lim 0=0$,这吻合无穷小的定义.

由无穷小的定义可以推证下述**无穷小的运算法则**:

对同一极限过程中的无穷小与有界变量:

(1) 两个无穷小的和仍是无穷小;

(2) 无穷小与有界变量的乘积是无穷小.

特别有,无穷小与常量的乘积是无穷小;两个无穷小的乘积是无穷小.

例如,由于当 $x\to\infty$ 时,$\frac{1}{x}\to0$,$|\sin x|\leqslant 1$,故

$$\lim_{x\to\infty}\frac{\sin x}{x}=\lim_{x\to\infty}\frac{1}{x}\cdot\sin x=0.$$

3. 无穷大

定义 5 在某一极限过程中,绝对值无限增大的变量称为**无穷大**.

变量 y 是无穷大,它是没有极限的,但它有确定的变化趋势.为了便于叙述这种变化趋势,我们也称**变量 y 的极限是无穷大**,并借用极限的记法,记做

$$\lim y=\infty.$$

若变量 y 取正值且无限增大,则称**变量 y 是正无穷大**,记做

$$\lim y=+\infty.$$

若变量 y 取负值,其绝对值无限增大,则称**变量 y 是负无穷大**,记做

$$\lim y=-\infty.$$

例 6 当 $x\to0$ 时,$y=\frac{1}{x}$ 是无穷大,即 $\lim_{x\to0}\frac{1}{x}=\infty$;当 $x\to1$ 时,$y=\frac{1}{(x-1)^2}$ 是正无穷大;即 $\lim_{x\to1}\frac{1}{(x-1)^2}=+\infty$;当 $x\to0^+$ 时,$y=\ln x$ 是负无穷大,即 $\lim_{x\to0^+}\ln x=-\infty.$

由无穷小与无穷大的定义可以得到**二者之间有如下关系**.

在同一极限过程中:

(1) 若变量 y 是无穷大,则变量 $\frac{1}{y}$ 是无穷小;

(2) 若变量 y 是无穷小且 $y\neq0$,则变量 $\frac{1}{y}$ 是无穷大.

我们再从几何意义看例 6:

如图 1-15 所示,$\lim_{x\to0}\frac{1}{x}=\infty$,是说明曲线 $y=\frac{1}{x}$ 向上、向下无限延伸且越来越接近直线

$x=0$,即直线 $x=0$ 是曲线 $y=\dfrac{1}{x}$ 的垂直渐近线.

如图 1-20 所示,$\lim\limits_{x\to 1}\dfrac{1}{(x-1)^2}=+\infty$,是曲线 $y=\dfrac{1}{(x-1)^2}$ 在直线 $x=1$ 两侧向上无限延伸时,都以直线 $x=1$ 为垂直渐近线.

如图 1-21 所示,$\lim\limits_{x\to 0^+}\ln x=-\infty$,是曲线 $y=\ln x$ 在直线 $x=0$ 的右侧向下无限延伸时,以直线 $x=0$ 为垂直渐近线.

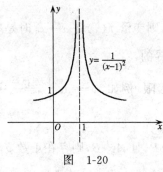

图 1-20   图 1-21

由此,有如下**求曲线 $y=f(x)$ 垂直渐近线的一般方法**.

对曲线 $y=f(x)$,若

$$\lim_{x\to x_0^-}f(x)=\infty \quad 或 \quad \lim_{x\to x_0^+}f(x)=\infty,$$

则直线 $x=x_0$ 是曲线 $y=f(x)$ 的**垂直渐近线**.

习 题 1.3

1. 用极限定义证明:

(1) $\lim\limits_{x\to\infty}\dfrac{3x+2}{x}=3$;   (2) $\lim\limits_{x\to+\infty}a^x=0\ (0<a<1)$;

(3) $\lim\limits_{x\to 3}(2x+4)=10$;   (4) $\lim\limits_{x\to 2}\dfrac{x^2-4}{x-2}=4$.

2. 设函数 $f(x)=\dfrac{|x-1|}{x-1}$,求 $f(1^-),f(1^+)$.并说明 $\lim\limits_{x\to 1}f(x)$ 是否存在.

3. 设函数 $f(x)=\begin{cases}\dfrac{1}{x-1}, & x<0,\\ x, & 0<x<1,\\ 1, & x>1.\end{cases}$ 问极限 $\lim\limits_{x\to 0}f(x),\lim\limits_{x\to 1}f(x)$ 是否存在,为什么?

4. 直观判定下列变量中,当 $x\to$? 时是无穷小,当 $x\to$? 时是无穷大:

(1) $y=e^{-\frac{1}{x}}$;   (2) $y=\ln(x-2)$;   (3) $y=x\arctan x$.

5. 直观判定变量 $y=\dfrac{x(x-1)\sqrt{x+1}}{x^3-1}$,当 $x\to$? 时,是无穷小.

6. 求下列函数的极限:

(1) $\lim\limits_{x\to 0}x\cos\dfrac{1}{x}$;   (2) $\lim\limits_{x\to\infty}\dfrac{\arctan x}{x}$;   (3) $\lim\limits_{x\to 0}(x^2+x)\sin\dfrac{1}{x}$;

(4) $\lim\limits_{x\to\infty}\dfrac{1}{x}\sin\dfrac{1}{x}(\sin x+\cos x)$;　　　(5) $\lim\limits_{x\to 2^-}\dfrac{1}{\ln(2-x)}$.

§1.4　极限的性质与运算法则

一、极限的性质

定理 1（极限的唯一性）　若极限 $\lim f(x)$ 存在,则 $f(x)$ 的极限是唯一的.

定理 2（局部有界性）　有极限的变量是有界变量.

这里所说的有界性是局部的. 若极限 $\lim\limits_{x\to x_0}f(x)$ 存在,则变量 $f(x)$ 在 $x\to x_0$ 时是有界的;若极限 $\lim\limits_{x\to\infty}f(x)$ 存在,则变量 $f(x)$ 在 $|x|$ 充分大时是有界的.

注　本定理的逆命题不成立,即**有界变量未必有极限**. 例如, $y=\sin\dfrac{1}{x}$, 当 $x\to 0$ 时有界: $\left|\sin\dfrac{1}{x}\right|\leqslant 1$,但极限 $\lim\limits_{x\to 0}\sin\dfrac{1}{x}$ 却不存在.

定理 3（不等式性质）　设 $\lim\limits_{x\to x_0}f(x)=A, \lim\limits_{x\to x_0}g(x)=B$,且 $A>B$,则存在正数 δ ,使得当 $0<|x-x_0|<\delta$ 时,有 $f(x)>g(x)$.

推论 1　设在 $U^\circ(x_0)$ 内 $f(x)\geqslant g(x)$,且 $\lim\limits_{x\to x_0}f(x)=A, \lim\limits_{x\to x_0}g(x)=B$,则 $A\geqslant B$.

由定理 3,用反证法可推出该结论.

推论 2　设 $\lim\limits_{x\to x_0}f(x)=A$,且 $A>0$ （或 $A<0$ ）,则存在正数 δ ,使得当 $0<|x-x_0|<\delta$ 时,有 $f(x)>0$ （或 $f(x)<0$ ）.

这只要在定理 3 中,令 $g(x)=0$ 即可.

推论 3　设在 $U^\circ(x_0)$ 内 $f(x)\geqslant 0$ （或 $f(x)\leqslant 0$ ）,且 $\lim\limits_{x\to x_0}f(x)=A$,则 $A\geqslant 0$ （或 $A\leqslant 0$ ）.

由推论 2,用反证法可推出该结论. 推论 2 和推论 3 一般称为极限的**局部保号性**.

定理 4（极限与无穷小的关系）　极限 $\lim f(x)$ 存在且等于 A 的**充分必要条件**是函数 $f(x)$ 可表示为常数 A 与无穷小 α 的和,即

$$\lim f(x)=A\Leftrightarrow f(x)=A+\alpha\quad (\alpha\to 0).$$

证　**必要性**　设 $\lim\limits_{x\to x_0}f(x)=A$. 这时,对任意给定的正数 ε ,总存在正数 δ ,使得当 $0<|x-x_0|<\delta$ 时,都有

$$|f(x)-A|<\varepsilon.$$

令 $\alpha=f(x)-A$,则由无穷小定义, α 是当 $x\to x_0$ 时的无穷小,且

$$f(x)=A+\alpha.$$

充分性　设 $f(x)=A+\alpha$,其中 A 是常数, α 是当 $x\to x_0$ 时的无穷小. 于是,对任意给定的正数 ε ,总存在正数 δ ,使得当 $0<|x-x_0|<\delta$ 时,都有

$$|f(x)-A|=|\alpha|<\varepsilon.$$

根据极限的"ε-δ"定义,当 $x \to x_0$ 时,$f(x)$ 以 A 为极限,即
$$\lim_{x \to x_0} f(x) = A.$$

例如 $\lim\limits_{x \to \infty} \dfrac{x+1}{x} = 1 \Leftrightarrow \dfrac{x+1}{x} = 1 + \dfrac{1}{x}$,其中,当 $x \to \infty$ 时,$\dfrac{1}{x}$ 是无穷小.

定理 5(夹逼定理) 设在 $U(x_0)$ 内,有 $\varphi(x) \leqslant f(x) \leqslant g(x)$,且
$$\lim_{x \to x_0} \varphi(x) = \lim_{x \to x_0} g(x) = A,$$
则
$$\lim_{x \to x_0} f(x) = A.$$

夹逼定理又称**夹逼准则**,它不仅可以用来判断极限存在,有时还可以用来求极限.

例 1 设 $a > 0, b > 0$,试求 $\lim\limits_{n \to \infty} \sqrt[n]{a^n + b^n}$.

解 令 $M = \max\{a, b\}$,则有
$$M = \sqrt[n]{M^n} < \sqrt[n]{a^n + b^n} \leqslant \sqrt[n]{M^n + M^n} = M \cdot \sqrt[n]{2},$$
由于 $\lim\limits_{n \to \infty} M = M, \lim\limits_{n \to \infty} \sqrt[n]{2} = 1$,且可以证明 $\lim\limits_{n \to \infty} M \cdot \sqrt[n]{2} = M$,故由夹逼定理,得
$$\lim_{n \to \infty} \sqrt[n]{a^n + b^n} = M.$$

例 2 求极限 $\lim\limits_{x \to 0} x \left[\dfrac{1}{x} \right]$.

解 当 $x \neq 0$ 时,有 $\dfrac{1}{x} - 1 < \left[\dfrac{1}{x} \right] \leqslant \dfrac{1}{x}$. 由此当 $x < 0$ 时,有
$$1 - x > x \left[\dfrac{1}{x} \right] \geqslant 1,$$
可以证明 $\lim\limits_{x \to 0}(1 - x) = 1$,由夹逼定理,可得 $\lim\limits_{x \to 0^-} x \left[\dfrac{1}{x} \right] = 1$.

当 $x > 0$ 时,有
$$1 - x < x \left[\dfrac{1}{x} \right] \leqslant 1,$$
由夹逼定理,可得 $\lim\limits_{x \to 0^+} x \left[\dfrac{1}{x} \right] = 1$,于是
$$\lim_{x \to 0} x \left[\dfrac{1}{x} \right] = 1.$$

二、极限的运算法则

定理 6(四则运算法则) 设极限 $\lim f(x), \lim g(x)$ 存在,则它们的代数和、积、商(分母的极限不为 0)的极限都存在,且

(1) $\lim [f(x) \pm g(x)] = \lim f(x) \pm \lim g(x)$;

(2) $\lim [f(x) \cdot g(x)] = \lim f(x) \cdot \lim g(x)$,

特别地
$$\lim C g(x) = C \lim g(x) \quad (C \text{ 是常数}),$$

$$\lim[f(x)]^n = [\lim f(x)]^n \quad (n \text{ 是正整数});$$

(3) $\lim \dfrac{f(x)}{g(x)} = \dfrac{\lim f(x)}{\lim g(x)} \quad (\lim g(x) \neq 0).$

证 只证明乘积法则,其他法则可类似证明.

设 $\lim f(x) = A, \lim g(x) = B.$ 根据定理 4(极限与无穷小的关系),有
$$f(x) = A + \alpha, \quad g(x) = B + \beta,$$
其中 α, β 均是无穷小. 于是
$$f(x) \cdot g(x) = (A+\alpha)(B+\beta) = AB + \alpha B + \beta A + \alpha\beta.$$
由无穷小的运算法则知,$\alpha B + \beta A + \alpha\beta$ 是无穷小.

再由定理 4,便有
$$\lim[f(x) \cdot g(x)] = AB.$$

定理 7(复合函数的极限) 设函数 $y = f(u)$ 与 $u = \varphi(x)$ 构成复合函数 $y = f(\varphi(x))$. 若 $\lim\limits_{x \to x_0} \varphi(x) = a$,且当 $x \neq x_0$ 时,$\varphi(x) \neq a$:

(1) 若 $\lim\limits_{u \to a} f(u) = A$,则
$$\lim_{x \to x_0} f(\varphi(x)) = \lim_{u \to a} f(u) = A; \tag{1}$$

(2) 特别,若 $\lim\limits_{u \to a} f(u) = f(a)$,则
$$\lim_{x \to x_0} f(\varphi(x)) = \lim_{u \to a} f(u) = f(a) = f(\lim_{x \to x_0} \varphi(x)). \tag{2}$$

在复合函数的极限运算法则中,

(1)式表明,求 $\lim\limits_{x \to x_0} f(\varphi(x))$ 时,若作**变量替换** $u = \varphi(x)$,当 $\lim\limits_{x \to x_0} \varphi(x) = a$ 时,就转化为求极限 $\lim\limits_{u \to a} f(u).$ 正因为如此,在求复合函数的极限时,可用变量替换的方法.

(2)式表明,求复合函数的极限时,若满足 $\lim\limits_{u \to a} f(u) = f(a)$,则函数符号"$f$"与极限符号"$\lim\limits_{x \to x_0}$"可以交换次序,即**极限运算可移到内层函数上去施行**.

另外,在定理 7 中,若把 $\lim\limits_{x \to x_0} \varphi(x) = a$ 换成 $\lim\limits_{x \to x_0} \varphi(x) = \infty$ 或 $\lim\limits_{x \to \infty} \varphi(x) = \infty$,而把 $\lim\limits_{u \to a} f(u) = A$ 换成 $\lim\limits_{u \to \infty} f(u) = A$,则定理的结论仍然成立.

推论(幂指函数的极限) 设 $\lim f(x) = A (A > 0), \lim g(x) = B$,则幂指函数 $f(x)^{g(x)}$ ($f(x) > 0$)的极限 $\lim f(x)^{g(x)}$ 存在,且
$$\lim f(x)^{g(x)} = \lim f(x)^{\lim g(x)} = A^B.$$

例 3 求极限 $\lim\limits_{x \to 2}(3x^2 + 2x - 1).$

解 I[①] $= \lim\limits_{x \to 2}(3x^2) + \lim\limits_{x \to 2}(2x) - \lim\limits_{x \to 2} 1 = 3\lim\limits_{x \to 2} x^2 + 2\lim\limits_{x \to 2} x - 1 = 3 \times 2^2 + 2 \times 2 - 1 = 15.$

由该题,有结论:

---

① 此处用字母"I"表示所求极限,以下均如此.

若 $P_n(x) = a_0 x^n + a_1 x^{n-1} + \cdots + a_{n-1} x + a_n$ 为 n 次多项式，则

$$\lim_{x \to x_0} P_n(x) = a_0 x_0^n + a_1 x_0^{n-1} + \cdots + a_{n-1} x_0 + a_n = P_n(x_0),$$

即在极限过程 $x \to x_0$ 时，可将 x_0 直接代入多项式中.

例 4 设 $f(x) = \dfrac{x^2 - 3x + 2}{x^2 - 4}$，求：

(1) $\lim\limits_{x \to 3} f(x)$；　　(2) $\lim\limits_{x \to 2} f(x)$；　　(3) $\lim\limits_{x \to -2} f(x)$.

解 (1) 由于分母的极限 $\lim\limits_{x \to 3}(x^2 - 4) = 3^2 - 4 = 5 \neq 0$，故用商的极限法则

$$I = \frac{\lim\limits_{x \to 3}(x^2 - 3x + 2)}{\lim\limits_{x \to 3}(x^2 - 4)} = \frac{3^2 - 3 \times 3 + 2}{5} = \frac{2}{5}.$$

(2) 易知，分母的极限为 0，不能用商的极限法则. 这时，分子的极限也为 0，这说明分母与分子有以 0 为极限的公因子 $(x - 2)$：

$$x^2 - 4 = (x - 2)(x + 2), \quad x^2 - 3x + 2 = (x - 2)(x - 1).$$

将分母、分子因式分解，约去公因子后，再求极限.

$$I = \lim_{x \to 2} \frac{(x - 2)(x - 1)}{(x - 2)(x + 2)} = \lim_{x \to 2} \frac{x - 1}{x + 2} = \frac{1}{4}.$$

(3) 分母的极限为 0，而分子的极限为 $12 \neq 0$. 可将分式颠倒后，再求极限

$$\lim_{x \to -2} \frac{x^2 - 4}{x^2 - 3x + 2} = \frac{0}{12} = 0,$$

由无穷小与无穷大的关系知

$$\lim_{x \to -2} \frac{x^2 - 3x + 2}{x^2 - 4} = \infty.$$

由例 4 的计算方法与结果，有一般情况，若 $R(x)$ 是有理分式

$$R(x) = \frac{P_n(x)}{Q_m(x)} = \frac{a_0 x^n + a_1 x^{n-1} + \cdots + a_{n-1} x + a_n}{b_0 x^m + b_1 x^{m-1} + \cdots + b_{m-1} x + b_m} \quad (a_0 \neq 0, b_0 \neq 0),$$

在求 $\lim\limits_{x \to x_0} R(x)$ 时，

(1) 若 $Q_m(x_0) \neq 0$，则

$$\lim_{x \to x_0} R(x) = \frac{P_n(x_0)}{Q_m(x_0)} = R(x_0);$$

(2) 若 $Q_m(x_0) = 0$，而 $P_n(x_0) \neq 0$，则

$$\lim_{x \to x_0} R(x) = \infty;$$

(3) 若 $Q_m(x_0) = 0$ 且 $P_n(x_0) = 0$，则 $Q_m(x), P_n(x)$ 一定有以 0 为极限的 $(x - x_0)$ 型公因子，将 $Q_m(x), P_n(x)$ 因式分解，约去公因子后，再求极限.

求分式的极限时，若分母与分子的极限都是 0，此时分式的极限可能存在，也可能不存在，通常称这种极限为 $\dfrac{0}{0}$ **型未定式**. 例 4 之(2)就是 $\dfrac{0}{0}$ 型未定式.

例 5 求极限 $\lim\limits_{x\to 1}\left(\dfrac{2}{x^2-1}-\dfrac{1}{x-1}\right)$.

解 当 $x\to 1$ 时,$\dfrac{2}{x^2-1}\to\infty$,$\dfrac{1}{x-1}\to\infty$. 这是两个无穷大之差. 通常称这种极限为 $\infty-\infty$ **型未定式**. 先经恒等变形化成分式,再求极限.

$$I=\lim_{x\to 1}\dfrac{2-(x+1)}{x^2-1}=\lim_{x\to 1}\dfrac{-(x-1)}{(x-1)(x+1)}=-\dfrac{1}{2}.$$

例 6 求极限 $\lim\limits_{x\to 0}\dfrac{\sin x}{\sqrt{1+x}-1}$.

解 分母出现了根式,由复合函数的极限法则

$$\lim_{x\to 0}\sqrt{1+x}=\sqrt{\lim_{x\to 0}(1+x)}=\sqrt{1}=1.$$

这是 $\dfrac{0}{0}$ 型未定式. 可将分母、分子同乘上分母的共轭因子,再求极限.

$$I=\lim_{x\to 0}\dfrac{(\sqrt{1+x}+1)\sin x}{(\sqrt{1+x}-1)(\sqrt{1+x}+1)}=\lim_{x\to 0}\dfrac{\sin x}{x}(\sqrt{1+x}+1)=1\times 2=2.$$

例 7 求极限 $\lim\limits_{x\to 0}\dfrac{1-\cos x}{x^2}$.

解 注意到 $(1-\cos x)(1+\cos x)=1-\cos^2 x=\sin^2 x$,于是

$$I=\lim_{x\to 0}\dfrac{1-\cos^2 x}{x^2(1+\cos x)}=\lim_{x\to 0}\left(\dfrac{\sin x}{x}\right)^2\cdot\lim_{x\to 0}\dfrac{1}{1+\cos x}=1^2\times\dfrac{1}{1+1}=\dfrac{1}{2}.$$

例 8 求极限 $\lim\limits_{x\to 1}\dfrac{\sin(x-1)}{x^2-1}$.

解 这是 $\dfrac{0}{0}$ 型. 注意到 $x^2-1=(x-1)(x+1)$,令 $t=x-1$,则当 $x\to 1$ 时,$t\to 0$. 于是

$$I=\lim_{x\to 1}\dfrac{\sin(x-1)}{x-1}\cdot\dfrac{1}{x+1}=\lim_{t\to 0}\dfrac{\sin t}{t}\cdot\dfrac{1}{t+2}=1\times\dfrac{1}{2}=\dfrac{1}{2}.$$

由本例可知,若将极限 $\lim\limits_{x\to 0}\dfrac{\sin x}{x}=1$ 中的**自变量** x **换成** x **的函数** $\varphi(x)$,则有公式

$$\lim_{\varphi(x)\to 0}\dfrac{\sin\varphi(x)}{\varphi(x)}=1.$$

例 9 求极限 $\lim\limits_{x\to\infty}\dfrac{2x^2+5}{3x^2-4x+1}$.

解 分母、分子的极限都是无穷大. 用无穷小与无穷大之间的关系,将分母与分子同除以 x 的最高次幂 x^2,再求极限

$$I=\lim_{x\to\infty}\dfrac{2+\dfrac{5}{x^2}}{3-\dfrac{4}{x}+\dfrac{1}{x^2}}=\dfrac{2+0}{3-0+0}=\dfrac{2}{3}.$$

例 10 求极限 $\lim\limits_{x\to\infty}\dfrac{5x+6}{3x^2-4x+1}$.

解 分母与分子除以 x^2,再求极限

$$I = \lim_{x\to\infty}\frac{\dfrac{5}{x}+\dfrac{6}{x^2}}{3-\dfrac{4}{x}+\dfrac{1}{x^2}} = \frac{0}{3} = 0.$$

由例 9、例 10 可得一般结论：

$$\lim_{x\to\infty}\frac{a_0x^n+a_1x^{n-1}+\cdots+a_{n-1}x+a_n}{b_0x^m+b_1x^{m-1}+\cdots+b_{m-1}x+b_m}=\begin{cases}\dfrac{a_0}{b_0}, & \text{当 } n=m \text{ 时,}\\ 0, & \text{当 } n<m \text{ 时,}\\ \infty, & \text{当 } n>m \text{ 时.}\end{cases}$$

求分式的极限时，若分母、分子的极限都是无穷大 ∞，通常称这种极限为 $\dfrac{\infty}{\infty}$ 型未定式.

例 11　求极限 $\lim\limits_{x\to+\infty}\dfrac{3x^2+1}{\sqrt{4x^4-3x+1}}$.

解　这里出现了根式，仍用前例的方法，分母、分子同除以最高次幂 x^2，并用极限法则.

$$I=\lim_{x\to+\infty}\frac{3+\dfrac{1}{x^2}}{\sqrt{4-\dfrac{3}{x^3}+\dfrac{1}{x^4}}}=\frac{3}{2}.$$

例 12　求极限 $\lim\limits_{x\to\infty}\left(1+\dfrac{2}{x}\right)^{3x}$.

分析　(1) 这是幂指函数 $f(x)^{g(x)}$ 的极限. 若 $\lim f(x)=1, \lim g(x)=\infty$，这可看做是 1^∞ 型未定式.

(2) 在讲数列极限时，曾给出一个重要极限：$\lim\limits_{n\to\infty}\left(1+\dfrac{1}{n}\right)^n=\mathrm{e}$. 可以证明，该公式中的正整数 n 改为实数 x 时，公式仍然成立，即有

$$\lim_{x\to\infty}\left(1+\frac{1}{x}\right)^x=\mathrm{e}. \tag{3}$$

若作变量代换 $t=\dfrac{1}{x}$，则当 $x\to\infty$ 时，$t\to 0$. 于是上式又可写做

$$\lim_{t\to 0}(1+t)^{\frac{1}{t}}=\mathrm{e}. \tag{4}$$

解　为利用上述公式，令 $t=\dfrac{2}{x}$，则 $3x=\dfrac{6}{t}$. 于是

$$I=\lim_{t\to 0}(1+t)^{\frac{6}{t}}=\lim_{t\to 0}[(1+t)^{\frac{1}{t}}]^6=[\lim_{t\to 0}(1+t)^{\frac{1}{t}}]^6=\mathrm{e}^6.$$

例 13　求极限 $\lim\limits_{x\to 0}\dfrac{\ln(1+x)}{x}$.

解　用对数性质，并由复合函数的极限法则

$$I=\lim_{x\to 0}\ln(1+x)^{\frac{1}{x}}=\ln\lim_{x\to 0}(1+x)^{\frac{1}{x}}=\ln\mathrm{e}=1.$$

例 14　求极限 $\lim\limits_{x\to 0}\dfrac{\mathrm{e}^x-1}{x}$.

解 令 $t = e^x - 1$，则 $x = \ln(1+t)$，当 $x \to 0$ 时，$t \to 0$. 故 $I = \lim\limits_{t \to 0} \dfrac{t}{\ln(1+t)} \xlongequal{\text{由例 13}} 1$.

例 15 求极限 $\lim\limits_{x \to 0} (1 + \tan x)^{2 \cot x}$.

解 这是 1^∞ 型未定式. 令 $t = \tan x$，则 $I = \lim\limits_{t \to 0} (1+t)^{\frac{2}{t}} = e^2$.

由本例可知，若将公式 (3) 和 (4) 中的 x 换成 x 的函数 $\varphi(x)$，则有公式

$$\lim_{\varphi(x) \to \infty} \left(1 + \frac{1}{\varphi(x)}\right)^{\varphi(x)} = e \quad \text{和} \quad \lim_{\varphi(x) \to 0} (1 + \varphi(x))^{\frac{1}{\varphi(x)}} = e.$$

例 16 复利与贴现问题

(1) 现有本金 A_0（称为现在值），以年利率 r 贷出，若以复利计息，t 年末 A_0 将增值到 A_t（称为未来值），试计算 A_t.

(2) 若已知未来值 A_t，求现在值 A_0.

解 (1) 已知 A_0，计算 A_t，这是复利问题. 按离散情况计算利息，求 A_t.

若以**一年为 1 期计算利息**，则一年末的本利和为

$$A_1 = A_0(1+r),$$

可以推得，t 年末的本利和的**复利公式**是

$$A_t = A_0(1+r)^t. \tag{5}$$

若**一年计息 n 期**，且以 $\dfrac{r}{n}$ 为每期的利息来计算，则可推得 t 年末本利和的复利公式是

$$A_t = A_0\left(1 + \frac{r}{n}\right)^{nt}. \tag{6}$$

若以连续复利计息，即计息的"期"的时间无限缩短，从而计息次数 $n \to \infty$. 这时，由于

$$\lim_{n \to \infty} A_0 \left(1 + \frac{r}{n}\right)^{nt} = A_0 \lim_{n \to \infty} \left[\left(1 + \frac{r}{n}\right)^{\frac{n}{r}}\right]^{rt} = A_0 e^{rt},$$

所以，连续复利计算利息，其**复利公式**是

$$A_t = A_0 e^{rt}. \tag{7}$$

(2) 已知 A_t，计算 A_0，这是**贴现问题**. 由前述公式 (5)，(6) 和 (7) 可推得

若以一年为 1 期贴现，**贴现公式**是

$$A_0 = A_t(1+r)^{-t}.$$

若一年均分为 n 期贴现，**贴现公式**是

$$A_0 = A_t\left(1 + \frac{r}{n}\right)^{-nt}.$$

若以连续计息贴现，**贴现公式**是

$$A_0 = A_t e^{-rt}.$$

贴现公式中的利率 r 也称为**贴现率**.

例 17 设函数 $y = f(x)$ 为已知，且 $\lim\limits_{x \to +\infty} [f(x) - (ax+b)] = 0$，

(1) 试用含有 $f(x)$ 的极限式表示常数 a 和 b；

(2) 说明已知极限式的几何意义.

解 (1) 由已知式,有
$$\lim_{x\to+\infty} x\left[\frac{f(x)}{x} - a - \frac{b}{x}\right] = 0,$$
若上式成立,必有
$$\lim_{x\to+\infty}\left[\frac{f(x)}{x} - a - \frac{b}{x}\right] = 0,$$
因 $\lim_{x\to+\infty}\frac{b}{x} = 0$,故确定 a 的极限式为
$$\lim_{x\to+\infty}\frac{f(x)}{x} = a.$$

常数 a 已确定,将其代入已知极限式,由
$$\lim_{x\to+\infty}[f(x) - ax - b] = 0,$$
可得确定 b 的极限式为
$$\lim_{x\to+\infty}[f(x) - ax] = b.$$

(2) 一般而言,函数 $y = f(x)$ 的图形是一条曲线,而函数 $y = ax + b$ 的图形是一条直线. 由
$$\lim_{x\to+\infty}[f(x) - (ax + b)] = 0$$
可知,当 $x \to +\infty$ 时,曲线 $y = f(x)$ 上的点 $(x, f(x))$ 到直线 $y = ax + b$ 的距离将愈来愈近(图 1-22). 即曲线 $y = f(x)$ 沿着 x 轴正方向无限延伸时,将以直线 $y = ax + b$ 为渐近线. 当 $a \neq 0$ 时,直线 $y = ax + b$ 与 x 轴既不平行,也不垂直,通常称直线 $y = ax + b$ 是曲线 $y = f(x)$ 的**斜渐近线**.

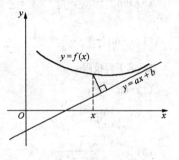

图 1-22

同样可以讨论极限式 $\lim_{x\to-\infty}[f(x) - (ax + b)] = 0$ 的几何意义.

由此例得到了**求曲线斜渐近线的方法**:
对曲线 $y = f(x)$,若
$$\lim_{x\to-\infty}\frac{f(x)}{x} = a \quad 并且 \quad \lim_{x\to-\infty}[f(x) - ax] = b,$$
或
$$\lim_{x\to+\infty}\frac{f(x)}{x} = a \quad 并且 \quad \lim_{x\to+\infty}[f(x) - ax] = b,$$
则**直线 $y = ax + b$ 是曲线 $y = f(x)$ 的斜渐近线**.

显然,曲线 $y = f(x)$ 的水平渐近线正是斜渐近线当斜率 $a = 0$ 时的特殊情况.

习 题 1.4

1. 用夹逼定理求下列极限:

(1) 设 $y_n = \dfrac{1}{\sqrt{n^2 + 1}} + \dfrac{1}{\sqrt{n^2 + 2}} + \cdots + \dfrac{1}{\sqrt{n^2 + n}}$,求 $\lim_{n\to\infty} y_n$;

(2) 设 $y_n = \dfrac{1}{n^2+n+1} + \dfrac{2}{n^2+n+2} + \cdots + \dfrac{n}{n^2+n+n}$，求 $\lim\limits_{n\to\infty} y_n$；

(3) 设 $y_n = \sqrt[n]{a_1^n + a_2^n + \cdots + a_m^n}$，其中 $a_i > 0$ ($i = 1, 2, \cdots, m$)，求 $\lim\limits_{n\to\infty} y_n$.

2. 求下列极限：

(1) $\lim\limits_{x\to -1}(x^3 - 2x + 3)$；

(2) $\lim\limits_{x\to 2} \dfrac{3x^2 + x - 8}{x - 1}$；

(3) $\lim\limits_{x\to 4} \dfrac{2x^2 - 3}{4 - x}$；

(4) $\lim\limits_{x\to -3} \dfrac{x+3}{x^2+x-6}$；

(5) $\lim\limits_{x\to 1} \dfrac{x^2 + x - 2}{x^3 - x^2 + x - 1}$；

(6) $\lim\limits_{x\to 1} \dfrac{x^n - 1}{x - 1}$ (n 是正整数)；

(7) $\lim\limits_{x\to 1} \dfrac{x + x^2 + \cdots + x^n - n}{x - 1}$ (n 是正整数)；

(8) $\lim\limits_{x\to 1} \dfrac{x^{n+1} - (n+1)x + n}{(x-1)^2}$ (n 是正整数)；

(9) $\lim\limits_{x\to 1} \dfrac{\sqrt{3-x} - \sqrt{1+x}}{x^2 - 1}$；

(10) $\lim\limits_{x\to 0} \dfrac{5x}{\sqrt[3]{1+x} - \sqrt[3]{1-x}}$；

(11) $\lim\limits_{x\to 1}\left(\dfrac{x}{x-1} - \dfrac{2}{x^2-1}\right)$；

(12) $\lim\limits_{x\to 0^+}\left(\dfrac{1}{\sqrt{x}} - \dfrac{2\sqrt{x} - 1}{x - \sqrt{x}}\right)$.

3. 求下列极限：

(1) $\lim\limits_{x\to 0} \dfrac{\tan x}{x}$；

(2) $\lim\limits_{x\to \infty} x \sin \dfrac{1}{x}$；

(3) $\lim\limits_{x\to 0} \dfrac{\sin \alpha x}{\sin \beta x}$ ($\beta \neq 0$)；

(4) $\lim\limits_{x\to 0} \dfrac{\sin(\sin x)}{x}$；

(5) $\lim\limits_{x\to 0} \dfrac{1 - \sqrt{1+x^2}}{\tan^2 x}$；

(6) $\lim\limits_{x\to \pi} \dfrac{\sqrt{1+\tan x} - \sqrt{1-\tan x}}{\sin 2x}$；

(7) $\lim\limits_{x\to a} \dfrac{\sin x - \sin a}{x - a}$；

(8) $\lim\limits_{x\to a} \dfrac{\cos x - \cos a}{x - a}$；

(9) $\lim\limits_{x\to 0} \dfrac{\arcsin x}{x}$；

(10) $\lim\limits_{x\to 0} \dfrac{\arctan x}{x}$.

4. 由下列极限确定 a, b 的值：

(1) 已知 $\lim\limits_{x\to 2} \dfrac{x-2}{x^2 + ax + b} = \dfrac{1}{8}$；

(2) $\lim\limits_{x\to 1} \dfrac{x^2 + ax + b}{\sin(x^2 - 1)} = 3$.

5. 求下列极限：

(1) $\lim\limits_{n\to\infty} \dfrac{n^2 - 3}{2n^2 - n + 4}$；

(2) $\lim\limits_{n\to\infty} \dfrac{(-1)^n + 3^{n+1}}{(-2)^{n+1} + 3^n}$；

(3) $\lim\limits_{x\to\infty} \dfrac{2x^2 - 1}{3x^2 - 2x - 1}$；

(4) $\lim\limits_{x\to\infty} \dfrac{(3-4x)^6 (2x-1)^{19}}{(5x+1)^{25}}$；

(5) $\lim\limits_{n\to\infty} \dfrac{\sqrt{n+1} - \sqrt{n}}{\sqrt{n+2} - \sqrt{n}}$；

(6) $\lim\limits_{x\to +\infty} \dfrac{\sqrt{2x^2 + x - 1}}{\sqrt[3]{4x^3 - x^2 - 3}}$；

(7) $\lim\limits_{x\to +\infty} \dfrac{\sqrt{x + \sqrt{x + \sqrt{x}}}}{\sqrt{x+1}}$；

(8) $\lim\limits_{x\to -\infty}(\sqrt{x^2 + x + 1} - \sqrt{x^2 - x + 1})$；

(9) $\lim\limits_{x\to\infty}(\sqrt{x^2 + 1} - \sqrt{x^2 - 1})$；

(10) $\lim\limits_{n\to\infty}(\sqrt{n+1} - \sqrt{n})\sqrt{n}$.

6. 求下列极限：

(1) $\lim\limits_{n\to\infty}\left(1 + \dfrac{1}{1+2} + \dfrac{1}{1+2+3} + \cdots + \dfrac{1}{1+2+\cdots+n}\right)$；

(2) $\lim\limits_{n\to\infty}\left(\dfrac{1}{1 \cdot 6} + \dfrac{1}{6 \cdot 11} + \dfrac{1}{11 \cdot 16} + \cdots + \dfrac{1}{(5n-4)(5n+1)}\right)$.

7. 求下列极限：

(1) $\lim\limits_{n\to\infty}\left(1+\dfrac{x}{n}\right)^n$；

(2) $\lim\limits_{x\to\infty}\left(1+\dfrac{k}{x}\right)^{mx}$ (k,m 为正整数)；

(3) $\lim\limits_{x\to\infty}\left(\dfrac{x-2}{x+2}\right)^{2x}$；

(4) $\lim\limits_{x\to 0}\sqrt[x]{1-2x}$；

(5) $\lim\limits_{x\to\infty}\left(\dfrac{x^2}{x^2-1}\right)^x$；

(6) $\lim\limits_{x\to+\infty}\left(1-\dfrac{1}{x}\right)^{\sqrt{x}}$；

(7) $\lim\limits_{x\to 1}(1-3\ln x)^{\frac{1}{\ln x}}$；

(8) $\lim\limits_{x\to 1}(1+\sin\pi x)^{\cot\pi x}$；

(9) $\lim\limits_{x\to 2}\left(\dfrac{x}{2}\right)^{\frac{2}{x-2}}$；

(10) $\lim\limits_{x\to 0}(\cos x)^{\frac{1}{1-\cos x}}$.

8. 10 万元按年利率 5% 连续复利，10 年后本利和为多少万元？

9. 设年贴现率为 4%，按连续计息贴现，现投资多少万元，20 年后可得 50 万元？

10. 设 $f(x)=\dfrac{x^2-4}{3x^2+5x-2}$，求下列极限：

(1) $\lim\limits_{x\to 2}f(x)$；

(2) $\lim\limits_{x\to -2}f(x)$；

(3) $\lim\limits_{x\to \frac{1}{3}}f(x)$；

(4) $\lim\limits_{x\to\infty}f(x)$.

11. 设 $f(x)=\dfrac{4x^2+3}{x-1}+ax+b$，按下列条件确定 a,b 的值：

(1) $\lim\limits_{x\to\infty}f(x)=0$；

(2) $\lim\limits_{x\to 1}f(x)=\infty$；

(3) $\lim\limits_{x\to\infty}f(x)=2$；

(4) $\lim\limits_{x\to 0}f(x)=1$.

12. 求 $\lim\limits_{x\to+\infty}\sin\dfrac{\sqrt{x+1}-\sqrt{x}}{2}$.

13. 设 $f(x)=\left(\dfrac{1+x}{2+x}\right)^{\frac{1-\sqrt{x}}{1-x}}$，求 $\lim\limits_{x\to 0}f(x),\lim\limits_{x\to 1}f(x),\lim\limits_{x\to\infty}f(x)$.

14. 求曲线的渐近线：

(1) $y=3+\dfrac{2x^2+1}{(x-1)^2}$；

(2) $y=\dfrac{x}{2}+\arctan x$；

(3) $y=\ln\dfrac{x^2-3x+2}{x^2+1}$；

(4) $y=\ln(1+e^x)$.

15. 由已知条件确定 a,b 的值，并说明极限式的几何意义：

(1) $\lim\limits_{x\to\infty}\left(\dfrac{x^2+1}{x+1}-ax-b\right)=0$；

(2) $\lim\limits_{x\to+\infty}(\sqrt{x^2-x+1}-ax-b)=0$.

§1.5 无穷小的比较

我们已经知道，以零为极限的变量称为无穷小．不过，不同的无穷小收敛于零的速度有快有慢；当然，快慢是相对的．对此，我们通过考察两个无穷小之比，引进无穷小阶的概念．

例如，当 $x\to 0$ 时，$x^2, x^{\frac{1}{3}}, 2x, \sin x$ 都是无穷小．我们若以 x 收敛于零的速度作为标准，将上述无穷小与 x 相比较．由于

$$\lim_{x\to 0}\frac{x^2}{x}=0,\quad \lim_{x\to 0}\frac{x^{\frac{1}{3}}}{x}=\infty,\quad \lim_{x\to 0}\frac{2x}{x}=2,\quad \lim_{x\to 0}\frac{\sin x}{x}=1,$$

显然,当 $x \to 0$ 时,它们收敛于零的速度与 x 相比是不同的,其中

x^2 较 x 为快,称 x^2 是比 x 较高阶的无穷小;

$x^{\frac{1}{3}}$ 较 x 为慢,称 $x^{\frac{1}{3}}$ 是比 x 较低阶的无穷小;

$2x$ 与 x 只是相差一个倍数,称 $2x$ 与 x 是同阶无穷小;

$\sin x$ 与 x 应该说几乎是一致的,称 $\sin x$ 与 x 是等价无穷小.

一般,有如下定义.

定义 设 $\alpha(\alpha \neq 0)$ 和 β 是同一极限过程中的无穷小:

若 $\lim \dfrac{\beta}{\alpha} = 0$,则称 β 是比 α 较**高阶**的无穷小,记做 $\beta = o(\alpha)$;

若 $\lim \dfrac{\beta}{\alpha} = \infty$,则称 β 是比 α 较**低阶**的无穷小;

若 $\lim \dfrac{\beta}{\alpha} = C$($C$ 是不为零的常数),则称 β 与 α 是**同阶**无穷小;

若 $\lim \dfrac{\beta}{\alpha} = 1$,则称 β 与 α 是**等价**无穷小,记做 $\beta \sim \alpha$.

显然,等价无穷小是同阶无穷小的特殊情形,即 $C=1$ 的情形. 又等价无穷小具有对称性,即若 $\beta \sim \alpha$,则 $\alpha \sim \beta$.

注 不是任何两个无穷小都可进行比较. 例如,当 $x \to 0$ 时,$x \sin \dfrac{1}{x}$ 是无穷小,而

$$\lim_{x \to 0} \frac{x \sin \dfrac{1}{x}}{x} = \lim_{x \to 0} \sin \frac{1}{x} \text{ 不存在(也不是 } \infty \text{)},$$

故 $x \sin \dfrac{1}{x}$ 与 x 就不能进行比较.

例 1 证明:当 $x \to 0$ 时,$\sqrt{1+x} - \sqrt{1-x} \sim x$.

证 由于

$$\lim_{x \to 0} \frac{\sqrt{1+x} - \sqrt{1-x}}{x} = \lim_{x \to 0} \frac{1+x-(1-x)}{x(\sqrt{1+x} + \sqrt{1-x})} = 1,$$

故当 $x \to 0$ 时,$\sqrt{1+x} - \sqrt{1-x} \sim x$.

等价无穷小有下面**性质**.

定理 1 β 与 α 是等价无穷小的**充分必要条件**为

$$\beta = \alpha + o(\alpha).$$

证 由 §1.4 定理 4(极限与无穷小的关系),有

$$\lim \frac{\beta}{\alpha} = 1 \Leftrightarrow \frac{\beta}{\alpha} = 1 + \gamma \quad (\gamma \to 0)$$

$$\Leftrightarrow \beta = \alpha + \gamma \alpha$$

$$\Leftrightarrow \beta = \alpha + o(\alpha).$$

最后一式成立,是因为 $\gamma \alpha$ 是比 α 较高阶的无穷小.

例如,当 $x\to 0$ 时,因 $\sin x\sim x$, $1-\cos x\sim\dfrac{1}{2}x^2$(见§1.4 例7),故当 $x\to 0$ 时,有 $\sin x=x+o(x)$, $1-\cos x=\dfrac{1}{2}x^2+o(x^2)$.

定理2(代换与传递性质) 设 $\alpha\neq 0,\beta\neq 0,\gamma\neq 0$ 且 $\lim\alpha=0,\lim\beta=0,\lim\gamma=0$.

(1) 若 $\alpha\sim\gamma$,则
$$\lim\alpha\beta=\lim\gamma\beta,\quad \lim\frac{\beta}{\alpha}=\lim\frac{\beta}{\gamma},\quad \lim\frac{\alpha}{\beta}=\lim\frac{\gamma}{\beta}.$$

(2) 若 $\alpha\sim\beta,\beta\sim\gamma$,则 $\alpha\sim\gamma$.

证 (1) $\lim\alpha\beta=\lim\dfrac{\alpha}{\gamma}\gamma\beta=\lim\dfrac{\alpha}{\gamma}\lim\gamma\beta=\lim\gamma\beta$,

$\lim\dfrac{\beta}{\alpha}=\lim\dfrac{\beta}{\gamma}\cdot\dfrac{\gamma}{\alpha}=\lim\dfrac{\beta}{\gamma}\lim\dfrac{\gamma}{\alpha}=\lim\dfrac{\beta}{\gamma}$,

$\lim\dfrac{\alpha}{\beta}=\lim\dfrac{\alpha}{\gamma}\cdot\dfrac{\gamma}{\beta}=\lim\dfrac{\alpha}{\gamma}\lim\dfrac{\gamma}{\beta}=\lim\dfrac{\gamma}{\beta}$.

(2) 因
$$\lim\frac{\alpha}{\gamma}=\lim\frac{\alpha}{\beta}\cdot\frac{\beta}{\gamma}=\lim\frac{\alpha}{\beta}\cdot\lim\frac{\beta}{\gamma}=1,$$

所以 $\alpha\sim\gamma$.

定理2之(1)说明,在乘、除的极限运算中,可以用等价无穷小代换,而不改变其极限.但请读者注意,在和、差的极限运算中,不宜用等价无穷小代换.请见本节例5.在计算比较复杂的极限式时,若能用上述定理2之(2),即用上述等价无穷小的传递性质,则将使极限运算简化.

我们经常用到的等价无穷小有,当 $x\to 0$ 时:

$\sin x\sim x,\quad \tan x\sim x,\quad \sin(\sin x)\sim x,\quad \arcsin x\sim x,\quad \arctan x\sim x,$

$\ln(1+x)\sim x,\quad e^x-1\sim x,\quad \sqrt{1+x}-\sqrt{1-x}\sim x,\quad a^x-1\sim x\ln a,$

$1-\cos x\sim\dfrac{x^2}{2},\quad \sqrt{1+x}-1\sim\dfrac{x}{2},\quad (1+x)^{\frac{1}{n}}-1\sim\dfrac{x}{n}.$

例2 求极限 $\lim\limits_{x\to 0}\dfrac{\ln(1+x)}{\sqrt{1+x}-1}$.

解 由于当 $x\to 0$ 时,$\ln(1+x)\sim x$,$\sqrt{1+x}-1\sim\dfrac{x}{2}$,故
$$I=\lim_{x\to 0}\frac{x}{\frac{x}{2}}=2.$$

例3 求极限 $\lim\limits_{x\to 0}\dfrac{\ln(1+xe^x)}{\tan 2x}$.

解 由于当 $x\to 0$ 时,$\ln(1+xe^x)\sim xe^x$,$\tan 2x\sim 2x$,故
$$I=\lim_{x\to 0}\frac{xe^x}{2x}=\frac{1}{2}.$$

例 4 求极限 $\lim\limits_{x\to 0}\dfrac{\sqrt{1+x\sin x}-1}{e^{x^2}-1}$.

解 由于当 $x\to 0$ 时,$\sqrt{1+x\sin x}-1\sim\dfrac{x\sin x}{2}\sim\dfrac{x^2}{2}$,$e^{x^2}-1\sim x^2$,故

$$I=\lim_{x\to 0}\dfrac{\dfrac{x^2}{2}}{x^2}=\dfrac{1}{2}.$$

例 5 求极限 $\lim\limits_{x\to 0}\dfrac{\tan x-\sin x}{x^3}$.

解 $I=\lim\limits_{x\to 0}\dfrac{\sin x\left(\dfrac{1}{\cos x}-1\right)}{x^3}=\lim\limits_{x\to 0}\dfrac{\sin x}{x}\cdot\dfrac{1-\cos x}{x^2\cos x}=\lim\limits_{x\to 0}\dfrac{\dfrac{x^2}{2}}{x^2\cos x}=\dfrac{1}{2}$.

再看下面解法:因 $\sin x\sim x$,$\tan x\sim x$,所以

$$\lim_{x\to 0}\dfrac{\tan x-\sin x}{x^3}=\lim_{x\to 0}\dfrac{x-x}{x^3}=0.$$

显然,这种解法是错误的.

习 题 1.5

1. 当 $x\to 0$ 时,试将下列无穷小与无穷小 x^2 进行比较,确定是较高阶无穷小,较低阶无穷小,同阶无穷小,还是等价无穷小:

(1) $\sqrt{5+x^3}-\sqrt{5}$; (2) $\tan\sqrt{x^2}$;

(3) $\sec x-1$; (4) $\sqrt{1+\sin^2 x}-\sqrt{1-\sin^2 x}$.

2. 证明:当 $x\to 0$ 时,

(1) $(1+x)^{\frac{1}{n}}-1\sim\dfrac{x}{n}$; (2) $\ln(1+\sqrt{x\sin x})\sim|\tan x|$.

3. 用等价无穷小代换,计算下列极限:

(1) $\lim\limits_{x\to 0}\dfrac{1-\cos x}{\sin x\tan x}$; (2) $\lim\limits_{x\to 0}\dfrac{\ln(1-x^2)}{e^{x^2}-1}$; (3) $\lim\limits_{x\to 0}\dfrac{\cos x(e^{\tan x}-1)^2}{\sqrt{1+x\tan x}-1}$;

(4) $\lim\limits_{x\to 0}\dfrac{\arctan\dfrac{x}{\sqrt{1-x^2}}}{\ln(1-x)}$; (5) $\lim\limits_{x\to 0}\dfrac{\ln(1+xe^x)}{\ln(x+\sqrt{1+x^2})}$; (6) $\lim\limits_{x\to+\infty}x(a^{\frac{1}{x}}-b^{\frac{1}{x}})(a,b>0)$.

4. 若 $x\to 0$ 时,$(1-ax^2)^{\frac{1}{4}}-1\sim x\sin x$,试确定 a 的值.

§1.6 函数的连续与间断

一、函数的连续性概念

客观世界的许多现象都是连续变化的,所谓连续就是不间断.例如,物体运动时,路程是随时间连续增加的;气温是随时间不间断地上升或下降.若从函数的观点看,路程是时间的函数,气温是时间的函数,当时间——自变量——变化很微小时,路程、气温——函数——

相应地变化也很微小.在数学上,这就是连续函数,它反映了变量逐渐变化的过程.数学上的连续性概念,正是人们头脑中已存在着的这些连续形象的抽象.

我们用图形来阐明函数在一点连续与间断最本质的数量特征.在图 1-23 中,作为区间 $[a,b]$ 上的曲线 $y=f(x)$,在点 x_1 处曲线断开了,x_1 就是函数 $f(x)$ 的间断点;在点 x_0 处曲线是连续的,x_0 就是函数 $f(x)$ 的连续点.在 x_1 处,曲线 $y=f(x)$ 上的点的横坐标 x 从 x_1 左侧近旁变到右侧近旁

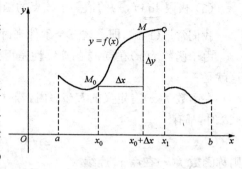

图 1-23

时,曲线上的点的纵坐标 y 呈现跳跃,即在 x_1 处,当自变量有微小改变时,相应的函数值有显著改变.在点 x_0 处,曲线 $y=f(x)$ 上的点的横坐标 x 自 x_0 向左或向右作微小移动时,其相应的纵坐标 y 呈渐变.换言之,自变量 x 在 x_0 处有微小改变时,相应的函数值 y 也有微小改变.

我们用数学式子来表达上述说法.对函数 $y=f(x)$,假设自变量由 x_0 改变到 $x_0+\Delta x$,自变量改变了 Δx,这时,函数值**相应地**由 $f(x_0)$ 改变到 $f(x_0+\Delta x)$,若记 Δy 为函数相应的改变量,则

$$\Delta y = f(x_0 + \Delta x) - f(x_0).$$

按这种记法,在 x_0 处,当 Δx 很微小时,Δy 也很微小.特别当 $\Delta x \to 0$ 时,也有 $\Delta y \to 0$.这就是函数 $y=f(x)$ 在点 x_0 处连续的实质.

由以上分析得到函数在一点连续的定义.

定义 在函数 $y=f(x)$ 有定义的 $U(x_0)$ 内,若

$$\lim_{\Delta x \to 0}\Delta y = \lim_{\Delta x \to 0}[f(x_0 + \Delta x) - f(x_0)] = 0,$$

则称**函数** $f(x)$ **在点** x_0 **连续**,称 x_0 为函数的**连续点**.

若记 $x=x_0+\Delta x$,则 $\Delta x = x-x_0$,相应地函数的改变量为

$$\Delta y = f(x) - f(x_0),$$

当 $\Delta x \to 0$ 时,即 $x \to x_0$ 时,$\Delta y \to 0$,即 $[f(x)-f(x_0)] \to 0$,也即 $f(x) \to f(x_0)$.于是,函数 $y=f(x)$**在点** x_0 **连续的定义又可叙述为**

在函数 $y=f(x)$ 有定义的 $U(x_0)$ 内,若

$$\lim_{x \to x_0} f(x) = f(x_0), \tag{1}$$

则称**函数** $f(x)$ **在点** x_0 **连续**.

依(1)式,函数 $f(x)$ 在点 x_0 连续须下述三个条件皆满足:

(1) 在 $U(x_0)$ 内有定义;

(2) 极限 $\lim\limits_{x \to x_0} f(x)$ 存在;

(3) 极限 $\lim\limits_{x \to x_0} f(x)$ 的值等于该点的函数值 $f(x_0)$.

我们常用(1)式,即上述三个条件来讨论函数 $f(x)$ 在点 x_0 处是否连续.

由于函数 $f(x)$ 在点 x_0 的连续性是用极限形式来表达的,所以也可用"ε-δ"**语言来叙述**,这就是:

在函数 $f(x)$ 有定义的 $U(x_0)$ 内,若对任意给定的正数 ε,总存在正数 δ,使得当 $|x-x_0|<δ$ 时,都有

$$|f(x)-f(x_0)|<ε,$$

则称函数 $f(x)$ 在点 x_0 连续.

由函数 $f(x)$ 在点 x_0 左极限与右极限的概念,立即得到函数 $f(x)$ 在点 x_0 左连续与右连续的概念.

若 $\lim\limits_{x \to x_0^-} f(x) = f(x_0)$,则称函数 $f(x)$ 在点 x_0 **左连续**;

若 $\lim\limits_{x \to x_0^+} f(x) = f(x_0)$,则称函数 $f(x)$ 在点 x_0 **右连续**.

由此可知,函数 $f(x)$ 在点 x_0 连续的**充分必要条件**是:函数 $f(x)$ **在点 x_0 既左连续,又右连续**,即

$$\lim_{x \to x_0} f(x) = f(x_0) \Leftrightarrow \lim_{x \to x_0^-} f(x) = f(x_0) = \lim_{x \to x_0^+} f(x).$$

例 1 讨论函数 $f(x) = |x|$ 在点 $x=0$ 处的连续性.

解 首先,$f(x)$ 在 $x=0$ 有定义且 $f(0)=0$.其次,由于

$$f(0^-) = \lim_{x \to 0^-} |x| = \lim_{x \to 0^-} (-x) = 0 = f(0),$$
$$f(0^+) = \lim_{x \to 0^+} |x| = \lim_{x \to 0^+} x = 0 = f(0),$$

所以,函数 $f(x)$ 在 $x=0$ 既左连续,又右连续,从而它在 $x=0$ 是连续的(见图 1-3).

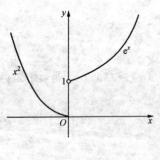

图 1-24

例 2 讨论函数 $f(x) = \begin{cases} x^2, & x \leqslant 0, \\ e^x, & x > 0 \end{cases}$ 在 $x=0$ 处的连续性.

解 依题设,$f(0)=0$,又

$$\lim_{x \to 0^-} f(x) = \lim_{x \to 0^-} x^2 = 0, \quad \lim_{x \to 0^+} f(x) = \lim_{x \to 0^+} e^x = 1,$$

即函数在 $x=0$ 处左连续,但不右连续,故它在 $x=0$ 处不连续(图 1-24).

该题也可如下表述:因为 $\lim\limits_{x \to 0^-} f(x) \neq \lim\limits_{x \to 0^+} f(x)$,即极限 $\lim\limits_{x \to 0} f(x)$ 不存在,故 $f(x)$ 在 $x=0$ 不连续.

函数在一点连续的定义,很自然的可以拓广到一个区间上.

若函数 $f(x)$ 在区间 I 上每一点都连续,则称函数 $f(x)$ **在区间 I 上连续**,或称 $f(x)$ 为区

间 I 上的**连续函数**. 对函数 $f(x)$ 在闭区间 $[a,b]$ 上连续,则要求 $f(x)$ 在开区间 (a,b) 上连续,并要求在左端点 a 右连续,在右端点 b 左连续,即

$$\lim_{x \to a^+} f(x) = f(a), \quad \lim_{x \to b^-} f(x) = f(b).$$

二、函数的间断点及其分类

若函数 $f(x)$ 在点 x_0 不满足连续的定义,则称点 x_0 是函数 $f(x)$ 的**不连续点**或**间断点**. 若 x_0 是函数 $f(x)$ 的间断点,按(1)式,所有可能出现的情况是:

或者函数 $f(x)$ 在 x_0 的左、右邻近有定义,而在 x_0 没有定义;

或者极限 $\lim\limits_{x \to x_0} f(x)$ 不存在;

或者极限 $\lim\limits_{x \to x_0} f(x)$ 存在,但不等于 $f(x_0)$.

函数的间断点通常分为**第一类间断点**和**第二类间断点**.

1. 第一类间断点

设 x_0 是函数 $f(x)$ 的间断点,若函数 $f(x)$ 在 x_0 处的左、右极限都存在,则称点 x_0 是**第一类间断点**. 其中,左、右极限不相等的,称点 x_0 为**跳跃间断点**,如前述例 2 中的函数,$x=0$ 就是跳跃间断点;左、右极限相等的,即存在极限 $\lim\limits_{x \to x_0} f(x) = A$,则称点 x_0 为函数 $f(x)$ 的**可去间断点**.

若 x_0 是可去间断点,其间断的原因:或者函数 $f(x)$ 在 x_0 的左、右邻近有定义,而在 x_0 没有定义;或者 $f(x)$ 在 x_0 有定义,但极限 $\lim\limits_{x \to x_0} f(x)$ 的值 A 不等于函数值 $f(x_0)$.

例 3 函数 $f(x) = x\sin\dfrac{1}{x}$ 在 $x=0$ 处没有定义,$x=0$ 是其间断点,由于

$$\lim_{x \to 0} x\sin\frac{1}{x} = 0,$$

即函数 $f(x)$ 在 $x=0$ 处的极限存在,所以 $x=0$ 是函数的可去间断点.

这时,在 $x=0$ 补充定义函数值,令其函数值等于极限值:$f(0)=0$,即①

$$f(x) = \begin{cases} x\sin\dfrac{1}{x}, & x \neq 0, \\ 0, & x = 0. \end{cases}$$

显然,函数 $f(x)$ 在 $x=0$ 就由间断变为连续了.

例 4 函数 $f(x) = \begin{cases} x^2, & x \neq 1, \\ 2, & x = 1 \end{cases}$,在 $x=1$ 处,因为

$$\lim_{x \to 1} f(x) = \lim_{x \to 1} x^2 = 1 \neq 2 = f(1),$$

即在 $x=1$ 处,函数 $f(x)$ 的极限值不等于函数值,所以 $x=1$ 是函数的可去间断点.

---

① 此处的函数与原给函数 $f(x)$ 已经不相同,但从问题的性质出发,此处仍记做 $f(x)$,以下均如此.

这时,改变函数在 $x=1$ 处的函数值,使其等于极限值,即令 $f(1)=1$,有

$$f(x)=\begin{cases} x^2, & x\neq 1, \\ 1, & x=1, \end{cases}$$

则函数 $f(x)$ 在 $x=1$ 处就由间断变为连续了.

2. 第二类间断点

除第一类间断点,函数所有其他形式的间断点,即函数在点 x_0 至少有一侧极限不存在,统称为**第二类间断点**.

例如,$x=0$ 是函数 $y=\dfrac{1}{x}$ 和 $y=\sin\dfrac{1}{x}$ 的第二类间断点,但它们的情况也不同:

当 $x\to 0$ 时,$y=\dfrac{1}{x}\to\infty$. 这种间断点(因为极限为 ∞)也称为**无穷型间断点**. 由图 1-15 看到,这时,曲线 $y=\dfrac{1}{x}$ 以直线 $x=0$ 为垂直渐近线. 由此可知,在函数 $y=f(x)$ 的无穷型间断点处,曲线 $y=f(x)$ 有垂直渐近线[①].

当 $x\to 0$ 时,$y=\sin\dfrac{1}{x}$ 在 -1 和 $+1$ 之间无限次振荡,这种间断点又称为**振荡间断点**.

习 题 1.6

1. 下列函数在 $x=1$ 处是否连续?若不连续,其原因是什么?

(1) $f(x)=\begin{cases}\dfrac{x^2-3x+2}{\ln x}, & x\neq 1, \\ 1, & x=1;\end{cases}$ (2) $f(x)=\begin{cases} e^{\frac{1}{x-1}}, & x<1, \\ 1, & x=1, \\ \dfrac{\sin(x-1)}{x-1}, & x>1.\end{cases}$

2. 确定 k 的值,使函数 $f(x)=\begin{cases}\dfrac{\ln x-1}{x-e}, & x\neq e, \\ k, & x=e\end{cases}$ 在 $x=e$ 处连续.

3. 确定 a,b 的值,使函数 $f(x)=\begin{cases} x^2, & x<1, \\ ax+b, & 1\leqslant x\leqslant 3, \\ x^3, & x>3\end{cases}$ 在 $x=1$ 和 $x=3$ 处连续.

4. 求出下列函数的间断点及其类型,若是可去间断点,设法使其变成连续函数:

(1) $f(x)=\sin x\cos\dfrac{1}{x}$;   (2) $f(x)=\arctan\dfrac{1}{x}$;

(3) $f(x)=\cos\dfrac{1}{x}$;   (4) $f(x)=\mathrm{sgn}|x|$;

(5) $f(x)=e^{x+\frac{1}{x}}$;   (6) $f(x)=\dfrac{x^2-x}{|x|(x^2-1)}$;

(7) $f(x)=\dfrac{1}{1-e^{\frac{x}{1-x}}}$;   (8) $f(x)=\dfrac{2^{\frac{1}{x}}-1}{2^{\frac{1}{x}}+1}+\sin(x-1)\sin\dfrac{1}{x-1}$.

[①] 函数 $y=\ln x$ 在区间 $(0,+\infty)$ 内有定义,曲线 $y=\ln x$ 在区间端点 $x=0$ 处有垂直渐近线 $x=0$. 此例表明,曲线的垂直渐近线并不是都出现在间断点处.

§1.7 连续函数的性质

一、连续函数的运算性质

定理 1（四则运算性质） 若函数 $f(x)$ 和 $g(x)$ 在点 x_0 连续，则这两个函数的和（或差）$f(x)\pm g(x)$，乘积 $f(x)\cdot g(x)$，商 $\dfrac{f(x)}{g(x)}(g(x_0)\neq 0)$ 在点 x_0 也连续.

由极限四则运算法则和函数在点 x_0 连续的定义直接可推得上述结论.

定理 2（复合函数的连续性） 设函数 $u=\varphi(x)$ 在点 x_0 连续，且 $\varphi(x_0)=u_0$；又函数 $y=f(u)$ 在点 u_0 连续，则复合函数 $f(\varphi(x))$ **在点 x_0 连续**，即
$$\lim_{x\to x_0}f(\varphi(x))=f(\varphi(x_0)).$$

定理 3（反函数的连续性） 若函数 $y=f(x)$ 在区间 I 上单调增加（或单调减少）且连续，则它的反函数 $x=f^{-1}(y)$ 在相应的区间上单调增加（或单调减少）且连续.

从图形上看该定理成立是显然的. 设函数 $y=f(x)$ 在区间 $[a,b]$ 上单调增加且连续，则它的图形（图 1-25）是一条连续上升的曲线. 而函数 $y=f(x)$ 与其反函数 $x=f^{-1}(y)$ 的图形是同一条曲线，由此，函数 $x=f^{-1}(y)$ 在对应的区间 $[f(a),f(b)]$ 上也单调增加且连续.

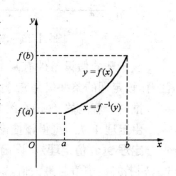

图 1-25

二、初等函数的连续性

关于基本初等函数的连续性，有如下**结论**.

可以证明**基本初等函数在其定义域内都是连续的**.

由初等函数的定义、基本初等函数的连续性和定理 1、定理 2，可得到一个重要结论：

初等函数在其有定义的区间内都是连续的.

根据这一结论，求初等函数在其定义区间内某点 x_0 的极限时，只要求出该点的函数值即可.

三、闭区间上连续函数的性质

函数 $f(x)$ 在点 x_0 的连续性，这是函数的局部性质. 连续函数在闭区间上的性质，这可理解为函数的整体性质.

先给出最大值与最小值的概念.

设函数 $f(x)$ 在区间 I 上有定义，若 $x_0\in I$，且对该区间内的一切 x，有
$$f(x)\leqslant f(x_0) \quad \text{或} \quad f(x)\geqslant f(x_0),$$
则称 $f(x_0)$ 是函数 $f(x)$ 在区间 I 上的**最大值**或**最小值**.

定理 4（最大值、最小值定理） 若函数 $f(x)$ 在闭区间 $[a,b]$ 上连续,则 $f(x)$ **在 $[a,b]$ 上有最大值与最小值**.

从图形上看（图 1-26）,定理的结论成立是显然的. 包括端点的一段连续曲线,必定有一点 $(x_1, f(x_1))$ 最低,也有一点 $(x_2, f(x_2))$ 最高.

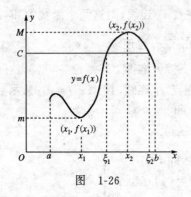
图　1-26

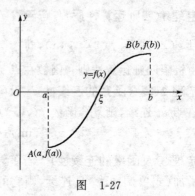
图　1-27

该定理的假设条件有两个：一是闭区间,二是函数连续. 这两个条件缺一不可,但又须注意,该定理的条件仅是充分条件,而非必要条件.

推论 若函数 $f(x)$ 在闭区间 $[a,b]$ 上连续,则 $f(x)$ 在 $[a,b]$ 上**有界**.

由定理 4 立即可得该推论：在闭区间上有最大值与最小值的函数必然是有界函数.

定理 5（介值定理） 设函数 $f(x)$ 在闭区间 $[a,b]$ 上连续,m 和 M 分别为函数 $f(x)$ 在 $[a,b]$ 上的最小值与最大值,则对介于 m 和 M 之间的任一数 $C: m < C < M$,在开区间 (a,b) 内至少存在一点 ξ,使得

$$f(\xi) = C.$$

该定理的几何意义是：连续曲线弧 $y = f(x)$ 与水平直线 $y = C$ 至少相交于一点.

由图 1-26 看出,连续曲线弧 $y = f(x)$ 与直线 $y = C$ 交于两点,其横坐标分别为 ξ_1 和 ξ_2. 于是

$$f(\xi_1) = f(\xi_2) = C.$$

定理 6（零点定理） 若函数 $f(x)$ 在闭区间 $[a,b]$ 上连续,且 $f(a)$ 与 $f(b)$ 异号,则在 (a,b) 内至少存在一点 ξ,使得

$$f(\xi) = 0.$$

由图 1-27 我们可以看出这一结论：若点 $A(a, f(a))$ 与点 $B(b, f(b))$ 分别在 x 轴的上下两侧,则连接点 A 与点 B 的连续曲线 $y = f(x)$ 至少与 x 轴有一个交点. 若交点为 $(\xi, 0)$,则显然 $f(\xi) = 0$.

显然,零点定理是介值定理的特例.

零点定理说明方程 $f(x) = 0$ 在区间 (a,b) 内至少存在一个根.

例 证明方程 $x^5 - 3x = 1$ 至少有一个根介于 1 与 2 之间.

证 这是要证明所给方程在区间 $(1, 2)$ 内至少有一个根.

令 $f(x)=x^5-3x-1$，则 $f(x)$ 在闭区间 $[1,2]$ 上连续，并且
$$f(1)=-3<0,\quad f(2)=25>0.$$
由零点定理知，在区间 $(1,2)$ 内至少存在一点 ξ，使 $f(\xi)=0$，即所给方程在 $(1,2)$ 内至少有一个根.

习 题 1.7

1. 求函数 $f(x)=\dfrac{1}{\sqrt{x^2-3x+2}}$ 的连续区间.

2. 设 $f(x)=\begin{cases}x,&x<1,\\a,&x\geqslant 1,\end{cases}$ $g(x)=\begin{cases}b,&x<0,\\x+2,&x\geqslant 0,\end{cases}$ 确定 a,b 的值，使函数 $F(x)=f(x)+g(x)$ 在区间 $(-\infty,+\infty)$ 内连续.

3. 设 $f(x)=\lim\limits_{n\to\infty}\dfrac{1-x^{2n}}{1+x^{2n}}\cdot x$，求函数 $f(x)$ 的连续区间和间断点，并考察 $f(x)$ 在间断点处的左右极限.

4. 函数 $f(x)=\begin{cases}\mathrm{e}^{\frac{1}{x}},&-1\leqslant x\leqslant 1,\text{但}\ x\neq 0,\\0,&x=0\end{cases}$ 在其定义域上是否有最大值？是否有最小值？

5. 证明方程 $x2^x=1$ 至少有一个小于 1 的正根.

6. 证明方程 $x^2\cos x-\sin x=0$ 在区间 $\left(\pi,\dfrac{3}{2}\pi\right)$ 内至少有一个根.

7. 设函数 $f(x)$ 在区间 $[0,1]$ 上非负连续，且 $f(0)=f(1)=0$，则对实数 $a(0<a<1)$，必有 $\xi\in[0,1)$，使
$$f(\xi+a)=f(\xi).$$

总 习 题 一

1. 填空题

(1) 已知 $f(\mathrm{e}^x)=a^x(x^2-1)$，则 $f(x)=$ _____ ；

(2) 已知 $f(x)=\dfrac{4x}{x-1}$，则 $f^{-1}(3)=$ _____ ；

(3) 设 $f(x)=a^x$，则 $\lim\limits_{n\to\infty}\dfrac{1}{n^2}\ln[f(1)f(2)\cdots f(n)]=$ _____ ；

(4) $\lim\limits_{x\to+\infty}\arccos(\sqrt{x^2+x}-x)=$ _____ ；

(5) $\lim\limits_{x\to 0}(\ln(1-x)+\mathrm{e}^{-1/x^2})\arctan\dfrac{1}{x}=$ _____ ；

(6) $\lim\limits_{x\to 0}\dfrac{3\arcsin x+\mathrm{e}^{x^2}-\cos x}{\tan x-\ln(1-x^3)}=$ _____ ；

(7) 设函数 $f(x)$ 连续，且 $\lim\limits_{x\to 0}\left[\dfrac{f(x)}{x}-\dfrac{1}{x}-\dfrac{\sin x}{x^2}\right]=2$，则 $f(0)=$ _____ ；

(8) 函数 $f(x)=\lim\limits_{n\to\infty}\dfrac{1+x}{1+x^{2n}}$ 的连续区间是 _____ .

2. 单项选择题

(1) 设 $f(x)=\dfrac{x}{x-1}$，若以 $\overline{f}(x)$ 表示 $f(3x)$，则正确的是（　　）；

(A) $\dfrac{3f(x)}{3f(x)-1}$ (B) $\dfrac{3f(x)}{3f(x)-3}$ (C) $\dfrac{3f(x)}{2f(x)+1}$ (D) $\dfrac{3f(x)}{2f(x)-1}$

(2) 对任何 $x\in(1,a)$，设 $f(x)=\log_a x$，则正确的是（　　）；

(A) $f(f(x))<f(x^2)<[f(x)]^2$ 　　(B) $f(f(x))<[f(x)]^2<f(x^2)$
(C) $f(x^2)<f(f(x))<[f(x)]^2$ 　　(D) $[f(x)]^2<f(x^2)<f(f(x))$

(3) 设 $\{x_n\},\{y_n\},\{z_n\}$ 均为非负数列，且 $\lim\limits_{n\to\infty}x_n=0,\lim\limits_{n\to\infty}y_n=1,\lim\limits_{n\to\infty}z_n=\infty$，则必有（　　）；

(A) $x_n<y_n$ 对任意 n 成立　　(B) $y_n<z_n$ 对任意 n 成立
(C) 极限 $\lim\limits_{n\to\infty}x_n z_n$ 不存在　　(D) 极限 $\lim\limits_{n\to\infty}y_n z_n$ 不存在

(4) 设函数 $f(x)=\begin{cases}1,&x\neq1\\0,&x=1\end{cases}$，则 $\lim\limits_{x\to1}f(x)$（　　）；

(A) 等于 0　　(B) 等于 1　　(C) 等于 ∞　　(D) 不存在

(5) $\lim\limits_{x\to\infty}\dfrac{(x+1)(x^2+1)\cdots(x^n+1)}{[(nx)^n+1]^{\frac{n+1}{2}}}=$（　　）；

(A) $\dfrac{1}{n^{\frac{n(n+1)}{2}}}$　　(B) $n^{\frac{n(n+1)}{2}}$　　(C) $\dfrac{n(n+1)}{2}$　　(D) $\dfrac{2}{n(n+1)}$

(6) 当 $x\to0$ 时，若 $1-\cos(e^{x^2}-1)$ 与 $2^m x^n$ 是等价无穷小，则 m,n 值分别为（　　）；

(A) $-1,4$　　(B) $1,4$　　(C) $-1,2$　　(D) $1,2$

(7) 函数 $f(x)=\begin{cases}e^{-\frac{1}{x-1}},&x\neq1\\0,&x=1\end{cases}$，在 $x=1$ 处（　　）；

(A) 左连续　　(B) 右连续　　(C) 左、右皆连续　　(D) 连续

(8) 曲线 $y=x+\arccos\dfrac{1}{x}$（　　）．

(A) 没有渐近线　　(B) 有水平渐近线 $y=1$
(C) 有垂直渐近线 $x=0$　　(D) 有斜渐近线 $y=x+\dfrac{\pi}{2}$

3. 设 $f(x)=e^{\arcsin x},f(\varphi(x))=x-1$，求 $\varphi(x)$ 的表达式及其定义域．

4. 设不恒为零的函数 $f(x)$，对任意实数 x_1,x_2 都满足
$$f(x_1)+f(x_2)=2f\left(\dfrac{x_1+x_2}{2}\right)\cdot f\left(\dfrac{x_1-x_2}{2}\right)$$
且 $f\left(\dfrac{\pi}{2}\right)=0$，试推证下列各式成立：

(1) $f(0)=1$；　　(2) $f(x)=f(-x)$；　　(3) $f(x+\pi)=-f(x)$；
(4) $f(x+2\pi)=f(x)$；　　(5) $f(2x)=2f^2(x)-1$．

5. 设 $f(x)=\begin{cases}e^x,&x<1\\x,&x\geq1\end{cases},\varphi(x)=\begin{cases}x+2,&x<0\\x^2-1,&x\geq0\end{cases}$，求 $f(\varphi(x))$．

6. 求下列极限：

(1) $\lim\limits_{x\to+\infty}[\sin\ln(x+1)-\sin\ln x]$；　　(2) $\lim\limits_{x\to a^+}\dfrac{\sqrt{x}-\sqrt{a}+\sqrt{x-a}}{\sqrt{x^2-a^2}}$ $(a>0)$；

(3) $\lim\limits_{x\to+\infty}\dfrac{\ln(1+\sqrt{x}+\sqrt[3]{x})}{\ln(1+\sqrt[3]{x}+\sqrt[4]{x})}$；　　(4) $\lim\limits_{x\to+\infty}\ln(1+2^x)\ln\left(1+\dfrac{1}{x}\right)$；

(5) $\lim\limits_{x\to0}\left(\dfrac{1+x\cdot2^x}{1+x\cdot3^x}\right)^{\frac{1}{x^2}}$；　　(6) $\lim\limits_{x\to0}\dfrac{\cos\alpha x-\cos\beta x}{x^2}$．

7. 设 $a>0,y_1>0,y_{n+1}=\dfrac{1}{2}\left(y_n+\dfrac{a}{y_n}\right)(n=1,2,\cdots)$，试用单调有界准则证明数列 $\{y_n\}$ 收敛，并求其极

限.

8. 设 $y_n = \sum\limits_{k=0}^{n-1} \dfrac{e^{\frac{1+k}{n}}}{n+\dfrac{k^2}{n^2}}$,用夹逼定理求 $\lim\limits_{n\to\infty} y_n$.

9. 设函数 $f(x) = \begin{cases} (2x^2+\cos^2 x)^{x^{-2}}, & x<0, \\ a, & x=0, \\ \dfrac{b^x-1}{x}, & x>0 \end{cases}$ 在 $(-\infty,+\infty)$ 连续,则 a,b 应满足什么条件?

10. 设函数 $f(x)$ 在闭区间 $[a,b]$ 上连续,且 $a<c<d<b$. 证明:
(1) 存在 $\xi \in (a,b)$,使得 $f(c)+f(d)=2f(\xi)$;
(2) 存在 $\xi \in (a,b)$,使得 $mf(c)+nf(d)=(m+n)f(\xi)$.

第二章 导数与微分

研究函数的导数与微分的理论、导数与微分的求法及其应用的科学称为微分学. 导数与微分是微分学的核心概念. 本章讲述这两个概念及其计算方法.

§2.1 导数概念

一、问题的提出

我们从几何学中的切线问题和物理学中的速度问题看导数概念是怎样提出来的.

1. 曲线的切线斜率

先定义**曲线的切线**：曲线的切线是其割线的极限位置. 设 M_0 是曲线 L 上的任一点，M 是曲线上与点 M_0 邻近的一点，作割线 M_0M. 当点 M 沿着曲线 L 无限趋于点 M_0 时割线 M_0M 的极限位置 M_0T 称为**过点 M_0 处的切线**(图 2-1).

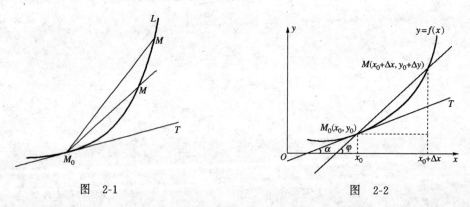

图 2-1　　　　　　　　图 2-2

我们的**问题是**：已知曲线方程 $y=f(x)$，要确定过曲线上点 $M_0(x_0,y_0)$ 处的**切线斜率**.

按上述切线定义，在曲线 $y=f(x)$ 上取邻近于点 M_0 的点 $M(x_0+\Delta x, y_0+\Delta y)$，割线 M_0M 的倾角为 φ (图 2-2)，其斜率 $\tan\varphi$ 是点 M_0 的纵坐标的改变量 Δy 与横坐标的改变量 Δx 之比，即

$$\tan\varphi = \frac{\Delta y}{\Delta x} = \frac{f(x_0+\Delta x)-f(x_0)}{\Delta x}.$$

用割线 M_0M 的斜率表示切线斜率，这是近似值；显然，Δx 越小，即点 M 沿曲线越接近于点 M_0，其近似程度越好. 但不管 Δx 多么小，只要 Δx 是一个确定的值，$\tan\varphi = \frac{\Delta y}{\Delta x}$ 都是切线 M_0T

斜率的近似值.

现在让点 $M(x_0+\Delta x, y_0+\Delta y)$ 沿着曲线移动并无限趋于点 $M_0(x_0,y_0)$，即当 $\Delta x \to 0$ 时，割线 M_0M 将绕着点 M_0 转动而达到极限位置成为切线 M_0T(图 2-2). 所以割线 M_0M 的斜率的极限

$$\tan\alpha = \lim_{\Delta x \to 0}\tan\varphi = \lim_{\Delta x \to 0}\frac{f(x_0+\Delta x)-f(x_0)}{\Delta x}$$

就是曲线 $y=f(x)$ 在点 $M_0(x_0,y_0)$ 处**切线 M_0T 的斜率**，上式中的 α 是切线 M_0T 的**倾角**.

以上计算过程：先作割线，求出割线斜率；然后通过取极限，从割线过渡到切线，从而求得切线斜率.

由上述推导可知，曲线 $y=f(x)$ 在点 $M_0(x_0,y_0)$ 与点 $M(x_0+\Delta x, y_0+\Delta y)$ 的割线斜率 $\dfrac{\Delta y}{\Delta x}$，是曲线上的点的纵坐标 y 对横坐标 x 在区间 $[x_0, x_0+\Delta x]$ 上的平均变化率；而在点 M_0 处的切线斜率是曲线上的点的纵坐标 y 对横坐标 x 在 x_0 处的变化率. 显然，后者反映了曲线的纵坐标 y 随横坐标 x 变化而变化，且在横坐标为 x_0 处变化的快慢程度.

2. 变速直线运动的速度

若物体作匀速直线运动，以 t 表示经历的时间，s 表示所走过的路程，则运动的速度

$$v = \frac{\text{所走路程}}{\text{经历时间}} = \frac{s}{t}.$$

我们的**问题**是：已知物体作变速直线运动，运动方程为 $s=f(t)$，要确定该物体在时刻 t_0 的**运动速度**.

为此，可取邻近于 t_0 的时刻 $t=t_0+\Delta t$，在 Δt 这一段时间内，物体运动的平均速度是

$$\bar{v} = \frac{\Delta s}{\Delta t} = \frac{f(t_0+\Delta t)-f(t_0)}{\Delta t}.$$

用在 Δt 这一段时间内的平均速度表示物体在时刻 t_0 的运动速度，这是近似值；显然，Δt 越小，即时刻 t 越接近于时刻 t_0，其近似程度越好. 但不管 Δt 多么小，只要 Δt 是一个确定的值，$\bar{v} = \dfrac{\Delta s}{\Delta t}$ 都是物体在时刻 t_0 运动速度的近似值.

现令 $\Delta t \to 0$，平均速度 $\bar{v}$ 的极限自然就是物体在时刻 t_0 运动的**(瞬时)速度**

$$v(t_0) = \lim_{\Delta t \to 0}\frac{\Delta s}{\Delta t} = \lim_{\Delta t \to 0}\frac{f(t_0+\Delta t)-f(t_0)}{\Delta t}.$$

以上计算过程：先在局部范围内求出平均速度；然后通过取极限，由平均速度过渡到(瞬时)速度.

若物体作变速直线运动，其运动方程为 $s=f(t)$，则在时刻 t_0 到时刻 $t_0+\Delta t$(即在 Δt 这一段时间间隔)的平均速度 $\dfrac{\Delta s}{\Delta t}$ 是运动的路程 s 对运动的时间 t 的平均变化率；而在 t_0 的瞬时速度 $v(t_0)$ 是运动的路程 s 对运动的时间 t 在时刻 t_0 的变化率. 显然，后者反映了运动的路程 s 随运动的时间 t 变化而变化，且在时刻 t_0 变化的快慢程度.

以上两个实际问题,其一是曲线的切线斜率,其二是运动的瞬时速度.这两个问题实际意义虽然不同,一个是几何问题,一个是物理问题,但从数学上看,解决它们的方法却完全一样,都是计算同一类型的极限:函数的改变量与自变量的改变量之比,当自变量的改变量趋于零时的极限,即对函数 $y=f(x)$,要计算极限

$$\lim_{\Delta x \to 0} \frac{\Delta y}{\Delta x} = \lim_{\Delta x \to 0} \frac{f(x_0 + \Delta x) - f(x_0)}{\Delta x}.$$

上式中,分母 Δx 是自变量 x 在点 x_0 取得的**改变量**,要求 $\Delta x \neq 0$;分子 $\Delta y = f(x_0 + \Delta x) - f(x_0)$ 是与 Δx 相对应的函数 $f(x)$ 的改变量.因此,若上述极限存在,这个极限是函数 $f(x)$ 在点 x_0 处的变化率,它描述了函数 $f(x)$ 在点 x_0 变化的快慢程度.

在实际中,凡是考察一个变量随着另一个变量变化的变化率问题,都归结为计算上述类型的极限.正因为如此,上述极限表述了自然科学、工程技术、经济科学中很多不同质的现象在量方面的共性,正是这种共性的抽象而引出函数的导数概念.

二、导数定义

1. 函数在一点的导数

定义 在函数 $y=f(x)$ 有定义的 $U(x_0)$ 内,若极限

$$\lim_{\Delta x \to 0} \frac{\Delta y}{\Delta x} = \lim_{\Delta x \to 0} \frac{f(x_0 + \Delta x) - f(x_0)}{\Delta x} \tag{1}$$

存在,则称**函数 $f(x)$ 在点 x_0 可导**,并称**此极限为函数 $f(x)$ 在点 x_0 的导数**,记做

$$f'(x_0), \quad y'|_{x=x_0}, \quad \frac{dy}{dx}\bigg|_{x=x_0}, \quad \frac{df}{dx}\bigg|_{x=x_0}.$$

即

$$f'(x_0) = \lim_{\Delta x \to 0} \frac{f(x_0 + \Delta x) - f(x_0)}{\Delta x}. \tag{2}$$

若(1)式的极限不存在,则称函数 $f(x)$ 在点 x_0 不可导.在极限不存在的情况下,若极限为无穷大,为了方便,也说**函数 $f(x)$ 在点 x_0 的导数为无穷大**,并记做 $f'(x_0)=\infty$.

若记 $x=x_0+\Delta x$,则(2)式又可写做

$$f'(x_0) = \lim_{x \to x_0} \frac{f(x) - f(x_0)}{x - x_0}. \tag{3}$$

由导数定义,回首看切线斜率和变速直线运动的速度问题,可知:函数 $f(x)$ 在点 x_0 的**导数 $f'(x_0)$ 在几何上表示曲线 $y=f(x)$ 在点 $(x_0,f(x_0))$ 处的切线斜率**;若 $s=f(t)$ 是作直线运动物体的运动方程,则 $f'(t_0)$ 正是物体在时刻 t_0 的**瞬时速度**.

既然极限问题有左极限、右极限之分,而函数 $f(x)$ 在点 x_0 的导数是用一个极限式定义的,自然就有左导数和右导数问题.

若以 $f'_{-}(x_0)$ 和 $f'_{+}(x_0)$ 分别记函数 $f(x)$ 在点 x_0 的**左导数**和**右导数**,则应如下定义

$$f'_{-}(x_0) = \lim_{\Delta x \to 0^{-}} \frac{f(x_0 + \Delta x) - f(x_0)}{\Delta x} = \lim_{x \to x_0^{-}} \frac{f(x) - f(x_0)}{x - x_0};$$

$$f'_+(x_0) = \lim_{\Delta x \to 0^+} \frac{f(x_0 + \Delta x) - f(x_0)}{\Delta x} = \lim_{x \to x_0^+} \frac{f(x) - f(x_0)}{x - x_0}.$$

由左导数与右导数的定义,显然有下述**结论**:

函数 $f(x)$ 在点 x_0 可导且 $f'(x_0) = A$ 的**充分必要条件**是它在点 x_0 的左导数 $f'_-(x_0)$ 和右导数 $f'_+(x_0)$ 皆存在且都等于 A,即

$$f'(x_0) = A \Longleftrightarrow f'_-(x_0) = A = f'_+(x_0). \tag{4}$$

例 1 求函数 $f(x) = x^2$ 在 $x = 2$ 处的导数.

解 若用(2)式,式中的 x_0 是 2,则

$$f'(2) = \lim_{\Delta x \to 0} \frac{f(2 + \Delta x) - f(2)}{\Delta x} = \lim_{\Delta x \to 0} \frac{(2 + \Delta x)^2 - 4}{\Delta x} = \lim_{\Delta x \to 0}(4 + \Delta x) = 4.$$

若用(3)式,则

$$f'(2) = \lim_{x \to 2} \frac{f(x) - f(2)}{x - 2} = \lim_{x \to 2} \frac{x^2 - 4}{x - 2} = 4.$$

例 2 讨论函数 $f(x) = |x|$ 在 $x = 0$ 处是否可导.

解 注意到 $f(0) = 0$,则

$$f'_-(0) = \lim_{x \to 0^-} \frac{f(x) - f(0)}{x - 0} = \lim_{x \to 0^-} \frac{|x|}{x} = -1,$$

$$f'_+(0) = \lim_{x \to 0^+} \frac{f(x) - f(0)}{x - 0} = \lim_{x \to 0^+} \frac{|x|}{x} = 1.$$

因 $f'_-(0) \neq f'_+(0)$,所以 $f(x) = |x|$ 在 $x = 0$ 处不可导.

2. 导函数

上述定义描述的是函数 $y = f(x)$ 在某一点 x_0 处的导数. 若函数 $y = f(x)$ 在区间 I 内的每一点都可导,则称**函数 $f(x)$ 在该区间内可导**,或称 $f(x)$ **是区间 I 内的可导函数**. 至于说到 $f(x)$ 在闭区间 $[a, b]$ 上可导,那是指:$f(x)$ 在开区间 (a, b) 内可导,并且在区间的左端点 a 右导数 $f'_+(a)$ 存在、在区间的右端点 b 左导数 $f'_-(b)$ 存在.

设函数 $f(x)$ 在区间 I 上可导,则对于每一个 $x \in I$,都有 $f(x)$ 的一个确定的导数值 $f'(x)$ 与之对应,这样就得到一个定义在区间 I 上的函数,这个函数称为**函数 $y = f(x)$ 的导函数**,记做

$$f'(x), \quad y', \quad \frac{dy}{dx}, \quad \frac{df}{dx}.$$

即

$$f'(x) = \lim_{\Delta x \to 0} \frac{\Delta y}{\Delta x} = \lim_{\Delta x \to 0} \frac{f(x + \Delta x) - f(x)}{\Delta x}. \tag{5}$$

上式中的 x 可取区间 I 内的任意值,但在求极限过程中,要把 x 看做常量,Δx 是变量.

显然,函数 $f(x)$ 在点 x_0 的导数 $f'(x_0)$,正是该函数的导函数 $f'(x)$ 在点 x_0 的函数值,即

$$f'(x_0) = f'(x)|_{x = x_0}.$$

导函数简称为**导数**. 在求导数时,若没有指明是求在某一定点的导数,都是指求导函数.

例 3 证明:若 $f(x)=C$(常量),则 $f'(x)=0$.

证 $f'(x)=\lim\limits_{\Delta x\to 0}\dfrac{f(x+\Delta x)-f(x)}{\Delta x}=\lim\limits_{\Delta x\to 0}\dfrac{C-C}{\Delta x}=0$,即有常量函数的导数公式
$$(C)'=0.$$

例 4 证明:若 $f(x)=x^\alpha$,则 $f'(x)=\alpha x^{\alpha-1}$.

证 $f'(x)=\lim\limits_{\Delta x\to 0}\dfrac{f(x+\Delta x)-f(x)}{\Delta x}=\lim\limits_{\Delta x\to 0}\dfrac{(x+\Delta x)^\alpha-x^\alpha}{\Delta x}$

$=x^\alpha\lim\limits_{\Delta x\to 0}\dfrac{\left(1+\dfrac{\Delta x}{x}\right)^\alpha-1}{\Delta x}\xlongequal{t=\frac{\Delta x}{x}}x^{\alpha-1}\lim\limits_{t\to 0}\dfrac{(1+t)^\alpha-1}{t}=\alpha x^{\alpha-1}.$

即有幂函数的导数公式
$$(x^\alpha)'=\alpha x^{\alpha-1}.$$

特别地,当 n 是正整数时
$$(x^n)'=nx^{n-1}.$$

例 5 证明:若 $f(x)=\sin x$,则 $f'(x)=\cos x$.

证 $f'(x)=\lim\limits_{\Delta x\to 0}\dfrac{f(x+\Delta x)-f(x)}{\Delta x}=\lim\limits_{\Delta x\to 0}\dfrac{\sin(x+\Delta x)-\sin x}{\Delta x}$

$=\lim\limits_{\Delta x\to 0}\dfrac{2\sin\dfrac{\Delta x}{2}\cos\left(x+\dfrac{\Delta x}{2}\right)}{\Delta x}=\lim\limits_{\Delta x\to 0}\dfrac{\sin\dfrac{\Delta x}{2}}{\dfrac{\Delta x}{2}}\lim\limits_{\Delta x\to 0}\cos\left(x+\dfrac{\Delta x}{2}\right)$

$=1\cdot\cos x=\cos x.$

在上述求极限时,用了第一个重要极限和余弦函数的连续性. 即有正弦函数的导数公式
$$(\sin x)'=\cos x.$$

同样可证明余弦函数的导数公式
$$(\cos x)'=-\sin x.$$

例 6 证明:若 $f(x)=a^x$,则 $f'(x)=a^x\ln a$.

证 $f'(x)=\lim\limits_{\Delta x\to 0}\dfrac{f(x+\Delta x)-f(x)}{\Delta x}=\lim\limits_{\Delta x\to 0}\dfrac{a^{x+\Delta x}-a^x}{\Delta x}=a^x\lim\limits_{\Delta x\to 0}\dfrac{a^{\Delta x}-1}{\Delta x}=a^x\ln a,$

即有指数函数的导数公式
$$(a^x)'=a^x\ln a.$$

特别地,有
$$(e^x)'=e^x.$$

例 7 求曲线 $y=\dfrac{1}{x}$ 在点 $\left(\dfrac{1}{2},2\right)$ 的切线方程和法线方程.

解 由导数的几何意义知,所求切线斜率是 $y'|_{x=\frac{1}{2}}$. 由幂函数的导数公式,有
$$y'=(x^{-1})'=-x^{-2}=-\dfrac{1}{x^2},\quad y'|_{x=\frac{1}{2}}=\left(-\dfrac{1}{x^2}\right)\bigg|_{x=\frac{1}{2}}=-4.$$

由解析几何中直线的点斜式方程,所求切线方程为

$$y-2=-4\left(x-\frac{1}{2}\right) \quad \text{或} \quad 4x+y-4=0.$$

由切线斜率知,所求法线斜率为 $\frac{1}{4}$,故所求法线方程为

$$y-2=\frac{1}{4}\left(x-\frac{1}{2}\right) \quad \text{或} \quad 2x-8y+15=0.$$

例8 考查曲线 $y=\sqrt[3]{x}$ 在点 $(0,0)$ 处的切线.

解 由图 2-3 的几何直观可得,这条曲线在原点 $(0,0)$ 的切线就是 y 轴,切线方程应是 $x=0$,切线倾角 $\alpha=\dfrac{\pi}{2}$.

由幂函数的导数公式

$$y'=(\sqrt[3]{x})'=(x^{\frac{1}{3}})'=\frac{1}{3}x^{-\frac{2}{3}}=\frac{1}{3\sqrt[3]{x^2}}, \quad y'|_{x=0}=+\infty.$$

显然,这恰好描述了该曲线在原点 $(0,0)$ 处的切线斜率

$$\tan\frac{\pi}{2}=+\infty.$$

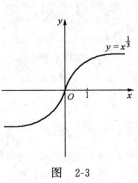

图 2-3

一般说来,若函数 $y=f(x)$ 在 $x=x_0$ 处有 $f'(x_0)=\infty$,正说明曲线 $y=f(x)$ 在点 $(x_0,f(x_0))$ 处有垂直于 x 轴的切线 $x=x_0$.

三、函数可导与连续的关系

若函数 $f(x)$ 在点 x_0 可导,即

$$f'(x_0)=\lim_{x\to x_0}\frac{f(x)-f(x_0)}{x-x_0}.$$

易看出,在上述极限存在的条件下,由于分母有 $\lim\limits_{x\to x_0}(x-x_0)=0$,必然有

$$\lim_{x\to x_0}(f(x)-f(x_0))=0 \quad \text{或} \quad \lim_{x\to x_0}f(x)=f(x_0),$$

即我们有下述**结论**:

若函数 $f(x)$ 在**点** x_0 **可导**,则它在**点** x_0 **必连续**.

需要指出,上述结论之逆命题不成立,即函数 $f(x)$ **在点** x_0 **连续**,仅是它在**该点可导的必要条件**,而**不是充分条件**.

例如,前述例 2,函数 $f(x)=|x|$ 在 $x=0$ 处不可导,但在 $x=0$ 处却是连续的.

习 题 2.1

1. 用导数定义求下列函数在指定点的导数:

(1) $f(x)=x^3+1$,在 $x=2$; (2) $f(x)=\sqrt{x-1}$ 在 $x=3$.

2. 用导数定义求下列函数的导数:

(1) $f(x)=\cos x$; (2) $f(x)=\mathrm{e}^x$.

3. 设下列极限存在,求各极限:

(1) $\lim\limits_{\Delta x\to 0}\dfrac{f(x_0-\Delta x)-f(x_0)}{\Delta x}$;

(2) $\lim\limits_{x\to 4}\dfrac{f(8-x)-f(4)}{x-4}$.

4. 下列各极限表示函数 $f(x)$ 在 x_0 处的导数,请写出对应的 $f(x)$ 和 x_0:

(1) $\lim\limits_{\Delta x\to 0}\dfrac{\ln(e+\Delta x)-1}{\Delta x}$;

(2) $\lim\limits_{x\to \pi}\dfrac{\cos x+1}{x-\pi}$.

5. 设函数 $f(x)$ 在 $x=0$ 连续,且 $\lim\limits_{x\to 0}\dfrac{f(x)-1}{x}=-1$,试问 $f(x)$ 在 $x=0$ 是否可导?若可导,求出 $f'(0)$.

6. 求下列函数在指定点的导数:

(1) $y=\dfrac{1}{x^3}$,求 $y'|_{x=2}$;

(2) $y=\sin x$,求 $y'|_{x=\frac{\pi}{2}}$;

(3) $y=\cos x$,求 $y'|_{x=\frac{\pi}{4}}$;

(4) $y=3^x$,求 $y'|_{x=2}$.

7. 讨论下列函数在 $x=0$ 处的连续性与可导性:

(1) $f(x)=\begin{cases}x\sin\dfrac{1}{x}, & x\neq 0,\\ 0, & x=0;\end{cases}$

(2) $f(x)=x|x|$.

8. 设函数 $f(x)=\begin{cases}a\ln x+b, & x\geqslant 1,\\ e^x, & x<1,\end{cases}$ 在 $x=1$ 可导,确定 a,b 的值.

9. 求下列曲线在已知点的切线方程与法线方程:

(1) $y=\sin x$ 在点 $\left(\dfrac{\pi}{2},1\right)$ 处;

(2) $y=e^x$ 在点 $(1,e)$ 处.

10. 函数 $f(x)=\sqrt[3]{x^2}$ 在 $x=0$ 处是否可导?曲线 $y=\sqrt[3]{x^2}$ 在 $x=0$ 处是否可作切线?

§2.2 初等函数的导数

用导数定义求导数不仅麻烦,甚至是困难的. 我们通过下列程序建立**计算初等函数导数的方法**.

(1) 从定义出发推导一些基本初等函数的导数公式.

在 §2.1 中,已利用导数定义得到了下列基本初等函数:$y=C, y=x^a, y=\sin x, y=\cos x, y=a^x$ 和 $y=e^x$ 的导数公式.

(2) 建立导数的运算法则.

根据导数定义及其相关知识,建立导数的四则运算法则、反函数的导数法则和复合函数的导数法则.

(3) 建立计算初等函数导数的方法.

首先利用上述已得到的基本初等函数的导数公式和导数的运算法则,推导出其余基本初等函数的导数公式;然后利用导数运算法则,就可把初等函数的导数归结为计算这些基本初等函数的导数.

一、基本初等函数的导数公式

由于基本初等函数的导数公式是进行导数运算的基础,为了便于读者掌握,我们先全部

(包括尚未推导的基本初等函数的导数公式)列举出来.

基本初等函数的导数公式

(1) $(C)'=0$ (C 为任意常数);

(2) $(x^\alpha)'=\alpha x^{\alpha-1}$ (α 为任意实数);

(3) $(a^x)'=a^x \ln a$ ($a>0$);

(4) $(e^x)'=e^x$;

(5) $(\log_a x)'=\dfrac{1}{x\ln a}$ ($a>0, a\neq 1$);

(6) $(\ln x)'=\dfrac{1}{x}$;

(7) $(\sin x)'=\cos x$;

(8) $(\cos x)'=-\sin x$;

(9) $(\tan x)'=\sec^2 x$;

(10) $(\cot x)'=-\csc^2 x$;

(11) $(\sec x)'=\sec x \cdot \tan x$;

(12) $(\csc x)'=-\csc x \cdot \cot x$;

(13) $(\arcsin x)'=\dfrac{1}{\sqrt{1-x^2}}$;

(14) $(\arccos x)'=-\dfrac{1}{\sqrt{1-x^2}}$;

(15) $(\arctan x)'=\dfrac{1}{1+x^2}$;

(16) $(\operatorname{arccot} x)'=-\dfrac{1}{1+x^2}$.

二、导数的运算法则

定理 1（四则运算法则） 设函数 $u=u(x), v=v(x)$ 在点 x 可导,则它们的代数和、积、商(分母不为 0)在点 x 都可导,且

(1) $[u(x)\pm v(x)]'=u'(x)\pm v'(x)$;

(2) $[u(x)v(x)]'=u'(x)v(x)+u(x)v'(x)$,

特别地 $\qquad [Cv(x)]'=Cv'(x)$ （C 是常数）;

(3) $\left(\dfrac{u(x)}{v(x)}\right)'=\dfrac{u'(x)v(x)-u(x)v'(x)}{v^2(x)}$, $v(x)\neq 0$,

特别地 $\qquad \left[\dfrac{C}{v(x)}\right]'=-\dfrac{Cv'(x)}{v^2(x)}$.

证 我们只证明乘积的法则,其他法则可类似证明.

用导数定义推证(见 §2.1(5)式). 设 $y=u(x)v(x)$, 由于

$\Delta y = u(x+\Delta x)v(x+\Delta x) - u(x)v(x)$

$\quad = u(x+\Delta x)v(x+\Delta x) - u(x)v(x+\Delta x) + u(x)v(x+\Delta x) - u(x)v(x)$

$\quad = v(x+\Delta x)[u(x+\Delta x)-u(x)] + u(x)[v(x+\Delta x)-v(x)]$,

注意 $u(x), v(x)$ 可导必连续,于是

$y' = \lim\limits_{\Delta x \to 0} \dfrac{\Delta y}{\Delta x}$

$\quad = \lim\limits_{\Delta x \to 0} \dfrac{u(x+\Delta x)-u(x)}{\Delta x} \lim\limits_{\Delta x \to 0} v(x+\Delta x) + u(x) \cdot \lim\limits_{\Delta x \to 0} \dfrac{v(x+\Delta x)-v(x)}{\Delta x}$

$\quad = u'(x)v(x) + u(x)v'(x)$.

乘积法则可推广到有限个函数的情形. 例如,对三个函数的乘积,有

$[u(x) \cdot v(x) \cdot w(x)]' = u'(x) \cdot v(x) \cdot w(x) + u(x) \cdot v'(x) \cdot w(x)$

$\qquad\qquad + u(x) \cdot v(x) \cdot w'(x)$.

例1 设 $y=e^x\sin x+4\cdot 3^x$,求 y'.

解 由代数和及乘积的导数法则

$$y' = (e^x\sin x + 4\cdot 3^x)' = (e^x\sin x)' + (4\cdot 3^x)'$$
$$= (e^x)'\sin x + e^x(\sin x)' + 4(3^x)'$$
$$= e^x\sin x + e^x\cos x + 4\cdot 3^x\ln 3.$$

例2 设 $y=\dfrac{x^4}{1+\cos x}$,求 y'.

解 由商的导数法则

$$y' = \left(\frac{x^4}{1+\cos x}\right)' = \frac{(x^4)'(1+\cos x) - x^4(1+\cos x)'}{(1+\cos x)^2}$$
$$= \frac{4x^3(1+\cos x) - x^4(0-\sin x)}{(1+\cos x)^2} = \frac{4x^3 + 4x^3\cos x + x^4\sin x}{(1+\cos x)^2}.$$

例3 证明:若 $y=\tan x$,则 $y'=\dfrac{1}{\cos^2 x}=\sec^2 x$.

证 由商的导数法则

$$(\tan x)' = \left(\frac{\sin x}{\cos x}\right)' = \frac{(\sin x)'\cos x - \sin x(\cos x)'}{\cos^2 x}$$
$$= \frac{\cos^2 x + \sin^2 x}{\cos^2 x} = \frac{1}{\cos^2 x} = \sec^2 x.$$

同样可证

$$(\cot x)' = -\frac{1}{\sin^2 x} = -\csc^2 x.$$

例4 证明:若 $y=\sec x$,则 $y'=\sec x\cdot\tan x$.

证 由商的导数法则,

$$(\sec x)' = \left(\frac{1}{\cos x}\right)' = -\frac{1\cdot(\cos x)'}{\cos^2 x} = -\frac{-\sin x}{\cos^2 x} = \sec x\cdot\tan x.$$

同样可证

$$(\csc x)' = -\csc x\cdot\cot x.$$

定理2(反函数的导数法则) 设函数 $y=f(x)$ 在区间 I_x 内单调、可导,且 $f'(x)\neq 0$,则其反函数 $x=\varphi(y)$ 在其对应的区间 I_y 内可导,且

$$\varphi'(y) = \frac{1}{f'(x)} \quad \text{或} \quad \frac{\mathrm{d}x}{\mathrm{d}y} = \frac{1}{\dfrac{\mathrm{d}y}{\mathrm{d}x}}.$$

证 由于 $y=f(x)$ 在 I_x 内是单调连续函数(可导必连续),故其存在反函数 $x=\varphi(y)$,且 $x=\varphi(y)$ 在区间 I_y 内也是单调连续函数.从而,若令

$$\Delta x = \varphi(y+\Delta y) - \varphi(y), \quad (y, y+\Delta y \in I_y)$$

则由 $\varphi(y)$ 的单调性知,当 $\Delta y\neq 0$ 时,有 $\Delta x\neq 0$;同时,由 $\varphi(y)$ 的连续性,当 $\Delta y\to 0$ 时,有 $\Delta x\to 0$.

因 $f(x)$ 可导,且 $f'(x)\neq 0$,于是
$$[\varphi(y)]' = \lim_{\Delta y \to 0} \frac{\Delta x}{\Delta y} = \lim_{\Delta y \to 0} \frac{1}{\frac{\Delta y}{\Delta x}} = \frac{1}{f'(x)}.$$

例 5 证明:若 $y=\arcsin x$,则 $y'=\dfrac{1}{\sqrt{1-x^2}}$.

证 由于 $y=\arcsin x, x\in(-1,1)$ 是正弦函数 $x=\sin y, y\in\left(-\dfrac{\pi}{2},\dfrac{\pi}{2}\right)$ 的反函数.由反函数的导数法则可得

$$(\arcsin x)' = \frac{1}{(\sin y)'} = \frac{1}{\cos y} = \frac{1}{\sqrt{1-\sin^2 y}} = \frac{1}{\sqrt{1-x^2}}.$$

这里,根号前取正号是因为 $y\in\left(-\dfrac{\pi}{2},\dfrac{\pi}{2}\right)$ 时,$\cos y>0$.

同样可证
$$(\arccos x)' = -\frac{1}{\sqrt{1-x^2}}.$$

例 6 证明:若 $y=\arctan x$,则 $y'=\dfrac{1}{1+x^2}$.

证 由于 $y=\arctan x, x\in(-\infty,+\infty)$ 是正切函数 $x=\tan y, y\in\left(-\dfrac{\pi}{2},\dfrac{\pi}{2}\right)$ 的反函数.由反函数的导数法则可得

$$(\arctan x)' = \frac{1}{(\tan y)'} = \frac{1}{\sec^2 y} = \frac{1}{1+\tan^2 y} = \frac{1}{1+x^2}.$$

同样可证
$$(\operatorname{arccot} x)' = -\frac{1}{1+x^2}.$$

例 7 证明:若 $y=\log_a x$,则 $y'=\dfrac{1}{x\ln a}$.

证 由于 $y=\log_a x, x\in(0,+\infty)$ 是指数函数 $x=a^y, y\in(-\infty,+\infty)$ 的反函数,由反函数的导数法则可得

$$(\log_a x)' = \frac{1}{(a^y)'} = \frac{1}{a^y \ln a} = \frac{1}{x\ln a}.$$

特别地
$$(\ln x)' = \frac{1}{x}.$$

至此,我们证明了**全部基本初等函数的导数公式**.

定理 3(复合函数的导数法则) 设函数 $u=\varphi(x)$ 在点 x 可导,而函数 $y=f(u)$ 在对应的点 u 可导,则复合函数 $y=f(\varphi(x))$ 在点 x 可导,且
$$\frac{\mathrm{d}y}{\mathrm{d}x} = \frac{\mathrm{d}y}{\mathrm{d}u}\frac{\mathrm{d}u}{\mathrm{d}x},$$

或记做
$$[f(\varphi(x))]' = f'(u)\varphi'(x) = f'(\varphi(x))\varphi'(x).$$

证 当 $\Delta x \to 0$ 时,若 $\Delta u \neq 0$,这时,因为 $y=f(u)$ 在点 u 可导,有
$$\lim_{\Delta u \to 0} \frac{\Delta y}{\Delta u} = f'(u).$$
由极限与无穷小的关系,有
$$\frac{\Delta y}{\Delta u} = f'(u) + \alpha, \quad \text{其中当 } \Delta u \to 0 \text{ 时}, \alpha \to 0.$$
从而
$$\Delta y = f'(u)\Delta u + \alpha \Delta u. \tag{1}$$
当 $\Delta x \to 0$ 时,若 $\Delta u = 0$,这时 α 没有定义,补充规定 $\alpha=0$. 因有
$$\Delta y = f(u + \Delta u) - f(u) = 0,$$
故 (1) 式在 $\Delta u = 0$ 时也成立.

以 $\Delta x (\neq 0)$ 除 (1) 式两端,得
$$\frac{\Delta y}{\Delta x} = f'(u)\frac{\Delta u}{\Delta x} + \alpha \frac{\Delta u}{\Delta x}. \tag{2}$$
由于 $u = \varphi(x)$ 在点 x 可导,故 $\lim_{\Delta x \to 0} \frac{\Delta u}{\Delta x} = \varphi'(x)$;又因 $u = \varphi(x)$ 连续,所以当 $\Delta x \to 0$ 时,有 $\Delta u \to 0$,从而 $\alpha \to 0$. 于是 (2) 式右端当 $\Delta x \to 0$ 时的极限存在,而且
$$\lim_{\Delta x \to 0} \frac{\Delta y}{\Delta x} = f'(u)\varphi'(x) + 0 \cdot \varphi'(x),$$
即
$$\frac{\mathrm{d}y}{\mathrm{d}x} = f'(u)\varphi'(x) = f'(\varphi(x))\varphi'(x).$$

上式就是复合函数的导数公式:**复合函数的导数等于已知函数对中间变量的导数乘以中间变量对自变量的导数.**

注 符号 $[f(\varphi(x))]'$ 表示复合函数 $f(\varphi(x))$ 对自变量 x 求导数,而符号 $f'(\varphi(x))$ 表示复合函数 $f(\varphi(x))$ 对中间变量 $u = \varphi(x)$ 求导数.

上述复合函数的导数法则可推广到**有限个函数复合的情形**. 例如,由 $y = f(u)$,$u = \varphi(v)$,$v = \psi(x)$ 复合成函数 $y = f(\varphi(\psi(x)))$,则
$$\frac{\mathrm{d}y}{\mathrm{d}x} = \frac{\mathrm{d}y}{\mathrm{d}u}\frac{\mathrm{d}u}{\mathrm{d}v}\frac{\mathrm{d}v}{\mathrm{d}x},$$
或
$$y' = f'(u)\varphi'(v)\psi'(x) = f'(\varphi(\psi(x)))\varphi'(\psi(x))\psi'(x).$$

例 8 设 $y = (\tan x)^2$,求 y'.

解 把 $y = (\tan x)^2$ 看成是由函数
$$y = f(u) = u^2, \quad u = \varphi(x) = \tan x$$
所构成的复合函数,于是
$$y' = f'(u)\varphi'(x) = (u^2)'(\tan x)' = 2u \cdot \sec^2 x = 2\tan x \sec^2 x.$$

例 9 设 $y = \mathrm{e}^{x^3 + 2x}$,求 y'.

解 令 $y = \mathrm{e}^u$,$u = x^3 + 2x$,于是
$$y' = (\mathrm{e}^u)'(x^3 + 2x)' = \mathrm{e}^u(3x^2 + 2) = (3x^2 + 2)\mathrm{e}^{x^3 + 2x}.$$

例 10 设 $y = \ln\cos\dfrac{x}{2}$，求 y'．

解 令 $y = \ln u, u = \cos v, v = \dfrac{x}{2}$，于是

$$y' = (\ln u)'(\cos v)'\left(\dfrac{x}{2}\right)' = \dfrac{1}{u}(-\sin v) \cdot \dfrac{1}{2}$$
$$= \dfrac{1}{\cos\dfrac{x}{2}}\left(-\sin\dfrac{x}{2}\right) \cdot \dfrac{1}{2} = -\dfrac{1}{2}\tan\dfrac{x}{2}.$$

计算复合函数的导数，其**关键是分析清楚复合函数的构造**．最初作题时，可设出中间变量，把复合函数分解；作题较熟练时，可不设出中间变量，按复合函数的构造层次，由外层向内层逐层求导，直到对自变量求导为止；读者在经过一定数量的练习之后，要达到一步就写出复合函数的导数．

例 11 设 $y = \sin(\sec^2 x)$，求 y'．

解 $y' = [\sin(\sec^2 x)]' = \cos(\sec^2 x) \cdot (\sec^2 x)'$
$= \cos(\sec^2 x) \cdot 2\sec x(\sec x)' = \cos(\sec^2 x) \cdot 2\sec x \cdot \sec x \tan x$
$= 2\cos(\sec^2 x) \cdot \sec^2 x \tan x.$

例 12 设 $y = \cos^2(xe^x)$，求 y'．

解 $y' = [\cos^2(xe^x)]' = 2\cos(xe^x) \cdot [\cos(xe^x)]'$
$= 2\cos(xe^x)[-\sin(xe^x)](xe^x)' = -\sin(2xe^x) \cdot (e^x + xe^x)$
$= -e^x(1+x)\sin(2xe^x).$

例 13 设 $y = \sin^3 x \cdot \sin x^3$，求 y'．

解 $y' = 3\sin^2 x \cos x \cdot \sin x^3 + \sin^3 x \cdot \cos x^3 \cdot 3x^2 = 3\sin^2 x(\cos x \sin x^3 + x^2 \sin x \cos x^3).$

例 14 设 $y = \ln(e^x + \sqrt{1+e^{2x}})$，求 y'．

解 $y' = \dfrac{1}{e^x + \sqrt{1+e^{2x}}}\left(e^x + \dfrac{1}{2\sqrt{1+e^{2x}}} \cdot e^{2x} \cdot 2\right) = \dfrac{e^x}{e^x + \sqrt{1+e^{2x}}} \dfrac{\sqrt{1+e^{2x}}+e^x}{\sqrt{1+e^{2x}}} = \dfrac{e^x}{\sqrt{1+e^{2x}}}.$

由基本初等函数的导数公式，导数的四则运算法则及复合函数的导数法则，我们就可以计算所有初等函数的导数；而且**初等函数的导数仍是初等函数**．

习 题 2.2

1. 求下列函数的导数：

(1) $y = x^3 - 3x + \dfrac{3}{x} - \dfrac{1}{x^3}$；

(2) $y = 3^x + \log_3 x + 3^3$；

(3) $y = x^3 \cos x$；

(4) $y = 2\sqrt{x} + x\arctan x$；

(5) $y = x^2 e^x \cos x$；

(6) $y = 2^x(x\sin x + \cos x)$；

(7) $y = \dfrac{2x^2 - x + 1}{x+2}$；

(8) $y = \dfrac{\tan x}{x + \sin x}$；

(9) $y=\dfrac{2^x}{2^x+1}+\dfrac{x}{4^x}$;

(10) $y=\dfrac{1}{\arcsin x}$.

2. 求下列函数在指定点的导数：

(1) $f(x)=x\tan x+\dfrac{1}{3}\sin x$, $f'\left(\dfrac{\pi}{4}\right)$;

(2) $f(x)=\dfrac{x-1}{x+1}$, $f'(1)$.

3. 求下列函数的导数：

(1) $y=(2x+3)^3$;

(2) $y=\cos(1-3x)$;

(3) $y=\sqrt{a^2+x^2}$;

(4) $y=e^{-2x^3}$;

(5) $y=\arctan\dfrac{x+1}{x-1}$;

(6) $y=\sqrt[3]{x^2+\sqrt{x}}$;

(7) $y=(\ln x^2)^3$;

(8) $y=\left(\arccos\dfrac{x}{2}\right)^2$;

(9) $y=\arcsin\dfrac{e^x-e^{-x}}{e^x+e^{-x}}$;

(10) $y=e^{-\cos^2\frac{1}{x}}$;

(11) $y=\sqrt{\tan\dfrac{x}{2}}$;

(12) $y=\left(\arctan\dfrac{1}{x}\right)^3$;

(13) $y=(\arctan^2 x+\tan x)^2$;

(14) $y=\sin(\cos^2 x)\cdot\cos(\sin^2 x)$;

(15) $y=\ln(x+\sqrt{a^2+x^2})$;

(16) $y=\ln(1+x+\sqrt{2x+x^2})$;

(17) $y=\sqrt{x+\sqrt{x+\sqrt{x}}}$;

(18) $y=\sqrt{e^x+\sqrt{e^x+\sqrt{e^x}}}$.

4. 设函数 $f(x)$ 可导，求下列函数的导数：

(1) $y=f(\sqrt{x}+1)$;

(2) $y=\ln[1+f^2(x)]$;

(3) $y=f(e^x)e^{f(x)}$;

(4) $y=e^{f\left(\frac{1}{x}+\sqrt{1+x^2}\right)}$;

(5) $y=f(\arctan e^x)$;

(6) $y=\ln|f(x)|$.

5. 验证下列各函数满足相应的关系式：

(1) $y=e^{-x}+\dfrac{1}{2}(\cos x+\sin x)$, $y'+y=\cos x$;

(2) $y=\dfrac{x}{\cos x}$, $y'-y\tan x=\sec x$.

6. 证明：

(1) 可导的偶函数的导数是奇函数；

(2) 可导的奇函数的导数是偶函数；

(3) 可导的周期函数的导数是具有相同周期的周期函数.

7. 设 $f(x)$ 是可导的偶函数且 $f'(0)$ 存在，试证：$f'(0)=0$.

8. 求曲线 $y=\sin x+\cos 2x$ 在点 $\left(\dfrac{\pi}{6},1\right)$ 处的切线方程.

9. 求曲线 $y=(x+1)\sqrt[3]{3-x}$ 在点 $A(-1,0)$, $B(2,3)$, $C(3,0)$ 处的切线方程和法线方程.

10. 设函数 $f(x)$ 可导且导函数连续，$F(x)=f(x|x|)$，求 $F'(x)$.

§2.3 高阶导数

一般说来，函数 $y=f(x)$ 的导数 $y'=f'(x)$ 仍是 x 的函数，若导函数 $f'(x)$ 还可以对 x 求导数，则称 $f'(x)$ 的导数为函数 $y=f(x)$ 的**二阶导数**，记做

$$y'',\ f''(x),\ \frac{d^2y}{dx^2},\ \frac{d^2f}{dx^2}.$$

函数 $y=f(x)$ 在某点 x_0 的二阶导数，记做

$$y''\Big|_{x=x_0},\ f''(x_0),\ \frac{d^2y}{dx^2}\Big|_{x=x_0},\ \frac{d^2f}{dx^2}\Big|_{x=x_0}.$$

同样，函数 $y=f(x)$ 的二阶导数 $f''(x)$ 的导数称为函数 $f(x)$ 的**三阶导数**，记做

$$y''',\ f'''(x),\ \frac{d^3y}{dx^3},\ \frac{d^3f}{dx^3}.$$

三阶导数 $f'''(x)$ 的导数称为函数 $y=f(x)$ 的**四阶导数**，记做

$$y^{(4)},\ f^{(4)}(x),\ \frac{d^4y}{dx^4},\ \frac{d^4f}{dx^4}.$$

一般，$n-1$ 阶导数 $f^{(n-1)}(x)$ 的导数称为函数 $y=f(x)$ 的 n **阶导数**，记做

$$y^{(n)},\ f^{(n)}(x),\ \frac{d^ny}{dx^n},\ \frac{d^nf}{dx^n}.$$

二阶和二阶以上的导数统称为**高阶导数**。相对于高阶导数而言，自然，函数 $f(x)$ 的导数 $f'(x)$ 就相应地称为**一阶导数**。

根据高阶导数的定义可知，求函数的高阶导数不需要新的方法，只要对函数逐次求导就可以了。

例1 设 $y=\ln(1+x^2)$，求 y''，$y''|_{x=1}$。

解 先求一阶导数

$$y'=\frac{2x}{1+x^2},$$

再求二阶导数

$$y''=\frac{2(1+x^2)-2x\cdot 2x}{(1+x^2)^2}=\frac{2(1-x^2)}{(1+x^2)^2}.$$

显然 $y''|_{x=1}=0$。

例2 求 $y=x^n$ 的 n 阶导数。

解 求一、二阶导数：$y'=nx^{n-1}$，$y''=n(n-1)x^{n-2}$，依此类推，可得

$$y^{(n-1)}=n(n-1)\cdots 3\cdot 2x,$$
$$y^{(n)}=n!,\quad 即\quad (x^n)^{(n)}=n!.$$

显然 $(x^n)^{(k)}=0$，当 $k>n$ 时。

例3 求 $y=a^x$ 的 n 阶导数。

解 $y'=a^x\ln a$，$y''=a^x\ln a\cdot\ln a=a^x(\ln a)^2$，$y'''=a^x\ln a\cdot(\ln a)^2=a^x(\ln a)^3$，依此类推，可得

$$y^{(n)}=a^x(\ln a)^n,\quad 即\quad (a^x)^{(n)}=a^x(\ln a)^n.$$

特别地，有

$$(e^x)^{(n)}=e^x.$$

例 4 求 $y=\sin x$ 的 n 阶导数.

解 求 y', y'', y''' 得：

$$y' = \cos x = \sin\left(x+\frac{\pi}{2}\right),$$

$$y'' = \cos\left(x+\frac{\pi}{2}\right) = \sin\left(x+\frac{\pi}{2}+\frac{\pi}{2}\right) = \sin\left(x+\frac{2\pi}{2}\right),$$

$$y''' = \cos\left(x+\frac{2\pi}{2}\right) = \sin\left(x+\frac{3\pi}{2}\right),$$

依此类推，可得

$$y^{(n)} = \sin\left(x+\frac{n\pi}{2}\right), \quad \text{即} \quad (\sin x)^{(n)} = \sin\left(x+\frac{n\pi}{2}\right).$$

同样方法，可得

$$(\cos x)^{(n)} = \cos\left(x+\frac{n\pi}{2}\right).$$

例 5 求 $y=\ln(1+x)$ 的 n 阶导数.

解 $y' = \dfrac{1}{1+x} = (1+x)^{-1}$,

$y'' = (-1)(1+x)^{-2}$,

$y''' = (-1)(-2)(1+x)^{-3} = (-1)^2 2!\,(1+x)^{-3}$,

$y^{(4)} = (-1)^2 2!\cdot(-3)(1+x)^{-4} = (-1)^3 3!\,(1+x)^{-4}$,

依此类推，可知

$$y^{(n)} = (-1)^{n-1}\frac{(n-1)!}{(1+x)^n}, \quad \text{即} \quad [\ln(1+x)]^{(n)} = (-1)^{n-1}\frac{(n-1)!}{(1+x)^n}.$$

高阶导数有如下**运算法则**：

设 $u=u(x), v=v(x)$ 都有 n 阶导数，则

(1) $(u\pm v)^{(n)} = u^{(n)} \pm v^{(n)}$;

(2) $(uv)^{(n)} = \sum\limits_{k=0}^{n} C_n^k u^{(n-k)} v^{(k)}$,

其中 $u^{(0)}=u$, $v^{(0)}=v$, $C_n^k = \dfrac{n(n-1)\cdots(n-k+1)}{k!}$.

上述的乘积公式称为**莱布尼茨(Leibniz)公式**.

在求乘积 $u(x)v(x)$ 的高阶导数时，若乘积中一个因子为多项式，请注意应用：当 $k>n$ 时，有 $(x^n)^{(k)}=0$. 这会使计算简便.

例 6 设 $y=x^2\ln x$，求 $y^{(n)}$.

解 令 $u=\ln x, v=x^2$，则

$$u^{(n)} = (-1)^{n-1}\frac{(n-1)!}{x^n}, \quad (v)''' = 0.$$

由此，在 $y^{(n)}$ 的表达式中，只有三项不为 0.

$$y^{(n)} = (\ln x)^{(n)} x^2 + C_n^1 (\ln x)^{(n-1)} \cdot (x^2)' + C_n^2 (\ln x)^{(n-2)} \cdot (x^2)'' + 0$$

$$= \frac{(-1)^{n-1}(n-1)!}{x^n} \cdot x^2 + n \frac{(-1)^{n-2}(n-2)!}{x^{n-1}} \cdot 2x$$

$$+ \frac{n(n-1)}{2} \cdot \frac{(-1)^{n-3}(n-3)!}{x^{n-2}} \cdot 2$$

$$= \frac{(-1)^{n-1}(n-3)!}{x^{n-2}} [(n-1)(n-2) - 2n(n-2) + n(n-1)]$$

$$= \frac{2(-1)^{n-1}(n-3)!}{x^{n-2}}.$$

习 题 2.3

1. 求下列函数的二阶导数:
 (1) $y = e^{-x^2}$;
 (2) $y = \ln(1-x^2)$;
 (3) $y = e^{-x}\cos 2x$;
 (4) $y = x^2 a^x$;
 (5) $y = \dfrac{\ln x}{x}$;
 (6) $y = x\ln(x + \sqrt{x^2 - a^2})$.

2. 设 $f(x) = e^{\sin x}\cos(\sin x)$, 求 $f(0), f'(0), f''(0)$.

3. 设函数 $f(x)$ 二阶可导, 求下列函数的二阶导数:
 (1) $y = f\left(\dfrac{1}{x}\right)$;
 (2) $y = f(e^x + x)$.

4. 试从 $\dfrac{dx}{dy} = \dfrac{1}{y'}$ 推出 $\dfrac{d^2 x}{dy^2} = -\dfrac{y''}{(y')^3}$.

5. 验证函数 $y = e^{\sqrt{x}} + e^{-\sqrt{x}}$ 满足关系式 $xy'' + \dfrac{1}{2}y' - \dfrac{1}{4}y = 0$.

6. 求下列函数的 n 阶导数:
 (1) $y = \dfrac{1}{ax+b}$;
 (2) $y = \cos^2 x$;
 (3) $y = xe^x$.

7. 应用莱布尼茨公式计算下列高阶导数:
 (1) $y = x^2 e^x$, 求 $y^{(50)}$;
 (2) $y = x^2 \cos x$, 求 $y^{(30)}$.

8. 验证等式: $[(x^2 + 1)\sin x]^{(20)} = (x^2 - 379)\sin x - 40x\cos x$.

§2.4 隐函数的导数

在用解析式表达 y 是 x 的函数时,有两种方式:

若因变量 y 用自变量 x 的数学式直接表示出来,即等号一端只有 y,而另一端是 x 的解析表示式,这样的函数称为**显函数**. 例如, 下列函数都是显函数

$$y = e^{\sin^2 x}, \quad y = x^3 + \ln(4x^2 + 3).$$

若两个变量 x 与 y 之间的函数关系用方程 $F(x, y) = 0$ 来表示,则称为**隐函数**. 例如,下列方程表示的都是隐函数

$$x^3 + y^3 - 3axy = 0, \quad xy = e^{x+y}.$$

若隐函数可化为显函数,则可用前述导数法则和导数公式求导数;但能化为显函数的隐函数

为数甚少. 这里,通过例题着重讲述直接由隐函数求导数的思路.

例1 由方程 $x^2+y^2-xy=1$ 确定 y 是 x 的函数,求 $\dfrac{dy}{dx}$.

分析 按题设,在已给方程中,x 是自变量,y 是 x 的函数,而 y^2 是 y 的函数,从而 y^2 是 x 的复合函数(这时,要把 y 理解成中间变量). 这样 y^2 在对 x 求导数时,必须用复合函数的导数法则.

解 将所给方程两端同时对自变量 x 求导数

$$(x^2+y^2-xy)'_x=(1)',$$

有

$$2x+2yy'-y-xy'=0.$$

将上式理解成是关于 y' 的方程,由此式解出 y',便得到 y 对 x 的导数:

$$y'=\frac{y-2x}{2y-x}.$$

上式中的 y 无需(一般情况根本不可能)用自变量 x 的函数代换.

例2 求由方程 $xy-e^x+e^y=0$ 所确定的曲线 $y=f(x)$ 在 $x=0$ 处的切线方程.

解 先确定当 $x=0$ 时所对应的 y 值:将 $x=0$ 代入已知方程,得

$$0-e^0+e^y=0, \quad 即 \quad y=0.$$

再确定切线斜率:方程两端对 x 求导,得

$$y+xy'-e^x+e^y y'=0, \quad y'=\frac{e^x-y}{e^y+x}.$$

于是,曲线在点 $(0,0)$ 处的切线斜率为

$$y'|_{(0,0)}=\left.\frac{e^x-y}{e^y+x}\right|_{(0,0)}=1,$$

从而,曲线的切线方程为 $y=x$.

例3 设由方程 $e^y=xy$ 确定函数 $y=f(x)$,求 $\dfrac{d^2y}{dx^2}$.

解 方程两端对 x 求导数,得

$$e^y y'=y+xy', \tag{1}$$

即

$$y'=\frac{y}{e^y-x}. \tag{2}$$

再将(1)式两端对 x 求导数,这时,要将式中的 y' 也理解成是 x 的函数,得

$$e^y y'^2+e^y y''=y'+y'+xy'',$$

解出 y'',有

$$y''=\frac{2y'-e^y y'^2}{e^y-x}.$$

最后,将(2)式代入上式,得所求二阶导数

$$y''=\frac{\dfrac{2y}{e^y-x}-\dfrac{e^y y^2}{(e^y-x)^2}}{e^y-x}=\frac{2y(e^y-x)-y^2 e^y}{(e^y-x)^3}.$$

注 也可由(2)式求二阶导数 y''.

把函数 $y=f(x)$ 看成等式,两端取对数,得隐函数 $\ln y=\ln f(x)$;然后按隐函数求出 y 对 x 的导数.这种方法称为**对数求导法**,适用于幂指函数 $y=f(x)^{g(x)}(f(x)>0)$ 和所给函数可看做是幂的连乘积求导数,可简化计算.

例 4 求幂指函数 $y=(\ln x)^{e^x}$ 的导数.

解 1 用对数求导法.等式两端取对数,得
$$\ln y = e^x \ln\ln x,$$
上式两端对 x 求导数,得
$$\frac{1}{y}y' = e^x \ln\ln x + e^x \frac{1}{\ln x} \cdot \frac{1}{x},$$
即
$$y' = y\left(e^x \ln\ln x + \frac{e^x}{x\ln x}\right) = e^x(\ln x)^{e^x}\left(\ln\ln x + \frac{1}{x\ln x}\right).$$

解 2 $y=(\ln x)^{e^x}$ 可看做是指数函数
$$y = e^{e^x \ln\ln x}.$$
由复合函数的导数法则,可得
$$y' = e^{e^x \ln\ln x}\left(e^x \ln\ln x + e^x \frac{1}{\ln x \cdot x}\right) = e^x(\ln x)^{e^x}\left(\ln\ln x + \frac{1}{x\ln x}\right).$$

例 5 设 $y=\sqrt[3]{\dfrac{x(x^2+1)}{(1-x)^2}}$,求 y'.

解 该题可用导数法则求导,但较繁.由于函数可看做是幂的连乘积,可用对数求导法.因
$$y = x^{\frac{1}{3}}(x^2+1)^{\frac{1}{3}}(1-x)^{-\frac{2}{3}},$$
对上式两端取对数,并求导数,得
$$\ln y = \frac{1}{3}\ln x + \frac{1}{3}\ln(x^2+1) - \frac{2}{3}\ln(1-x),$$
$$\frac{1}{y}y' = \frac{1}{3}\frac{1}{x} + \frac{1}{3}\frac{2x}{x^2+1} - \frac{2}{3}\frac{-1}{1-x},$$
于是,所求导数
$$y' = \frac{1}{3}\sqrt[3]{\frac{x(x^2+1)}{(1-x)^2}}\left(\frac{1}{x} + \frac{2x}{x^2+1} + \frac{2}{1-x}\right).$$

习 题 2.4

1. 由下列方程确定的隐函数,求 $\dfrac{dy}{dx}$:

(1) $x^3+y^3-3axy=0$;　　(2) $x-y+\varepsilon\sin y=0$;　　(3) $xy+e^{xy}+y=2$;

(4) $e^y=\sin(x+y)$;　　(5) $x+y=\ln(xy)$;　　(6) $x^y=y^x$.

2. 由 $\ln y = xy + \cos x$,求 $\dfrac{dy}{dx}$,$\dfrac{dy}{dx}\bigg|_{(0,e)}$.

3. 由下列方程确定的隐函数,求 y 对 x 的二阶导数:

(1) $\arctan \dfrac{x}{y} = \ln \sqrt{x^2 + y^2}$;   (2) $y = 1 + xe^y$.

4. 求曲线 $xy + \ln y = 1$ 在点 $(1,1)$ 处的切线方程.

5. 求曲线 $x^2 + y^2 + xy = 4$ 在 $x=2$ 处的切线方程.

6. 求下列函数的导数:

(1) $y = f(x)^{g(x)}$ $(f(x) > 0)$,其中 $f(x), g(x)$ 均为可导函数;

(2) $y = x^{\tan x}$;   (3) $y = \left(\dfrac{x}{1+x}\right)^x$;   (4) $y = x^{2^x} + (\sin x)^{\cos x}$;

(5) $y = \sqrt[3]{(3x-1)^5}\sqrt{\dfrac{x-1}{2-x}}$;   (6) $y = \dfrac{(1-x)\sqrt{\sin x}}{e^{2x-1}(\arcsin x)^3}$.

§2.5 函数的微分

一、微分概念

1. 微分定义

对函数 $y = f(x)$,当自变量 x 在点 x_0 有改变量 Δx 时,因变量 y 相应的改变量是

$$\Delta y = f(x_0 + \Delta x) - f(x_0).$$

在实际应用中,有些问题要计算当 $|\Delta x|$ 很微小时的 Δy 的值. 一般而言,当函数 $y = f(x)$ 较复杂时,Δy 也是 Δx 的一个较复杂的函数,计算 Δy 往往较困难. 这里,将要给出一个**近似计算 Δy 的方法**,并要达到**两个要求**:一是**计算简便**,二是**近似程度好**,即精度高.

先看一个具体问题.

一个边长为 x 的正方形,它的面积 $y = x^2$ 是 x 的函数. 若边长由 x_0 改变(增加)了 Δx,相应的正方形的面积的改变量(增加)

$$\Delta y = (x_0 + \Delta x)^2 - x_0^2 = 2x_0 \Delta x + (\Delta x)^2.$$

显然,Δy 由两部分组成:

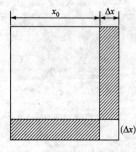

图 2-4

第一部分是 $2x_0 \Delta x$,其中 $2x_0$ 是常数,$2x_0 \Delta x$ 可看做是 Δx 的线性函数,即图 2-4 中有阴影部分的面积.

第二部分是 $(\Delta x)^2$ 是图 2-4 中以 Δx 为边长的小正方形的面积. 当 $\Delta x \to 0$ 时,$(\Delta x)^2$ 是比 Δx 较高阶的无穷小,即

$$(\Delta x)^2 = o(\Delta x).$$

在该问题中,我们若用 $2x_0 \Delta x$ 近似代替函数的改变量 Δy,这便有

(1) 近似程度好:当改变量 Δx 很微小时,所产生的误差比 Δx 更微小. 从理论上讲,当 Δx 是无穷小时,所产生的误差是比

Δx 较高阶的无穷小.

(2) 计算简便：注意到
$$\left.\frac{dy}{dx}\right|_{x=x_0} = \left.\frac{dx^2}{dx}\right|_{x=x_0} = 2x_0,$$
即 $2x_0\Delta x$ 中的 $2x_0$ 正是函数 $y=x^2$ 在点 x_0 的导数. 这种计算当然简便.

这种近似代替具有一般性. 这就给出了近似计算函数改变量 Δy 的方法. 由此引出函数微分定义.

定义 在函数 $y=f(x)$ 有定义的 $U(x_0)$ 内, 若 $f(x)$ 在点 x_0 的改变量 $\Delta y = f(x_0+\Delta x) - f(x_0)$ 可以表示为
$$\Delta y = A\cdot\Delta x + o(\Delta x),$$
其中 A 是与 x_0 有关而与 Δx 无关的一个数, $o(\Delta x)$ 是比 Δx 较高阶的无穷小, 则称函数 $f(x)$ **在点 x_0 可微**, 并称 $A\cdot\Delta x$ 为函数 $f(x)$ **在点 x_0 的微分**, 记做 $dy\big|_{x=x_0}$, 即
$$dy\big|_{x=x_0} = A\cdot\Delta x.$$

2. 可微与可导的关系

函数 $y=f(x)$ 在点 x_0 **可微的充分必要条件**是函数 $f(x)$ 在该点**可导**, 这时
$$A = f'(x_0).$$

证 **充分性** 若函数 $f(x)$ 在点 x_0 可导, 即有
$$\lim_{\Delta x\to 0}\frac{\Delta y}{\Delta x} = f'(x_0),$$
由函数的极限与无穷小的关系, 有
$$\frac{\Delta y}{\Delta x} = f'(x_0) + \alpha \quad (\alpha\to 0),$$
从而
$$\Delta y = f'(x_0)\cdot\Delta x + \alpha\cdot\Delta x.$$
因 $f'(x_0)$ 依赖于 x_0, 与 Δx 无关; 且当 $\Delta x\to 0$ 时, $\alpha\cdot\Delta x = o(\Delta x)$. 根据微分定义, 函数在点 x_0 可微.

必要性 若函数 $f(x)$ 在点 x_0 可微, 即有
$$\Delta y = A\Delta x + o(\Delta x),$$
等式两端除以 Δx, 并令 $\Delta x\to 0$ 取极限, 有
$$\lim_{\Delta x\to 0}\frac{\Delta y}{\Delta x} = \lim_{\Delta x\to 0}\left(A + \frac{o(\Delta x)}{\Delta x}\right) = A.$$
上式说明函数 $f(x)$ 在点 x_0 可导, 且 $A = f'(x_0)$, 从而
$$dy\big|_{x=x_0} = f'(x_0)\Delta x.$$

若函数 $y=f(x)$ 在区间 I 上的每一点都可微, 则称 $f(x)$ 为区间 I 上的**可微函数**. 若 $x\in I$, 则函数 $y=f(x)$ 在点 x 的微分记做 dy 或 $df(x)$, 即

$$dy = f'(x)\Delta x.$$

通常把自变量 x 的改变量 Δx 称为**自变量的微分**，记做 dx，即 $dx=\Delta x$. 于是

$$dy = f'(x)dx,$$

即**函数的微分等于函数的导数与自变量微分的乘积**.

上式中的 dx 和 dy 都有确定的意义：dx 是自变量 x 的微分，dy 是因变量 y 的微分. 这样，上式可改写为

$$f'(x) = \frac{dy}{dx},$$

即函数的导数等于函数的微分与自变量的微分之商. 在此之前，必须把 $\dfrac{dy}{dx}$ 看做是导数的整体记号，现在就可以看做是分式了.

3. 微分的几何意义

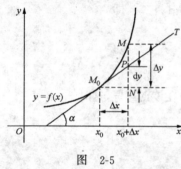

图 2-5

如图 2-5，M_0T 是过曲线 $y=f(x)$ 上点 $M_0(x_0,y_0)$ 处的切线. 当曲线的横坐标由 x_0 改变到 $x_0+\Delta x$ 时，曲线相应的纵坐标的改变量

$$NM = f(x_0+\Delta x) - f(x_0) = \Delta y,$$

而切线相应的纵坐标的改变量（由直角三角形 M_0NP）是

$$NP = \tan\alpha \cdot \Delta x = f'(x_0) \cdot \Delta x = dy.$$

由此知，函数 $y=f(x)$ 在点 x_0 的微分 dy 的**几何意义**是：曲线 $y=f(x)$ 在点 $M_0(x_0,y_0)$ 处的切线的**纵坐标**的改变量.

用 dy 代替 Δy，就是用切线纵坐标的改变量代替曲线纵坐标的改变量，这正是**以直代曲**：即在点 M_0 邻近，以切线段代替曲线段. 所产生的误差

$$|PM| = |\Delta y - dy|,$$

当 $|\Delta x|$ 很小时，要比 $|\Delta x|$ 小得多.

二、微分计算

由于函数 $y=f(x)$ 的可导与可微是等价的，且 $dy=f'(x)dx$，所以由基本初等函数的导数公式和导数的运算法则，便可得到相应的微分公式和微分运算法则.

1. 基本初等函数的微分公式

(1) $d(C)=0$（C 为任意常数）；　　(2) $d(x^\alpha)=\alpha x^{\alpha-1}dx$（$\alpha$ 为任意实数）；

(3) $d(a^x)=a^x\ln a\,dx$（$a>0$）；　　(4) $d(e^x)=e^x dx$；

(5) $d(\log_a x)=\dfrac{1}{x\ln a}dx$（$a>0,a\neq 1$）；　　(6) $d(\ln x)=\dfrac{1}{x}dx$；

(7) $d(\sin x)=\cos x\,dx$；　　(8) $d(\cos x)=-\sin x\,dx$；

(9) $d(\tan x)=\sec^2 x\,dx$；　　(10) $d(\cot x)=-\csc^2 x\,dx$；

(11) $d(\sec x) = \sec x \cdot \tan x dx$;　　(12) $d(\csc x) = -\csc x \cdot \cot x dx$;

(13) $d(\arcsin x) = \dfrac{1}{\sqrt{1-x^2}} dx$;　　(14) $d(\arccos x) = -\dfrac{1}{\sqrt{1-x^2}} dx$;

(15) $d(\arctan x) = \dfrac{1}{1+x^2} dx$;　　(16) $d(\text{arccot} x) = -\dfrac{1}{1+x^2} dx$.

2. 微分运算法则

(1) 微分的四则运算法则
$$d[u(x) \pm v(x)] = du(x) \pm dv(x);$$
$$d[u(x) \cdot v(x)] = v(x) \cdot du(x) + u(x) \cdot dv(x);$$
$$d[Cv(x)] = Cdv(x) \quad (C \text{ 为任意常数});$$
$$d\left[\dfrac{u(x)}{v(x)}\right] = \dfrac{v(x) \cdot du(x) - u(x) \cdot dv(x)}{[v(x)]^2}.$$

(2) 复合函数的微分法则

设 $y=f(u)$ 与 $u=\varphi(x)$ 都可导, 则复合函数 $y=f(\varphi(x))$ 的微分为
$$dy = y'_x dx = f'(u)\varphi'(x)dx = f'(\varphi(x))\varphi'(x)dx. \tag{1}$$

对复合函数 $y=f(\varphi(x))$, 由于 $u=\varphi(x)$ 是中间变量, 因 $\varphi'(x)dx = du$, 所以(1)式可写做
$$dy = f'(u)du.$$

当 $y=f(u)$, u 是自变量时, 也有 $dy = f'(u)du$. 两者在形式上一样, 通常把这个性质称为**一阶微分形式的不变性**.

例 1 求下列函数的微分:

(1) $y = x^3 \sin 2x$;　　(2) $y = e^{\tan^2 x}$.

解 可以先求导数, 再求微分. 这里用微分法则计算.

(1) $dy = \sin 2x d(x^3) + x^3 d(\sin 2x) = \sin 2x \cdot 3x^2 dx + x^3 \cos 2x d(2x)$
$= 3x^2 \sin 2x dx + 2x^3 \cos 2x dx$.

(2) $dy = e^{\tan^2 x} d(\tan^2 x) = e^{\tan^2 x} \cdot 2\tan x d(\tan x)$
$= e^{\tan^2 x} \cdot 2\tan x \cdot \sec^2 x dx = 2\tan x \sec^2 x \cdot e^{\tan^2 x} dx$.

例 2 求由方程 $y = 1 + x\sin y$ 确定的隐函数 $y=f(x)$ 的微分.

解 方程两端分别求微分, 有
$$dy = d(1 + x\sin y),$$
$$dy = \sin y dx + x d(\sin y),$$
$$dy = \sin y dx + x\cos y dy,$$

解出 dy,
$$dy = \dfrac{\sin y}{1 - x\cos y} dx.$$

例 3 设函数 $x = \varphi(t), y = \psi(t)$ 关于 t 可导, 且 $\varphi'(t) \neq 0$. 若由参数方程

确定函数 $y=f(x)$，求 $\dfrac{\mathrm{d}y}{\mathrm{d}x}$．

$$\begin{cases} x=\varphi(t), \\ y=\psi(t), \end{cases} t\in I$$

解 由于

$$\mathrm{d}x=\varphi'(t)\mathrm{d}t, \quad \mathrm{d}y=\psi'(t)\mathrm{d}t,$$

且 $\varphi'(t)\neq 0$，所以

$$\dfrac{\mathrm{d}y}{\mathrm{d}x}=\dfrac{\psi'(t)\mathrm{d}t}{\varphi'(t)\mathrm{d}t}=\dfrac{\psi'(t)}{\varphi'(t)}.$$

这是**参数方程**确定函数 $y=f(x)$ 的**求导公式**．

*三、用微分作近似计算①

前面已经讲过，对可导函数 $y=f(x)$，在点 x_0，当 $|\Delta x|$ 很小时，可用微分 $\mathrm{d}y$ 近似代替改变量 Δy．由于

$$\Delta y\approx \mathrm{d}y, \quad \Delta y=f(x_0+\Delta x)-f(x_0),$$

所以，我们可得到**两个近似公式**：

$$\Delta y\approx f'(x_0)\Delta x, \tag{2}$$

$$f(x_0+\Delta x)\approx f(x_0)+f'(x_0)\Delta x. \tag{3}$$

(2)式是近似计算函数的改变量：在点 x_0，用微分 $f'(x_0)\Delta x$ 近似计算函数的改变量 Δy；

(3)式是近似计算函数值：用 $f(x_0)+f'(x_0)\Delta x$ 近似计算函数在点 $x_0+\Delta x$ 的函数值 $f(x_0+\Delta x)$．

在(3)式中，若令 $x=x_0+\Delta x$，则(3)式可写做

$$f(x)\approx f(x_0)+f'(x_0)(x-x_0). \tag{4}$$

特别地，在(4)式中，若取 $x_0=0$，当 $|x|$ 很小时，有近似公式

$$f(x)\approx f(0)+f'(0)x. \tag{5}$$

例 4 计算 $\sqrt[5]{0.95}$ 的近似值．

解 这是计算函数值的问题，用近似公式(3)．

$\sqrt[5]{0.95}$ 可看做是函数 $f(x)=\sqrt[5]{x}$ 在 $x=0.95$ 处的函数值．于是，令

$$f(x)=\sqrt[5]{x}, \quad x_0=1, \quad \Delta x=-0.05(|\Delta x|\text{ 较小}).$$

由于 $f(1)=\sqrt[5]{1}$，$f'(x)=\dfrac{1}{5}x^{-\frac{4}{5}}$，$f'(1)=\dfrac{1}{5}$，所以由(3)式

$$\sqrt[5]{0.95}\approx\sqrt[5]{1}+\dfrac{1}{5}\times(-0.05)=0.99.$$

---

① 加 * 号的内容，请读者酌情选用．下同．

例 5 一个球内半径为 $10\,\mathrm{cm}$,球壳厚度为 $0.1\,\mathrm{cm}$,试求球壳体积的近似值.

解 这是求函数的改变量的问题. 半径为 r 的球的体积为
$$V = f(r) = \frac{4}{3}\pi r^3.$$

该问题可看做是当 r 取得改变量 Δr 时,要计算体积 V 的改变量 ΔV. 用近似公式(2). 由于
$$\mathrm{d}V = f'(r)\Delta r = 4\pi r^2 \Delta r,$$

令 $r=10\,\mathrm{cm}, \Delta r=0.1\,\mathrm{cm}$,代入上式,可得

$$\text{球壳体积 } \Delta V \approx 4\pi \times (10)^2 \times 0.1\,\mathrm{cm}^3 = 40\pi\,\mathrm{cm}^3.$$

习 题 2.5

1. 一个正方形的边长为 $8\,\mathrm{cm}$,如果每边长增加:(1) $1\,\mathrm{cm}$;(2) $0.5\,\mathrm{cm}$;(3) $0.1\,\mathrm{cm}$. 求面积分别增加多少?并分别求面积(即函数)的微分.

2. 设 $y=x^2+x$,计算在 $x=1$ 处,当 $\Delta x=10,1,0.1,0.01$ 时,相应的函数改变量 Δy 与函数的微分 $\mathrm{d}y$,并观察两者之差 $\Delta y-\mathrm{d}y$ 随着 Δx 减少的变化情况.

3. 求下列函数的微分:

   (1) $y=x^a\ln x$; (2) $y=\dfrac{\cos 2x}{\sin x+\cos x}$; (3) $y=\mathrm{e}^x+\mathrm{e}^{\mathrm{e}^x}+\mathrm{e}^{\mathrm{e}^{\mathrm{e}^x}}$;

   (4) $y=[\ln(1+\sqrt{x})]^2$; (5) $y=\arctan\dfrac{x+1}{x-1}$; (6) $y=x^2\ln x^2+\sin^2 x$.

4. 求由下列方程确定的隐函数 $y=f(x)$ 的微分:

   (1) $x+y=1+\ln(x^2+y^2)$; (2) $x^2 y-\mathrm{e}^{2x}=\sin y$;

   (3) $\mathrm{e}^{xy}+y\ln x=\sin 2x$; (4) $xy^2+\mathrm{e}^y=\cos(x+y^2)$.

*5. 求由下列参数方程所确定的函数 $y=f(x)$ 的导数 $\dfrac{\mathrm{d}y}{\mathrm{d}x}$:

   (1) $\begin{cases} x=t\mathrm{e}^{-t}, \\ y=\mathrm{e}^t; \end{cases}$ (2) $\begin{cases} x=\dfrac{2at}{1+t^2}, \\ y=\dfrac{a(1-t^2)}{1+t^2}; \end{cases}$ (3) $\begin{cases} x=\ln(1+t^2), \\ y=t-\arctan t. \end{cases}$

*6. 求下列曲线在指定点处的切线方程和法线方程:

   (1) $\begin{cases} x=\sin t, \\ y=\sin(t+\sin t) \end{cases}$ 在 $x=0$ 处. (2) $\begin{cases} x=\ln\sin t, \\ y=\cos t \end{cases}$ 在 $x=\dfrac{\pi}{2}$ 处.

*7. 证明:当 $|x|$ 很小时,有近似公式:

   (1) $\sin x \approx x$; (2) $\mathrm{e}^x \approx 1+x$; (3) $\ln(1+x) \approx x$;

   (4) $\tan x \approx x$; (5) $(1+x)^\alpha \approx 1+\alpha x$.

*8. 求下列各数的近似值:

   (1) $\sqrt[3]{1.02}$; (2) $\mathrm{e}^{-0.002}$; (3) $\ln(1.002)$;

   (4) $\arctan 1.02$; (5) $\sqrt[5]{245}$; (6) $\sin 29°$.

*9. 一平面圆形环,其内半径为 $10\,\mathrm{m}$,环宽为 $0.2\,\mathrm{m}$,求此圆环面积的精确值与近似值.

§2.6 边际·弹性·增长率

一、经济学中常用到的几个函数

1. 需求函数与供给函数

需求是指消费者在一定价格条件下对商品的需要. 这就是指消费者愿意购买而且有支付能力. **需求价格**是指消费者对所需要的一定量的商品所愿支付的价格. 若以 P 表示商品的价格,Q 表示需求量,则 Q 与 P 之间的函数关系称为**需求函数**,记做

$$Q = \varphi(P), \quad P \geqslant 0.$$

通常假设需求函数是**单调减少的**. 需求函数的反函数

$$P = \varphi^{-1}(Q), \quad Q \geqslant 0$$

在经济学中也称为**需求函数**,有时称为**价格函数**.

供给是指在某一时期内,生产者在一定价格条件下,愿意并可能出售的产品. **供给价格**是指生产者为提供一定量商品所愿意接受的价格. 假设供给与价格之间存在着函数关系,视价格 P 为自变量,供给量 Q 为因变量,便有**供给函数**,记做

$$Q = f(P), \quad P > 0.$$

当市场上的需求量 Q_d[①]与供给量 Q_s 一致时,商品的数量称为**均衡数量**,商品的价格称为**均衡价格**. 例如,由线性需求函数和供给函数构成的市场均衡模型可写成

$$\begin{cases} Q_d = a - bP & (a > 0, b > 0), \\ Q_s = -c + dP & (c > 0, d > 0), \\ Q_d = Q_s \end{cases}$$

解这个方程组,可得均衡价格 $\overline{P}$ 和均衡数量 $\overline{Q}$:

$$\overline{P} = \frac{a+c}{b+d}, \quad \overline{Q} = \frac{ad-bc}{b+d}.$$

由于要求 $\overline{Q} > 0$,因 $b+d > 0$,所以还应限制 $ad > bc$.

2. 总收益函数

收益是指生产者出售商品的收入. **总收益**是指将一定量产品出售后所得到的全部收入. 若以销量 Q 为自变量,总收益 R 为因变量,则 R 与 Q 之间的函数关系称为**总收益函数**(或称为**总收入函数**),记做

$$R = R(Q), \quad Q \geqslant 0.$$

显然,有 $R|_{Q=0} = R(0) = 0$,即未出售商品时,总收益的值为 0.

若已知需求函数 $Q = \varphi(P)$,则总收益函数是

$$R = R(Q) = P \cdot Q = \varphi^{-1}(Q) \cdot Q.$$

---

① 在同一问题中,既有需求又有供给时,为区别起见,记 Q_d 为需求,Q_s 为供给.

3. 总成本函数

成本是指生产活动中所使用的生产要素的价格，成本也称生产费用．**总成本**是指生产特定产量的产品所需要的**成本总额**．它包括两部分：固定成本和可变成本．固定成本是在一定限度内不随产量变动而变动的费用．可变成本是随产量变动而变动的费用．

若以 Q 表示产量，C 表示总成本，则 C 与 Q 之间的函数关系称为**总成本函数**，记做

$$C = C(Q) = C_0 + V(Q), \quad Q \geqslant 0,$$

其中 C_0 是固定成本，$V(Q)$ 是可变成本．一般情况，总成本函数**单调递增**，且**固定成本非负**，即 $C_0 = C(0) \geqslant 0$．

这里，先介绍这几个经济函数，本书中还要用到其他的经济函数，将在用到时说明．

二、边际

由导数定义知，函数的导数是函数的变化率．在经济分析中，经济函数的变化率；因变量对自变量的导数，通常称为"边际"．即**边际概念是导数概念的经济解释**．

例如，总成本函数 $C = C(Q)$，总成本 C 对产量 Q 的导数称为**边际成本**，记做 MC，即边际成本函数为

$$MC = \frac{\mathrm{d}C}{\mathrm{d}Q}.$$

产量为 Q_0 时的边际成本可解释为：生产第 Q_0 个单位产品，总成本增加的数额，即生产第 Q_0 个单位产品的生产成本．

又如，对总收益函数 $R = R(Q)$，则 R 对 Q 的导数称为**边际收益**，记做 MR，边际收益函数为

$$MR = \frac{\mathrm{d}R}{\mathrm{d}Q}.$$

销量为 Q_0 时的边际收益可解释为：销售第 Q_0 个单位产品，总收益增加的数额，即销售第 Q_0 个单位产品所得到的收益．

三、弹性

1. 函数的弹性

对函数 $y = f(x)$，当自变量从 x 起改变了 Δx 时，其自变量的**相对改变量是 $\frac{\Delta x}{x}$**，函数 $f(x)$ **相对应的相对改变量**则是 $\frac{f(x + \Delta x) - f(x)}{f(x)}$．函数的弹性是为考察相对变化而引入的．

定义 设函数 $y = f(x)$ 在点 x 可导，则极限

$$\lim_{\Delta x \to 0} \frac{\dfrac{f(x + \Delta x) - f(x)}{f(x)}}{\dfrac{\Delta x}{x}} = \lim_{\Delta x \to 0} \frac{x}{f(x)} \frac{f(x + \Delta x) - f(x)}{\Delta x} = x \frac{f'(x)}{f(x)}$$

称为函数 $f(x)$ **在点 x 的弹性**,记做 $\dfrac{Ey}{Ex}$ 或 $\dfrac{Ef(x)}{Ex}$,即

$$\frac{Ey}{Ex} = x\frac{f'(x)}{f(x)} = \frac{x}{f(x)} \cdot \frac{\mathrm{d}f(x)}{\mathrm{d}x}.$$

函数 $f(x)$ 在 x_0 的弹性,记做

$$\left.\frac{Ey}{Ex}\right|_{x=x_0} \quad \text{或} \quad \frac{x_0}{f(x_0)}f'(x_0).$$

由于

$$\mathrm{d}[\ln f(x)] = \frac{1}{f(x)}\mathrm{d}f(x), \quad \mathrm{d}(\ln x) = \frac{1}{x}\mathrm{d}x,$$

所以,函数 $f(x)$ 的弹性也可表示为函数 $\ln f(x)$ 的微分与函数 $\ln x$ 的微分之比

$$\frac{Ef(x)}{Ex} = \frac{\mathrm{d}\ln f(x)}{\mathrm{d}\ln x}.$$

由于函数的弹性 $\dfrac{Ey}{Ex}$ 是就自变量 x 与因变量 y 的相对变化而定义的,它表示函数 $y=f(x)$ 在点 x 的相对变化率,因此,它与任何度量单位无关.

由函数弹性定义知,函数 $f(x)$ 在点 x 的弹性,表示当自变量由 x 起始的相对改变,函数 $f(x)$ 改变幅度的大小,即表示(实质上是近似地表示)**当自变量由 x 起始改变 1% 时,函数 $f(x)$ 相应改变的百分数**.

例 1 求函数 $f(x)=ax^\alpha$ 的弹性.

解 由于 $f'(x)=a\alpha x^{\alpha-1}$,所以

$$\frac{E(ax^\alpha)}{Ex} = x\frac{a\alpha x^{\alpha-1}}{ax^\alpha} = \alpha.$$

特别地,函数 $f(x)=ax$ 的弹性

$$\frac{E(ax)}{Ex} = 1,$$

函数 $f(x)=\dfrac{a}{x}$ 的弹性

$$\frac{E(ax^{-1})}{Ex} = -1.$$

2. 弹性的经济意义

2.1 需求价格弹性

我们已经看到,在经济分析中,"边际"可以描述一个变量对另一个变量变化的反应. 如需求函数为 $Q=100-4P$,则边际需求 $\dfrac{\mathrm{d}Q}{\mathrm{d}P}=-4$. 这表明,价格每提高或降低一个货币单位,需求将减少或增加 4 个单位. 但由于"边际",即函数的导数是有度量单位的,这对度量单位不同的经济现象不能进行比较. 而函数的弹性与度量单位无关,正因为如此,它在经济分析中有着广泛的应用.

我们以需求函数的弹性来说明弹性的经济意义,设需求函数为

$$Q = \varphi(P).$$

按函数弹性定义,需求函数的弹性记做 E_d,应定义为

$$E_d = \frac{P dQ}{Q dP} = P \frac{\varphi'(P)}{\varphi(P)}.$$

通常称上式为**需求函数在点 P 的需求价格弹性**,简称为**需求价格弹性**.

一般情况,因 $P>0, \varphi(P)>0$,而 $\varphi'(P)<0$(因假设 $\varphi(P)$ 是单调减函数),所以 E_d 是负数:

$$E_d = P \frac{\varphi'(P)}{\varphi(P)} < 0.$$

需求价格弹性也可用微分形式表示:

$$E_d = \frac{d(\ln Q)}{d(\ln P)}.$$

由上述说明可知,需求函数在点 P 的需求价格弹性的经济意义是:**在价格为 P 时,如果价格提高或降低 1%,需求由 Q 起,减少或增加的百分数(近似的)是** $|E_d|$. 因此,需求价格弹性反映了当价格变动时需求量变动对价格变动的灵敏程度.

在经济分析中,应用商品的需求价格弹性,可以指明**当价格变动时**,销售总收益的变动情况.

设 $Q=\varphi(P)$ 是需求函数,将总收益 R 表示为 P 的函数:

$$R = R(P) = P \cdot Q = P \cdot \varphi(P),$$

R 对 P 的导数是 R 关于价格 P 的边际收益:

$$\frac{dR}{dP} = \frac{d}{dP}[P \cdot \varphi(P)] = \varphi(P) + P\varphi'(P)$$

$$= \varphi(P)\left[1 + P\frac{\varphi'(P)}{\varphi(P)}\right],$$

即
$$\frac{dR}{dP} = \varphi(P)[1 + E_d]. \tag{1}$$

上式给出了关于价格的**边际收益与需求价格弹性之间的关系**.

我们进一步来说明需求价格弹性的分类及需求价格弹性对总收益的影响.

(1) 若 $E_d > -1$ 或 $|E_d| < 1$ 时,称**需求是低弹性的**. 这种情况,价格提高(或降低)1%,而需求减少(或增加)低于 1%. 由(1)式知,当 $E_d > -1$ 时,$\frac{dR}{dP} > 0$,从而总收益函数 $R = R(P)$ 是单调增函数. 这时,总收益随价格的提高而增加. 换句话说,当需求是低弹性时,由于需求下降的幅度小于价格提高的幅度,因而,**提高价格可使总收益增加**.

(2) 若 $E_d < -1$ 或 $|E_d| > 1$ 时,称**需求是弹性的**,这时,价格提高(或降低)1%,而需求减少(或增加)大于 1%. 由(1)式知,当 $E_d < -1$ 时,$\frac{dR}{dP} < 0$,$R = R(P)$ 是单调减函数. 在这种情况下,**提高价格,总收益将随之减少**. 这是因为需求是弹性的,需求下降的幅度大于价格提

高的幅度.

(3) 若 $E_d=-1$ 或 $|E_d|=1$ 时,称**需求是单位弹性的**,即价格提高(或降低)1%,而需求恰减少(或增加)1%. 由(1)式知,当 $E_d=-1$ 时,$\dfrac{dR}{dP}=0$. 可以验证,这时,**总收益达到最大**(见§3.4,二).

以上分析说明,测定商品的需求价格弹性,对进行市场分析,确定或变动商品的价格有参考价值.

例 2 设某商品的需求函数为
$$Q = 100 - 4P,$$
求 $P=5,12.5,20$ 时需求价格弹性,解释经济意义,并说明这时提高价格对总收益的影响.

解 需求价格弹性
$$E_d = \frac{P}{Q} \cdot \frac{dQ}{dP} = \frac{P}{100-4P}(-4) = \frac{P}{P-25}.$$

当 $P=5$ 时,$E_d=-0.25$,需求是低弹性的. 因当 $P=5$ 时,$Q=80$,这说明,在价格 $P=5$ 时,若价格提高或降低 1%,需求 Q 将由 80 起减少或增加 0.25%;这时,若提高价格,总收益随之增加.

当 $P=12.5$ 时,$E_d=-1$,需求是单位弹性的. 因当 $P=12.5$ 时,$Q=50$,这说明,在价格 $P=12.5$ 时,若价格提高或降低 1%,需求 Q 将由 50 起减少或增加 1%;这时,即 $P=12.5$ 时,总收益取最大值.

当 $P=20$ 时,$E_d=-4$,需求是弹性的. 因当 $P=20$ 时,$Q=20$,这说明,在价格 $P=20$ 时,若价格提高或降低 1%,需求 Q 将由 20 起减少或增加 4%;这时,若提高价格,总收益随之减少.

2.2 供给价格弹性

若 $Q=f(P)$ 为供给函数,则**供给价格弹性**记做 E_s,定义为
$$E_s = \frac{P}{Q} \cdot \frac{dQ}{dP} = P\frac{f'(P)}{f(P)}.$$

一般,因假设供给函数 $Q=f(P)$ 是单调增加的,由于 $f'(P)>0, P>0, f(P)>0$,所以供给价格弹性 E_s 取正值. **供给价格弹性简称为供给弹性**.

在依价值与供求关系决定价格的商品社会中,需求价格弹性、供给价格弹性极为重要. 经济领域中的任何函数都可类似地定义弹性.

四、增长率

在经济分析中所讨论的增长率问题,多半与时间有关. 这里就讨论以时间 t 为自变量的函数 $y=f(t)$.

对函数 $y=f(t)$,当自变量从 t 起改变了 Δt 时,为考察函数 $f(t)$ 相对应的相对改变量随着 Δt 变化而变化的情况而引入函数增长率的概念.

设函数 $y=f(t)$ 在点 t 可导，则极限

$$\lim_{\Delta x \to 0} \frac{\frac{f(t+\Delta t)-f(t)}{f(t)}}{\Delta t} = \frac{f'(t)}{f(t)}$$

称为函数 $f(t)$ **在时间点 t 的瞬时增长率**，简称为**在点 t 的增长率**，记做 R_g，即

$$R_g = \frac{f'(t)}{f(t)} = \frac{1}{y}\frac{dy}{dt}.$$

当 t 取定值 t_0 时，函数的增长率记做

$$R_g\big|_{t=t_0} = \frac{f'(t_0)}{f(t_0)} = \frac{1}{y_0}\frac{dy}{dt}\bigg|_{t=t_0}.$$

显然，函数 $f(t)$ 的增长率也可表示为函数 $\ln f(t)$ 的微分与自变量 t 的微分之比

$$R_g = \frac{d\ln f(t)}{dt}.$$

对指数函数 $y=A_0 e^{rt}$，由于

$$\frac{1}{y}\cdot\frac{dy}{dt} = \frac{A_0 e^{rt}\cdot r}{A_0 e^{rt}} = r,$$

所以，它在任意时间点 t 都以常数比率 r 增长．这样，关系式

$$A_t = A_0 e^{rt}$$

就不仅可作为复利公式，在经济学中还有广泛应用．如企业的资金、投资、国民收入、劳动力等这些变量都是时间 t 的函数．若这些变量在一个较长的时间内以常数比率 r 增长，都可用上述公式来描述．

若当函数 $y=A_0 e^{rt}$ 中的 r 取负值时，也认为是瞬时增长率，这是**负增长**，这时称为**衰减率**．货币贬值问题、贴现问题都是负增长．

例 3 若世界上可耕种的土地由于气候条件以每年 1.5% 的速度被侵蚀，问现在数量的可耕种的土地多少年后将剩下三分之一．

解 设现在可耕种土地的数量为 A_0，A_0 是以常数比率负增长，应服从指数函数 $y=A_0 e^{rt}$ 变化．依题设 $r=-0.015$，且有

$$\frac{1}{3}A_0 = A_0 e^{-0.015t}, \quad 即 \quad \ln 3 = 0.015t.$$

若取 $\ln 3 = 1.0986$，可算出 $t=73.24$ 年．即约经过 73.24 年，世界上可耕种的土地是现在可耕种的土地的三分之一．

习 题 2.6

1. 已知市场均衡模型，求均衡价格 $\bar{P}$ 和均衡数量 $\bar{Q}$，并画出图形：

(1) $\begin{cases} Q_d = Q_s, \\ Q_d = 27-4P, \\ Q_s = -3+2P; \end{cases}$ (2) $\begin{cases} Q_d = Q_s, \\ Q_d = 12-4P, \\ Q_s = -4+2P^2. \end{cases}$

2. 生产某产品,年产量不超过 500 台时,每台售价 200 元,可以全部售出;当年产量超过 500 台时,经广告宣传后又可再多售出 200 台,每台平均广告费 20 元;生产再多,本年就售不出去. 试将本年的销售收益 R 表为年产量 Q 的函数.

3. 生产某产品,固定成本为 $a(a>0)$ 万元,每生产一吨产品,总成本增加 $b(b>0)$ 万元,试写出总成本函数,并求边际成本函数.

4. 求下列函数的弹性:

(1) $y=C$;　　　(2) $y=a+bx$;　　　(3) $y=Aa^{\alpha x}$;　　　(4) $y=A\ln ax$.

5. 设函数 $f(x), g(x)$ 存在弹性,试证明函数弹性的四则运算性质:

(1) $\dfrac{E(f(x)\pm g(x))}{Ex} = \dfrac{f(x)\dfrac{Ef(x)}{Ex} \pm g(x)\dfrac{Eg(x)}{Ex}}{f(x)\pm g(x)}$;

(2) $\dfrac{E(f(x)\cdot g(x))}{Ex} = \dfrac{Ef(x)}{Ex} + \dfrac{Eg(x)}{Ex}$;

(3) $\dfrac{E\dfrac{f(x)}{g(x)}}{Ex} = \dfrac{Ef(x)}{Ex} - \dfrac{Eg(x)}{Ex}$.

6. 已知某产品的需求函数为
$$Q = 400 - 100P, \quad P \in [0, 4].$$

(1) 求需求价格弹性;

(2) 分别求当 $P=1, 2, 3$ 时的需求价格弹性,作出经济解释,并说明这时变动价格对总收益的影响.

7. 某产品的需求函数为
$$Q = Ae^{-bP} (b>0, A>0), \quad P \in [0, +\infty).$$
求需求价格弹性,并作出经济解释.

8. 设供给函数为 $Q=P^2+6P-18$,求供给价格弹性 E_s 及 $P=3$ 时的供给价格弹性.

9. 设需求 Q 是收入 M 的函数,
$$Q = f(M) = Ae^{\frac{b}{M}} \quad (A>0, b<0).$$
试求需求收入弹性 E_M.

10. 已知需求函数 $Q=\varphi(P)$,试推导边际收益与需求价格弹性之间有下述关系
$$\frac{dR}{dQ} = P\left(1 + \frac{1}{E_d}\right).$$

11. (1) 设需求函数 $Q=\varphi(P)$,试写出收益价格弹性 E_R 的表示式;

(2) 设需求函数 $Q=100-4P$,求 $P=5$ 时的收益价格弹性;

(3) 导出收益价格弹性 E_R 与需求价格弹性 E_d 之间的关系式.

12. 求下列各指数函数的瞬时增长率:

(1) $y=5e^{0.06t}$;　　　(2) $y=3e^{5t}$.

13. 某国现有劳动力 4000 万,预计在今后 30 年内劳动力每年增长 2%,问按预计,30 年后将有多少劳动力?

14. 通货膨胀使货币每年贬值 5%,连续 10 年贬值. 现有 100 万元,10 年后,这笔款额用现在的价值衡量,应是多少元?

总习题二

1. 填空题

(1) 设下述极限存在,则 $\lim\limits_{h\to\infty} h\left[f\left(a-\dfrac{1}{h}\right)-f(a)\right]=$ _____;

(2) 设函数 $f(x),g(x)$ 在 $x=0$ 处可导,$f(0)=g(0)=0$,且 $f'(0)\neq 0$,则 $\lim\limits_{x\to 0}\dfrac{g(tx)}{f(x)}=$ _____;

(3) 设 $f(x)$ 在 $x=2$ 处连续,且 $\lim\limits_{x\to 2}\dfrac{f(x)}{x-2}=3$,则 $f'(2)=$ _____;

(4) 已知 $f(x)=(e^x-1)\sqrt{\dfrac{1-x^2+x^4}{1+x^2+x^4}}$,则 $f'(0)=$ _____;

(5) 设周期为 8 的周期函数 $f(x)$ 在 $(-\infty,+\infty)$ 可导,又 $\lim\limits_{x\to 0}\dfrac{f(1)-f(1-x)}{2x}=-1$,则曲线 $y=f(x)$ 在点 $(9,f(9))$ 处的切线斜率 $k=$ _____;

(6) 设 $f(t)=\lim\limits_{x\to\infty}t\left(\dfrac{x+t}{x-t}\right)^x$,则 $f'(t)=$ _____;

(7) 设函数 $f(x)$ n 阶可导,则 $[f(ax+b)]^{(n)}=$ _____;

(8) $\dfrac{\mathrm{d}(\arctan x)}{\mathrm{d}(\mathrm{arccot}\,x)}=$ _____.

2. 单项选择题

(1) 设函数 $f(x)=\begin{cases} k(k-1)xe^x+1, & x>0, \\ k^2, & x=0, \\ x^2+1, & x<0, \end{cases}$ 则下列结论错误的是(　);

(A) k 为任意值时,$\lim\limits_{x\to 0}f(x)$ 存在　　　　(B) $k=-1$ 或 $k=1$ 时,$f(x)$ 在 $x=0$ 处连续

(C) $k=-1$ 时,$f(x)$ 在 $x=0$ 处可导　　　　(D) $k=1$ 时,$f(x)$ 在 $x=0$ 处可导

(2) 已知 $f(x)$ 在区间 (a,b) 内可导,且 $x_0\in(a,b)$,则下述结论成立的是(　);

(A) $\lim\limits_{x\to x_0}f(x)$ 未必等于 $f(x_0)$　　　　(B) $f(x)$ 在 x_0 未必可微

(C) $\lim\limits_{x\to x_0}f'(x)=f'(x_0)$　　　　(D) $\lim\limits_{x\to x_0}\dfrac{f^2(x)-f^2(x_0)}{x-x_0}=2f(x_0)f'(x_0)$

(3) 设 $f(-x)=f(x),x\in(-\infty,+\infty)$,且函数 $f(x)$ 二阶可导,若在 $(-\infty,0)$ 内 $f'(x)>0,f''(x)<0$,则在 $(0,+\infty)$ 内有(　);

(A) $f'(x)<0,f''(x)<0$　　　　(B) $f'(x)<0,f''(x)>0$

(C) $f'(x)>0,f''(x)<0$　　　　(D) $f'(x)>0,f''(x)>0$

(4) 已知函数 $y=f(x)$ 在任意一点 x 处,当自变量有改变量 Δx 时,函数相应的改变量

$$\Delta y=\dfrac{\Delta x}{\sqrt{1-x^2}}+\alpha, \quad 且 \quad \lim\limits_{\Delta x\to 0}\dfrac{\alpha}{\Delta x}=0,$$

又 $f(0)=0$,则 $f\left(\dfrac{\sqrt{2}}{2}\right)=$(　);

(A) 0　　　　(B) $\pi/4$　　　　(C) $\pi/3$　　　　(D) $\pi/2$

(5) 设函数 $y=f(x)$ 在点 x 可微,在点 x 处,自变量的改变量是 Δx,函数相应的改变量是 Δy,微分是 $\mathrm{d}y$.当 $\Delta x\to 0$ 时,下列正确的是(　).

(A) dy 是比 Δx 较高阶的无穷小   (B) 差 $\Delta y - dy$ 与 Δx 是等价无穷小

(C) 差 $\Delta y - dy$ 与 Δy 是等价无穷小   (D) 当 $f'(x) \neq 0$ 时, Δy 与 dy 是等价无穷小

3. 设 $f(0)=1, f'(0)=-1$, 求下列极限:

(1) $\lim\limits_{x \to 1} \dfrac{f(\ln x)-1}{1-x}$;   (2) $\lim\limits_{x \to 0} \dfrac{2^x f(x)-1}{x}$.

4. 设函数 $f(x)=\begin{cases} 1+\ln(1-4x), & x \leqslant 0, \\ a+be^x, & x>0, \end{cases}$ 试确定 a,b 的值, 使 $f(x)$ 在 $x=0$ 处可导, 并求 $f'(0)$.

5. 设 $f(x)=\begin{cases} x^n \sin\dfrac{1}{x}, & x \neq 0, \\ 0, & x=0, \end{cases}$ 其中 $n \in \mathbf{N}_+$, 问 n 取何值时:

(1) $f(x)$ 在 $x=0$ 处连续;   (2) $f(x)$ 在 $x=0$ 处可导, 并求 $f'(x)$;   (3) $f'(x)$ 在 $x=0$ 处连续.

6. 设 $g(x)=\begin{cases} x^2 \arctan\dfrac{1}{x}, & x \neq 0, \\ 0, & x=0, \end{cases}$ $f(x)$ 处处可导, 求 $\dfrac{d}{dx}f(g(x))$.

7. 设 $f(x)>0, g(x)>0$ 且均可导, 求 $\dfrac{dy}{dx}$:

(1) $y=\sqrt{f^2(x)+g^2(x)}$;   (2) $y=\arctan[1+f(x)+f(x)^{g(x)}]$;   (3) $y=\log_{g(x)} f(x)$.

8. 设函数 $f(x)$ 二阶可导, 试证明:
$$f''(x) = \lim_{h \to 0} \frac{f(x+h)+f(x-h)-2f(x)}{h^2}.$$

9. 设 $f(x)=x^{n-1}\ln x$ ($n \geqslant 2$ 是正整数), 证明: $f^{(n)}(x)=\dfrac{(n-1)!}{x}$.

10. 设 r_1, r_2 是代数方程 $r^2+pr+q=0$ 的两个相异实根, 证明函数 $y=c_1 e^{r_1 x}+c_2 e^{r_2 x}$ (c_1, c_2 是任意常数) 满足方程 $y''+py'+qy=0$.

11. 设由方程 $\ln(x^2+y^2)=\arctan\dfrac{y}{x}+\ln 2-\dfrac{\pi}{4}$ 确定隐函数 $y=f(x)$, 求

(1) dy 及 $dy(1,1)$;   (2) 曲线 $y=f(x)$ 在点 $(1,1)$ 处的切线方程和法线方程.

12. 已知曲线 $y=a\sqrt{x}$ ($a>0$) 与曲线 $y=\ln\sqrt{x}$ 在点 (x_0, y_0) 处有公切线, 求

(1) 常数 a 及切点 (x_0, y_0);   (2) 过点 (x_0, y_0) 的公切线方程.

第三章 微分中值定理与导数应用

微分中值定理在微分学理论及应用上起着非常重要的作用. 本章在讲述微分学中值定理的基础上, 应用导数讨论函数的单调性, 极值, 最大值与最小值应用问题, 曲线的凹向与拐点, 未定式求极限的方法及泰勒公式.

§3.1 微分中值定理

本节讲述微分学的基本定理：罗尔(Rolle)定理, 拉格朗日(Lagrange)中值定理和柯西(Cauchy)中值定理.

定理 1(罗尔定理) 设函数 $f(x)$ 在闭区间 $[a,b]$ 上连续, 在开区间 (a,b) 内可导, 且 $f(a)=f(b)$, 则**至少存在一点** $\xi\in(a,b)$, 使得
$$f'(\xi)=0.$$

定理 1 的几何意义 如图 3-1 所示, 在两端高度相同的一段连续曲线弧 $\overset{\frown}{AB}$ 上, 若除端点外, 它在每一点都可作不垂直于 x 轴的切线, 则在其中至少有一条切线平行于 x 轴, 切点为 $C(\xi, f(\xi))$.

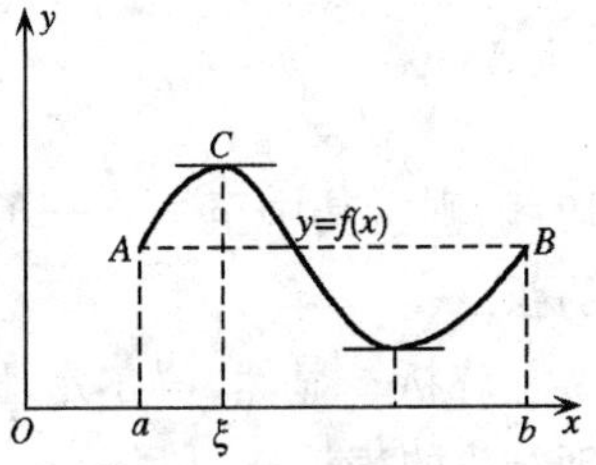

图 3-1

证 因为函数 $f(x)$ 在闭区间 $[a,b]$ 上连续, $f(x)$ 在 $[a,b]$ 上必取得最大值 M 与最小值 m. 分两种情况讨论：

(1) 若 $M=m$, 这时 $f(x)$ 在 $[a,b]$ 上必为常量函数, 则对任意一点 $\xi\in(a,b)$, 都有 $f'(\xi)=0$.

(2) 若 $M>m$, 因为 $f(a)=f(b)$, 所以 M 和 m 至少有一个在区间 (a,b) 内取得, 不妨设 M 在区间内部取得, 即存在 $\xi\in(a,b)$, 使 $f(\xi)=M$. 在点 ξ 邻近取一点 $\xi+\Delta x\in[a,b]$, 则必有 $f(\xi+\Delta x)\leqslant f(\xi)$. 考虑下面两种情况：

当 $\Delta x<0$ 时,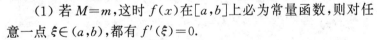

当 $\Delta x>0$ 时,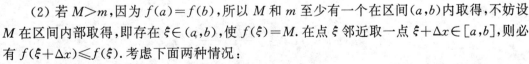

由于 $f(x)$ 在点 ξ 可导, 根据极限的局部保号性定理, 有
$$f'(\xi)=\lim_{\Delta x\to 0^-}\frac{f(\xi+\Delta x)-f(\xi)}{\Delta x}\geqslant 0,$$
$$f'(\xi)=\lim_{\Delta x\to 0^+}\frac{f(\xi+\Delta x)-f(\xi)}{\Delta x}\leqslant 0,$$

故 $f'(\xi)=0$. 证毕.

注 定理中的条件是充分的,但非必要的. 这意味着,定理中的三个条件缺少其中任何一个,定理的结论将可能不成立;但定理中的条件不全具备,定理的结论也可能成立.

例 1 证明方程 $x^3+x-1=0$ 在区间 $(0,1)$ 内只有一个实根.

证 令 $f(x)=x^3+x-1$,该函数在闭区间 $[0,1]$ 内连续,且 $f(0)=-1,f(1)=1$,由零点定理,存在 $\xi \in (0,1)$,使 $f(\xi)=0$.

假设方程 $f(x)=0$ 在区间 $(0,1)$ 内存在两个实根,设为 x_1 和 x_2,且 $x_1<x_2$. 由于 $f(x)$ 在闭区间 $[x_1,x_2]$ 上连续、可导,且 $f(x_1)=f(x_2)=0$,所以函数 $f(x)$ 在 $[x_1,x_2]$ 上满足罗尔定理的条件,从而存在 $\xi \in (x_1,x_2)$,使
$$f'(\xi)=0.$$
但 $f'(x)=3x^2+1>0$,矛盾. 故所给方程在 $(0,1)$ 内只能有一个实根.

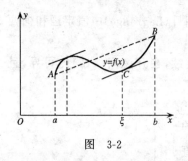

图 3-2

定理 2(拉格朗日中值定理) 设函数 $f(x)$ 在闭区间 $[a,b]$ 上连续,在开区间 (a,b) 内可导,则至少存在一点 $\xi \in (a,b)$,使得
$$f'(\xi)=\frac{f(b)-f(a)}{b-a},$$
或
$$f(b)-f(a)=f'(\xi)(b-a). \tag{1}$$

定理 2 的几何意义 如图 3-2 所示. 在一段连续曲线弧 $\overgroup{AB}$ 上,若除端点外,它在每一点都可作不垂直于 x 轴的切线,则在其中至少有一条切线平行于该曲线弧的两端点 $A(a,f(a))$ 和 $B(b,f(b))$ 所连结的弦.

分析 显然,罗尔定理正是拉格朗日中值定理当 $f(a)=f(b)$ 的特殊情况. 注意到本定理结论的表达式可写做
$$f'(\xi)-\frac{f(b)-f(a)}{b-a}=0.$$
这正是函数
$$F(x)=f(x)-\frac{f(b)-f(a)}{b-a}x$$
在点 ξ 的导数等于零,即 $F'(\xi)=0$. 由此,若能验证函数 $F(x)$ 满足罗尔定理的条件,本定理就得证.

证 作辅助函数
$$F(x)=f(x)-\frac{f(b)-f(a)}{b-a}x.$$
依题设,易知 $F(x)$ 在 $[a,b]$ 上连续,在 (a,b) 内可导,且
$$F(a)=f(a)-\frac{f(b)-f(a)}{b-a}a=\frac{f(a)b-f(b)a}{b-a},$$

$$F(b) = f(b) - \frac{f(b)-f(a)}{b-a}b = \frac{f(a)b-f(b)a}{b-a},$$

即 $F(a)=F(b)$. 由罗尔定理知,至少存在一点 $\xi \in (a,b)$,使得

$$F'(\xi) = f'(\xi) - \frac{f(b)-f(a)}{b-a} = 0,$$

即
$$f'(\xi) = \frac{f(b)-f(a)}{b-a}.$$

拉格朗日中值定理在微分学中占有重要地位,通常称该定理为**微分中值定理**,称(1)式为**拉格朗日中值公式**.

由于 $a<\xi<b$,所以,若记

$$\theta = \frac{\xi-a}{b-a}, \quad 即 \quad \xi = a+\theta(b-a), \quad 0<\theta<1,$$

从而,拉格朗日中值定理可写成如下形式

$$f(b)-f(a) = f'(a+\theta(b-a))(b-a), \quad 0<\theta<1.$$

在区间 $[x_0, x_0+\Delta x]$ ($\Delta x>0$) 或 $[x_0+\Delta x, x_0]$ ($\Delta x<0$) 上,拉格朗日中值定理又有如下形式

$$f(x_0+\Delta x)-f(x_0) = f'(x_0+\theta \cdot \Delta x)\Delta x, \quad 0<\theta<1.$$

该式左端是函数 $f(x)$ 在点 x_0 的改变量,故该式称为**有限改变量公式**.

拉格朗日中值定理有**两个推论**:

推论 1 若函数 $f(x)$ 在区间 I 内可导,且 $f'(x) \equiv 0$,则 $f(x)$ 在 I 内为常数.

证 在区间 I 内任取两点 x_1, x_2,不妨设 $x_1<x_2$,由拉格朗日中值定理,有

$$f(x_2)-f(x_1) = f'(\xi)(x_2-x_1), \quad \xi \in (x_1, x_2).$$

由题设 $f'(\xi)=0$,所以 $f(x_1)=f(x_2)$,这说明,在 I 内任意两点的函数值都相等,即 $f(x)$ 在 I 内是一个常数.

推论 2 若函数 $f(x)$ 与 $g(x)$ 在区间 I 内处处有 $f'(x)=g'(x)$,则 $f(x)$ 与 $g(x)$ 在 I 内仅相差一个常数,即 $f(x)-g(x)=C$.

证 令 $F(x)=f(x)-g(x)$,因在区间 I 内,有

$$F'(x) = f'(x) - g'(x) \equiv 0,$$

所以在 I 内,$F(x)$ 为一常数 C,即 $f(x)-g(x)=C$.

例 2 试证明恒等式

$$\arctan x + \operatorname{arccot} x = \frac{\pi}{2} \quad (-\infty < x < +\infty).$$

证 令 $f(x) = \arctan x + \operatorname{arccot} x$,则

$$f'(x) = \frac{1}{1+x^2} - \frac{1}{1+x^2} \equiv 0, \quad x \in (-\infty, +\infty).$$

于是,由上述推论 1,在区间 $(-\infty, +\infty)$ 内,恒有

$$\arctan x + \operatorname{arccot} x = C \quad (C \text{ 为常数}).$$

取 $x=1$，有
$$\arctan 1 + \operatorname{arccot} 1 = \frac{\pi}{2},$$
故 $C=\frac{\pi}{2}$，即有恒等式
$$\arctan x + \operatorname{arccot} x = \frac{\pi}{2} \quad (-\infty < x < +\infty).$$

例3 设函数 $f(x)$ 在闭区间 $[a,b]$ 上连续，在 (a,b) 内可导．试证明：在 (a,b) 内至少存在一点 ξ，使得
$$\frac{b^2 f(b) - a^2 f(a)}{b-a} = 2\xi f(\xi) + \xi^2 f'(\xi).$$

分析 注意到函数 $F(x)=x^2 f(x)$，其导数是
$$F'(x) = 2x f(x) + x^2 f'(x),$$
故欲证等式正是函数 $F(x)=x^2 f(x)$ 在区间 $[a,b]$ 上应用拉格朗日中值定理的结果．

证 令 $F(x)=x^2 f(x)$，由题设知，该函数在区间 $[a,b]$ 上满足拉格朗日中值定理的条件，所以，在 (a,b) 内至少存在一点 ξ，使
$$\frac{F(b)-F(a)}{b-a} = F'(\xi),$$
即
$$\frac{b^2 f(b) - a^2 f(a)}{b-a} = 2\xi f(\xi) + \xi^2 f'(\xi).$$

例4 试证明：当 $0<\alpha<\beta<\frac{\pi}{2}$ 时，有不等式
$$\frac{\beta-\alpha}{\cos^2\alpha} < \tan\beta - \tan\alpha < \frac{\beta-\alpha}{\cos^2\beta}.$$

分析 将欲证不等式改写做
$$\frac{1}{\cos^2\alpha} < \frac{\tan\beta - \tan\alpha}{\beta-\alpha} < \frac{1}{\cos^2\beta},$$
并注意到 $(\tan x)'=\frac{1}{\cos^2 x}$，应考虑函数 $\tan x$ 在区间 $[\alpha,\beta]$ 上应用拉格朗日中值定理．

证 令 $f(x)=\tan x$，依题设，该函数在区间 $[\alpha,\beta]$ 上满足拉格朗日中值定理的条件，所以，存在 $\xi\in(\alpha,\beta)$，使
$$\tan\beta - \tan\alpha = \frac{1}{\cos^2\xi}(\beta-\alpha).$$
由于 $\cos x$ 在区间 $\left[0,\frac{\pi}{2}\right]$ 内是单调减函数，所以
$$\cos^2\alpha > \cos^2\xi > \cos^2\beta \quad \text{或} \quad \frac{1}{\cos^2\alpha} < \frac{1}{\cos^2\xi} < \frac{1}{\cos^2\beta}.$$
因 $\beta-\alpha>0$，故有
$$\frac{\beta-\alpha}{\cos^2\alpha} < \frac{\beta-\alpha}{\cos^2\xi} < \frac{\beta-\alpha}{\cos^2\beta},$$

从而有
$$\frac{\beta-\alpha}{\cos^2\alpha}<\tan\beta-\tan\alpha<\frac{\beta-\alpha}{\cos^2\beta}.$$

例 5 设函数 $f(x)$ 在区间 $[x_0-\delta,x_0]$ 上连续，在 $(x_0-\delta,x_0)$ 内可导，且 $\lim\limits_{x\to x_0^-}f'(x)$ 存在，试证
$$\lim_{x\to x_0^-}f'(x)=f'_-(x_0).$$

证 任取 $x\in(x_0-\delta,x_0)$，由题设，$f(x)$ 在区间 $[x,x_0]$ 上满足拉格朗日中值定理的条件，因此，有
$$\frac{f(x)-f(x_0)}{x-x_0}=f'(\xi),\quad x<\xi<x_0.$$

当 $x\to x_0^-$ 时，$\xi\to x_0^-$，将上式两边取极限，得
$$\lim_{x\to x_0^-}\frac{f(x)-f(x_0)}{x-x_0}=\lim_{\xi\to x_0^-}f'(\xi),$$

由于 $\lim\limits_{x\to x_0^-}f'(x)$ 存在，并以 $f(x)$ 在点 x_0 的左导数定义，上式为
$$f'_-(x_0)=\lim_{\xi\to x_0^-}f'(\xi)=\lim_{x\to x_0^-}f'(x).$$

注 (1) 同样可证：$f'_+(x_0)=\lim\limits_{x\to x_0^+}f'(x)$.

(2) 本例说明，可用函数 $f(x)$ 的导函数在 x_0 处的左(右)极限确定左(右)导数.

定理 3（柯西中值定理） 设函数 $f(x),g(x)$ 在闭区间 $[a,b]$ 上连续，在开区间 (a,b) 内可导，且在 (a,b) 内 $g'(x)\neq 0$，则至少存在一点 $\xi\in(a,b)$，使得
$$\frac{f(b)-f(a)}{g(b)-g(a)}=\frac{f'(\xi)}{g'(\xi)}. \tag{2}$$

分析 该定理中，若取 $g(x)=x$，它就是拉格朗日中值定理，所以拉格朗日中值定理是柯西中值定理的特殊情况. 由此，该定理也可利用罗尔定理推出. 注意到(2)式可改写做
$$f'(\xi)-\frac{f(b)-f(a)}{g(b)-g(a)}g'(\xi)=0,$$

该式左端是
$$F'(\xi)=\left[f(x)-\frac{f(b)-f(a)}{g(b)-g(a)}g(x)\right]'\bigg|_{x=\xi}.$$

所以，只要作辅助函数 $F(x)=f(x)-\dfrac{f(b)-f(a)}{g(b)-g(a)}g(x)$ 就可证明该定理.

例 6 设函数 $f(x)$ 在闭区间 $[a,b]$ $(a>0)$ 上连续，在开区间 (a,b) 内可导，试证在 (a,b) 内至少存在一点 ξ，使
$$f(b)-f(a)=\xi f'(\xi)\ln\frac{b}{a}.$$

分析 欲证等式可写做

$$\frac{f(b)-f(a)}{\ln b-\ln a}=\frac{f'(\xi)}{\frac{1}{\xi}}.$$

显然,这正是函数 $f(x), g(x)=\ln x$ 在 $[a,b]$ 上应用柯西中值定理的结论. 请读者自证.

习 题 3.1

1. 验证下列函数是否满足罗尔定理的条件？若满足,求出定理中的 ξ；若不满足,说明其原因：

(1) $f(x)=\begin{cases} x, & 0\leqslant x<1, \\ 0, & x=1; \end{cases}$
(2) $f(x)=|x|, x\in[-1,1]$；

(3) $f(x)=x, x\in[0,1]$；
(4) $y=\ln\sin x, x\in\left[\dfrac{\pi}{6},\dfrac{5\pi}{6}\right]$.

2. 验证函数 $f(x)=\arctan x$ 在区间 $[0,1]$ 上是否满足拉格朗日中值定理的条件？若满足,求出定理中的 ξ.

3. 验证函数 $f(x)=x^2, g(x)=x^3$ 在区间 $[1,2]$ 上是否满足柯西中值定理的条件？若满足,求出定理中的 ξ.

4. 设 $f(x)=(x-1)(x-2)(x-3)(x-4)$, 用罗尔定理说明方程 $f'(x)=0$ 有几个实根,并说出根所在的范围.

5. 设 n 次多项式 $P_n(x)$ 的导数 $P_n'(x)$ 没有实根, 试证明: $P_n(x)$ 最多只有一个实根.

6. 已知 $x=0$ 是方程 $e^x=1+x$ 的根, 试证明: 此方程没有其他的根.

7. 已知函数 $f(x)$ 在区间 $[0,1]$ 上连续, 在 $(0,1)$ 内可导, 且 $f(1)=0$, 试证明: 在 $(0,1)$ 内至少存在一点 ξ, 使得

$$f'(\xi)=-\frac{f(\xi)}{\xi}.$$

8. 试证恒等式: $2\arctan x+\arcsin\dfrac{2x}{1+x^2}=\pi$, 其中 $x\geqslant 1$.

9. 当 $x\geqslant 0$ 时, 试证明:

$$\sqrt{x+1}-\sqrt{x}=\frac{1}{2\sqrt{x+\theta}}\quad (0<\theta<1).$$

10. 证明下列不等式:

(1) 当 $0<x<y<1$ 时, 有 $|\arcsin x-\arcsin y|\geqslant |x-y|$;

(2) 当 $x>0$ 时, 有 $\dfrac{1}{1+x}<\ln(1+x)-\ln x<\dfrac{1}{x}$;

(3) 当 $0<b<a$, 且 $n>1$ 时, 有 $nb^{n-1}(a-b)<a^n-b^n<na^{n-1}(a-b)$.

11. 设函数 $f(x)$ 在区间 $[0,x]$ 上可导, 且 $f(0)=0$, 试证明: 在 $(0,x)$ 内存在一点 ξ, 使得

$$f(x)=(1+\xi)\ln(1+x)f'(\xi).$$

§3.2 函数的单调性与极值

一、函数单调性的判别法

观察图 3-3, 曲线 $y=f(x)$ 在区间 (a,c) 内是上升的, 在该区间内任一点曲线的切线斜率

都大于零,即 $f'(x)>0$;曲线 $y=f(x)$ 在区间 (c,b) 内是下降的,在该区间内任一点曲线的切线斜率都小于零,即 $f'(x)<0$. 由此知,可以用导数的符号判别函数的单调性.

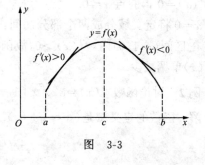

图 3-3

定理 1(判别单调性的充分条件) 在函数 $f(x)$ 可导的区间 I 内:

(1) 若 $f'(x)>0$,则函数 $f(x)$ **单调增加**;

(2) 若 $f'(x)<0$,则函数 $f(x)$ **单调减少**.

证 在区间 I 内任取两点 x_1 和 x_2,不妨设 $x_1<x_2$. 在区间 $[x_1,x_2]$ 上,应用拉格朗日中值定理,有
$$f(x_2)-f(x_1)=f'(\xi)(x_2-x_1), \quad x_1<\xi<x_2.$$
对(1),因 $f'(\xi)>0$ 且 $(x_2-x_1)>0$,故由上式可得
$$f(x_2)>f(x_1),$$
从而函数 $f(x)$ 在区间 I 内单调增加.

对(2),同理可证 $f(x)$ 在区间 I 内单调减少.

在此,我们需要指出,在区间 I 内,导数 $f'(x)>0(<0)$ 是函数 $f(x)$ 在区间 I 内单调增加(减少)的**充分条件**,而不是**必要条件**. 例如,我们知道函数 $y=x^3$ 在区间 $(-\infty,+\infty)$ 内是单调增加的,而
$$y'=3x^2\begin{cases}=0,&\text{当 }x=0\text{ 时,}\\>0,&\text{当 }x\neq 0\text{ 时,}\end{cases}$$
即函数 $y=x^3$ 的导数在区间 $(-\infty,+\infty)$ 内并不是处处都大于零.

此例说明,函数 $f(x)$ 在某区间内单调增加(减少)时,在个别点 x_0 处,可以有 $f'(x_0)=0$. 使 $f'(x_0)=0$ 的点 x_0 称为函数 $f(x)$ 的**驻点**或**稳定点**. 对此,我们有一般性的**结论**:

在函数 $f(x)$ 的可导区间 I 内,若 $f'(x)\geq 0$ 或 $f'(x)\leq 0$,而等号仅在一些点处成立,则函数 $f(x)$ 在 I 内单调增加或单调减少.

由定理 1,确定函数 $f(x)$ 的单调增减区间,其**解题程序**是:

(1) 确定函数的定义域;

(2) 确定增减区间的可能分界点:求 $f'(x)$,确定驻点和导数不存在的点,这些点将定义域划分成若干个部分区间;

(3) 判别:在各个部分区间内判别 $f'(x)$ 的符号,从而确定 $f(x)$ 在相应区间内的增减性.

例 1 讨论函数 $f(x)=\ln(1-x^2)$ 的单调区间.

解 函数的定义域是 $(-1,1)$. 由于
$$f'(x)=\frac{-2x}{1-x^2},$$

由 $f'(x)=0$ 得驻点 $x=0$.

$x=0$ 将定义域分成两个部分区间：$(-1,0)$ 和 $(0,1)$.

在区间 $(-1,0)$ 内，$f'(x)>0$，故函数 $f(x)$ 单调增加；在区间 $(0,1)$ 内，$f'(x)<0$，故函数 $f(x)$ 单调减少.

例 2 讨论函数 $f(x)=3\sqrt[3]{x}\left(1-\dfrac{x}{4}\right)$ 的单调区间.

解 函数的定义域是 $(-\infty,+\infty)$. 由于

$$f'(x)=\frac{1-x}{\sqrt[3]{x^2}},$$

可知，$x_1=0$ 是导数不存在的点，$x_2=1$ 是函数的驻点.

$x_1=0, x_2=1$ 将定义域分成三个部分区间：$(-\infty,0),(0,1)$ 和 $(1,+\infty)$.

在 $(-\infty,0)$ 和 $(0,1)$ 内，$f'(x)>0$，即在区间 $(-\infty,1)$ 内函数 $f(x)$ 单调增加；在 $(1,+\infty)$ 内，$f'(x)<0$，故函数单调减少.

二、函数的极值

观察图 3-4 中的连续曲线 $y=f(x)$：在 $U(x_0)$ 内，函数值 $f(x_0)$ 最大，这时，称 $f(x_0)$ 是函数 $f(x)$ 的极大值；在 $U(x_1)$ 内，函数值 $f(x_1)$ 最小，这时，称 $f(x_1)$ 是函数 $f(x)$ 的极小值.

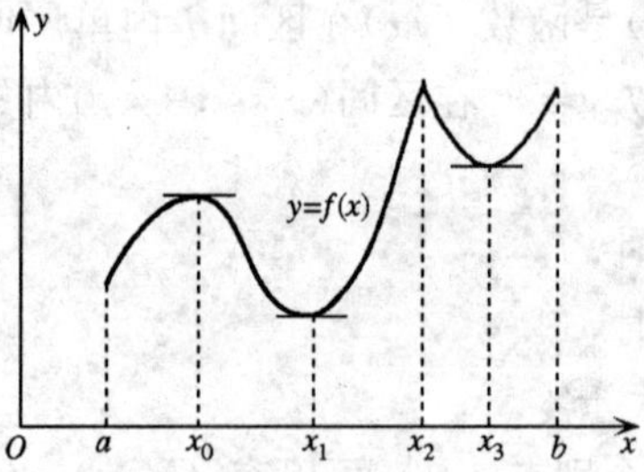

定义 在函数 $f(x)$ 有定义的 $U(x_0)$ 内，任取 $x\neq x_0$：

(1) 若有 $f(x)<f(x_0)$，则称 x_0 是函数 $f(x)$ 的**极大值点**，称 $f(x_0)$ 是函数 $f(x)$ 的**极大值**；

(2) 若有 $f(x)>f(x_0)$，则称 x_0 是函数 $f(x)$ 的**极小值点**，称 $f(x_0)$ 是函数 $f(x)$ 的**极小值**.

图 3-4

极大值点与极小值点统称为**极值点**；极大值与极小值统称为**极值**.

根据极值定义，我们再来观察图 3-4，函数 $f(x)$ 在 x_0 处取极大值，在 x_1 处取极小值. 若按曲线 $y=f(x)$ 的形状看，曲线在 x_0 处和 x_1 处均可作切线，而且切线一定平行于 x 轴，因此有 $f'(x_0)=0, f'(x_1)=0$，即 x_0, x_1 均是函数 $f(x)$ 的驻点. 由此，有下面的定理.

定理 2（极值存在的必要条件） 若函数 $f(x)$ 在点 x_0 可导，且取得极值，则 $f'(x_0)=0$.

证 设 x_0 是极大值点. 根据极大值的定义，在 $U(x_0)$ 内，总有 $f(x)\leqslant f(x_0)$，因此当 $x<x_0$ 时，有

$$\frac{f(x)-f(x_0)}{x-x_0}\geqslant 0,$$

而当 $x>x_0$ 时，则有

$$\frac{f(x)-f(x_0)}{x-x_0}\leqslant 0.$$

由 $f(x)$ 在点 x_0 可导及极限的局部保号性,可得
$$f'(x_0) = f'_-(x_0) = \lim_{x \to x_0^-} \frac{f(x) - f(x_0)}{x - x_0} \geqslant 0,$$
$$f'(x_0) = f'_+(x_0) = \lim_{x \to x_0^+} \frac{f(x) - f(x_0)}{x - x_0} \leqslant 0,$$
故 $f'(x_0)=0$.

x_0 是极小值点的情形可类似证明.

在此,我们要指出:

(1) 对函数 $f(x)$ 的可导点 x_0,若是极值点,则 x_0 必是函数 $f(x)$ 的驻点,但驻点不一定是极值点. 例如,函数 $f(x)=x^3$ 有 $f'(0)=0$,但 $x=0$ 不是该函数的极值点.

(2) 若函数 $f(x)$ 在点 x_0 连续,当 $f'(x)$ 不存在时,x_0 也可能是函数 $f(x)$ 的极值点.

下面的定理是判定驻点和导数不存在的点(函数在该点要连续)为极值点的充分条件.

定理 3(极值存在的充分条件) 在函数 $f(x)$ 连续且可导的 $U(x_0)$ 内($f'(x_0)$ 可以不存在):

(1) 若当 $x<x_0$ 时,$f'(x)>0$;当 $x>x_0$ 时,$f'(x)<0$,则 x_0 是函数 $f(x)$ **的极大值点**.

(2) 若当 $x<x_0$ 时,$f'(x)<0$;当 $x>x_0$ 时,$f'(x)>0$,则 x_0 是函数 $f(x)$ **的极小值点**.

由本节定理 1 可直接推出定理 3. 由以上所述可知,**求函数 $f(x)$ 的极值的程序**是:

(1) 确定函数的连续区间,对初等函数而言,就是其有定义的区间;

(2) 求出可能取极值的点:求 $f'(x)$,确定 $f(x)$ 的驻点和不可导点;

(3) 判别:用定理 3 判别;

(4) 若 x_0 是极值点,求出极值 $f(x_0)$.

例 3 求函数 $f(x)=\dfrac{x}{1+x^2}$ 的极值.

解 函数的连续区间是 $(-\infty,+\infty)$. 由
$$f'(x) = \frac{(1+x)(1-x)}{(1+x^2)^2},$$
得驻点 $x_1=-1, x_2=1$.

在区间 $(-\infty,-1)$ 内,$f'(x)<0$,在区间 $(-1,1)$ 内,$f'(x)>0$,在区间 $(1,+\infty)$ 内,$f'(x)<0$. 所以,$x_1=-1$ 是极小值点,极小值 $f(-1)=-\dfrac{1}{2}$;$x_2=1$ 是极大值点,极大值 $f(1)=\dfrac{1}{2}$.

例 4 求函数 $f(x)=x-\dfrac{3}{2}x^{\frac{2}{3}}$ 的极值.

解 函数的连续区间是 $(-\infty,+\infty)$. 由
$$f'(x) = 1 - x^{-\frac{1}{3}} = \frac{\sqrt[3]{x}-1}{\sqrt[3]{x}}$$

知,$x_1=0$ 是不可导点,$x_2=1$ 是驻点.

$x_1=0,x_2=1$ 将连续区间分成三个部分区间,列表判定[①].

x	$(-\infty,0)$	0	$(0,1)$	1	$(1,+\infty)$
$f'(x)$	+	不存在	−	0	+
$f(x)$	↗	极大值	↘	极小值	↗

$f(0)=0$ 是极大值,$f(1)=-\dfrac{1}{2}$ 是极小值.

对函数 $f(x)$ 的**驻点**,也可用 $f(x)$ 的二阶导数判定其是否为极值点. 有如下判定定理.

定理 4(极值存在的充分条件) 设函数 $f(x)$ 在点 x_0 二阶可导且 $f'(x_0)=0, f''(x_0)\neq 0$,则 x_0 是函数 $f(x)$ 的极值点:

(1) 若 $f''(x_0)<0$,则 x_0 是函数 $f(x)$ 的**极大值点**;

(2) 若 $f''(x_0)>0$,则 x_0 是函数 $f(x)$ 的**极小值点**.

证 只证(1)的情形,(2)的情形可类似证明.

根据二阶导数定义,又因为 $f'(x_0)=0, f''(x_0)<0$,故有

$$f''(x_0) = \lim_{x \to x_0} \frac{f'(x) - f'(x_0)}{x - x_0} = \lim_{x \to x_0} \frac{f'(x)}{x - x_0} < 0.$$

由极限的局部保号性,在 $U(x_0)$ 内,有

$$\frac{f'(x)}{x-x_0} < 0,$$

且当 $x<x_0$ 时,因 $x-x_0<0$,则有 $f'(x)>0$;当 $x>x_0$ 时,因 $x-x_0>0$,则有 $f'(x)<0$. 从而由定理 3 知,x_0 是函数 $f(x)$ 的极大值点.

注 当 $f'(x_0)=0, f''(x_0)=0$ 时,x_0 是否为极值点,用定理 4 不能判定,须用定理 3 判定.

例 5 求函数 $f(x)=x^3-9x^2+15x+3$ 的极值.

解 函数的连续区间是 $(-\infty,+\infty)$. 由于

$$f'(x) = 3x^2 - 18x + 15 = 3(x-1)(x-5), \quad f''(x) = 6(x-3),$$

可知,驻点 $x_1=1, x_2=5$;又

$$f''(1) = -12 < 0, \quad f''(5) = 12 > 0,$$

故 $f(1)=10$ 是极大值,$f(5)=-22$ 是极小值.

三、用函数的单调性与极值证明不等式

利用函数的单调性与极值知识可以证明不等式. 我们先来说明证不等式的一般方法.

证明当 $x>a$ 时(或在区间 (a,b) 上)有函数不等式 $f(x)>\varphi(x)$ 的**解题程序**:

[①] 表中符号"+"、"−"分别表示 $f'(x)>0, f'(x)<0$;表中符号"↗"、"↘"分别表示函数 $f(x)$ 单调增加、单调减少.

(1) 作辅助函数 $F(x)=f(x)-\varphi(x)$,设 $F(x)$ 在所讨论的区间内可导;

(2) 由 $F'(x)$ 讨论函数 $F(x)$ 的增减性与极值,只要推出 $F(x)>0$,即可得到不等式 $f(x)>\varphi(x)$.

一般推证方法:

(1) 若 $F(a)\geqslant 0$,只要推出 $F'(x)>0$,由 $F(x)$ 单调增加,即有 $F(x)>0$(图 3-5).

(2) 若 $F'(x)<0$,只要推出 $\lim\limits_{x\to +\infty}F(x)=A\geqslant 0$(或 $F(b)\geqslant 0$),即有 $F(x)>0$(图 3-6).

(3) 若有唯一的 x_0,使 $F'(x_0)=0$,并能推出 $F(x_0)$ 是极小值且 $F(x_0)\geqslant 0$,从而就有 $F(x)>0$. 如图 3-7 所示.

(4) 若 $F(a)\geqslant 0$,且 $\lim\limits_{x\to +\infty}F(x)=A\geqslant 0$(或 $F(b)\geqslant 0$),只要推出有唯一的 x_0,使 $F'(x_0)=0$,且 $F(x_0)$ 是极大值,即有 $F(x)>0$. 如图 3-8 所示.

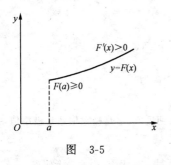

图 3-5

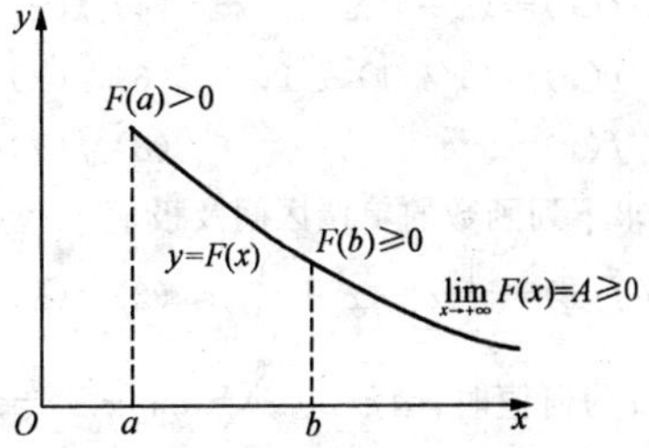

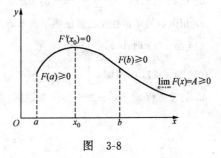

图 3-6

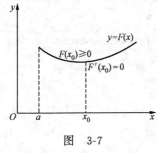

图 3-7

图 3-8

例 6 试证明:当 $x>0$ 时,有 $(1+x)\ln(1+x)>\arctan x$.

证 令 $F(x)=(1+x)\ln(1+x)-\arctan x$,则 $F(0)=0$,且

$$F'(x)=\ln(1+x)+1-\frac{1}{1+x^2}=\frac{x^2+(1+x^2)\ln(1+x)}{1+x^2}>0, \quad x>0,$$

故在 $x>0$ 时,$F(x)$ 单调增加,从而 $F(x)>F(0)=0$,即有

$$(1+x)\ln(1+x)>\arctan x.$$

例 7 试证明:当 $x\neq 0$ 时,有 $e^x>x+1$.

证 令 $F(x)=e^x-x-1$,则 $F'(x)=e^x-1$,有唯一驻点 $x=0$. 又

$$F''(x)=e^x, \quad F''(0)=1>0,$$

故 $x=0$ 是极小值点,且极小值 $F(0)=0$. 从而当 $x\neq 0$ 时,$F(x)>F(0)=0$,即有

$$e^x > x+1.$$

习 题 3.2

1. 确定下列函数的单调区间：
   (1) $y = \arctan x - x$； (2) $y = x + \sin x$； (3) $y = x^3 - 3x^2 + 5$；
   (4) $y = x^2 - \ln x^2$； (5) $y = x\sqrt{1-x^2}$； (6) $y = \dfrac{\ln x}{x}$.

2. 设在 $(-\infty, +\infty)$ 内有 $f''(x) > 0$，且 $f(0) < 0$. 试证：$F(x) = \dfrac{f(x)}{x}$ 在 $(-\infty, 0)$ 与 $(0, +\infty)$ 内单调增加.

3. 求下列函数的极值：
   (1) $f(x) = x^3 - x^2 - x + 1$；   (2) $f(x) = x^4 - 8x^2 + 2$；
   (3) $f(x) = (x-1)x^{\frac{2}{3}}$；   (4) $f(x) = \sqrt[3]{x(1-x)^2}$；
   (5) $f(x) = (x^2-1)^3 + 1$；   (6) $f(x) = x^4 - 2x^3 + 1$；
   (7) $f(x) = x^2 e^{-x^2}$；   (8) $f(x) = x + \tan x$.

4. 求下列函数的单调区间及极值：
   (1) $f(x) = \dfrac{1}{3}x^3 - x^2 + \dfrac{1}{3}$；   (2) $f(x) = \sqrt[3]{(2x-x^2)^2}$.

5. a 为何值时，函数 $f(x) = a\sin x + \dfrac{1}{3}\sin 3x$ 在 $x = \dfrac{\pi}{3}$ 处取到极值，它是极大值还是极小值，并求出极值.

6. 已知 $f(x) = \dfrac{ax^2 + bx + a + 1}{x^2 + 1}$ 的极小值是 $f(-\sqrt{3}) = 0$，求 a, b 及 $f(x)$ 的极大值点.

7. 用函数的单调性及极值证明下列不等式：
   (1) 当 $x > 1$ 时，$\ln x > \dfrac{2(x-1)}{x+1}$；   (2) 当 $x > 0$ 时，$1 + x\ln(x + \sqrt{1+x^2}) > \sqrt{1+x^2}$；
   (3) 当 $x < 1, x \neq 0$ 时，$\dfrac{1}{x} + \dfrac{1}{\ln(1-x)} < 1$；   (4) 当 $0 < x < \dfrac{\pi}{2}$ 时，$x > \sin x > \dfrac{2}{\pi}x$.

8. 讨论方程 $x^3 + x^2 + 2x - 1 = 0$ 在区间 $(0,1)$ 内有几个实根.

§3.3 几何最值问题

一、函数的最大值与最小值

我们已经知道：若函数 $f(x)$ 在闭区间 $[a,b]$ 上连续，则 $f(x)$ 在 $[a,b]$ 上必有最大值与最小值. 最值可在区间内部取得，也可在区间端点取得. 在 $[a,b]$ 上求函数 $f(x)$ 的最值的**一般程序**是：

首先，在开区间 (a,b) 内求出驻点和导数不存在点的函数值；

其次，求出区间端点的函数值 $f(a)$ 和 $f(b)$；

最后，将这些函数值进行比较，其中最大的就是 $f(x)$ 在 $[a,b]$ 上的最大值，最小的就是 $f(x)$ 在 $[a,b]$ 上的最小值.

求函数的最大值与最小值时，常遇到下述两种情况.

(1) 若函数 $f(x)$ 在闭区间 $[a,b]$ 上连续且单调增加(减少),则 $f(x)$ 的最大值与最小值将在闭区间的端点取得: $f(a)$ 是最小值(最大值), $f(b)$ 是最大值(最小值).

(2) 若函数 $f(x)$ 在区间 I 上连续,且在该区间上仅有一个极值 $f(x_0)$. 当 $f(x_0)$ 是极大值时,它就是函数 $f(x)$ 在区间 I 上的最大值(图 3-9(a));当 $f(x_0)$ 是极小值时,它就是函数 $f(x)$ 在区间 I 上的最小值(图 3-9(b)). 解极值应用问题时,此种情形较多.

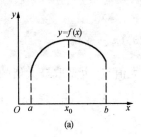 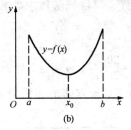

图 3-9

例1 求函数 $f(x)=x(x-1)^{\frac{1}{3}}$ 在闭区间 $[-1,2]$ 上的最大值与最小值.

解 $f(x)$ 在 $[-1,2]$ 上连续. 由

$$f'(x) = (x-1)^{\frac{1}{3}} + \frac{1}{3}x(x-1)^{-\frac{2}{3}} = \frac{4x-3}{3\sqrt[3]{(x-1)^2}}$$

知,在区间 $(-1,2)$ 内,驻点 $x_1=\frac{3}{4}$,不可导点 $x_2=1$;且

$$f\left(\frac{3}{4}\right) = -\frac{3}{4}\sqrt[3]{\frac{1}{4}}, \quad f(1) = 0.$$

又 $f(-1)=\sqrt[3]{2}$,$f(2)=2$.

由以上各值知,$f(x)$ 在 $[-1,2]$ 上的最大值是 2,最小值为 $-\frac{3}{4}\sqrt[3]{\frac{1}{4}}$.

二、几何最值问题

函数的最大值与最小值问题,在实践中有广泛的应用. 在给定条件的情况下,要求效益最佳的问题,就是最大值问题;而在效益一定的情况下,要求消耗的资源最少的问题,是最小值问题. 这里讲几何最值问题,§3.4 讲经济最值问题.

在解决实际问题时,首先要把问题的要求作为目标,建立目标函数,并确定函数的定义域;其次,应用极值知识求目标函数的最大值或最小值;最后应按问题的要求给出结论. 这里仅举几何应用例题,下一节讲经济应用问题.

例2 有长方形的纸板 $ABCD$,AB,BC 的长分别为 $10\,\text{cm}$,$16\,\text{cm}$. 从这纸板中分别截去以 A,B 为顶点的两个全等正方形,再分别截去以 C,D 为顶点的两个全等长方形,剩下部分折成一个有六个面的长方体,求此长方体的体积的最大值.

解 (1) 建立目标函数. 按题目的要求在纸板面积给定的条件下,要使长方体的体积最

大是我们的目标. 如图 3-10 所示, 长方体的体积依赖于截掉的小正方形的边长. 这样, 目标函数就是体积与小正方形边长之间的函数关系. 设以 A, B 为顶点的正方形的边长为 x, 则以 C, D 为顶点的长方形的一边长也为 x, 长方体底面的长、宽分别为 $(8-x)$ cm、$(10-2x)$ cm. 若以 V 表示长方体的体积, 则

$$V = x(10-2x)(8-x) = 2(x^3 - 13x^2 - 40x), \quad x \in (0, 5).$$

(2) 解最大值问题. 对目标函数求导数得

$$\frac{dV}{dx} = 2(3x - 20)(x - 2),$$

由 $\frac{dV}{dx} = 0$ 得 $x = 2 \left(x = \frac{20}{3} \text{ 舍} \right)$. 易判定 $x = 2$ 是极大值点, 也是取最大值的点.

于是, 当 $x = 2$ cm 时, 长方体的体积最大, 其值为 $V = 2 \text{ cm} \times 6 \text{ cm} \times 6 \text{ cm} = 72 \text{ cm}^3$.

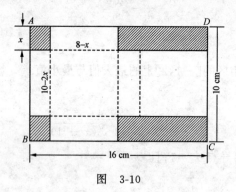

图 3-10

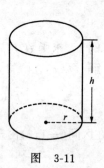

图 3-11

例 3 欲制作一个容积为 500 cm^3 的圆柱形的铝罐. 为使所用材料最省, 铝罐的底半径和高的尺寸应是多少?

解 (1) 建立目标函数. 这是在容积一定的条件下, 使用料最省, 我们的目标自然就是使铝罐的表面积最小. 铝罐有圆形的上底和下底, 还有一个长方形的侧面(图 3-11).

设铝罐的底半径为 r, 高为 h, 表面积为 A, 则

$$A = \text{两底圆面积} + \text{侧面面积} = 2\pi r^2 + 2\pi rh.$$

由于铝罐的容积为 500 cm^3, 所以有 $\pi r^2 h = 500$, $h = \frac{500}{\pi r^2}$. 于是, 表面积 A 与底半径 r 的函数关系为

$$A = 2\pi r^2 + \frac{1000}{r}, \quad r \in (0, +\infty).$$

(2) 解最大值问题. 对目标函数求导得 $\frac{dA}{dr} = 4\pi r - \frac{1000}{r^2} \xlongequal{\text{令}} 0$, 可解得唯一驻点 $r = \sqrt[3]{\frac{250}{\pi}} \text{ cm} \approx 4.30 \text{ cm}$. 又

$$\frac{d^2 A}{dr^2} = 4\pi + \frac{2000}{r^3}, \quad \left. \frac{d^2 A}{dr^2} \right|_{r=4.3} > 0,$$

所以 $r=4.30\,\mathrm{cm}$ 是极小值点,也是表面积 A 取最小值的点. 由上面 h 的表达式得

$$h=\frac{500}{\pi r^2}\mathrm{cm}=2\sqrt[3]{\frac{250}{\pi}}\mathrm{cm}=2r\,\mathrm{cm}\approx 8.60\,\mathrm{cm}.$$

因此,当底半径 $r=4.30\,\mathrm{cm}$,侧面高 $h=2r=8.60\,\mathrm{cm}$ 时,即铝罐的高和底面直径相等时,用料最省.

注 作有上、下底圆柱形状的容器,有如下两种最值问题:
(1) 作容积一定,表面积最小的容器,本例即此;
(2) 作表面积一定,体积最大的容器. 可以推得,当底面直径和高相等时,体积最大.

习 题 3.3

1. 求下列函数的最大值与最小值:
(1) $f(x)=2x^3+3x^2$, $x\in[-2,1]$; (2) $f(x)=(x-1)\cdot\sqrt[3]{x^2}$, $x\in[-1,1/2]$;
(3) $f(x)=|x|e^x$, $x\in[-2,1]$; (4) $f(x)=\dfrac{x}{1+x^2}$, $x\in(0,+\infty)$.

2. 将边长为 a 的一块正方形铁皮,四角各截去一个大小相同的小正方形,然后将四边折起做一个无盖的方盒.问截掉的小正方形边长为多大时,所得方盒的容积最大? 最大容积为多少?

3. 做一容积为 V 的圆柱形容器,已知其两底面的材料价格每单位面积造价为 a(单位为元),侧面材料价格每单位面积造价为 b.问底半径和高各为多少时,造价最小?

4. 设甲船位于乙船的正东 75 海里处,以 12 海里/小时的速度向西行驶,乙船以 6 海里/小时的速度向北行驶.问经过多少时间两船的距离最近?

5. 一城市距两条互相垂直的河道分别为 64 km 与 27 km(见图 3-12).今要在两河之间修一条通过该城的铁路,问如何修法使铁路最短.

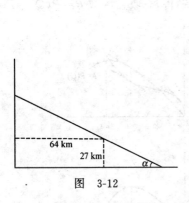

图 3-12

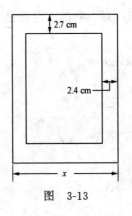

图 3-13

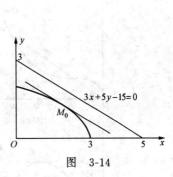

图 3-14

6. 一页书纸的总面积为 $536\,\mathrm{cm}^2$,排印打字时上顶及下底要各留出 2.7 cm 的空白,两边各留出 2.4 cm 的空白(见图 3-13).问如何设计书页的长与宽,使能用来排字的面积最大.

7. 在椭圆 $\dfrac{x^2}{9}+\dfrac{y^2}{4}=1$ 上求一点 M_0,使它到直线 $3x+5y-15=0$ 的距离最短(见图 3-14).

§3.4 经济最值问题

一、利润最大

利润函数定义为总收益函数 $R(Q)$ 与总成本函数 $C(Q)$ 之差,记做 π,即
$$\pi = \pi(Q) = R(Q) - C(Q).$$
若厂商以**利润最大为目标**控制产量,则应选择产量 Q 的值,使目标函数,即利润函数 π 取最大值.

假设产量 $Q=Q_0$ 时可达此目标,根据极值存在的必要条件(§3.2 中定理 2)和充分条件(§3.2 中定理 4),应有
$$\left.\frac{\mathrm{d}\pi}{\mathrm{d}Q}\right|_{Q=Q_0} = R'(Q_0) - C'(Q_0) = 0,$$
$$\left.\frac{\mathrm{d}^2\pi}{\mathrm{d}Q^2}\right|_{Q=Q_0} = R''(Q_0) - C''(Q_0) < 0.$$
上两式可写做:当 $Q=Q_0$ 时,
$$MR = MC, \tag{1}$$
$$\frac{\mathrm{d}(MR)}{\mathrm{d}Q} < \frac{\mathrm{d}(MC)}{\mathrm{d}Q}. \tag{2}$$

(1)式表明,边际收益等于边际成本,在经济学中,这被称为**最大利润原则**.(2)式表明,边际成本的变化率大于边际收益的变化率,即产量已达到 Q_0,若再增加产量,生产成本将大于销售收益.综合(1)式和(2)式,关于利润最大化有下述**结论**:

产量水平能使**边际成本**等于**边际收益**,且若再增加产量,**边际成本将大于边际收益时**,可获得最大利润.

若从图形上看,图 3-15 表示的是商品以固定价格 P_0 销售,总收益函数 $R=R(Q)=P_0Q$

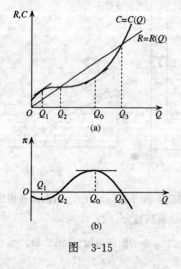

图 3-15

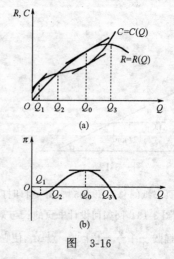

图 3-16

的图形是一条直线. 图 3-16 表示的是需求函数 $Q=\varphi(P)$ 单调减少, 总收益函数 $R=R(Q)=\varphi^{-1}(Q)\cdot Q$ 的图形是一条曲线. 显然, 在利润取最大值的产量 Q_0 处, 总成本曲线与总收益曲线的切线互相平行, 即边际成本等于边际收益; 若产量 Q 超过 Q_0 时, 总成本曲线的斜率将大于总收益曲线的斜率, 即边际成本将大于边际收益. 这正是我们所得的结论.

例1 工厂生产某种产品, 其总成本函数和需求函数分别为

$$C = \frac{1}{3}Q^3 - 7Q^2 + 111Q + 50, \quad Q = 100 - P,$$

求利润最大时的产量和利润.

解 需求函数的反函数为 $P=100-Q$, 所以总收益函数为

$$R = P \cdot Q = (100-Q)Q = 100Q - Q^2.$$

从而利润函数为

$$\pi = R - C = -\frac{1}{3}Q^3 + 6Q^2 - 11Q - 50.$$

由于

$$\pi' = -Q^2 + 12Q - 11,$$
$$\pi'' = -2Q + 12;$$

由 $\pi'=0$ 得 $Q_1=1, Q_2=11$. 又

$$\pi''|_{Q_1=1} > 0, \quad \pi''|_{Q_2=11} < 0,$$

故利润最大时的产量 $Q=11$. 这时的利润

$$\pi|_{Q=11} = \left(-\frac{1}{3}Q^3 + 6Q^2 - 11Q - 50\right)\bigg|_{Q=11}$$
$$= 111\frac{1}{3}.$$

二、收益最大

在已知需求函数的条件下, 若厂商的目标是获取最大收益, 这时, 应以**总收益函数** $R=P\cdot Q$ **为目标函数**来决策产量或决策产品的价格.

若产品以固定价格 P_0 销售, 销售量越多, 总收益越多, 没有最大值问题. 现设需求函数 $Q=\varphi(P)$ 是单调减少的, 则总收益函数为

$$R = R(Q) = \varphi^{-1}(Q) \cdot Q.$$

我们考虑这种情况下的最大值问题.

根据极值存在的必要条件和充分条件, 由总收益函数 $R=R(Q)$ 可确定获取总收益最大时的产量.

这里, 我们讨论总收益最大与需求价格之间的关系. 我们已经知道, 边际收益与需求价格弹性之间有如下关系(见习题 2.6 第 10 题)

$$\frac{dR}{dQ} = P\left[1 + \frac{1}{E_d}\right]. \tag{3}$$

假设产量 $Q=Q_0$ 时，总收益最大，则由极值存在的必要条件，有

$$\left.\frac{dR}{dQ}\right|_{Q=Q_0} = 0.$$

用(3)式，并注意 $P>0$，可推得 $E_d=-1$.

由极值存在的充分条件：

当 $Q<Q_0$ 时，$\frac{dR}{dQ}>0$，由(3)式，可知 $E_d<-1$，

当 $Q>Q_0$ 时，$\frac{dR}{dQ}<0$，由(3)式，可知 $E_d>-1$.

这样，就得到了用需求价格弹性确定最大收益的**结论**：

当产量能使**需求价格弹性** $E_d=-1$ **时**，则总收益最大.

例2 已知需求函数 $Q=75-P^2$，求总收益最大时的需求量和产品的价格.

解1 由需求函数得以 P 为自变量的总收益函数

$$R(P) = P \cdot Q = 75P - P^3 \quad (P>0).$$

由 $\qquad R'(P)=75-3P^2=0 \quad$ 得 $\quad P=5 \ (P=-5 \text{ 舍去})$.

又 $\qquad R''(P)=-6P, \quad R''(5)<0,$

故总收益最大时的价格 $P=5$. 这时需求量

$$Q = (75-P^2)|_{P=5} = 50.$$

也可将 R 表为 Q 的函数，先求总收益最大时的需求量.

解2 由需求价格弹性 E_d 确定最大收益. 由于 $\frac{dQ}{dP}=-2P$，由

$$E_d = \frac{P}{Q} \cdot \frac{dQ}{dP} = \frac{-2P^2}{75-P^2} = -1,$$

可得总收益最大时的价格 $P=5$ $(P=-5$ 舍去$)$.

三、平均成本最低

设厂商的总成本函数为 $C=C(Q)$，平均成本是平均每个单位产品的成本，记做 AC，即

$$AC = \frac{C(Q)}{Q}.$$

若厂商以平均成本最低为目标，而控制产量水平，这是求平均成本函数的最小值问题.

下面讨论平均成本最低时，平均成本与边际成本之间的关系.

若平均成本函数在产出水平 $Q=Q_0$ 时达到最小值，由极值存在的必要条件

$$\frac{d(AC)}{dQ} = \frac{QC'(Q)-C(Q)}{Q^2} = \frac{1}{Q}(MC-AC) = 0,$$

因 $Q>0$，上式可写做

$$MC = AC. \tag{4}$$

由极值存在的充分条件

$$\frac{d^2(AC)}{dQ^2} = \frac{d}{dQ}\left[\frac{1}{Q}(MC - AC)\right]$$

$$= -\frac{1}{Q^2}(MC - AC) + \frac{1}{Q}\left[\frac{d(MC)}{dQ} - \frac{d(AC)}{dQ}\right] > 0,$$

因已有 $MC = AC$,$\frac{d(AC)}{dQ} = 0$,且 $Q > 0$,上式可写做

$$\frac{d(MC)}{dQ} > 0. \tag{5}$$

(4)式和(5)式表明,关于平均成本最低有如下**结论**:

产出水平能使**边际成本等于平均成本**,且若再增加产量,**边际成本将大于平均成本时**,平均成本最低.

从图形上看,边际成本曲线在上升段交于平均成本曲线的最低点. 如图 3-17 所示,边际成本曲线 MC 在 Q_1 达到最低点,而平均成本曲线 AC 在 Q_0 达到最低点.

例 3 某厂商的总成本函数为

$$C = C(Q) = 6Q^2 + 18Q + 54,$$

求平均成本最低时的产出水平及最低平均成本.

解 由总成本函数得平均成本函数和边际成本函数

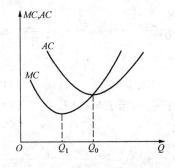

图 3-17

$$AC = 6Q + 18 + \frac{54}{Q}, \quad MC = 12Q + 18.$$

由 $MC = AC$,即 $12Q + 18 = 6Q + 18 + \frac{54}{Q}$ 可解得 $Q = 3$(-3 舍去). 又

$$\frac{d(MC)}{dQ} = 12 > 0,$$

可知,当产出 $Q = 3$ 时,平均成本最低. 最低平均成本为

$$AC = \left(6Q + 18 + \frac{54}{Q}\right)\Big|_{Q=3} = 54.$$

四、产量最高

工厂生产某种产品,若以 L 表示生产要素的投入量,Q 表示产品的产量,则 Q 与 L 之间的函数关系称为**生产函数**,也称为**总产量函数**,记做

$$Q = g(L);$$

平均产量函数为

$$AP = \frac{g(L)}{L}.$$

为使生产函数有经济意义,它被限定一种特定的形式,如图 3-18 所示;同样平均产量函数 AP 和边际产量函数 $MP=g'(L)$ 如图 3-19 所示. 由此,生产函数有两方面的问题:

(1) 总产量最高;

(2) 平均产量最高.

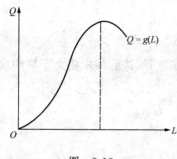

图 3-18

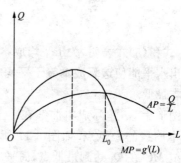

图 3-19

仿平均成本最低的条件推导,可以得到:若 $L=L_0$ 时,平均产量最高,其必要条件和充分条件分别是,当 $L=L_0$ 时,有

$$MP = AP, \tag{6}$$

$$\frac{d(MP)}{dL} < 0. \tag{7}$$

(6)式和(7)式表明,**平均产量最高的结论**:生产要素的投入量可使**边际产量** MP 等于**平均产量** AP,且若再增加生产要素的投入量,**边际产量将小于平均产量时,平均产量最高**.

从图形上看(图 3-19),边际产量曲线在下降段交于平均产量曲线的最高点.

例 4 设生产函数为

$$Q = g(L) = -\frac{4}{5}L^3 + 48L^2.$$

(1) 求总产量最高时的 L 值,并求出最高产量;

(2) 求平均产量最高时的 L 值,并说明此时,$AP=MP$.

解 (1) 由

$$g'(L) = -\frac{12}{5}L^2 + 96L = 0 \quad 得 \quad L=40, L=0(舍去),$$

又

$$g''(L) = -\frac{24}{5}L + 96, \quad g''(40) < 0,$$

故 $L=40$ 时,总产量最高;最高产量

$$g(40) = 25600.$$

(2) 平均产量函数

$$AP = \frac{g(L)}{L} = -\frac{4}{5}L^2 + 48L.$$

由 $\dfrac{\mathrm{d}(AP)}{\mathrm{d}L} = -\dfrac{8}{5}L + 48 = 0$ 得 $L = 30$. 又

$$\frac{\mathrm{d}^2(AP)}{\mathrm{d}L^2} = -\frac{8}{5} < 0 \quad (\text{对 } L \text{ 取任何值都成立}),$$

故 $L = 30$ 时,平均产量最高,其值为

$$AP|_{L=30} = \left(-\frac{4}{5}L^2 + 48L\right)\bigg|_{L=30} = 720.$$

边际产量函数

$$MP = g'(L) = -\frac{12}{5}L^2 + 96L.$$

因

$$MP|_{L=30} = \left(-\frac{12}{5}L^2 + 96L\right)\bigg|_{L=30} = 720,$$

所以,当 $L = 30$ 时,AP 取最大值,且这时有 $AP = MP$.

五、征税收益最大

征税收益最大有两类问题.

1. 厂商以利润最大为目标

若厂商是以**追求最大利润为目标**来控制产量,政府对产品征税,则政府如何确定税率 t——单位产品的税收金额,以使征税收益达到最大.

设厂商的总收益函数 $R = R(Q)$ 和总成本函数 $C = C(Q)$ 已给定. 由于每单位产品要纳税,其值为 t,从而,纳税后的总成本函数是

$$C_t = C_t(Q) = C(Q) + t \cdot Q.$$

假设厂商纳税后,获最大利润的产量为 Q_t,则政府征税的总收益函数是

$$T = t \cdot Q_t.$$

这是目标函数,要求其最大值. 由于征税总收益 T 由税率 t 来确定(Q_t 也与 t 有关),必须恰当的选择 t,以使 T 取最大值.

2. 厂商以市场均衡为目标

若厂商是以**市场均衡为目标**来控制产量,政府对产品征税,应如何确定税率 t,以使征税收益最大.

设市场的需求函数 $Q_d = \varphi(P)$ 和供给函数 $Q_s = f(P)$ 已给定. 由于政府对产品征收的税率为 t,若 P 是对消费者的市场价格,则对厂商得到的实际价格将是 $P - t$,从而,纳税后,厂商的供给函数是 $Q_{st} = f(P - t)$.

例 5 厂商的总收益函数和总成本函数分别为

$$R = R(Q) = 40Q - 4Q^2, \quad C = C(Q) = 2Q^2 + 4Q + 10.$$

厂商以最大利润为目标,政府对产品征税. 求:

(1) 厂商纳税前的最大利润及此时的产量和产品的价格；
(2) 征税收益最大值及此时的税率 t；
(3) 厂商纳税后的最大利润及此时的产量和产品的价格.

解 (1) 纳税前，利润函数为
$$\pi = \pi(Q) = R - C = -6Q^2 + 36Q - 10,$$
由 $\pi'(Q) = -12Q + 36 = 0$ 得 $Q_0 = 3$.
又 $\pi''(Q) = -12 < 0$ （对任意 Q 都成立），
所以，当产量 $Q_0 = 3$ 时，利润最大，其值 $\pi = 44$.

此时产品的价格
$$P = \frac{R(Q)}{Q}\bigg|_{Q=3} = (40 - 4Q)\big|_{Q=3} = 28.$$

(2) 假设厂商纳税后获得最大利润的产量为 Q_t，则目标函数是 $T = tQ_t$. 先确定 Q_t. 厂商纳税后的总成本函数是
$$C_t = C_t(Q) = 2Q^2 + 4Q + 10 + tQ,$$
利润函数是
$$\pi_t = \pi_t(Q) = R - C_t = -6Q^2 + (36 - t)Q - 10. \tag{8}$$
由 $\pi'_t(Q) = -12Q + 36 - t = 0$，得
$$Q_t = \frac{36 - t}{12}, \tag{9}$$
又 $\pi''_t(Q) = -12 < 0$ （对任意 Q 都成立），
所以，纳税后厂商获最大利润的产出水平由(9)式确定. 显然，Q_t 的值与税率 t 有关.

这时，征税收益函数
$$T = tQ_t = \frac{1}{12}(36t - t^2),$$
由此式确定 t，以使征税收益 T 取最大值.
因 $\frac{dT}{dt} = \frac{1}{12}(36 - 2t) = 0$ 时，$t = 18$，且
$$\frac{d^2T}{dt^2} = -\frac{1}{6} < 0,$$
所以，当税率 $t = 18$ 时，征税收益最大，其值是
$$T = \frac{18}{12}(36 - 18) = 27.$$

(3) 当 $t = 18$ 时，由(9)式得 $Q_t = 1.5$. 将 $t = 18$，$Q_t = 1.5$ 代入(8)式得纳税后的最大利润 $\pi_t = 3.5$.

此时，产品的价格
$$P = \frac{R(Q)}{Q}\bigg|_{Q=1.5} = (40 - 4Q)\big|_{Q=1.5} = 34.$$

由以上计算知,因产品按税率 $t=18$ 纳税,厂商获最大利润的产出水平由 3 下降为 1.5;而价格由 28 上涨为 34;最大利润由 44 下降为 3.5.

例 6 设产品的需求函数和供给函数分别为
$$Q_d = 18 - 2P, \quad Q_s = -2 + 2P,$$
若厂商以供需一致来控制产量,政府对产品征收的税率为 t,求:

(1) 纳税前的均衡价格和均衡产量;

(2) t 为何值时,征税收益最大,最大值是多少?

(3) 纳税后的均衡价格和均衡产量.

解 (1) 由
$$Q_d = Q_s, \quad \text{即} \quad 18 - 2P = -2 + 2P,$$
可解得纳税前的均衡价格 $\overline{P}=5$. 将 $P=5$ 代入需求函数,可得均衡产量 $\overline{Q}=8$.

(2) 若以 Q_t 表示纳税后的均衡产量,则征税收益函数为
$$T = tQ_t.$$
先确定 Q_t. 厂商纳税后的供给函数为
$$Q_{st} = -2 + 2(P - t).$$
由 $Q_d = Q_{st}$,即 $18 - 2P = -2 + 2(P-t)$,
可解得纳税后的均衡价格
$$P_t = \frac{1}{2}(10 + t), \tag{10}$$
将其代入需求函数得纳税后的均衡产量
$$Q_t = 18 - 2P_t = 8 - t. \tag{11}$$
于是,征税收益函数为
$$T = tQ_t = t(8-t) = 8t - t^2,$$
由
$$\frac{dT}{dt} = 8 - 2t = 0 \quad \text{得} \quad t = 4,$$
又
$$\frac{d^2T}{dt^2} = -2 < 0,$$
所以,当税率 $t=4$ 时,征税收益最大,其最大值是
$$T = 4(8-4) = 16.$$

(3) 将税率 $t=4$ 代入 (10) 和 (11) 式,可得纳税后的均衡价格和均衡产量分别为
$$\overline{P}_t = 7, \quad \overline{Q}_t = 4.$$
由以上计算知,因产品按税率 $t=4$ 纳税,均衡产量由 8 下降为 4;均衡价格由 5 上涨为 7.

六、最佳时间选择

在经济现象中,一般来讲,投资成本与投资所得的收益多在不同的时间发生;成本在

先，收益在后．对二者进行比较时，因资金本身有利息，应该用收益的现在值与成本作比较．

设一项投资的收益 y 是时间 t 的单调增函数
$$y = f(t),$$
又资金的贴现率为 r，以连续贴现计算，若以 R_t 记收益 y 的现在值，由贴现公式，有
$$R_t = y\mathrm{e}^{-rt} = f(t)\mathrm{e}^{-rt}, \tag{12}$$
这里，$f(t)$ 是 t 的单调增函数，而 e^{-rt} 是 t 的单调减函数．我们**现在的问题是**：以(12)式为**目标函数**，**决策** t(t 以年为单位)**的取值**，使 R_t **取最大值**．

由极值存在的必要条件
$$\frac{\mathrm{d}R_t}{\mathrm{d}t} = \mathrm{e}^{-rt}\left(\frac{\mathrm{d}y}{\mathrm{d}t} - ry\right) = 0,$$
注意到 $\mathrm{e}^{-rt} > 0$，应有 $\dfrac{\mathrm{d}y}{\mathrm{d}t} - ry = 0$ 或
$$\frac{1}{y} \cdot \frac{\mathrm{d}y}{\mathrm{d}t} = r. \tag{13}$$
(13)式左端正是函数 $y = f(t)$ 在时刻 t 的瞬时增长率，即(13)式表明，**收益函数的增长率等于资金的贴现率**．

由极值存在的充分条件
$$\frac{\mathrm{d}^2 R_t}{\mathrm{d}t^2} = -r\mathrm{e}^{-rt}\left(\frac{\mathrm{d}y}{\mathrm{d}t} - ry\right) + \mathrm{e}^{-rt}\left(\frac{\mathrm{d}^2 y}{\mathrm{d}t^2} - r\frac{\mathrm{d}y}{\mathrm{d}t}\right)$$
$$= \mathrm{e}^{-rt}\left(\frac{\mathrm{d}^2 y}{\mathrm{d}t^2} - 2r\frac{\mathrm{d}y}{\mathrm{d}t} + r^2 y\right) < 0,$$
即
$$\frac{\mathrm{d}^2 y}{\mathrm{d}t^2} - 2r\frac{\mathrm{d}y}{\mathrm{d}t} + r^2 y < 0.$$
因已有 $r = \dfrac{1}{y}\dfrac{\mathrm{d}y}{\mathrm{d}t}$，将其代入上式，有
$$\frac{\mathrm{d}^2 y}{\mathrm{d}t^2} - \frac{1}{y}\left(\frac{\mathrm{d}y}{\mathrm{d}t}\right)^2 = \frac{\dfrac{\mathrm{d}^2 y}{\mathrm{d}t^2} \cdot y - \left(\dfrac{\mathrm{d}y}{\mathrm{d}t}\right)^2}{y^2} \cdot y < 0,$$
因 $y > 0$，由商的导数法则，便得到
$$\frac{\mathrm{d}}{\mathrm{d}t}\left(\frac{1}{y} \cdot \frac{\mathrm{d}y}{\mathrm{d}t}\right) < 0. \tag{14}$$
(14)式表明，收益函数 $y = f(t)$ 的瞬时增长率是单调减少的．

由(13)式和(14)式，可以得到如下**结论**：

若资金的贴现率为常数 r，且收益函数 $y = f(t)$ 的**增长率是单调减少的**，使收益的现在值最大的最佳时间是，**收益函数的增长率等于资金的贴现率**．

例 7 假设生长在某块土地上的木材价值是时间 t(单位：年)的增函数
$$y = \mathrm{e}^{\sqrt[3]{t}} \text{(单位：万元)}.$$
又设投资的贴现率为 r，按连续贴现计算，且不计树木生长期间的保养费．

(1) 试计算伐木出售的最佳时间;当 $r=0.06$ 时,最佳时间是多少年?

(2) 设 $r=0.06$,当种植树木的成本低于多少万元时,种植树木方可获得利润?

解 (1) 依题设,木材价值的现在值是
$$R_t = ye^{-rt} = e^{\sqrt[3]{t}-rt}. \tag{15}$$

收益函数,即木材价值函数的增长率是
$$\frac{1}{y} \cdot \frac{dy}{dt} = \frac{1}{e^{\sqrt[3]{t}}} \cdot e^{\sqrt[3]{t}} \cdot \frac{1}{3}t^{-\frac{2}{3}} = \frac{1}{3}t^{-\frac{2}{3}}.$$

令 $\frac{1}{3}t^{-\frac{2}{3}}=r$, 得 $t=(3r)^{-\frac{3}{2}}$; 又
$$\frac{d}{dt}\left(\frac{1}{y} \cdot \frac{dy}{dt}\right) = -\frac{2}{9}t^{-\frac{5}{3}} < 0,$$

所以,当 $t=(3r)^{-\frac{3}{2}}$ 年时,是伐木出售的最佳时间(图 3-20).

当 $r=0.06$ 时,最佳时间是
$$t = (3 \times 0.06)^{-\frac{3}{2}} \text{年} \approx 13.09 \text{ 年}.$$

(2) 将 $r=0.06, t=13.09$ 代入(15)式,得种植树木收益的现在值
$$R_t = e^{\sqrt[3]{13.09}-0.06 \times 13.09} \text{万元} \approx 4.81 \text{ 万元}.$$

即在不计保养树木的成本时,种植树木的成本低于 4.81 万元时,种植树木才可获得利润.

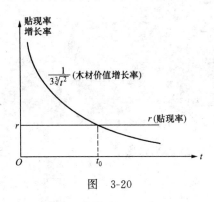

图 3-20

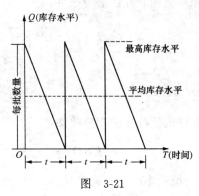

图 3-21

七、最优批量

存贮在社会的各个系统中都是一个重要问题. 这里只讲述最简单的库存模型,即"成批到货,一致需求,不许缺货"的库存模型.

所谓"成批到货",就是工厂生产的每批产品,先整批存入仓库;"一致需求",就是市场对这种产品的需求在单位时间内数量相同,因而产品由仓库均匀提取投放市场;"不许缺货",就是当前一批产品由仓库提取完后,下一批产品立即进入仓库.

在这种假设下,仓库的库存水平变动情况如图 3-21 所示. 并规定仓库的平均库存量为

每批产量的一半.

现假设在一个计划期内：

(1) 工厂生产总量为 D；

(2) 分批投产，每次投产数量，即批量为 Q；

(3) 每批生产准备费为 C_1；

(4) 每件产品的库存费为 C_2，且按批量的一半，即 $\dfrac{Q}{2}$ 收取库存费；

(5) 存货总费用是生产准备费与库存费之和，记做 E.

我们的问题是：如何决策每批的生产数量，即批量 Q，以使存货总费用 E 取最小值.

先建立目标函数——总费用函数. 依题设，在一个计划期内

$$E_1 = 生产准备费 = 每批生产准备费 \times 生产批数 = C_1 \cdot \frac{D}{Q},$$

$$E_2 = 库存费 = 每件产品的库存费 \times 批量的一半 = C_2 \cdot \frac{Q}{2},$$

于是，总费用函数为

$$E = E_1 + E_2 = E(Q) = \frac{D}{Q}C_1 + \frac{Q}{2}C_2, \quad Q \in (0, D].$$

实际上，上式中的 Q 取区间 $(0, D]$ 中 D 的整数因子.

根据极值存在的必要条件，有

$$E'(Q) = -\frac{C_1 D}{Q^2} + \frac{C_2}{2} = 0$$

或

$$C_2 Q^2 = 2C_1 D, \tag{16}$$

可解得

$$Q_0 = \sqrt{\frac{2C_1 D}{C_2}} \quad (只取正值). \tag{17}$$

根据极值存在的充分条件：

$$E''(Q) = \frac{2C_1 D}{Q^3} > 0 \quad (因 D, C_1, Q 均为正数).$$

所以，当批量由(17)式确定时，总费用最小，其值

$$E_0 = \frac{C_1 D}{Q_0} + \frac{C_2 Q_0}{2} = \sqrt{2DC_1C_2}. \tag{18}$$

表达式(17)式称为"经济批量"公式.

注意到(16)式：$C_2 Q^2 = 2C_1 D$，可改写成

$$\frac{C_2}{2}Q = \frac{C_1 D}{Q}.$$

该式表明：在一个计划期内，**使库存费与生产准备费相等的批量是经济批量**.

在上述问题中，若把在一个计划期内的生产总量改为需求总量；把分批投产，每次投产数量，改为分批订购，每次订购数量；每批生产准备费改为每次订购费，则该问题就是：在一

个计划期内,如何**决策每次订购数量**,使**订购费用与库存费用之和最小**.

例 8 某商店每月可销售某种产品 12000 件,每件商品每月的库存费为 2.4 元.商店分批进货,每次订购费为 900 元;市场对该产品一致需求,不许缺货.试决策进货最优批量,并计算每月最小订购费与库存费之和.

解 由题设,$D=12000$ 件,$C_1=900$ 元,$C_2=2.4$ 元.

设每批进货 Q 件商品,每次订购费为 E_1,每件商品每月库存费为 E_2,两项费用之和为 E. 由

$$E_1 = E_2, \quad 即 \quad 900 \times \frac{12000}{Q} = 2.4 \times \frac{Q}{2},$$

可解得 $Q=3000$(件),即进货的最优批量为 3000 件.两项费用之和为

$$E = E_1 + E_2 = \left(\frac{900 \times 12000}{3000} + \frac{2.4 \times 3000}{2} \right) 元 = 7200 元.$$

习 题 3.4

1. 生产某产品的总成本函数为

$$C = (6Q^2 + 18Q + 54) 元,$$

每件产品的售价为 258 元.求利润最大时的产量和利润.

2. 生产某产品,其固定成本为 2 万元,每生产 1 百台成本增加 1 万元;总收益函数为

$$R = \begin{cases} 4Q - \frac{1}{2}Q^2, & 0 \leq Q \leq 4, \\ 8, & Q > 4. \end{cases}$$

问每年生产多少台,总利润最大?最大利润是多少?

3. 设某物品进货价每件 70 元,售价为 100 元/件时,则平均每天可卖出 180 件.若每件售价提高 P 元,则一天卖出的件数减少 $\frac{3}{25}P^2$ 件.现商家想获得最大利润,问每件物品售价定为多少元最合适?设售价是 5 元的整数倍.

4. 设平均收益函数和总成本函数分别为

$$AR = a - bQ \ (a > 0, b > 0), \quad C = \frac{1}{3}Q^3 - 7Q^2 + 100Q + 50.$$

当边际收益 $MR=67$,需求价格弹性 $E_d = -\frac{89}{22}$ 时,其利润最大:

(1) 求利润最大时的产量;　　(2) 确定 a, b 的值.

5. 某集团公司计划筹款,假设所筹款以利息回报,且筹款量与利率成正比,而所筹款贷出的收益为 16%.筹款利率确定为多少时,可使贷款纯收益最大.

6. 已知某商品的需求函数为 $Q = \frac{100}{P+1} - 1$,问价格为多少时,总收益最大?并求出总收益最大时,总收益的价格弹性.

7. 设某厂商的总成本函数为 $C=Q^2+50Q+10000$,试求:

(1) 平均成本最低时的产出水平及最低平均成本;　　(2) 平均成本最低时的边际成本.

8. 设总成本函数为

$$C = a + bQ + cQ^\alpha \quad (a,b,c,\alpha > 0),$$

试导出使平均成本最低的产出水平的关系式.

9. 设总产量函数为 $Q = g(L) = -\dfrac{3}{4}L^3 + 12L^2$,试求:

(1) 总产量最大时的投入量及总产量;

(2) 平均产量最大时的投入量及平均产量.

10. 某商品的需求函数为 $P = 7 - 0.2Q$(万元/吨),而厂商生产该商品的总成本函数为 $C = 3Q + 1$(万元):

(1) 政府对产品征税,问税率 t(万元/吨)为何值时,征税收益最大?并求其最大值;

(2) 厂商纳税后的最大利润及此时产品产量及价格.

11. 设产品的需求函数与供给函数分别为

$$Q_d = 14 - 2P, \quad Q_s = -4 + 2P.$$

若厂商以供需一致来控制产量,政府对产品征收的税率为 t,求:

(1) t 为何值时,征税收益最大?最大值是多少?

(2) 征税后的均衡价格和均衡产量.

12. 某企业的总成本函数和总收益函数分别为

$$C = 0.3Q^2 + 9Q + 30, \quad R = 30Q - 0.75Q^2.$$

试求相应的 Q 值,使

(1) 总收益最大;   (2) 平均成本最低;   (3) 利润最大;

(4) 当政府所征收一次总税款为 10 时,利润最大;

(5) 当政府对产品征收税率为 8.4 时,利润最大;

(6) 当政府对每单位产品补贴为 4.2 时,利润最大.

13. 设生长在某块土地上的木材价值 y 是时间 t 的函数

$$y = 2^{\sqrt{t}},$$

其中,t 以年为单位,y 以千元为单位,又树木生长期间的保养费不计.假设资金的年贴现率 $r = 0.05$,按连续贴现计算,试确定伐木出售的最佳时间及收益的现在值.

14. 设有某物品,若现时出售($t=0$),售价为 A(单位:元),若储藏一段时间再出售,物品的增长值 y 是时间 t(t 以年为单位)的函数

$$y = Ae^{\frac{2}{5}\sqrt{t}},$$

问何时出售,收益的现在值最大.设资金的年贴现率为常数 r,按连续贴现计算;并求 $r = 0.06$ 时的 t 值.

15. 某厂生产电子元件,年产量为 100 万件,分批生产,每批生产准备费为 1000 元,每件库存费为 0.05 元/年;市场对产品一致需求,不许缺货.决策经济批量及一年最小存货总费用.

16. 某公司每月销售某种商品 D 件,每次购货的手续费为 C_1,每件库存费每月 C_2.商品均匀销售,不许缺货,问公司应分几批购进商品,能使手续费与库存费之和最小.

§3.5 曲线的凹凸与拐点

一条曲线不仅有上升和下降问题,还有弯曲方向问题.用曲线的凹凸性与拐点来描述曲

线的弯曲方向问题.

在图 3-22 中的曲线 $y=f(x)$ 上,任取两点 $(x_1,f(x_1))$ 和 $(x_2,f(x_2))$,并将这两点联成弦,观察该弦与这两点间所成弧的相对位置:在图(a)中,弦位于弧的上方,称这样的曲线为凹;在图(b)中,弦位于弧的下方,称这样的曲线为凸.

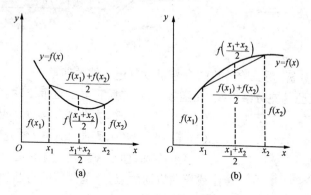

图 3-22

定义 1 在函数 $f(x)$ 连续的区间 I 内,任取两点 x_1,x_2:

(1) 若 $f\left(\dfrac{x_1+x_2}{2}\right)<\dfrac{f(x_1)+f(x_2)}{2}$,则称曲线弧 $y=f(x)$ 在 I 内是**凹**的;

(2) 若 $f\left(\dfrac{x_1+x_2}{2}\right)>\dfrac{f(x_1)+f(x_2)}{2}$,则称曲线弧 $y=f(x)$ 在 I 内是**凸**的.

这里,$\dfrac{f(x_1)+f(x_2)}{2}$ 是弦的中点的纵坐标,而 $f\left(\dfrac{x_1+x_2}{2}\right)$ 是相应的(横坐标相同的点)弧段上的点的纵坐标.

设在区间 I 内有曲线弧 $y=f(x)$,α 表示曲线切线的倾角.由判别函数单调性的充分条件的定理可知,当 $f''(x)>0$ 时,导函数 $f'(x)$ 单调增加,从而切线斜率 $\tan\alpha$ 随 x 增加而由小变大.图 3-23 中(a),(b),(c)分别给出倾角 α 为锐角、钝角、既为锐角又为钝角的情形.这时,曲线弧是凹的.而当 $f''(x)<0$ 时,导函数 $f'(x)$ 单调减少,切线斜率 $\tan\alpha$ 随 x 增加而由大变小.由图 3-24 知,这种情形,曲线弧是凸的.

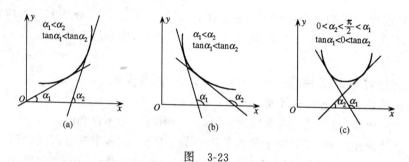

图 3-23

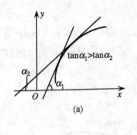 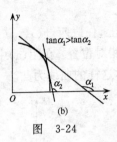 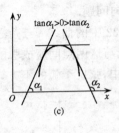

图 3-24

根据上述几何分析,用二阶导数的符号可以判定曲线的凹凸.

定理 1（判别凹凸的充分条件） 在函数 $f(x)$ 二阶可导的区间 I 内:

(1) 若 $f''(x)>0$,则曲线 $y=f(x)$ 凹;

(2) 若 $f''(x)<0$,则曲线 $y=f(x)$ 凸;

观察图 3-25,曲线 $y=f(x)$ 上的点 $M_0(x_0,f(x_0))$ 是扭转曲线弯曲方向的点,即是曲线凹与凸的分界点,这样的点,称为曲线的**拐点**.

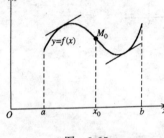

图 3-25

定义 2 在连续曲线上,改变曲线凹凸的点,称为曲线的**拐点**.

由拐点的定义及定理 1,可推出下面的定理.

定理 2（拐点存在的必要条件） 若函数 $f(x)$ 在点 x_0 二阶可导,且点 $(x_0,f(x_0))$ 是曲线的拐点,则 $f''(x_0)=0$.

在此,我们要指出

(1) 在 $f''(x_0)$ 存在时,$f''(x_0)=0$ 仅是拐点存在的必要条件,而非充分条件. 例如,函数 $f(x)=x^4$,有 $f''(0)=0$,但点 $(0,0)$ 不是曲线 $y=x^4$ 的拐点.

(2) 若曲线 $y=f(x)$ 在 x_0 连续,当 $f''(x_0)$ 不存在（$f'(x_0)$ 可以存在也可以不存在）时,点 $(x_0,f(x_0))$ 也可能是曲线的拐点.

由于在函数 $f(x)$ 的连续区间内,使 $f''(x_0)=0$ 和使 $f''(x_0)$ 不存在的点 x_0 处,曲线 $y=f(x)$ 上的点 $(x_0,f(x_0))$ 可能是拐点,也可能不是拐点. 对此,还必须用下面的定理判别拐点的存在性.

定理 3（拐点存在的充分条件） 在函数 $f(x)$ 连续且二阶可导的 $U(x_0)$ 内（$f'(x_0)$ 或 $f''(x_0)$ 可以不存在）,若在点 x_0 的两侧,$f''(x)$ 的符号相反,则曲线上的点 $(x_0,f(x_0))$ 是曲线 $y=f(x)$ 的拐点.

由以上讨论可知,确定曲线 $y=f(x)$ 的凹凸与拐点的**程序**是:

(1) 确定函数 $f(x)$ 的连续区间 I;

(2) 求二阶导数,在区间 I 内求出使 $f''(x)=0$ 和 $f''(x)$ 不存在的点;

(3) 由上述求出的点,将区间 I 分成若干个部分区间. 在各个部分区间内讨论 $f''(x)$ 的符号,便可确定曲线在相应部分区间内的凹凸,同时也就确定曲线是否存在拐点. 若在 x_0 处存在拐点,求出拐点$(x_0, f(x_0))$.

例1 确定曲线 $y = xe^{-2x}$ 的凹凸区间及拐点.

解 函数的连续区间是$(-\infty, +\infty)$. 求函数的一、二阶导数得
$$y' = (1-2x)e^{-2x}, \quad y'' = 4(x-1)e^{-2x},$$
由 $y'' = 0$ 得 $x = 1$.

$x = 1$ 将$(-\infty, +\infty)$分成两个部分区间:$(-\infty, 1)$和$(1, +\infty)$. 在$(-\infty, 1)$内,$y'' < 0$,曲线凸;在$(1, +\infty)$内,$y'' > 0$,曲线凹. 又当 $x = 1$ 时,$y = e^{-2}$,所以曲线的拐点是$(1, e^{-2})$.

例2 讨论曲线 $y = 3x^{\frac{5}{3}} + \frac{5}{3}x^2$ 的凹凸区间及拐点.

解 函数的连续区间是$(-\infty, +\infty)$. 求函数的一、二阶导数得
$$y' = 5x^{\frac{2}{3}} + \frac{10}{3}x, \quad y'' = \frac{10}{3} \cdot \frac{1+\sqrt[3]{x}}{\sqrt[3]{x}},$$
由 $y'' = 0$,得 $x_1 = -1$;又当 $x = 0$ 时,y''不存在.

列表判定①

x	$(-\infty, -1)$	-1	$(-1, 0)$	0	$(0, +\infty)$
y''	+	0	−	不存在	+
y	∪	拐点	∩	拐点	∪

上表给出曲线的凹凸区间. 由于当 $x = -1$ 时,$y = -4/3$;当 $x = 0$ 时,$y = 0$,故曲线的拐点是$(-1, -4/3)$和$(0, 0)$.

对使 $f''(x) = 0$ 的点 x_0,也可用函数 $f(x)$ 的三阶导数判定在点 x_0 处是否存在拐点. 有如下**拐点存在的充分条件**的判定定理.

定理4②(**拐点存在的充分条件**) 设函数 $f(x)$ 在点 x_0 三阶可导且 $f''(x_0) = 0$,$f'''(x_0) \neq 0$,则点$(x_0, f(x_0))$是曲线 $y = f(x)$ 的拐点:

(1) 若 $f'''(x_0) < 0$,则曲线在点 x_0 左侧邻近凹,在点 x_0 右侧邻近凸;

(2) 若 $f'''(x_0) > 0$,则曲线在点 x_0 左侧邻近凸,在点 x_0 右侧邻近凹.

例3 讨论曲线 $y = -x^3 + x^2$ 的凹凸区间及拐点.

解 函数的连续区间是$(-\infty, +\infty)$. 求函数的一、二阶导数得
$$y' = -3x^2 + 2x, \quad y'' = -6x + 2, \quad y''' = -6 < 0.$$
由 $y'' = 0$ 得 $x = 1/3$;又当 $x = 1/3$ 时,$y = 2/27$.

在区间$(-\infty, 1/3)$内曲线凹,$(1/3, +\infty)$内曲线凸;曲线的拐点是$(1/3, 2/27)$.

习 题 3.5

1. 讨论下列曲线的凹凸区间与拐点:

(1) $y = x^4 - 2x^3 + 1$; (2) $y = x + x^{\frac{5}{3}}$; (3) $y = e^{\arctan x}$;

---

① 表中符号"+"和"−"分别表示 $y'' > 0$ 和 $y'' < 0$;表中符号"∪"和"∩"分别表示曲线凹和凸.

② 本节4个定理可与§3.2中4个定理对照理解.

(4) $y=\dfrac{1}{1+x^2}$; (5) $y=(x-1)\sqrt[3]{x^5}$; (6) $y=\dfrac{9}{7}x^{\frac{4}{3}}(x+7)$.

2. 利用曲线的凹凸性证明下列不等式:
(1) $\dfrac{1}{2}(x^3+y^3)>\left(\dfrac{x+y}{2}\right)^3$, $x>0, y>0, x\neq y$; (2) $\dfrac{1}{2}(e^x+e^y)>e^{\frac{x+y}{2}}$, $x\neq y$.

3. 设曲线 $y=ax^3+bx^2+cx+d$ 在 $x=-2$ 处有水平切线,点 $(1,-10)$ 是拐点,且点 $(-2,44)$ 在曲线上,试确定 a,b,c,d 的值.

4. 在函数 $f(x)$ 二阶可导的区间 I 内:
(1) 若曲线 $y=f(x)$ 凹,则曲线 $y=e^{f(x)}$ 也是凹的;
(2) 若曲线 $y=f(x)$ 凸且在 x 轴上方,则曲线 $y=\ln f(x)$ 也是凸的.

§3.6 函数图形的描绘

描点作图是作函数图形的基本方法. 现在掌握了微分学的基本知识,如果先利用微分法讨论函数或曲线的性态,然后再描点作图,就能使作出的图形较为准确.

作函数的图形,一般**程序如下**:
(1) 确定函数的定义域、间断点,以明确图形的范围;
(2) 讨论函数的奇偶性、周期性,以判别图形的对称性、周期性;
(3) 考察曲线的渐近线,以把握曲线伸向无穷远的趋势;
(4) 确定函数的单调区间、极值;确定曲线的凹凸区间及拐点,这就使我们掌握了图形的大致形状;
(5) 为了描点的需要,有时还要选出曲线上若干个点,特别是曲线与坐标轴的交点;
(6) 根据以上讨论,描点作出函数的图形.

例 1 作函数 $y=\ln(1+x^2)$ 的图形.

解 (1) 函数的定义域是 $(-\infty, +\infty)$.
(2) 偶函数,图形关于 y 轴对称.
(3) 确定单调性,极值,凹凸与拐点. 求 y', y'' 得
$$y'=\dfrac{2x}{1+x^2}, \quad y''=-\dfrac{2(x+1)(x-1)}{(1+x^2)^2}.$$
由 $y'=0$ 得 $x_1=0$;由 $y''=0$ 得 $x_2=-1, x_3=1$. 只在区间 $[0,+\infty)$ 上列表:

x	0	(0,1)	1	$(1,+\infty)$
y'	0	+	+	+
y''	+	+	0	−
y	极小值	↗∪	拐点	↗∩

$y|_{x=0}=0$ 是极小值;因 $y|_{x=1}=\ln 2$,故拐点 $(1,\ln 2)$ 和 $(-1,\ln 2)$ ($\ln 2\approx 0.7$).
(4) 选点. 令 $x=2$,得点 $(2,\ln 5)$ ($\ln 5\approx 1.6$).

(5) 描点作图. 所作图形如图 3-26 所示.

例 2 作函数 $y=\dfrac{(x-1)^3}{(x+1)^2}$ 的图形.

解 (1) 函数的定义域是 $(-\infty,-1)\cup(-1,+\infty)$, $x=-1$ 是间断点.

(2) 渐近线.

因 $\lim\limits_{x\to -1}\dfrac{(x-1)^3}{(x+1)^2}=-\infty$, 所以, $x=-1$ 是垂直渐近线. 又

$$\lim_{x\to\infty}\frac{y}{x}=\lim_{x\to\infty}\frac{(x-1)^3}{x(x+1)^2}=1,\quad \lim_{x\to\infty}(y-x)=\lim_{x\to\infty}\left[\frac{(x-1)^3}{(x+1)^2}-x\right]=-5,$$

故 $y=x-5$ 是斜渐近线.

(3) 确定单调性, 极值, 凹凸与拐点. 求 y', y'' 得

$$y'=\frac{(x+5)(x-1)^2}{(x+1)^3},\quad y''=\frac{24(x-1)}{(x+1)^4}.$$

由 $y'=0$ 得 $x_1=-5, x_2=1$; 由 $y''=0$ 得 $x_2=1$. 列表:

x	$(-\infty,-5)$	-5	$(-5,-1)$	-1	$(-1,1)$	1	$(1,+\infty)$
y'	$+$	0	$-$		$+$	0	$+$
y''	$-$	$-$	$-$		$-$	0	$+$
y	↗∩	极大值	↘∩	间断点	↗∩	拐点	↗∪

$y|_{x=-5}=-13.5$ 是极大值; 因 $y|_{x=1}=0$, 拐点是 $(1,0)$.

(4) 选点. 取 $x=5$, 得点 $(5,2.45)$.

(5) 描点作图. 所作图形如图 3-27 所示.

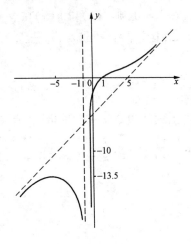

图 3-27

习 题 3.6

1. 设函数 $y=\dfrac{1}{\sqrt{2\pi}}\mathrm{e}^{-\frac{x^2}{2}}$,试讨论:

(1) 函数的定义域;　　　　(2) 函数的奇偶性;

(3) 曲线的渐近线;　　　　(4) 函数的增减区间及极值;

(5) 曲线的凹凸区间与拐点;　(6) 描点作出函数的图形.

2. 作出下列函数的图形:

(1) $y=x^3-3x^2+6$;　(2) $y=\dfrac{x^2}{1+x}$;　(3) $y=\dfrac{4(x+1)}{x^2}-2$;　(4) $y=(x+2)\mathrm{e}^{\frac{1}{x}}$.

§3.7　洛必达法则

在求分式极限 $\lim\limits_{x\to x_0}\dfrac{f(x)}{g(x)}$ 时,若 $\lim\limits_{x\to x_0}f(x)=0$ 或 ∞,$\lim\limits_{x\to x_0}g(x)=0$ 或 ∞,这是 $\dfrac{0}{0}$ 型或 $\dfrac{\infty}{\infty}$ 型未定式.本节讲授的洛必达(L'Hospital)法则就是求这两种未定式的一般方法.

定理(洛必达法则) 若函数 $f(x)$ 和 $g(x)$ 满足:

(1) $\lim\limits_{x\to x_0}f(x)=0,\lim\limits_{x\to x_0}g(x)=0$;

(2) 在 $U^\circ(x_0)$ 内可导,且 $g'(x)\neq 0$;

(3) $\lim\limits_{x\to x_0}\dfrac{f'(x)}{g'(x)}=A$(有限数)或 ∞,

则
$$\lim_{x\to x_0}\dfrac{f(x)}{g(x)}=\lim_{x\to x_0}\dfrac{f'(x)}{g'(x)}=A\ (或\infty).$$

证 由于极限 $\lim\limits_{x\to x_0}\dfrac{f(x)}{g(x)}$ 存在与否,与函数 $f(x)$ 和 $g(x)$ 在点 x_0 是否有定义无关.不妨在 x_0 补充定义:令 $f(x_0)=0,g(x_0)=0$,则 $f(x)$ 和 $g(x)$ 在点 x_0 就连续了.

在点 x_0 的邻近任取一点 x,在区间 $[x_0,x]$ 或 $[x,x_0]$ 上,$f(x)$ 和 $g(x)$ 满足柯西中值定理的条件,由此得

$$\dfrac{f(x)}{g(x)}=\dfrac{f(x)-f(x_0)}{g(x)-g(x_0)}=\dfrac{f'(\xi)}{g'(\xi)}\quad (\xi\ 在\ x\ 与\ x_0\ 之间).$$

由于当 $x\to x_0$ 时,$\xi\to x_0$,所以在上式两边令 $x\to x_0$ 取极限,有

$$\lim_{x\to x_0}\dfrac{f(x)}{g(x)}=\lim_{\xi\to x_0}\dfrac{f'(\xi)}{g'(\xi)}=\lim_{x\to x_0}\dfrac{f'(x)}{g'(x)}.$$

这就是我们要证明的结论.

例1 求极限 $\lim\limits_{x\to\frac{\pi}{2}}\dfrac{\cos x}{x-\dfrac{\pi}{2}}$.

解 这是 $\dfrac{0}{0}$ 型未定式,用洛必达法则

$$\lim_{x\to\frac{\pi}{2}}\frac{\cos x}{x-\frac{\pi}{2}}=\lim_{x\to\frac{\pi}{2}}\frac{(\cos x)'}{\left(x-\frac{\pi}{2}\right)'}=\lim_{x\to\frac{\pi}{2}}\frac{-\sin x}{1}=-1.$$

例 2 求极限 $\lim\limits_{x\to 1}\dfrac{\ln x}{(x-1)^2}$.

解 这是 $\dfrac{0}{0}$ 型未定式，用洛必达法则

$$I=\lim_{x\to 1}\frac{\frac{1}{x}}{2(x-1)}=\infty.$$

注 (1) 定理中的条件(1)，若改为 $\lim\limits_{x\to x_0}f(x)=\infty$，$\lim\limits_{x\to x_0}g(x)=\infty$，则 $\lim\limits_{x\to x_0}\dfrac{f(x)}{g(x)}$ 是 $\dfrac{\infty}{\infty}$ 型未定式，则定理仍成立.

(2) 定理中的 $x\to x_0$，若改为 $x\to x_0^+$，$x\to x_0^-$，$x\to\infty$，$x\to+\infty$，$x\to-\infty$，只要将定理中的条件(2)作相应的修改，定理仍适用.

(3) 若 $\lim\dfrac{f'(x)}{g'(x)}$ 又是 $\dfrac{0}{0}$ 型或 $\dfrac{\infty}{\infty}$ 型未定式，这时，可对 $\lim\dfrac{f'(x)}{g'(x)}$ 再用一次洛必达法则，即，若 $\lim\dfrac{f'(x)}{g'(x)}=\lim\dfrac{f''(x)}{g''(x)}=A$ 或 ∞，则 $\lim\dfrac{f(x)}{g(x)}=A$ 或 ∞. 依此类推.

例 3 求极限 $\lim\limits_{x\to+\infty}\dfrac{\ln x}{x^\alpha}(\alpha>0)$.

解 这是 $\dfrac{\infty}{\infty}$ 型未定式，用洛必达法则

$$I=\lim_{x\to+\infty}\frac{\frac{1}{x}}{\alpha x^{\alpha-1}}=\lim_{x\to+\infty}\frac{1}{\alpha x^\alpha}=0.$$

例 4 求极限 $\lim\limits_{x\to 0}\dfrac{2^x+2^{-x}-2}{x^2}$.

解 $I\xlongequal{\frac{0}{0}}\lim\limits_{x\to 0}\dfrac{2^x\ln 2-2^{-x}\ln 2}{2x}\xlongequal{\frac{0}{0}}\lim\limits_{x\to 0}\dfrac{2^x(\ln 2)^2+2^{-x}(\ln 2)^2}{2}=(\ln 2)^2.$

例 5 求极限 $\lim\limits_{x\to 1^-}\dfrac{\ln\tan\frac{\pi}{2}x}{\ln(1-x)}$.

解 $I\xlongequal{\frac{\infty}{\infty}}\lim\limits_{x\to 1^-}\dfrac{\dfrac{1}{\tan\frac{\pi}{2}x}\sec^2\frac{\pi}{2}x\cdot\frac{\pi}{2}}{\dfrac{-1}{1-x}}\xlongequal{\text{化简}}\pi\lim\limits_{x\to 1^-}\dfrac{x-1}{\sin\pi x}\xlongequal{\frac{0}{0}}\pi\lim\limits_{x\to 1^-}\dfrac{1}{\pi\cos\pi x}=-1.$

例 6 求极限 $\lim\limits_{x\to 0}\dfrac{e^x-e^{\sin x}}{\sin^3 x}$.

解 这是 $\dfrac{0}{0}$ 型未定式，若直接用洛必达法则，较繁. 这里，先分离非未定式并用等价无穷小代换.

$$I = \lim_{x\to 0} e^{\sin x} \frac{e^{x-\sin x}-1}{\sin^3 x} = \lim_{x\to 0} e^{\sin x} \cdot \lim_{x\to 0} \frac{x-\sin x}{x^3}$$

$$\xlongequal{\frac{0}{0}} 1 \cdot \lim_{x\to 0} \frac{1-\cos x}{3x^2} = \frac{1}{3} \cdot \frac{1}{2} = \frac{1}{6}.$$

我们要明确,只有 $\frac{0}{0}$, $\frac{\infty}{\infty}$ 型未定式才能用洛必达法则. 而每用一次法则之后,要注意化简并结合以前学过的求极限的方法分析所得式子:若可求得极限 A 或 ∞,便得到结论;否则,若所得式子是 $\frac{0}{0}$ 和 $\frac{\infty}{\infty}$ 型未定式,可继续使用洛必达法则;若不是,即 $\lim \frac{f'(x)}{g'(x)}$ 既不是未定式,又求不出极限 A 或 ∞,这时,不能断定 $\lim \frac{f(x)}{g(x)}$ 存在与否,需改用其他方法求极限. 见下例.

例 7 求极限 $\lim\limits_{x\to\infty}\dfrac{2x-\cos x}{3x+\sin x}$.

解 这是 $\frac{\infty}{\infty}$ 型未定式,若用洛必达法则

$$I = \lim_{x\to\infty} \frac{2+\sin x}{3+\cos x},$$

显然,上述极限不存在. 可改用下法

$$I = \lim_{x\to\infty} \frac{2-\frac{1}{x}\cos x}{3+\frac{1}{x}\sin x} = \frac{2-0}{3+0} = \frac{2}{3}.$$

除 $\frac{0}{0}$ 型和 $\frac{\infty}{\infty}$ 型未定式外,还有 $0\cdot\infty$ 型,$\infty-\infty$ 型,0^0 型,1^∞ 型和 ∞^0 型未定式,它们均可经恒等变形化成 $\frac{0}{0}$ 型或 $\frac{\infty}{\infty}$ 型,然后再用洛必达法则.

例 8 求极限 $\lim\limits_{x\to 0^+} x^\alpha \ln x$ ($\alpha>0$).

解 这是 $0\cdot\infty$ 型未定式,化成分式后利用洛必达法则

$$I = \lim_{x\to 0^+} \frac{\ln x}{x^{-\alpha}} \xlongequal{\frac{\infty}{\infty}} \lim_{x\to 0^+} \frac{\frac{1}{x}}{-\alpha x^{-\alpha-1}} = \lim_{x\to 0^+} \left(-\frac{1}{\alpha}\right) x^\alpha = 0.$$

例 9 求极限 $\lim\limits_{x\to 0}\left(\dfrac{1}{x}-\dfrac{1}{e^x-1}\right)$.

解 这是 $\infty-\infty$ 型未定式,化成分式后利用洛必达法则

$$I = \lim_{x\to 0} \frac{e^x-1-x}{x(e^x-1)} \xlongequal{\frac{0}{0}} \lim_{x\to 0} \frac{e^x-1}{e^x-1+xe^x} \xlongequal{\frac{0}{0}} \lim_{x\to 0} \frac{e^x}{e^x+e^x+xe^x} = \frac{1}{2}.$$

例 10 求极限 $\lim\limits_{x\to 0^+} x^{\sin x}$.

解 这是 0^0 型未定式. 由于 $x^{\sin x} = e^{\sin x \ln x}$,且

$$\lim_{x\to 0^+}\sin x \cdot \ln x = \lim_{x\to 0^+}\frac{\ln x}{\frac{1}{\sin x}} \xlongequal{\frac{\infty}{\infty}} \lim_{x\to 0^+}\frac{\frac{1}{x}}{-\frac{\cos x}{\sin^2 x}} = -\lim_{x\to 0^+}\frac{\sin x}{\cos x}\cdot\frac{\sin x}{x} = 0\times 1 = 0,$$

所以 $\lim\limits_{x\to 0^+} x^{\sin x} = e^0 = 1.$

例 11 求极限 $\lim\limits_{x\to 1} x^{\frac{1}{1-x}}$.

解 这是 1^∞ 型未定式. 由于 $x^{\frac{1}{1-x}} = e^{\frac{1}{1-x}\ln x}$,且

$$\lim_{x\to 1}\frac{1}{1-x}\ln x = \lim_{x\to 1}\frac{\ln x}{1-x} \xlongequal{\frac{0}{0}} \lim_{x\to 1}\frac{\frac{1}{x}}{-1} = -1,$$

所以 $\lim\limits_{x\to 1} x^{\frac{1}{1-x}} = e^{-1}.$

例 12 求极限 $\lim\limits_{x\to +\infty}(1+x)^{\frac{1}{\sqrt{x}}}$.

解 这是 ∞^0 型未定式. 由于 $(1+x)^{\frac{1}{\sqrt{x}}} = e^{\frac{1}{\sqrt{x}}\ln(1+x)}$,且

$$\lim_{x\to +\infty}\frac{\ln(1+x)}{\sqrt{x}} \xlongequal{\frac{\infty}{\infty}} \lim_{x\to +\infty}\frac{\frac{1}{1+x}}{\frac{1}{2\sqrt{x}}} = \lim_{x\to +\infty}\frac{\sqrt{x}}{1+x} = 0,$$

所以 $\lim\limits_{x\to +\infty}(1+x)^{\frac{1}{\sqrt{x}}} = e^0 = 1.$

习 题 3.7

1. 求下列极限:

(1) $\lim\limits_{x\to 0}\dfrac{e^x-1}{x^2-x}$;   (2) $\lim\limits_{x\to 0}\dfrac{e^x-x-1}{x^2}$;   (3) $\lim\limits_{x\to 1}\dfrac{\ln x}{(x-1)^2}$;

(4) $\lim\limits_{x\to 0}\dfrac{e^x+e^{-x}-2}{1-\cos x}$;   (5) $\lim\limits_{x\to +\infty}\dfrac{x^n}{e^{\lambda x}}$ (n 是正整数,$\lambda>0$);   (6) $\lim\limits_{x\to 0^+}\dfrac{\ln\sin 3x}{\ln\sin x}$;

(7) $\lim\limits_{x\to +\infty}\dfrac{\ln\left(1+\dfrac{1}{x}\right)}{\operatorname{arccot} x}$;   (8) $\lim\limits_{x\to \frac{\pi}{2}}\dfrac{\tan x}{\tan 3x}$;   (9) $\lim\limits_{x\to 0}\dfrac{1-\cos x^2}{x^2\sin x^2}$;

(10) $\lim\limits_{x\to 0}\dfrac{\ln(e^x+e^{-x})-\ln(2\cos x)}{x^2}$.

2. 求下列极限:

(1) $\lim\limits_{x\to 1^+}(x-1)\tan\dfrac{\pi}{2}x$;   (2) $\lim\limits_{x\to \infty}x\left(e^{\frac{1}{x}}-1\right)$;   (3) $\lim\limits_{x\to 1}\left(\dfrac{x}{x-1}-\dfrac{1}{\ln x}\right)$;

(4) $\lim\limits_{x\to 0}\left[\dfrac{1}{x}-\dfrac{\ln(1+x)}{x^2}\right]$;   (5) $\lim\limits_{x\to 0^+} x^x$;   (6) $\lim\limits_{x\to 0^+}(\sin x)^{\frac{2}{1+\ln x}}$;

(7) $\lim\limits_{x\to 0}(\cos x)^{\frac{1}{x^2}}$;   (8) $\lim\limits_{x\to \infty}\left(1+\dfrac{1}{x^2}\right)^x$;   (9) $\lim\limits_{x\to \frac{\pi}{2}}(\tan x)^{2x-\pi}$;

(10) $\lim\limits_{x\to 0^+}\left(\ln\dfrac{1}{x}\right)^x$;   (11) $\lim\limits_{n\to \infty}\left(n\tan\dfrac{1}{n}\right)^{n^2}$ (n 为正整数).

3. 求下列极限:

(1) $\lim\limits_{x\to 0} \dfrac{(1+x)^{\frac{1}{x}}-e}{x}$;   (2) $\lim\limits_{x\to 1}\dfrac{x-x^x}{1-x+\ln x}$;   (3) $\lim\limits_{x\to 0}\left(\dfrac{1^x+2^x+3^x}{3}\right)^{\frac{1}{x}}$.

4. 设函数 $f(x)$ 二次可微,且 $f(0)=0, f'(0)=1, f''(0)=2$,试求 $\lim\limits_{x\to 0}\dfrac{f(x)-x}{x^2}$.

5. 验证下列极限不能用洛必达法则,并求其极限:

(1) $\lim\limits_{x\to 0}\dfrac{x^2\sin\frac{1}{x}}{\sin x}$;   (2) $\lim\limits_{x\to+\infty}\dfrac{e^x-e^{-x}}{e^x+e^{-x}}$;   (3) $\lim\limits_{x\to+\infty}\dfrac{\ln x+\sin x}{\ln x+\cos x}$.

§3.8 泰勒公式

一、泰勒公式

本节要讨论的问题是,在一定的精确度内,用结构最简单的函数——多项式来近似表示任意一个函数,这个问题从理论分析和实际计算两个方面都有重要意义.

在第二章§2.5中,我们曾得到近似公式

$$f(x_0+\Delta x)\approx f(x_0)+f'(x_0)\Delta x \quad \text{或} \quad f(x)\approx f(x_0)+f'(x_0)(x-x_0).$$

若记 $P_1(x)=f(x_0)+f'(x_0)(x-x_0)$,上式实际上是用一个关于 $(x-x_0)$ 的一次多项式近似地表示函数 $f(x)$. 但用上式近似计算 $f(x)$ 有两个明显的缺点:其一是,所产生的误差,仅是关于 $\Delta x=x-x_0$ 的高阶无穷小;其二是,无法估计误差.

对此,我们要用一个关于 $(x-x_0)$ 的 n 次多项式

$$P_n(x)=a_0+a_1(x-x_0)+a_2(x-x_0)^2+\cdots+a_n(x-x_0)^n \tag{1}$$

来近似表示函数 $f(x)$,使得用 $P_n(x)$ **代替** $f(x)$ **所产生的误差是关于** $(\Delta x)^n=(x-x_0)^n$ **的高阶无穷小,并给出误差** $|f(x)-P_n(x)|$ **的具体表达式**.

现假设函数 $f(x)$ 在含有点 x_0 的某一个开区间内具有直至 $(n+1)$ 阶的导数. 在这个假设下,我们如何选择(1)式中的系数 $a_0,a_1,a_2,\cdots,a_n$,使由此而得到的多项式 $P_n(x)$ 能满足上述要求.

由于要求 $P_n(x)$ 能在点 x_0 邻近很好地表示函数 $f(x)$,从几何上看,就是要曲线 $y=P_n(x)$ 与曲线 $y=f(x)$ 在点 $(x_0,f(x_0))$ 邻近很靠近.

显然,首先应要求两条曲线交于点 $(x_0,f(x_0))$(图 3-28(a)),即要求 $P_n(x)$ 满足条件

$$P_n(x_0)=f(x_0). \tag{2}$$

其次,要使两条曲线在点 $(x_0,f(x_0))$ 邻近靠得更近,应要求它们在点 $(x_0,f(x_0))$ 处有公切线(图 3-28(b)),即要求 $P_n(x)$ 满足条件

$$P_n'(x_0)=f'(x_0). \tag{2'}$$

再次,要使两条曲线在点 $(x_0,f(x_0))$ 邻近靠得再近,当然应要求它们在点 $(x_0,f(x_0))$ 邻近凹凸及弯曲程度相同(图 3-28(c)),即要求 $P_n(x)$ 满足条件

$$P_n''(x_0)=f''(x_0). \tag{2''}$$

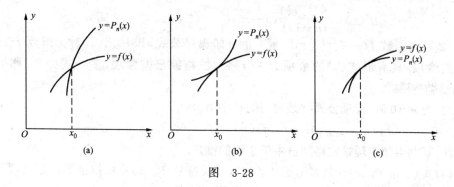

图 3-28

由此可以推想,为使两条曲线在点 $(x_0, f(x_0))$ 邻近靠近的程度更高,还应要求 $P_n(x)$ 满足条件

$$P'''(x_0) = f'''(x_0), \tag{2'''}$$

$$\vdots$$

$$P_n^{(n)}(x_0) = f^{(n)}(x_0). \tag{2$^{(n)}$}$$

现在,就依据条件 $(2),(2'),(2''),\cdots,(2^{(n)})$ 来确定多项式 $P_n(x)$. 由于

$$P_n(x) = a_0 + a_1(x-x_0) + a_2(x-x_0)^2 + \cdots + a_n(x-x_0)^n,$$

$$P_n'(x) = a_1 + 2a_2(x-x_0) + 3a_3(x-x_0)^2 + \cdots + na_n(x-x_0)^{n-1},$$

$$P_n''(x) = 2a_2 + 3\cdot 2a_3(x-x_0) + \cdots + n(n-1)a_n(x-x_0)^{n-2},$$

$$\vdots$$

$$P_n^{(n)}(x) = n!\,a_n,$$

所以,条件 $(2),(2'),(2''),\cdots,(2^{(n)})$ 就成为

$$a_0 = f(x_0), \quad a_1 = f'(x_0), \quad 2a_2 = f''(x_0), \quad \cdots, \quad n!\,a_n = f^{(n)}(x_0),$$

即

$$a_0 = f(x_0), \quad a_1 = f'(x_0), \quad a_2 = \frac{f''(x_0)}{2!}, \quad \cdots, \quad a_n = \frac{f^{(n)}(x_0)}{n!}.$$

由此,对于**给定的函数** $f(x)$,**多项式** $P_n(x)$ 就被唯一地确定了:

$$P_n(x) = f(x_0) + f'(x_0)(x-x_0) + \frac{f''(x_0)}{2!}(x-x_0)^2 + \cdots + \frac{f^{(n)}(x_0)}{n!}(x-x_0)^n. \tag{3}$$

下面的泰勒(Taylor)中值定理表明,用上式近似表示函数 $f(x)$,的确满足前面提出的要求.

泰勒中值定理 若函数 $f(x)$ 在**含有** x_0 **的开区间** (a,b) **内具有直到** $(n+1)$ **阶的导数**,则对 (a,b) 中的任一点 x,有

$$f(x) = f(x_0) + f'(x_0)(x-x_0) + \frac{f''(x_0)}{2!}(x-x_0)^2$$

$$+ \cdots + \frac{f^{(n)}(x_0)}{n!}(x-x_0)^n + R_n(x), \tag{4}$$

其中
$$R_n(x) = \frac{f^{(n+1)}(\xi)}{(n+1)!}(x-x_0)^{n+1} \quad (\xi \text{ 在 } x_0 \text{ 与 } x \text{ 之间}). \tag{5}$$

(4)式称为函数 $f(x)$ 在点 $x=x_0$ 展开的 n 阶泰勒公式，其中 $R_n(x)$ 称为函数 $f(x)$ 的**泰勒公式的余项**．具有形式(5)的余项 $R_n(x)$ 称为**拉格朗日型余项**，多项式(3)式称为函数 $f(x)$ 的**泰勒多项式**．

显然，当 $n=0$ 时，泰勒公式就是拉格朗日中值公式：
$$f(x) = f(x_0) + f'(\xi)(x-x_0) \quad (\xi \text{ 在 } x_0 \text{ 与 } x \text{ 之间}).$$

因此，泰勒中值定理是拉格朗日中值定理的推广．

由(4)式知，用 $P_n(x)$ 近似表示函数 $f(x)$，其误差是 $|R_n(x)|$．由拉格朗日型余项不难看到，若对 $x \in (a,b)$，有 $|f^{(n+1)}(x)| \leqslant M$，则有**误差估计式**：
$$|R_n(x)| = \left|\frac{f^{(n+1)}(\xi)}{(n+1)!}(x-x_0)^{n+1}\right| \leqslant \frac{M}{(n+1)!}|x-x_0|^{n+1},$$

且当 $x \to x_0$ 时，$R_n(x)$ 是比 $(x-x_0)^n$ 较高阶的无穷小．

由上述可知，函数 $f(x)$ 在点 x_0 展开的 n 阶泰勒公式也可写成如下形式
$$f(x) = f(x_0) + f'(x_0)(x-x_0) + \frac{f''(x_0)}{2!}(x-x_0)^2$$
$$+ \cdots + \frac{f^{(n)}(x_0)}{n!}(x-x_0)^n + o((x-x_0)^n),$$

其中 $R_n(x) = o((x-x_0)^n)$ 称为**佩亚诺(Peano)型余项**．

函数 $f(x)$ 的泰勒公式(4)在 $x_0=0$ 时为
$$f(x) = f(0) + f'(0)x + \frac{f''(0)}{2!}x^2 + \cdots + \frac{f^{(n)}(0)}{n!}x^n$$
$$+ \frac{f^{(n+1)}(\xi)}{(n+1)!}x^{n+1} \quad (\xi \text{ 在 } 0 \text{ 与 } x \text{ 之间}). \tag{6}$$

若令 $\xi = \theta x (0 < \theta < 1)$，则(6)式中的余项又可写做
$$R_n(x) = \frac{f^{(n+1)}(\theta x)}{(n+1)!}x^{n+1} \quad (0 < \theta < 1).$$

(6)式称为函数 $f(x)$ 的**带有拉格朗日型余项的麦克劳林(Maclaurin)公式**．

函数 $f(x)$ 的带有佩亚诺型余项的麦克劳林公式为
$$f(x) = f(0) + f'(0)x + \frac{f''(0)}{2!}x^2 + \cdots + \frac{f^{(n)}(0)}{n!}x^n + o(x^n).$$

二、几个初等函数的麦克劳林公式

这里，讨论几个常见的初等函数带有拉格朗日型余项的麦克劳林公式．

例 1 设 $f(x) = e^x$．由于
$$f^{(k)}(x) = e^x, \quad f^{(k)}(0) = 1, \quad k = 0,1,2,\cdots,n,\cdots$$

且 $f^{(n+1)}(\theta x) = e^{\theta x}$，所以函数 $f(x) = e^x$ 的 n 阶麦克劳林公式为

$$e^x = 1 + x + \frac{x^2}{2!} + \cdots + \frac{x^n}{n!} + \frac{e^{\theta x}}{(n+1)!}x^{n+1} \quad (0 < \theta < 1).$$

由于 e^x 在整个数轴上有任意阶导数,故上述公式对任意 $x \in (-\infty, +\infty)$ 皆成立. 若弃去余项,得到近似公式

$$e^x \approx 1 + x + \frac{x^2}{2!} + \cdots + \frac{x^n}{n!},$$

其误差为

$$|R_n(x)| = \left|\frac{e^{\theta x}}{(n+1)!}x^{(n+1)}\right| < \frac{e^{|x|}}{(n+1)!}|x|^{n+1} \quad (0 < \theta < 1).$$

在上述近似公式中,取 $x=1$,得 e 的近似值

$$e \approx 1 + 1 + \frac{1}{2!} + \cdots + \frac{1}{n!},$$

误差

$$R_n(1) = \frac{e^\theta}{(n+1)!} < \frac{3}{(n+1)!}.$$

当 $n=9$ 时,可算得 $e \approx 2.718281$,其误差

$$R_9(1) = \frac{3}{10!} < 0.000001.$$

例 2 设 $f(x) = \sin x$. 由于

$$f^{(k)}(x) = \sin\left(x + \frac{k\pi}{2}\right), \quad k = 0, 1, 2, \cdots, n, \cdots,$$

$$f^{(k)}(0) = \sin\frac{k\pi}{2} = \begin{cases} 0, & k = 2m, \\ (-1)^m, & k = 2m+1, \end{cases} \quad m \in \mathbf{N}_+.$$

即 $f(0) = 0,\ f'(0) = 1,\ f''(0) = 0,\ f'''(0) = -1,\ f^{(4)}(0) = 0, \cdots$,
所以 $f(x) = \sin x$ 的 $2m(n=2m)$ 阶麦克劳林公式为

$$\sin x = x - \frac{x^3}{3!} + \frac{x^5}{5!} - \frac{x^7}{7!} + \cdots + (-1)^{m-1}\frac{x^{2m-1}}{(2m-1)!} + R_{2m}(x),$$

其中

$$R_{2m}(x) = \frac{\sin\left(\theta x + (2m+1)\frac{\pi}{2}\right)}{(2m+1)!}x^{2m+1} \quad (0 < \theta < 1).$$

上述公式对任意 $x \in (-\infty, +\infty)$ 皆成立.

函数 $f(x) = \cos x, f(x) = (1+x)^\alpha$($\alpha$ 为任意实数),$f(x) = \ln(1+x)(x > -1)$,类似地可以得到其麦克劳林公式

$$\cos x = 1 - \frac{1}{2!}x^2 + \frac{1}{4!}x^4 - \cdots + (-1)^m\frac{1}{(2m)!}x^{2m} + R_{2m+1}(x),$$

其中

$$R_{2n+1}(x) = \frac{\cos(\theta x + (m+1)\pi)}{(2m+2)!}x^{2m+2} \quad (0 < \theta < 1);$$

$$\ln(1+x) = x - \frac{1}{2}x^2 + \frac{1}{3}x^3 - \cdots + (-1)^{n-1}\frac{1}{n}x^n + R_n(x),$$

其中

$$R_n(x) = \frac{(-1)^n}{n+1}\frac{x^{n+1}}{(1+\theta x)^{n+1}} \quad (0 < \theta < 1);$$

$$(1+x)^\alpha = 1 + \alpha x + \frac{\alpha(\alpha-1)}{2!}x^2 + \cdots + \frac{\alpha(\alpha-1)\cdots(\alpha-n+1)}{n!}x^n + R_n(x),$$

其中 $R_n(x) = \frac{\alpha(\alpha-1)\cdots(\alpha-n)}{(n+1)!}(1+\theta x)^{\alpha-n-1} x^{n+1}$ $(0<\theta<1)$.

利用以上五个基本初等函数的麦克劳林公式可求出其他一些初等函数的麦克劳林公式. 利用带佩亚诺型余项的麦克劳林公式还可以求未定式的极限.

例 3 求极限 $\lim\limits_{x\to 0} \frac{e^x - \cos x - x}{\ln(1+x^2)}$.

解 这是 $\frac{0}{0}$ 型未定式. 由于当 $x \to 0$ 时, $\ln(1+x^2) \sim x^2$. 可将分子中的 e^x 和 $\cos x$ 用带有佩亚诺型余项的二阶麦克劳林公式表示. 由

$$e^x = 1 + x + \frac{x^2}{2} + o(x^2), \quad \cos x = 1 - \frac{x^2}{2} + o(x^2).$$

于是 $I = \lim\limits_{x\to 0} \dfrac{1+x+\frac{x^2}{2}-1+\frac{x^2}{2}-x+o(x^2)}{x^2} = 1.$

习 题 3.8

1. 求多项式函数 $f(x) = 2x^3 - x^2 + 3x + 2$ 在 $x = -1$ 处的泰勒公式.
2. 利用已知函数的麦克劳林公式求出下列函数带佩亚诺型余项的麦克劳林公式:
   (1) $f(x) = e^{-x^2}$; (2) $f(x) = \sin^2 x$; (3) $f(x) = x\ln(1-x^2)$.
3. 利用泰勒公式求下列极限:
   (1) $\lim\limits_{x\to 0} \dfrac{\sin x - x}{x\ln(1+x^2)}$; (2) $\lim\limits_{x\to 0} \dfrac{\cos x - e^{-\frac{x^2}{2}}}{x^4}$; (3) $\lim\limits_{x\to 0} \dfrac{\sqrt{1+x}-(1+x)}{x^2}$;
   (4) $\lim\limits_{x\to 0} \dfrac{1-x^2-e^{-x^2}}{x\sin^2 2x}$; (5) $\lim\limits_{x\to\infty}\left[x - x^2\ln\left(1+\frac{1}{x}\right)\right]$; (6) $\lim\limits_{x\to 0} \dfrac{1}{x}\left(\dfrac{1}{x}-\cot x\right)$.

总 习 题 三

1. 填空题
(1) 函数 $y = x^x$ 在区间 $\left[\frac{1}{e}, +\infty\right)$ 上的最小值是_____;
(2) 设 $f(x) = xe^x$, 则函数 $f^{(n)}(x)$ 的极小值是_____;
(3) 曲线 $y = (x-1)^2(x-3)^2$ 的拐点的个数 $n =$ _____;
(4) 当 $Q = Q_0$ 时, 收益函数 $R = R(Q)$ 取最大值, 这时, 需求价格弹性 $E_d =$ _____;
(5) $\lim\limits_{x\to 0} \dfrac{\arctan x - x}{\ln(1+2x^3)} =$ _____.

2. 单项选择题
(1) 设非常量函数 $f(x)$ 在区间 (a,b) 内可导, 则下述结论不正确的是( );
(A) 若 $f(a) = f(b)$, 则存在 $\xi \in (a,b)$, 使 $f'(\xi) = 0$
(B) 若 $f(a^+) = f(a), f(b^-) = f(b)$, 则存在 $\xi \in (a,b)$, 使 $f(b) - f(a) = f'(\xi)(b-a)$

(C) 若 $a < x_1 < x_2 < b$,且 $f(x_1)f(x_2) < 0$,则存在 $\xi \in (a,b)$,使 $f(\xi)=0$

(D) 对任何 $\xi \in (a,b)$,有 $\lim\limits_{x \to \xi}[f(x)-f(\xi)]=0$

(2) 设函数 $f(x)$ 在 $(-\infty,+\infty)$ 内可导,对任意的 $x_1,x_2 \in (-\infty,+\infty)$,当 $x_1 < x_2$ 时,$f(x_1) < f(x_2)$,则(   );

(A) 对任意的 $x \in (-\infty,+\infty)$,$f'(x) > 0$ (B) $f(-x)$ 单调增加

(C) 对任意的 $x \in (-\infty,+\infty)$,$f'(x) \leqslant 0$ (D) $f(-x)$ 单调减少

(3) 当 $x < x_0$ 时,$f'(x) > 0$;当 $x > x_0$ 时,$f'(x) < 0$,则(   );

(A) x_0 必定是 $f(x)$ 的驻点   (B) x_0 必定是 $f(x)$ 的极大值点

(C) x_0 必定是 $f(x)$ 的极小值点   (D) 不能判定 x_0 属于以上哪一种情况

(4) 设函数 $f(x)$ 满足关系式 $f''(x)-2f'(x)+4f(x)=0$,且 $f(x_0)>0$,$f'(x_0)=0$,则 $f(x)$ 在点 x_0 处(   );

(A) 有极大值   (B) 有极小值   (C) 某邻域内单调增加   (D) 某邻域内单调减少

(5) 设 $f(x)=|x(1-x)|$,则(   );

(A) $x=0$ 是 $f(x)$ 的极值点,但 $(0,0)$ 不是曲线的拐点

(B) $x=0$ 不是 $f(x)$ 的极值点,但 $(0,0)$ 是曲线 $y=f(x)$ 的拐点

(C) $x=0$ 是 $f(x)$ 的极值点,且 $(0,0)$ 是曲线 $y=f(x)$ 的拐点

(D) $x=0$ 不是 $f(x)$ 的极值点,$(0,0)$ 也不是曲线 $y=f(x)$ 的拐点

(6) 设函数 $f(x)$ 满足关系式 $f''(x)+[f'(x)]^2=x$,且 $f'(0)=0$,则(   );

(A) $f(0)$ 是 $f(x)$ 的极大值

(B) $f(0)$ 是 $f(x)$ 的极小值

(C) 点 $(0,f(0))$ 是曲线 $y=f(x)$ 的拐点

(D) $f(0)$ 不是 $f(x)$ 的极值,点 $(0,f(0))$ 也不是曲线 $y=f(x)$ 的拐点

(7) 数列 $\left\{\dfrac{\sqrt{n}}{n+10^4}\right\}$ 的最大项是(   );

(A) $\dfrac{\sqrt{10}}{10+10^4}$ (B) $\dfrac{10}{10^2+10^4}$ (C) $\dfrac{10^2}{10^4+10^4}$ (D) $\dfrac{10^3}{10^6+10^4}$

(8) 设 $Q=\varphi(P)$ 为需求函数,则在价格为 P 时的需求价格弹性不为(   );

(A) $\dfrac{P\varphi'(P)}{\varphi(P)}$ (B) $\dfrac{d(\ln Q)}{d(\ln P)}$ (C) $\dfrac{d(\ln Q)}{dP}$ (D) 边际需求与平均需求之比

(9) 若以 E_d 和 E_R 分别表示需求价格弹性与总收益价格弹性,则有(   );

(A) $E_R = 1 + E_d$ (B) $E_R = 1 - E_d$ (C) $E_R = -1 + E_d$ (D) $E_R = -1 - E_d$

(10) 设 $\lim\limits_{x \to 0}(x^{-3}\sin 3x + ax^{-2} + b)=0$,则(   );

(A) $a=3, b=\dfrac{9}{2}$ (B) $a=-3, b=\dfrac{9}{2}$ (C) $a=3, b=-\dfrac{9}{2}$ (D) $a=-3, b=-\dfrac{9}{2}$

3. 若方程 $a_0 x^n + a_1 x^{n-1} + \cdots + a_{n-1} x = 0$ 有一正根 x_0,试证:方程
$$na_0 x^{n-1} + (n-1)a_1 x^{n-2} + \cdots + a_{n-1} = 0$$
有小于 x_0 的正根.

4. 设 $0 < a < b$,试证:存在 $\xi \in (a,b)$,使得
$$\ln^2 b - \ln^2 a = 2\dfrac{\ln \xi}{\xi}(b-a).$$

5. 设 $f(x)$ 在 $[a,b]$ $(a>0)$ 上连续,在 (a,b) 内可导,试证:存在 $\xi \in (a,b)$,使得
$$2\xi[f(b)-f(a)] = (b^2-a^2)f'(\xi).$$
6. 在函数 $f(x)$ 有定义的 $U(x_0)$ 内,若
$$\lim_{x \to x_0} \frac{f(x)-f(x_0)}{(x-x_0)^n} = k \ (\neq 0),$$
其中 n 为正整数,就 n 为偶数、n 为奇数讨论 $f(x)$ 在 x_0 处是否有极值.

7. 设三次函数 $f(x)=ax^3+bx^2+cx+d$ $(a \neq 0)$,试确定 a,b,c 应满足的条件,使
  (1) 函数 $f(x)$ 单调增加;　　(2) 函数 $f(x)$ 有极值.

8. 设有边长为 2 的正方形 A,把它的中心放在圆 $x^2+y^2=1$ 的周界上,并且保持各边与坐标轴平行移动. 另有一大小与 A 相同的正方形 B,各边与坐标轴平行,其中心在点 $(1,2)$,求这时两个正方形 A,B 的公共部分面积的最大值.

9. 已知厂商的总收益函数和总成本函数分别为
$$R = \alpha Q - \beta Q^2 \quad (\alpha>0, \beta>0),$$
$$C = aQ^2 + bQ + c \quad (a>0, b>0, c>0).$$
厂商追求最大利润,政府征收产品税:
  (1) 确定税率 t,使征税收益最大;
  (2) 试说明当税率 t 增加时,产品的价格随之增加,而产量随之下降;
  (3) 税率 t 由消费者和厂商分担,确定各分担多少?

10. 求极限 $\lim\limits_{n \to \infty} \sqrt{n}(\sqrt[n]{n}-1)$.

第四章 不定积分

本章讲述不定积分概念和求不定积分的基本方法. 不定积分是作为微分法的逆运算而引入的.

§4.1 不定积分概念

一、原函数与不定积分概念

1. 原函数定义

已知函数 $F(x)$, 欲求其导函数 $F'(x)$. 例如, 已知 $F(x)=\sin x$, 则 $F'(x)=\cos x$, 这是微分法. 现在的**问题是**: 已知某函数 $F(x)$(未知的) 的导函数 $F'(x)$, 欲求函数 $F(x)$; 或者说, 已知函数 $f(x)$, 欲求一个函数 $F(x)$, 使得 $F'(x)=f(x)$. 例如, 已知 $f(x)=\cos x$, 则可求得 $F(x)=\sin x$, 因为 $(\sin x)'=\cos x$. 显然, 这是微分法的逆问题. 这时, 称 $\sin x$ 是函数 $\cos x$ 的一个原函数.

这类由已知的导函数 $F'(x)$, 求原来的函数 $F(x)$ 的运算称为**积分法**.

定义 1 在函数 $F(x)$ 和 $f(x)$ 都有定义的区间 I 上, 若有
$$F'(x)=f(x) \quad \text{或} \quad \mathrm{d}F(x)=f(x)\mathrm{d}x,$$
则称 $F(x)$ 是函数 $f(x)$ **在区间 I 上的一个原函数**.

例如, 因为在区间 $(-1,1)$, 有
$$(\arcsin x)' = \frac{1}{\sqrt{1-x^2}},$$
所以, $\arcsin x$ 是函数 $\dfrac{1}{\sqrt{1-x^2}}$ 在区间 $(-1,1)$ 上的一个原函数.

具有什么样性质的函数存在原函数呢? 这个问题, 这里先给出**结论**, 下一章将给出**证明**.

原函数存在定理 若函数 $f(x)$ **在区间 I 上连续**, 则它在该区间上**存在原函数** $F(x)$, 即
$$F'(x)=f(x), \quad x \in I.$$

这就是说, **连续函数一定存在原函数**.

由于初等函数在其有定义的区间上是连续的, 所以**每个初等函数在其定义区间上都有原函数**.

原函数有如下**特性**:

若 $F(x)$ 是函数 $f(x)$ 的一个原函数, 则

(1) 对任意的常数 C, 因为 $(F(x)+C)'=f(x)$, 所以函数族 $F(x)+C$ 也是函数 $f(x)$ 的

原函数;

(2) 函数 $f(x)$ 的任意一个原函数都可表成 $F(x)+C$.

事实上,设 $G(x)$ 是 $f(x)$ 的任一原函数,由于
$$[G(x)-F(x)]'=f(x)-f(x)=0,$$
所以 $\quad G(x)-F(x)=C,\quad$ 即 $\quad G(x)=F(x)+C.$

上述事实表明,若一个函数存在原函数,则它必存在无穷多个原函数;若函数 $F(x)$ 是其**中的一个**,则这无穷多个都可写成 $F(x)+C$ **的形式**. 由此,若要求已知函数的所有原函数,只需求出其中的任意一个,由它分别加上各个不同的常数,即加上一个任意常数 C 即可.

2. 不定积分定义

定义 2 函数 $f(x)$ 在区间 I 上的**原函数的全体** $F(x)+C$,称为 $f(x)$ 在区间 I 上的**不定积分**,记做 $\int f(x)\mathrm{d}x$,即
$$\int f(x)\mathrm{d}x = F(x)+C.$$

其中符号 $\int$ 称为**积分号**,x 称为**积分变量**,$f(x)$ 称为**被积函数**,$f(x)\mathrm{d}x$ 称为**被积表达式**.

由定义 2 知,求不定积分与求导数或求微分互为逆运算,即有**下述关系式**:
$$\frac{\mathrm{d}}{\mathrm{d}x}\left[\int f(x)\mathrm{d}x\right]=f(x) \quad \text{或} \quad \mathrm{d}\left[\int f(x)\mathrm{d}x\right]=f(x)\mathrm{d}x;$$
$$\int F'(x)\mathrm{d}x=F(x)+C \quad \text{或} \quad \int \mathrm{d}F(x)=F(x)+C.$$

这里,需要注意第二个等式,一个函数先进行微分运算,再进行积分运算,得到的不是这一个函数,而是一族函数,必须加上一个任意常数 C.

例 1 求不定积分 $\int x^2 \mathrm{d}x$.

解 由于 $\left(\frac{1}{3}x^3\right)'=x^2$,所以 $\frac{1}{3}x^3$ 是 x^2 的一个原函数,从而
$$\int x^2\mathrm{d}x = \frac{1}{3}x^3+C.$$

一般地,当 $\alpha\neq -1$ 时,由于 $\left(\frac{1}{\alpha+1}x^{\alpha+1}\right)'=x^\alpha$,于是有
$$\int x^\alpha \mathrm{d}x = \frac{1}{\alpha+1}x^{\alpha+1}+C \quad (\alpha\neq -1).$$

例 2 求不定积分 $\int \frac{1}{x}\mathrm{d}x$.

解 被积函数 $f(x)=\frac{1}{x}$ 在区间 $(-\infty,0)\cup(0,+\infty)$ 有定义.

当 $x>0$ 时,因为 $(\ln x)'=\frac{1}{x}$,所以
$$\int \frac{1}{x}\mathrm{d}x = \ln x+C;$$

当 $x<0$ 时,因为
$$[\ln(-x)]' = \frac{1}{-x}(-x)'$$
$$= \frac{1}{-x}(-1) = \frac{1}{x},$$
所以
$$\int \frac{1}{x}dx = \ln(-x)+C.$$
将上面两种情况合并在一起写,当 $x \neq 0$ 时,就有
$$\int \frac{1}{x}dx = \ln|x|+C.$$

例 3 设一曲线在 x 处的切线斜率 $k=2x$,又曲线过点 $(1,4)$,求这条曲线的方程.

解 设所求的曲线方程是 $y=F(x)$. 由导数的几何意义,已知条件,就是 $F'(x)=2x$. 而
$$\int 2x dx = x^2+C,$$
故
$$y = F(x) = x^2+C.$$
这是一族抛物线,它们互相平行,且在 x 处的切线斜率都是 $2x$. 将 $x=1, y=4$ 代入曲线族中,可得 $C=3$. 于是,所求的曲线方程是 $y=x^2+3$.

从几何上看,求原函数的问题,就是给定曲线在每一点处的切线斜率 $f(x)$,求该曲线. 由此,函数 $f(x)$ 的**不定积分** $\int f(x)dx$ 的**几何意义是一族积分曲线**. 这一族积分曲线可由其中任一条沿着 y 轴平行移动而得到. 在每一条积分曲线上横坐标相同的点 x 处作切线,**切线互相平行,其斜率都是** $f(x)$ (图 4-1).

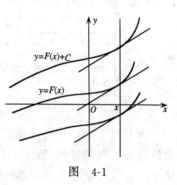

图 4-1

3. 不定积分的运算法则

由导数的运算法则:$[f(x) \pm g(x)]' = f'(x) \pm g'(x)$ 和 $[kf(x)]' = kf'(x)$,便可得到相应的不定积分的运算法则.

(1) 设函数 $f(x)$ 和 $g(x)$ 存在原函数,则 $f(x) \pm g(x)$ 也存在原函数,且
$$\int [f(x) \pm g(x)]dx = \int f(x)dx \pm \int g(x)dx.$$

(2) 设函数 $f(x)$ 存在原函数,k 为非零常数,则 $kf(x)$ 也存在原函数,且
$$\int kf(x)dx = k\int f(x)dx.$$

二、基本积分公式

进行积分运算,必须以掌握一些积分公式为基础. 这里,我们列出常用的积分公式,作为基本积分公式.

(1) $\int 0 dx = C$; 　　(2) $\int x^\alpha dx = \dfrac{1}{\alpha+1}x^{\alpha+1}+C\ (\alpha\neq -1)$;

(3) $\int \dfrac{1}{x}dx = \ln|x|+C$; 　　(4) $\int a^x dx = \dfrac{a^x}{\ln a}+C\ (a>0, a\neq 1)$;

(5) $\int e^x dx = e^x + C$; 　　(6) $\int \sin x dx = -\cos x + C$;

(7) $\int \cos x dx = \sin x + C$; 　　(8) $\int \sec^2 x dx = \int \dfrac{1}{\cos^2 x}dx = \tan x + C$;

(9) $\int \csc^2 x dx = \int \dfrac{1}{\sin^2 x}dx = -\cot x + C$; 　　(10) $\int \sec x \tan x dx = \sec x + C$;

(11) $\int \csc x \cot x dx = -\csc x + C$;

(12) $\int \dfrac{1}{1+x^2}dx = \arctan x + C = -\operatorname{arccot} x + C$;

(13) $\int \dfrac{1}{\sqrt{1-x^2}}dx = \arcsin x + C = -\arccos x + C$;

(14) $\int \tan x dx = -\ln|\cos x|+C$; 　　(15) $\int \cot x dx = \ln|\sin x|+C$;

(16) $\int \sec x dx = \ln|\sec x + \tan x|+C$; 　　(17) $\int \csc x dx = \ln|\csc x - \cot x|+C$;

(18) $\int \dfrac{1}{a^2-x^2}dx = \dfrac{1}{2a}\ln\left|\dfrac{a+x}{a-x}\right|+C$; 　　(19) $\int \dfrac{1}{a^2+x^2}dx = \dfrac{1}{a}\arctan\dfrac{x}{a}+C$;

(20) $\int \dfrac{1}{\sqrt{a^2-x^2}}dx = \arcsin\dfrac{x}{a}+C$; 　　(21) $\int \dfrac{1}{\sqrt{x^2+a^2}}dx = \ln|x+\sqrt{x^2+a^2}|+C$;

(22) $\int \dfrac{1}{\sqrt{x^2-a^2}}dx = \ln|x+\sqrt{x^2-a^2}|+C$.

由于积分运算与微分运算互为逆运算，在上述公式中，前 13 个公式可由基本初等函数的导数公式直接得到，后 9 个公式将在 §4.2 中证明．读者现在也可验证这些公式：只须验证等式右端的导数等于左端的被积函数．

直接用基本积分公式和不定积分的运算性质，有时须**先将被积函数进行代数恒等变形或三角恒等变形**，便可求得一些函数的不定积分．

例 4 求不定积分 $\int\left(x^3+\dfrac{1}{2\sqrt{x}}-\dfrac{1}{x^2}+\dfrac{2}{\sqrt{1-x^2}}\right)dx$.

解 $I = \int x^3 dx + \dfrac{1}{2}\int \dfrac{1}{\sqrt{x}}dx - \int \dfrac{1}{x^2}dx + 2\int \dfrac{1}{\sqrt{1-x^2}}dx$

$= \dfrac{1}{3+1}x^{3+1} + \dfrac{1}{2}\cdot\dfrac{1}{-\dfrac{1}{2}+1}x^{-\frac{1}{2}+1} - \dfrac{1}{-2+1}x^{-2+1} + 2\arcsin x + C$

$= \dfrac{1}{4}x^4 + \sqrt{x} + \dfrac{1}{x} + 2\arcsin x + C$.

例 5 求不定积分 $\int \dfrac{3+x^2}{(1+x^2)(2+x^2)}dx$.

解 $I = \int \frac{4+2x^2-(1+x^2)}{(1+x^2)(2+x^2)}dx = \int \left(\frac{2}{1+x^2}-\frac{1}{2+x^2}\right)dx = 2\arctan x - \frac{1}{\sqrt{2}}\arctan \frac{x}{\sqrt{2}}+C.$

例 6 求不定积分 $\int \frac{2+x-x^2}{2x-x^3}dx.$

解 $I = \int \frac{x+2-x^2}{x(2-x^2)}dx = \int \left(\frac{1}{2-x^2}+\frac{1}{x}\right)dx = \frac{1}{2\sqrt{2}}\ln\left|\frac{\sqrt{2}+x}{\sqrt{2}-x}\right|+\ln|x|+C.$

例 7 求不定积分 $\int \tan^2 x\, dx.$

解 用三角等式 $\tan^2 x = \sec^2 x - 1$, 则有
$$I = \int (\sec^2 x - 1)dx = \tan x - x + C.$$

例 8 求不定积分 $\int \cos^2 \frac{x}{2}dx.$

解 用三角公式 $\cos^2 \frac{x}{2} = \frac{1}{2}(1+\cos x)$, 则有
$$I = \frac{1}{2}\int (1+\cos x)dx = \frac{1}{2}(x+\sin x)+C.$$

例 9 求不定积分 $\int \frac{\cos 2x}{\cos x - \sin x}dx.$

解 $I = \int \frac{\cos^2 x - \sin^2 x}{\cos x - \sin x}dx = \int (\cos x + \sin x)dx = \sin x - \cos x + C.$

例 10 求不定积分 $\int \frac{1}{\sec x + \tan x}dx.$

解 注意到三角恒等式 $\sec^2 x - \tan^2 x = 1$, 则有
$$I = \int (\sec x - \tan x)dx = \ln|\sec x + \tan x| + \ln|\cos x| + C$$
$$= \ln|1+\sin x| + C.$$

习 题 4.1

1. 填空题：

(1) 设 e^{-x} 是 $f(x)$ 的一个原函数，则 $\int f(x)dx = $ _____ , $\int f'(x)dx = $ _____ , $\int e^x f'(x)dx = $ _____ ；

(2) 设 $f(x)$ 的导数是 a^x, 则 $\int f(x)dx = $ _____ , $\int f(x)a^{-x}dx = $ _____ ；

(3) 设 $f(x) = \ln x$, 则 $\int \left(e^{2x} + \frac{e^x}{\sin^2 x}\right)f'(e^x)dx = $ _____ ；

(4) 设 $\int f'(\tan x)dx = \tan x + x + C$, 则 $f(x) = $ _____ .

2. 求下列不定积分：

(1) $\int \left(3x^2 - 2x + \frac{1}{x} + \frac{1}{x^2}\right)dx;$

(2) $\int \left(\sqrt{x} + \frac{1}{\sqrt{x}} - x\sqrt{x}\right)dx;$

(3) $\int (e^x + 2^x + 2^x e^x)dx;$

(4) $\int \frac{3^x(e^{3x}-1)}{e^x-1}dx;$

(5) $\int \dfrac{1+x+x^2}{x(1+x^2)}\mathrm{d}x$;

(6) $\int \dfrac{2x^2}{4+x^2}\mathrm{d}x$;

(7) $\int \sqrt{\dfrac{1+x^2}{1-x^4}}\mathrm{d}x$;

(8) $\int \left(\sqrt{\dfrac{2+x}{2-x}}+\sqrt{\dfrac{2-x}{2+x}}\right)\mathrm{d}x$;

(9) $\int \dfrac{\sqrt{x^2-2}}{\sqrt{x^4-4}}\mathrm{d}x$;

(10) $\int \dfrac{x+\sqrt{x^2-1}}{x\sqrt{x^2-1}+(x^2-1)}\mathrm{d}x$;

(11) $\int \dfrac{5-(1-x)^2}{x(4-x^2)}\mathrm{d}x$;

(12) $\int \dfrac{3x^2}{(x^2-4)(x^2+2)}\mathrm{d}x$;

(13) $\int \cot^2 x\,\mathrm{d}x$;

(14) $\int \sin^2 \dfrac{x}{2}\mathrm{d}x$;

(15) $\int \csc x(\csc x-\cot x)\mathrm{d}x$;

(16) $\int \dfrac{\cos 2x}{\sin^2 x\cos^2 x}\mathrm{d}x$;

(17) $\int \dfrac{1+\sin 2x}{\sin x+\cos x}\mathrm{d}x$;

(18) $\int \dfrac{1}{1-\sin x}\mathrm{d}x$;

(19) $\int \dfrac{1}{1+\cos x}\mathrm{d}x$;

(20) $\int \dfrac{\sec^3 x}{1+\tan^2 x}\mathrm{d}x$;

(21) $\int \dfrac{\cot^2 x}{\csc x}\mathrm{d}x$;

(22) $\int \dfrac{(1-\tan x)^2}{\tan x}\mathrm{d}x$;

(23) $\int \dfrac{1}{\csc x-\cot x}\mathrm{d}x$;

(24) $\int \dfrac{\sec^2 x\cos 2x}{1-\tan x}\mathrm{d}x$.

3. 求下列曲线方程 $y=f(x)$:
(1) 已知曲线在任一点 x 处的切线斜率等于该点横坐标的倒数,且过点 $(e^2,3)$;
(2) 已知曲线在任一点 x 处的切线斜率为 $x+e^x$,且过点 $(0,2)$.

4. 设函数 $f(x)$ 满足下列条件,求 $f(x)$:
(1) $f(0)=2, f(-2)=0$;
(2) $f(x)$ 在 $x=-1, x=5$ 处有极值;
(3) $f(x)$ 的导数是 x 的二次函数.

§4.2 换元积分法

换元积分法是求不定积分的基本方法之一,换元积分法又分为第一换元积分法与第二换元积分法.

一、第一换元积分法

设 $F'(u)=f(u)$,按微分形式不变性,当 u 是自变量时,或当 $u=\varphi(x)$ 可导时,都有
$$\mathrm{d}F(u) = F'(u)\mathrm{d}u = f(u)\mathrm{d}u.$$
于是,将 $u=\varphi(x)$ 代入上式,并注意 $\mathrm{d}u=\varphi'(x)\mathrm{d}x$,两边积分便有
$$\int f(\varphi(x))\varphi'(x)\mathrm{d}x = \int f(\varphi(x))\mathrm{d}\varphi(x) = F(\varphi(x)) + C. \tag{1}$$
(1)式就是**第一换元积分法公式**.

显然,第一换元积分法正是复合函数微分(或导数)法则的逆用.

注意(1)式左端不定积分的被积函数 $f(\varphi(x))\varphi'(x)$,它可看成是两个因子 $f(\varphi(x))$ 与

$\varphi'(x)$ 的乘积,其中 $f(\varphi(x))$ 是中间变量 $u=\varphi(x)$ 的函数,而 $\varphi'(x)$ 恰是中间变量 $u=\varphi(x)$ 的导数. 被积函数具有这种形式是可用第一换元换元积分法的**关键**;能**求出** $f(u)$ **的原函数** $F(u)$ **是可用该法的前提**.

按上述,将**基本积分公式中的自变量** x **换以可微函数** $\varphi(x)$,这些公式仍然成立.

例 1 求不定积分 $\int e^{\sin x}\cos x \mathrm{d}x$.

分析 被积函数是 $e^{\sin x}$ 与 $\cos x$ 的乘积. 若选 $u=\varphi(x)=\sin x$,则 $e^{\sin x}$ 是其函数,$\cos x$ 恰是其导数.

解 $I = \int e^{\sin x}\mathrm{d}\sin x \xrightarrow{\sin x = u} \int e^u \mathrm{d}u = e^u + C \xrightarrow{u=\sin x} e^{\sin x}+C.$

做题时,可把 $\sin x$ 理解成 u,而不必写出中间变量 u. 按下述形式书写:

$$I = \int e^{\sin x}\mathrm{d}\sin x = e^{\sin x} + C.$$

将基本积分公式 5 中的 x 换以 $\varphi(x)$ 有如下积分公式

$$\int e^{\varphi(x)}\varphi'(x)\mathrm{d}x = \int e^{\varphi(x)}\mathrm{d}\varphi(x) = e^{\varphi(x)} + C.$$

再看以下各例:

$$\int \frac{1}{x^2}e^{\frac{1}{x}}\mathrm{d}x = -\int e^{\frac{1}{x}}\mathrm{d}\frac{1}{x} = -e^{\frac{1}{x}} + C;$$

$$\int (x+1)e^{x^2+2x+5}\mathrm{d}x = \frac{1}{2}\int e^{x^2+2x+5}\mathrm{d}(x^2+2x+5) = \frac{1}{2}e^{x^2+2x+5} + C.$$

例 2 求不定积分 $\int \frac{x}{(x^2+1)^2}\mathrm{d}x$.

解 注意到 $(x^2+1)'=2x$,

$$I = \frac{1}{2}\int \frac{1}{(x^2+1)^2}\mathrm{d}(x^2+1) = -\frac{1}{2(x^2+1)} + C.$$

将基本积分公式 2 中的 x 换以 $\varphi(x)$,有如下积分公式

$$\int [\varphi(x)]^\alpha \varphi'(x)\mathrm{d}x = \int [\varphi(x)]^\alpha \mathrm{d}\varphi(x) = \frac{1}{\alpha+1}[\varphi(x)]^{\alpha+1} + C \quad (\alpha \neq -1).$$

再看以下各例:

$$\int (2-4x)^5 \mathrm{d}x = -\frac{1}{4}\int (2-4x)^5 \mathrm{d}(2-4x) = -\frac{1}{24}(2-4x)^6 + C;$$

$$\int \frac{\sin x}{\cos^3 x}\mathrm{d}x = \int \tan x \mathrm{d}\tan x = \frac{1}{2}\tan^2 x + C;$$

$$\int \frac{x\ln(1+x^2)}{1+x^2}\mathrm{d}x = \frac{1}{2}\int \ln(1+x^2)\mathrm{d}\ln(1+x^2) = \frac{1}{4}[\ln(1+x^2)]^2 + C.$$

例 3 求不定积分 $\int \tan x \mathrm{d}x$.

解 因 $\tan x = \frac{1}{\cos x}\sin x = -\frac{1}{\cos x}(\cos x)'$,所以

$$I = -\int \frac{1}{\cos x} d\cos x = -\ln|\cos x| + C.$$

类似地
$$\int \cot x \, dx = \int \frac{1}{\sin x} d\sin x = \ln|\sin x| + C.$$

将基本积分公式 3 中的 x 换以 $\varphi(x)$，有积分公式

$$\int \frac{\varphi'(x)}{\varphi(x)} dx = \int \frac{1}{\varphi(x)} d\varphi(x) = \ln|\varphi(x)| + C.$$

再看例题：

$$\int \frac{4x-8}{x^2-4x+7} dx = 2\int \frac{1}{x^2-4x+7} d(x^2-4x+7) = 2\ln|x^2-4x+7| + C;$$

$$\int \frac{x+\cos x}{x^2+2\sin x} dx = \frac{1}{2}\int \frac{1}{x^2+2\sin x} d(x^2+2\sin x) = \frac{1}{2}\ln|x^2+2\sin x| + C;$$

$$\int \frac{1}{x\ln x \ln\ln x} dx = \int \frac{\frac{1}{x\ln x}}{\ln\ln x} dx = \int \frac{1}{\ln\ln x} d\ln\ln x = \ln|\ln\ln x| + C;$$

$$\int \csc x \, dx = \int \frac{\csc x(\csc x - \cot x)}{\csc x - \cot x} dx = \int \frac{1}{\csc x - \cot x} d(\csc x - \cot x)$$
$$= \ln|\csc x - \cot x| + C;$$

$$\int \sec x \, dx = \int \frac{\sec x(\sec x + \tan x)}{\sec x + \tan x} dx = \ln|\sec x + \tan x| + C.$$

例 4 求不定积分 $\int \frac{1}{a^2+x^2} dx$.

解 注意到 $(a^2+x^2) = a^2\left[1+\left(\frac{x}{a}\right)^2\right]$，且 $\left(\frac{x}{a}\right)' = \frac{1}{a}$，故

$$I = \frac{1}{a}\int \frac{1}{1+\left(\frac{x}{a}\right)^2} \frac{1}{a} dx = \frac{1}{a}\int \frac{1}{1+\left(\frac{x}{a}\right)^2} d\frac{x}{a} = \frac{1}{a}\arctan\frac{x}{a} + C.$$

类似地
$$\int \frac{1}{\sqrt{a^2-x^2}} dx = \arcsin\frac{x}{a} + C.$$

由基本积分公式 19 和 20 可分别得到积分公式

$$\int \frac{\varphi'(x)}{a^2+[\varphi(x)]^2} dx = \int \frac{1}{a^2+[\varphi(x)]^2} d\varphi(x) = \frac{1}{a}\arctan\frac{\varphi(x)}{a} + C;$$

$$\int \frac{\varphi'(x)}{\sqrt{a^2-[\varphi(x)]^2}} dx = \int \frac{1}{\sqrt{a^2-[\varphi(x)]^2}} d\varphi(x) = \arcsin\frac{\varphi(x)}{a} + C.$$

再看例题：

$$\int \frac{1}{x(1+\ln^2 x)} dx = \int \frac{1}{1+\ln^2 x} d\ln x = \arctan(\ln x) + C;$$

$$\int \frac{1}{e^x+e^{-x}} dx = \int \frac{1}{e^{2x}+1} de^x = \arctan e^x + C;$$

$$\int \frac{1}{\sin^2 x + 4\cos^2 x} dx = \int \frac{1}{(\tan^2 x + 4)\cos^2 x} dx = \int \frac{1}{\tan^2 x + 4} d\tan x$$

$$= \frac{1}{2}\arctan\frac{\tan x}{2} + C;$$

$$\int \frac{1}{\sqrt{x-x^2}} dx = 2\int \frac{1}{\sqrt{1-x}} d\sqrt{x} = 2\arcsin\sqrt{x} + C;$$

$$\int \frac{e^{\frac{x}{2}}}{\sqrt{16-e^x}} dx = 2\int \frac{1}{\sqrt{16-e^x}} de^{\frac{x}{2}} = 2\arcsin\frac{e^{\frac{x}{2}}}{4} + C.$$

例 5 求不定积分 $\int x\sin(x^2+4)dx$.

解 注意到 $(x^2+4)' = 2x$,于是

$$I = \frac{1}{2}\int \sin(x^2+4)d(x^2+4) = -\frac{1}{2}\cos(x^2+4) + C.$$

由基本积分公式 6 可得到积分公式

$$\int \varphi'(x)\sin\varphi(x)dx = \int \sin\varphi(x)d\varphi(x) = -\cos\varphi(x) + C;$$

类似地,有

$$\int \cos(3x-4)dx = \frac{1}{3}\int \cos(3x-4)d(3x-4) = \frac{1}{3}\sin(3x-4) + C;$$

$$\int \frac{1}{\cos^2 3x} dx = \frac{1}{3}\int \frac{1}{\cos^2 3x} d(3x) = \frac{1}{3}\tan 3x + C.$$

例 6 求不定积分 $\int \frac{1}{a^2-x^2} dx$.

解 因 $\frac{1}{a^2-x^2} = \frac{1}{(a+x)(a-x)} = \frac{1}{2a}\frac{(a-x)+(a+x)}{(a+x)(a-x)}$,故

$$I = \frac{1}{2a}\left[\int \frac{1}{a+x} d(a+x) - \int \frac{1}{a-x} d(a-x)\right]$$

$$= \frac{1}{2a}[\ln|a+x| - \ln|a-x|] + C = \frac{1}{2a}\ln\left|\frac{a+x}{a-x}\right| + C.$$

由此知

$$\int \frac{1}{x^2-a^2} dx = \frac{1}{2a}\ln\left|\frac{x-a}{x+a}\right| + C.$$

由本例可得积分公式

$$\int \frac{\varphi'(x)}{a^2-\varphi^2(x)} dx = \int \frac{1}{a^2-\varphi^2(x)} d\varphi(x) = \frac{1}{2a}\ln\left|\frac{a+\varphi(x)}{a-\varphi(x)}\right| + C.$$

再看例题:

$$\int \frac{x^3}{2-x^8} dx = \frac{1}{4}\int \frac{1}{2-(x^4)^2} dx^4 = \frac{1}{8\sqrt{2}}\ln\left|\frac{\sqrt{2}+x^4}{\sqrt{2}-x^4}\right| + C;$$

$$\int \frac{\cos x}{1+\cos^2 x} dx = \int \frac{1}{2-\sin^2 x} d\sin x = \frac{1}{2\sqrt{2}}\ln\left|\frac{\sqrt{2}+\sin x}{\sqrt{2}-\sin x}\right| + C.$$

例 7 求不定积分 $\int \sin^2 x \cos^3 x \mathrm{d}x$.

解 由于 $\sin^2 x \cos^3 x = \sin^2 x (1-\sin^2 x) \cdot \cos x$,且 $(\sin x)' = \cos x$,故

$$I = \int (\sin^2 x - \sin^4 x) \mathrm{d}\sin x = \frac{1}{3}\sin^3 x - \frac{1}{5}\sin^5 x + C.$$

若被积函数为 $\sin^m x \cos^n x$ 型,其中 m 和 n 为正整数或其中之一为零时,都可用第一换元积分法:

当 m 和 n 都是正偶数或其中之一为零时,用三角公式

$$\sin^2 x = \frac{1-\cos 2x}{2}, \quad \cos^2 x = \frac{1+\cos 2x}{2}, \quad \sin x \cdot \cos x = \frac{1}{2}\sin 2x,$$

将 $\sin^m x \cos^n x$ 降幂,最后可将被积函数化为易于求出积分的函数.

当 m 或 n 中至少有一个为正奇数时,如 $m = 2k+1 (k = 0,1,2,\cdots,l)$,则

$$\int \sin^{2k+1} x \cos^n x \mathrm{d}x = \int \sin^{2k} x \cos^n x \sin x \mathrm{d}x$$
$$= -\int (1-\cos^2 x)^k \cos^n x \mathrm{d}\cos x.$$

显然,被积函数是关于 $\cos x$ 的多项式,可求出结果.

例如:

$$\int \sin^5 x \mathrm{d}x = \int \sin^4 x \sin x \mathrm{d}x = -\int (1-\cos^2 x)^2 \mathrm{d}\cos x$$
$$= -\int (1 - 2\cos^2 x + \cos^4 x)\mathrm{d}\cos x = -\cos x + \frac{2}{3}\cos^3 x - \frac{1}{5}\cos^5 x + C;$$

$$\int \sin^2 x \cos^2 x \mathrm{d}x = \frac{1}{4}\int \sin^2 2x \mathrm{d}x = \frac{1}{8}\int (1-\cos 4x)\mathrm{d}x = \frac{1}{8}\left(x - \frac{1}{4}\sin 4x\right) + C.$$

二、第二换元积分法

第一换元积分法是把被积表达式中原积分变量 x 的某一函数 $\varphi(x)$ 换成新的积分变量 u: $\varphi(x) = u$,即

$$\int f(\varphi(x))\varphi'(x)\mathrm{d}x \xrightarrow{\varphi(x) = u} \int f(u)\mathrm{d}u = F(u) + C = F(\varphi(x)) + C.$$

第二换元积分法则是把被积表达式中原积分变量 x 换成新变量 t 的某一函数 $\varphi(t)$: $x = \varphi(t)$,即

$$\int f(x)\mathrm{d}x \xrightarrow[x = \varphi(t)]{\text{变量换元}} \int f(\varphi(t))\varphi'(t)\mathrm{d}t$$
$$\xrightarrow{\text{用积分公式}} F(t) + C$$
$$\xrightarrow[t = \varphi^{-1}(x)]{\text{变量还原}} F(\varphi^{-1}(x)) + C.$$

用第二换元积分法要求的条件是,所选**作变量换元的函数** $x = \varphi(t)$ **可微且存在反函数**

$t=\varphi^{-1}(x)$,可用该法的前提是被积函数 $f(\varphi(t))\varphi'(t)$ 的原函数 $F(t)$ **可以求得**.

1. 简单无理函数的积分

若被积函数含有形如 $\sqrt[n]{ax+b}$ 或 $\sqrt[n]{\dfrac{ax+b}{cx+d}}$ 的根式时,**为去掉被积函数的根式**,作如下变量代换:

由 $\sqrt[n]{ax+b}=t$,解出 x,然后令 $x=\dfrac{t^n-b}{a}$;

由 $\sqrt[n]{\dfrac{ax+b}{cx+d}}=t$,解出 x,然后令 $x=\dfrac{b-dt^n}{ct^n-a}$.

例 8 求不定积分 $\displaystyle\int \dfrac{x+1}{\sqrt[3]{3x+1}}\mathrm{d}x$.

解 为去掉根式,由 $\sqrt[3]{3x+1}=t$,令 $x=\dfrac{1}{3}(t^3-1)$,则 $\mathrm{d}x=t^2\mathrm{d}t$. 于是

$$I=\int \dfrac{\dfrac{t^3-1}{3}+1}{t}t^2\mathrm{d}t=\dfrac{1}{3}\int(t^4+2t)\mathrm{d}t=\dfrac{1}{3}\left(\dfrac{t^5}{5}+t^2\right)+C$$

$$=\dfrac{1}{3}\left[\dfrac{1}{5}(3x+1)^{\frac{5}{3}}+(3x+1)^{\frac{2}{3}}\right]+C$$

$$=\dfrac{1}{5}(x+2)\sqrt[3]{(3x+2)^2}+C.$$

例 9 求不定积分 $\displaystyle\int \dfrac{1}{\sqrt{(x-1)(2-x)}}\mathrm{d}x$.

解 由于

$$\sqrt{(x-1)(2-x)}=(x-1)\sqrt{\dfrac{2-x}{x-1}},$$

由 $\sqrt{\dfrac{2-x}{x-1}}=t$,令 $x=\dfrac{t^2+2}{t^2+1}$,则 $\mathrm{d}x=-\dfrac{2t}{(1+t^2)^2}\mathrm{d}t$. 于是

$$I=-\int \dfrac{1}{\dfrac{1}{t^2+1}t}\cdot\dfrac{2t}{(1+t^2)^2}\mathrm{d}t=-2\int\dfrac{1}{1+t^2}\mathrm{d}t$$

$$=-2\arctan t+C=-2\arctan\sqrt{\dfrac{2-x}{x-1}}+C.$$

2. 三角函数代换

若被积函数含有形如 $\sqrt{a^2-x^2}$,$\sqrt{x^2+a^2}$,$\sqrt{x^2-a^2}$ 的二次根式,为去根式,作如下所谓三角代换:

含 $\sqrt{a^2-x^2}$ 时,令 $x=a\sin t$,则 $\sqrt{a^2-x^2}=a\cos t$;

含 $\sqrt{x^2+a^2}$ 时,令 $x=a\tan t$,则 $\sqrt{x^2+a^2}=a\sec t$;

含 $\sqrt{x^2-a^2}$ 时，令 $x=a\sec t$，则 $\sqrt{x^2-a^2}=a\tan t$.

例 10 求不定积分 $\int \sqrt{a^2-x^2}\,dx\ (a>0)$.

解 令 $x=a\sin t\left(|t|<\dfrac{\pi}{2}\right)$，则 $dx=a\cos t\,dt$，$\sqrt{a^2-x^2}=a\cos t$，于是

$$I=a^2\int\cos^2 t\,dt=\dfrac{a^2}{2}\int(1+\cos 2t)dt$$

$$=\dfrac{a^2}{2}\left(t+\dfrac{1}{2}\sin 2t\right)+C=\dfrac{a^2}{2}(t+\sin t\cos t)+C$$

$$=\dfrac{a^2}{2}\arcsin\dfrac{x}{a}+\dfrac{1}{2}x\sqrt{a^2-x^2}+C.$$

这里，在变量还原时，由 $x=a\sin t$，得

$$t=\arcsin\dfrac{x}{a},\quad \sin t=\dfrac{x}{a},\quad \cos t=\dfrac{\sqrt{a^2-x^2}}{a}.$$

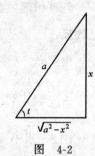

图 4-2

也可用直角三角形边角之间的关系实现变量还原：由所设 $x=a\sin t$，即 $\dfrac{x}{a}=\sin t$ 作直角三角形(图 4-2)，由图知 $\cos t=\dfrac{\sqrt{a^2-x^2}}{a}$.

例 11 求不定积分 $\int \dfrac{1}{\sqrt{x^2+a^2}}dx\ (a>0)$.

解 令 $x=a\tan t\left(|t|<\dfrac{\pi}{2}\right)$，则 $dx=a\sec^2 t\,dt$，$\sqrt{x^2+a^2}=a\sec t$. 于是

$$I=\int\dfrac{a\sec^2 t}{a\sec t}dt=\int\sec t\,dt=\ln|\sec t+\tan x|+C_1$$

$$=\ln\left|\dfrac{\sqrt{x^2+a^2}}{a}+\dfrac{x}{a}\right|+C_1$$

$$=\ln|x+\sqrt{x^2+a^2}|+C\quad (C=C_1-\ln a).$$

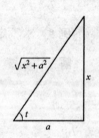

图 4-3

在变量还原时，由 $x=a\tan t$，可得 $\tan t=\dfrac{x}{a}$，$\sec t=\dfrac{\sqrt{x^2+a^2}}{a}$. 由所设 $\dfrac{x}{a}=\tan t$ 作直角三角形(图 4-3)，作变量还原也可.

例 12 求不定积分 $\int \dfrac{1}{\sqrt{e^{2x}+1}}dx$.

解 $I=\int\dfrac{e^{-x}}{\sqrt{1+e^{-2x}}}dx=-\int\dfrac{1}{\sqrt{1+e^{-2x}}}de^{-x}=-\ln(e^{-x}+\sqrt{e^{-2x}+1})+C$

$$=x-\ln(1+\sqrt{1+e^{2x}})+C.$$

例 13 求不定积分 $\int\dfrac{1}{\sqrt{x^2-a^2}}dx\ (a>0)$.

解 被积函数的定义域是 $|x|>a$.

当 $x>a$ 时,令 $x=a\sec t\left(0<t<\dfrac{\pi}{2}\right)$,则 $\mathrm{d}x=a\sec t\cdot\tan t\mathrm{d}t$,$\sqrt{x^2-a^2}=a\tan t$. 于是

$$I=\int\frac{a\sec t\cdot\tan t}{a\tan t}\mathrm{d}t=\int\sec t\mathrm{d}t=\ln(\sec t+\tan t)+C_1$$

$$=\ln\left(\frac{x}{a}+\frac{\sqrt{x^2-a^2}}{a}\right)+C_1$$

$$=\ln(x+\sqrt{x^2-a^2})+C\quad(C=C_1-\ln a).$$

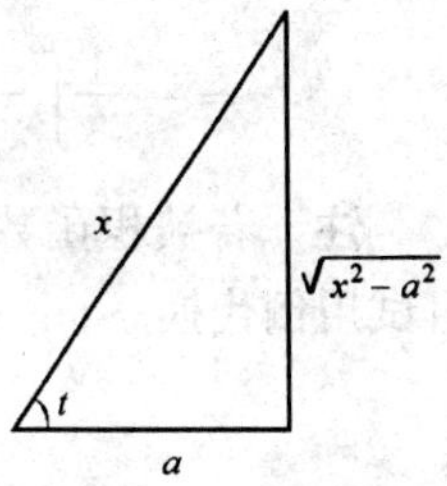

上面计算,在变量还原时,用了由 $\dfrac{x}{a}=\sec t$ 所作的直角三角形(图 4-4).

图 4-4

当 $x<-a$ 时,令 $x=-u$,则 $u>a$. 由上面的计算,有

$$I=-\int\frac{1}{\sqrt{u^2-a^2}}\mathrm{d}u=-\ln(u+\sqrt{u^2-a^2})+C_1$$

$$=-\ln(-x+\sqrt{x^2-a^2})+C_1$$

$$=\ln\frac{-x-\sqrt{x^2-a^2}}{a^2}+C_1$$

$$=\ln(-x-\sqrt{x^2-a^2})+C\quad(C=C_1-2\ln a).$$

把 $x>a$ 及 $x<-a$ 时所得结果合并在一起,有

$$\int\frac{1}{\sqrt{x^2-a^2}}\mathrm{d}x=\ln|x+\sqrt{x^2-a^2}|+C.$$

例 14 求不定积分 $\int\sqrt{2+x-x^2}\mathrm{d}x$.

解 先将根号内的二次三项式配方.

$$I=\int\sqrt{\frac{9}{4}-\left(x-\frac{1}{2}\right)^2}\mathrm{d}\left(x-\frac{1}{2}\right)$$

$$=\frac{1}{2}\cdot\frac{9}{4}\arcsin\frac{2\left(x-\frac{1}{2}\right)}{3}+\frac{x-\frac{1}{2}}{2}\sqrt{\frac{9}{4}-\left(x-\frac{1}{2}\right)^2}+C$$

$$=\frac{2x-1}{4}\sqrt{2+x-x^2}+\frac{9}{8}\arcsin\frac{2x-1}{3}+C.$$

注 这里直接用了例 10 的结果. 若计算的话,应令 $x-\dfrac{1}{2}=\dfrac{3}{2}\sin t$.

例 15 求不定积分 $\int\dfrac{1}{x^2\sqrt{4+x^2}}\mathrm{d}x$.

解 本例可令 $x=2\tan t$ 求解. 这里用倒代换. 令 $x=\dfrac{1}{t}$,则 $\mathrm{d}x=-\dfrac{1}{t^2}\mathrm{d}t$. 于是

$$I = \int t^2 \frac{1}{\sqrt{4+(1/t)^2}} \left(-\frac{1}{t^2}\right) dt = -\int \frac{t}{\sqrt{4t^2+1}} dt$$

$$= -\frac{1}{8} \int \frac{1}{\sqrt{4t^2+1}} d(4t^2+1) = -\frac{\sqrt{4t^2+1}}{4} + C = -\frac{\sqrt{x^2+4}}{4x} + C.$$

注 若被积函数是分式,分母、分子关于 x 的最高次数分别是 n 和 m,当 $n-m>1$ 时,可试用倒代换.

习 题 4.2

1. 填空题:

(1) 设 $f(x) = \ln x$,则 $\int \frac{f'(e^{-2x})}{e^{4x}+4} dx =$ _____,$\int \frac{f'(e^{-2x})}{e^{4x}-4} dx =$ _____,$\int \frac{f'(e^{-2x})}{\sqrt{4+e^{4x}}} dx =$ _____,$\int \frac{f'(e^{-2x})}{\sqrt{4-e^{4x}}} dx =$ _____;

(2) 设 $f(x) = \begin{cases} -\sin x, & x \geqslant 0, \\ x, & x < 0, \end{cases}$ 则 $\int f(x) dx =$ _____.

2. 求下列不定积分:

(1) $\int e^{3x} dx$;

(2) $\int \frac{e^{\arctan x}}{1+x^2} dx$;

(3) $\int \frac{e^{\sqrt{2x-1}}}{\sqrt{2x-1}} dx$;

(4) $\int e^{e^x+x} dx$;

(5) $\int \frac{2^{\tan \frac{1}{x}}}{x^2 \cos^2 \frac{1}{x}} dx$;

(6) $\int \sqrt{1+3x} dx$;

(7) $\int x\sqrt{2x^2+5} dx$;

(8) $\int \frac{x+1}{\sqrt[3]{x^2+2x}} dx$;

(9) $\int \sqrt{\frac{x}{1-x\sqrt{x}}} dx$;

(10) $\int \sqrt{\frac{\arcsin x}{1-x^2}} dx$;

(11) $\int \frac{(3+\ln x)^2}{x} dx$;

(12) $\int \frac{\arctan \frac{1}{x}}{1+x^2} dx$;

(13) $\int \frac{\sec^2 x}{\sqrt{\tan x - 1}} dx$;

(14) $\int \frac{\ln \tan x}{\sin x \cos x} dx$;

(15) $\int \frac{x \cos x + \sin x}{(x \sin x)^2} dx$;

(16) $\int \frac{1+e^x}{\sqrt{x+e^x}} dx$;

(17) $\int \frac{\sin x + \cos x}{\sqrt[3]{\sin x - \cos x}} dx$;

(18) $\int \frac{\arcsin \sqrt{x}}{\sqrt{x}\sqrt{1-x}} dx$;

(19) $\int \frac{1}{\sqrt{x+1}+\sqrt{x-1}} dx$;

(20) $\int \frac{x}{\sqrt{x^2+2}-x} dx$;

(21) $\int \frac{1}{3-5x} dx$;

(22) $\int \frac{1}{x(\ln x+1)} dx$;

(23) $\int \frac{e^x-e^{-x}}{e^x+e^{-x}} dx$;

(24) $\int \frac{\sin^2 x \cos x}{1+\sin^3 x} dx$;

(25) $\int \frac{\cot x}{\ln \sin x} dx$;

(26) $\int \frac{\cos 2x}{1+\sin x \cos x} dx$;

(27) $\int \frac{1+2\sqrt{x}}{\sqrt{x}(x+\sqrt{x})} dx$;

(28) $\int e^x \tan e^x dx$;

(29) $\int \frac{x^2}{\sqrt{1-x^3}} \tan \sqrt{1-x^3} dx$;

(30) $\int \frac{\cot \sqrt{x}}{\sqrt{x}} dx$;

(31) $\int \frac{1}{9+4x^2} dx$;

(32) $\int \frac{x^2}{1+x^6} dx$;

(33) $\int \frac{1}{\sqrt{x}(1+x)} dx$;

(34) $\int \dfrac{1}{(2-x)\sqrt{1-x}}dx$;

(35) $\int \dfrac{x}{x^4+2x^2+5}dx$;

(36) $\int \dfrac{\sin x\cos x}{1+\sin^4 x}dx$;

(37) $\int \dfrac{1}{x\sqrt{1-\ln^2 x}}dx$;

(38) $\int \sqrt{\dfrac{x}{1-x^3}}dx$;

(39) $\int \dfrac{1}{\sqrt{5-2x-x^2}}dx$;

(40) $\int \dfrac{\cos x}{\sqrt{1+\cos^2 x}}dx$;

(41) $\int \dfrac{1}{\sqrt{e^{2x}-1}}dx$;

(42) $\int \dfrac{x}{\sqrt{1+x^2}}\sin\sqrt{1+x^2}dx$;

(43) $\int (\sin x+\cos x)^2 dx$

(44) $\int x^2\cos(x^3+2)dx$;

(45) $\int x\sec^2(1-x^2)dx$;

(46) $\int \dfrac{1}{(x+1)(x+2)}dx$;

(47) $\int \dfrac{x}{2-x^4}dx$;

(48) $\int \dfrac{x}{x^4-2x^2-1}dx$;

(49) $\int \dfrac{\cos x}{9-\sin^2 x}dx$;

(50) $\int \dfrac{e^{2x}}{4-e^{4x}}dx$;

(51) $\int \sin^2 x dx$;

(52) $\int \cos^3 x dx$;

(53) $\int \sin^4 x dx$;

(54) $\int \cos^2 x \sin^3 x dx$

(55) $\int \cos 2x\cos 3x dx$;

(56) $\int \sin 2x\cos 3x dx$;

(57) $\int \dfrac{1}{\cos^4 x}dx$;

(58) $\int \dfrac{1}{e^x(1+e^{2x})}dx$;

(59) $\int \dfrac{1}{(1+e^x)^2}dx$.

3. 求下列不定积分：

(1) $\int \dfrac{\sqrt{x}}{1+x}dx$;

(2) $\int x\sqrt[4]{2x+3}dx$;

(3) $\int \dfrac{1}{\sqrt{x}+\sqrt[3]{x}}dx$;

(4) $\int \dfrac{1}{\sqrt{1-2x}(1+\sqrt[3]{1-2x})}dx$;

(5) $\int \dfrac{1}{x}\sqrt{\dfrac{1-x}{1+x}}dx$;

(6) $\int \dfrac{1}{\sqrt[3]{(x+1)^2(x-1)^4}}dx$.

4. 求下列不定积分：

(1) $\int x^3\sqrt{4-x^2}dx$;

(2) $\int \dfrac{\sqrt{x^2-9}}{x^2}dx$;

(3) $\int \dfrac{1}{x^2\sqrt{4+x^2}}dx$;

(4) $\int \dfrac{1}{(x^2-a^2)^{\frac{3}{2}}}dx\,(a>0)$;

(5) $\int \dfrac{1}{x+\sqrt{1-x^2}}dx$;

(6) $\int \dfrac{x+1}{\sqrt{4x^2+9}}dx$;

(7) $\int \sqrt{3-2x-x^2}dx$;

(8) $\int \dfrac{x+1}{\sqrt{x^2+x+1}}dx$.

5. 用倒代换 $x=\dfrac{1}{t}$ 求下列不定积分：

(1) $\int \dfrac{\sqrt{a^2-x^2}}{x^4}dx$;

(2) $\int \dfrac{x+1}{x^2\sqrt{x^2-1}}dx$.

§4.3 分部积分法

分部积分法也是求不定积分的基本方法之一. 我们从乘积的导数公式入手.

设函数 $u=u(x),v=v(x)$ 都有连续的导数，由微分法

$$[u(x)v(x)]' = u'(x)v(x) + u(x)v'(x),$$

两端积分，得

$$u(x)v(x) = \int u'(x)v(x)dx + \int u(x)v'(x)dx,$$

移项,有
$$\int u(x)v'(x)dx = u(x)v(x) - \int v(x)u'(x)dx. \tag{1}$$
简写做
$$\int uv'dx = uv - \int vu'dx$$
或
$$\int udv = uv - \int vdu. \tag{2}$$

(1)式或(2)式就是**分部积分法公式**.

例1 求不定积分 $\int x\cos x dx$.

解 被积函数可看做是 x 和 $\cos x$ 的乘积,若将 x 和 $\cos x$ 分别视为公式(1)中的 $u(x)$ 和 $v'(x)$,则

$$\int u(x)v'(x)dx = u(x)v(x) - \int v(x)\,u'(x)dx$$
$$\downarrow \quad \downarrow \quad \downarrow \quad \downarrow \quad \downarrow \quad \downarrow$$
$$\int x \cdot \cos x\,dx = x \cdot \sin x - \int \sin x \cdot 1\,dx$$
$$= x\sin x + \cos x + C.$$

对照分部积分法公式(1)和例1来理解公式(1)的意义和使用原则.

1. 公式的意义

对一个不易求出结果的不定积分,若被积函数 $g(x)$ 可看做是两个因子的乘积: $g(x) = u(x) \cdot v'(x)$,则问题就转化为求另外两个因子乘积: $f(x) = v(x) \cdot u'(x)$ 作为被积函数的不定积分. 公式(1)右端或者可直接计算出结果,或者较左端易于计算,这就是用分部积分法公式(1)的意义.

由得到分部积分法公式(1)的推导过程可知,分部积分法**实质上是两个函数乘积导数公式的逆用**. 正因为如此,若被积函数是两个函数的乘积,而又不具备换元积分法的特征,可从分部积分法入手.

2. 选取 $u(x)$ 和 $v'(x)$ 的原则

(1) 因公式(1)右端出现 $v(x)$,因此,选作 $v'(x)$ 的函数,必须能求出它的原函数 $v(x)$,这是可用分部积分法的**前提**;

(2) 选取 $u(x)$ 和 $v'(x)$,最终要使公式(1)右端的积分 $\int v(x)u'(x)dx$ 较左端的积分 $\int u(x)v'(x)dx$ 易于计算,这是用分部积分法要达到的**目的**.

例2 求不定积分 $\int xe^x dx$.

解 被积函数可看做两个函数 x 与 e^x 的乘积. 用分部积分法.

令 $u=x, v'=\mathrm{e}^x$,则 $u'=1, v=\mathrm{e}^x$. 于是,由公式(1),

$$I = x\mathrm{e}^x - \int \mathrm{e}^x \cdot 1 \mathrm{d}x = x\mathrm{e}^x - \mathrm{e}^x + C = \mathrm{e}^x(x-1) + C.$$

再看另一种情况.

若令 $u=\mathrm{e}^x, v'=x$,则 $u'=\mathrm{e}^x, v=\frac{1}{2}x^2$. 于是

$$\int x\mathrm{e}^x \mathrm{d}x = \frac{1}{2}x^2 \mathrm{e}^x - \frac{1}{2}\int x^2 \mathrm{e}^x \mathrm{d}x.$$

这时,上式右端的积分比左端的积分更难于计算,这样选取 u 和 v 没有达到分部积分法的目的.

例 3 求不定积分 $\int x^2 \sin x \mathrm{d}x$.

解 用分部积分法公式(2). 将 x^2 看做是公式中的 u;因 $\sin x \mathrm{d}x = -\mathrm{d}\cos x$,将 $\mathrm{d}\cos x$ 看做是公式中的 $\mathrm{d}v$,则

$$I = -\int x^2 \mathrm{d}\cos x = -\left(x^2 \cos x - \int \cos x \mathrm{d}x^2\right)$$

$$= -x^2 \cos x + 2\int x \cos x \mathrm{d}x.$$

对上式右端再用一次分部积分法,见例1,便有

$$I = -x^2 \cos x + 2x\sin x + 2\cos x + C.$$

该例题用了两次分部积分法,有些不定积分**需连续两次或更多次用分部积分法方能得到结果**.

由以上例题可知,下列不定积分可用分部积分法求出结果:

$$\int x^n \mathrm{e}^{ax} \mathrm{d}x, \quad \int x^n \sin ax \mathrm{d}x, \quad \int x^n \cos ax \mathrm{d}x,$$

其中 n 为正整数,应将 x^n 视为分部积分法公式中的 $u(x)$;$\mathrm{e}^{ax}, \sin ax, \cos ax$ 视为 $v'(x)$.

例 4 求不定积分 $\int x \arctan x \mathrm{d}x$.

解 因 $x \mathrm{d}x = \frac{1}{2}\mathrm{d}x^2$,将 $\mathrm{d}x^2$ 理解为公式(2)中的 $\mathrm{d}v$,用分部积分得

$$I = \frac{1}{2}\int \arctan x \mathrm{d}x^2 = \frac{1}{2}x^2 \arctan x - \frac{1}{2}\int x^2 \mathrm{d}\arctan x$$

$$= \frac{1}{2}x^2 \arctan x - \frac{1}{2}\int \frac{x^2}{1+x^2} \mathrm{d}x$$

$$= \frac{1}{2}x^2 \arctan x - \frac{1}{2}\int \left(1 - \frac{1}{1+x^2}\right) \mathrm{d}x$$

$$= \frac{1}{2}x^2 \arctan x - \frac{1}{2}(x - \arctan x) + C$$

$$= \frac{1}{2}(x^2+1)\arctan x - \frac{1}{2}x + C.$$

例 5 求不定积分 $\int \arcsin x \, dx$.

解 将 dx 理解为公式(2)中的 dv，用分部积分得

$$I = x\arcsin x - \int x\, d\arcsin x = x\arcsin x - \int \frac{x}{\sqrt{1-x^2}}\, dx$$

$$= x\arcsin x + \frac{1}{2}\int \frac{1}{\sqrt{1-x^2}}\, d(1-x^2) = x\arcsin x + \sqrt{1-x^2} + C.$$

例 6 求不定积分 $\int \frac{\ln x}{x^3}\, dx$.

解 因 $\frac{1}{x^3}dx = -\frac{1}{2}d\frac{1}{x^2}$，用分部积分得

$$I = -\frac{1}{2}\int \ln x\, d\frac{1}{x^2} = -\frac{1}{2}\frac{1}{x^2}\ln x + \frac{1}{2}\int \frac{1}{x^2}d\ln x$$

$$= -\frac{\ln x}{2x^2} + \frac{1}{2}\int \frac{1}{x^3}\, dx = -\frac{\ln x}{2x^2} + \frac{1}{2}\left(-\frac{1}{2}\frac{1}{x^2}\right) + C$$

$$= -\frac{1}{2x^2}\left(\ln x + \frac{1}{2}\right) + C.$$

由例 4，例 5 和例 6 知，下述类型的不定积分适用于分部积分法：

$$\int x^n \ln x\, dx, \quad \int x^n \arcsin x\, dx, \quad \int x^n \arccos x\, dx, \quad \int x^n \arctan x\, dx, \quad \int x^n \operatorname{arccot} x\, dx,$$

其中，第一个不定积分，n 是不为 -1 的实数；其余不定积分，n 是不为 -1 的整数. 应将 $\ln x$，$\arcsin x$，$\arctan x$ 等理解为分部积分法公式中的 $u(x)$，x^n 理解为 $v'(x)$.

例 7 求不定积分 $\int e^x \cos x\, dx$.

解 $I = \int \cos x\, de^x = e^x \cos x - \int e^x d\cos x = e^x \cos x + \int e^x \sin x\, dx = e^x \cos x + \int \sin x\, de^x$

$$= e^x \cos x + e^x \sin x - \int e^x \cos x\, dx.$$

上式可视为关于积分 $\int e^x \cos x\, dx$ 的方程，移项，得

$$2\int e^x \cos x\, dx = e^x(\cos x + \sin x) + C_1,$$

即

$$\int e^x \cos x\, dx = \frac{1}{2}e^x(\cos x + \sin x) + C \quad \left(C = \frac{C_1}{2}\right).$$

注 本例用了两次分部积分法后，出现了循环现象，即等式右端又出现了原来的不定积分，而这恰好解决了问题. 用分部积分时，有些题目出现这种情况.

由本例知，形如下述的不定积分可用分部积分法：

$$\int e^{kx}\sin(ax+b)\, dx, \quad \int e^{kx}\cos(ax+b)\, dx.$$

这时，可设 $u = e^{kx}$，也可设 $u = \sin(ax+b), \cos(ax+b)$.

例 8 求 $I_n = \int \frac{1}{(x^2+a^2)^n}\, dx$，其中 n 为正整数.

解 由分部积分法公式

$$I_n = \frac{x}{(x^2+a^2)^n} + 2n\int \frac{x^2}{(x^2+a^2)^{n+1}}dx$$

$$= \frac{x}{(x^2+a^2)^n} + 2n\int \frac{x^2+a^2-a^2}{(x^2+a^2)^{n+1}}dx$$

$$= \frac{x}{(x^2+a^2)^n} + 2nI_n - 2na^2\int \frac{1}{(x^2+a^2)^{n+1}}dx$$

$$= \frac{x}{(x^2+a^2)^n} + 2nI_n - 2na^2 I_{n+1},$$

即

$$I_{n+1} = \frac{1}{2a^2 n}\frac{x}{(x^2+a^2)^n} + \frac{2n-1}{2a^2 n}I_n.$$

把上式中的 n 改为 $n-1$，得

$$I_n = \frac{1}{2a^2(n-1)} \cdot \frac{x}{(x^2+a^2)^{n-1}} + \frac{2n-3}{2a^2(n-1)}I_{n-1}.$$

这是**计算 I_n 的递推公式**. 由此公式就把计算 I_n 归结为计算 I_{n-1}，依此递推，最后归结为计算 I_1，而

$$I_1 = \int \frac{1}{x^2+a^2}dx = \frac{1}{a}\arctan\frac{x}{a} + C.$$

例 9 求不定积分 $\int \frac{xe^x}{\sqrt{e^x-2}}dx.$

解 为去掉分母的根式 $\sqrt{e^x-2}$，先用换元积分法，再用分部积分法. 由 $\sqrt{e^x-2}=t$，令 $x=\ln(t^2+2)$，则 $dx=\frac{2t}{t^2+2}dt$. 于是

$$I = 2\int \ln(t^2+2)dt = 2t\ln(t^2+2) - 2\int \frac{2t^2}{t^2+2}dt$$

$$= 2t\ln(t^2+2) - 4t + 4\sqrt{2}\arctan\frac{t}{\sqrt{2}} + C$$

$$= 2(x-2)\sqrt{e^x-2} + 4\sqrt{2}\arctan\frac{\sqrt{e^x-2}}{\sqrt{2}} + C.$$

习 题 4.3

1. 填空题：

(1) $f(x)$ 的一个原函数为 $\frac{\sin x}{x}$，则 $\int xf'(2x)dx = $ _____ ； (2) $\int e^x \frac{x-1}{x^2}dx = $ _____ .

2. 求下列不定积分：

(1) $\int x\sin x\,dx$； (2) $\int x\sin^2 x\,dx$； (3) $\int xe^{-3x}dx$；

(4) $\int x^2 a^x dx$； (5) $\int \arccos x\,dx$； (6) $\int x(\arctan x)^2 dx$；

(7) $\int \frac{1}{\sqrt{x}}\ln x\,dx$； (8) $\int \frac{\ln x}{(1-x)^2}dx$； (9) $\int x^3 \ln^2 x\,dx$；

(10) $\int e^{-2x}\sin\dfrac{x}{2}dx$;   (11) $\int x\tan^2 x dx$;   (12) $\int \cos(\ln x)dx$;

(13) $\int \sec^3 x dx$;   (14) $\int \dfrac{\ln\tan x}{\sin^2 x}dx$;   (15) $\int \dfrac{x\cos x}{\sin^3 x}dx$;

(16) $\int \sin x \cdot \ln\tan x dx$;   (17) $\int x\ln\dfrac{1+x}{1-x}dx$;   (18) $\int x\tan x\sec^4 x dx$.

3. 求下列不定积分:

(1) $\int x^3 e^{x^2}dx$;   (2) $\int \dfrac{\ln\ln x}{x}dx$;   (3) $\int \sin\sqrt{x}\,dx$;

(4) $\int \dfrac{\ln x}{(1+x^2)^{\frac{3}{2}}}dx$;   (5) $\int \dfrac{\arccos x}{(1-x^2)^{\frac{3}{2}}}dx$;   (6) $\int \dfrac{\arctan e^x}{e^x}dx$.

4. 求 $I_n = \int \sin^n x dx$ 的递推公式,其中 n 为自然数.

5. 设 $F(x)$ 为 $f(x)$ 的原函数,且当 $x \geqslant 0$ 时,

$$f(x)F(x) = \dfrac{xe^x}{2(1+x)^2}.$$

又 $F(0)=1, F(x)>0$,试求 $f(x)$.

§4.4 有理函数的积分

一、真分式的分解

对有理分式

$$R(x) = \dfrac{P_n(x)}{Q_m(x)} = \dfrac{a_0 x^n + a_1 x^{n-1} + \cdots + a_n}{b_0 x^m + b_1 x^{m-1} + \cdots + b_m} \quad (a_0 \neq 0, b_0 \neq 0), \tag{1}$$

若 $m>n$,为真分式;若 $m \leqslant n$,则为假分式. 由多项式除法可知,假分式总可以化为一个多项式与一个真分式的和. 被积函数为多项式的不定积分容易计算,这里只讨论(1)式为真分式的不定积分.

根据代数学知识,多项式 $Q_m(x)$(这里,不妨设 $b_0=1$)总可以在实数范围内分解为形如下式的一次因式与二次质因式的连乘积:

$$x-a, \quad (x-a)^k, \quad x^2+px+q, \quad (x^2+px+q)^k,$$

其中 $p^2-4q<0$. 从而(1)式就可唯一地分解为最简分式之和:

$Q_m(x)$ 的一次单因式 $x-a$ 对应其中一项 $\dfrac{A}{x-a}$;

$Q_m(x)$ 的一次 k 重因式 $(x-a)^k$ 对应其中 k 项 $\dfrac{A_1}{x-a}, \dfrac{A_2}{(x-a)^2}, \cdots, \dfrac{A_k}{(x-a)^k}$;

$Q_m(x)$ 的二次单因式 x^2+px+q 对应其中一项 $\dfrac{Ax+B}{x^2+px+q}$;

$Q_m(x)$ 的二次 k 重因式 $(x^2+px+q)^k$ 对应其中 k 项

$$\dfrac{A_1 x + B_1}{x^2+px+q}, \dfrac{A_2 x + B_2}{(x^2+px+q)^2}, \cdots, \dfrac{A_k x + B_k}{(x^2+px+q)^k}.$$

例如

$$\frac{3x^2+2}{x^2(x+1)(x^2-x+1)(x^2+2x+3)^2}$$
$$=\frac{A_1}{x}+\frac{A_2}{x^2}+\frac{B}{x+1}+\frac{Cx+D}{x^2-x+1}+\frac{E_1x+F_1}{x^2+2x+3}+\frac{E_2x+F_2}{(x^2+2x+3)^2}.$$

其中 $A_1, A_2, B, C, D, E_1, F_1, E_2$ 和 F_2 是待定常数.

现在的问题,就是如何确定这些特定常数. 我们用例题来说明.

例 1 将真分式 $\dfrac{x-1}{x(x+1)^2}$ 分解为部分分式之和.

解 设真分式可分解为
$$\frac{x-1}{x(x+1)^2}=\frac{A}{x}+\frac{B}{x+1}+\frac{C}{(x+1)^2}.$$

两端去分母,得
$$x-1=A(x+1)^2+Bx(x+1)+Cx, \tag{2}$$

或
$$x-1=(A+B)x^2+(2A+B+C)x+A. \tag{3}$$

在(2)式中,令 $x=0$ 得 $A=-1$;令 $x=-1$ 得 $C=2$;令 $x=1$,得 $0=4A+2B+C$,从而 $B=1$. 这种方法称为**赋值法**.

也可比较(3)式两端同次幂的系数,得
$$A+B=0, \quad 2A+B+C=1, \quad A=-1.$$

解此方程组,得 $A=-1, B=1, C=2$. 于是
$$\frac{x-1}{x(x+1)^2}=-\frac{1}{x}+\frac{1}{x+1}+\frac{2}{(x+1)^2}.$$

例 2 将真分式 $\dfrac{2x^2+2x+13}{(x-2)(x^2+1)^2}$ 分解为部分分式之和.

解 令 $\dfrac{2x^2+2x+13}{(x-2)(x^2+1)^2}=\dfrac{A}{x-2}+\dfrac{Bx+C}{x^2+1}+\dfrac{Dx+E}{(x^2+1)^2}$,则
$$2x^2+2x+13=A(x^2+1)^2+(Bx+C)(x-2)(x^2+1)$$
$$+(Dx+E)(x-2), \tag{4}$$

或
$$2x^2+2x+13=(A+B)x^4+(C-2B)x^3+(2A+B-2C+D)x^2$$
$$-(C-2B+E-2D)x+(1-2C-2E). \tag{5}$$

在(4)式中,令 $x=2$ 得 $A=1$. 在(5)式中,分别比较两端同次幂的系数,并用 $A=1$,可得到
$$B=-1, \quad C=-2, \quad D=-3, \quad E=-4.$$

于是
$$\frac{2x^2+2x+13}{(x-2)(x^2+1)^2}=\frac{1}{x-2}-\frac{x+2}{x^2+1}-\frac{3x+4}{(x^2+1)^2}.$$

二、有理函数的积分

由上述可知,真分式的积分归结为如下四种部分分式的积分:

(1) $\dfrac{A}{x-a}$; (2) $\dfrac{A}{(x-a)^n}$, $n>1$;

(3) $\dfrac{Ax+B}{x^2+px+q}$; (4) $\dfrac{Ax+B}{(x^2+px+q)^n}$, $n>1$.

其中(3)式，(4)式中，要求 $p^2-4q<0$.

例 3 求不定积分 $\int \dfrac{2x^2+2x+13}{(x-2)(x^2+1)^2}dx$.

解 由例 2

$$I = \int \frac{1}{x-2}dx - \int \frac{x+2}{x^2+1}dx - \int \frac{3x+4}{(x^2+1)^2}dx$$

$$= \ln|x-2| - \frac{1}{2}\int \frac{1}{x^2+1}d(x^2+1) - 2\int \frac{1}{x^2+1}dx$$

$$\quad - \frac{3}{2}\int \frac{1}{(x^2+1)^2}d(x^2+1) - 4\int \frac{1}{(x^2+1)^2}dx$$

$$= \ln|x-2| - \frac{1}{2}\ln(x^2+1) - 2\arctan x + \frac{3}{2(x^2+1)}$$

$$\quad - 4\left(\frac{1}{2}\cdot\frac{x}{x^2+1} + \frac{1}{2}\arctan x\right) + C$$

$$= \ln \frac{|x-2|}{(x^2+1)^{\frac{1}{2}}} - 4\arctan x + \frac{3-4x}{2(x^2+1)} + C,$$

其中 $I_2 = \int \dfrac{1}{(x^2+1)^2}dx$，由 §4.3 例 8 可知

$$I_2 = \frac{1}{2}\frac{x}{x^2+1} + \frac{1}{2}\arctan x + C.$$

上述 I_2 也可令 $x=\tan t$ 求得结果.

例 4 求不定积分 $\int \dfrac{x-1}{(x^2+2x+3)^2}dx$.

解 因 $x^2+2x+3=(x+1)^2+2$，故令 $u=x+1$，则

$$I = \int \frac{u-2}{(u^2+2)^2}dx = \frac{1}{2}\int \frac{2u}{(u^2+2)^2}du - 2\int \frac{1}{(u^2+2)^2}du$$

$$= -\frac{1}{2}\frac{1}{u^2+2} - 2\left(\frac{1}{2\times 2}\cdot\frac{u}{u^2+2} + \frac{1}{2\times 2}\frac{1}{\sqrt{2}}\arctan \frac{u}{\sqrt{2}}\right) + C$$

$$= -\frac{1+u}{2(u^2+2)} - \frac{1}{2\sqrt{2}}\arctan \frac{u}{\sqrt{2}} + C$$

$$= -\frac{x+2}{2(x^2+2x+3)} - \frac{1}{2\sqrt{2}}\arctan \frac{x+1}{\sqrt{2}} + C.$$

注 对 x^2+px+q，因 $p^2-4q<0$，总可通过配方得到

$$x^2+px+q = \left(x+\frac{p}{2}\right)^2 + \left(q-\frac{p^2}{4}\right),$$

其中 $q-\dfrac{p^2}{4}>0$. 令 $u=x+\dfrac{p}{2}, a^2=q-\dfrac{p^2}{4}$, 则

$$\frac{Ax+B}{(x^2+px+q)^n}=\frac{A\left(u-\dfrac{p}{2}\right)+B}{(u^2+a^2)^n}=\frac{Au}{(u^2+a^2)^n}+\frac{B-\dfrac{Ap}{2}}{(u^2+a^2)^n}.$$

而不定积分

$$\int\frac{u}{(u^2+a^2)^n}du, \quad \int\frac{1}{(u^2+a^2)^n}du$$

均可求得结果.

至此,有理函数求不定积分的问题已解决,而且,**有理函数的原函数都是初等函数**.

在本章第一节,我们曾指出:初等函数在其定义区间上一定存在原函数. 这里,尚需补充说明:**初等函数的原函数并不都是初等函数**. 例如

$$\int e^{-x^2}dx, \quad \int\frac{1}{\ln x}dx, \quad \int\frac{\sin x}{x}dx$$

等,这些不定积分我们求不出来. 即不能用初等函数来表示.

习 题 4.4

1. 求下列不定积分:

(1) $\displaystyle\int\frac{3x+1}{x^2+3x-10}dx$;

(2) $\displaystyle\int\frac{1}{(1+2x)(1+x^2)}dx$;

(3) $\displaystyle\int\frac{1}{(x+1)^2(x-1)}dx$;

(4) $\displaystyle\int\frac{2x}{(1+x)(1+x^2)^2}dx$;

(5) $\displaystyle\int\frac{x^2+2x-1}{(x-1)(x^2-x+1)}dx$;

(6) $\displaystyle\int\frac{x^3+x-6}{(x^2-4)(x^2+2x+2)}dx$.

2. 求下列不定积分:

(1) $\displaystyle\int\frac{x^2+3x+4}{x-1}dx$;

(2) $\displaystyle\int\frac{x^5+x^4-8}{x^3-4x}dx$;

(3) $\displaystyle\int\frac{x^4}{x^4+5x^2+4}dx$.

总 习 题 四

1. 填空题:

(1) 设 $f(x)$ 的一个原函数是 $x\ln x-x$,则 $\displaystyle\int e^{2x}f'(e^x)dx=$ _____;

(2) 设 $\displaystyle\int\frac{f(x)\cdot\sin(\ln x)}{x}dx=\frac{1}{2}\sin^2(\ln x)+C$,则 $f(x)=$ _____;

(3) 设 $\displaystyle\int f(x)dx=xf(x)-\int\frac{x}{\sqrt{1+x^2}}dx$,则 $f(x)=$ _____;

(4) 设 $\displaystyle\int f'(\sqrt{x})dx=x(e^{\sqrt{x}}+1)+C$,则 $f(x)=$ _____;

(5) $\displaystyle\int e^{2x}(\tan x+1)^2 dx=$ _____;

(6) $\displaystyle\int\frac{x^2}{(x^2+2x+2)^2}dx=$ _____.

2. 单项选择题:

(1) 初等函数 $f(x)$ 在其有定义的区间内(   );

(A) 可求导数   (B) 原函数存在,且可用初等函数表示
(C) 可求微分   (D) 原函数存在,但未必可用初等函数表示

(2) 设 $f'(\sin^2 x) = \cos^2 x$, 且 $f(0)=0$, 则 $f(x)=(\quad)$;

(A) $\sin x - \dfrac{1}{2}\sin^2 x$ (B) $\sin^2 x - \dfrac{1}{2}\sin^4 x$ (C) $x - \dfrac{1}{2}x^2$ (D) $\cos^2 x - \cos^4 x$

(3) $\displaystyle\int \dfrac{1}{1+x^2}\mathrm{d}x \neq (\quad)$;

(A) $\mathrm{arccot}\dfrac{1}{x}+C$ (B) $\arctan x + C$ (C) $\arctan\dfrac{1}{x}+C$ (D) $\dfrac{1}{2}\arctan\dfrac{2x}{1-x^2}+C$

(4) 若 $F'(x)=f(x)$, 则 $\displaystyle\int \dfrac{f(-\sqrt{x})}{\sqrt{x}}\mathrm{d}x = (\quad)$;

(A) $\dfrac{1}{2}F(-\sqrt{x})+C$ (B) $-\dfrac{1}{2}F(-\sqrt{x})+C$ (C) $-F(\sqrt{x})+C$ (D) $-2F(-\sqrt{x})+C$

(5) 设 $\displaystyle\int \dfrac{f(x)}{\sin^2 x}\mathrm{d}x = g(x)\cdot f(x)+\int \cot^2 x\,\mathrm{d}x$, 则 $f(x), g(x)$ 分别是($\quad$);

(A) $f(x)=\ln\cos x, \ g(x)=\tan x$ (B) $f(x)=\ln\cos x, \ g(x)=-\cot x$
(C) $f(x)=\ln\sin x, \ g(x)=\tan x$ (D) $f(x)=\ln\sin x, \ g(x)=-\cot x$

(6) 设 $f(x)$ 与 $g(x)$ 互为反函数, 且 $F(x)$ 是 $f(x)$ 的一个原函数, $G(x)$ 是 $g(x)$ 的一个原函数, 则下列各式中不正确的是($\quad$).

(A) $f'(x)g'(f(x))=1$ (B) $f'(x)g'(x)=1$ (C) $[G(f(x))]'=xf'(x)$ (D) $[F(g(x))]'=xg'(x)$

3. 设 $f(x)=\begin{cases} x^2, & x<-1, \\ 1, & |x|\leq 1, \\ x^2, & x>1, \end{cases}$ 求其满足 $F(1)=1$ 的一个原函数 $F(x)$.

4. 求下列不定积分:

(1) $\displaystyle\int \dfrac{\csc^2 x \cos 2x}{\cot x + 1}\mathrm{d}x$;   (2) $\displaystyle\int \dfrac{\sin x}{1+\sin x}\mathrm{d}x$;   (3) $\displaystyle\int \dfrac{\sin 2x}{a^2\sin^2 x + b^2\cos^2 x}\mathrm{d}x$ ($a\neq b$);

(4) $\displaystyle\int \dfrac{1}{1+x^2}\arctan\dfrac{1}{x}\mathrm{d}x$;   (5) $\displaystyle\int \dfrac{\ln(1+x)-\ln x}{x(1+x)}\mathrm{d}x$;   (6) $\displaystyle\int \sqrt{\dfrac{\ln(x+\sqrt{1+x^2})}{1+x^2}}\mathrm{d}x$;

(7) $\displaystyle\int \dfrac{2^x \cdot 3^x}{9^x + 4^x}\mathrm{d}x$;   (8) $\displaystyle\int \dfrac{f'(\sqrt{x})}{\sqrt{x}\,[1+f^2(\sqrt{x})]}\mathrm{d}x$;   (9) $\displaystyle\int \dfrac{\sin x}{\sqrt{1+\sin^2 x}}\mathrm{d}x$;

(10) $\displaystyle\int \dfrac{\cos x}{\sqrt{2+\cos 2x}}\mathrm{d}x$;   (11) $\displaystyle\int \dfrac{x}{\sqrt{1+x^2}(1-x^2)}\mathrm{d}x$;   (12) $\displaystyle\int \dfrac{x+1}{x(1+xe^x)}\mathrm{d}x$;

(13) $\displaystyle\int \dfrac{1}{\sqrt{1-2x}(1+\sqrt[3]{1-2x})}\mathrm{d}x$;   (14) $\displaystyle\int \dfrac{1}{2x+\sqrt{1-x^2}}\mathrm{d}x$;   (15) $\displaystyle\int \dfrac{x^3}{\sqrt{(4^2+x^2)^3}}\mathrm{d}x$;

(16) $\displaystyle\int \dfrac{1}{\sqrt{2x^2-3x-1}}\mathrm{d}x$;   (17) $\displaystyle\int \dfrac{x\arctan x}{\sqrt{1+x^2}}\mathrm{d}x$;   (18) $\displaystyle\int e^{2x}\sin^2 x\,\mathrm{d}x$;

(19) $\displaystyle\int \arcsin\sqrt{\dfrac{x}{1+x}}\mathrm{d}x$;   (20) $\displaystyle\int \dfrac{e^x(1+\sin x)}{1+\cos x}\mathrm{d}x$;   (21) $\displaystyle\int e^{\frac{x}{2}}\dfrac{\cos x - \sin x}{\sqrt{\cos x}}\mathrm{d}x$;

(22) $\displaystyle\int \dfrac{x}{(x^2-1)(x^2+1)}\mathrm{d}x$;   (23) $\displaystyle\int \dfrac{x^3+1}{x(x-1)^3}\mathrm{d}x$;   (24) $\displaystyle\int \dfrac{1}{(2x+1)(x^2+1)}\mathrm{d}x$.

5. 用计算 I_1+I_2, I_1-I_2 的方法求下列不定积分:

(1) $I_1 = \displaystyle\int \dfrac{x^2}{1+x^2+x^4}\mathrm{d}x, \ I_2 = \displaystyle\int \dfrac{1}{1+x^2+x^4}\mathrm{d}x$;   (2) $I_1 = \displaystyle\int \dfrac{x^5}{x^8+1}\mathrm{d}x, \ I_2 = \displaystyle\int \dfrac{x}{x^8+1}\mathrm{d}x$;

(3) $I_1 = \displaystyle\int \dfrac{\cos x}{\sin x - \cos x}\mathrm{d}x, \ I_2 = \displaystyle\int \dfrac{\sin x}{\sin x - \cos x}\mathrm{d}x$;   (4) $I_1 = \displaystyle\int \dfrac{\sin^2 x}{\sin x + \cos x}\mathrm{d}x, \ I_2 = \displaystyle\int \dfrac{\cos^2 x}{\sin x + \cos x}\mathrm{d}x$.

第五章 定积分

定积分与不定积分构成了积分学的内容.二者既有区别,又有联系.本章讲述定积分概念及其性质;介绍揭示积分法与微分法之间关系的微积分学基本定理,从而引出计算定积分的一般方法;讲述反常积分及其敛散性的判别法;最后讨论定积分的应用.

§5.1 定积分概念与性质

一、问题的提出

我们从几何学中的面积问题和物理学中的路程问题看定积分概念是怎样提出来的.

1. 曲边梯形的面积

由连续曲线 $y=f(x)(\geqslant 0)$,直线 $x=a,x=b(a<b)$ 和 $y=0$(即 x 轴)所围成的平面图形 $aCBb$ 称为**曲边梯形**,如图 5-1 所示.

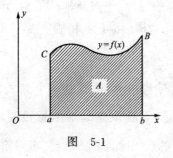

图 5-1

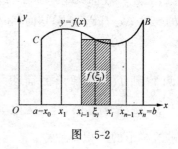

图 5-2

我们知道,矩形是直边四边形,它的高是不变的,其面积由下式计算

$$矩形面积 A = 高度 \times 底边长.$$

现在**问题是要计算曲边梯形的面积**.这个四边形,有一条边为曲边 $y=f(x)$,$f(x)$ 可以理解为曲边梯形的高,由于高是变动的,所以不能用初等数学方法计算面积.按下述**程序计算曲边梯形的面积** A.

（1）**分割**——分曲边梯形为 n 个小曲边梯形.

任意选取分点(见图 5-2)

$$a = x_0 < x_1 < x_2 < \cdots < x_{n-1} < x_n = b,$$

把区间 $[a,b]$ 分成 n 个小区间 $[x_0,x_1],[x_1,x_2],\cdots,[x_{n-1},x_n]$,每个小区间的长度是

$$\Delta x_i = x_i - x_{i-1}, \quad i = 1,2,\cdots,n, \quad 并记 \quad \Delta x = \max_{1 \leqslant i \leqslant n}\{\Delta x_i\}.$$

过各分点作 x 轴的垂线,这样,原曲边梯形就被分成 n 个小曲边梯形(图 5-2). 第 i 个小曲边梯形的面积记做

$$\Delta A_i, \quad i=1,2,\cdots,n.$$

(2) **近似代替**——用小矩形的面积代替小曲边梯形的面积.

在每一个小区间 $[x_{i-1},x_i](i=1,2,\cdots,n)$ 上任选一点 ξ_i,用与小曲边梯形同底,以 $f(\xi_i)$ 为高的小矩形的面积 $f(\xi_i)\Delta x_i$ 近似代替小曲边梯形的面积(图 5-2). 这时有

$$\Delta A_i \approx f(\xi_i)\Delta x_i, \quad i=1,2,\cdots,n.$$

(3) **求和**——求 n 个小矩形面积之和.

n 个小矩形构成的阶梯形的面积 $\sum_{i=1}^{n}f(\xi_i)\Delta x_i$ 是原曲边梯形面积的一个近似值(图 5-2),即有

$$A = \sum_{i=1}^{n}\Delta A_i \approx \sum_{i=1}^{n}f(\xi_i)\Delta x_i.$$

(4) **取极限**——由近似值过渡到精确值.

分割区间 $[a,b]$ 的点数越多,即 n 越大,且每个小区间的长度 Δx_i 越短,即分割越细,阶梯形的面积,即和数 $\sum_{i=1}^{n}f(\xi_i)\Delta x_i$ 与曲边梯形面积 A 的误差越小. 但不管 n 多大,只要取定为有限数,上述和数都只能是面积 A 的近似值. 现将区间 $[a,b]$ 无限地细分下去,并使每个小区间的长度 Δx_i 都趋于零,这时,和数的极限就是原曲边梯形面积的精确值:

$$A = \lim_{\Delta x \to 0}\sum_{i=1}^{n}f(\xi_i)\Delta x_i.$$

这就得到了曲边梯形的面积. 我们看到,曲边梯形的面积是用一个和式的极限 $\lim_{\Delta x \to 0}\sum_{i=1}^{n}f(\xi_i)\Delta x_i$ 来表达的,这是无限项相加. 计算方法是:分割取近似、求和取极限,即

先求阶梯形的面积:在局部范围内,**以直代曲**,即以直线段代替曲线段,求得阶梯形的面积,它是曲边梯形面积的近似值;

再求曲边梯形的面积:通过取极限,**由有限过渡到无限**,即对区间 $[a,b]$ 由有限分割过渡到无限细分,阶梯形变为曲边梯形,从而得到曲边梯形的面积.

2. 变速直线运动的路程

若物体作匀速直线运动,它所走过的路程,我们会计算,即

$$路程 s = 速度 \times 所经历的时间.$$

现在的问题是要计算**变速直线运动的路程**. 设速度 v 是时间 t 的函数 $v=v(t)$,试确定物体由时刻 $t=a$ 到时刻 $t=b$ 这一段时间内,即在时间间隔 $[a,b]$ 内所走过的路程,按下述**程序计算路程** s.

(1) **分割**——分整个路程为 n 个小段路程.

任意选取分点(图 5-3)

$$a=t_0<t_1<\cdots<t_{n-1}<t_n=b,$$

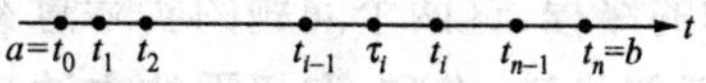

把时间间隔$[a,b]$分成n个小时间间隔$[t_0,t_1]$,$[t_1,t_2]$,$\cdots$,$[t_{n-1},t_n]$,每个小时间间隔的长是

$$\Delta t_i = t_i - t_{i-1}, i=1,2,\cdots,n, \quad 并记 \quad \Delta t = \max_{1\leqslant i\leqslant n}\{\Delta t_i\}.$$

在第i个小时间间隔所走过的路程记做

$$\Delta s_i, \quad i=1,2,\cdots,n.$$

图 5-3

(2) **近似代替**——以匀速直线运动的路程代替变速直线运动的路程.

在每一个小时间间隔$[t_{i-1},t_i]$$(i=1,2,\cdots,n)$上任取一时刻$\tau_i$,假设以该点的速度$v(\tau_i)$作匀速运动,在相应的小时间间隔上所走过的路程$v(\tau_i)\Delta t_i$近似代替变速运动在该小时间间隔上所走过的路程,即

$$\Delta s_i \approx v(\tau_i)\Delta t_i, \quad i=1,2,\cdots,n.$$

(3) **求和**——求n个匀速运动小段路程之和.

n个匀速运动小段路程加到一起所得到的路程$\sum_{i=1}^{n}v(\tau_i)\Delta t_i$作为变速运动在时间间隔$[a,b]$上所走过路程的近似值

$$s = \sum_{i=1}^{n}\Delta s_i \approx \sum_{i=1}^{n}v(\tau_i)\Delta t_i.$$

(4) **取极限**——由近似值过渡到精确值.

分割时间间隔$[a,b]$的点数越多,即n越大,且每个小时间间隔的长度Δt_i越短,即分割越细,n个匀速运动小段路程之和,即和数$\sum_{i=1}^{n}v(\tau_i)\Delta t_i$与变速运动所走过的路程误差越小.但不管$n$多大,只要取定为有限数,上述和数都只是路程$s$的近似值.现将时间间隔$[a,b]$无限地细分下去,并使每一个小时间间隔的长度$\Delta t_i$都趋于零,这时,和数的极限就是作变速直线运动的物体所走过路程s的精确值:

$$s = \lim_{\Delta t \to 0}\sum_{i=1}^{n}v(\tau_i)\Delta t_i.$$

这就得到了变速直线运动的路程. 变速直线运动的路程也是一个和式的极限$\lim_{\Delta t\to 0}\sum_{i=1}^{n}v(\tau_i)\Delta t_i$,这是无限项相加. 以上计算方法,也是通过分割取近似、求和取极限得到的,即

先求匀速运动所走过的路程:在局部范围内,**以不变代变**,即以匀速运动代替变速运动,求得匀速运动所走过的路程,它是变速运动所走过路程的近似值;

再求变速运动所走过的路程:通过取极限,**由有限过渡到无限**,即对时间间隔$[a,b]$由有限分割过渡到无限细分,匀速运动所走过的路程就成为变速运动所走过的路程,从而得到物体作变速直线运动所走过的路程.

以上两个实际问题,其一是几何问题:求曲边梯形的面积,其二是物理问题:求变速直

线运动的路程,这两个问题的实际意义虽然不同,但解决问题的方法却完全相同:都是采取**分割、近似代替、求和、取极限**的方法. 而最后都归结为同一种结构的和式的极限:

$$\text{面积}\ A = \lim_{\Delta x \to 0} \sum_{i=1}^{n} f(\xi_i) \Delta x_i, \qquad \text{路程}\ s = \lim_{\Delta t \to 0} \sum_{i=1}^{n} v(\tau_i) \Delta t_i.$$

事实上,很多实际问题的解决都是采取这种方法,并且都归结为这种结构和式的极限. 现抛开问题的实际意义,只从**数量关系**上的共性加以概括和抽象,便得到了**定积分概念**.

二、定积分概念

1. 定积分定义

定义 设函数 $f(x)$ 在闭区间 $[a,b]$ 上有定义,用分点

$$a = x_0 < x_1 < x_2 < \cdots < x_{n-1} < x_n = b$$

把区间 $[a,b]$ 任意分割成 n 个小区间 $[x_{i-1}, x_i], i=1,2,\cdots,n$,其长度

$$\Delta x_i = x_i - x_{i-1}, \quad i = 1, 2, \cdots, n,$$

并记 $\Delta x = \max_{1 \leq i \leq n} \{\Delta x_i\}$. 在每个小区间 $[x_{i-1}, x_i]$ 上任取一点 ξ_i,作乘积的和式(称为**积分和**)

$$\sum_{i=1}^{n} f(\xi_i) \Delta x_i.$$

当 $\Delta x \to 0$ 时,若上述和式的极限存在,且这极限与区间 $[a,b]$ 的分法无关,与点 ξ_i 的取法无关,则称**函数 $f(x)$ 在区间 $[a,b]$ 上是可积的**,并称此极限为函数 $f(x)$ 在区间 $[a,b]$ 上的**定积分**,记做 $\int_a^b f(x) \mathrm{d}x$,即

$$\int_a^b f(x) \mathrm{d}x = \lim_{\Delta x \to 0} \sum_{i=1}^{n} f(\xi_i) \Delta x_i.$$

其中 x 称为**积分变量**,$f(x)$ 称为**被积函数**,$f(x)\mathrm{d}x$ 称为**被积表达式**,a 称为**积分下限**,b 称为**积分上限**,$[a,b]$ 称为**积分区间**.

由上述定义知,定积分 $\int_a^b f(x)\mathrm{d}x$ 表示一个**数值**,这个值取决于被积函数 $f(x)$ 和积分区间 $[a,b]$,而与积分变量用什么字母**无关**,即

$$\int_a^b f(x) \mathrm{d}x = \int_a^b f(t) \mathrm{d}t.$$

在定积分记号 $\int_a^b f(x)\mathrm{d}x$ 中,是假设 $a<b$,但实际上,定积分的上下限的大小是不受限制的,不过在颠倒定积分上下限时,必须**改变**定积分的**符号**:

$$\int_a^b f(x) \mathrm{d}x = -\int_b^a f(x) \mathrm{d}x.$$

特别地,有

$$\int_a^a f(x) \mathrm{d}x = 0.$$

关于函数 $f(x)$ 在闭区间 $[a,b]$ 上的**可积性**,我们有**如下结论**:

(1) 若函数 $f(x)$ 在闭区间 $[a,b]$ 上**可积**,则 $f(x)$ 在 $[a,b]$ 上**有界**.

这表明**函数有界是可积的必要条件**;无界函数一定不可积.

(2) 若函数 $f(x)$ 在闭区间 $[a,b]$ 上**连续**,则 $f(x)$ 在 $[a,b]$ 上**可积**.

在有限区间上,**函数连续是可积的充分条件**,但不是必要条件.

(3) 若函数 $f(x)$ 在闭区间 $[a,b]$ 上**有界**,且只有有限个间断点,则 $f(x)$ 在 $[a,b]$ 上可积.

2. 定积分的几何意义

定积分 $\int_a^b f(x) \mathrm{d}x$ 的几何意义:在区间 $[a,b]$ 上,当 $f(x) \geqslant 0$ 时,它表示如图 5-1 所示的曲边梯形的面积 A,即

$$A = \int_a^b f(x) \mathrm{d}x,$$

特别地,当 $f(x) \equiv 1$ 时,有

$$\int_a^b \mathrm{d}x = b - a;$$

在区间 $[a,b]$ 上,当 $f(x) \leqslant 0$ 时,它表示如图 5-4 所示的曲边梯形面积 A 的负值,即

$$A = -\int_a^b f(x) \mathrm{d}x;$$

在区间 $[a,b]$ 上,当 $f(x)$ 有正有负时,它表示如图 5-5 所示的有阴影部分面积 A 的代数和,即

$$A = \int_a^c f(x) \mathrm{d}x - \int_c^d f(x) \mathrm{d}x + \int_d^b f(x) \mathrm{d}x.$$

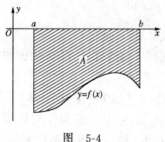

图 5-4

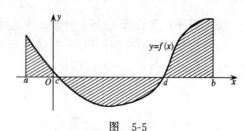

图 5-5

最后,回到我们开始提出的变速直线运动的路程问题.按定积分的定义,作变速直线运动的物体从时刻 $t=a$ 到时刻 $t=b$ 所走过的路程 s,应是作为速度的函数 $v=v(t)$,在时间间隔 $[a,b]$ 上的定积分

$$s = \int_a^b v(t) \mathrm{d}t.$$

三、定积分的性质

以下若不作说明,均假设所讨论的被积函数在给定的区间上是可积的;在作几何说明时,又假设所给函数是非负的. 定积分的性质如下.

1. 运算性质

(1) 代数和的积分等于积分的代数和
$$\int_a^b [f(x) \pm g(x)] \mathrm{d}x = \int_a^b f(x) \mathrm{d}x \pm \int_a^b g(x) \mathrm{d}x;$$

(2) 常数因子 k 可提到积分符号前
$$\int_a^b kf(x) \mathrm{d}x = k\int_a^b f(x) \mathrm{d}x.$$

证 (1) 由定积分的定义及极限的四则运算法则
$$\int_a^b [f(x) \pm g(x)] \mathrm{d}x = \lim_{\Delta x \to 0} \sum_{i=1}^n [f(\xi_i) \pm g(\xi_i)] \Delta x_i$$
$$= \lim_{\Delta x \to 0} \sum_{i=1}^n f(\xi_i) \Delta x_i \pm \lim_{\Delta x \to 0} \sum_{i=1}^n g(\xi_i) \Delta x_i$$
$$= \int_a^b f(x) \mathrm{d}x \pm \int_a^b g(x) \mathrm{d}x.$$

(2) 可类似证明.

2. 对积分区间的可加性质

对任意三个数 a, b, c, 总有
$$\int_a^b f(x) \mathrm{d}x = \int_a^c f(x) \mathrm{d}x + \int_c^b f(x) \mathrm{d}x.$$

按定积分的几何意义,当 c 介于 a, b 之间时,上式成立(图 5-6):

曲边梯形 $aABb$ 的面积 = 曲边梯形 $aACc$ 的面积 + 曲边梯形 $cCBb$ 的面积.

证 先讨论当 $a < c < b$ 的情形.

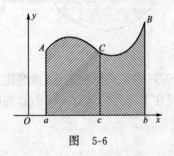

图 5-6

因为函数 $f(x)$ 在区间 $[a,b]$ 上可积,而 $f(x)$ 在区间 $[a,b]$ 上的定积分与区间 $[a,b]$ 的分割无关,因此,在用分点分割区间 $[a,b]$ 时,总可以将 c 永远作为分点. 于是,区间 $[a,b]$ 上的积分和就是区间 $[a,c]$ 上的积分和与区间 $[c,b]$ 上的积分和之和,可记做

$$\sum_{[a,b]} f(\xi_i) \Delta x_i = \sum_{[a,c]} f(\xi_i) \Delta x_i + \sum_{[c,b]} f(\xi_i) \Delta x_i.$$

令 $\Delta x = \max_{1 \leqslant i \leqslant n} \{\Delta x_i\}$, 当 $\Delta x \to 0$ 时,上式两端同时取极限,即得

$$\int_a^b f(x)\mathrm{d}x = \int_a^c f(x)\mathrm{d}x + \int_c^b f(x)\mathrm{d}x. \tag{1}$$

当 $a<b<c$ 时,由(1)式应有

$$\int_a^c f(x)\mathrm{d}x = \int_a^b f(x)\mathrm{d}x + \int_b^c f(x)\mathrm{d}x,$$

移项

$$\int_a^b f(x)\mathrm{d}x = \int_a^c f(x)\mathrm{d}x - \int_b^c f(x)\mathrm{d}x,$$

即

$$\int_a^b f(x)\mathrm{d}x = \int_a^c f(x)\mathrm{d}x + \int_c^b f(x)\mathrm{d}x.$$

a,b,c 的相对位置为其他情形时可类推.

3. 比较性质

若函数 $f(x)$ 和 $g(x)$ 在区间 $[a,b]$ 上总有 $f(x) \geqslant g(x)$,则

$$\int_a^b f(x)\mathrm{d}x \geqslant \int_a^b g(x)\mathrm{d}x.$$

如图 5-7 所示,该不等式成立是显然的.

证 因为在区间 $[a,b]$ 上,有 $f(x) \geqslant g(x)$,所以

$$f(\xi_i) \geqslant g(\xi_i), \quad \xi_i \in [x_{i-1}, x_i], i = 1, 2, \cdots, n.$$

又 $\Delta x_i > 0 (i=1,2,\cdots,n)$,必有

$$\sum_{i=1}^n f(\xi_i)\Delta x_i \geqslant \sum_{i=1}^n g(\xi_i)\Delta x_i.$$

令 $\Delta x = \max\limits_{1 \leqslant i \leqslant n}\{\Delta x_i\}$,当 $\Delta x \to 0$ 时,上式两端取极限,根据极限不等式的性质便得

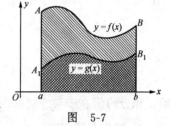

图 5-7

$$\int_a^b f(x)\mathrm{d}x \geqslant \int_a^b g(x)\mathrm{d}x.$$

推论 1 若在区间 $[a,b]$ 上,$f(x) \geqslant 0$,则

$$\int_a^b f(x)\mathrm{d}x \geqslant 0.$$

推论 2 在区间 $[a,b]$ 上,有

$$\left| \int_a^b f(x)\mathrm{d}x \right| \leqslant \int_a^b |f(x)|\mathrm{d}x.$$

证 由于在区间 $[a,b]$ 上,总有

$$-|f(x)| \leqslant f(x) \leqslant |f(x)|.$$

由定积分比较性质,有

$$-\int_a^b |f(x)|\mathrm{d}x \leqslant \int_a^b f(x)\mathrm{d}x \leqslant \int_a^b |f(x)|\mathrm{d}x,$$

即

$$\left| \int_a^b f(x)\mathrm{d}x \right| \leqslant \int_a^b |f(x)|\mathrm{d}x.$$

例1 因为在区间$[1,2]$上,有$\ln^2 x \leqslant \ln x$,所以由定积分比较性质,有
$$\int_1^2 \ln^2 x \, \mathrm{d}x \leqslant \int_1^2 \ln x \, \mathrm{d}x.$$

4. 估值定理

若函数$f(x)$在区间$[a,b]$上的最大值与最小值分别为M与m,则
$$m(b-a) \leqslant \int_a^b f(x) \, \mathrm{d}x \leqslant M(b-a).$$

从定积分的几何意义看,如图 5-8 所示:

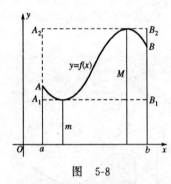

图 5-8

矩形aA_1B_1b的面积$\leqslant$曲边梯形$aABb$的面积$\leqslant$矩形aA_2B_2b的面积,即
$$m(b-a) \leqslant \int_a^b f(x) \, \mathrm{d}x \leqslant M(b-a).$$

例2 估计定积分$I = \int_1^2 \dfrac{x}{1+x^2} \mathrm{d}x$的值介于哪两个数之间.

解 易求得,在区间$[1,2]$上,函数$f(x) = \dfrac{x}{1+x^2}$的最大值是$\dfrac{1}{2}$,最小值是$\dfrac{2}{5}$,于是,由估值定理,有
$$\frac{2}{5}(2-1) \leqslant \int_1^2 \frac{x}{1+x^2} \mathrm{d}x \leqslant \frac{1}{2}(2-1),$$

即定积分的值在$\dfrac{2}{5}$与$\dfrac{1}{2}$之间.

5. 积分中值定理

若函数$f(x)$在闭区间$[a,b]$上连续,则至少存在一点$\xi \in [a,b]$,使得
$$\int_a^b f(x) \, \mathrm{d}x = f(\xi)(b-a).$$

证 由于函数$f(x)$在$[a,b]$上连续,根据闭区间上连续函数的性质,$f(x)$在$[a,b]$上有最大值M与最小值m. 于是有不等式
$$m(b-a) \leqslant \int_a^b f(x) \, \mathrm{d}x \leqslant M(b-a),$$

或写成
$$m \leqslant \frac{1}{b-a} \int_a^b f(x) \, \mathrm{d}x \leqslant M.$$

再由闭区间上连续函数的介值定理,在$[a,b]$上至少存在一点ξ,使得
$$f(\xi) = \frac{1}{b-a} \int_a^b f(x) \, \mathrm{d}x,$$

即
$$\int_a^b f(x) \, \mathrm{d}x = f(\xi)(b-a).$$

积分中值定理的几何意义：以区间$[a,b]$为底，以连续曲线$y=f(x)\geqslant 0$为曲边的曲边梯形$aABb$的面积，等于同底的，以$f(\xi)(\xi\in[a,b])$为高的矩形$aCDb$的面积(图 5-9)。

按积分中值定理

$$f(\xi)=\frac{1}{b-a}\int_a^b f(x)\mathrm{d}x,$$

通常称$f(\xi)$为函数$f(x)$在闭区间$[a,b]$上的**积分平均值**，简称为函数$f(x)$在区间$[a,b]$上的**平均值**. 这样，可以把$f(\xi)$看做是曲边梯形的平均高度。

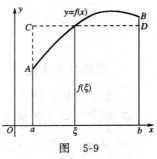

图 5-9

习 题 5.1

1. 用定积分的几何意义，说明下列各式对否：

   (1) $\int_{-a}^{a}\sqrt{a^2-x^2}\mathrm{d}x=\frac{\pi a^2}{2}$;

   (2) $\int_0^\pi e^{-x^2}\mathrm{d}x<\int_\pi^{2\pi}e^{-x^2}\mathrm{d}x$.

2. (1) 用定积分的几何意义，说明$\int_{-\frac{\pi}{2}}^{\frac{\pi}{2}}\sin x\mathrm{d}x=0,\int_{-\frac{\pi}{2}}^{\frac{\pi}{2}}\cos x\mathrm{d}x=2\int_0^{\frac{\pi}{2}}\cos x\mathrm{d}x$ 的正确性；

   (2) 设函数$f(x)$在闭区间$[-a,a]$上连续，参考(1)，用定积分的几何意义，是否可得出下述结论：

   $$\int_{-a}^a f(x)\mathrm{d}x=\begin{cases}0,&\text{当}f(x)\text{为奇函数时,}\\2\int_0^a f(x)\mathrm{d}x,&\text{当}f(x)\text{为偶函数时.}\end{cases}$$

3. 用定积分的几何意义，说明下列不等式的正确性：

   (1) 在区间$[a,b]$上，若$f(x)>0,f'(x)>0,f''(x)>0$，则

   $$(b-a)f(a)<\int_a^b f(x)\mathrm{d}x<(b-a)\frac{f(a)+f(b)}{2};$$

   (2) 在区间$[a,b]$上，若$f(x)>0,f'(x)>0,f''(x)<0$，则

   $$(b-a)\frac{f(a)+f(b)}{2}<\int_a^b f(x)\mathrm{d}x<(b-a)f(b).$$

4. 用定积分的性质，判别下列各式对否：

   (1) $\int_0^{\frac{\pi}{2}}\cos^2 x\mathrm{d}x\leqslant\int_0^{\frac{\pi}{2}}\cos x\mathrm{d}x$;

   (2) $\int_0^1 x\mathrm{d}x\leqslant\int_0^1\ln(1+x)\mathrm{d}x$;

   (3) $\left|\int_{10}^{20}\frac{\sin x}{\sqrt{1+x^2}}\mathrm{d}x\right|<1$.

5. 已知$\int_0^{\frac{\pi}{2}}\sin x\mathrm{d}x=\int_0^{\frac{\pi}{2}}\cos x\mathrm{d}x=1$，试比较下列两个积分值的大小：

   $$I_1=\int_0^{\frac{\pi}{2}}\sin(\sin x)\mathrm{d}x,\quad I_2=\int_0^{\frac{\pi}{2}}\cos(\sin x)\mathrm{d}x.$$

6. 确定下列定积分的符号：

   (1) $I=\int_{\frac{1}{4}}^1 x^3\ln x\mathrm{d}x$;

   (2) $I=\int_0^{-\frac{\pi}{2}}e^x\sin x\mathrm{d}x$.

7. 估计下列定积分值所在范围：

   (1) $I=\int_0^1\frac{e^{-x}}{x+1}\mathrm{d}x$;

   (2) $I=\int_0^2 e^{x^2-x}\mathrm{d}x$.

§5.2 微积分基本定理

一、微积分基本定理

1. 变上限的定积分

设函数 $f(x)$ 在闭区间 $[a,b]$ 上连续,若 $x \in [a,b]$,则 $f(x)$ 在闭区间 $[a,x]$ 上连续,从而定积分 $\int_a^x f(x)dx$ 存在. 该式中,x 既表示积分变量,又表示积分上限,为区别起见,把积分变量换成字母 t,改写做

$$\int_a^x f(t)dt, \quad x \in [a,b]. \tag{1}$$

由于该定积分的上限 x 可在区间 $[a,b]$ 上任意取值,它是一个变量,通常称(1)式为**变上限的定积分**.

由于定积分 $\int_a^b f(x)dx$ 表示一个数值,这个值只取决于被积函数 $f(x)$ 和积分区间 $[a,b]$. 由此,给定积分区间 $[a,b]$ 上的一个 x 值,按(1)式就有一个积分值与之对应,因此,(1)式可看做是积分上限 x 的函数,其定义域是区间 $[a,b]$,记做 $F(x)$,即

$$F(x) = \int_a^x f(t)dt, \quad x \in [a,b].$$

2. 微积分基本定理

定理1(微积分基本定理) 若函数 $f(x)$ 在闭区间 $[a,b]$ 上连续,则函数

$$F(x) = \int_a^x f(t)dt, \quad x \in [a,b]$$

在区间 $[a,b]$ 上可导,且

$$F'(x) = \frac{d}{dx}\left(\int_a^x f(t)dt\right) = f(x), \quad x \in [a,b]. \tag{2}$$

证 由导数定义,只需证

$$\lim_{\Delta x \to 0} \frac{F(x+\Delta x) - F(x)}{\Delta x} = f(x), \quad x \in [a,b].$$

若 $\Delta x \neq 0$,且 $x + \Delta x \in (a,b)$,由 $F(x)$ 的定义、定积分对区间的可加性及积分中值定理,有

$$\Delta F = F(x+\Delta x) - F(x) = \int_a^{x+\Delta x} f(t)dt - \int_a^x f(t)dt$$

$$= \int_x^{x+\Delta x} f(t)dt = f(\xi)\Delta x \quad (\xi \text{ 介于 } x \text{ 与 } x+\Delta x \text{ 之间}),$$

即

$$\frac{\Delta F}{\Delta x} = f(\xi).$$

上式两端,令 $\Delta x \to 0$,取极限. 这时,因 $x+\Delta x \to x$,故 $\xi \to x$;又由于 $f(x)$ 在 $[a,b]$ 上连续,故
$$\lim_{\Delta x \to 0}\frac{\Delta F}{\Delta x}=\lim_{\Delta x \to 0}f(\xi)=\lim_{\xi \to x}f(\xi)=f(x),$$
即
$$F'(x)=f(x), \quad x \in (a,b).$$
在 $x=a$ 处,取 $\Delta x>0$,同理可证 $F'_+(a)=f(a)$;在 $x=b$ 处,取 $\Delta x<0$,可证 $F'_-(b)=f(b)$.

综上所述,$F(x)$ 在 $[a,b]$ 上可导,且 $F'(x)=f(x)$.

该定理表明,当**函数 $f(x)$ 在闭区间 $[a,b]$ 上连续**时,$f(x)$ **一定存在原函数**,且 $f(x)$ 作为被积函数的**变上限的定积分**
$$F(x)=\int_a^x f(t)\mathrm{d}t, \quad x \in [a,b]$$
就是 $f(x)$ 在 $[a,b]$ 上的**一个原函数**,这就回答了在 §4.1 中,关于连续函数存在原函数的结论. 由此,上述定理 1 也称为**原函数存在定理**. 进一步可知,函数 $f(x)$ 的不定积分可用定积分表示,即
$$\int f(x)\mathrm{d}x=\int_a^x f(t)\mathrm{d}t+C, \quad x \in [a,b].$$

(2)式揭示了导数与定积分之间的内在联系:**求导数运算恰是求变上限定积分运算的逆运算**.

例 1 设 $F(x)=\int_2^x \cos t \mathrm{d}t$,求 $F'(x)$.

解 按(2)式
$$F'(x)=\frac{\mathrm{d}}{\mathrm{d}x}\left(\int_2^x \cos t \mathrm{d}t\right)=\cos x.$$

例 2 设 $F(x)=\int_a^{x^2}\sqrt{1+t^2}\mathrm{d}t$,求 $F'(x)$.

解 注意到上限 x^2 是 x 的函数,若设 $u=x^2$,则所给函数 $F(x)$ 可看成是由函数
$$\int_a^u \sqrt{1+t^2}\mathrm{d}t \quad \text{和} \quad u=x^2$$
复合而成. 根据复合函数的导数法则及(2)式,得
$$\frac{\mathrm{d}}{\mathrm{d}x}\int_a^{x^2}\sqrt{1+t^2}\mathrm{d}t=\frac{\mathrm{d}}{\mathrm{d}u}\int_a^u \sqrt{1+t^2}\mathrm{d}t \cdot \frac{\mathrm{d}u}{\mathrm{d}x}$$
$$=\sqrt{1+u^2}\cdot 2x=2x\sqrt{1+x^4}.$$

由该例,我们有如下一般**结论**:若函数 $\varphi(x),\psi(x)$ 可微,函数 $f(x)$ 连续时,则
$$\frac{\mathrm{d}}{\mathrm{d}x}\left(\int_a^{\varphi(x)}f(t)\mathrm{d}t\right)=f(\varphi(x))\varphi'(x);$$

$$\frac{\mathrm{d}}{\mathrm{d}x}\left(\int_{\psi(x)}^{\varphi(x)} f(t)\mathrm{d}t\right) = \frac{\mathrm{d}}{\mathrm{d}x}\left[\int_a^{\varphi(x)} f(t)\mathrm{d}t - \int_a^{\psi(x)} f(t)\mathrm{d}t\right]$$
$$= f(\varphi(x))\varphi'(x) - f(\psi(x))\psi'(x).$$

例 3 求 $\displaystyle\lim_{x\to 2}\frac{\int_2^x t(t^2-1)\mathrm{d}t}{2x-4}$.

解 由于当 $x\to 2$ 时,$\int_2^x t(t^2-1)\mathrm{d}t \to 0$,这是 $\dfrac{0}{0}$ 型未定式.用洛必达法则

$$I = \lim_{x\to 2}\frac{x(x^2-1)}{2} = 3.$$

二、牛顿-莱布尼茨公式

定理 2(微积分基本公式) 若函数 $f(x)$ 在闭区间 $[a,b]$ 上连续,$F(x)$ 是 $f(x)$ 在 $[a,b]$ 上的一个原函数,则

$$\int_a^b f(x)\mathrm{d}x = F(b) - F(a). \tag{3}$$

证 由于 $F(x)$ 和 $\int_a^x f(t)\mathrm{d}t$ 都是 $f(x)$ 在 $[a,b]$ 上的原函数,它们之间仅差一个常数,即

$$\int_a^x f(t)\mathrm{d}t = F(x) + C, \quad x\in[a,b].$$

在上式中,令 $x=a$,可确定常数 C:$C=-F(a)$,于是

$$\int_a^x f(t)\mathrm{d}t = F(x) - F(a).$$

当 x 取 b 时,便有

$$\int_a^b f(t)\mathrm{d}t = F(b) - F(a).$$

这个公式称为**牛顿(Newton)-莱布尼茨公式**.它是微积分学的一个基本公式.通常以 $F(x)\big|_a^b$ 表示 $F(b)-F(a)$,故公式 (3) 可写做

$$\int_a^b f(x)\mathrm{d}x = F(x)\big|_a^b.$$

公式 (3) 阐明了定积分与原函数之间的关系:**定积分的值等于被积函数的任一个原函数在积分上限与积分下限的函数值之差**.这样,就把求定积分的问题转化为求被积函数的原函数的问题.

例 4 求定积分 $\displaystyle\int_{-\frac{1}{2}}^{\frac{1}{2}}\frac{1}{\sqrt{1-x^2}}\mathrm{d}x$.

解 因 $(\arcsin x)' = \dfrac{1}{\sqrt{1-x^2}}$,由牛顿-莱布尼茨公式

$$I = \arcsin x \Big|_{-\frac{1}{2}}^{\frac{1}{2}} = \arcsin\frac{1}{2} - \arcsin\left(-\frac{1}{2}\right) = \frac{\pi}{6} - \left(-\frac{\pi}{6}\right) = \frac{\pi}{3}.$$

例 5 求定积分 $\int_0^{2\pi} |\sin x| dx$.

解 先去掉被积函数绝对值号. 因

$$|\sin x| = \begin{cases} \sin x, & 0 \leqslant x \leqslant \pi, \\ -\sin x, & \pi < x \leqslant 2\pi. \end{cases}$$

故

$$I = \int_0^\pi \sin x \, dx + \int_\pi^{2\pi} (-\sin x) dx = -\cos x \Big|_0^\pi + \cos x \Big|_\pi^{2\pi}$$
$$= \cos 0 - \cos \pi + \cos 2\pi - \cos \pi = 4.$$

习 题 5.2

1. 求下列函数的导数：

(1) $F(x) = \int_a^x \sin t^2 \cos t \, dt$；   (2) $F(x) = \int_0^{x^3} t\sqrt{1+t} \, dt$；   (3) $F(x) = \int_{x^2}^{x^4} \frac{\sin t}{\sqrt{1+e^t}} dt$.

2. 由方程 $\int_0^y e^{-t^2} dt + \int_0^x \cos t^2 \, dt = 0$ 确定 y 是 x 的函数，求 $\frac{dy}{dx}$.

3. 求下列极限：

(1) $\lim\limits_{x \to 0} \frac{1}{2x} \int_0^{\sin x} e^{-t^2} dt$；   (2) $\lim\limits_{x \to 0} \frac{\left(\int_0^x \sin t^2 \, dt\right)^2}{\int_0^x t^2 \sin t^3 \, dt}$.

4. 设函数 $f(x)$ 在 $[a,b]$ 上连续，且 $f(x) > 0$，又

$$F(x) = \int_a^x f(t) dt + \int_b^x \frac{1}{f(t)} dt,$$

证明：方程 $F(x) = 0$ 在 $[a,b]$ 内仅有一个根.

5. 已知 $f(x)$ 为连续函数，且

$$\int_0^{2x} x f(t) dt + 2\int_x^0 t f(2t) dt = 2x^3(x-1),$$

求 $f(x)$ 在区间 $[0,2]$ 上的最大值与最小值.

6. 设函数 $f(x)$ 连续，且 $f(x) = \sqrt{1-x^2} + \frac{1}{1+x^2} \int_{-1}^1 f(x) dx$，求 $f(x)$.

7. 用牛顿-莱布尼茨公式计算下列定积分：

(1) $\int_0^{\sqrt{3}a} \frac{1}{a^2+x^2} dx$；   (2) $\int_0^1 \frac{1}{\sqrt{4-x^2}} dx$；   (3) $\int_{-\frac{\pi}{3}}^0 \sec t \tan t \, dt$；

(4) $\int_{-4}^4 \frac{1}{\sqrt{x^2+9}} dx$；   (5) $\int_0^\pi |\cos x| dx$；   (6) $\int_a^b x|x| dx \, (a<b)$.

8. 设 $f(x) = \begin{cases} \sqrt{1-\sin 2x}, & 0 \leqslant x \leqslant \frac{\pi}{2}, \\ 6\left(x - \frac{\pi}{2}\right)^2, & \frac{\pi}{2} < x \leqslant 1 + \frac{\pi}{2}, \end{cases}$ 求 $\int_0^{1+\frac{\pi}{2}} f(x) dx$.

9. 设 $f(x)=\begin{cases} e^{-x}, & 0\leqslant x\leqslant 1, \\ 2x, & 1<x\leqslant 2, \end{cases}$ 求 $F(x)=\int_0^x f(t)dt$ 在 $[0,2]$ 上的表达式.

§5.3 定积分的计算

由于牛顿-莱布尼茨公式,已把计算定积分的问题归结为求原函数(或不定积分)的问题. 故由不定积分的换元积分法与分部积分法便可推出定积分的相应的方法.

一、定积分的换元积分法

定理(定积分的换元积分法) 若函数 $f(x)$ 在闭区间 $[a,b]$ 上连续,函数 $x=\varphi(t)$ 在闭区间 $[\alpha,\beta]$ 上有连续的导数,且当 t 在 $[\alpha,\beta]$ 上变动时, $\varphi(t)$ 在 $[a,b]$ 上变动,又 $\varphi(\alpha)=a, \varphi(\beta)=b$,则

$$\int_a^b f(x)dx = \int_\alpha^\beta f(\varphi(t))\varphi'(t)dt.$$

证 依题设:函数 $f(x)$ 在 $[a,b]$ 上存在原函数,函数 $f(\varphi(t))\varphi'(t)$ 在 $[\alpha,\beta]$ 上存在原函数. 若设 $F(x)$ 是 $f(x)$ 的一个原函数,由复合函数的微分法, $F(\varphi(t))$ 也是 $f(\varphi(t))\varphi'(t)$ 的一个原函数. 于是,由牛顿-莱布尼茨公式

$$\int_a^b f(x)dx = F(b) - F(a),$$

$$\int_\alpha^\beta f(\varphi(t))\varphi'(t)dt = F(\varphi(\beta)) - F(\varphi(\alpha)) = F(b) - F(a).$$

这就证明了定理.

例1 求定积分 $\int_0^3 \frac{x^2}{\sqrt{1+x}}dx$.

解 令 $x=t^2-1$,则 $dx=2tdt$. 当 $x=0$ 时, $t=1$;当 $x=3$ 时, $t=2$. 于是

$$I = \int_1^2 \frac{(t^2-1)^2}{t}2tdt = 2\int_1^2 (t^4 - 2t^2 + 1)dt = \frac{76}{15}.$$

例2 求定积分 $\int_0^{\frac{1}{2}} \frac{x^2}{\sqrt{1-x^2}}dx$.

解 令 $x=\sin t$,则 $dx=\cos t dt$. 当 $x=0$ 时, $t=0$;当 $x=\frac{1}{2}$ 时, $t=\frac{\pi}{6}$. 于是

$$I = \int_0^{\frac{\pi}{6}} \frac{\sin^2 t}{\sqrt{1-\sin^2 t}}\cos t dt = \frac{1}{2}\int_0^{\frac{\pi}{6}}(1-\cos 2t)dt$$

$$= \frac{\pi}{12} - \frac{1}{4}\sin 2t \Big|_0^{\frac{\pi}{6}} = \frac{\pi}{12} - \frac{\sqrt{3}}{8}.$$

例3 求定积分 $\int_2^3 \frac{1}{x^2}e^{\frac{1}{x}}dx$.

解 令 $t=\dfrac{1}{x}$，则 $\mathrm{d}t=-\dfrac{1}{x^2}\mathrm{d}x$. 当 $x=2$ 时，$t=\dfrac{1}{2}$；当 $x=3$ 时，$t=\dfrac{1}{3}$. 于是

$$I=-\int_{\frac{1}{2}}^{\frac{1}{3}}\mathrm{e}^t\mathrm{d}t=\mathrm{e}^t\Big|_{\frac{1}{3}}^{\frac{1}{2}}=\mathrm{e}^{\frac{1}{2}}-\mathrm{e}^{\frac{1}{3}}.$$

例 3 这类题目要用换元积分法，但可以不写出新的积分变量. 若不写出新的积分变量，也就无须变换积分限. 可按下面方式书写：

$$I=-\int_2^3 \mathrm{e}^{\frac{1}{x}}\mathrm{d}\frac{1}{x}=-\mathrm{e}^{\frac{1}{x}}\Big|_2^3=\mathrm{e}^{\frac{1}{2}}-\mathrm{e}^{\frac{1}{3}}.$$

例 4 若函数 $f(x)$ 在区间 $[-a,a]$ 上连续，试证：

$$\int_{-a}^{a}f(x)\mathrm{d}x=\int_{0}^{a}[f(x)+f(-x)]\mathrm{d}x.$$

证 由定积分对积分区间的可加性

$$\int_{-a}^{a}f(x)\mathrm{d}x=\int_{-a}^{0}f(x)\mathrm{d}x+\int_{0}^{a}f(x)\mathrm{d}x.$$

为了把上式右端中第一个积分的下限 $-a$ 换为 a，须用变量换元. 为此，令 $x=-t$，则 $\mathrm{d}x=-\mathrm{d}t$.

当 $x=-a$ 时，$t=a$；当 $x=0$ 时，$t=0$. 于是

$$\int_{-a}^{0}f(x)\mathrm{d}x=-\int_{a}^{0}f(-t)\mathrm{d}t=\int_{0}^{a}f(-t)\mathrm{d}t=\int_{0}^{a}f(-x)\mathrm{d}x,$$

从而

$$\int_{-a}^{a}f(x)\mathrm{d}x=\int_{0}^{a}f(-x)\mathrm{d}x+\int_{0}^{a}f(x)\mathrm{d}x=\int_{0}^{a}[f(x)+f(-x)]\mathrm{d}x.$$

由本例可推出习题 5.1 中第 2 题的结论：

在 $[-a,a]$ 上，当 $f(x)$ 为**偶函数**时，因 $f(-x)+f(x)=2f(x)$，所以

$$\int_{-a}^{a}f(x)\mathrm{d}x=2\int_{0}^{a}f(x)\mathrm{d}x;$$

在 $[-a,a]$ 上，当 $f(x)$ 为**奇函数**时，因 $f(-x)+f(x)=0$，所以

$$\int_{-a}^{a}f(x)\mathrm{d}x=0.$$

例 5 设 $f(x)$ 是以 T 为周期的连续函数，则它在任何一个长度等于 T 的区间上的积分都相等，即对任意实数 a，有

$$\int_{a}^{a+T}f(x)\mathrm{d}x=\int_{0}^{T}f(x)\mathrm{d}x.$$

证 用定积分对积分区间的可加性，让左端的定积分的积分区间出现 $[0,T]$.

$$左端=\int_{a}^{0}f(x)\mathrm{d}x+\int_{0}^{T}f(x)\mathrm{d}x+\int_{T}^{a+T}f(x)\mathrm{d}x,$$

对上式右端第三个积分，作代换 $x=t+T$，并用 $f(x+T)=f(x)$，有

$$\int_{T}^{a+T}f(x)\mathrm{d}x=\int_{0}^{a}f(t+T)\mathrm{d}t=-\int_{a}^{0}f(x)\mathrm{d}x.$$

将此结果代入前式,有
$$\int_a^{a+T} f(x)\mathrm{d}x = \int_0^T f(x)\mathrm{d}x.$$

例 6 设函数 $f(x)$ 在区间 $[a,b]$ 上连续,试证
$$\int_a^b f(x)\mathrm{d}x = \int_a^b f(a+b-x)\mathrm{d}x. \tag{1}$$

分析 欲证等式左端被积函数为 $f(x)$,右端被积函数为 $f(a+b-x)$. 若从左端向右端推证,从被积函数着眼,应作变量替换 $x=a+b-t$.

证 令 $x=a+b-t$,则 $\mathrm{d}x=-\mathrm{d}t$. 当 $x=a$ 时,$t=b$;当 $x=b$ 时,$t=a$. 于是
$$\int_a^b f(x)\mathrm{d}x = -\int_b^a f(a+b-t)\mathrm{d}t = \int_a^b f(a+b-t)\mathrm{d}t$$
$$= \int_a^b f(a+b-x)\mathrm{d}x.$$

由(1)式立即可得下述等式
$$\int_a^b f(x)\mathrm{d}x = \frac{1}{2}\int_a^b [f(x)+f(a+b-x)]\mathrm{d}x.$$

特别地,当 $f(x)+f(a+b-x)=A$(常数)时,有
$$\int_a^b f(x)\mathrm{d}x = A \cdot \frac{b-a}{2}.$$

例 7 若函数 $f(x)$ 在区间 $[0,1]$ 上连续,试证
$$\int_0^{\frac{\pi}{2}} f(\sin x)\mathrm{d}x = \int_0^{\frac{\pi}{2}} f(\cos x)\mathrm{d}x.$$

分析 比较等式两端的被积函数,并注意到 $\sin\left(\frac{\pi}{2}-x\right)=\cos x$. 若从左端向右端推证,应设 $x=\frac{\pi}{2}-t$.

证 令 $x=\frac{\pi}{2}-t$,则 $\mathrm{d}x=-\mathrm{d}t$. 当 $x=0$ 时,$t=\frac{\pi}{2}$;当 $x=\frac{\pi}{2}$ 时,$t=0$. 于是
$$\text{左端} = -\int_{\frac{\pi}{2}}^0 f\left(\sin\left(\frac{\pi}{2}-t\right)\right)\mathrm{d}t = \int_0^{\frac{\pi}{2}} f(\cos x)\mathrm{d}x.$$

下述等式就是上式的一例
$$\int_0^{\frac{\pi}{2}} \sin^n x\,\mathrm{d}x = \int_0^{\frac{\pi}{2}} \cos^n x\,\mathrm{d}x \quad (n \text{ 为正整数}).$$

例 8 若函数 $f(x)$ 在 $[0,1]$ 上连续,试证:
$$\int_0^\pi x f(\sin x)\mathrm{d}x = \frac{\pi}{2}\int_0^\pi f(\sin x)\mathrm{d}x.$$

分析 欲证等式左端被积函数的主要部分是 $f(\sin x)$,而右端是 $f(\sin x)$. 我们注意到

$\sin(\pi-x)=\sin x$,应设 $x=\pi-t$.

证 令 $x=\pi-t$,则 $dx=-dt$. 当 $x=0$ 时,$t=\pi$;当 $x=\pi$ 时,$t=0$. 于是

$$\int_0^\pi xf(\sin x)dx = -\int_\pi^0 (\pi-t)f(\sin(\pi-t))dt = \int_0^\pi (\pi-t)f(\sin t)dt$$

$$= \pi\int_0^\pi f(\sin x)dx - \int_0^\pi xf(\sin x)dx,$$

移项可得

$$\int_0^\pi xf(\sin x)dx = \frac{\pi}{2}\int_0^\pi f(\sin x)dx.$$

二、定积分的分部积分法

设函数 $u=u(x), v=v(x)$ 在闭区间 $[a,b]$ 上有连续的导数,则有定积分的**分部积分法公式**:

$$\int_a^b u(x)v'(x)dx = u(x)v(x)\Big|_a^b - \int_a^b u'(x)v(x)dx.$$

简记做

$$\int_a^b uv'dx = uv\Big|_a^b - \int_a^b u'v dx \quad \text{或} \quad \int_a^b u dv = uv\Big|_a^b - \int_a^b v du.$$

例9 求定积分 $\int_1^4 \frac{\ln x}{\sqrt{x}}dx$.

解 $I = 2\int_1^4 \ln x\, d\sqrt{x} = 2\left(\sqrt{x}\ln x\Big|_1^4 - \int \sqrt{x}\frac{1}{x}dx\right)$

$= 2\left(2\ln 4 - 2\sqrt{x}\Big|_1^4\right) = 4(2\ln 2 - 1).$

例10 求定积分 $\int_{-1}^1 (\arcsin x)^2 dx$.

解 注意到被积函数是偶函数

$I = 2\int_0^1 (\arcsin x)^2 dx = 2\left[x(\arcsin x)^2\Big|_0^1 - 2\int_0^1 x\arcsin x \frac{1}{\sqrt{1-x^2}}dx\right]$

$= 2\left[\frac{\pi^2}{4} + 2\int_0^1 \arcsin x\, d\sqrt{1-x^2}\right] = 2\left[\frac{\pi^2}{4} + 2\sqrt{1-x^2}\arcsin x\Big|_0^1 - 2\int_0^1 dx\right]$

$= 2\left(\frac{\pi^2}{4} - 2\right).$

例11 计算 $I_n = \int_0^{\frac{\pi}{2}} \sin^n x dx = \int_0^{\frac{\pi}{2}} \cos^n x dx$ (n 为正整数).

解 在习题 4.3 第 4 题,我们已得到递推公式:当 $n \geq 2$ 时,有

$$\int \sin^n x dx = -\frac{1}{n}\sin^{n-1}x\cos x + \frac{n-1}{n}\int \sin^{n-2}x dx,$$

故 $$\int_0^{\frac{\pi}{2}}\sin^n x\,\mathrm{d}x = -\frac{1}{n}\sin^{n-1}x\cos x\Big|_0^{\frac{\pi}{2}} + \frac{n-1}{n}\int_0^{\frac{\pi}{2}}\sin^{n-2}x\,\mathrm{d}x$$

$$= 0 + \frac{n-1}{n}\int_0^{\frac{\pi}{2}}\sin^{n-2}x\,\mathrm{d}x.$$

即当 $n \geqslant 2$ 时，有递推公式

$$I_n = \frac{n-1}{n}I_{n-2}.$$

又 $$I_0 = \int_0^{\frac{\pi}{2}}\mathrm{d}x = \frac{\pi}{2}, \quad I_1 = \int_0^{\frac{\pi}{2}}\sin x\,\mathrm{d}x = 1,$$

所以

$$I_n = \begin{cases} \dfrac{n-1}{n}\cdot\dfrac{n-3}{n-2}\cdot\cdots\cdot\dfrac{3}{4}\cdot\dfrac{1}{2}\cdot\dfrac{\pi}{2}, & n\text{ 为正偶数}, \\ \dfrac{n-1}{n}\cdot\dfrac{n-3}{n-2}\cdot\cdots\cdot\dfrac{4}{5}\cdot\dfrac{2}{3}\cdot 1, & n\text{ 为大于 1 的正奇数} \end{cases}$$

$$= \begin{cases} \dfrac{(n-1)!!}{n!!}\cdot\dfrac{\pi}{2}, & n\text{ 为正偶数}, \\ \dfrac{(n-1)!!}{n!!}, & n\text{ 为大于 1 的正奇数}. \end{cases}$$

习 题 5.3

1. 计算下列定积分：

(1) $\int_0^1 \dfrac{(\arctan x)^2}{1+x^2}\mathrm{d}x$；

(2) $\int_0^1 \dfrac{x^2}{\sqrt{x^6+4}}\mathrm{d}x$；

(3) $\int_0^{\frac{\pi}{2}} \dfrac{\sin 2x}{1+e^{\cos^2 x}}\mathrm{d}x$；

(4) $\int_{-\frac{\pi}{2}}^{\frac{\pi}{2}} \sqrt{\cos x - \cos^3 x}\,\mathrm{d}x$.

2. 计算下列定积分：

(1) $\int_0^4 \dfrac{x+2}{\sqrt{2x+1}}\mathrm{d}x$；

(2) $\int_{-\frac{5}{3}}^1 \dfrac{\sqrt[3]{3x+5}+2}{1+\sqrt[3]{3x+5}}\mathrm{d}x$；

(3) $\int_1^{\sqrt{3}} \dfrac{1}{x\sqrt{x^2+1}}\mathrm{d}x$；

(4) $\int_{-a}^a (x^2-x)\sqrt{a^2-x^2}\,\mathrm{d}x$.

3. 设 $f(x)=\begin{cases}\dfrac{1}{1-x}, & x<0, \\ \sqrt{x}, & x\geqslant 0,\end{cases}$ 求 $\int_1^5 f(x-3)\,\mathrm{d}x$.

4. 设 $f(x)$ 是连续函数，$F(x)=\int_0^x f(t)\,\mathrm{d}t$. 试证：

(1) 若 $f(x)$ 是奇函数，则 $F(x)$ 是偶函数；

(2) 若 $f(x)$ 是偶函数，则 $F(x)$ 是奇函数.

5. 用公式 $\int_{-a}^a f(x)\,\mathrm{d}x = \int_0^a [f(x)+f(-x)]\,\mathrm{d}x$ 计算下列定积分：

(1) $\int_{-\frac{\pi}{2}}^{\frac{\pi}{2}} \dfrac{1}{1+e^{\frac{1}{x}}}\sin^4 x\,\mathrm{d}x$；

(2) $\int_{-1}^1 x^2\ln(x+\sqrt{4+x^2})\,\mathrm{d}x$；

(3) $\int_{-\frac{\pi}{2}}^{\frac{\pi}{2}} |\sin x| \arctan e^x \mathrm{d}x$; (4) $\int_{-1}^{1} \cos x \cdot \arccos x \mathrm{d}x$.

6. 用公式 $\int_a^b f(x)\mathrm{d}x = \frac{1}{2}\int_a^b [f(x)+f(a+b-x)]\mathrm{d}x$ 计算下列定积分：

(1) $\int_0^{\frac{\pi}{2}} \frac{e^{\sin x}}{e^{\sin x}+e^{\cos x}}\mathrm{d}x$; (2) $\int_0^{\frac{\pi}{2}} \frac{\cos^a x}{\sin^a x + \cos^a x}\mathrm{d}x$;

(3) $\int_0^{\frac{\pi}{4}} \ln(1+\tan x)\mathrm{d}x$; (4) $\int_a^b \frac{f(x)}{f(x)+f(a+b-x)}\mathrm{d}x$.

7. 设函数 $f(x)$ 在给定的积分区间上连续，证明：
$$\int_a^b f(x)\mathrm{d}x = (b-a)\int_0^1 f(a+(b-a)x)\mathrm{d}x.$$
并用该等式计算 $\int_a^b \sqrt{(b-x)(x-a)}\mathrm{d}x \ (a<b)$.

8. 证明下列等式：

(1) $\int_{\frac{1}{x}}^1 \frac{1}{1+x^2}\mathrm{d}x = \int_1^x \frac{1}{1+x^2}\mathrm{d}x \ (x>0)$; (2) $\int_0^a e^{x(a-x)}\mathrm{d}x = 2\int_0^{\frac{a}{2}} e^{x(a-x)}\mathrm{d}x$.

9. 设下述等式中的被积函数连续，试证：

(1) $\int_0^a x[f(\varphi(x))+f(\varphi(a-x))]\mathrm{d}x = a\int_0^a f(\varphi(a-x))\mathrm{d}x$;

(2) $\int_1^4 f\left(\frac{2}{x}+\frac{x}{2}\right)\frac{\ln x}{x}\mathrm{d}x = \ln 2 \int_1^4 f\left(\frac{2}{x}+\frac{x}{2}\right)\frac{1}{x}\mathrm{d}x$.

10. 设函数 $f(x)$ 以 T 为周期且在 $(-\infty, +\infty)$ 内连续，证明 $F(x)$ 以 T 为周期，其中
$$F(x) = \int_0^x f(t)\mathrm{d}t - \frac{x}{T}\int_0^T f(t)\mathrm{d}t.$$

11. 证明下列等式：

(1) $\int_0^\pi f(\sin x)\mathrm{d}x = 2\int_0^{\frac{\pi}{2}} f(\sin x)\mathrm{d}x$; (2) $\int_0^{2\pi} \sin^n x \mathrm{d}x = \begin{cases} 4\int_0^{\frac{\pi}{2}} \sin^n x \mathrm{d}x, & n \text{ 为正偶数}, \\ 0, & n \text{ 为正奇数}. \end{cases}$

12. 计算下列定积分：

(1) $\int_0^{\frac{\pi}{4}} x\cos 2x \mathrm{d}x$; (2) $\int_0^1 x\arctan x^2 \mathrm{d}x$; (3) $\int_{\frac{\pi}{4}}^{\frac{\pi}{2}} \frac{x}{\sin^2 x}\mathrm{d}x$;

(4) $\int_1^{16} \arctan \sqrt{\sqrt{x}-1}\mathrm{d}x$; (5) $\int_{\frac{1}{e}}^e |\ln x|\mathrm{d}x$; (6) $\int_{-1}^1 x^2 e^{|x|}\mathrm{d}x$.

13. 设 $f(x) = \int_0^x e^{-t^2+2t}\mathrm{d}t$，求 $\int_0^1 (x-1)f(x)\mathrm{d}x$.

14. 设 $f(x) = \int_0^x \frac{\sin t}{\pi-t}\mathrm{d}t$，求 $\int_0^\pi f(x)\mathrm{d}x$.

15. 设 m, n 为正整数：

(1) 证明 $\int_0^1 x^m(1-x)^n \mathrm{d}x = \int_0^1 x^n(1-x)^m \mathrm{d}x$;

(2) 用上述等式计算 $\int_1^2 (2-x)^{50}(x-1)\mathrm{d}x$;

(3) 计算 $\int_0^1 x^m(1-x)^n \mathrm{d}x$.

§5.4 反常积分

在讲定积分时,我们假设函数 $f(x)$ 在闭区间 $[a,b]$ 上有界,即积分区间是有限的,被积函数是有界的. 现从两方面推广定积分概念.

(1) 有界函数在无限区间 $[a,+\infty)$,$(-\infty,b]$ 和 $(-\infty,+\infty)$ 上的积分.
(2) 无界函数在有限区间 $[a,b)$,$(a,b]$ 上的积分.
以上这两种积分就是所谓的**反常积分**.

一、无限区间上的反常积分

先看例题.

例 1 计算由曲线 $y=\dfrac{1}{x^2}$,直线 $x=1$,$y=0$ 所围成的图形的面积.

解 由图 5-10 看出,该图形有一边是开口的. 由于直线 $y=0$ 是曲线 $y=\dfrac{1}{x^2}$ 的水平渐近线,图形向右无限延伸,且愈向右开口愈小,可以认为曲线 $y=\dfrac{1}{x^2}$ 在无穷远点与 x 轴相交.

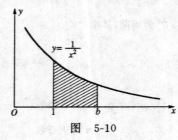

图 5-10

为了求得该图形的面积,取 $b>1$,先作直线 $x=b$. 由定积分的几何意义,图中有阴影部分(曲边梯形)的面积是

$$\int_1^b \frac{1}{x^2}dx = -\frac{1}{x}\Big|_1^b = 1-\frac{1}{b}.$$

显然,当直线 $x=b$ 愈向右移动,有阴影部分的图形愈向右延伸,从而愈接近我们所求的面积. 按我们对极限概念的理解,自然应认为所求的面积是

$$\lim_{b\to+\infty}\int_1^b \frac{1}{x^2}dx = \lim_{b\to+\infty}\left(1-\frac{1}{b}\right)=1.$$

这里,先求定积分,再求极限得到了结果. 仿照定积分的记法,所求面积可形式地记做 $\int_1^{+\infty}\dfrac{1}{x^2}dx$,并称之为函数 $f(x)=\dfrac{1}{x^2}$ 在无限区间 $[1,+\infty)$ 上的反常积分.

定义 1 设函数 $f(x)$ 在区间 $[a,+\infty)$ 上连续,则称记号 $\int_a^{+\infty}f(x)dx$ 为函数 $f(x)$ 在无限区间 $[a,+\infty)$ 上的**反常积分**. 任取 $b>a$,若极限

$$\lim_{b\to+\infty}\int_a^b f(x)dx$$

存在,则称上述**反常积分收敛**,并以这极限为该反常积分的值,即

$$\int_a^{+\infty}f(x)dx = \lim_{b\to+\infty}\int_a^b f(x)dx.$$

否则称上述**反常积分发散**.

类似地，函数 $f(x)$ 在无限区间 $(-\infty,b]$ 上的反常积分记做 $\int_{-\infty}^{b}f(x)\mathrm{d}x$. 任取 $a<b$，用极限
$$\lim_{a\to-\infty}\int_{a}^{b}f(x)\mathrm{d}x$$
存在与否来定义 $\int_{-\infty}^{b}f(x)\mathrm{d}x$ 收敛或发散.

函数 $f(x)$ 在无限区间 $(-\infty,+\infty)$ 上的反常积分记做 $\int_{-\infty}^{+\infty}f(x)\mathrm{d}x$. 任取一数 c，定义
$$\int_{-\infty}^{+\infty}f(x)\mathrm{d}x=\int_{-\infty}^{c}f(x)\mathrm{d}x+\int_{c}^{+\infty}f(x)\mathrm{d}x.$$
仅当等式右端的两个反常积分都收敛时，左端的反常积分收敛；否则，左端的反常积分发散.

按以上无限区间上反常积分收敛与发散的定义，我们是通过先计算定积分，再求极限来确定其敛散性.

例 2 计算反常积分 $\int_{0}^{+\infty}\dfrac{1}{1+x^2}\mathrm{d}x$.

解 任取 $b>0$，则
$$I=\lim_{b\to+\infty}\int_{0}^{b}\dfrac{1}{1+x^2}\mathrm{d}x=\lim_{b\to+\infty}(\arctan x)\Big|_{0}^{b}=\lim_{b\to+\infty}\arctan b=\dfrac{\pi}{2}.$$

例 3 计算反常积分 $\int_{-\infty}^{0}\sin x\mathrm{d}x$.

解 任取 $a<0$，则
$$I=\lim_{a\to-\infty}\int_{a}^{0}\sin x\mathrm{d}x=\lim_{a\to-\infty}(-\cos x)\Big|_{a}^{0}=\lim_{a\to-\infty}(\cos a-1).$$
由于上述极限不存在，所以 $\int_{-\infty}^{0}\sin x\mathrm{d}x$ 发散.

为了书写方便，计算反常积分时，也采取牛顿-莱布尼茨公式的记法. 即，若 $F(x)$ 是函数 $f(x)$ 在区间 $[a,+\infty)$ 上的一个原函数，则
$$\int_{a}^{+\infty}f(x)\mathrm{d}x=F(x)\Big|_{a}^{+\infty}=F(+\infty)-F(a).$$
这里，$F(+\infty)$ 要理解为极限记号，即
$$F(+\infty)=\lim_{x\to+\infty}F(x).$$
类似地，若 $F(x)$ 是函数 $f(x)$ 在区间 $(-\infty,b]$ 上的一个原函数，则
$$\int_{-\infty}^{b}f(x)\mathrm{d}x=F(x)\Big|_{-\infty}^{b}=F(b)-F(-\infty).$$
这里，$F(-\infty)$ 要理解为 $F(-\infty)=\lim\limits_{x\to-\infty}F(x).$

若 $F(x)$ 是函数 $f(x)$ 在区间 $(-\infty,+\infty)$ 上的一个原函数，则
$$\int_{-\infty}^{+\infty}f(x)\mathrm{d}x=F(x)\Big|_{-\infty}^{+\infty}=F(+\infty)-F(-\infty).$$

例 4 计算反常积分 $\int_{-\infty}^{+\infty} \dfrac{e^x}{1+e^{2x}} dx$.

解 $I = \int_{-\infty}^{+\infty} \dfrac{1}{1+e^{2x}} de^x = \arctan e^x \Big|_{-\infty}^{+\infty} = \dfrac{\pi}{2}$.

例 5 讨论反常积分 $\int_{a}^{+\infty} \dfrac{1}{x^p} dx (a>0)$, p 取何值时收敛；取何值时发散？

解 当 $p=1$ 时，
$$\int_{a}^{+\infty} \dfrac{1}{x} dx = \ln x \Big|_{a}^{+\infty} = +\infty;$$

当 $p \neq 1$ 时，取 $b>a$
$$\int_{a}^{b} \dfrac{1}{x^p} dx = \dfrac{1}{1-p} x^{1-p} \Big|_{a}^{b} = \dfrac{1}{1-p}[b^{1-p} - a^{1-p}].$$

于是 $\int_{a}^{+\infty} \dfrac{1}{x^p} dx = \lim\limits_{b \to +\infty} \dfrac{1}{1-p}[b^{1-p} - a^{1-p}] = \begin{cases} \dfrac{a^{1-p}}{p-1}, & p>1, \\ +\infty, & p<1. \end{cases}$

综上，所给反常积分，当 $p>1$ 时收敛，且其值为 $\dfrac{a^{1-p}}{p-1}$；当 $p \leqslant 1$ 时发散.

二、无界函数的反常积分

例 6 试确定由曲线 $y = \dfrac{1}{\sqrt{1-x}}$，直线 $x=0, x=1$ 和 $y=0$ 所围成的图形的面积.

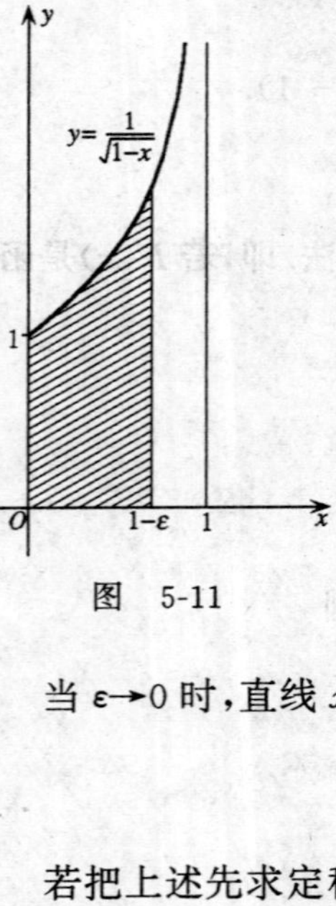

由图 5-11 看到，该图形有一边开口，这是由于当 $x \to 1^-$ 时，函数 $\dfrac{1}{\sqrt{1-x}} \to +\infty$，即 $f(x) = \dfrac{1}{\sqrt{1-x}}$ 在区间 $[0,1)$ 上无界.

注意到曲线 $y = \dfrac{1}{\sqrt{1-x}}$ 以直线 $x=1$ 为垂直渐近线. 我们可以按下述方法求面积.

任取 $\varepsilon > 0$，则 $\dfrac{1}{\sqrt{1-x}}$ 在区间 $[0, 1-\varepsilon]$ 上连续，按定积分的几何意义，图形中有阴影部分的面积是

$$\int_{0}^{1-\varepsilon} \dfrac{1}{\sqrt{1-x}} dx = -\int_{0}^{1-\varepsilon} \dfrac{1}{\sqrt{1-x}} d(1-x)$$
$$= -2\sqrt{1-x} \Big|_{0}^{1-\varepsilon} = 2 - 2\sqrt{\varepsilon}.$$

图 5-11

当 $\varepsilon \to 0$ 时，直线 $x = 1-\varepsilon$ 趋向直线 $x=1$，自然可以认为我们所求的面积是下述极限
$$\lim\limits_{\varepsilon \to 0} \int_{0}^{1-\varepsilon} \dfrac{1}{\sqrt{1-x}} dx = \lim\limits_{\varepsilon \to 0}(2 - 2\sqrt{\varepsilon}) = 2.$$

若把上述先求定积分，再取极限的写法，记做 $\int_{0}^{1} \dfrac{1}{\sqrt{1-x}} dx$，因为被积函数在 $x=1$ 处无

界,称该式为函数 $f(x)=\dfrac{1}{\sqrt{1-x}}$ 在区间 $[0,1)$ 上的反常积分,这是无界函数的反常积分. 有时也称 $x=1$ 是函数 $\dfrac{1}{\sqrt{1-x}}$ 的**瑕点**,因而这种反常积分也称为**瑕积分**.

定义 2 设函数 $f(x)$ 在区间 $[a,b)$ 上连续,当 $x \to b^-$ 时,$f(x) \to \infty$,则称记号 $\int_a^b f(x)\mathrm{d}x$ 为函数 $f(x)$ **在区间 $[a,b)$ 上的反常积分**. 取 $\varepsilon>0 (b-\varepsilon>a)$,若极限

$$\lim_{\varepsilon\to 0}\int_a^{b-\varepsilon} f(x)\mathrm{d}x$$

存在,则称上述**反常积分收敛**,并以这**极限为该反常积分的值**,即

$$\int_a^b f(x)\mathrm{d}x = \lim_{\varepsilon\to 0}\int_a^{b-\varepsilon} f(x)\mathrm{d}x.$$

否则称上述**反常积分发散**.

类似地,当 $x \to a^+$ 时,$f(x) \to \infty$,函数 $f(x)$ 在 $(a,b]$ 上的反常积分记做 $\int_a^b f(x)\mathrm{d}x$. 取 $\varepsilon>0$,用极限

$$\lim_{\varepsilon\to 0}\int_{a+\varepsilon}^b f(x)\mathrm{d}x$$

存在与否来定义它收敛或发散.

当 $x \to c (a<c<b)$ 时,$f(x) \to \infty$,记号 $\int_a^b f(x)\mathrm{d}x$ 为函数 $f(x)$ 在区间 $[a,b]$ 上的反常积分. 定义

$$\int_a^b f(x)\mathrm{d}x = \int_a^c f(x)\mathrm{d}x + \int_c^b f(x)\mathrm{d}x,$$

仅当等式右端的两个反常积分都收敛时,则左端的反常积分收敛;否则,左端的反常积分发散.

例 7 计算反常积分 $\int_0^2 \dfrac{1}{(1-x)^3}\mathrm{d}x$.

解 被积函数在区间 $[0,1),(1,2]$ 上连续,当 $x \to 1$ 时,$\dfrac{1}{(1-x)^3} \to \infty$.

$$I = \int_0^1 \frac{1}{(1-x)^3}\mathrm{d}x + \int_1^2 \frac{1}{(1-x)^3}\mathrm{d}x.$$

取 $\varepsilon>0$,

$$\int_0^1 \frac{1}{(1-x)^3}\mathrm{d}x = \lim_{\varepsilon\to 0}\int_0^{1-\varepsilon} \frac{1}{(1-x)^3}\mathrm{d}x = \lim_{\varepsilon\to 0}\frac{1}{2}\frac{1}{(1-x)^2}\Big|_0^{1-\varepsilon}$$
$$= \frac{1}{2}\lim_{\varepsilon\to 0}\left(\frac{1}{\varepsilon^2}-1\right),$$

显然,上述极限不存在,所以 $\int_0^1 \dfrac{1}{(1-x)^3}\mathrm{d}x$ 发散,从而 $\int_0^2 \dfrac{1}{(1-x)^3}\mathrm{d}x$ 发散.

例8 讨论反常积分 $\int_a^b \frac{1}{(x-a)^p}dx$ $(p>0, a<b)$ 的敛散性.

解 $x=a$ 为被积函数的瑕点,取 $\varepsilon>0$. 当 $p=1$ 时

$$\int_a^b \frac{1}{x-a}dx = \lim_{\varepsilon \to 0}\int_{a+\varepsilon}^b \frac{1}{x-a}dx = \lim_{\varepsilon \to 0}\ln(x-a)\Big|_{a+\varepsilon}^b$$
$$= \lim_{\varepsilon \to 0}[\ln(b-a) - \ln\varepsilon] = +\infty;$$

当 $p \neq 1$ 时

$$\int_a^b \frac{1}{(x-a)^p}dx = \lim_{\varepsilon \to 0}\int_{a+\varepsilon}^b \frac{1}{(x-a)^p}dx$$
$$= \lim_{\varepsilon \to 0}\frac{(x-a)^{1-p}}{1-p}\Big|_{a+\varepsilon}^b = \lim_{\varepsilon \to 0}\frac{1}{1-p}[(b-a)^{1-p} - \varepsilon^{1-p}]$$
$$= \begin{cases} \frac{1}{1-p}(b-a)^{1-p}, & p<1, \\ +\infty, & p>1. \end{cases}$$

综上所述,所给反常积分,当 $p<1$ 时收敛,其值为 $\frac{(b-a)^{1-p}}{1-p}$;当 $p \geq 1$ 时,发散.

习 题 5.4

1. 计算下列反常积分:
   (1) $\int_1^{+\infty} e^{-x}dx$;
   (2) $\int_{-\infty}^{+\infty} \frac{1}{x^2+4x+5}dx$;
   (3) $\int_1^{+\infty} \frac{1}{x^2(x+1)}dx$;
   (4) $\int_{-\infty}^0 \frac{e^x}{1+e^x}dx$;
   (5) $\int_0^{+\infty} xe^{-x}dx$;
   (6) $\int_0^{+\infty} e^{-x}\sin x dx$.

2. 判断下列反常积分发散:
   (1) $\int_0^{+\infty} \cos x dx$;
   (2) $\int_2^{+\infty} \frac{1}{x\ln x}dx$.

3. 讨论反常积分 $\int_2^{+\infty} \frac{1}{x(\ln x)^p}dx$, p 取何值时收敛; p 取何值时发散.

4. 已知 $\int_0^{+\infty} \frac{\sin x}{x}dx = \frac{\pi}{2}$, 试证: $I_1 = \int_0^{+\infty} \frac{\sin x \cos x}{x}dx = \frac{\pi}{4}$, $I_2 = \int_0^{+\infty} \frac{\sin^2 x}{x^2}dx = \frac{\pi}{2}$.

5. 计算下列反常积分:
   (1) $\int_0^4 \frac{x}{\sqrt{4-x}}dx$;
   (2) $\int_0^1 \frac{\arcsin x}{\sqrt{x(1-x)}}dx$;
   (3) $\int_0^{\pi} \frac{1}{\sqrt{x}}e^{-\sqrt{x}}dx$;
   (4) $\int_0^3 \frac{1}{(x-1)^{\frac{3}{2}}}dx$;
   (5) $\int_{-1}^1 \frac{1}{\sqrt{1-x^2}}dx$;
   (6) $\int_0^1 \frac{\ln x}{x}dx$.

6. 已知 $f(x) = \int_1^{\sqrt{x}} e^{-t^2}dt$, 计算 $\int_0^1 \frac{f(x)}{\sqrt{x}}dx$.

7. 讨论反常积分 $\int_a^b \frac{1}{(b-x)^p}dx$ $(p>0, a<b)$, p 取何值时收敛; p 取何值时发散.

§5.5 反常积分敛散性的判别法·Γ函数与B函数

前一节,是用反常积分敛散性的定义,即先求出被积函数的原函数,计算定积分,然后再

取极限,依极限存在与否来确定反常积分的敛散性. 这样做,一方面当原函数不能用初等函数表示时就行不通了;另一方面,在多数情况下,我们仅需要的是反常积分的敛散性. 本节将介绍一些由反常积分的被积函数本身来判别其敛散性的方法.

Γ 函数与 B 函数在理论上和应用上都有重要意义,这里作简要介绍.

一、无限区间反常积分敛散性的判别法

定理 1(比较判别法) 设函数 $f(x)$ 和 $g(x)$ 在区间 $[a,+\infty)$ 上连续,且 $0\leqslant f(x)\leqslant g(x)$.

(1) 若 $\int_a^{+\infty} g(x)\mathrm{d}x$ 收敛,则 $\int_a^{+\infty} f(x)\mathrm{d}x$ 收敛;

(2) 若 $\int_a^{+\infty} f(x)\mathrm{d}x$ 发散,则 $\int_a^{+\infty} g(x)\mathrm{d}x$ 发散.

证 (1) 因 $\int_a^{+\infty} g(x)\mathrm{d}x$ 收敛,设 $\int_a^{+\infty} g(x)\mathrm{d}x = A$. 在区间 $[a,b]$ 上,由定积分的性质

$$\int_a^b f(x)\mathrm{d}x \leqslant \int_a^b g(x)\mathrm{d}x \leqslant A.$$

若记 $F(b) = \int_a^b f(x)\mathrm{d}x$,则当 $b\to+\infty$ 时,$F(b)$ 是单调增函数且有上界. 由极限存在准则,极限

$$\lim_{b\to+\infty} F(b) = \lim_{b\to+\infty} \int_a^b f(x)\mathrm{d}x$$

存在,即反常积分 $\int_a^{+\infty} f(x)\mathrm{d}x$ 收敛.

(2) 用反证法. 若 $\int_a^{+\infty} g(x)\mathrm{d}x$ 收敛,则由(1)知,$\int_a^{+\infty} f(x)\mathrm{d}x$ 也收敛. 这与假设矛盾.

例 1 反常积分 $\int_1^{+\infty} \mathrm{e}^{-x^2}\mathrm{d}x$ 是收敛的. 这是因为当 $x\geqslant 1$ 时,

$$0 \leqslant \mathrm{e}^{-x^2} \leqslant \mathrm{e}^{-x}, \quad \text{且} \quad \int_1^{+\infty} \mathrm{e}^{-x}\mathrm{d}x \text{ 收敛},$$

所以由定理 1 知,上述结论是正确的.

由于反常积分 $\int_a^{+\infty} \frac{1}{x^p}\mathrm{d}x (a>0)$,当 $p>1$ 时收敛;当 $p\leqslant 1$ 时发散. 因此,在应用定理 1 时,若选取 $g(x) = \frac{1}{x^p}$,则有下面**两个推论**.

推论 1 设函数 $f(x)$ 在区间 $[a,+\infty)(a>0)$ 上连续,$f(x)\geqslant 0, M>0$.

(1) 若 $f(x) \leqslant \frac{M}{x^p}$,且 $p>1$,则 $\int_a^{+\infty} f(x)\mathrm{d}x$ 收敛;

(2) 若 $f(x) \geqslant \frac{M}{x^p}$,且 $p\leqslant 1$,则 $\int_a^{+\infty} f(x)$ 发散.

若把上述推论,写成极限形式,用起来更为方便.

推论 2（柯西判别法） 设函数 $f(x)$ 在区间 $[a,+\infty)(a>0)$ 上连续，$f(x)\geqslant 0$，且
$$\lim_{x\to+\infty} x^p f(x) = l.$$

(1) 若 $p>1, 0\leqslant l<+\infty$，则 $\int_a^{+\infty} f(x)\mathrm{d}x$ 收敛；

(2) 若 $p\leqslant 1, 0<l\leqslant +\infty$，则 $\int_a^{+\infty} f(x)\mathrm{d}x$ 发散。

对推论 2，由于当 $\lim\limits_{x\to+\infty} x^p f(x) = l, p>1, 0\leqslant l<+\infty$ 时，$\int_a^{+\infty} f(x)\mathrm{d}x$ 收敛，而 $\lim\limits_{x\to+\infty} x^p = +\infty$，所以，当 $x\to +\infty$ 时，$f(x)\to 0$，且 $f(x)$ 与 $\dfrac{1}{x^p}(p>1)$ 相比，是**同阶或高阶无穷小**。由此，用推论 2 判别反常积分 $\int_a^{+\infty} f(x)\mathrm{d}x$ 的敛散性时，必须根据上述思路将被积函数 $f(x)$ 与 $\dfrac{1}{x^p}$ 作比较，对 $\int_a^{+\infty} f(x)\mathrm{d}x$ 的敛散性作出初步估计，并恰当地选取 x^p；然后通过计算极限得到结论。

例 2 判别下列反常积分的敛散性：

(1) $\int_1^{+\infty} \dfrac{\arctan x}{1+x^2}\mathrm{d}x$；　　(2) $\int_1^{+\infty} \dfrac{1}{\sqrt{x(x+1)(x+2)}}\mathrm{d}x$.

解 (1) 在区间 $[1,+\infty)$ 内，因
$$\dfrac{\arctan x}{1+x^2} > 0, \quad 且 \quad \dfrac{\arctan x}{1+x^2} \leqslant \dfrac{\pi}{2}\cdot\dfrac{1}{x^2},$$
这里，$M=\dfrac{\pi}{2}, p=2>1$，所以由定理 1 的推论 1 知，所给反常积分收敛。

(2) 注意到当 $x\to +\infty$ 时，$\dfrac{1}{\sqrt{x(x+1)(x+2)}}\sim x^{\frac{3}{2}}$。在区间 $[1,+\infty)$ 内，因
$$\dfrac{1}{\sqrt{x(x+1)(x+2)}} > 0, \quad 且 \quad \lim_{x\to +\infty} x^{\frac{3}{2}}\dfrac{1}{\sqrt{x(x+1)(x+2)}} = 1,$$
这里，$p=\dfrac{3}{2}, l=1$。所以由定理 1 的推论 2，所给反常积分收敛。

例 3 判别反常积分 $\int_1^{+\infty} \dfrac{3x^2}{\sqrt{x+1}}\sin\dfrac{1}{x^2}\mathrm{d}x$ 的敛散性。

解 注意到当 $x\to +\infty$ 时，$\sin\dfrac{1}{x^2}\sim\dfrac{1}{x^2}$，$\dfrac{1}{\sqrt{x+1}}\sim\dfrac{1}{\sqrt{x}}$。由此，在 $[1,+\infty)$ 内，因
$$\dfrac{3x^2}{\sqrt{x+1}}\sin\dfrac{1}{x^2} > 0 \quad 且 \quad \lim_{x\to +\infty} x^{\frac{1}{2}}\cdot\dfrac{3x^2}{\sqrt{x+1}}\sin\dfrac{1}{x^2} = 3,$$
这里，$p=\dfrac{1}{2}, l=3$，由定理 1 的推论 2 知，所给反常积分发散。

以上讨论的反常积分，被积函数均为非负的情况。若反常积分的被积函数在积分区间内不能满足非负的条件时，则可用下面的定理 2 判定。

定理 2（绝对收敛定理） 设函数 $f(x)$ 在区间 $[a,+\infty)$ 上连续，若反常积分

$\int_a^{+\infty}|f(x)|\mathrm{d}x$ 收敛,则 $\int_a^{+\infty}f(x)\mathrm{d}x$ 必收敛,且

$$\left|\int_a^{+\infty}f(x)\mathrm{d}x\right|\leqslant\int_a^{+\infty}|f(x)|\mathrm{d}x.$$

这时称反常积分 $\int_a^{+\infty}f(x)\mathrm{d}x$ **绝对收敛**.

例 4 对反常积分 $\int_1^{+\infty}\mathrm{e}^{-\alpha x}\sin\beta x\mathrm{d}x(\alpha>0)$,因在区间 $[1,+\infty)$ 内,$\mathrm{e}^{-\alpha x}>0$,而 $\sin\beta x$ 不满足非负条件,所以不能直接利用定理 1 及其推论判别其收敛性. 由于

$$|\mathrm{e}^{-\alpha x}\sin\beta x|\leqslant\mathrm{e}^{-\alpha x},\quad 且 \quad \int_1^{+\infty}\mathrm{e}^{-\alpha x}\mathrm{d}x \text{ 收敛},$$

由定理 1,反常积分 $\int_1^{+\infty}|\mathrm{e}^{-\alpha x}\sin\beta x|\mathrm{d}x$ 收敛. 再由定理 2,$\int_1^{+\infty}\mathrm{e}^{-\alpha x}\sin\beta x\mathrm{d}x$ 收敛,且是绝对收敛.

二、无界函数反常积分敛散性的判别法

定理 3（比较判别法） 设函数 $f(x)$ 和 $g(x)$ 在区间 $(a,b]$ 上连续,a 是 $f(x)$ 和 $g(x)$ 的瑕点,且 $0\leqslant f(x)\leqslant g(x)$:

(1) 若 $\int_a^b g(x)\mathrm{d}x$ 收敛,则 $\int_a^b f(x)\mathrm{d}x$ 收敛;

(2) 若 $\int_a^b f(x)\mathrm{d}x$ 发散,则 $\int_a^b g(x)\mathrm{d}x$ 发散.

例 5 反常积分 $\int_0^1\dfrac{1}{\sqrt{x}}\sin^2\dfrac{1}{x}\mathrm{d}x$ 是收敛的,这里 $x=0$ 是瑕点. 在 $(0,1]$ 内,$\dfrac{1}{\sqrt{x}}\sin^2\dfrac{1}{x}>0$,由于

$$\frac{1}{\sqrt{x}}\sin^2\frac{1}{x}\leqslant\frac{1}{\sqrt{x}},\quad 且 \quad \int_0^1\frac{1}{\sqrt{x}}\mathrm{d}x \text{ 收敛},$$

故由定理 3,上述结论正确.

由于反常积分 $\int_a^b\dfrac{1}{(x-a)^p}\mathrm{d}x(p>0)$,当 $p<1$ 时收敛;当 $p\geqslant 1$ 时发散. 由此,在定理 3 中,若取 $g(x)=\dfrac{1}{(x-a)^p}(p>0)$,则有下述**两个推论**.

推论 1 设函数 $f(x)$ 在区间 $(a,b]$ 上连续,a 是 $f(x)$ 的瑕点,$f(x)\geqslant 0$,$M>0$.

(1) 若 $f(x)\leqslant\dfrac{M}{(x-a)^p}$,且 $0<p<1$,则 $\int_a^b f(x)\mathrm{d}x$ 收敛;

(2) 若 $f(x)\geqslant\dfrac{M}{(x-a)^p}$,且 $p\geqslant 1$,则 $\int_a^b f(x)\mathrm{d}x$ 发散.

推论 2（柯西判别法） 设函数 $f(x)$ 在区间 $(a,b]$ 上连续,a 是 $f(x)$ 的瑕点,$f(x)\geqslant 0$,且

$$\lim_{x\to a^+}(x-a)^p f(x)=l.$$

(1) 若 $0<p<1, 0\leqslant l<+\infty$, 则 $\int_a^b f(x)\mathrm{d}x$ 收敛;

(2) 若 $p\geqslant 1, 0<l\leqslant +\infty$, 则 $\int_a^b f(x)\mathrm{d}x$ 发散.

对无界函数的反常积分, **类似于定理 2**, 有

设函数 $f(x)$ 在区间 $(a,b]$ 上连续, a 是 $f(x)$ 的瑕点, 若 $\int_a^b |f(x)|\mathrm{d}x$ 收敛, 则反常积分 $\int_a^b f(x)\mathrm{d}x$ 必收敛, 这时称该反常积分**绝对收敛**.

例 6 判别下列反常积分的敛散性:

(1) $\int_0^1 \dfrac{1}{\sqrt[3]{1-x^3}}\mathrm{d}x$; (2) $\int_0^1 \dfrac{\ln x}{\sqrt{x}}\mathrm{d}x$.

解 (1) $x=1$ 是瑕点. 在区间 $[0,1)$ 内, 因

$$\frac{1}{\sqrt[3]{1-x^3}}\geqslant 0, \quad \text{且} \quad \frac{1}{\sqrt[3]{1-x^3}}\leqslant \frac{1}{(1-x)^{\frac{1}{3}}},$$

这里, $p=\dfrac{1}{3}$, 所以由定理 3 的推论 1, 所给反常积分收敛.

(2) $x=0$ 是瑕点. 在区间 $(0,1]$ 内, $\dfrac{\ln x}{\sqrt{x}}<0$, 考虑反常积分 $\int_0^1 \left|\dfrac{\ln x}{\sqrt{x}}\right|\mathrm{d}x$. 由于

$$\left|\frac{\ln x}{\sqrt{x}}\right|=-\frac{\ln x}{\sqrt{x}}>0,$$

且

$$\lim_{x\to 0^+} x^{\frac{3}{4}}\left(-\frac{\ln x}{\sqrt{x}}\right)=-\lim_{x\to 0^+}\frac{\ln x}{x^{-\frac{1}{4}}}=\lim_{x\to 0^+}4x^{\frac{1}{4}}=0,$$

这里, $p=\dfrac{3}{4}, l=0$, 由定理 3 的推论 2, $\int_0^1 \left|\dfrac{\ln x}{\sqrt{x}}\right|\mathrm{d}x$ 收敛, 从而, $\int_0^1 \dfrac{\ln x}{\sqrt{x}}\mathrm{d}x$ 收敛, 且绝对收敛.

例 7 反常积分 $\int_1^2 \dfrac{\sqrt{x}}{\ln x}\mathrm{d}x$ 是发散的. 这里, $x=1$ 是瑕点, 在 $(1,2]$ 内, $\dfrac{\sqrt{x}}{\ln x}>0$. 因为

$$\lim_{x\to 1^+}(x-1)\frac{\sqrt{x}}{\ln x}=\frac{\lim_{x\to 1^+}\sqrt{x}}{\lim_{x\to 1^+}\dfrac{\ln x}{x-1}}=\frac{1}{1}=1,$$

其中, $p=1, l=1$, 由定理 3 的推论 2, 所给反常积分发散.

例 8 讨论积分 $\int_0^1 x^{p-1}(1-x)^{q-1}\mathrm{d}x$ 的敛散性.

解 当 $p\geqslant 1, q\geqslant 1$ 时, 所给积分是定积分, 有确定的值.

当 $p<1$ 时, $x=0$ 为被积函数的瑕点; 当 $q<1$ 时, $x=1$ 为被积函数的瑕点. 设

$$\int_0^1 x^{p-1}(1-x)^{q-1}\mathrm{d}x = I_1+I_2,$$

其中 $I_1 = \int_0^{\frac{1}{2}} x^{p-1}(1-x)^{q-1} dx$, $I_2 = \int_{\frac{1}{2}}^1 x^{p-1}(1-x)^{q-1} dx$.

因
$$\lim_{x \to 0^+} x^{1-p} x^{p-1}(1-x)^{q-1} = 1,$$
$$\lim_{x \to 1^-} (1-x)^{1-q} x^{p-1}(1-x)^{q-1} = 1,$$

因此,当 $0 < 1-p < 1$,即 $0 < p < 1$ 时,反常积分 I_1 收敛;当 $0 < 1-q < 1$,即 $0 < q < 1$ 时,反常积分 I_2 收敛.

综上,所给积分当 $p > 0$ 且 $q > 0$ 时收敛;当 $p \leqslant 0$ 或 $q \leqslant 0$ 时发散.

例9 讨论反常积分 $\int_0^{+\infty} x^{\alpha-1} e^{-x} dx$ 的敛散性.

解 这显然是无限区间的反常积分;又当 $\alpha < 1$ 时,$x = 0$ 是被积函数的瑕点,这又是瑕积分. 因
$$\int_0^{+\infty} x^{\alpha-1} e^{-x} dx = \int_0^1 x^{\alpha-1} e^{-x} dx + \int_1^{+\infty} x^{\alpha-1} e^{-x} dx.$$

对上式右端第一个积分,当 $\alpha \geqslant 1$ 时,是定积分,有确定的值;当 $\alpha < 1$ 时,是瑕积分. 因
$$\lim_{x \to 0^+} x^{1-\alpha} \cdot x^{\alpha-1} e^{-x} = 1,$$

所以,当 $0 < 1-\alpha < 1$,即 $0 < \alpha < 1$ 时,收敛.

对上式右端第二个反常积分,对任何实数 α,因
$$\lim_{x \to +\infty} x^2 x^{\alpha-1} e^{-x} = \lim_{x \to +\infty} \frac{x^{\alpha+1}}{e^x} = 0,$$

即对任何实数 α 都收敛.

综上,所给反常积分,当 $\alpha > 0$ 时收敛;当 $\alpha \leqslant 0$ 时发散.

由例 8 和例 9 所给出的两个反常积分,在概率论中要用到,下面对它们略加深入讨论.

三、Γ 函数与 B 函数

1. Γ 函数

反常积分 $\int_0^{+\infty} x^{\alpha-1} e^{-x} dx$,当 $\alpha > 0$ 时收敛,这时,**它是参变量 α 的函数**,称为 Γ 函数(读做 Gamma 函数),记做 $\Gamma(\alpha)$,即
$$\Gamma(\alpha) = \int_0^{+\infty} x^{\alpha-1} e^{-x} dx \quad (\alpha > 0).$$

若令 $x = t^2$,得到 Γ 函数的另一种表现形式
$$\Gamma(\alpha) = 2 \int_0^{+\infty} t^{2\alpha-1} e^{-t^2} dt.$$

特别地,当 $\alpha = \frac{1}{2}$ 时,有
$$\Gamma\left(\frac{1}{2}\right) = 2 \int_0^{+\infty} e^{-x^2} dx.$$

Γ 函数有如下**递推公式**：

(1) $\Gamma(\alpha+1)=\alpha\Gamma(\alpha)$；

(2) $\Gamma(n+1)=n!$（n 为正整数）.

证 (1) 用分部积分法

$$\Gamma(\alpha+1)=\int_0^{+\infty} x^\alpha e^{-x}dx = -x^\alpha e^{-x}\Big|_0^{+\infty}+\alpha\int_0^{+\infty} x^{\alpha-1}e^{-x}dx$$
$$=\alpha\Gamma(\alpha).$$

(2) 若 α 为正整数 n，由上述递推公式，则

$$\Gamma(n+1)=n\Gamma(n)=n(n-1)\Gamma(n-1)$$
$$=\cdots=n(n-1)\cdot\cdots\cdot 2\cdot 1\cdot\Gamma(1)$$
$$=n!,$$

其中 $\Gamma(1)=\int_0^{+\infty} e^{-x}dx=1.$

设 $n\leqslant\alpha\leqslant n+1$（$n$ 是正整数），即 $0<\alpha-n\leqslant 1$，由 Γ 函数的递推公式，有**公式**

$$\Gamma(\alpha+1)=\alpha(\alpha-1)\cdot\cdots\cdot(\alpha-n)\Gamma(\alpha-n). \tag{1}$$

在上式中，若已知 $\Gamma(\alpha)$ 在 $0<\alpha\leqslant 1$ 上的值①，则 α 在其他范围内的数值，均可计算出来.

2. B 函数

反常积分 $\int_0^1 x^{p-1}(1-x)^{q-1}dx$，当 $p>0$ 且 $q>0$ 时收敛，这时，**它是参变量 p 和 q 的函数**，称为 B 函数（读做 Beta 函数），记做 B(p,q)，即

$$B(p,q)=\int_0^1 x^{p-1}(1-x)^{q-1}dx \quad (p>0,q>0).$$

若令 $x=\sin^2 t$，便得到 B **函数的如下形式**

$$B(p,q)=2\int_0^{\frac{\pi}{2}}\sin^{2p-1}t\cos^{2q-1}t\, dt. \tag{2}$$

B 函数有如下性质：

(1) 对称性：$B(p,q)=B(q,p)$；

(2) 递推公式

$$B(p+1,q+1)=\frac{q}{p+q+1}B(p+1,q), \tag{3}$$

$$B(p+1,q+1)=\frac{p}{p+q+1}B(p,q+1), \tag{4}$$

$$B(p+1,q+1)=\frac{pq}{(p+q+1)(p+q)}B(p,q); \tag{5}$$

(3) B 函数与 Γ 函数的关系

---

① 可查 Γ 函数表.

$$B(p,q) = \frac{\Gamma(p)\Gamma(q)}{\Gamma(p+q)}. \tag{6}$$

证 (1) 作变换 $x = 1 - y$,得

$$B(p,q) = \int_0^1 x^{p-1}(1-x)^{q-1}dx$$

$$= \int_0^1 (1-y)^{p-1}y^{q-1}dy = B(q,p).$$

(2) 用分部积分法

$$B(p+1, q+1) = \int_0^1 x^p (1-x)^q dx$$

$$= \frac{1}{p+1} x^{p+1}(1-x)^q \bigg|_0^1 + \frac{q}{p+1}\int_0^1 x^{p+1}(1-x)^{q-1}dx$$

$$= \frac{q}{p+1}\int_0^1 x^p[1-(1-x)](1-x)^{q-1}dx$$

$$= \frac{q}{p+1}\left[\int_0^1 x^p (1-x)^{q-1}dx - \int_0^1 x^p(1-x)^q dx\right]$$

$$= \frac{q}{p+1}B(p+1,q) - \frac{q}{p+1}B(p+1,q+1),$$

移项并整理,即有

$$B(p+1, q+1) = \frac{q}{p+q+1}B(p+1,q).$$

公式(4)可类似证明;由公式(3)和公式(4)便可推得公式(5).

例 10 证明 $\int_0^{+\infty} e^{-x^2}dx = \frac{\sqrt{\pi}}{2}$.

证 由 Γ 函数与 B 函数的关系式(6)

$$B\left(\frac{1}{2}, \frac{1}{2}\right) = \frac{\Gamma\left(\frac{1}{2}\right)\Gamma\left(\frac{1}{2}\right)}{\Gamma\left(\frac{1}{2} + \frac{1}{2}\right)} = \left[\Gamma\left(\frac{1}{2}\right)\right]^2.$$

由 B 函数的表示式(2)知 $B\left(\frac{1}{2}, \frac{1}{2}\right) = 2\int_0^{\frac{\pi}{2}}dt = \pi$,于是

$$\int_0^{+\infty} e^{-x^2}dx = \frac{\sqrt{\pi}}{2}, \quad 即 \quad \Gamma\left(\frac{1}{2}\right) = \sqrt{\pi}.$$

由公式(1)和 $\Gamma\left(\frac{1}{2}\right)$ 的值可以得到(n 是正整数)如下公式

$$\Gamma\left(\frac{1}{2} + n\right) = \frac{2n-1}{2} \cdot \frac{2n-3}{2} \cdots \cdot \frac{1}{2}\sqrt{\pi}.$$

习 题 5.5

1. 判别下列反常积分的敛散性：

(1) $\int_1^{+\infty} \dfrac{\sin^2 x}{1+x^2}dx$； (2) $\int_1^{+\infty} \dfrac{1}{1+x|\sin x|}dx$； (3) $\int_e^{+\infty} \dfrac{1}{\ln x}dx$；

(4) $\int_1^{+\infty} \dfrac{2x}{\sqrt{x^3+1}}\arctan\dfrac{1}{x}dx$； (5) $\int_1^{+\infty} \dfrac{1}{x^2+\sqrt[3]{x^4+2}}dx$； (6) $\int_1^{+\infty} \sin\dfrac{1}{x^2}dx$.

2. 判别下列积分是否收敛，是否绝对收敛：

(1) $\int_1^{+\infty} \dfrac{\sin x}{x^{1+p}}dx\ (p>0)$； (2) $\int_0^{+\infty} \dfrac{\cos(2x+3)}{\sqrt{x^3+1}\sqrt[3]{x^2+1}}dx$； (3) $\int_0^{+\infty} \dfrac{\sin x}{x}e^{-x}dx$.

3. 判别下列反常积分的敛散性：

(1) $\int_0^1 \dfrac{x^4}{\sqrt{1-x^4}}dx$； (2) $\int_0^1 \dfrac{1}{\sqrt{(1-x^2)(2-x^2)}}dx$；

(3) $\int_{-1}^{2} \dfrac{2x}{x^2-4}dx$； (4) $\int_0^{\pi/2} \dfrac{1-\cos x}{x^n}dx\ (n\ \text{是正整数})$.

4. 反常积分 $\int_0^1 \dfrac{\ln x}{1-x^2}dx$ 是否收敛，是否绝对收敛.

5. 讨论下列反常积分的敛散性：

(1) $\int_0^{+\infty} \dfrac{\sin\sqrt{x}}{x^2+x}dx$； (2) $\int_0^{+\infty} \dfrac{x^m}{1+x^n}dx\ (n>0)$.

6. 计算 $\Gamma\left(\dfrac{9}{2}\right)$，$\dfrac{\Gamma(4)\Gamma\left(\dfrac{5}{2}\right)}{\Gamma\left(\dfrac{7}{2}\right)}$.

7. 用 Γ 函数计算下列反常积分（n 是正整数）：

(1) $\int_0^{+\infty} x^{2n}e^{-x^2}dx$； (2) $\int_0^1 \left(\ln\dfrac{1}{x}\right)^n dx$.

8. 已知 $\int_0^{+\infty} e^{-x^2}dx = \dfrac{\sqrt{\pi}}{2}$，计算 $\int_{-\infty}^{+\infty} \dfrac{1}{\sqrt{2\pi}\sigma}e^{-\dfrac{(x-\mu)^2}{2\sigma^2}}dx$.

§5.6 定积分的几何应用

本节先介绍用定积分解决实际问题的思维方法，即定积分的微元法. 然后再讲述定积分的几何应用.

一、微元法

1. 定积分是无限积累

加法是一种积累，通常的加法是有限项相加. 回忆引出定积分概念的两个问题——曲边梯形的面积和变速直线运动的路程，从解决这两个问题的基本思想和程序来考察，我们体会到，定积分也是一种积累，曲边梯形的面积是由"小窄条面积"积累而得：无限多个底边长趋于零的小矩形的面积相加而得；变速直线运动的路程是由"小段路程"积累而得：无限多个时间间隔趋于零的小段路程相加而成为全路程. 由上述可知,用定积分所表示的积累与通常意义下的积累不同. 这里要以无限细分区间 $[a,b]$ 而经历一个取极限的过程. 也就是说,定积分是无限积累.

2. 能用定积分表示的量所具有的特点

(1) 设所求的量是 S,它是不均匀地分布在一个有限区间 $[a,b]$ 上,或者说,它与自变量 x 的一个区间有关,当区间 $[a,b]$ 给定后, S 就是一确定的量,而且量 S 对该区间**具有可加性**,即如果将 $[a,b]$ 分成 n 个部分区间 $[x_{i-1}, x_i](i=1, 2, \cdots, n)$,那么,量 S 就是对应于各个部分区间上的部分量 ΔS_i 的总和

$$S = \sum_{i=1}^{n} \Delta S_i.$$

(2) 由于量 S 在区间 $[a,b]$ 上的分布是不均匀的,一般说来,部分量 ΔS_i 在部分区间 $[x_{i-1}, x_i]$ 上的分布也是不均匀的,但我们能用"**以直代曲**"或"**以不变代变**"的方法写出 ΔS_i 的近似表示式

$$\Delta S_i \approx f(\xi_i) \Delta x_i, \quad i = 1, 2, \cdots, n, x_{i-1} \leqslant \xi_i \leqslant x_i,$$

这里 $f(x)(x \in [a,b])$ 是根据具体问题所得到的函数.

量 S 具有的第一个特点,是它能用定积分表示的**前提**;量 S 具有第二个特点,是它能用定积分表示的**关键**,这是因为有了部分量的近似表示式,只要通过**求和取极限**的手续就过渡为定积分的表示式

$$S = \lim_{\Delta x \to 0} \sum_{i=1}^{n} f(\xi_i) \Delta x_i = \int_a^b f(x) dx.$$

3. 用定积分表示具体问题的简化程序

用定积分解决实际问题时,根据上述分析,可把"分割、近似代替、求和取极限"的过程简化为如下**程序**:

(1) 写出部分量的近似表示式:在区间 $[a,b]$ 上任取一个部分区间 $[x, x+\Delta x]$,或记做 $[x, x+dx]$,设法写出所求量 S 在 $[x, x+dx]$ 上的部分量 ΔS 的近似表示式

$$\Delta S \approx f(x) dx,$$

它称为量 S 的**微分元素**(简称微元).

(2) 定限求积分:当 $\Delta x \to 0$ 时,所有的微元无限相加,就是在区间 $[a,b]$ 上的定积分:

$$S = \int_a^b f(x) dx.$$

用定积分表示具体问题的简化程序通常称为**微元法**.

二、平面图形的面积

由定积分的几何意义,我们已经知道:由连续曲线 $y = f(x)$,直线 $x = a, x = b(a < b)$ 和 x 轴所围成的曲边梯形的面积为

$$A = \int_a^b |f(x)| dx = \int_a^b |y| dx. \tag{1}$$

一般地，由两条连续曲线 $y=g(x), y=f(x)$ 及两条直线 $x=a, x=b(a<b)$ 所围成的平面图形的面积为(图 5-12).

$$A = \int_a^b |f(x) - g(x)| dx. \tag{2}$$

由两条连续曲线 $x=\psi(y), x=\varphi(y)$ 及两条直线 $y=c, y=d(c<d)$ 所围成的平面图形的面积为(图 5-13)

$$A = \int_c^d |\varphi(y) - \psi(y)| dy. \tag{3}$$

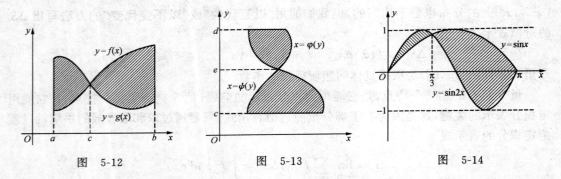

图 5-12 图 5-13 图 5-14

例1 求由曲线 $y=\sin x, y=\sin 2x$ 在 $x=0$ 与 $x=\pi$ 之间所围成的图形的面积.

解 先画草图如图 5-14.

其次，选积分变量并确定积分限. 若选 x 为积分变量，积分下限为 $x=0$，上限为 $x=\pi$.

最后，用面积公式求面积. 由图 5-14 看，应确定两条曲线 $y=\sin x$ 与 $y=\sin 2x$ 的交点：由方程

$$\sin x - \sin 2x = \sin x(1 - 2\cos x) = 0, \quad x \in [0, \pi]$$

可解得 $x=0, x=\dfrac{\pi}{3}, x=\pi$. 显然，应用直线 $x=\dfrac{\pi}{3}$ 将图形分成两块. 所求面积

$$A = \int_0^\pi |\sin x - \sin 2x| dx = \int_0^{\frac{\pi}{3}} (\sin 2x - \sin x) dx + \int_{\frac{\pi}{3}}^\pi (\sin x - \sin 2x) dx = \frac{5}{2}.$$

例2 求由曲线 $y^2 = 2x+1$ 与直线 $x-y-1=0$ 所围成图形的面积.

解 所画草图如图 5-15 所示. 抛物线过点 $(-1/2, 0)$.

为了确定积分限，解方程组 $\begin{cases} y^2 = 2x+1 \\ x-y=1 \end{cases}$，得两组解，$x_1=0, y_1=-1; x_2=4, y_2=3$. 即两曲线的交点为 $(0, -1)$ 和 $(4, 3)$.

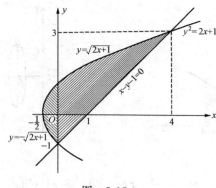

图 5-15

若选 x 为积分变量,则图形应看成是由两条直线 $x=-1/2, x=4$ 和三条曲线 $y=\sqrt{2x+1}, y=-\sqrt{2x+1}, y=x-1$ 所围成. 这时必须用直线 $x=0$ 将图形分成两块来求面积. 请读者自己求面积.

若选 y 为积分变量,则图形是由两条直线 $y=-1, y=3$ 和两条曲线 $x=y+1, x=\frac{1}{2}(y^2-1)$ 所围成. 所求面积

$$A = \int_{-1}^{3} \left[(y+1) - \frac{1}{2}(y^2-1) \right] dy = \frac{16}{3}.$$

注 用定积分求几何图形的面积,可选取 x 为积分变量,也可选取 y 为积分变量,由例 2 看,选取 y 为积分变量较好. 一般地,用定积分求面积时,应恰当地选取积分变量,尽量使图形不分块和少分块(必须分块时)为好.

三、立体的体积

1. 旋转体的体积

一个平面图形绕这平面上的一条直线旋转一周而生成的空间立体称为**旋转体**;这条直线称为**旋转轴**.

我们现在来求由曲线 $y=f(x)(f(x)\geqslant 0)$,直线 $x=a, x=b(a<b)$ 和 x 轴所围的曲边梯形 $aABb$(图 5-16)绕 x 轴旋转一周而生成的旋转体的体积(图 5-17).

用微元法. 先确定旋转体的体积 V 的微元 dV.

曲边梯形 $aABb$ 的曲边方程为 $y=f(x)$,取 x 作积分变量,在它的变化区间 $[a,b]$ 上任取一个小区间 $[x,x+dx]$,这就得到一个薄片的旋转体. 这个薄片的体积可以近似地看做是以 $f(x)$ 为底半径,以 dx 为高的小圆柱体的体积(图 5-17). 由此,得到体积 V 的微元

$$dV = \pi [f(x)]^2 dx,$$

于是,所求旋转体的体积

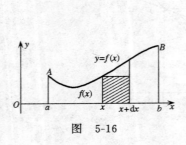
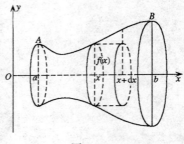

图 5-16   图 5-17

$$V_x = \pi \int_a^b [f(x)]^2 dx = \pi \int_a^b y^2 dx.$$

用同样的方法可以推得,由曲线 $x=\varphi(y)(\varphi(y)\geqslant 0)$,直线 $y=c,y=d(c<d)$ 和 y 轴所围成的曲边梯形绕 y 轴旋转一周而生成的旋转体的体积(图 5-18).

$$V_y = \pi \int_c^d [\varphi(y)]^2 dy = \pi \int_c^d x^2 dy.$$

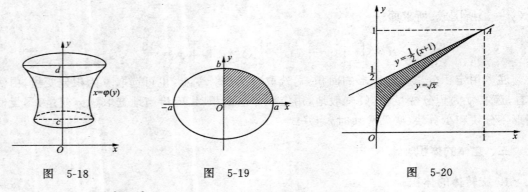

图 5-18   图 5-19   图 5-20

例 3 求椭圆 $\dfrac{x^2}{a^2}+\dfrac{y^2}{b^2}=1$ 分别绕 x 轴与 y 轴旋转所产生的旋转体的体积.

解 如图 5-19 所示,上半椭圆和右半椭圆的方程可分别写做

$$y = \frac{b}{a}\sqrt{a^2-x^2}, \quad x = \frac{a}{b}\sqrt{b^2-y^2}.$$

根据椭圆的对称性,绕 x 轴旋转的旋转体体积

$$V_x = 2\int_0^a \pi y^2 dy = 2\pi \frac{b^2}{a^2}\int_0^a (a^2-x^2)dx = \frac{4}{3}\pi ab^2.$$

同样,绕 y 轴旋转的旋转体体积

$$V_y = 2\int_0^b \pi x^2 dy = 2\pi \frac{a^2}{b^2}\int_0^b (b^2-y^2)dy = \frac{4}{3}\pi a^2 b.$$

显然,当 $a=b$ 时,正是半径为 a 的球的体积 $V=\dfrac{4}{3}\pi a^3$.

例 4 求由曲线 $y=\sqrt{x}$,直线 $y=\dfrac{1}{2}(x+1)$ 及 y 轴所围图形分别绕 x 轴与 y 轴旋转所产生的旋转体的体积.

解 平面图形如图 5-20 所示.

由方程 $\sqrt{x}=\dfrac{1}{2}(x+1)$ 易求得已知曲线与直线的唯一交点 $A(1,1)$. 于是,平面图形分别绕 x 轴与 y 轴旋转体体积为

$$V_x = \pi\int_0^1\left[\dfrac{1}{2}(x+1)\right]^2 dx - \pi\int_0^1(\sqrt{x})^2 dx = \dfrac{7}{12}\pi - \dfrac{\pi}{2} = \dfrac{\pi}{12};$$

$$V_y = \pi\int_0^1(y^2)^2 dy - \pi\int_{\frac{1}{2}}^1(2y-1)^2 dy = \dfrac{\pi}{5} - \dfrac{\pi}{6} = \dfrac{\pi}{30}.$$

2. 已知平行截面面积的立体的体积

设一空间立体位于垂直于 x 轴的两平面 $x=a$ 与 $x=b(a<b)$ 之间(图 5-21). 该立体被垂直于 x 轴的平面所截,其截面面积是 x 的函数,记做 $A(x)$. **假设 $A(x)$ 为 x 的已知连续函数,试求该空间立体的体积.**

用微元法. 取 x 为积分变量,在区间 $[a,b]$ 上任取一个小区间 $[x,x+dx]$,可得到一个小薄片立体(图 5-21). 小薄片立体的体积可近似地看做是以面积 $A(x)$ 为底,dx 为高的小直柱体的体积,即体积 V 的微元

$$dV = A(x)dx,$$

于是,所求立体的体积

$$V = \int_a^b A(x)dx.$$

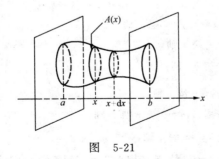

图 5-21

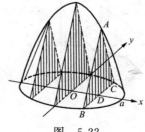

图 5-22

例 5 求底面是半径为 a 的圆,而垂直于底面上一条固定直径的所有截面都是等边三角形的立体体积.

解 立体如图 5-22 所示,其底圆方程为 $x^2+y^2=a^2$. 垂直于 x 轴的平面与立体相截,截面为等边三角形 ABC 的面积

$$A(x) = \frac{1}{2} \times BC \times AD = \frac{1}{2} 2y \cdot \sqrt{3}\, y = \sqrt{3}\,(a^2 - x^2).$$

于是，所求体积

$$V = \int_{-a}^{a} A(x)\mathrm{d}x = 2\sqrt{3} \int_{0}^{a} (a^2 - x^2)\mathrm{d}x = \frac{4\sqrt{3}}{3} a^3.$$

习 题 5.6

1. 求由下列曲线所围成的图形的面积：

(1) $y=\sqrt{x}, y=x^2$；

(2) $y=\mathrm{e}^x, y=\mathrm{e}, x=0$；

(3) $y=\mathrm{e}^x, y=\mathrm{e}^{-x}, x=1$；

(4) $y=\sin x, y=\cos x, x=0, x=\frac{\pi}{2}$；

(5) $y=x^2, y=x, y=2x$；

(6) $xy=2, x+y=3$；

(7) $y^2=x, x+y-2=0$；

(8) $y=x+5, y=-1, y=2, y^2=x$.

2. 直线 $y=x$ 将椭圆 $x^2+3y^2-6y=0$ 分成两部分，求直线下方一部分的面积.

3. 求由曲线 $y=x^3, y=g(x)=\lim\limits_{t\to+\infty}\dfrac{x^{\frac{1}{4}}}{1+3^{-tx}}$ 及直线 $x=-1$ 所围成图形的面积(图 5-23).

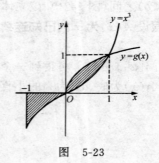

图 5-23

4. 已知抛物线 $y=px^2+qx$（其中 $p>0, q>0$）在第一象限内与直线 $x+y=5$ 相切，且抛物线与 x 轴所围成的平面图形的面积为 A：

(1) 问 p 和 q 为何值时，A 达到最大值；

(2) 求出此最大值.

5. 求由下列曲线所围成的图形绕指定轴旋转所成旋转体的体积：

(1) $xy=4, x=2, x=4, y=0$ 绕 x 轴；

(2) $xy=5, x+y=6$ 绕 x 轴；

(3) $y=\sin x, y=\dfrac{2x}{\pi}$ 绕 x 轴；

(4) $y=x^{\frac{3}{2}}, x=4, y=0$ 绕 y 轴；

(5) $y=\sin x (0\leqslant x\leqslant \pi), y=0$ 绕 x 轴，y 轴；

(6) $y=\ln x, y=\dfrac{x}{\mathrm{e}}, y=0$ 绕 x 轴，y 轴.

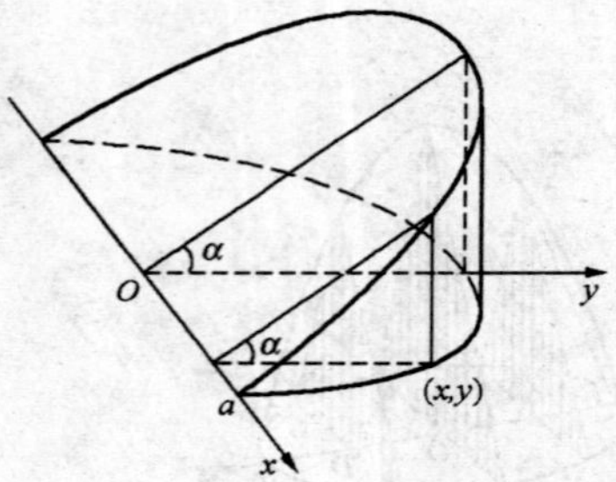

图 5-24

6. (1) 求由曲线 $y=2x^2$ 和直线 $x=a, x=2 (0<a<2), y=0$ 所围成的图形绕 x 轴旋转而成的旋转体的体积 V_x；

(2) 求由曲线 $y=2x^2$ 和直线 $x=a, y=0$ 所围成的图形绕 y 轴旋转而成的旋转体的体积 V_y；

(3) 问当 a 为何值时，V_x+V_y 取得最大值？并求此最大值.

7. 一平面经过半径为 a 的圆柱体的底圆中心，并与底面交成角 α，计算这平面截圆柱体所得立体的体积(图 5-24).

§5.7 积分学在经济学中的应用

一、由边际函数求总函数

已知总收益函数 $R=R(Q)$，总成本函数 $C=C(Q)$（统称**总函数**），由微分法可得到边际收益函数、边际成本函数（统称**边际函数**）分别为

$$MR = \frac{dR}{dQ}, \quad MC = \frac{dC}{dQ}.$$

由于积分法是微分法的逆运算，因此，已知边际收益函数 MR，边际成本函数 MC，由积分便可得到总收益函数、总成本函数分别为

$$R(Q) = \int (MR) dQ, \tag{1}$$

$$C(Q) = \int (MC) dQ. \tag{2}$$

在用上述公式时，需给出一个确定积分常数的条件：在用(1)式时，由 $R(0)=0$（没销售产品时，总收益为零）来确定，不过这个条件题中往往不给；在用(2)式时，一般给出固定成本 C_0，即 $C(0)=C_0$。

总收益函数、总成本函数也可用变上限定积分分别表示为

$$R(Q) = \int_0^Q (MR) dQ, \tag{3}$$

$$C(Q) = \int_0^Q (MC) dQ + C_0. \tag{4}$$

由此，利润函数为

$$\pi(Q) = \int_0^Q (MR - MC) dQ - C_0. \tag{5}$$

当产量由 a 个单位改变到 b 个单位时，总收益的改变量、总成本的改变量分别用下式计算

$$\int_a^b (MR) dQ, \tag{6}$$

$$\int_a^b (MC) dQ. \tag{7}$$

例 1 生产某产品的固定成本为 6 万元，边际收益和边际成本分别为（单位：万元/百台）

$$MR = 33 - 8Q, \quad MC = 3Q^2 - 18Q + 36.$$

(1) 产量由 1 百台增加到 4 百台时，总收益和总成本各增加多少？

(2) 产量为多少时，总利润最大？

(3) 求利润最大时的总收益、总成本、总利润.

解 (1) 由公式(6)和(7)可得总收益和总成本的增量分别为

$$\int_1^4 (MR)dQ = \int_1^4 (33 - 8Q)dQ = 39 \text{ 万元},$$

$$\int_1^4 (MC)dQ = \int_1^4 (3Q^2 - 18Q + 36)dQ = 36 \text{ 万元}.$$

(2) 由极值存在的必要条件：$MR = MC$，即

$$33 - 8Q = 3Q^2 - 18Q + 36$$

可解得 $Q_1 = \frac{1}{3}$ 百台，$Q_2 = 3$ 百台；由极值存在的充分条件：$\frac{d(MR)}{dQ} < \frac{d(MC)}{dQ}$，而

$$\frac{d}{dQ}(33 - 8Q) = -8, \quad \frac{d}{dQ}(3Q^2 - 18Q + 36) = 6Q - 18.$$

显然，$Q_2 = 3$ 满足充分条件，即获得最大利润的产量是 $Q = 3$ 百台.

(3) 由公式(3)和(4)可得利润最大时的总收益、总成本分别为

$$R(3) = \int_0^3 (33 - 8Q)dQ = 63 \text{ 万元},$$

$$C(3) = \int_0^3 (3Q^2 - 18Q + 36)dQ + 6 \text{ 万元} = 60 \text{ 万元}.$$

由上二式可得最大利润为 $R(3) - C(3) = 3$ 万元.

若该题不要求总收益 $R(3)$ 和总成本 $C(3)$，只要求求最大利润，则可由公式(5)求得，即

$$\pi(3) = \int_0^3 [(33 - 8Q) - (3Q^2 - 18Q + 36)]dQ - 6 \text{ 万元} = 3 \text{ 万元}.$$

例 2 某厂购置一套生产设备，该设备在时刻 t 所生产出的产品，其追加盈利(追加收益减去追加成本)为

$$E(t) = 225 - \frac{1}{4}t^2 \text{ (万元 / 年)},$$

其追加维修成本为

$$F(t) = 2t^2 \text{ (万元 / 年)}.$$

在不计购置成本的情况下，假设在任何时刻拆除这套设备，它都没有残留价值，使用这套设备可获得的最大利润是多少？

分析 这里，追加收益、追加成本分别是总收益、总成本对时间 t 的变化率，而 $E(t) - F(t)$ 是在时刻 t 的追加净利润，即利润对时间 t 的变化率. 由于 $F(t)$ 是增函数，$E(t)$ 是减函数，这意味着维修费用逐年增加，而盈利逐年减少. 由图 5-25 看，所获得的最大利润应是有阴影部分面积的数值.

解 在时刻 t 的追加利润是

$$E(t) - F(t) = 225 - \frac{9}{4}t^2 (\text{万元 / 年}),$$

由极值存在的必要条件：$E(t)-F(t)=0$，即
$$225-\frac{9}{4}t^2=0$$

解得 $t=10$（只取正值）. 又

$$\frac{\mathrm{d}}{\mathrm{d}t}[E(t)-F(t)]=-\frac{9}{2}t, \quad 且 \quad -\frac{9}{2}t\bigg|_{t=10}<0,$$

所以到 10 年末，使用这套设备可获最大利润，其值为

$$\pi=\int_0^{10}[E(t)-F(t)]\mathrm{d}t=\int_0^{10}\left[225-\frac{9}{4}t^2\right]\mathrm{d}t$$
$$=1500\ 万元.$$

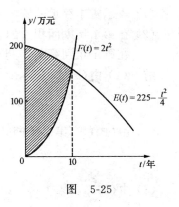

图 5-25

二、投资和资本形成

资本形成就是增加一定资本总量的过程，这个过程若看成是时间 t 的连续过程时，资本 K 可表示为时间 t 的函数 $K=K(t)$，称为**资本函数**. 自然，资本形成率（资本形成的速度）就是资本对时间的导数 $\frac{\mathrm{d}K}{\mathrm{d}t}$. 又资本总量的新增加的部分称为**净投资**，这样在时间点 t 的净投资（资本在时刻 t 的增量）与资本形成率是相同的. 即若以 $I(t)$ 记净投资函数，则有

$$I(t)=\frac{\mathrm{d}K}{\mathrm{d}t}.$$

对上式求积分，就由净投资得到资本函数

$$K(t)=\int I(t)\mathrm{d}t. \tag{8}$$

若要得到一个具体资本函数，尚需知道一个确定积分常数的条件.

若初始（$t=0$ 时）资本是 $K_0=K(0)$，则资本函数也可用变上限的定积分表示

$$K(t)=\int_0^t I(t)\mathrm{d}t+K_0, \tag{9}$$

这就是说，在任意时间点 t，资本总量 K 等于初始资本 K_0 加上从那时起所增加的资本数量.

存量与流量是经济学中的两个概念. 存量是一定时间点上存在的变量的数值；流量是一定时期内发生的变量变动的数值. 按照这种意义，资本 K 可视为存量，$K(t)$ 表示在时间点 t 资本的总量；而净投资 I 应视为流量，$I(t)$ 则表示在时间点 t 资本积累的数量.

在时间间隔 $[a,b]$ 上资本形成的总量，即资本存量所追加的部分，自然就是由这段时间内净投资流量而得，因而资本形成的总量可用定积分表示：

$$\int_a^b I(t)\mathrm{d}t=K(b)-K(a). \tag{10}$$

上式右端是资本存量在时刻 b 与时刻 a 的数量之差.

例 3 设净投资流量由 $I(t)=12t^{\frac{1}{3}}$ 给定，又初始资本为 35，试求：

(1) 表示资本存量的资本函数 $K(t)$;
(2) 在第 1 年期间积累的资本;
(3) 在第 1 年到第 8 年期间资本积累的总量.

解 (1) 由(9)式,资本函数
$$K(t) = \int_0^t 12t^{\frac{1}{3}}dt + 35 = 9t^{\frac{4}{3}} + 35.$$

(2) 由(10)式,第 1 年期间积累的资本
$$K = \int_0^1 12t^{\frac{1}{3}}dt = 9.$$

(3) 由(10)式,第 1 年到第 8 年期间资本积累的总量
$$K = \int_1^8 12t^{\frac{1}{3}}dt = 135.$$

三、现金流量的现在值

若收益(或支出)不是单一数额,而是每单位时间内,比如说每一年末都有收益(或支出),这称为**现金流**. 现假设现金流是时间 t 的连续函数;若 t 以年为单位,在时间点 t 每年的流量是 $R(t)$. 由微元法,在一个很短的时间间隔 $[t, t+\mathrm{d}t]$ 内,现金流量的总量的近似值是
$$R(t)\mathrm{d}t,$$
当贴现率为 r,按连续贴现计算,其现在值应是
$$R(t)\mathrm{e}^{-rt}\mathrm{d}t,$$
那么,到 n 年末收益流量的总量的现在值就是如下的定积分
$$R = \int_0^n R(t)\mathrm{e}^{-rt}\mathrm{d}t.$$

特别地,当 $R(t)$ 是常量 A(每年的收益不变,都是 A,这称为均匀流),则
$$R = A\int_0^n \mathrm{e}^{-rt}\mathrm{d}t = \frac{A}{r}(1 - \mathrm{e}^{-rn}).$$

假若收益流量 $R(t)$ 长久持续下去,则这种流量的总现在值是反常积分
$$R = \int_0^{+\infty} R(t)\mathrm{e}^{-rt}\mathrm{d}t,$$

其中 r 是贴现率. 特别地,当 $R(t) = A$(常量)时,则
$$R = \int_0^{+\infty} A\mathrm{e}^{-rt}\mathrm{d}t = A\lim_{n\to+\infty}\int_0^n \mathrm{e}^{-rt}\mathrm{d}t = \frac{A}{r}.$$

例 4 某栋别墅现售价 500 万元,首付 20%,剩下部分可分期付款,10 年付清,每年付款数相同. 若年贴现率为 6%,按连续贴现计算,每年应付款多少万元?

解 每年付款数相同,这是均匀现金流量. 设每年付款 A(单位:万元),因全部付款的总现在值是已知的,即现售价扣除首付的部分

$$(500 - 20\% \times 500) \text{万元} = 400 \text{万元},$$

于是有
$$400 = A\int_0^{10} e^{-0.06t}dt = \frac{A}{0.06}(1 - e^{-0.06 \times 10}),$$

即
$$24 = A(1 - 0.5488), \quad A = 53.19 \text{万元}.$$

每年应付款 53.19 万元.

例 5 一艘货轮，正常使用寿命 10 年，如购买此货轮需 2000 万元，如租用此货轮每月租金 24 万元. 设资金的年利率为 6%，按连续复利计算，问购买与租用货轮哪一种方式合算？

分析 为比较租金与购买费用，可以有两种计算方法：其一是把 10 年租金总值的现在值与购买费用比较；其二是将购买费用折算成按租用付款，然后与实际租金比较.

解 按第一种方法计算. 每月租金 24 万元，每年租金 288 万元. 于是，租金流量的总值的现在值

$$R = \int_0^{10} 288 e^{-0.06t}dt = \frac{288}{0.06}(1 - e^{-0.06 \times 10}) \text{万元} = 2165.76 \text{万元},$$

显然，购买货轮合算.

第二种方法，望读者计算（答案：每月租金 22.16 万元）.

习 题 5.7

1. 某产品的边际收益函数 $MR = 7 - 2Q$（万元/百台），若生产该产品的固定成本为 3 万元，每增加 1 百台的变动成本为 2 万元. 试求：

(1) 总收益函数；　　(2) 生产多少台时，总利润最大？最大利润是多少？

(3) 由利润最大的产出水平又生产了 50 台，总利润有何改变？

2. 生产某产品的固定成本为 100，边际成本函数 $MC = 21.2 + 0.8Q$，又需求函数 $Q = 100 - \frac{1}{3}P$. 问：产量为多少时可获最大利润？最大利润是多少？

3. 设生产某产品的固定成本为 1 万元，边际收益和边际成本（单位：万元/百台）分别为

$$MR = 8 - Q, \quad MC = 4 + \frac{Q}{4},$$

(1) 产量由 1 百台增加到 5 百台时，总收益、总成本各增加多少万元？

(2) 产量为多少台时，总利润最大？

(3) 求利润最大时的总收益、总成本和总利润.

4. 已知生产某产品的固定成本为 2 万元，边际成本函数 $MC = 4 + \frac{Q}{4}$（万元/台），产品的需求价格弹性 $E_d = \frac{P}{P - 13}$. 市场对该产品的最大需求量 $Q = 13$ 台，求利润最大时的产量及产品的价格.

5. 设净投资由 $I(t) = 15t^{\frac{1}{4}}$ 给定，且在 $t = 0$ 时，资本数量为 30. 求：

(1) 资本存量函数 $K(t)$；

(2) 从开始到第 16 年期间资本积累的总量.

6. 设原始资本是 10 万元,净投资流量 $I(t)=6t^{\frac{1}{2}}$,求第 9 年末的资本存量.

7. 天然气公司新打出一口天然气井,根据试验的资料及以往经验,他们预测该井第 t 个月天然气产量是

$$P(t)=0.08495te^{-0.02t} \text{ (单位:} 10^6 \text{ m}^3 \text{)},$$

试估计该井第一年的产量.

8. 连续收益流量每年 10000 元,设年利率为 5%,按连续复利计算为期 8 年,求现值为多少?

9. 年利率为 6%,借款 500 万元,15 年还清,每月还款数相同,按连续复利计算,每月应还债多少万元?

10. 一栋楼房现售价 5000 万元,分期付款购买,10 年付清,每年付款数相同.若贴现率为 4%,按连续复利计算,每年应付款多少万元?

11. 一小型轿车使用寿命为 10 年.如购进此轿车需 35000 元,如租用此轿车每月租金为 600 元.设资金的年利率为 14%,按连续复利计算,问购进轿车与租用轿车哪一种方式合算.

12. 有一个大型投资项目,投资成本为 $C=10000$ 万元,投资年利率为 $r=0.05$,每年可均匀收益 2000 万元,求该投资为无限期时的纯收益的现在值.

总 习 题 五

1. 填空题:

(1) 过曲线 $y=\int_0^x (t-1)(t-2)\mathrm{d}t$ 上点 $(0,0)$ 处的切线方程是_____;

(2) $\lim\limits_{n\to\infty}\int_0^1 \ln(1+x^n)\mathrm{d}x=$_____;

(3) $\dfrac{\mathrm{d}}{\mathrm{d}x}\int_0^x \sin(x-t)^2\mathrm{d}t=$_____;

(4) 设 k 为正整数,则 $\int_0^\pi \dfrac{\sin 2kx}{\sin x}\mathrm{d}x=$_____;

(5) 设 $n\int_0^1 xf'(2x)\mathrm{d}x=\int_0^2 tf'(t)\mathrm{d}t$,则 $n=$_____;

(6) $\int_{-\pi}^{\pi}(x+1)\sqrt{1-\cos 2x}\mathrm{d}x=$_____;

(7) $\int_0^3 \dfrac{x}{\sqrt{9-x^2}}\mathrm{d}x=$_____;

(8) 介于曲线 $y=xe^{-x}$ $(0\leqslant x<+\infty)$,x 轴上方的无界图形的面积是_____.

2. 单项选择题:

(1) 函数 $f(x)$ 在闭区间 $[a,b]$ 上可积的必要条件是 $f(x)$ 在 $[a,b]$ 上( );

(A) 有界　　　(B) 无界　　　(C) 单调　　　(D) 连续

(2) 函数 $f(x)$ 在闭区间 $[a,b]$ 上连续是 $f(x)$ 在 $[a,b]$ 上可积的( );

(A) 必要条件非充分条件　　　(B) 充分条件非必要条件

(C) 充分必要条件　　　(D) 无关条件

(3) 设函数 $f(x)$ 在 $(-\infty,+\infty)$ 内为奇函数,且可导,则奇函数是( );

(A) $\sin f'(x)$ (B) $\int_0^x \sin x f(t)\mathrm{d}t$ (C) $\int_0^x f(\sin t)\mathrm{d}t$ (D) $\int_0^x [\sin t+f(t)]\mathrm{d}t$

(4) 设 $I_1 = \int_0^{\frac{\pi}{4}} \frac{\tan x}{x} dx$, $I_2 = \int_0^{\frac{\pi}{4}} \frac{x}{\tan x} dx$, 则（　　）;

(A) $I_1 > I_2 > 1$　　(B) $1 > I_1 > I_2$　　(C) $I_2 > I_1 > 1$　　(D) $1 > I_2 > I_1$

(5) 设 $f(x), \varphi(x)$ 在 $U(0)$ 内连续，且当 $x \to 0$ 时，$f(x)$ 是 $\varphi(x)$ 的高阶无穷小，则当 $x \to 0$ 时，$\int_0^x f(t) \sin t \, dt$ 是 $\int_0^x t \varphi(t) dt$ 的（　　）;

(A) 低阶无穷小　　(B) 高阶无穷小　　(C) 同阶但不等价无穷小　　(D) 等价无穷小

(6) 定积分 $\int_0^{2\pi} \frac{\sin x}{x} dx$（　　）;

(A) 大于零　　(B) 小于零　　(C) 等于零　　(D) 不能判定

(7) 设 n 和 k 为正整数，且 $1 \leqslant k \leqslant n$，则 $\int_{\frac{k-1}{n}\pi}^{\frac{k}{n}\pi} |\sin nx| dx = $（　　）;

(A) n　　(B) $2n$　　(C) $\frac{1}{n}$　　(D) $\frac{2}{n}$

(8) 设 $M = \int_{-\frac{1}{2}}^{\frac{1}{2}} \sin^2 x \ln \frac{1-x}{1+x} dx$, $N = \int_{-\frac{1}{2}}^{\frac{1}{2}} \left(\frac{e^x - e^{-x}}{2} + \cos^2 x \right) dx$, $P = \int_{-\frac{1}{2}}^{\frac{1}{2}} \left(\frac{1}{a^2+1} - \frac{1}{2} - x^2 \right) dx$, 则有不等式关系（　　）;

(A) $N < P < M$　　(B) $M < P < N$　　(C) $N < M < P$　　(D) $P < M < N$

(9) 下列等式成立的是（　　）;

(A) $\int_1^{+\infty} \frac{1}{x^4} dx = \int_{-1}^1 \frac{1}{x^2} dx$　　　　(B) $\int_{-\infty}^0 \frac{4}{4+x^2} dx = \int_0^1 \frac{1}{\sqrt{x(1-x)}} dx$

(C) $\int_e^{+\infty} \frac{1}{x \ln x} dx = \int_{-1}^1 \frac{1}{\sqrt{1-x^2}} dx$　　(D) $\int_0^{+\infty} \sin x \, dx = \int_0^2 \frac{1}{(x-1)^2} dx$

(10) 若等式 $\lim\limits_{x \to +\infty} \left(\frac{x+b}{x-b} \right) = \int_{-\infty}^b t e^{2t} dt$, 则常数 $b = $（　　）.

(A) $\frac{1}{5}$　　(B) 5　　(C) $\frac{5}{2}$　　(D) $\frac{2}{5}$

3. 设 $F(x) = \int_{-x}^{x^2} \frac{1}{x+t+1} dt$, 求 $F'(x)$.

4. 若 $\lim\limits_{x \to 0} \frac{ax - \sin x}{\int_b^x \frac{\ln(1+t^3)}{t} dt} = c \, (c \neq 0)$, 试确定 a, b, c.

5. 求 $\lim\limits_{x \to \infty} \frac{e^{-x^2}}{x} \int_0^x t^2 e^{t^2} dt$.

6. 计算 $I_1 = \int_0^{\pi} (x \sin x)^2 dx$, $I_2 = \int_0^{\pi} (x \cos x)^2 dx$.

7. 设函数 $y = f(x)$ 在 $[a, b]$ 上连续且单调增加，其反函数为 $x = \varphi(y)$，令 $f(a) = \alpha, f(b) = \beta$，试证：
$$\int_\alpha^\beta \varphi(y) dy = b\beta - a\alpha - \int_a^b f(x) dx.$$

8. 设函数 $f(x)$ 在区间 $[a, b]$ 上连续，在 (a, b) 内可导，且 $\frac{1}{b-a} \int_a^b f(x) dx = f(b)$. 求证：在 (a, b) 内至少存在一点 ξ，使 $f'(\xi) = 0$.

9. 设函数 $f(x)$ 在 $[0, 1]$ 上连续，且单调减少，证明：对任给的 $a \in (0, 1)$ 有
$$\int_0^a f(x) dx > a \int_0^1 f(x) dx.$$

10. 确定常数 c 的值,使 $\int_0^{+\infty}\left(\dfrac{1}{\sqrt{x^2+4}}-\dfrac{c}{x+2}\right)\mathrm{d}x$ 收敛,并求出其值.

11. 计算 $\int_1^2\left[\dfrac{1}{x\ln^2 x}-\dfrac{1}{(x-1)^2}\right]\mathrm{d}x$.

12. 设 $f(x)=\dfrac{x^2}{2}$,$g(x)=\sqrt{x-\dfrac{3}{4}}$:

(1) 求两曲线 $y=f(x)$ 与 $y=g(x)$ 的切点 P 的坐标;

(2) 设曲线 $y=g(x)$ 与 x 轴的交点为 A,求曲边形 OPA 的面积(其中 O 是坐标原点);

(3) 求曲边形 OPA 绕 x 轴旋转所得旋转体的体积;

(4) 求曲边形 OPA 绕 y 轴旋转所得旋转体的体积.

13. 一煤矿投资 2000 万元建成,开工采煤后,在时刻 t 的追加成本和追加收益分别为(单位:百万元/年)

$$G(t)=5+2t^{\frac{2}{3}},\quad \Phi(t)=17-t^{\frac{2}{3}},$$

试确定该矿在何时停止生产可获最大利润,最大利润是多少?

第六章 多元函数微积分

前面各章我们讨论的函数只限于一个自变量的函数,称为一元函数.但在许多实际问题中所遇到的往往是两个和多于两个自变量的函数,即多元函数.

本章先介绍空间解析几何和矢量代数的基本知识,然后讲述多元函数微分法及其应用,最后讨论二重积分概念及其计算.

§6.1 空间解析几何基本知识

本节内容是学习多元函数微积分所必须具备的知识和几何背景.

一、空间直角坐标系

在平面上建立了直角坐标系后,平面上的点 M 与有序数对 (x,y) 之间有一一对应关系,从而使平面曲线与含有两个变量的方程 $F(x,y)=0$ 之间有对应关系,并用方程 $F(x,y)=0$ 表示平面曲线.在空间也有类似的情形.

以空间一定点 O 为共同原点,作**三条互相垂直的数轴** Ox, Oy, Oz,**按右手规则确定它们的正方向**:右手的拇指、食指、中指伸开,使其互相垂直,则拇指、食指、中指分别指向 Ox 轴、Oy 轴、Oz 轴的正方向.这就**建立了空间直角坐标系** $Oxyz$(图 6-1).

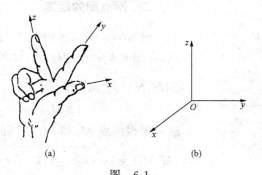

图 6-1

点 O 称为**坐标原点**,Ox, Oy, Oz 轴简称为 x 轴、y 轴、z 轴,又分别称为**横轴**、**纵轴**、**竖轴**,统称为**坐标轴**.每两个坐标轴确定一个平面,称为**坐标平面**:由 x 轴与 y 轴确定的平面称为 Oxy 平面,由 y 轴与 z 轴确定的平面称为 Oyz 平面,由 z 轴与 x 轴确定的平面称为 Ozx 平面.三个坐标平面将空间分成八个部分,称为八个**卦限**(图 6-2).

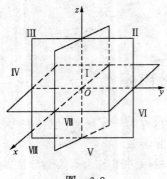

图 6-2

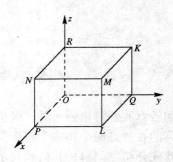

图 6-3

建立了空间直角坐标系 $Oxyz$ 后，空间中**任意一点** M **与有序的三个数的数组** (x,y,z) **就有一一对应关系**. 事实上，过点 M 作三个平面分别垂直于 x 轴、y 轴、z 轴，它们与各轴的交点依次为 P,Q,R，这三点在 x 轴、y 轴、z 轴上的坐标依次为 x,y,z. 于是，空间一点 M 就唯一地确定了有序数组 (x,y,z). 反之，已知有序数组 (x,y,z)，可在 x 轴上取坐标为 x 的点 P，在 y 轴上取坐标为 y 的点 Q，在 z 轴取坐标为 z 的点 R，然后过点 P,Q,R 分别作 x 轴、y 轴、z 轴的垂直平面，这三个平面唯一的交点 M 便是有序数组 (x,y,z) 所确定的空间的一点（图 6-3）.

有序数组 (x,y,z) 称为点 M 的**坐标**，记做 $M(x,y,z)$. 数 x,y,z 分别称为点 M 的**横坐标、纵坐标、竖坐标**. 显然，原点 O 的坐标为 $(0,0,0)$；x 轴上点的坐标为 $(x,0,0)$，y 轴上点的坐标为 $(0,y,0)$，z 轴上点的坐标为 $(0,0,z)$；Oxy 平面上点的坐标为 $(x,y,0)$，Oyz 平面上点的坐标为 $(0,y,z)$，Ozx 平面上点的坐标为 $(x,0,z)$.

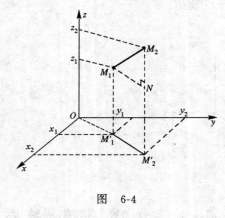

图 6-4

二、两点间的距离

设 $M_1(x_1,y_1,z_1)$ 和 $M_2(x_2,y_2,z_2)$ 为空间任意两点，在图 6-4 中看，因 $\triangle M_1M_2N$ 为直角三角形，又

$$|M_1N| = |M_1'M_2'| = \sqrt{(x_2-x_1)^2 + (y_2-y_1)^2},$$
$$|NM_2| = |z_2-z_1|,$$

故可推得两点 M_1 和 M_2 之间的**距离公式**

$$|M_1M_2| = \sqrt{(x_2-x_1)^2 + (y_2-y_1)^2 + (z_2-z_1)^2}.$$

特别地，**点** $M(x,y,z)$ **到原点的距离公式**

$$|OM| = \sqrt{x^2+y^2+z^2}.$$

例如，点 $M_1(-1,0,1)$ 与点 $M_2(3,-2,4)$ 之间的距离为

$$|M_1M_2| = \sqrt{(3+1)^2 + (-2-0)^2 + (4-1)^2} = \sqrt{29}.$$

三、空间曲面与方程

1. 曲面与方程概念

在空间解析几何中,把曲面 S 看做是空间点的几何轨迹,即曲面是具有某种性质的点的集合. 在这曲面上的点就具有这种性质,不在这曲面上的点就不具有这种性质. 若以 x,y,z 表示该曲面上任意一点的坐标,则 x,y,z 之间必然满足一种确定的关系,这种关系一般由含有三个变量的方程

$$F(x,y,z) = 0$$

来描述,这样,上述方程就与空间曲面 S 建立了对应关系.

例如,球面可以看成是在空间到一定点 $M_0(x_0,y_0,z_0)$ 的距离等于常数 R 的点的轨迹. 设点 $M(x,y,z)$ 为此轨迹上的任意一点,则因 $|M_0M|=R$,故

$$\sqrt{(x-x_0)^2+(y-y_0)^2+(z-z_0)^2} = R,$$

两边平方得

$$(x-x_0)^2+(y-y_0)^2+(z-z_0)^2 = R^2. \tag{1}$$

这个含三个变量 x,y,z 的方程就是以点 $M_0(x_0,y_0,z_0)$ 为球心,R 为半径的**球面方程**.

显然,凡是在球面上的点的坐标 (x,y,z) 都满足方程(1),而不在球面上的点到点 M_0 的距离不等于 R,故它的坐标不满足方程(1). 我们把方程(1)称为上述球面的方程,而球面称为方程(1)的图形.

一般,有下述概念.

曲面与方程 若空间曲面 S(图 6-5)与三元方程 $F(x,y,z)=0$ 有如下关系:

(1) 曲面 S 上任一点的坐标 (x,y,z) 都满足该方程;

(2) 不在曲面 S 上的点的坐标 (x,y,z) 都不满足该方程,

则方程 $F(x,y,z)=0$ 称为**曲面 S 的方程**,而曲面 S 称为**方程 $F(x,y,z)=0$ 的图形**.

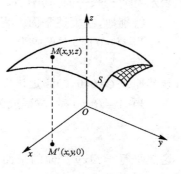

图 6-5

2. 几种常见的空间曲面

2.1 平面

例 动点 $M(x,y,z)$ 与两定点 $M_1(2,-3,-1)$,$M_2(3,4,1)$ 等距离,求动点 M 的轨迹方程.

解 依题意,有

$$|MM_1| = |MM_2|,$$

由两点间的距离公式,得

$$\sqrt{(x-2)^2+(y+3)^2+(z+1)^2} = \sqrt{(x-3)^2+(y-4)^2+(z-1)^2},$$

化简,得三元一次方程

$$x + 7y + 2z - 6 = 0.$$

由几何学知,点 M 的轨迹是线段 M_1M_2 的垂直平分面(图 6-6),因此,上述方程就是这个平面的方程.

容易得到,该平面与 x 轴、y 轴、z 轴的交点分别为 $P(6,0,0)$,$Q\left(0,\dfrac{6}{7},0\right)$,$R(0,0,3)$. 该平面在空间直角坐标系的位置如图 6-7 所示.

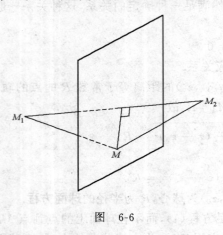

图 6-6

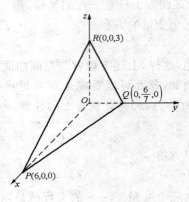

图 6-7

一般,三元一次方程

$$Ax + By + Cz + D = 0$$

表示空间一张平面. 其中 A,B,C 不全为零. 这是**平面的一般式方程**.

特别地,在上述平面方程中:

当 $D=0$ 时,方程成为

$$Ax + By + Cz = 0.$$

显然原点 $O(0,0,0)$ 满足该方程,这是通过坐标原点的平面.

当 $A=B=0$ 时,方程成为

$$Cz + D = 0, \quad 即 \quad z = h \ \left(h = -\dfrac{D}{C}\right).$$

这是平行于 Oxy 平面的平面,该平面到 Oxy 平面的距离为 $|h|$. 当 $h=0$ 时,即方程 $z=0$ 表示 Oxy 平面.

2.2 球面

以定点 $M_0(x_0, y_0, z_0)$ 为球心,以长 R 为半径的球面,可以看做是动点 $M(x,y,z)$ 与球心 M_0 保持等距离 R 的几何轨迹. 由 $|MM_0|=R$,即

$$\sqrt{(x-x_0)^2 + (y-y_0)^2 + (z-z_0)^2} = R,$$

两边平方得

$$(x-x_0)^2 + (y-y_0)^2 + (z-z_0)^2 = R^2.$$

这就是以点 $M_0(x_0,y_0,z_0)$ 为球心,R 为半径的**球面方程**. 这是**球面的标准式方程**,将其展开得到

$$x^2 + y^2 + z^2 - 2x_0x - 2y_0y - 2z_0z + x_0^2 + y_0^2 + z_0^2 = R^2.$$

该方程可以写成下述形式

$$x^2 + y^2 + z^2 + Ax + By + Cz + D = 0.$$

这是**球面的一般式方程**.

易看出,球面方程是三元二次方程,它有两个**特点**:

其一,x^2,y^2,z^2 的系数相等,且不为零;

其二,不含 xy,yz,zx 的交叉乘积项.

反之,具有这两个特点的三元二次方程都表示一个球面,因为可以通过配方法求出球心和半径.

显然,球心在坐标原点 $O(0,0,0)$,半径为 R 的球面方程为(图 6-8)

$$x^2 + y^2 + z^2 = R^2.$$

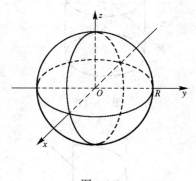

图 6-8

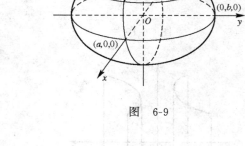

图 6-9

2.3 椭球面

由方程

$$\frac{x^2}{a^2} + \frac{y^2}{b^2} + \frac{z^2}{c^2} = 1 \quad (a>0,b>0,c>0)$$

所确定的曲面称为**椭球面**. 上述方程是**椭球面的标准方程**. 它的形状如图 6-9 所示.

该椭球面的**中心**在坐标原点;它有**三个轴**,分别在 x 轴、y 轴和 z 轴上,a,b,c 为椭球面的半轴;该曲面与坐标轴的六个交点:$(\pm a,0,0),(0,\pm b,0),(0,0,\pm c)$ 称为椭球面的**顶点**,该椭球面关于坐标原点,三个坐标轴,三个坐标平面均对称.

当 a,b,c 相等时,即 $a=b=c$ 时,上述方程为 $x^2+y^2+z^2=a^2$,椭球面就成为球面.

2.4 柱面

直线 l 与定直线平行,并沿定曲线 C 移动所生成的曲面称为**柱面**. 动直线 l 称为**柱面的母线**,定曲线 C 称为**柱面的准线**.

若定直线是 z 轴,准线是 Oxy 平面上的曲线 $F(x,y)=0$,则动直线 l 生成的是**母线平行于 z 轴的柱面**(图 6-10),其方程是
$$F(x,y) = 0.$$
该方程中不含 z,这表明,空间一点 $M(x,y,z)$,只要它的横坐标 x、纵坐标 y 满足该方程,则点 M 就在该柱面上.例如,方程
$$\frac{x^2}{a^2} + \frac{y^2}{b^2} = 1, \quad \frac{x^2}{a^2} - \frac{y^2}{b^2} = 1, \quad y^2 = 2px \quad (p > 0),$$
分别表示母线平行于 z 轴的**椭圆柱面**(图 6-11),**双曲柱面**(图 6-12)和**抛物柱面**(图 6-13).

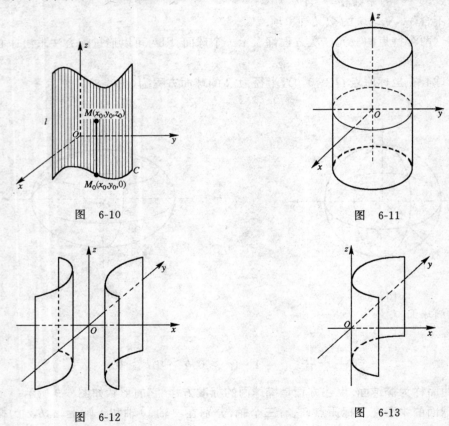

图 6-10　　　　　　　　图 6-11

图 6-12　　　　　　　　图 6-13

2.5　旋转曲面

一条平面曲线 C 绕其平面上一条定直线旋转一周所生成的曲面称为**旋转曲面**.这里给出两种简单的旋转曲面.

(1) 旋转抛物面:在 Oyz 平面上有一条抛物线,其方程为 $z=y^2$,这条抛物线绕 z 轴在空间旋转一周,这动曲线所生成的曲面称为**旋转抛物面**(图 6-14).动曲线与 z 轴的交点称为**旋转抛物面的顶点**,这里,顶点就是原点.**旋转抛物面的方程为**

$$z = x^2 + y^2.$$

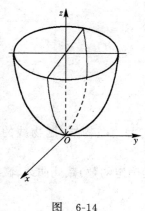

图 6-14

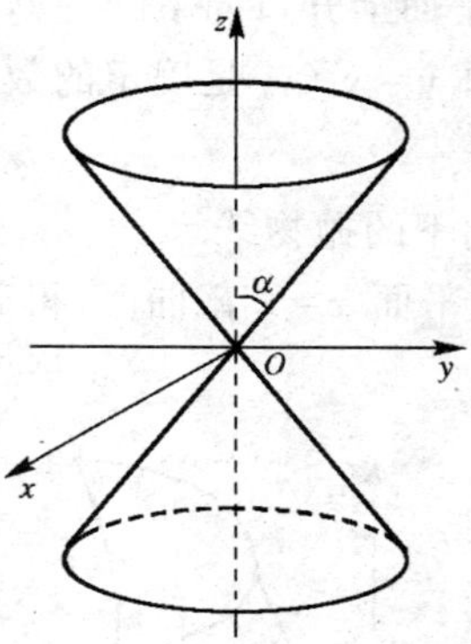

图 6-15

(2) **圆锥面**：在 Oyz 平面上有一条直线，其方程为 $z=y$，它与 z 轴的夹角 $\alpha=\dfrac{\pi}{4}$。这条直线绕 z 轴在空间旋转一周，始终与 z 轴保持定角 $\alpha=\dfrac{\pi}{4}$，这动直线所生成的曲面称为**圆锥面**(图 6-15)。动直线与 z 轴的交点称为**圆锥面的顶点**，这里，顶点是原点。定角 α 称为**圆锥面的半顶角**。圆锥面的方程为

$$z^2 = x^2 + y^2.$$

2.6 双曲抛物面

讨论由方程

$$z = y^2 - x^2$$

所表示的曲面的形状。

为了了解由三元二次方程所表示的空间曲面的形状，通常用坐标平面和平行于坐标平面的平面与空间曲面相截，考查其交线，即截痕的形状，然后加以综合，从而得知曲面的全貌。这种方法称为**截痕法**。

下面用截痕法讨论上述方程所表示的曲面的形状。

(1) 用平面 $z=0$ 截曲面，得截痕为

$$y^2 - x^2 = 0, \quad \text{或} \quad y - x = 0, \quad y + x = 0.$$

这是 Oxy 平面上两条相交的直线，交点是原点，即原点在曲面上。

用平面 $z=z_1$(z_1 是确定的数)截此曲面，截痕为

$$z_1 = y^2 - x^2,$$

这是双曲线。当 $z_1 > 0$ 时，双曲线的实轴平行于 y 轴；当 $z_1 < 0$ 时，双曲线的实轴平行于 x 轴。

(2) 用平面 $y=0$ 截曲面，得截痕为

$$z = -x^2,$$

这是 Oxz 平面上开口向下的抛物线,抛物线的顶点在原点.

用平面 $y = y_1$(y_1 是确定的数)截此曲面,截痕为

$$z = y_1^2 - x^2,$$

这是开口向下的抛物线.

(3) 用平面 $x = 0$ 截曲面,得截痕为

$$z = y^2,$$

这是 Oyz 平面上开口向上的抛物线,抛物线的顶点在原点.

用平面 $x = x_1$(x_1 是确定的数)截此曲线,截痕为

$$z = y^2 - x_1^2,$$

这是开口向上的抛物线.

综上所述,方程 $z = y^2 - x^2$ 所表示的曲面的形状如图 6-16 所示. 这种曲面称为**双曲抛物面**或**马鞍面**.

双曲抛物面的标准方程为

$$-\frac{x^2}{2p} + \frac{y^2}{2q} = z \quad (p, q \text{ 同号}).$$

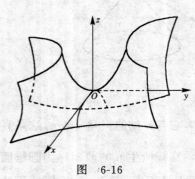

图 6-16

习 题 6.1

1. 指出下列各点在哪一个卦限:
(1) $(-3, 2, \sqrt{5})$; (2) $(2, -5, 4)$; (3) $(-1, -6, -2)$.

2. 确定点 $M(-3, 2, -1)$ 关于坐标原点,x 轴、y 轴、z 轴三个坐标轴以及 Oxy,Oyz,Oxz 三个坐标平面对称点的坐标.

3. 推证: $(1, 2, 3)$,$(3, 1, 2)$ 和 $(2, 3, 1)$ 是一个等边三角形的三个顶点.

4. 求到点 $(0, 0, 0)$,$(0, 2, 0)$,$(1, 0, 0)$ 和 $(0, 0, 4)$ 等距离的点的坐标.

5. $Ax + By + Cz + D = 0$ 为平面的一般方程,试写出下列平面方程:
(1) 过原点; (2) 过 x 轴、y 轴、z 轴; (3) 平行于 x 轴、y 轴、z 轴;
(4) 平行于 Oxy,Oyz,Oxz 平面; (5) 坐标平面.

6. 求过三点 $(1, 0, 1)$,$(2, 1, 0)$ 和 $\left(2, \frac{1}{2}, \frac{1}{3}\right)$ 的平面方程,并判断点 $\left(1, 1, \frac{1}{3}\right)$ 是否在该平面上.

7. 确定平面 $3x + 2y - 6z - 12 = 0$ 在 x 轴、y 轴、z 轴上的截距,并画出该平面的图形.

8. 求球面 $x^2 + y^2 + z^2 - 2x + 4y - 4z - 7 = 0$ 的球心和半径.

9. 球面过原点,球心在 $(2, -1, 3)$,建立球面方程.

10. 在空间直角坐标系下,方程 $x^2 + y^2 - 2x = 0$ 确定怎样的曲面?

§6.2 多元函数的基本概念

多元函数微积分是一元函数微积分的推广,因此,它具有一元函数微积分中的许多性

质,但也有一些本质上的差别.对于多元函数,我们着重讨论二元函数,从二元函数向 $n(n>2)$ 元函数推广就再无本质差别.本节先介绍多元函数的极限和连续这些基本概念.

一、平面区域

邻域 在 Oxy 平面上,以定点 $P_0(x_0,y_0)$ 为圆心,以 $\delta>0$ 为半径的开圆(即不含圆周),称为点 P_0 的 δ 邻域,记做 $D_\delta(P_0)$,即

$$D_\delta(P_0)=\{(x,y)|(x-x_0)^2+(y-y_0)^2<\delta^2\}.$$

以下,以 $P_0(x_0,y_0)$ 为圆心,以任意长为半径的开圆记做 $D(P_0)$,称为点 P_0 的某邻域.

内点、开集 设 D 为 Oxy 平面上一点集,点 $P_0(x_0,y_0)\in D$,若存在 $\delta>0$,使得 $D_\delta(P_0)\subset D$,则称 P_0 为 D 的内点;若 D 的点都是内点,则称 D 为开集.

边界点、边界 设 $P_0(x_0,y_0)$ 为 Oxy 平面上的任一点,若对任意的 $\delta>0$,总存在点 $P_1(x_1,y_1),P_2(x_2,y_2)\in D_\delta(P_0)$,使得 $P_1\in D$,而 $P_2\notin D$,则称 P_0 为 D 的边界点;D 的边界点的集合称为 D 的**边界**.

开区域、闭区域 设 D 为开集,P_1,P_2 为 D 内任意两点,在 D 内若存在一条直线或有限条直线段组成的折线将 P_1 与 P_2 连接起来,则称 D **为连通区域**,简称为**区域**或**开区域**;区域及其边界所成集合称为**闭区域**.

有界区域、无界区域 以 $D_R(O)$ 表示以原点 $O(0,0)$ 为圆心,R 为半径的开圆.若存在正数 R,使得区域 $D\subset D_R(O)$,则称 D 为**有界区域**;否则称 D 为**无界区域**.

在以下叙述中,若不需要区分开区域、闭区域、有界区域、无界区域时,统称为**区域**,并以 D 表示.

二、多元函数概念

1. 二元函数定义

例 1 矩形的面积公式

$$A=xy\quad(x>0,y>0)$$

描述了面积 A 与其长 x 和宽 y 这两个量之间确定的关系.当 x 和 y 取定一对值时,就唯一确定 A 的值.这就是以 x,y 为自变量,A 为因变量的二元函数.

定义 1 设 D 是一个非空数对集,若按照某一确定的对应法则 f,对 D 内每一数对 (x,y) 都有唯一确定的实数 z 与之对应,则称 f **是定义在 D 上的二元函数**,记做

$$z=f(x,y),\quad(x,y)\in D,$$

或

$$z=f(P),\quad P(x,y)\in D,$$

其中 x,y 称为函数 f 的**自变量**,z 称为函数 f 的**因变量**,D 称为函数 f 的**定义域**.

若 $(x_0,y_0)\in D$,与 (x_0,y_0) 对应的 z 的数值,称为函数 f 在点 (x_0,y_0) 的函数值,记做 $f(x_0,y_0)$ 或 $z|_{(x_0,y_0)}$;全体函数值集合

$$Z = \{z | z = f(x,y), (x,y) \in D\}$$

称为函数 f 的**值域**.

若函数 f 用解析表达式表示，f 的定义域就是使该解析式有意义的点 (x,y) 的集合，这时，二元函数可简记做

$$z = f(x,y).$$

与一元函数一样，定义域 D、对应法则 f、值域 Z 是确定二元函数的三个因素，而前二者是要素.

一般地，可以定义 n 元函数

$$u = f(x_1, x_2, \cdots, x_n), \quad (x_1, x_2, \cdots, x_n) \in D,$$

或记做

$$u = f(P), \quad P(x_1, x_2, \cdots, x_n) \in D.$$

二元以及二元以上的函数统称为**多元函数**.

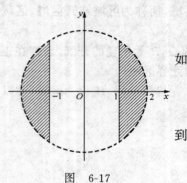

图 6-17

例 2 函数 $z = \ln(4-x^2-y^2) + \sqrt{x^2-1}$ 的定义域

$$D = \{(x,y) | x^2 + y^2 < 4, |x| \geq 1\},$$

如图 6-17 所示，这是有界区域.

例 3 已知 $f(x,y) = \dfrac{2xy}{x^2+y^2}$，求 $f(-2,1), f\left(\dfrac{y}{x}, 3\right)$.

解 在 $f(x,y)$ 的表示式中，以 -2 代换 x，1 代换 y，便得到

$$f(-2,1) = \frac{2 \times (-2) \times 1}{(-2)^2 + 1^2} = -\frac{4}{5}.$$

同样，在 $f(x,y)$ 的表示式中，以 $\dfrac{y}{x}$ 代换 x，以 3 代换 y，得

$$f\left(\frac{y}{x}, 3\right) = \frac{2 \dfrac{y}{x} \cdot 3}{\left(\dfrac{y}{x}\right)^2 + 3^2} = \frac{6xy}{y^2 + 9x^2}.$$

2. 二元函数的几何表示

对函数 $z = f(x,y), (x,y) \in D$，D 是 Oxy 平面上的区域，给定 D 中一点 $P(x,y)$，就有一个实数 z 与之对应，从而就可确定空间一点 $M(x,y,z)$. 当点 P 在区域 D 中移动，并经过 D 中所有点时，与之对应的动点 M 就在空间形成一张曲面（图 6-18）. 由此可知：

二元函数 $z = f(x,y), (x,y) \in D$，其图形是**空间直角坐标系下一张空间曲面**；该曲面在 Oxy 平面上的投影区域就是**该函数的定义域** D（图 6-19）.

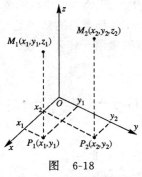

图 6-18

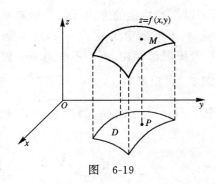

图 6-19

例 4　函数 $z=\sqrt{1-x^2-y^2}$ 的图形是以原点 $O(0,0,0)$ 为中心,以 1 为半径的上半球面;该曲面在 Oxy 平面上的投影是圆形闭区域(图 6-20)

$$D=\{(x,y)|x^2+y^2\leqslant 1\},$$

这正是函数的定义域.

三、二元函数的极限

设点 $P_0(x_0,y_0)$ 与点 $P(x,y)$ 是 Oxy 平面上的相异二点,点 P 趋于点 P_0,可记做 $(x,y)\to(x_0,y_0)$,也可记做 $P\to P_0$,即点 P 与点 P_0 之间的距离趋于 0:

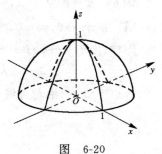

图 6-20

$$|PP_0|=\sqrt{(x-x_0)^2+(y-y_0)^2}\to 0.$$

与一元函数 $f(x)$ 在点 $x\to x_0$ 时以 A 为极限的意义类似,二元函数 $z=f(x,y)$ 在点 $P(x,y)\to P_0(x_0,y_0)$ 时以 A 为极限就是当点 $P(x,y)$ 无限接近点 $P_0(x_0,y_0)$ 时,对应的函数值 $f(x,y)$ 无限接近常数 A.有如下的"ε-δ"定义.

定义 2　设 A 是常数,在函数 $f(P)=f(x,y)$ 有定义的 $D(P_0)$ 内(在 $P_0(x_0,y_0)$ 可以没有定义),若对任意给定的正数 ε,总存在正数 δ,使得当 $0<\sqrt{(x-x_0)^2+(y-y_0)^2}<\delta$ 时,都有

$$|f(x,y)-A|<\varepsilon,$$

则称**函数** $f(x,y)$,**当** $P(x,y)\to P_0(x_0,y_0)$**时以** A **为极限**,记做

$$\lim_{(x,y)\to(x_0,y_0)}f(x,y)=A \quad \text{或} \quad f(x,y)\to A \quad ((x,y)\to(x_0,y_0)),$$

也可记做

$$\lim_{P\to P_0}f(P)=A \quad \text{或} \quad f(P)\to A \quad (P\to P_0).$$

当 $P(x,y)\to P_0(x_0,y_0)$ 时,函数 $f(x,y)$ 以 A 为极限,即成立"$\lim\limits_{(x,y)\to(x_0,y_0)}f(x,y)=A$",是要求"点 $P(x,y)$ 以任意方式趋于点 $P_0(x_0,y_0)$ 时,函数 $f(x,y)$ 总趋于定数 A".若当点

$P(x,y)$ 以某种特定的方式,例如,沿着某条特定的曲线趋于点 $P_0(x_0,y_0)$ 时,函数 $f(x,y)$ 趋于定数 A,不能断定函数 $f(x,y)$ 以 A 为极限. 当点 $P(x,y)$ 沿着不同的路径趋于点 $P_0(x_0,y_0)$ 时,若极限都存在,但却不是同一个数值,则可断定函数的极限一定不存在.

例 5 讨论函数 $f(x,y)=\dfrac{\sin xy}{x}$ 在点 $(0,2)$ 的极限.

解 $f(x,y)$ 在点 $(0,2)$ 没有定义,当 $(x,y)\to(0,2)$ 时,$xy\to 0$,故 $\dfrac{\sin xy}{xy}\to 1$,且 $(x,y)\to(0,2)$ 时,$y\to 2$,于是

$$\lim_{(x,y)\to(0,2)}\frac{\sin xy}{x}=\lim_{(x,y)\to(0,2)}\frac{\sin xy}{xy}\cdot y=1\times 2=2.$$

例 6 考查函数 $f(x,y)=\dfrac{xy}{x^2+y^2}$ 在点 $(0,0)$ 的极限.

解 由于 $f(0,y)=0$,所以当点 $P(x,y)$ 沿着直线 $x=0$ 趋于 $(0,0)$ 时,有 $\lim\limits_{y\to 0}f(0,y)=0$. 同样,由于 $f(x,0)=0$,所以当点 $P(x,y)$ 沿着直线 $y=0$ 趋于 $(0,0)$ 时,也有 $\lim\limits_{x\to 0}f(x,0)=0$.

若点 $P(x,y)$ 沿着直线 $y=kx(k\neq 0)$ 趋于点 $(0,0)$ 时,因为

$$f(x,y)=f(x,kx)=\frac{kx^2}{x^2+(kx)^2}=\frac{k}{1+k^2},$$

所以

$$\lim_{\substack{(x,y)\to(0,0)\\y=kx}}\frac{xy}{x^2+y^2}=\frac{k}{1+k^2}.$$

由此可见,当点 $P(x,y)$ 沿着不同的直线(即 $y=kx$ 中的 k 取不同的值)趋于原点时,函数 $f(x,y)$ 趋于不同的值. 因此,函数 $f(x,y)$ 在点 $(0,0)$ 的极限不存在.

四、二元函数的连续性

有了二元函数极限的概念,就可以定义二元函数在一点的连续性.

定义 3 在函数 $f(x,y)$ 有定义的 $D(P_0)$ 内,若

$$\lim_{(x,y)\to(x_0,y_0)}f(x,y)=f(x_0,y_0),$$

则称**函数 $f(x,y)$ 在点 $P_0(x_0,y_0)$ 连续**,称 $P_0(x_0,y_0)$ 是函数 $f(x,y)$ 的**连续点**. 否则,称函数 $f(x,y)$ 在点 $P_0(x_0,y_0)$ 间断,称 $P_0(x_0,y_0)$ 是函数 $f(x,y)$ 的**间断点**.

按该定义,函数 $f(x,y)$ 在点 $P_0(x_0,y_0)$ 连续,就是在该点处,**极限值恰等于函数值**.

若函数 $f(x,y)$ 在区域 D 内的**每一点都连续**,则称函数**在区域 D 内连续**,或称 $f(x,y)$ 为 D 上的**连续函数**.

例 7 函数 $f(x,y)=\begin{cases}\dfrac{xy^2}{x^2+y^2},&(x,y)\neq(0,0),\\ 0,&(x,y)=(0,0)\end{cases}$ 在点 $O(0,0)$ 是连续的.

这是因为当 $(x,y)\neq(0,0)$ 时,$\left|\dfrac{y^2}{x^2+y^2}\right|\leqslant 1$,且 $\lim\limits_{(x,y)\to(0,0)}x=0$,于是

$$\lim_{(x,y)\to(0,0)}\frac{xy^2}{x^2+y^2}=\lim_{(x,y)\to(0,0)}x\cdot\frac{y^2}{x^2+y^2}=0=f(0,0).$$

例 8 函数 $f(x,y)=\begin{cases}\dfrac{xy}{x^2+y^2}, & (x,y)\neq(0,0),\\ 0, & (x,y)=(0,0)\end{cases}$ 在点 $O(0,0)$ 间断.

函数 $f(x,y)$ 在点 $(0,0)$ 有定义,即 $f(0,0)=0$,但例 6 已推得了极限 $\lim_{(x,y)\to(0,0)}f(x,y)$ 不存在,显然点 $O(0,0)$ 是该函数的间断点.

二元连续函数的性质与一元连续函数的性质类似,在 §1.7 中,连续函数的四则运算性质,复合函数的连续性,以及闭区间上连续函数的最大值、最小值定理和介值定理均可推广至二元函数. 不过,这里对二元函数 $f(x,y)$ 而言,闭区间要推广至有界闭区域. 例如,二元连续函数的最大值、最小值定理是:

若二元函数 $f(x,y)$ 在有界闭区域 D 上连续,则 $f(x,y)$ **在 D 上有最大值与最小值**.

我们还有如下**重要结论**:

二元初等函数在其定义区域内都是连续函数. 这里的定义区域是指包含在二元函数定义域内的区域.

二元函数极限的定义,连续性的定义可以完全平行地推广至二元以上的多元函数.

习 题 6.2

1. 求下列函数的定义域,并画出定义域的图形:
 (1) $f(x,y)=\sqrt{x^2+y^2-1}+\sqrt{4-x^2-y^2}$; (2) $f(x,y)=\sqrt{x-\sqrt{y}}$;
 (3) $f(x,y)=\ln[y\ln(x-y)]$.

2. 求下列各函数的函数值:
 (1) $f(x,y)=\dfrac{x^2+y^2}{xy}$,求 $f(2,1), f\left(1,\dfrac{x}{y}\right)$;
 (2) $f(x,y)=\dfrac{xy}{x+y}$,求 $f(x+y,x-y), f\left(\dfrac{y}{x},xy\right)$.

3. 由已知条件确定 $f(x,y)$:
 (1) $f\left(x+y,\dfrac{y}{x}\right)=x^2-y^2$; (2) $f\left(\ln x,\dfrac{y}{x}\right)=\dfrac{x^2+x(\ln y-\ln x)}{y+x\ln x}$.

4. 设 λ 是任意正实数,证明下列各题:
 (1) 设 $f(x,y)=x^3+y^3+xy^2\sin\dfrac{y}{x}$,则 $f(\lambda x,\lambda y)=\lambda^3 f(x,y)$;
 (2) 设 $f(K,L)=AK^{1-\alpha}L^\alpha(0<\alpha<1)$,则 $f(\lambda x,\lambda y)=\lambda f(x,y)$.

5. 求下列极限:
 (1) $\lim_{(x,y)\to(0,0)}(x^2+y^2)\sin\dfrac{1}{x^2y^2}$; (2) $\lim_{(x,y)\to(0,0)}\dfrac{xy}{\sqrt{xy+1}-1}$.

6. 讨论极限 $\lim_{(x,y)\to(0,0)}\dfrac{x^2y}{x^4+y^2}$ 是否存在.

7. 考查函数 $f(x,y)=\begin{cases}\dfrac{xy}{\sqrt{x^2+y^2}}, & (x,y)\neq(0,0),\\ 0, & (x,y)=(0,0)\end{cases}$ 在点 $O(0,0)$ 是否连续.

8. 函数 $f(x,y)=\dfrac{y^2+2x}{y^2-2x}$ 在哪些点不连续.

§6.3 偏 导 数

在一元函数中,我们由函数的变化率问题引入了一元函数的导数概念.对于二元函数,虽然也有类似的问题,但由于自变量多了一个,问题将变得复杂得多.这是因为,在 Oxy 平面上,点 $P_0(x_0,y_0)$ 可以沿着不同方向变动,因而函数 $f(x,y)$ 就有沿着各个方向的变化率.在这里,我们仅限于讨论,当点 $P_0(x_0,y_0)$ 沿着平行 x 轴和平行 y 轴这两个特殊方向变动时,函数 $f(x,y)$ 的变化率问题.即固定 y 仅 x 变化时和固定 x 仅 y 变化时,函数 $f(x,y)$ 的变化率问题.这实际上是把二元函数作为一元函数来对待讨论变化率问题.这就是下面要讨论的偏导数问题.

一、偏导数

1. 偏导数定义

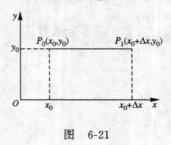

图 6-21

在函数 $z=f(x,y)$ 有定义的 $D(P_0)$ 内,当点 $P_0(x_0,y_0)$ 沿着平行于 x 轴的方向移动到点 $P_1(x_0+\Delta x,y_0)$ 时(图 6-21),函数相应的改变量记做 $\Delta_x z$:

$$\Delta_x z = f(x_0+\Delta x, y_0) - f(x_0,y_0),$$

称为函数 $f(x,y)$ 在点 P_0 关于 x 的**偏改变量**.

同样,函数 $z=f(x,y)$ 在点 $P_0(x_0,y_0)$ 关于 y 的**偏改变量**记做 $\Delta_y z$:

$$\Delta_y z = f(x_0, y_0+\Delta y) - f(x_0,y_0).$$

定义 在函数 $z=f(x,y)$ 有定义的 $D(P_0)$ 内,若极限

$$\lim_{\Delta x \to 0}\frac{\Delta_x z}{\Delta x} = \lim_{\Delta x \to 0}\frac{f(x_0+\Delta x,y_0)-f(x_0,y_0)}{\Delta x}$$

存在,则称这极限为函数 $f(x,y)$ 在**点 $P_0(x_0,y_0)$ 关于 x 的偏导数**,记做

$$f_x(x_0,y_0), \quad z_x|_{(x_0,y_0)}, \quad \frac{\partial f}{\partial x}\bigg|_{(x_0,y_0)}, \quad \frac{\partial z}{\partial x}\bigg|_{(x_0,y_0)};$$

若极限

$$\lim_{\Delta y \to 0}\frac{\Delta_y z}{\Delta y} = \lim_{\Delta y \to 0}\frac{f(x_0,y_0+\Delta y)-f(x_0,y_0)}{\Delta y}$$

存在,则称这极限为函数 $f(x,y)$ 在**点 $P_0(x_0,y_0)$ 关于 y 的偏导数**,记做

$$f_y(x_0,y_0), \quad z_y|_{(x_0,y_0)}, \quad \frac{\partial f}{\partial y}\bigg|_{(x_0,y_0)}, \quad \frac{\partial z}{\partial y}\bigg|_{(x_0,y_0)}.$$

由偏导数的定义可知:$f_x(x_0,y_0)$(或 $f_y(x_0,y_0)$)是函数 $f(x,y)$ 在点 P_0 沿着平行 x 轴(或平行 y 轴)方向的变化率.

若函数 $z=f(x,y)$ 在区域 D 内每一点 (x,y) 都有对 x、对 y 的偏导数,这就得到了函数

$f(x,y)$ 在 D 内对 x、对 y 的**偏导函数**,分别记做

$$f_x(x,y),\ z_x,\ \frac{\partial f}{\partial x},\ \frac{\partial z}{\partial x};\quad f_y(x,y),\ z_y,\ \frac{\partial f}{\partial y},\ \frac{\partial z}{\partial y}.$$

偏导函数是 x,y 的函数,简称**偏导数**.

显然,函数 $f(x,y)$ 在点 (x_0,y_0) 对 x 的偏导数 $f_x(x_0,y_0)$ 就是其偏导函数 $f_x(x,y)$ 在点 (x_0,y_0) 的函数值;$f_y(x,y)$ 就是偏导函数 $f_y(x,y)$ 在点 (x_0,y_0) 的函数值.

由函数 $f(x,y)$ 的偏导数定义知,求 $f_x(x,y)$ 时,是将 y 视为常量,只对 x 求导数;求 $f_y(x,y)$ 时,是将 x 视为常量,只对 y 求导数. 即

$$f_x(x,y) = \frac{\mathrm{d}}{\mathrm{d}x}f(x,y)|_{y\text{不变}},\quad f_y(x,y) = \frac{\mathrm{d}}{\mathrm{d}y}f(x,y)|_{x\text{不变}}.$$

这样,求偏导数仍是一元函数的求导数问题.

例1 求函数 $f(x,y)=x^3-3xy^2+y^4$ 在点 $(2,1)$ 的偏导数.

解 先求偏导数. 视 y 为常量,对 x 求导,得

$$f_x(x,y) = 3x^2 - 3y^2;$$

视 x 为常量,对 y 求导,得

$$f_y(x,y) = -6xy + 4y^3.$$

将 $x=2, y=1$ 代入以上二式,得

$$f_x(2,1) = (3x^2-3y^2)|_{(2,1)} = 9,\quad f_y(2,1) = (-6xy+4y^3)|_{(2,1)} = -8.$$

例2 求函数 $z=x^y\ (x>0)$ 的偏导数.

解 对 x 求偏导数时,视 y 为常量,这时 x^y 是幂函数,有

$$\frac{\partial z}{\partial x} = yx^{y-1}.$$

对 y 求偏导数时,视 x 为常量,这时 x^y 是指数函数,有

$$\frac{\partial z}{\partial y} = x^y \ln x.$$

例3 求函数 $z=\sin\dfrac{x}{y}\cos\dfrac{y}{x}$ 的偏导数.

解 视 y 为常量,对 x 求偏导数

$$\frac{\partial z}{\partial x} = \left(\sin\frac{x}{y}\right)'_x \cdot \cos\frac{y}{x} + \sin\frac{x}{y} \cdot \left(\cos\frac{y}{x}\right)'_x$$

$$= \cos\frac{x}{y} \cdot \frac{1}{y} \cdot \cos\frac{y}{x} + \sin\frac{x}{y} \cdot \left(-\sin\frac{y}{x}\right) \cdot \left(-\frac{y}{x^2}\right)$$

$$= \frac{1}{y}\cos\frac{x}{y}\cos\frac{y}{x} + \frac{y}{x^2}\sin\frac{x}{y}\sin\frac{y}{x}.$$

视 x 为常量,对 y 求偏导数

$$\frac{\partial z}{\partial y} = \left(\sin\frac{x}{y}\right)'_y \cdot \cos\frac{y}{x} + \sin\frac{x}{y} \cdot \left(\cos\frac{y}{x}\right)'_y$$

$$= \cos\frac{x}{y} \cdot \left(-\frac{x}{y^2}\right) \cdot \cos\frac{y}{x} + \sin\frac{x}{y}\left(-\sin\frac{y}{x}\right) \cdot \frac{1}{x}$$

$$= -\frac{x}{y^2}\cos\frac{x}{y}\cos\frac{y}{x} - \frac{1}{x}\sin\frac{x}{y}\sin\frac{y}{x}.$$

二元函数偏导数的概念与计算容易推广到二元以上的函数.

例 4 设 $u = \ln(\tan x + 2\tan y + 3\tan z)$,求偏导数.

解 这是三元函数求偏导数,应求 u 对 x,对 y,对 z 的偏导数.

视 y 和 z 为常量,对 x 求偏导数

$$\frac{\partial u}{\partial x} = \frac{\sec^2 x}{\tan x + 2\tan y + 3\tan z};$$

视 z 和 x 为常量,对 y 求偏导数

$$\frac{\partial u}{\partial y} = \frac{2\sec^2 y}{\tan x + 2\tan y + 3\tan z};$$

视 x 和 y 为常量,对 z 求偏导数

$$\frac{\partial u}{\partial z} = \frac{3\sec^2 z}{\tan x + 2\tan y + 3\tan z}.$$

2. 偏导数的几何意义

一元函数 $y = f(x)$ 在点 x_0 的导数 $f'(x_0)$ 的几何意义是,曲线 $y = f(x)$ 在点 (x_0, y_0) 处切线的斜率. 由于二元函数 $z = f(x, y)$ 在点 (x_0, y_0) 的偏导数

$$f_x(x_0, y_0) = \frac{\mathrm{d}f(x, y_0)}{\mathrm{d}x}\bigg|_{x = x_0},$$

$$f_y(x_0, y_0) = \frac{\mathrm{d}f(x_0, y)}{\mathrm{d}y}\bigg|_{y = y_0},$$

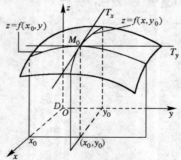

图 6-22

如图 6-22 所示,$f_x(x_0, y_0)$ 表示空间曲线

$$\begin{cases} z = f(x, y), \\ y = y_0, \end{cases}$$

即空间曲面 $z = f(x, y)$ 与平面 $y = y_0$ 的交线 $z = f(x, y_0)$,在点 $M_0(x_0, y_0, f(x_0, y_0))$ 处切线 M_0T_x 对 x 轴的斜率;$f_y(x_0, y_0)$ 表示空间曲线

$$\begin{cases} z = f(x, y), \\ x = x_0, \end{cases}$$

即空间曲面 $z = f(x, y)$ 与平面 $x = x_0$ 的交线 $z = f(x_0, y)$ 在点 $M_0(x_0, y_0, f(x_0, y_0))$ 处切线 M_0T_y 对 y 轴的斜率.

在此,我们还要指出,二元函数 $z = f(x, y)$ 在点 (x_0, y_0) 存在偏导数与连续之间没有必然的联系,特别是,在点 (x_0, y_0) 连续,不是在该点存在偏导数的必要条件. 这是因为函数

$f(x,y)$ 在点 (x_0, y_0) 关于 x 的偏导数 $f_x(x_0, y_0)$ 是沿着 x 轴方向的变化率：$f_x(x_0, y_0)$ 存在，只能说明函数 $f(x,y)$ 沿着 x 轴方向连续. 同理，$f_y(x_0, y_0)$ 存在，也只能说明函数 $f(x,y)$ 沿着 y 轴方向连续. 从而不能推出函数在点 (x_0, y_0) 连续.

例如，我们已经知道，函数

$$f(x,y) = \begin{cases} \dfrac{xy}{x^2 + y^2}, & (x,y) \neq (0,0), \\ 0, & (x,y) = (0,0) \end{cases}$$

在点 $(0,0)$ 不连续（§6.2 例 6），但它的偏导数却存在.

事实上，因 $f(x,0) = 0, f(0,y) = 0$，故

$$f_x(0,0) = \lim_{x \to 0} \frac{f(x,0) - f(0,0)}{x} = \lim_{x \to 0} \frac{0-0}{x} = 0,$$

$$f_y(0,0) = \lim_{y \to 0} \frac{f(0,y) - f(0,0)}{y} = \lim_{y \to 0} \frac{0-0}{y} = 0,$$

即函数 $f(x,y)$ 在点 $(0,0)$ 的两个偏导数是存在的.

二、高阶偏导数

函数 $z = f(x,y)$ 的偏导数 $\dfrac{\partial z}{\partial x}, \dfrac{\partial z}{\partial y}$ 一般仍是 x, y 的函数，若它们关于 x 和 y 的偏导数存在，则 $\dfrac{\partial z}{\partial x}, \dfrac{\partial z}{\partial y}$ 对 x 和对 y 的偏导数，称为函数 $z = f(x,y)$ 的**二阶偏导数**. 函数 $z = f(x,y)$ 的二阶偏导数，依对变量求导次序不同，共有以下四个：

$$\frac{\partial}{\partial x}\left(\frac{\partial z}{\partial x}\right) = \frac{\partial^2 z}{\partial x^2} = z_{xx} = f_{xx}(x,y), \qquad \frac{\partial}{\partial y}\left(\frac{\partial z}{\partial x}\right) = \frac{\partial^2 z}{\partial x \partial y} = z_{xy} = f_{xy}(x,y),$$

$$\frac{\partial}{\partial x}\left(\frac{\partial z}{\partial y}\right) = \frac{\partial^2 z}{\partial y \partial x} = z_{yx} = f_{yx}(x,y), \qquad \frac{\partial}{\partial y}\left(\frac{\partial z}{\partial y}\right) = \frac{\partial^2 z}{\partial y^2} = z_{yy} = f_{yy}(x,y).$$

其中 $f_{xx}(x,y)$ 是对 x 求二阶偏导数；$f_{yy}(x,y)$ 是对 y 求二阶偏导数；$f_{xy}(x,y)$ 是先对 x 求偏导数，所得结果再对 y 求偏导数；$f_{yx}(x,y)$ 是先对 y 求偏导数，然后再对 x 求偏导数. 我们把 $f_{xy}(x,y)$ 和 $f_{yx}(x,y)$ 通常称为**混合偏导数**.

类似地，可以定义更高阶的偏导数，例如，对 y 的三阶偏导数是

$$\frac{\partial}{\partial y}\left(\frac{\partial^2 z}{\partial y^2}\right) = \frac{\partial^3 z}{\partial y^3} = f_{y^3}(x,y);$$

混合偏导数 $f_{yx}(x,y)$，再对 x 求一阶偏导数是

$$\frac{\partial}{\partial x}\left(\frac{\partial^2 z}{\partial y \partial x}\right) = \frac{\partial^3 z}{\partial y \partial x^2} = f_{yx^2}(x,y).$$

二阶和二阶以上的偏导数统称为**高阶偏导数**.

例 5 求函数 $z = e^{xy} + ye^x$ 的二阶偏导数.

解 先求一阶偏导数

$$\frac{\partial z}{\partial x} = ye^{xy} + ye^x, \quad \frac{\partial z}{\partial y} = xe^{xy} + e^x;$$

再求二阶偏导数

$$\frac{\partial^2 z}{\partial x^2} = \frac{\partial}{\partial x}\left(\frac{\partial z}{\partial x}\right) = y^2 e^{xy} + ye^x, \qquad \frac{\partial^2 z}{\partial y^2} = \frac{\partial}{\partial y}\left(\frac{\partial z}{\partial y}\right) = x^2 e^{xy},$$

$$\frac{\partial^2 z}{\partial x \partial y} = \frac{\partial}{\partial y}\left(\frac{\partial z}{\partial x}\right) = e^{xy} + xye^{xy} + e^x, \qquad \frac{\partial^2 z}{\partial y \partial x} = \frac{\partial}{\partial x}\left(\frac{\partial z}{\partial y}\right) = e^{xy} + xye^{xy} + e^x.$$

由以上计算结果看到，两个二阶混合偏导数相等. 这并非偶然，关于这一点，有下述**结论**：

若函数 $z=f(x,y)$ 的二阶混合偏导数 $f_{xy}(x,y)$ 和 $f_{yx}(x,y)$ **在区域 D 内连续**，则它们在 D **内必相等**，即

$$f_{xy}(x,y) = f_{yx}(x,y).$$

例 6 求函数 $z=\ln(x^2+y^2)$ 的二阶偏导数.

解 注意自变量 x, y 在函数关系式中的对称性.

$$\frac{\partial z}{\partial x} = \frac{2x}{x^2+y^2}, \quad \frac{\partial z}{\partial y} = \frac{2y}{x^2+y^2};$$

$$\frac{\partial^2 z}{\partial x^2} = \frac{2(x^2+y^2) - 2x \cdot 2x}{(x^2+y^2)^2} = \frac{2(y^2-x^2)}{(x^2+y^2)^2}, \qquad \frac{\partial^2 z}{\partial y^2} = \frac{2(x^2-y^2)}{(x^2+y^2)^2},$$

$$\frac{\partial^2 z}{\partial x \partial y} = -\frac{2x \cdot 2y}{(x^2+y^2)^2} = -\frac{4xy}{(x^2+y^2)^2}, \qquad \frac{\partial^2 z}{\partial y \partial x} = -\frac{4xy}{(x^2+y^2)^2}.$$

习 题 6.3

1. 求下列函数的偏导数：

(1) $z = \dfrac{xy}{x-y}$;　　(2) $z = \tan\dfrac{x^2}{y}$;　　(3) $z = \arctan\dfrac{y^2-x}{x^2-y}$;

(4) $z = \ln(x-2y)$;　　(5) $z = \sin(\sqrt{x} + \sqrt{y})e^{xy}$;　　(6) $z = (x+2y)^{x+2y}$;

(7) $z = x^{x^y}$;　　(8) $u = \left(\dfrac{x}{y}\right)^z$;　　(9) $u = e^{\frac{xz}{y}}\ln y$.

2. 求下列函数在指定点的偏导数：

(1) $f(x,y) = x\sin(x+y)$, 求 $f_x\left(\dfrac{\pi}{4}, \dfrac{\pi}{4}\right), f_y\left(\dfrac{\pi}{4}, \dfrac{\pi}{4}\right)$;

(2) $f(x,y) = \dfrac{x\cos y - y\cos x}{1+\sin x + \sin y}$, 求 $f_x(0,0), f_y(0,0)$;

(3) $f(x,y,z) = \sqrt[z]{\dfrac{x}{y}}$, 求 $f_x(1,1,1), f_y(1,1,1), f_z(1,1,1)$.

3. 由下列已知条件，求函数 $f(x,y)$：

(1) 已知 $f_y(x,y) = x^2 + 2y$;

(2) 已知 $f_x(x,y) = -\sin y + \dfrac{1}{1-xy}$, 且 $f(1,y) = \sin y$.

4. 求下列函数的二阶偏导数 z_{xx}, z_{yy} 和 z_{xy}：

(1) $z=\arctan\dfrac{x}{y}$;   (2) $z=\cos\dfrac{x+y}{x-y}$;   (3) $z=e^{xe^y}$.

5. 设 $f(x,y)=\ln(1+x^2+y)$，求 $f_{xy}(1,1)$.

6. 求下列函数指定的三阶偏导数:
(1) $f(x,y)=y^2\sqrt{x}$，求 $f_{x^3}(x,y), f_{y^3}(x,y), f_{yx^2}(x,y), f_{xy^2}(x,y)$;
(2) $f(x,y)=\sin(xy)$，求 $f_{xy^2}(x,y)$.

7. 证明：$u=x^y\cdot y^x$ 满足方程 $x\dfrac{\partial u}{\partial x}+y\dfrac{\partial u}{\partial y}=u(x+y+\ln u)$.

8. 设 $f(x,y)=\begin{cases} xy\dfrac{x^2-y^2}{x^2+y^2}, & x^2+y^2\neq 0, \\ 0, & x^2+y^2=0, \end{cases}$ 求 $f_{xy}(0,0), f_{yx}(0,0)$.

§6.4 全 微 分

一、全微分概念

1. 全微分定义

对一元函数 $y=f(x)$，为近似计算函数的改变量
$$\Delta y=f(x+\Delta x)-f(x),$$
我们引入了微分 $dy=f'(x)\Delta x$. 在 $|\Delta x|$ 较小时，用 dy 近似代替 Δy，计算简单且近似程度较好.

对二元函数也有类似的问题. 若函数 $z=f(x,y)$ 在点 $P_0(x_0,y_0)$ 关于 x,y 分别有改变量 $\Delta x, \Delta y$，函数的改变量是
$$\Delta z=f(x_0+\Delta x, y_0+\Delta y)-f(x_0,y_0),$$
称为**全改变量**. 为近似计算 Δz，引入全微分定义.

定义 在函数 $z=f(x,y)$ 有定义的 $D(P_0)$ 内，若函数 $f(x,y)$ 在点 $P_0(x_0,y_0)$ 的全改变量 Δz 可表示为
$$\Delta z=A\Delta x+B\Delta y+o(\rho), \tag{1}$$
其中 A, B 仅与点 P_0 有关，而与改变量 $\Delta x, \Delta y$ 无关，$\rho=\sqrt{(\Delta x)^2+(\Delta y)^2}$，则称函数 $f(x,y)$ 在点 P_0 **可微**；并称 $A\Delta x+B\Delta y$ 为函数 $f(x,y)$ 在点 P_0 的**全微分**，记做 $dz|_{(x_0,y_0)}$，即
$$dz|_{(x_0,y_0)}=A\Delta x+B\Delta y.$$

若函数 $f(x,y)$ 在区域 D 内各点处都可微，则称函数 $f(x,y)$ **在 D 内可微**，函数 $f(x,y)$ 在 D 内任一点 (x,y) 的全微分记做 dz.

由全微分定义可看出，函数 $f(x,y)$ 在点 (x,y) 的全微分 dz 是 $\Delta x, \Delta y$ 的线性函数，且当 $\rho\to 0$ 时，差 $(\Delta z-dz)$ 是比 ρ 较**高阶的无穷小**. 因此，全微分 dz 是全改变量 Δz 的**线性主部**.

正因为如此，在 $|\Delta x|, |\Delta y|$ 较小时，就可以用函数的全微分 dz 近似代替函数的全改变量 Δz.

2. 可微与连续、偏导数之间的关系

首先,看**可微与连续的关系**.

若函数 $f(x,y)$ 在点 $P_0(x_0,y_0)$ 可微,由前述(1)式,当 $\rho \to 0$(相当于 $\Delta x \to 0, \Delta y \to 0$)时,有 $\lim\limits_{\rho \to 0} \Delta z = 0$,即
$$\lim_{(\Delta x, \Delta y) \to (0,0)} f(x_0 + \Delta x, y_0 + \Delta y) = f(x_0, y_0).$$

故函数 $f(x,y)$ 在点 P_0 连续. 由此,有下述**结论**:

若函数 $f(x,y)$ **在点** $P_0(x_0,y_0)$ **可微**,则它在该点**必定连续**. 即连续是可微的必要条件.

其次,可微与偏导数之间有下述关系.

定理 1(可微的必要条件) 若函数 $z=f(x,y)$ 在点 (x_0,y_0) 可微,则函数在该点的偏导数 $f_x(x_0,y_0), f_y(x_0,y_0)$ 存在,且
$$A = f_x(x_0,y_0), \quad B = f_y(x_0,y_0).$$

证 由于 $f(x,y)$ 在点 (x_0,y_0) 可微,且(1)式对任意的 $\Delta x, \Delta y$ 都成立. 若令 $\Delta y = 0$,这时,(1)式为
$$\Delta_x z = f(x_0 + \Delta x, y_0) - f(x_0, y_0) = A\Delta x + o(|\Delta x|),$$

两边除以 Δx,并令 $\Delta x \to 0$ 取极限
$$\lim_{\Delta x \to 0} \frac{\Delta_x z}{\Delta x} = \lim_{\Delta x \to 0} \frac{A \Delta x + o(|\Delta x|)}{\Delta x} = A,$$

从而 $f_x(x_0, y_0)$ 存在,且等于 A.

同理可证 $f_y(x_0,y_0)$ 存在且等于 B.

该定理说明,偏导数存在是全微分存在的**必要条件**,但这个条件**不是充分条件**. 例如,我们已经知道函数
$$f(x,y) = \begin{cases} \dfrac{xy}{x^2+y^2}, & (x,y) \neq (0,0), \\ 0, & (x,y) = (0,0) \end{cases}$$

在点 $(0,0)$ 的偏导数存在,而在点 $(0,0)$ 不连续,从而它在点 $(0,0)$ 处不可微.

由于自变量的改变量等于自变量的微分: $\Delta x = \mathrm{d}x, \Delta y = \mathrm{d}y$. 所以由定理 1,函数 $f(x,y)$ 在点 (x_0,y_0) 的全微分可记做
$$\mathrm{d}z|_{(x_0,y_0)} = f_x(x_0,y_0)\mathrm{d}x + f_y(x_0,y_0)\mathrm{d}y.$$

若函数 $f(x,y)$ 在区域 D 内可微,则在 D 内任一点 (x,y) 处的全微分记做
$$\mathrm{d}z = f_x(x,y)\mathrm{d}x + f_y(x,y)\mathrm{d}y.$$

我们可以证明下述全微分存在的充分条件.

定理 2(可微的充分条件) 若函数 $z=f(x,y)$ 在邻域 $D(P_0)$ 内存在偏导数 $f_x(x,y), f_y(x,y)$,且这两个偏导数在点 $P_0(x_0,y_0)$ 连续,则该函数在点 P_0 可微.

二元函数全微分的定义及上述相关的结论和定理均可推广至二元以上的函数. 例如,三元函数 $u=f(x,y,z)$ 的全微分是

$$du = f_x(x,y,z)dx + f_y(x,y,z)dy + f_z(x,y,z)dz.$$

例1 求函数 $z = x^{\ln y}$ 的全微分.

解 因 $\dfrac{\partial z}{\partial x} = \ln y \cdot x^{\ln y - 1}, \dfrac{\partial z}{\partial y} = x^{\ln y} \cdot \dfrac{1}{y} \ln x$, 所以

$$dz = \ln y \cdot x^{\ln y - 1}dx + \frac{\ln x}{y} \cdot x^{\ln y}dy.$$

例2 设 $z = \dfrac{\cos x^2}{y}$, 求 $dz|_{(0,1)}$.

解 因 $\dfrac{\partial z}{\partial x} = -\dfrac{2x \sin x^2}{y}, \dfrac{\partial z}{\partial y} = -\dfrac{\cos x^2}{y^2}$, 又 $\dfrac{\partial z}{\partial x}\Big|_{(0,1)} = 0, \dfrac{\partial z}{\partial y}\Big|_{(0,1)} = -1$, 所以

$$dz|_{(0,1)} = -dy.$$

*二、用全微分作近似计算

若函数 $z = f(x,y)$ 在点 (x_0, y_0) 可微, 则应用全微分作近似计算有两个近似等式. 当 $|\Delta x|, |\Delta y|$ 都较小时, 有

$$\Delta z \approx f_x(x_0, y_0)\Delta x + f_y(x_0, y_0)\Delta y \tag{2}$$

和

$$f(x_0 + \Delta x, y_0 + \Delta y) \approx f(x_0, y_0) + f_x(x_0, y_0)\Delta x + f_y(x_0, y_0)\Delta y. \tag{3}$$

例3 设有一无盖圆柱形容器, 容器的壁与底的厚度均为 $0.1\,\text{cm}$, 内高为 $20\,\text{cm}$, 内半径为 $4\,\text{cm}$. 求容器外壳体积的近似值.

解 这是求函数改变量的问题, 用近似等式(2). 依题设, 若以 r, h 分别表示圆柱形容器的底半径和高, 则其体积

$$V = \pi r^2 h,$$

且

$$\frac{\partial V}{\partial r} = 2\pi rh, \quad \frac{\partial V}{\partial h} = \pi r^2,$$

所以
$$dV = 2\pi rh \cdot \Delta r + \pi r^2 \cdot \Delta h.$$

将 $r = 4\,\text{cm}, h = 20\,\text{cm}, \Delta r = 0.1\,\text{cm}, \Delta h = 0.1\,\text{cm}$ 代入微分式 dV, 得容器外壳体积的近似值

$$\Delta V \approx dV = (2\pi \times 4 \times 20 \times 0.1 + \pi \times 4^2 \times 0.1)\,\text{cm}^3 = 17.6\pi\,\text{cm}^3 \approx 55.3\,\text{cm}^3.$$

例4 计算 $\sqrt{(1.04)^{1.99}}$ 的近似值.

解 $\sqrt{(1.04)^{1.99}}$ 可看做是函数 $f(x,y) = \sqrt{x^y}$ 在 $x = 1.04, y = 1.99$ 处的值. 用近似等式(3). 由于

$$f_x(x,y) = \frac{yx^{y-1}}{2\sqrt{x^y}}, \quad f_y(x,y) = \frac{x^y \ln x}{2\sqrt{x^y}},$$

又令 $x_0 = 1, y_0 = 2; \Delta x = 0.04, \Delta y = -0.01$. 于是

$$\sqrt{(1.04)^{1.99}} = f(1 + 0.04, 2 - 0.01)$$

$$\approx f(1,2) + f_x(1,2) \times 0.04 + f_y(1,2) \times (-0.01)$$
$$= 1 + 0.04 + 0 = 1.04.$$

习 题 6.4

1. 求下列函数的全微分：
   (1) $z = y^{\sin x}$；　　　(2) $z = \arcsin(x\sqrt{y})$；　　　(3) $z = \ln(x + \sqrt{x^2+y^2})$；
   (4) $u = \sqrt{x^2+y^2+z^2}$；　　　(5) $u = x^{y^2 z}$.

2. 求下列函数在指定点的全微分：
   (1) $z = \sqrt{x+y}(\ln x + \ln y)$ 在点 (e, e) 处；
   (2) $z = \sqrt{xy + \dfrac{x}{y}}$ 在点 $(2, 1)$ 处.

3. 设 $f(x,y) = ax^2 + bxy + cy^2$, 当点 (x,y) 从 $(1,1)$ 改变到 $(1+h, 1+k)$ 时, 试写出 $f(x,y)$ 的全改变量与全微分.

4. 求函数 $z = f(x,y)$, 已知其全微分
$$dz = (4x^3 + 10xy^3 - 3y^4)dx + (15x^2y^2 - 12xy^3 + 5y^4)dy.$$

*5. 利用全微分计算下列量的近似值：
   (1) $(0.97)^{1.05}$;　　　(2) $\ln \dfrac{1+\tan(-0.01)}{1-\sin(0.02)}$.

*6. 某工厂使用两种燃料, 由此工厂所产生的空气污染的吨数为
$$z = 0.007x^2 + 0.0003y^2.$$
其中 x 与 y 分别为甲、乙两种燃料所耗吨数. 若甲燃料每天所耗由 100 吨减至 95 吨, 而同时乙燃料每天所耗由 150 吨增至 154 吨, 问: 工厂所产生的空气污染量每天近似改变多少？

*7. 造一长方形无盖铁盒, 其内部的长、宽、高分别为 10 mm, 8 mm, 7 mm, 盒子的厚度为 0.1 mm, 求所用材料的体积的近似值.

§6.5 复合函数的微分法

多元复合函数的微分法, 从一定意义说, 可以认为是一元复合函数微分法的推广.

由 $y = f(u), u = \varphi(x)$ 构成的一元复合函数 $y = f(\varphi(x))$, 其导数公式是
$$\frac{dy}{dx} = \frac{dy}{du} \cdot \frac{du}{dx}.$$
对多元复合函数, 也有类似的导数公式. 这里需要注意的是, 因变量对自变量的导数, 要通过各个中间变量达到自变量.

一、复合函数的全导数公式

中间变量多于一个, 而自变量只有一个的多元复合函数的导数称为**全导数**. 以两个中间变量, 一个自变量的情形推出公式.

定理 1 设函数 $u = \varphi(x), v = \psi(x)$ 在点 x 可导, 而函数 $f(u,v)$ 在其相应的点

$(\varphi(x), \psi(x))$ 可微，则复合函数 $z=f(\varphi(x), \psi(x))$ 在点 x 可导，且

$$\frac{dz}{dx} = \frac{\partial z}{\partial u} \cdot \frac{du}{dx} + \frac{\partial z}{\partial v} \cdot \frac{dv}{dx}. \tag{1}$$

证 由于函数 $z=f(u,v)$ 在点 (u,v) 可微，它的全微分是

$$dz = \frac{\partial z}{\partial u}du + \frac{\partial z}{\partial v}dv.$$

两端除以 dx，得

$$\frac{dz}{dx} = \frac{\partial z}{\partial u} \cdot \frac{du}{dx} + \frac{\partial z}{\partial v} \cdot \frac{dv}{dx}.$$

这就是函数 $z=f(\varphi(x), \psi(x))$ 对 x 的**全导数公式**.

特别地，若 $z=f(x,y)$，而 $y=\varphi(x)$ 时，这时，仍理解成是两个中间变量，一个自变量，即

$$z = f(x,y), \quad \text{而} \quad x = x, \; y = \varphi(x),$$

对 $z=f(x,\varphi(x))$，按公式(1)，并注意到 $\dfrac{dx}{dx}=1$，便有

$$\frac{dz}{dx} = \frac{\partial z}{\partial x} \cdot \frac{dx}{dx} + \frac{\partial z}{\partial y} \cdot \frac{dy}{dx},$$

即

$$\frac{dz}{dx} = \frac{\partial z}{\partial x} + \frac{\partial z}{\partial y} \cdot \frac{dy}{dx}. \tag{2}$$

需要指出，在公式(2)中，左端的 $\dfrac{dz}{dx}$ 是 z 关于 x 的"全"导数，它是在 y 以确定的方式 $y=\varphi(x)$ 随 x 变化的假设下计算出来的；而右端的 $\dfrac{\partial z}{\partial x}$ 是 z 关于 x 的偏导数，它是在 y 不变的假设下计算出来的.

例 1 设 $z=f(u,v)=u^v$，而 $u=\varphi(x)=\sin x, v=\psi(x)=\cos x$，求 $\dfrac{dz}{dx}$.

解 这是两个中间变量，一个自变量的复合函数. 由全导数公式(1)

$$\frac{dz}{dx} = \frac{\partial z}{\partial u}\frac{du}{dx} + \frac{\partial z}{\partial v}\frac{dv}{dx} = vu^{v-1}\cos x + u^v \ln u \cdot (-\sin x)$$

$$= (\sin x)^{\cos x-1} \cdot \cos^2 x - (\sin x)^{\cos x+1} \cdot \ln\sin x.$$

例 2 设 $z=\arcsin\dfrac{x}{y}$，而 $y=\sqrt{x^2+1}$，求 $\dfrac{dz}{dx}$.

解 由全导数公式(2)

$$\frac{dz}{dx} = \frac{\partial z}{\partial x} + \frac{\partial z}{\partial y}\frac{dy}{dx}$$

$$= \frac{1}{\sqrt{1-\left(\dfrac{x}{y}\right)^2}} \cdot \frac{1}{y} + \frac{1}{\sqrt{1-\left(\dfrac{x}{y}\right)^2}}\left(-\frac{x}{y^2}\right)\frac{x}{\sqrt{x^2+1}} = \frac{1}{x^2+1}.$$

由这种显函数构成的复合函数的全导数，若将中间变量关于自变量的表达式代入 z 的表达式中，就是一元函数的导数.

全导数公式(1)和(2)可推广到复合函数的中间变量多于两个的情形.

例3 若可微函数 $f(x,y)$ 对任意正实数 t 满足关系式
$$f(tx,ty) = t^m f(x,y),$$
则称 $f(x,y)$ 为 m 次齐次函数①. 证明 m 次齐次函数满足方程
$$x\frac{\partial f}{\partial x} + y\frac{\partial f}{\partial y} = mf(x,y).$$

证 设 $u=tx, v=ty$,则已知等式为
$$f(u,v) = t^m f(x,y).$$
上式左端看做是以 u,v 为中间变量,t 为自变量的函数. 等式两端对 t 求导数,得
$$\frac{\partial f}{\partial u}\frac{\mathrm{d}u}{\mathrm{d}t} + \frac{\partial f}{\partial v}\frac{\mathrm{d}v}{\mathrm{d}t} = mt^{m-1}f(x,y),$$
即
$$x\frac{\partial f}{\partial u} + y\frac{\partial f}{\partial v} = mt^{m-1}f(x,y).$$
上式对任意正实数 t 都成立,特别取 $t=1$ 时,得所证的等式
$$x\frac{\partial f}{\partial x} + y\frac{\partial f}{\partial y} = mf(x,y).$$

由该式可知,若 $f(x,y)$ 是线性齐次函数,即 $m=1$ 时,则有
$$x\frac{\partial f}{\partial x} + y\frac{\partial f}{\partial y} = f(x,y).$$

二、复合函数的偏导数公式

中间变量依赖于多个自变量的复合函数的导数就是**偏导数**. 以两个中间变量,两个自变量的情形推出公式.

设函数 $u=\varphi(x,y), v=\psi(x,y)$ 在**点** (x,y) **都存在偏导数**,函数 $z=f(u,v)$ 在**相应的点** (u,v) **可微**,则复合函数 $z=f(\varphi(x,y),\psi(x,y))$ **在点** (x,y) **存在偏导数**,且有**偏导数公式**

$$\frac{\partial z}{\partial x} = \frac{\partial z}{\partial u}\cdot\frac{\partial u}{\partial x} + \frac{\partial z}{\partial v}\cdot\frac{\partial v}{\partial x}, \tag{3}$$

$$\frac{\partial z}{\partial y} = \frac{\partial z}{\partial u}\cdot\frac{\partial u}{\partial y} + \frac{\partial z}{\partial v}\cdot\frac{\partial v}{\partial y}. \tag{4}$$

求 z 对 x 的偏导数时,把变量 y 看做常量,实质上就化为前面已讨论过的情形. 不过需将导数记号作相应的改变,在公式(1)中,$\frac{\mathrm{d}z}{\mathrm{d}x}$ 应改为 $\frac{\partial z}{\partial x}$;$\frac{\mathrm{d}u}{\mathrm{d}x}, \frac{\mathrm{d}v}{\mathrm{d}x}$ 分别改为 $\frac{\partial u}{\partial x}, \frac{\partial v}{\partial x}$,便得到**偏导数公式**(3). 同理,可得到公式(4).

例4 设 $z=e^u\sin v$,其中 $u=xy, v=\frac{y}{x}$,求 $\frac{\partial z}{\partial x}, \frac{\partial z}{\partial y}$.

---

① 当 $m=0$ 时,即当 $f(tx,ty)=f(x,y)$ 时,$f(x,y)$ 为零次齐次函数.

解 这是两个中间变量,两个自变量的复合函数.因

$$\frac{\partial z}{\partial u} = e^u \sin v, \quad \frac{\partial z}{\partial v} = e^u \cos v;$$

$$\frac{\partial u}{\partial x} = y, \quad \frac{\partial u}{\partial y} = x, \quad \frac{\partial v}{\partial x} = -\frac{y}{x^2}, \quad \frac{\partial v}{\partial y} = \frac{1}{x}.$$

由公式(3)和(4),有

$$\frac{\partial z}{\partial x} = e^u \sin v \cdot y + e^u \cos v \cdot \left(-\frac{y}{x^2}\right) = y e^{xy} \left(\sin \frac{y}{x} - \frac{1}{x^2} \cos \frac{y}{x}\right),$$

$$\frac{\partial z}{\partial y} = e^u \sin v \cdot x + e^u \cos v \cdot \frac{1}{x} = e^{xy} \left(x \sin \frac{y}{x} + \frac{1}{x} \cos \frac{y}{x}\right).$$

例 5 设 $z = f(e^x \sin y, x^2 + y^2)$,求 $\frac{\partial z}{\partial x}, \frac{\partial z}{\partial y}$.

解 引入中间变量,令 $u = e^x \sin y, v = x^2 + y^2$,则所给函数可看成是 $z = f(u, v), u = e^x \sin y, v = x^2 + y^2$ 构成的复合函数.由公式(3)和公式(4),有

$$\frac{\partial z}{\partial x} = \frac{\partial z}{\partial u} \cdot e^x \sin y + \frac{\partial z}{\partial v} \cdot 2x, \quad \frac{\partial z}{\partial y} = \frac{\partial z}{\partial u} e^x \cos y + \frac{\partial z}{\partial v} \cdot 2y.$$

这里没给出 z 关于中间变量 u, v 的具体函数式,$\frac{\partial z}{\partial u}, \frac{\partial z}{\partial v}$ 只能形式的写出.若将 $\frac{\partial z}{\partial u}$ 记做 f_1 (这表示函数 $f(u, v)$ 对第一个中间变量求偏导数),$\frac{\partial z}{\partial v}$ 记做 f_2 (这表示函数 $f(u, v)$ 对第二个中间变量求偏导数),则上二式又可写做

$$\frac{\partial z}{\partial x} = e^x \sin y \cdot f_1 + 2x f_2, \quad \frac{\partial z}{\partial y} = e^x \cos y \cdot f_1 + 2y f_2.$$

公式(3)和(4)可以推广到任意有限个中间变量和自变量的情况.

求复合函数的偏导数时,不能死套公式.由于多元函数的复合关系可能出现各种情形,因此,分清复合函数的**构造层次是求偏导数的关键**.一般说来,**函数有几个自变量,就有几个偏导数公式**;**函数有几个中间变量,求导公式中就有几项**;**函数有几层复合,每项就有几个因子乘积**.

例 6 设 $z = f(x, u, v) = x e^u \sin v + e^u \cos v$,而 $u = xy, v = x + y$. 求 $\frac{\partial z}{\partial x}, \frac{\partial z}{\partial y}$.

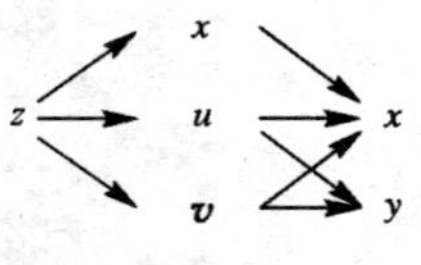

解 这是三个中间变量,两个自变量构成的复合函数,其复合关系如图 6-23 所示. z 对 x 求偏导数时,x, u, v 是中间变量;z 对 y 求偏导数时,只有 u, v 是中间变量. 于是

图 6-23

$$\frac{\partial z}{\partial x} = \frac{\partial f}{\partial x} + \frac{\partial f}{\partial u} \cdot \frac{\partial u}{\partial x} + \frac{\partial f}{\partial v} \cdot \frac{\partial v}{\partial x}$$

$$= e^u \sin v + (x e^u \sin v + e^u \cos v) y + (x e^u \cos v - e^u \sin v) \cdot 1$$

$$= e^{xy} [xy \sin(x + y) + (x + y) \cos(x + y)],$$

$$\frac{\partial z}{\partial y} = \frac{\partial f}{\partial u} \cdot \frac{\partial u}{\partial y} + \frac{\partial f}{\partial v} \cdot \frac{\partial v}{\partial y}$$
$$= (xe^u \sin v + e^u \cos v)x + (xe^u \cos v - e^u \sin v) \cdot 1$$
$$= e^{xy}[(x^2-1)\sin(x+y) + 2x\cos(x+y)].$$

注 在求 z 对 x 的偏导数的表示式中，$\frac{\partial z}{\partial x}$ 与 $\frac{\partial f}{\partial x}$ 的意义是不同的：$\frac{\partial f}{\partial x}$ 是将 $z = f(x, u, v)$ 中的 u, v 看成常数，仅对 x 求偏导数；而 $\frac{\partial z}{\partial x}$ 是将 $z = f(x, u, v) = f(x, \varphi(x, y), \psi(x, y))$ 中的 u, v 看成变量，而将 $u = \varphi(x, y), v = \psi(x, y)$ 中 y 看成常数，对 x 求偏导数. 之所以等式左端写成 $\frac{\partial z}{\partial x}$，而右端写成 $\frac{\partial f}{\partial x}$，就是以示二者的区别. 该表示式中的 $\frac{\partial f}{\partial u}, \frac{\partial f}{\partial v}$ 就是 $\frac{\partial z}{\partial u}, \frac{\partial z}{\partial v}$.

例 7 设 $z = f\left(x^2 y, \frac{y}{x}\right)$，$f$ 具有二阶连续偏导数，求 $\frac{\partial^2 z}{\partial x^2}, \frac{\partial^2 z}{\partial x \partial y}$.

解 设 $u = x^2 y, v = \frac{y}{x}$，则 $z = f(u, v)$. 由复合函数的偏导数公式(3)，得
$$\frac{\partial z}{\partial x} = f_1 \cdot 2xy - \frac{y}{x^2} f_2.$$

在求二阶偏导数时，必须清楚：上式中的 $f_1 \left(= \frac{\partial z}{\partial u} \right), f_2 \left(= \frac{\partial z}{\partial v} \right)$ 仍是以 u, v 为中间变量，x, y 为自变量的复合函数，于是

$$\frac{\partial^2 z}{\partial x^2} = 2yf_1 + 2xy \frac{\partial f_1}{\partial x} + \frac{2y}{x^3} f_2 - \frac{y}{x^2} \cdot \frac{\partial f_2}{\partial x}$$
$$= 2yf_1 + 2xy\left[f_{11} \cdot 2xy + f_{12}\left(-\frac{y}{x^2}\right)\right] + \frac{2y}{x^3} f_2 - \frac{y}{x^2}\left[f_{21} \cdot 2xy + f_{22}\left(-\frac{y}{x^2}\right)\right]$$
$$= 2yf_1 + \frac{2y}{x^3} f_2 + 4x^2 y^2 f_{11} - \frac{4y^2}{x} f_{12} + \frac{y^3}{x^4} f_{22}.$$

在计算中，用了 $f_{12} = f_{21}$.
$$\frac{\partial^2 z}{\partial x \partial y} = 2xf_1 + 2xy \frac{\partial f_1}{\partial y} - \frac{1}{x^2} f_2 - \frac{y}{x^2} \cdot \frac{\partial f_2}{\partial y}$$
$$= 2xf_1 + 2xy\left(f_{11} \cdot x^2 + f_{12} \cdot \frac{1}{x}\right) - \frac{1}{x^2} f_2 - \frac{y}{x^2}\left(f_{21} \cdot x^2 + f_{22} \frac{1}{x}\right)$$
$$= 2xf_1 - \frac{1}{x^2} f_2 + 2x^3 y f_{11} + y f_{12} - \frac{y}{x^3} f_{22}.$$

三、全微分形式的不变性

与一元函数微分形式不变性类似，多元函数的全微分也具有形式不变性. 我们以二元函数来说明.

设函数 $z = f(u, v)$ 可微，当 u, v 是自变量时；或 u, v 是中间变量，即 u, v 又是 x, y 的函数：$u = \varphi(x, y), v = \psi(x, y)$ 且它们也可微，则都有**全微分公式**

$$dz = \frac{\partial z}{\partial u}du + \frac{\partial z}{\partial v}dv.$$

这个性质称为**全微分形式的不变性**.

利用该性质不仅可以求复合函数的全微分,并可以利用求全微分来求其偏导数.

例 8 设 $z = f\left(e^{x^2+y^2}, \dfrac{y^2}{x}\right)$ 且 f 可微,求 dz,并由此求 $\dfrac{\partial z}{\partial x}, \dfrac{\partial z}{\partial y}$.

解 令 $u = e^{x^2+y^2}, v = \dfrac{y^2}{x}$,则 $z = f(u,v)$. 于是

$$dz = f_1 du + f_2 dv$$
$$= f_1(e^{x^2+y^2} \cdot 2xdx + e^{x^2+y^2} \cdot 2ydy) + f_2\left(-\frac{y^2}{x^2}dx + \frac{2y}{x}dy\right)$$
$$= \left(2xe^{x^2+y^2}f_1 - \frac{y^2}{x^2}f_2\right)dx + \left(2ye^{x^2+y^2}f_1 + \frac{2y}{x}f_2\right)dy.$$

由此可得

$$\frac{\partial z}{\partial x} = 2xe^{x^2+y^2}f_1 - \frac{y^2}{x^2}f_2, \quad \frac{\partial z}{\partial y} = 2ye^{x^2+y^2}f_1 + \frac{2y}{x}f_2.$$

习 题 6.5

1. 求下列函数的全导数:
   (1) $z = uv$,而 $u = e^x, v = \sin x$; (2) $z = \arctan(xy)$,而 $y = e^x$;
   (3) $u = x^2 + y^2 + z^2$,而 $x = 3t, y = t^2, z = 3t + 5$;
   (4) $u = \dfrac{e^{ax}(y-z)}{a^2+1}$,而 $y = a\sin x, z = \cos x$.

2. 设 $z = f(x,y)$,由 $x = y + \varphi(y)$ 所确定的函数 $y = g(x)$ 二次可微,求 $\dfrac{dz}{dx}, \dfrac{d^2z}{dx^2}$.

3. 求下列函数的偏导数:
   (1) $z = ue^v, u = \sin x + \cos y, v = x^2 + y^2$; (2) $z = e^u \sin v, u = xy, v = \sqrt{x} + \sqrt{y}$;
   (3) $z = (x^2+y^2)e^{\frac{x^2+y^2}{xy}}$; (4) $z = f(u,v), u = \sqrt{xy}, v = x - y$;
   (5) $z = y + \varphi(u), u = x^2 - y^2$; (6) $z = f(u,v,w), u = x^2 + y^2, v = x^2 - y^2, w = 2xy$;
   (7) $u = f(x, xy, xyz)$; (8) $u = f(x+y+z, x^2+y^2+z^2)$.

4. 设 f 有一阶偏导数,$\varphi(x,y) = f(x, f(x,y))$,求 $\dfrac{\partial \varphi}{\partial x}, \dfrac{\partial \varphi}{\partial y}$.

5. 设 f 是可微函数,证明函数 $z = x^n f\left(\dfrac{y}{x^2}\right)$,满足方程
$$x\frac{\partial z}{\partial x} + 2y\frac{\partial z}{\partial y} = nz.$$

6. 设 $z = f(xy^2, x^2y)$,其中 f 具有二阶连续偏导数,求 $\dfrac{\partial^2 z}{\partial x^2}, \dfrac{\partial^2 z}{\partial x \partial y}$.

7. 设 $z = f(x^2+y^2)$,其中 f 具有二阶连续偏导数,求 $\dfrac{\partial^2 z}{\partial x \partial y}, \dfrac{\partial^2 z}{\partial y^2}$.

8. 设 $u = f(xy, yz, zx)$,其中 f 具有二阶连续偏导数,求 $\dfrac{\partial^2 u}{\partial x \partial y}, \dfrac{\partial^2 u}{\partial x \partial z}$.

§6.6 隐函数的微分法

由方程 $F(x,y)=0$ 确定 y 是 x 的函数,这是隐函数. 在一元函数的微分学中我们求过这样函数的导数 $\dfrac{\mathrm{d}y}{\mathrm{d}x}$. 当时我们这样做,是做了没有说明的两点假设:即方程 $F(x,y)=0$ **能够确定 y 是 x 的函数**,并且该函数的**导数存在**. 实际上,并非任何一个方程 $F(x,y)=0$ 都能确定 y 是 x 的函数,并且该函数可导.

下面的定理,要讲的就是隐函数的存在性与可微性.

定理(隐函数存在定理) 设函数 $F(x,y)$ 在 $D(P_0)$ 内有连续的偏导数 $F_x(x,y)$ 和 $F_y(x,y)$,且 $F(x_0,y_0)=0$, $F_y(x_0,y_0)\ne 0$,则

(1) 方程 $F(x,y)=0$ 在 $U(x_0)$ 内**能唯一确定隐函数** $y=f(x)$,使得
$$F(x,f(x))\equiv 0,\quad x\in U(x_0),\quad \text{且}\ y_0=f(x_0);$$

(2) $y=f(x)$ 在 $U(x_0)$ 内**有连续的导数**,且
$$\frac{\mathrm{d}y}{\mathrm{d}x}=-\frac{F_x(x,y)}{F_y(x,y)}. \tag{1}$$

我们不证这个定理. 下面,在已知方程 $F(x,y)=0$ 确实存在连续可微的隐函数的前提下,仅推导上述公式(1).

将恒等式 $F(x,f(x))\equiv 0$ 的左端看做是两个中间变量,一个自变量 x 的复合函数,求其全导数,得
$$\frac{\partial F}{\partial x}+\frac{\partial F}{\partial y}\cdot\frac{\mathrm{d}y}{\mathrm{d}x}=0.$$

因 F_y 在 $D(P_0)$ 内连续,且 $F_y(x_0,y_0)\ne 0$,所以存在 $D_\delta(P_0)$,在 $D_\delta(P_0)$ 内,$\dfrac{\partial F}{\partial y}=F_y(x,y)\ne 0$,于是有
$$\frac{\mathrm{d}y}{\mathrm{d}x}=-\frac{F_x(x,y)}{F_y(x,y)}.$$

上述定理可以推广至多元隐函数的情形,例如,由含三个变量 x,y,z 的方程
$$F(x,y,z)=0,$$
可以唯一确定二元隐函数 $z=f(x,y)$,且有**偏导数公式**
$$\frac{\partial z}{\partial x}=-\frac{F_x(x,y,z)}{F_z(x,y,z)}, \tag{2}$$
$$\frac{\partial z}{\partial y}=-\frac{F_y(x,y,z)}{F_z(x,y,z)},\qquad F_z(x,y,z)\ne 0. \tag{3}$$

例1 由方程 $\sin(xy)-\mathrm{e}^{xy}-x^2y=0$ 确定 $y=f(x)$,求 $\dfrac{\mathrm{d}y}{\mathrm{d}x}$.

解 这是隐函数求导数问题. 令 $F(x,y)=\sin(xy)-\mathrm{e}^{xy}-x^2y$,由于
$$F_x(x,y)=y\cos(xy)-y\mathrm{e}^{xy}-2xy,\quad F_y(x,y)=x\cos(xy)-x\mathrm{e}^{xy}-x^2,$$

故
$$\frac{\mathrm{d}y}{\mathrm{d}x} = -\frac{F_x}{F_y} = \frac{2xy + y\mathrm{e}^{xy} - y\cos(xy)}{x\cos(xy) - x\mathrm{e}^{xy} - x^2} \quad (x \neq 0).$$

例 2 设函数 $z = f(x, y)$ 由方程 $xyz = \arctan(x+y+z)$ 所确定，求 $\dfrac{\partial z}{\partial x}, \dfrac{\partial z}{\partial y}, \dfrac{\partial z}{\partial y}\bigg|_{(0,1,-1)}$.

解 令 $F(x, y, z) = xyz - \arctan(x+y+z)$，则
$$F_x = yz - \frac{1}{1 + (x+y+z)^2}, \quad F_y = xz - \frac{1}{1 + (x+y+z)^2},$$
$$F_z = xy - \frac{1}{1 + (x+y+z)^2},$$

于是
$$\frac{\partial z}{\partial x} = -\frac{F_x}{F_z} = \frac{1 - yz[1 + (x+y+z)^2]}{xy[1 + (x+y+z)^2] - 1},$$
$$\frac{\partial z}{\partial y} = -\frac{F_y}{F_z} = \frac{1 - xz[1 + (x+y+z)^2]}{xy[1 + (x+y+z)^2] - 1},$$
$$\frac{\partial z}{\partial y}\bigg|_{(0,1,-1)} = -1.$$

例 3 由方程 $x^3 + y^3 + z^3 = a^3$ 确定函数 $z = f(x, y)$，求 $\dfrac{\partial^2 z}{\partial x^2}, \dfrac{\partial^2 z}{\partial x \partial y}$.

解 令 $F(x, y, z) = x^3 + y^3 + z^3 - a^3$，则 $F_x = 3x^2$, $F_y = 3y^2$, $F_z = 3z^2$，于是
$$\frac{\partial z}{\partial x} = -\frac{F_x}{F_z} = -\frac{x^2}{z^2}, \quad \frac{\partial z}{\partial y} = -\frac{F_y}{F_z} = -\frac{y^2}{z^2};$$
$$\frac{\partial^2 z}{\partial x^2} = \frac{\partial}{\partial x}\left(\frac{\partial z}{\partial x}\right) = -\frac{2xz^2 - x^2 \cdot 2z \dfrac{\partial z}{\partial x}}{z^4} = -\frac{2xz^2 - x^2 \cdot 2z\left(-\dfrac{x^2}{z^2}\right)}{z^4}$$
$$= -\frac{2(xz^3 + x^4)}{z^5},$$
$$\frac{\partial^2 z}{\partial x \partial y} = \frac{\partial}{\partial y}\left(\frac{\partial z}{\partial x}\right) = \frac{x^2 \cdot 2z \dfrac{\partial z}{\partial y}}{z^4} = \frac{x^2 \cdot 2z\left(-\dfrac{y^2}{z^2}\right)}{z^4} = -\frac{2x^2 y^2}{z^5}.$$

习 题 6.6

1. 函数 $y = f(x)$ 由下列方程所确定，求 $\dfrac{\mathrm{d}y}{\mathrm{d}x}$：

(1) $y = 1 + y^x$；　　　　　　　　(2) $f(xy^2, x+y) = 0$.

2. 设 $z = x^2 + y^2$，其中函数 $y = \varphi(x)$ 由方程 $x^2 + y^2 - xy = 1$ 所确定，求 $\dfrac{\mathrm{d}z}{\mathrm{d}x}$.

3. 函数 $z = f(x, y)$ 由下列方程所确定，求 $\dfrac{\partial z}{\partial x}, \dfrac{\partial z}{\partial y}$：

(1) $x\cos y + y\cos z + z\cos x = 1$；　　　(2) $xy^2 z^3 + \sqrt{x^2 + y^2 + z^2} = 1$.

4. 函数 $z=f(x,y)$ 由方程 $x+y+z=e^z$ 所确定,求 $\dfrac{\partial z}{\partial x}, \dfrac{\partial^2 z}{\partial x^2}, \dfrac{\partial^2 z}{\partial x \partial y}$.

5. 设 $u=xy^2z^3$,其中 $z=f(x,y)$ 是由方程 $x^2+y^2+z^2-3xyz=0$ 所确定的函数,求 $\dfrac{\partial u}{\partial x}, \dfrac{\partial u}{\partial y}$.

6. 设 $z=f(x,y)$ 由方程 $F\left(\dfrac{y}{x}, \dfrac{z}{x}\right)=0$ 所确定,其中 F 具有一阶连续的偏导数,求证

$$x\dfrac{\partial z}{\partial x} + y\dfrac{\partial z}{\partial y} = z.$$

7. 设 $x^2+z^2=y\varphi\left(\dfrac{z}{y}\right)$,其中 φ 可微,求 $\dfrac{\partial z}{\partial x}, \dfrac{\partial z}{\partial y}$.

§6.7 多元函数的极值

一、多元函数的极值

1. 极值定义

定义 在函数 $z=f(x,y)$ 有定义的 $D(P_0)$ 内,任取点 $P(x,y)$ 异于 $P_0(x_0,y_0)$:

(1) 若有 $f(x,y)<f(x_0,y_0)$,则称 $P_0(x_0,y_0)$ 是函数 $f(x,y)$ 的**极大值点**,称 $f(x_0,y_0)$ 是函数 $f(x,y)$ 的**极大值**;

(2) 若有 $f(x,y)>f(x_0,y_0)$,则称 $P_0(x_0,y_0)$ 是函数 $f(x,y)$ 的**极小值点**,称 $f(x_0,y_0)$ 是函数 $f(x,y)$ 的**极小值**.

极大值点与极小值点统称为**极值点**;极大值与极小值统称为**极值**.

例如,函数 $f(x,y)=\sqrt{1-x^2-y^2}$(见图 6-20),点 $(0,0)$ 是其极大值点,$f(0,0)=1$ 是极大值. 这是因为在点 $(0,0)$ 的邻近,对任意一点 (x,y),有

$$f(0,0)=1>f(x,y), \quad (0,0)\neq(x,y).$$

又如,函数 $f(x,y)=x^2+y^2$(见图 6-14),点 $(0,0)$ 是其极小值点,$f(0,0)=0$ 是其极小值. 这是因为在点 $(0,0)$ 的邻近,除原点 $(0,0)$ 以外的函数值均为正:

$$f(0,0)=0<f(x,y), \quad (0,0)\neq(x,y).$$

2. 极值的求法

讨论极值存在的必要条件和充分条件.

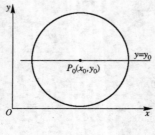

图 6-24

先考虑极值存在的必要条件. 为确定起见,我们不妨假定 $P_0(x_0,y_0)$ 是函数 $f(x,y)$ 的极大值点,即在 $D(P_0)$ 内,有

$$f(x,y)<f(x_0,y_0), \quad (x,y)\neq(x_0,y_0).$$

过点 P_0 作平行于 x 轴的直线 $y=y_0$,这一直线在该邻域内的一段上的所有点,当然也满足不等式(图 6-24)

$$f(x,y_0)<f(x_0,y_0), \quad (x,y_0)\neq(x_0,y_0),$$

于是,函数 $f(x,y_0)$ 可看做是一元函数,它在 $x=x_0$ 处取极大值. 若函数 $f(x,y_0)$ 在 $x=x_0$ 处可导,由一元函数极值存在的必

要条件,应有
$$\left.\frac{\partial f(x,y_0)}{\partial x}\right|_{x=x_0}=0.$$
同理,这时也应有
$$\left.\frac{\partial f(x_0,y)}{\partial y}\right|_{y=y_0}=0.$$
因此,有下面的定理:

定理 1(极值存在的必要条件) 若函数 $f(x,y)$ 在点 $P_0(x_0,y_0)$ 存在**偏导数**,且 P_0 是**极值点**,则
$$f_x(x_0,y_0)=0,\quad f_y(x_0,y_0)=0.$$

通常把满足上述条件的点 $P_0(x_0,y_0)$ 称为函数的**驻点**. 定理 1 指出: 若函数 $f(x,y)$ 的偏导数存在, 则函数的极值只能在驻点取得. 但驻点并不都是极值点. 例如, 函数(参看图 6-16)
$$z=f(x,y)=-x^2+y^2,$$
点 $(0,0)$ 是其驻点, 且 $f(0,0)=0$. 但 $(0,0)$ 不是极值点. 这是因为在点 $(0,0)$ 的邻近, 当 $|x|<|y|$ 时, 函数 $f(x,y)$ 取正值; 而当 $|x|>|y|$ 时, $f(x,y)$ 则取负值.

另外, 与一元函数类似, 在二元函数的偏导数不存在的点, 函数也可能取极值. 例如, 函数
$$z=f(x,y)=\sqrt{x^2+y^2}$$
在点 $(0,0)$ 的偏导数不存在, 但 $(0,0)$ 是它的极小值点.

再考虑极值存在的充分条件, 即如何判别驻点是否为极值点.

定理 2(极值存在的充分条件) 若函数 $f(x,y)$ 在 $D(P_0)$ 内具有一阶和二阶的连续偏导数, 且满足 $f_x(x_0,y_0)=0, f_y(x_0,y_0)=0$. 记
$$A=f_{xx}(x_0,y_0),\quad B=f_{xy}(x_0,y_0),\quad C=f_{yy}(x_0,y_0).$$

(1) 当 $B^2-AC<0$ 时,

(i) 若 $A<0$(或 $C<0$), 则 $P_0(x_0,y_0)$ 是函数 $f(x,y)$ 的**极大值点**;

(ii) 若 $A>0$(或 $C>0$), 则 $P_0(x_0,y_0)$ 是函数 $f(x,y)$ 的**极小值点**.

(2) 当 $B^2-AC>0$ 时, 则 $P_0(x_0,y_0)$ **不是**函数 $f(x,y)$ 的**极值点**.

(3) 当 $B^2-AC=0$ 时, **不能判定** $P_0(x_0,y_0)$ 是否为函数 $f(x,y)$ 的**极值点**.

由定理 1 和定理 2 知, 若函数 $z=f(x,y)$ 具有二阶连续的偏导数, **求其极值的程序**是:

(1) **求驻点**: 方程组 $\begin{cases} f_x(x,y)=0, \\ f_y(x,y)=0 \end{cases}$ 的一切实数解, 即是函数的驻点.

(2) **判定**: 假设 $P_0(x_0,y_0)$ 是所求的一个驻点, 算出二阶偏导数在点 $P_0(x_0,y_0)$ 的值:
$$A=f_{xx}(x_0,y_0),\quad B=f_{xy}(x_0,y_0),\quad C=f_{yy}(x_0,y_0).$$
若 $B^2-AC<0$ 且 $A<0$(或 $A>0$), 则 $P_0(x_0,y_0)$ 是函数 $f(x,y)$ 的极大值(或极小值)点.

(3) **求出极值**：由极值点求出相应的极值 $f(x_0,y_0)$.

例1 求函数 $f(x,y)=x^3+y^3-9xy+27$ 的极值.

解 解方程组
$$\begin{cases} f_x(x,y)=3x^2-9y=0, \\ f_y(x,y)=3y^2-9x=0, \end{cases}$$
得驻点 $(0,0)$ 和 $(3,3)$.

又
$$f_{xx}(x,y)=6x, \quad f_{xy}(x,y)=-9, \quad f_{yy}(x,y)=6y.$$
对于点 $(0,0)$：
$$A=f_{xx}(0,0)=0, \quad B=f_{xy}(0,0)=-9, \quad C=f_{yy}(0,0)=0,$$
$$B^2-AC=(-9)^2-0>0,$$
故 $(0,0)$ 不是极值点.

对于点 $(3,3)$：
$$A=f_{xx}(3,3)=18, \quad B=f_{xy}(3,3)=-9, \quad C=f_{yy}(3,3)=18,$$
$$B^2-AC=(-9)^2-18\times 18<0, \quad 且 \quad A>0,$$
故 $(3,3)$ 是极小值点；$f(3,3)=0$ 是极小值.

与一元函数极值问题类似，可以用多元函数的极值知识解决实际应用问题中的最大值与最小值问题.

二、条件极值

1. 条件极值的意义

用例题来阐明条件极值与无条件极值的区别.

例2 求函数
$$z=f(x,y)=\sqrt{1-x^2-y^2}, \quad (x,y)\in D=\{(x,y)|x^2+y^2\leqslant 1\}$$
的极大值. 这是前面已讲过的问题，它是在圆域 $x^2+y^2\leqslant 1$ 内求函数的极值点. 易看出，$(0,0)$ 是极大值点，极大值是 $f(0,0)=1$. 从几何上看，该问题就是要求出上半球面的顶点 $(0,0,1)$，见图 6-20.

例3 在条件
$$g(x,y)=x+y-1=0$$
下，求函数
$$z=f(x,y)=\sqrt{1-x^2-y^2}, \quad (x,y)\in D=\{(x,y)|x^2+y^2\leqslant 1\}$$
的极大值. 这里，与前面的问题比较，多了一个附加条件 $x+y-1=0$，即 $g(x,y)=0$.

一般说来，$g(x,y)=0$ 在 xOy 平面上表示一条曲线（这里，$x+y-1=0$ 是一条直线），这样，我们要求的极值点不仅在圆域 $x^2+y^2\leqslant 1$ 内，且应在直线 $x+y-1=0$ 上. 由于方程

$x+y-1=0$ 在空间直角坐标系下表示平行于 z 轴的平面. 从几何上看,现在的极值问题是要确定上半球面 $z=\sqrt{1-x^2-y^2}$ 被平面 $x+y-1=0$ 所截得的圆弧的顶点(图 6-25). 不难由几何图形确定,其极值点是 $P_0\left(\dfrac{1}{2},\dfrac{1}{2}\right)$,而相应的极大值是 $\dfrac{\sqrt{2}}{2}$.

后一个问题,因在求极值时,有附加条件 $x+y-1=0$,称为**条件极值问题**. 而前一个问题就相应地称为**无条件极值问题**.

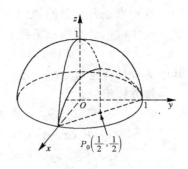

图 6-25

2. 拉格朗日乘数法

在**约束条件** $g(x,y)=0$(也称**约束方程**)之下,求函数 $z=f(x,y)$(通常称为**目标函数**)的极值问题,有两种方法:

其一是**转化为无条件极值**.

从约束方程 $g(x,y)=0$ 中解出 $y:y=\varphi(x)$,把它代入目标函数中,得到 $z=f(x,\varphi(x))$. 这个一元函数 $z=f(x,\varphi(x))$ 的极值就是函数 $z=f(x,y)$ 在条件 $g(x,y)=0$ 之下的条件极值.

这种方法,当从方程 $g(x,y)=0$ 中解出 y 较困难时,就很不方便. 特别是对多于两个自变量的多元函数,很难行得通.

其二是**拉格朗日乘数法**.

欲求函数 $z=f(x,y)$ 在约束条件 $g(x,y)=0$ 之下的极值点,可**按下列程序**:

(1) 作辅助函数(称**拉格朗日函数**).

令
$$F(x,y) = f(x,y) + \lambda g(x,y),$$
其中 λ 是待定常数,称为**拉格朗日乘数**.

(2) 求可能取极值的点.

求函数 $F(x,y)$ 的偏导数,并解方程组
$$\begin{cases} F_x(x,y) = f_x(x,y) + \lambda g_x(x,y) = 0, \\ F_y(x,y) = f_y(x,y) + \lambda g_y(x,y) = 0, \\ g(x,y) = 0. \end{cases}$$

该方程组中有三个未知量:x,y 和 λ(待定常数),一般方法是设法消去 λ,解出 x_0 和 y_0,则 (x_0,y_0) 就是可能取条件极值的点.

(3) 判别所求得的点 (x_0,y_0) 是否为极值点.

通常按实际问题的具体情况来判别. 即我们求得了可能取条件极值的点 (x_0,y_0),而实际问题又确实存在这种极值点,那么,所求的点 (x_0,y_0) 就是条件极值点.

这种求条件极值问题的方法具有一般性,它可推广到 n 元函数的情形. 例如,求三元函数 $u=f(x,y,z)$ 在约束条件 $g(x,y,z)=0, h(x,y,z)=0$ 下的极值点,拉格朗日函数为
$$F(x,y,z) = f(x,y,z) + \lambda g(x,y,z) + \mu h(x,y,z),$$
其中 λ, μ 是待定常数.

解方程组
$$\begin{cases} F_x(x,y,z) = f_x(x,y,z) + \lambda g_x(x,y,z) + \mu h_x(x,y,z) = 0, \\ F_y(x,y,z) = f_y(x,y,z) + \lambda g_y(x,y,z) + \mu h_y(x,y,z) = 0, \\ F_z(x,y,z) = f_z(x,y,z) + \lambda g_z(x,y,z) + \mu h_z(x,y,z) = 0, \\ g(x,y,z) = 0, \\ h(x,y,z) = 0 \end{cases}$$
可得函数 $f(x,y,z)$ 的可能取条件极值的点 (x_0, y_0, z_0).

例 4 欲造一长方体盒子,所用材料的价格其底为顶与侧面的两倍. 若此盒容积为 324 cm³,各边长为多少时,其造价最低?

分析 所用材料的价格给定,在盒的容积一定的条件下,使盒的造价最低,实际上就使盒子的表面积造价最低. 这是条件极值问题.

解 1 转化为无条件极值问题求解. 令长方体盒子的长、宽、高分别为 x, y, z, 依题设
$$xyz = 324, \quad 则 \quad z = \frac{324}{xy}.$$
于是,若令顶与侧面单位面积所用材料的价格为 1,则盒子的造价
$$C = 顶的造价 + 侧面的造价 + 底的造价$$
$$= xy + (2xz + 2yz) + 2xy = 3xy + 648 \cdot \frac{x+y}{xy} \quad (x > 0, y > 0).$$
这是求二元函数的极值问题.

解方程组
$$\begin{cases} \dfrac{\partial C}{\partial x} = 3y - \dfrac{648}{x^2} = 0, \\ \dfrac{\partial C}{\partial y} = 3x - \dfrac{648}{y^2} = 0. \end{cases}$$
注意到方程组中 x 与 y 的对称性,可得 $x = y = 6 \text{(cm)}$, 从而 $z = 9 \text{(cm)}$.

依实际问题可知,盒子的造价有最小值. 而函数在定义域 $D = \{(x,y) \mid x > 0, y > 0\}$ 内有唯一驻点 $(6, 6)$. 由此,当长方体盒子的长、宽和高分别为 6 cm, 6 cm 和 9 cm 时,其造价最低.

解 2 用拉格朗日乘数法求解. 作拉格朗日函数
$$F(x,y,z) = 3xy + 2xz + 2yz + \lambda(xyz - 324),$$
其中 λ 是待定常数. 解方程组

$$\begin{cases} F_x = 3y + 2z + \lambda yz = 0, \\ F_y = 3x + 2z + \lambda xz = 0, \\ F_z = 2x + 2y + \lambda xy = 0, \\ xyz - 324 = 0 \end{cases}$$

可得 $x = y = 6 (\text{cm}), z = 9 (\text{cm})$.

只有一个可能取极值的点 $(6,6,9)$. 根据问题的实际意义,该问题有最小值. 即当盒子长、宽和高分别为 $6\,\text{cm}, 6\,\text{cm}$ 和 $9\,\text{cm}$ 时,造价最低.

例 5 设旋转抛物面 $z = x^2 + y^2$ 被平面 $x + y + z = 1$ 截得一椭圆,求此椭圆上的点到原点的最长距离和最短距离.

分析 设椭圆上点 P 的坐标为 (x, y, z),则它到原点的距离为
$$d = \sqrt{x^2 + y^2 + z^2}.$$
因点 P 既在抛物面 $z = x^2 + y^2$ 上,又在平面 $x + y + z = 1$ 上,所以该问题是在约束条件
$$x^2 + y^2 - z = 0, \quad x + y + z - 1 = 0$$
下,求目标函数 $d = \sqrt{x^2 + y^2 + z^2}$ 的最大值与最小值.

解 为计算简便,令
$$u = d^2 = x^2 + y^2 + z^2.$$
作拉格朗日函数
$$F(x, y, z) = x^2 + y^2 + z^2 + \lambda_1 (x^2 + y^2 - z) + \lambda_2 (x + y + z - 1),$$
解方程组
$$\begin{cases} F_x = 2x + 2\lambda_1 x + \lambda_2 = 0, \\ F_y = 2y + 2\lambda_1 y + \lambda_2 = 0, \\ F_z = 2z - \lambda_1 + \lambda_2 = 0, \\ x^2 + y^2 - z = 0, \\ x + y + z - 1 = 0 \end{cases}$$

可得 $x = y = \dfrac{-1 \pm \sqrt{3}}{2}, z = 2 \mp \sqrt{3}$.

这是两个可能极值点
$$\left(\frac{-1 + \sqrt{3}}{2}, \frac{-1 + \sqrt{3}}{2}, 2 - \sqrt{3} \right) \quad \text{和} \quad \left(\frac{-1 - \sqrt{3}}{2}, \frac{-1 - \sqrt{3}}{2}, 2 + \sqrt{3} \right).$$

由问题的几何意义知,存在最大值与最小值. 当 $x = y = \dfrac{-1 + \sqrt{3}}{2}, z = 2 - \sqrt{3}$ 时,
$$d = \sqrt{9 - 5\sqrt{3}};$$
当 $x = y = \dfrac{-1 - \sqrt{3}}{2}, z = 2 + \sqrt{3}$ 时,
$$d = \sqrt{9 + 5\sqrt{3}}.$$

故点 P 到原点的最短距离为 $d=\sqrt{9-5\sqrt{3}}$,最长距离为 $d=\sqrt{9+5\sqrt{3}}$.

三、有界闭区域上的最大值与最小值问题

我们已经知道,在有界闭区域 D 上连续的函数 $f(x,y)$ 一定有最大值和最小值. 若 $f(x,y)$ 在 D 内可微,则它的最值或在 D 内的驻点取得,或在 D 的边界上取得. 因此,为了求出最值,首先需求出函数 $f(x,y)$ 在 D 的内部所有驻点的函数值,一般而言,这是无条件极值问题;其次,需求出函数 $f(x,y)$ 在 D 的边界上点的极值,一般而言,这是以 $f(x,y)$ 为目标函数,以 D 的边界曲线方程为约束条件的条件极值问题;最后比较,其中最大(最小)者,即为函数 $f(x,y)$ 在 D 上的最大(最小)值.

例 6 求函数 $z=x^2y(4-x-y)$ 在直线 $x=0,y=0,x+y=6$ 所围成的三角形区域 D 上的最大值与最小值.

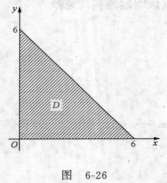

图 6-26

解 三角形区域 D 如图 6-26. 首先,考虑函数在 D 内部的极值. 解方程组

$$\begin{cases} z_x = xy(8-3x-2y) = 0, \\ z_y = x^2(4-x-2y) = 0 \end{cases}$$

得 D 内唯一驻点 $(2,1)$,这时,$z|_{(2,1)}=4$.

其次,考虑在 D 的边界上的极值.

在直线 $x=0$ 上 $(0\leqslant y\leqslant 6)$,显然,$z=0$;

在直线 $y=0$ 上 $(0\leqslant x\leqslant 6)$,也有 $z=0$;

在直线 $x+y=6$ 上,这是求函数在约束条件 $x+y=6$ 上的条件极值. 转化为无条件极值问题. 将 $y=6-x$ 代入原函数中,得

$$z = x^2(6-x)(4-x-6+x) = 2x^3 - 12x^2 \quad (0\leqslant x \leqslant 6).$$

求 $z'_x = 6x^2 - 24x \xrightarrow{\text{令}} 0$,得 $x=0, x=4$. 于是

$$z|_{x=0} = 0, \quad z|_{x=4} = -64.$$

综上可知,函数在 D 上的最大值 $z|_{(2,1)}=4$(内部),最小值 $z|_{(4,2)}=-64$(边界上).

*四、最小二乘法

作为二元函数极值的应用,在此介绍用最小二乘法建立直线型经验公式的问题.

在实际工作中经常会遇到根据两个变量的若干组实验数据,来找出这两个变量间的函数关系式的近似表达式,这样的表达式通常称为经验公式.

设某一实际问题中出现两个变量 x 和 y,经测定得到 n 对数据

$$(x_1,y_1), (x_2,y_2), \cdots, (x_n,y_n).$$

将这 n 对数据看做是平面直角坐标系中的 n 个点:

$$A_i(x_i, y_i), \quad i = 1, 2, \cdots, n,$$

并画在坐标平面上(图 6-27). 如果这些点大致呈直线分布，就可用线性函数

$$y = ax + b \tag{1}$$

来近似地反映变量 x 与 y 之间的关系. 这样, 就要提出如下问题:

如何选择系数 a 和 b, 使函数(1)能"最好"地表达 x 与 y 之间的关系.

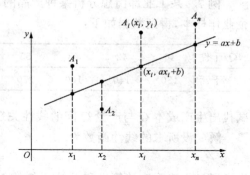

图 6-27

若记

$$d_i = ax_i + b - y_i, \quad i = 1, 2, \cdots, n,$$

则 d_i 是用函数(1)表示 x_i 与 y_i 之间关系所产生的偏差. 这些偏差的平方和称为总偏差, 记做 S:

$$S = \sum_{i=1}^{n} d_i^2 = \sum_{i=1}^{n} (ax_i + b - y_i)^2. \tag{2}$$

使偏差的平方和 S 取得最小值来选择直线 $y = ax + b$ 的系数 a 和 b 的方法, 称为用**最小二乘法**建立直线型经验公式. 这种选择系数 a 和 b 的方法, 就是使函数(1)能"最好"地表达 x 与 y 之间的关系.

由(2)式, S 可看做是以 a 和 b 为自变量的二元函数. 由极值存在的必要条件, 有

$$\begin{cases} \dfrac{\partial S}{\partial a} = 2\sum_{i=1}^{n}(ax_i + b - y_i)x_i = 0, \\ \dfrac{\partial S}{\partial b} = 2\sum_{i=1}^{n}(ax_i + b - y_i) = 0. \end{cases}$$

化简、整理得系数 a 和 b 所应满足的方程组

$$\begin{cases} a\sum_{i=1}^{n} x_i^2 + b\sum_{i=1}^{n} x_i = \sum_{i=1}^{n} x_i y_i, \\ a\sum_{i=1}^{n} x_i + nb = \sum_{i=1}^{n} y_i. \end{cases}$$

记此方程组的解为 $\hat{a}$ 和 $\hat{b}$, 则

$$\hat{a} = \frac{\sum_{i=1}^{n} x_i y_i - n\bar{x}\,\bar{y}}{\sum_{i=1}^{n} x_i^2 - n\bar{x}^2}, \quad \hat{b} = \bar{y} - a\bar{x}, \tag{3}$$

其中 $\bar{x} = \dfrac{1}{n}\sum_{i=1}^{n} x_i$, $\bar{y} = \dfrac{1}{n}\sum_{i=1}^{n} y_i$.

于是, 变量 x 与 y 之间的经验公式为

$$y = \hat{a}x + \hat{b}.$$

例7 某工业部门想分析某种产品的产量 Q 与生产成本 C 之间的关系,随机抽取 10 个企业作样本,得到数据如下:

Q/千件	40	42	48	55	65	79	88	100	120	140
C/千元	150	140	160	170	150	162	185	165	190	185

试找出生产成本 C 与产量 Q 间的线性关系.

解 设所求的线性函数为
$$C = aQ + b,$$
为了用最小二乘法计算 a 和 b,由已知的 10 对数据,得表如下:

i	Q_i	C_i	Q_i^2	Q_iC_i
1	40	150	1600	6000
2	42	140	1764	5880
3	48	160	2304	7680
4	55	170	3025	9350
5	65	150	4225	9750
6	79	162	6241	12798
7	88	185	7744	16280
8	100	165	10000	16500
9	120	190	14400	22800
10	140	185	19600	25900
$\sum_{i=1}^{10}$	777	1657	70903	132938

由上表,得
$$\bar{Q} = \frac{777}{10} = 77.7, \quad \bar{C} = \frac{1657}{10} = 165.7.$$

于是,由公式(3)
$$\hat{a} = \frac{132938 - 10 \times 77.7 \times 165.7}{70903 - 10 \times 77.7^2} = 0.3978,$$
$$\hat{b} = 165.7 - 0.3978 \times 77.7 = 134.79.$$

故生产成本 C 与产量 Q 间的线性关系为
$$C = 0.3978Q + 134.79.$$

习 题 6.7

1. 求下列函数的极值:

(1) $f(x,y) = x^2 + 5y^2 - 6x + 10y + 6$;

(2) $f(x,y) = x^2 + y^2 - 2\ln|x| - 2\ln|y|$;

(3) $f(x,y)=x^2(x-1)^2+y^2$；　　(4) $f(x,y)=x^3-y^3+3x^2+3y^2-9x$.

2. 求下列方程确定的函数 $z=f(x,y)$ 的极值：

(1) $x^2+y^2+z^2-2x+4y-6z-11=0$；　　(2) $2x^2+2y^2+z^2-8xz-z+8=0$.

3. 已知函数 $z=x^2+y^2$ 在条件 $\frac{x}{a}+\frac{y}{b}=1(a>0,b>0)$ 下存在最小值，求这个最小值.

4. 求抛物线 $y=x^2$ 与直线 $x+y+2=0$ 之间的最短距离.

5. 在平面 $3x-2z=0$ 上求一点，使它与点 $A(1,1,1)$ 和点 $B(2,3,4)$ 的距离平方和最小.

6. 证明：在 n 个正数的和为定值条件

$$x_1+x_2+\cdots+x_n=a$$

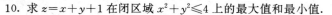

下，这 n 个正数的乘积 $x_1x_2\cdots x_n$ 的最大值为 $\frac{a^n}{n^n}$. 并由此推出 n 个正数的几何平均值不大于算术平均值

$$\sqrt[n]{x_1x_2\cdots x_n}\leqslant\frac{x_1+x_2+\cdots+x_n}{n}.$$

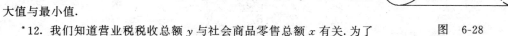

7. 要做一个容积为 a 的长方形水槽，问怎样选择尺寸，才能使所用材料最少？

8. 用 108 m^2 的木板，做一敞口的长方形木箱，尺寸如何选择，其容积最大？

9. 造一半圆柱形的浴盆(图 6-28)，其表面积为 A，问：其半径与高取何值时，浴盆容积最大？

10. 求 $z=x+y+1$ 在闭区域 $x^2+y^2\leqslant 4$ 上的最大值和最小值.

11. 求函数 $f(x,y)=x^2+12xy+2y^2$ 在闭区域 $4x^2+y^2\leqslant 25$ 上的最大值与最小值.

图 6-28

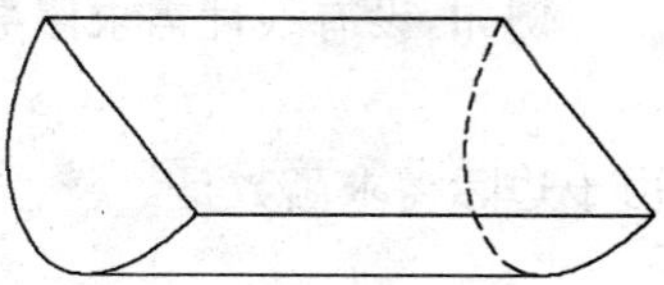

*12. 我们知道营业税税收总额 y 与社会商品零售总额 x 有关. 为了能从社会商品零售总额去预测税收总额，需要了解两者之间的关系，现收集了 9 对数据(单位：亿元)：

社会商品零售额 x	142.08	177.30	204.68	242.68	316.24	341.99	332.69	389.29	453.40
营业税税收总额 y	3.93	5.96	7.85	9.82	12.50	15.55	15.79	16.39	18.45

试找出营业税税收总额 y 与社会商品零售总额 x 间的线性关系.

§6.8 边际·偏弹性·经济最值问题

一、边际及偏弹性

一元函数微分学中的边际和弹性概念可以推广到多元函数微分学中，并被赋予了更丰富的经济含义. 这里以需求函数为例来说明边际及偏弹性概念.

1. 边际需求

设有两种相关商品 A_1 和 A_2，其价格分别为 P_1 和 P_2，消费者对这两种商品的需求量 Q_1 和 Q_2 由该两种商品的价格决定. 这样，需求函数可分别记做

$$Q_1=Q_1(P_1,P_2),\quad Q_2=Q_2(P_1,P_2).$$

则需求 Q_1,Q_2 对价格 P_1,P_2 的偏导数是**边际需求函数**：

$\dfrac{\partial Q_1}{\partial P_1}, \dfrac{\partial Q_2}{\partial P_2}$ 分别是 Q_1, Q_2 关于自身价格的边际需求;

$\dfrac{\partial Q_1}{\partial P_2}, \dfrac{\partial Q_2}{\partial P_1}$ 分别是 Q_1, Q_2 关于相关价格的边际需求.

通常,关于自身价格的边际需求应有 $\dfrac{\partial Q_1}{\partial P_1} < 0, \dfrac{\partial Q_2}{\partial P_2} < 0$.

关于相关价格的边际需求,一般有如下两种情况:

(1) 若 $\dfrac{\partial Q_1}{\partial P_2} > 0, \dfrac{\partial Q_2}{\partial P_1} > 0$,这说明任何一种商品的价格提高,都会引起另一种商品的需求增加.这样的两种商品是互相竞争的(或说这两种商品间有替代关系).如米与面;猪肉与牛肉等.

(2) 若 $\dfrac{\partial Q_1}{\partial P_2} < 0, \dfrac{\partial Q_2}{\partial P_1} < 0$,这就明任何一种商品的价格提高,另一种商品的需求则减少,这样的两种商品是互相补充的,如钢笔与墨水、眼镜片与眼镜架等.

例如,设有线性需求函数
$$Q_1 = a_1 + b_1 P_1 + c_1 P_2, \quad Q_2 = a_2 + b_2 P_1 + c_2 P_2.$$

由于边际需求函数是
$$\dfrac{\partial Q_1}{\partial P_1} = b_1, \quad \dfrac{\partial Q_1}{\partial P_2} = c_1,$$

$$\dfrac{\partial Q_2}{\partial P_2} = c_2, \quad \dfrac{\partial Q_2}{\partial P_1} = b_2.$$

因此,应有 $b_1 < 0$ 和 $c_2 < 0$.若 c_1 和 b_2 都是正数时,两种商品是竞争的;若 c_1 和 b_2 都是负数时,两种商品是互补的.

2. 需求价格偏弹性

假设两种相关商品的需求函数分别为
$$Q_1 = Q_1(P_1, P_2), \quad Q_2 = Q_2(P_1, P_2).$$

对需求函数 $Q_1 = Q_1(P_1, P_2)$,当 P_2 不变,只有 P_1 改变而引起需求 Q_1 的改变时,可定义**需求的直接价格偏弹性**

$$E_{11} = \lim_{\Delta P_1 \to 0} \dfrac{\dfrac{\Delta Q_1}{Q_1}}{\dfrac{\Delta P_1}{P_1}} = \dfrac{P_1}{Q_1} \cdot \dfrac{\partial Q_1}{\partial P_1},$$

或记做
$$E_{11} = \left(\dfrac{P_1}{Q_1} \cdot \dfrac{dQ_1}{dP_1} \right) \bigg|_{P_2 \text{不变}} = \dfrac{d(\ln Q_1)}{d(\ln P_1)} \bigg|_{P_2 \text{不变}} = \dfrac{\partial (\ln Q_1)}{\partial (\ln P_1)}.$$

即需求的直接价格偏弹性等于变量 $\ln Q_1$ 对变量 $\ln P_1$ 求偏导数.

当 P_1 不变,而 P_2 改变引起需求 Q_1 改变时,可定义**需求的交叉价格偏弹性**

$$E_{12} = \lim_{\Delta P_2 \to 0} \frac{\frac{\Delta Q_1}{Q_1}}{\frac{\Delta P_2}{P_2}} = \frac{P_2}{Q_1} \frac{\partial Q_1}{\partial P_2} = \frac{\partial(\ln Q_1)}{\partial(\ln P_2)}.$$

同样,对需求函数 $Q_2 = Q_2(P_1, P_2)$,需求的直接价格偏弹性和需求的交叉价格偏弹性分别为

$$E_{22} = \frac{P_2}{Q_2} \cdot \frac{\partial Q_2}{\partial P_2} = \frac{\partial(\ln Q_2)}{\partial(\ln P_2)},$$

$$E_{21} = \frac{P_1}{Q_2} \cdot \frac{\partial Q_2}{\partial P_1} = \frac{\partial(\ln Q_2)}{\partial(\ln P_1)}.$$

一般,因 $\frac{\partial Q_1}{\partial P_1} < 0, \frac{\partial Q_2}{\partial P_2} < 0$,所以 $E_{11} < 0, E_{22} < 0$. 需求的直接价格偏弹性是度量某种商品对自身价格变化所产生的需求的反应.

由于 $\frac{\partial Q_1}{\partial P_2}, \frac{\partial Q_2}{\partial P_1}$ 可取正值也可取负值,因此,E_{12}, E_{21} 可取正值也可取负值. 若两种商品是竞争的,因 $\frac{\partial Q_1}{\partial P_2} > 0, \frac{\partial Q_2}{\partial P_1} > 0$,从而 $E_{12} > 0, E_{21} > 0$;若两种商品是互补的,因 $\frac{\partial Q_1}{\partial P_2} < 0, \frac{\partial Q_2}{\partial P_1} < 0$,故 $E_{12} < 0, E_{21} < 0$. 交叉弹性是度量某种商品对另一种相关商品价格变化所产生的需求的反应.

例1 设需求函数

$$Q_1 = \frac{1}{200} P_1^{-\frac{3}{8}} P_2^{-\frac{2}{5}} Y^{\frac{5}{2}},$$

其中 P_1 是该商品的价格,P_2 是相关商品的价格,Y 是收入,求需求的直接价格偏弹性、交叉价格偏弹性和收入偏弹性.

解 为求偏弹性,可取对数

$$\ln Q_1 = -\ln 200 - \frac{3}{8} \ln P_1 - \frac{2}{5} \ln P_2 + \frac{5}{2} \ln Y.$$

于是,需求的直接价格偏弹性

$$E_{11} = \frac{\partial(\ln Q_1)}{\partial(\ln P_1)} = -\frac{3}{8},$$

需求的交叉价格偏弹性

$$E_{12} = \frac{\partial(\ln Q_1)}{\partial(\ln P_2)} = -\frac{2}{5},$$

需求的收入偏弹性

$$E_{1Y} = \frac{\partial(\ln Q_1)}{\partial(\ln Y)} = \frac{5}{2}.$$

例2 设生产函数(或总产量函数)为

$$Q = f(K, L) = AK^\alpha L^\beta \text{[1]} \quad (A > 0, \alpha > 0, \beta > 0), \tag{1}$$

---

[1] 这个函数称为柯布-道格拉斯(Cobb-Douglas)函数.

其中 Q 是产品的产量，K 是资本的投入量，L 是劳动力的投入量，A 是常数，可看做是技术状态的指标.

(1) 试推证 $f(K,L)$ 是 $\alpha+\beta$ 次齐次函数；

(2) 求产量的偏弹性；

(3) 对线性齐次生产函数，即 $\alpha+\beta=1(\beta=1-\alpha)$ 时，试推证：

(i) 资本的边际产量 MPP_K 是其平均产量 APP_K 的 α 倍；劳力的边际产量 MPP_L 是其平均产量 APP_L 的 $(1-\alpha)$ 倍；

(ii) 边际产量递减，人均产量递减.

解 (1) 对任意正实数 λ，有
$$f(\lambda K, \lambda L) = A(\lambda K)^\alpha (\lambda L)^\beta = \lambda^{\alpha+\beta} AK^\alpha L^\beta = \lambda^{\alpha+\beta} f(K,L),$$
故 $f(K,L)$ 为 $\alpha+\beta$ 次齐次函数；

(2) 将 $Q=AK^\alpha L^\beta$ 两端取对数，得
$$\ln Q = \ln A + \alpha \ln K + \beta \ln L.$$
若记 E_K、E_L 分别为产量对资本的偏弹性、产量对劳力的偏弹性，则
$$E_K = \frac{\partial(\ln Q)}{\partial(\ln K)} = \alpha, \quad E_L = \frac{\partial(\ln Q)}{\partial(\ln L)} = \beta.$$
即生产函数(1)式中的 α 和 β 是产量偏弹性.

(3) 线性齐次生产函数可写做
$$Q = AK^\alpha L^{1-\alpha} \quad (0 < \alpha < 1).$$

(i) 资本的平均产量、劳力的平均产量分别为
$$APP_K = \frac{Q}{K} = A\left(\frac{K}{L}\right)^{\alpha-1}, \quad APP_L = \frac{Q}{L} = A\left(\frac{K}{L}\right)^\alpha.$$

资本的边际产量、劳力的边际产量分别为
$$MPP_K = \frac{\partial Q}{\partial K} = \alpha AK^{\alpha-1} L^{1-\alpha} = \alpha A\left(\frac{K}{L}\right)^{\alpha-1},$$
$$MPP_L = \frac{\partial Q}{\partial L} = (1-\alpha) AK^\alpha L^{-\alpha} = (1-\alpha) A\left(\frac{K}{L}\right)^\alpha.$$

比较边际产量与平均产量的表达式，可知
$$MPP_K = \alpha(APP_K), \quad MPP_L = (1-\alpha)(APP_L),$$
即资本的边际产量为其平均产量的 α 倍；劳力的边际产量为其平均产量的 $(1-\alpha)$ 倍.

(ii) 由边际产量 MPP_K, MPP_L 的表示式，因
$$\frac{\partial^2 Q}{\partial K^2} = \frac{\partial}{\partial K}\left(\frac{\partial Q}{\partial K}\right) = \alpha(\alpha-1) AK^{\alpha-2} L^{1-\alpha} < 0 \quad (因 (\alpha-1) < 0),$$
$$\frac{\partial^2 Q}{\partial L^2} = \frac{\partial}{\partial L}\left(\frac{\partial Q}{\partial L}\right) = -\alpha(1-\alpha) AK^\alpha L^{-\alpha-1} < 0,$$
即当一种生产要素保持不变，另一种要素不断增加时，其边际产量是递减的.

由于劳力平均产量 $APP_L = \dfrac{Q}{L} = AK^\alpha L^{-\alpha}$，因而

$$\frac{\partial}{\partial L}\left(\frac{Q}{L}\right) = -\alpha A^\alpha L^{-\alpha-1} < 0,$$

即当资本 K 不变，而劳力 L 增加时，人均产量是递减的.

二、经济最值问题

多元函数的无条件极值和条件极值问题，在经济学中应用广泛，这里举出一些常见类型的例题.

例 3　工厂生产两种产品，总成本函数为

$$C = 2Q_1^2 - 2Q_1Q_2 + Q_2^2 + 37.5,$$

两种产品的价格函数分别为

$$P_1 = 70 - 2Q_1 - 3Q_2, \quad P_2 = 110 - 3Q_1 - 5Q_2,$$

为使利润最大，试确定两种产品的产量及最大利润.

解　这是利润最大，两种产品的产量决策. 是无条件极值问题. 由题设，利润函数是

$$\begin{aligned}\pi &= R - C = P_1Q_1 + P_2Q_2 - C \\ &= 70Q_1 + 110Q_2 - 4Q_1^2 - 6Q_2^2 - 4Q_1Q_2 - 37.5,\end{aligned}$$

由极值存在的必要条件，有

$$\begin{cases}\dfrac{\partial \pi}{\partial Q_1} = 70 - 8Q_1 - 4Q_2 = 0, \\ \dfrac{\partial \pi}{\partial Q_2} = 110 - 12Q_2 - 4Q_1 = 0.\end{cases}$$

解方程组得 $Q_1 = 5, Q_2 = 7.5$.

由极值存在的充分条件，因

$$\frac{\partial^2 \pi}{\partial Q_1^2} = -8, \quad \frac{\partial^2 \pi}{\partial Q_2^2} = -12, \quad \frac{\partial^2 \pi}{\partial Q_1 \partial Q_2} = -4;$$

对任何 Q_1, Q_2 的值，都有

$$\left(\frac{\partial^2 \pi}{\partial Q_1 \partial Q_2}\right)^2 - \frac{\partial^2 \pi}{\partial Q_1^2} \cdot \frac{\partial^2 \pi}{\partial Q_2^2} = (-4)^2 - 8 \times 12 < 0, \quad \text{且} \quad \frac{\partial^2 \pi}{\partial Q_1^2} < 0,$$

故当产量 $Q_1 = 5, Q_2 = 7.5$ 时，利润最大. 最大利润

$$\pi = (70Q_1 + 110Q_2 - 4Q_1^2 - 6Q_2^2 - 4Q_1Q_2 - 37.5)|_{(5,7.5)} = 550.$$

例 4　一厂商经营两个工厂生产同一种产品，且在同一市场销售，设其成本函数为

$$C_1 = 2Q_1^2 + 4, \quad C_2 = 6Q_2^2 + 8.$$

而价格函数为

$$P = 88 - 4Q, \quad Q = Q_1 + Q_2.$$

厂商追求最大利润，试确定每个工厂的产量及产品的价格.

解 这是利润最大,成本差别的产量决策,是无条件极值问题. 依题设,利润函数
$$\pi = PQ - (C_1 + C_2)$$
$$= [88 - 4(Q_1 + Q_2)](Q_1 + Q_2) - (2Q_1^2 + 4 + 6Q_2^2 + 8)$$
$$= 88Q_1 + 88Q_2 - 6Q_1^2 - 10Q_2^2 - 8Q_1Q_2 - 12.$$

由极值存在的必要条件和充分条件,可求得 $Q_1 = 6, Q_2 = 2$ 时,利润最大. 此时产品的价格
$$P = [88 - 4(Q_1 + Q_2)]|_{(6,2)} = 56.$$

例 5 设生产函数 $Q = 6K^{\frac{1}{3}}L^{\frac{1}{2}}$,其生产要素的投入价格 $P_K = 4, P_L = 3$,产品的价格 $P = 2$.

(1) 求利润最大时,两种要素的投入水平、产出水平和最大利润;

(2) 若产品的生产过程为 $t = \frac{1}{4}$ 年,贴现率 $r = 0.06$,最大利润为多少?

解 (1) 这是利润最大,生产要素投入量的决策,是无条件极值问题. 依题设,利润函数
$$\pi = R - C = PQ - (P_K K + P_L L) = 12K^{\frac{1}{3}}L^{\frac{1}{2}} - 4K - 3L.$$

由极值存在的必要条件,有
$$\begin{cases} \dfrac{\partial \pi}{\partial K} = 4K^{-\frac{2}{3}}L^{\frac{1}{2}} - 4 = 0, \\ \dfrac{\partial \pi}{\partial L} = 6K^{\frac{1}{3}}L^{-\frac{1}{2}} - 3 = 0, \end{cases}$$

解方程组得 $K = 8, L = 16$. 可以验证极值存在的充分条件满足,故当两种要素的投入分别为 $K = 8, L = 16$ 时,利润最大. 此时,产量和利润分别为
$$Q = 6K^{\frac{1}{3}}L^{\frac{1}{2}}|_{(8,16)} = 48, \quad \pi = (12K^{\frac{1}{3}}L^{\frac{1}{2}} - 4K - 3L)|_{(8,16)} = 96 - 80 = 16.$$

(2) 由于销售收益比已支付的生产成本滞后 t 年,因此,二者比较时,必须将收益贴现. 当 $t = \frac{1}{4}, r = 0.06$ 时,利润是
$$\pi = PQe^{-rt} - (4K + 3L) = 96e^{-\frac{1}{4} \times 0.06} - 80$$
$$= 94.57 - 80 = 14.57.$$

例 6 设生产函数和成本函数分别为
$$Q = 4K^{\frac{1}{2}}L^{\frac{1}{2}}, \quad C = P_K K + P_L L = 2K + 8L.$$

(1) 当产量 $Q_0 = 64$ 时,求最低成本的投入组合及最低成本;

(2) 当成本预算 $C_0 = 64$ 时,两种要素投入量为多少时,产量最高,最高产量为多少?

解 (1) 这是成本最低,两种生产要素的投入决策,是以成本函数为目标函数,以预期产量 $64 = 4K^{\frac{1}{2}}L^{\frac{1}{2}}$ 为约束条件的条件极值问题. 作拉格朗日函数
$$F(K, L) = 2K + 8L + \lambda(64 - 4K^{\frac{1}{2}}L^{\frac{1}{2}}).$$

解方程组

$$\begin{cases} F_K = 2 - 2\lambda K^{-\frac{1}{2}}L^{\frac{1}{2}} = 0, \\ F_L = 8 - 2\lambda K^{\frac{1}{2}}L^{-\frac{1}{2}} = 0, \\ 4K^{\frac{1}{2}}L^{\frac{1}{2}} - 64 = 0 \end{cases}$$

可得 $K=32, L=8$.

因可能取极值的点 $(32,8)$ 唯一,且实际问题存在最小值,所以当投入 $K=32, L=8$ 时,成本最低.最低成本是

$$C = (2K + 8L)|_{(32,8)} = 128.$$

(2) 这是产量最高,两种生产要素的投入决策,是以生产函数为目标函数,以预算成本 $64=2K+8L$ 为约束条件的条件极值问题.令

$$F(K,L) = 4K^{\frac{1}{2}}L^{\frac{1}{2}} + \lambda(64 - 2K - 8L).$$

解方程组

$$\begin{cases} F_K = 2K^{-\frac{1}{2}}L^{\frac{1}{2}} - 2\lambda = 0, \\ F_L = 2K^{\frac{1}{2}}L^{-\frac{1}{2}} - 8L = 0, \\ 2K + 8L - 64 = 0 \end{cases}$$

得 $K=16, L=4$.

因可能取极值的点 $(16,4)$ 唯一,且实际问题存在最大值,所以当投入 $K=16, L=4$ 时,产量最高.最高产量是

$$Q = (4K^{\frac{1}{2}}L^{\frac{1}{2}})|_{(16,4)} = 32.$$

例 7 假设某人可将每天的时间 $H(H=24$ 小时$)$ 分为工作时间 x 与休息时间 $t(x,t$ 均以小时为单位$)$.若每小时的工资率为 r,则他每天的工作收入 $Y=rx$.若表示其选择工作与休息时间的效用[①]函数为

$$U = atY - bY^2 - ct^2 \quad (a,b,c > 0).$$

(1) 为使其每天的效用最大,该人每天应工作多少小时?

(2) 若按税率 $s(0<s<1)$ 交纳个人收入税,该人每天的工作时间应是多少小时?

解 (1) 这是以效用函数为目标函数,以 $H=x+t$ 为约束条件的条件极值问题.作拉格朗日函数,并把效用函数中的 Y 以 rx 代入,有

$$F(x,t) = atrx - br^2x^2 - ct^2 + \lambda(x + t - H).$$

解方程组

[①] 效用就是商品或劳务满足人的欲望或需要的能力,人们可以在条件允许的限度内,做出恰当的选择,以使效用最大.

$$\begin{cases} F_x = atr - 2br^2x + \lambda = 0, \\ F_t = arx - 2ct + \lambda = 0, \\ x + t - H = 0 \end{cases}$$

可得

$$x_0 = \frac{(ar+2c)H}{2(ar+br^2+c)}(\text{小时}). \tag{2}$$

因驻点唯一,而实际问题有最大值.故该人每天工作时数为 x_0 小时时,效用最大.

(2) 由于征收税率为 s 的个人收入税,该人所交税额为 sY,其每天的收入为

$$Y - sY = (1-s)Y = (1-s)rx.$$

若令 $r_s = (1-s)r$,用 r_s 代替(2)式中的 r,便可得到纳税后的日工作时数

$$x_s = \frac{(ar_s+2c)H}{2(ar_s+br_s^2+c)} = \frac{[a(1-s)r+2c]H}{2[a(1-s)r+b(1-s)^2r^2+c]}(\text{小时}).$$

习 题 6.8

1. 确定下列每对需求函数的四个边际需求,并说明两种商品关系的性质(竞争的或互补的):

(1) $Q_1 = 20 - 2P_1 - P_2$, $Q_2 = 9 - P_1 - 2P_2$;

(2) $Q_1 = ae^{P_2 - P_1}$, $Q_2 = be^{P_1 - P_2}$ $(a > 0, b > 0)$.

2. 据市场调查,影碟机和影碟的需求量 Q_1, Q_2 与其价格 P_1, P_2 的关系如下:

$$Q_1 = 1600 - P_1 + \frac{1000}{P_2} - P_2^2, \quad Q_2 = 29 + \frac{1000}{P_1} - P_2.$$

当 $P_1 = 1000, P_2 = 20$ 时,求需求的直接价格偏弹性和交叉价格偏弹性.

3. 设两种产品的产量 Q_1 和 Q_2 的联合成本函数为

$$C = C(Q) = 15 + 2Q_1^2 + Q_1Q_2 + 5Q_2^2,$$

(1) 求成本 C 关于 Q_1, Q_2 的边际成本;

(2) 当 $Q_1 = 3, Q_2 = 6$ 时,求出边际成本的值,并作出经济解释.

4. 已知两种商品的需求 Q_1 和 Q_2 是自身价格和另外一种商品的价格以及收入 Y 的函数,

$$Q_1 = AP_1^{-\alpha}P_2^{\beta}Y^{\gamma}, \quad Q_2 = BP_1^{\alpha}P_2^{-\beta}Y^{1-\gamma}.$$

其中 A, B, α, β 都是正数,$0 < \gamma < 1$. 试计算需求的偏弹性.

5. 求生产函数的边际产量和产量弹性:

(1) $Q = 400K^{\frac{3}{4}}L^{\frac{1}{3}}$; (2) $Q = 6K^{\frac{1}{3}}L^{\frac{2}{3}}, K = 8, L = 16$.

6. 一个工厂生产两种产品,其总成本函数、两种产品的需求函数分别为

$$C = Q_1^2 + 2Q_1Q_2 + Q_2^2 + 5, \quad Q_1 = 26 - P_1, \quad Q_2 = 10 - \frac{1}{4}P_2.$$

试确定利润最大时两种产品的产量及利润.

7. 一种产品在两个独立市场销售,其需求函数分别为

$$Q_1 = 103 - \frac{1}{6}P_1, \quad Q_2 = 55 - \frac{1}{2}P_2,$$

该产品的总成本函数为

$$C = 18Q + 75, \quad \text{其中} \quad Q = Q_1 + Q_2,$$

求利润最大时,投放到每个市场的销量,并确定此时每个市场的价格.

8. 设生产函数为 $Q = 8K^{\frac{1}{4}}L^{\frac{1}{2}}$,产品的价格 $P = 4$,而投入要素的价格 $P_K = 8, P_L = 4$.

(1) 求使利润最大化的投入水平、产出水平和最大利润;

(2) 若产品的生产过程为 $t = \frac{1}{2}$ 年,贴现率 $r = 0.06$,最大利润是多少?

9. 生产两种机床,数量分别为 Q_1 和 Q_2,总成本函数为

$$C = Q_1^2 + 2Q_2^2 - Q_1 Q_2,$$

若两种机床的总产量为 8 台,要使成本最低,两种机床各生产多少台?

10. 设生产函数和总成本函数分别为

$$Q = 4K^{\frac{1}{2}}L^{\frac{1}{2}}, \quad C = P_K K + P_L L = 2K + 8L,$$

若产量 $Q_0 = 32$ 时,试确定最低成本的投入组合及最低成本.

11. 设生产函数和总成本函数分别为

$$Q = 50K^{\frac{2}{3}}L^{\frac{1}{3}}, \quad C = 6K + 4L,$$

若成本预算 $C_0 = 72$ 时,试确定两种要素的投入量以使产量最高,并求最高产量.

12. 两种产品 A_1, A_2,其年需要量分别为 1200 件和 2000 件,分批生产,其每批生产准备费分别为 40 元和 70 元,每年每件产品的库存费为 0.15 元.若两种产品的总生产能力为 1000 件,试确定最优批量 Q_1 和 Q_2,以使生产准备费与库存费之和最小.

13. 销售量 Q 与用在两种广告手段的费用 x 和 y 之间的函数关系为

$$Q = \frac{200x}{5+x} + \frac{100y}{10+y},$$

净利润是销售量的 $\frac{1}{5}$ 减去广告成本,而广告预算是 25. 试确定如何分配两种手段的广告成本,以使利润最大?

§6.9 二重积分概念与性质

二重积分是定积分的推广:被积函数由一元函数 $y = f(x)$ 推广到二元函数 $z = f(x, y)$;积分范围由 x 轴上的闭区间 $[a, b]$ 推广到 Oxy 平面上的有界闭区域 D. 二重积分的定义与定积分定义类似,我们从几何上的曲顶柱体的体积问题引进二重积分定义.

一、曲顶柱体的体积

以连续曲面 $z = f(x, y) (>0)$ 为顶,Oxy 平面上的有界闭区域 D 为底,D 的边界线为准线,母线平行于 z 轴的柱面为侧面的立体称为**曲顶柱体**(图 6-29).

我们采用求曲边梯形面积的方法按下述**程序**计算曲顶柱体的体积 V.

(1) **分割**——分曲顶柱体为 n 个小曲顶柱体.

将区域 D 任意分成 n 个小区域

$$\Delta\sigma_1, \Delta\sigma_2, \cdots, \Delta\sigma_n,$$

这里，$\Delta\sigma_i(i=1,2,\cdots,n)$ 既表示第 i 个小区域，又表示第 i 个小区域的面积. 记
$$d = \max_{1\leqslant i\leqslant n}\{d_i|d_i \text{ 为 }\Delta\sigma_i \text{ 的直径}\},$$
区域 $\Delta\sigma_i$ 的直径是指有界闭区域 $\Delta\sigma_i$ 上任意两点间的距离最大者.

这时，曲顶柱体也相应地被分成 n 个小曲顶柱体，其体积分别记做
$$\Delta v_1, \Delta v_2, \cdots, \Delta v_n.$$

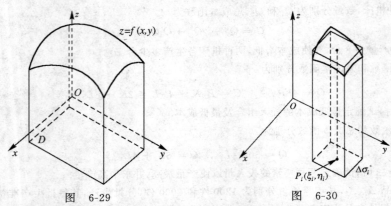

图 6-29　　　　　　　　　图 6-30

(2) **近似代替**——用小平顶柱体的体积代替小曲顶柱体的体积.

在每个小区域 $\Delta\sigma_i$ 上任取一点 $P_i(\xi_i,\eta_i)$，以 $f(\xi_i,\eta_i)$ 为高，小区域 $\Delta\sigma_i$ 为底的平顶柱体的体积为 $f(\xi_i,\eta_i)\cdot\Delta\sigma_i$（高与底面积的乘积），以此近似地表示与其同底的小曲顶柱体的体积 Δv_i（图 6-30），
$$\Delta v_i \approx f(\xi_i,\eta_i)\cdot\Delta\sigma_i \ (i=1,2,\cdots,n).$$

(3) **求和**——求 n 个小平顶柱体体积之和.

n 个小平顶柱体体积之和可作为曲顶柱体体积的近似值
$$V = \sum_{i=1}^{n}\Delta v_i \approx \sum_{i=1}^{n}f(\xi_i,\eta_i)\Delta\sigma_i.$$

(4) **取极限**——由近似值过渡到精确值.

当 $d\to 0$ 时，上述和式的极限就是曲顶柱体的体积
$$V = \lim_{d\to 0}\sum_{i=1}^{n}f(\xi_i,\eta_i)\Delta\sigma_i.$$

由以上推算知，曲顶柱体的体积是用一个和式的极限 $\lim\limits_{d\to 0}\sum\limits_{i=1}^{n}f(\xi_i,\eta_i)\Delta\sigma_i$ 来表达的.

事实上，有很多实际问题的解决都是采取分割、近似代替、求和、取极限的方法，而最后都归结为这一种结构的和式的极限. 我们抛开问题的实际内容，只从数量关系上的共性加以概括和抽象，由上述和式的极限就得到了二重积分的概念.

二、二重积分概念

1. 二重积分定义

定义　设函数 $f(x,y)$ 在有界闭区域 D 上有定义，将 D 任意分成 n 个小区域

$$\Delta\sigma_1, \Delta\sigma_2, \cdots, \Delta\sigma_n,$$

并以 $\Delta\sigma_i$ 和 $d_i(i=1,2,\cdots,n)$ 分别表示第 i 个小区域的面积和直径,记 $d = \max\limits_{1\leqslant i \leqslant n}\{d_i\}$. 在每个小区域 $\Delta\sigma_i$ 上任意取一点 $P_i(\xi_i,\eta_i)$,当 n 无限增大,且 d 趋于零时,若极限

$$\lim_{d\to 0}\sum_{i=1}^{n}f(\xi_i,\eta_i)\Delta\sigma_i$$

存在,且极限与区域 D 的分法与点 P_i 的取法无关,则称**此极限为函数** $f(x,y)$ **在区域** D **上的二重积分**,记做 $\iint\limits_{D}f(x,y)\mathrm{d}\sigma$,即

$$\iint\limits_{D}f(x,y)\mathrm{d}\sigma = \lim_{d\to 0}\sum_{i=1}^{n}f(\xi_i,\eta_i)\Delta\sigma_i,$$

其中 D 称为**积分区域**,x,y 称为**积分变量**,$f(x,y)$ 称为**被积函数**,$\mathrm{d}\sigma$ 称为**面积元素**,$f(x,y)\mathrm{d}\sigma$ 称为**被积表达式**.

若函数 $f(x,y)$ 在有界闭区域 D 上的二重积分存在,则称 $f(x,y)$ **在 D 上可积**.

可以证明:

(1) 若函数 $f(x,y)$ 在有界闭区域 D 上**可积**,则 $f(x,y)$ 在 D 上**有界**;

(2) 若函数 $f(x,y)$ 在有界闭区域 D 上**连续**,则 $f(x,y)$ 在 D 上**可积**.

2. 二重积分的几何意义

按二重积分定义,以连续曲面 $z=f(x,y)\geqslant 0$ 为曲顶,Oxy 平面上的有界闭区域 D 为底的曲顶柱体,其体积 V 是作为曲顶的函数 $z=f(x,y)$ 在区域 D 上的二重积分

$$V = \iint\limits_{D}f(x,y)\mathrm{d}\sigma.$$

特别地,若 $f(x,y)\equiv 1$,且 D 的面积为 σ,则

$$\iint\limits_{D}\mathrm{d}\sigma = \sigma.$$

这时,二重积分可理解为以平面 $z=1$ 为顶,D 为底的平顶柱体的体积,该体积在数值上与 D 的面积相等.

若作为曲顶的曲面方程 $z=f(x,y)\leqslant 0$ 时,以区域 D 为底的曲顶柱体是倒挂在 xOy 平面的下方,这时,二重积分 $\iint\limits_{D}f(x,y)\mathrm{d}\sigma$ 的值是负的,它的绝对值表示该曲顶柱体的体积.

三、二重积分的性质

二重积分具有与定积分完全类似的性质,现列举如下.这里假设所讨论的二重积分都是存在的.

1. 运算性质

(1) $\iint\limits_{D}[f(x,y)\pm g(x,y)]\mathrm{d}\sigma = \iint\limits_{D}f(x,y)\mathrm{d}\sigma \pm \iint\limits_{D}g(x,y)\mathrm{d}\sigma$;

(2) $\iint\limits_{D}kf(x,y)\mathrm{d}\sigma = k\iint\limits_{D}f(x,y)\mathrm{d}\sigma$ (k 是常数).

2. 对积分区域 D 的可加性

若积分区域 D 被一曲线分成两个部分区域 D_1 和 D_2,则

$$\iint_D f(x,y)\mathrm{d}\sigma = \iint_{D_1} f(x,y)\mathrm{d}\sigma + \iint_{D_2} f(x,y)\mathrm{d}\sigma.$$

3. 比较性质

若在区域 D 上,恒有 $f(x,y) \leqslant g(x,y)$,则

$$\iint_D f(x,y)\mathrm{d}\sigma \leqslant \iint_D g(x,y)\mathrm{d}\sigma.$$

特别地,有

$$\left|\iint_D f(x,y)\mathrm{d}\sigma\right| \leqslant \iint_D |f(x,y)|\mathrm{d}\sigma.$$

4. 估值定理

若 M 与 m 分别是函数 $f(x,y)$ 在 D 上的最大值与最小值,σ 是 D 的面积,则

$$m\sigma \leqslant \iint_D f(x,y)\mathrm{d}\sigma \leqslant M\sigma.$$

5. 二重积分的中值定理

若函数 $f(x,y)$ 在有界闭区域 D 上连续,σ 是 D 的面积,则在 D 上至少存在一点 (ξ,η),使得

$$\iint_D f(x,y)\mathrm{d}\sigma = f(\xi,\eta) \cdot \sigma.$$

上式右端是以 $f(\xi,\eta)$ 为高,D 为底的平顶柱体的体积.

习 题 6.9

1. 试用二重积分表示由下列曲面所围曲顶柱体的体积 V,并画出曲顶柱体在 Oxy 平面上的底的图形:

   (1) $z = 1 - x^2 - y^2, x = 0, y = 0, x + y = 1, z = 0$;
   (2) $z = \sqrt{x^2 + y^2}, y = x, y = x^4, z = 0$;
   (3) $x + y + z = 4, x^2 + y^2 = 8, x = 0, y = 0, z = 0$;
   (4) $z = \sqrt{y - x^2}, x = \frac{1}{2}\sqrt{y}, y = 0, z = 0$.

2. 利用二重积分的几何意义填空:

   (1) 设 D 是由 x 轴,y 轴及直线 $2x + y - 2 = 0$ 所围成的区域,则 $\iint_D \mathrm{d}\sigma =$ _____ ;

   (2) 设 D 是以原点为中心,R 为半径的圆,则

   $$\iint_D \sqrt{R^2 - x^2 - y^2}\mathrm{d}\sigma = \underline{\qquad}; \quad \lim_{R \to 0} \frac{1}{\pi R^2} \iint_D e^{x^2 - y^2} \cos(x+y)\mathrm{d}\sigma = \underline{\qquad}.$$

3. 利用二重积分的性质,比较下列二重积分的大小:

   (1) $I_1 = \iint\limits_{x^2+y^2 \leqslant 1} \ln(x^2+y^2)\mathrm{d}\sigma$ 与 $I_2 = \iint\limits_{x^2+y^2 \leqslant 1} \sqrt{1-x^2-y^2}\mathrm{d}\sigma$;

(2) $I_1 = \iint\limits_{D_1}(x^2+y^2)\mathrm{d}\sigma$ 与 $I_2 = \iint\limits_{D_2}(x^2+y^2)\mathrm{d}\sigma$,

其中,$D_1=\{(x,y)\,|-1\leqslant x\leqslant 1,-2\leqslant y\leqslant 2\}$,$D_2=\{(x,y)\,|0\leqslant x\leqslant 1,0\leqslant y\leqslant 2\}$.

4. 设 $D=\{(x,y)\,|\,|x|\leqslant 1,|y|\leqslant 1\}$,判断下列各式的符号对否:

(1) $I_1=\iint\limits_D(x-1)\mathrm{d}\sigma>0$;   (2) $I_2=\iint\limits_D(y-1)\mathrm{d}\sigma>0$;   (3) $I_3=\iint\limits_D(x+1)\mathrm{d}\sigma>0$.

§6.10 二重积分的计算与应用

二重积分的计算方法,是把二重积分化为二次积分(或累次积分),即计算两次定积分.

一、在直角坐标系下计算二重积分

二重积分作为一个和式的极限,这一极限只与被积函数和积分区域有关,而与分割区域 D 的方法无关. 这样,选用平行于坐标轴的两组直线来分割 D,这时,每个小区域的面积 $\Delta\sigma = \Delta x \cdot \Delta y$,面积元素 $\mathrm{d}\sigma = \mathrm{d}x\mathrm{d}y$. 于是,在直角坐标系下,二重积分可表示为

$$\iint\limits_D f(x,y)\mathrm{d}x\mathrm{d}y.$$

设函数 $z=f(x,y)\geqslant 0$ 在有界闭区域 D 上连续,D 如图 6-31 所示:
$$D=\{(x,y)\,|\,\varphi_1(x)\leqslant y\leqslant \varphi_2(x),a\leqslant x\leqslant b\},$$
也可直接用不等式表示为
$$\varphi_1(x)\leqslant y\leqslant \varphi_2(x),\quad a\leqslant x\leqslant b.$$

根据二重积分的几何意义,通过计算以曲面 $z=f(x,y)$ 为顶,以 Oxy 平面上的区域 D 为底的曲顶柱体(图 6-32)的体积来说明二重积分的计算方法.

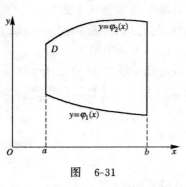

图 6-31

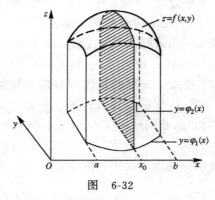

图 6-32

如图 6-32,作平行于坐标平面 Oyz 的平面 $x=x_0$,它与曲顶柱体相交所得截面,是以区间 $[\varphi_1(x_0),\varphi_2(x_0)]$ 为底,$z=f(x_0,y)$ 为曲边的曲边梯形(图 6-32 中有阴影部分),显然,这一截面面积为

$$A(x_0) = \int_{\varphi_1(x_0)}^{\varphi_2(x_0)} f(x_0, y) \mathrm{d}y.$$

由 x_0 的任意性,过区间 $[a,b]$ 上任意一点 x,作平行于坐标面 Oyz 的平面,它与曲顶柱体相交所得截面的面积为

$$A(x) = \int_{\varphi_1(x)}^{\varphi_2(x)} f(x, y) \mathrm{d}y,$$

上式中,y 是积分变量,x 在积分时保持不变. 所得截面的面积 $A(x)$,一般应是 x 的函数. 根据定积分的几何应用:已知平行截面面积为 $A(x)$ 的立体的体积,所求曲顶柱体的体积

$$V = \int_a^b A(x) \mathrm{d}x = \int_a^b \left[\int_{\varphi_1(x)}^{\varphi_2(x)} f(x, y) \mathrm{d}y \right] \mathrm{d}x.$$

于是,得到**二重积分的计算公式**

$$\iint_D f(x,y) \mathrm{d}\sigma = \int_a^b \left[\int_{\varphi_1(x)}^{\varphi_2(x)} f(x,y) \mathrm{d}y \right] \mathrm{d}x,$$

或写做

$$\iint_D f(x,y) \mathrm{d}\sigma = \int_a^b \mathrm{d}x \int_{\varphi_1(x)}^{\varphi_2(x)} f(x,y) \mathrm{d}y. \tag{1}$$

(1)式右端是二次积分:把 x 看做常量,先对 y 积分,积分结果是 x 的函数,再对 x 积分.

上述积分区域 D,通常称为 **X 型区域**. 在 X 型区域 D 上,把二重积分化为二次定积分时,要明确以下几点:

(1) **积分次序**:在被积函数 $f(x,y)$ 中,视 x 为常量,视 y 为积分变量,先对 y 积分;然后,再对 x 积分.

(2) **积分上、下限**:将二重积分化为二次积分,**其关键是确定积分限**. 对 x 的积分限是:区域 D 的最左端端点的横坐标 a 为积分下限,最右端端点的横坐标 b 为积分上限. 对 y 的积分限是:在区间 $[a,b]$ 范围内,由下向上作垂直于 x 轴的直线,先与曲线 $y=\varphi_1(x)$ 相交,后与曲线 $y=\varphi_2(x)$ 相交,则 $y=\varphi_1(x)$ 为积分下限,$y=\varphi_2(x)$ 为积分上限.

(3) **垂直于 x 轴的直线与 D 的边界至多交于两点**,否则,需将 D 分成几个部分区域. 如图 6-33 那样,D 需分成三个部分区域,然后用二重积分的性质 2 计算二重积分.

类似地,若积分区域 D 如图 6-34 所示:
$$D = \{(x,y) | \psi_1(y) \leqslant x \leqslant \psi_2(y), c \leqslant y \leqslant d\},$$
则二重积分化为二次积分的公式是
$$\iint_D f(x,y) \mathrm{d}\sigma = \int_c^d \left[\int_{\psi_1(y)}^{\psi_2(y)} f(x,y) \mathrm{d}x \right] \mathrm{d}y$$
$$= \int_c^d \mathrm{d}y \int_{\psi_1(y)}^{\psi_2(y)} f(x,y) \mathrm{d}x. \tag{2}$$

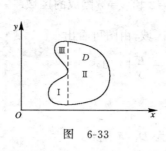
图 6-33

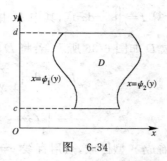
图 6-34

(2)式右端是先对 x,后对 y 的二次积分.这种积分区域 D 通常称为 **Y 型区域**.

以上把二重积分化为二次积分,是假设在 D 上,$f(x,y) \geqslant 0$ 的情况下推得的.实际上,在 D 上 $f(x,y)$ 非负的限制去掉后,公式(1)和(2)仍然成立.

若积分区域 D 为矩形:
$$D = \{(x,y) | a \leqslant x \leqslant b, c \leqslant y \leqslant d\},$$
则二重积分可化为先对 y、后对 x 的二次积分;也可化为先对 x,后对 y 的二次积分,即
$$\iint_D f(x,y)\mathrm{d}\sigma = \int_a^b \mathrm{d}x \int_c^d f(x,y)\mathrm{d}y = \int_c^d \mathrm{d}y \int_a^b f(x,y)\mathrm{d}x.$$

例 1 计算 $I = \iint_D (x^2 + y^2)\mathrm{d}x\mathrm{d}y$,其中 $D = \{(x,y) | |x| \leqslant 1, |y| \leqslant 1\}$.

解 D 是矩形,若先对 y、后对 x 积分,则
$$I = \int_{-1}^1 \mathrm{d}x \int_{-1}^1 (x^2 + y^2)\mathrm{d}y = \int_{-1}^1 \left(x^2 y + \frac{y^3}{3}\right)\bigg|_{-1}^1 \mathrm{d}x$$
$$= 2\int_{-1}^1 \left(x^2 + \frac{1}{3}\right)\mathrm{d}x = \frac{8}{3}.$$

例 2 计算 $I = \iint_D xy^2 \mathrm{d}x\mathrm{d}y$,其中 D 由抛物线 $y^2 = 2px$、直线 $x = \frac{p}{2}$ ($p > 0$) 围成的区域.

解 区域 D 如图 6-35. 若将 D 看成 X 型区域,则

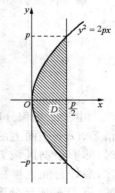

$$I = \int_0^{\frac{p}{2}} \mathrm{d}x \int_{-\sqrt{2px}}^{\sqrt{2px}} xy^2 \mathrm{d}y = \int_0^{\frac{p}{2}} \frac{x}{3} y^3 \bigg|_{-\sqrt{2px}}^{\sqrt{2px}} \mathrm{d}x$$
$$= \int_0^{\frac{p}{2}} \frac{2}{3}(2p)^{\frac{3}{2}} x^{\frac{5}{2}} \mathrm{d}x = \frac{p^5}{21}.$$

若将 D 看成 Y 型区域,则
$$I = \int_{-p}^p \mathrm{d}y \int_{\frac{y^2}{2p}}^{\frac{p}{2}} xy^2 \mathrm{d}x = \int_{-p}^p \frac{y^2}{2} x^2 \bigg|_{\frac{y^2}{2p}}^{\frac{p}{2}} \mathrm{d}y$$
$$= \int_{-p}^p \frac{y^2}{2}\left(\frac{p^2}{4} - \frac{y^4}{4p^2}\right)\mathrm{d}y = \frac{p^5}{21}.$$

图 6-35

例3 计算 $I = \iint\limits_{D} \dfrac{x^2}{y^2} dxdy$,其中 D 由 $xy=1, x=2$ 和 $y=x$ 围成的区域.

解 区域 D 如图 6-36 所示. 若将 D 看成 X 型区域,由图可看出

$$I = \int_1^2 dx \int_{\frac{1}{x}}^{x} \dfrac{x^2}{y^2} dy = \int_1^2 \left(-\dfrac{x^2}{y}\right) \Big|_{\frac{1}{x}}^{x} dx$$

$$= \int_1^2 (x^3 - x) dx = \dfrac{9}{4}.$$

若将 D 看成 Y 型区域,须用直线 $y=1$ 将 D 分为 D_1 与 D_2:

$$D_1 = \left\{(x,y) \Big| \dfrac{1}{y} \leqslant x \leqslant 2, \dfrac{1}{2} \leqslant y \leqslant 1\right\},$$

$$D_2 = \{(x,y) | y \leqslant x \leqslant 2, 1 \leqslant y \leqslant 2\},$$

则

$$I = \iint\limits_{D_1} \dfrac{x^2}{y^2} dxdy + \iint\limits_{D_2} \dfrac{x^2}{y^2} dxdy.$$

这样计算,显然麻烦.

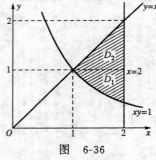

图 6-36

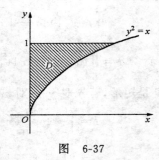

图 6-37

例4 计算 $I = \iint\limits_{D} e^{\frac{x}{y}} dxdy$,其中 D 由 $y^2=x, x=0$ 和 $y=1$ 围成的区域.

解 区域 D 如图 6-37 所示. 由于 $\int e^{\frac{x}{y}} dy$ 积不出来,故不能先对 y 积分, D 须看成 Y 型区域.

$$I = \int_0^1 dy \int_0^{y^2} e^{\frac{x}{y}} dx = \int_0^1 y e^{\frac{x}{y}} \Big|_0^{y^2} dy$$

$$= \int_0^1 (y e^y - y) dy = \dfrac{1}{2}.$$

由于二重积分取决于被积函数 $f(x,y)$ 和积分区域 D. 而二元函数 $f(x,y)$ 可以有多种情形, Oxy 平面上的区域 D 有各种形状. 因此,将二重积分化为二次积分在选择积分次序时,即要根据区域 D 的形状,又要注意被积函数的特点. 若根据区域 D 的形状选择积分次序,最好是能直接在 D 上计算. 若必须将 D 分成部分区域时,应使 D 尽量少的分成部分区域. 将 D 分成部分区域时,须用平行于 x 轴或平行于 y 轴的直线进行. 若从被积函数着眼选择积分次序,应以计算较简便或者使积分能够进行运算为原则.

二、在极坐标系下计算二重积分

当积分区域为圆域、环域、扇形域等,或被积函数为 $f(x^2+y^2)$, $f\left(\dfrac{y}{x}\right)$ 等形式时,采用极坐标计算二重积分往往较为方便.

在极坐标系下,我们用以极点 O 为中心的一族同心圆: $r=$常数,和自极点出发的一族射线: $\theta=$常数,把积分区域 D 分割成 n 个小区域 $\Delta\sigma_i(i=1,2,\cdots,n)$,见图 6-38.

在 D 中取出一个典型的小区域 $\Delta\sigma$,它是由半径为 r 和 $r+\mathrm{d}r$ 的圆弧段,与极角为 θ 和 $\theta+\mathrm{d}\theta$ 的射线组成(图 6-38). 当 $\mathrm{d}r$ 和 $\mathrm{d}\theta(\mathrm{d}r=\Delta r, \mathrm{d}\theta=\Delta\theta)$ 充分小时,圆弧段可以看成直线段,相交的射线段看成平行的射线段,所以小区域 $\Delta\sigma$ 可以近似地看成以 $r\mathrm{d}\theta$ 为长、$\mathrm{d}r$ 为宽的小矩形. 这时,面积元素
$$\mathrm{d}\sigma = r\mathrm{d}\theta\mathrm{d}r.$$

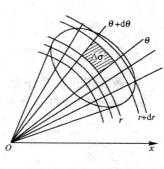

图 6-38

在选取极坐标系时,若以直角坐标系的原点为极点,以 x 轴为极轴,则直角坐标与极坐标的关系为
$$\begin{cases} x = r\cos\theta, \\ y = r\sin\theta, \end{cases}$$
所以被积函数 $f(x,y)$ 可化为 r 和 θ 的函数
$$f(x,y) = f(r\cos\theta, r\sin\theta).$$

这样,由**直角坐标系的二重积分变换为极坐标的二重积分**,其变换公式是
$$\iint_D f(x,y)\mathrm{d}\sigma = \iint_D f(r\cos\theta, r\sin\theta)r\mathrm{d}r\mathrm{d}\theta. \tag{3}$$

将(3)式的右端化为二次积分,通常是选择先对 r 积分,后对 θ 积分的次序. 一般有如下三种情形.

1. 极点在 D 的内部

积分区域 D 由连续曲线 $r=r(\theta)$ 围成(图 6-39):
$$D = \{(r,\theta) \mid 0 \leqslant r \leqslant r(\theta), 0 \leqslant \theta \leqslant 2\pi\},$$
则
$$\iint_D f(r\cos\theta, r\sin\theta)r\mathrm{d}r\mathrm{d}\theta = \int_0^{2\pi}\mathrm{d}\theta\int_0^{r(\theta)} f(r\cos\theta, r\sin\theta)r\mathrm{d}r. \tag{4}$$

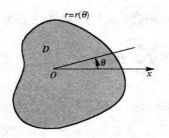

图 6-39

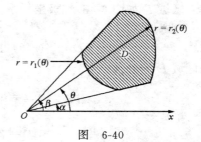

图 6-40

2. 极点在 D 的外部

积分区域 D 是由极点出发的两条射线 $\theta=\alpha, \theta=\beta$ 和两条连续曲线 $r=r_1(\theta), r=r_2(\theta)$ 围成(图 6-40):
$$D = \{(r,\theta)\,|\,r_1(\theta) \leqslant r \leqslant r_2(\theta), \alpha \leqslant \theta \leqslant \beta\},$$
则
$$\iint_D f(r\cos\theta, r\sin\theta) r \mathrm{d}r \mathrm{d}\theta = \int_\alpha^\beta \mathrm{d}\theta \int_{r_1(\theta)}^{r_2(\theta)} f(r\cos\theta, r\sin\theta) r \mathrm{d}r. \tag{5}$$

3. 极点在 D 的边界上

(1) 积分区域 D 由极点出发的两条射线 $\theta=\alpha, \theta=\beta$ 和连续曲线 $r=r(\theta)$ 围成(图 6-41):
$$D = \{(r,\theta)\,|\,0 \leqslant r \leqslant r(\theta), \alpha \leqslant \theta \leqslant \beta\},$$
则
$$\iint_D f(r\cos\theta, r\sin\theta) r \mathrm{d}r \mathrm{d}\theta = \int_\alpha^\beta \mathrm{d}\theta \int_0^{r(\theta)} f(r\cos\theta, r\sin\theta) r \mathrm{d}r. \tag{6}$$

(2) 积分区域 D 由极点出发的两条连续曲线 $r=r_1(\theta), r=r_2(\theta)$ 所围成(图 6-42):

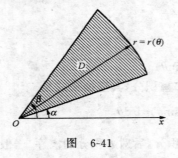
图 6-41

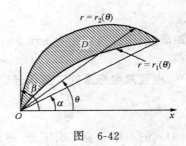
图 6-42

$$D = \{(r,\theta)\,|\,r_1(\theta) \leqslant r \leqslant r_2(\theta), \alpha \leqslant \theta \leqslant \beta\}.$$
则
$$\iint_D f(r\cos\theta, r\sin\theta) r \mathrm{d}r \mathrm{d}\theta = \int_\alpha^\beta \mathrm{d}\theta \int_{r_1(\theta)}^{r_2(\theta)} f(r\cos\theta, r\sin\theta) r \mathrm{d}r. \tag{7}$$

例 5 计算 $I = \iint_D \ln(x^2+y^2) \mathrm{d}\sigma$, 其中 D 由两圆 $x^2+y^2=1$ 和 $x^2+y^2=4$ 围成.

解 区域 D 如图 6-43. 在极坐标系下, 圆 $x^2+y^2=1$ 和圆 $x^2+y^2=4$ 的方程分别为 $r=1$ 和 $r=2$. 区域
$$D = \{(r,\theta)\,|\,1 \leqslant r \leqslant 2, 0 \leqslant \theta \leqslant 2\pi\}.$$
极点在区域 D 的外部,
$$I = \int_0^{2\pi} \mathrm{d}\theta \int_1^2 \ln r^2 \cdot r \mathrm{d}r$$
$$= 2\pi \cdot \int_1^2 \frac{1}{2} \ln r^2 \mathrm{d}r^2$$

$$= \pi(r^2\ln r^2 - r^2)\Big|_1^2 = 8\pi\ln 2 - 3\pi.$$

例 6 计算 $I = \iint\limits_D \arctan\dfrac{y}{x} d\sigma$,其中

$$D = \{(x,y) \mid x^2 + y^2 \leqslant 2x, y \geqslant 0\}.$$

解 区域 D 如图 6-44 所示. 在极坐标系下,圆 $(x-1)^2 + y^2 = 1$ 的方程为 $r = 2\cos\theta$,区域

$$D = \left\{(r,\theta) \,\Big|\, 0 \leqslant r \leqslant 2\cos\theta, 0 \leqslant \theta \leqslant \dfrac{\pi}{2}\right\}.$$

极点在区域 D 的边界上.

$$I = \int_0^{\frac{\pi}{2}} d\theta \int_0^{2\cos\theta} \theta \cdot r dr = \int_0^{\frac{\pi}{2}} \theta \left(\dfrac{1}{2}r^2\right)\Big|_0^{2\cos\theta} d\theta$$

$$= \int_0^{\frac{\pi}{2}} \theta \cdot 2\cos^2\theta d\theta = \int_0^{\frac{\pi}{2}} (\theta + \theta\cos 2\theta) d\theta$$

$$= \left(\dfrac{1}{2}\theta^2 + \dfrac{1}{2}\theta\sin 2\theta + \dfrac{1}{4}\sin 2\theta\right)\Big|_0^{\frac{\pi}{2}} = \dfrac{\pi^2}{8} - \dfrac{1}{2}.$$

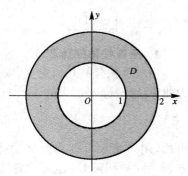

图 6-43

例 7 计算 $I = \iint\limits_D \dfrac{x}{y} d\sigma$,其中

$$D = \{(x,y) \mid x^2 + y^2 \leqslant 2ay, x \leqslant 0\}.$$

解 区域 D 如图 6-45 所示. 在极坐标系下,圆 $x^2 + (y-a)^2 = a^2$ 的方程为 $r = 2a\sin\theta$,区域

$$D = \left\{(r,\theta) \,\Big|\, 0 \leqslant r \leqslant 2a\sin\theta, \dfrac{\pi}{2} \leqslant \theta \leqslant \pi\right\}.$$

于是

$$I = \int_{\frac{\pi}{2}}^{\pi} d\theta \int_0^{2a\sin\theta} \cot\theta \cdot r dr = \int_{\frac{\pi}{2}}^{\pi} \cot\theta \cdot \dfrac{r^2}{2}\Big|_0^{2a\sin\theta} d\theta$$

$$= 2a^2 \int_{\frac{\pi}{2}}^{\pi} \cos\theta\sin\theta d\theta = -a^2.$$

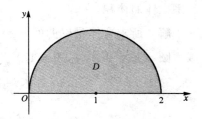

图 6-44

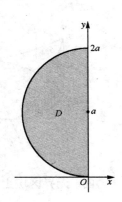

图 6-45

三、二重积分的几何应用

1. 平面图形的面积

按二重积分的几何意义,Oxy 平面上区域 D 的面积

$$\sigma = \iint\limits_D d\sigma.$$

例 8 求由曲线 $y = 2-x, y^2 = 4x+4$ 所围区域 D 的面积.

解 区域 D 如图 6-46 所示,所求面积

$$\sigma = \int_{-6}^{2} dy \int_{\frac{y^2-4}{4}}^{2-y} dx = \int_{-6}^{2} \left(2 - y - \frac{y^2-1}{4}\right) dx = \frac{64}{3}.$$

2. 曲顶柱体的体积

按二重积分的几何意义,以连续曲面 $z = f(x,y) \geq 0$ 为曲顶,以 Oxy 平面上的区域 D 为底的曲顶柱体的体积

$$V = \iint_D f(x,y) d\sigma.$$

由此,用二重积分计算立体的体积,要确定立体的曲顶方程——被积函数;还要确定立体的底(曲顶在 Oxy 平面上的投影区域)——积分区域.

例 9 求由 $az = y^2, x^2 + y^2 = R^2, z = 0 (a > 0, R > 0)$ 所围立体的体积.

解 所求立体是以曲面 $z = \frac{y^2}{a}$ 为顶,底在平面 $z = 0$ 上的柱体,它在 Oxy 平面上投影区域为圆 $x^2 + y^2 = R^2$ (见图 6-47). 于是,所求体积

$$V = \iint_D \frac{y^2}{a} d\sigma = \frac{1}{a} \int_0^{2\pi} d\theta \int_0^R r^2 \sin^2\theta \cdot r dr$$

$$= \frac{1}{a} \int_0^{2\pi} \frac{r^4}{4} \sin^2\theta \Big|_0^R d\theta = \frac{R^4}{4a} \int_0^{2\pi} \sin^2\theta d\theta = \frac{\pi R^4}{4a}.$$

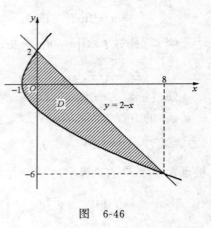

图 6-46

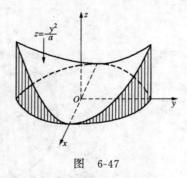

图 6-47

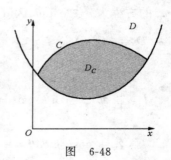

图 6-48

*四、无界区域上的反常二重积分

与一元函数无限区间的反常积分类似,对二元函数,有无界区域上的反常二重积分.

定义 设函数 $f(x,y)$ 在无界区域 D 上连续,则称记号

$$\iint_D f(x,y) d\sigma \tag{8}$$

为函数 $f(x,y)$ 在无界区域 D 上的反常二重积分. 用任意光滑曲线或分段光滑曲线 C 在 D 中画出有界闭区域 D_C (图 6-48),当曲线 C 连续变动,使区域 D_C 以任意过程无限扩展而趋于区域 D 时,若极限

$$\lim_{D_C \to D} \iint_{D_C} f(x,y) \mathrm{d}\sigma$$

都存在且值相同，则称**反常二重积分**(8)式**收敛**，并以**这极限为**(8)式的值，即

$$\iint_D f(x,y) \mathrm{d}\sigma = \lim_{D_C \to D} \iint_{D_C} f(x,y) \mathrm{d}\sigma.$$

若上述**极限不存在**，则称反常二重积分(8)式**发散**。

例 10 (1) 计算 $I = \iint_D \mathrm{e}^{-(x^2+y^2)} \mathrm{d}\sigma$，其中 D 是全坐标平面；

(2) 计算反常积分 $I_1 = \int_{-\infty}^{+\infty} \mathrm{e}^{-x^2} \mathrm{d}x$.

解 (1) 这是无界区域上的反常二重积分. 若以 D_a 表示圆域：$x^2+y^2 \leqslant a^2$，显然，当 $a \to +\infty$ 时，则 $D_a \to D$. 又

$$\iint_{D_a} \mathrm{e}^{-(x^2+y^2)} \mathrm{d}\sigma = \int_0^{2\pi} \mathrm{d}\theta \int_0^a \mathrm{e}^{-r^2} r \mathrm{d}r = 2\pi \cdot \int_0^a \left(-\frac{1}{2}\right) \mathrm{e}^{-r^2} \mathrm{d}(-r^2)$$

$$= 2\pi \cdot \left(-\frac{1}{2} \mathrm{e}^{-r^2}\right)\bigg|_0^a = \pi(1 - \mathrm{e}^{-a^2}).$$

从而

$$I = \lim_{a \to +\infty} \iint_{D_a} \mathrm{e}^{-(x^2+y^2)} \mathrm{d}\sigma = \lim_{a \to +\infty} \pi(1 - \mathrm{e}^{-a^2}) = \pi.$$

(2) 由于

$$I = \int_{-\infty}^{+\infty} \mathrm{d}x \int_{-\infty}^{+\infty} \mathrm{e}^{-x^2} \cdot \mathrm{e}^{-y^2} \mathrm{d}y = \int_{-\infty}^{+\infty} \mathrm{e}^{-x^2} \mathrm{d}x \cdot \int_{-\infty}^{+\infty} \mathrm{e}^{-y^2} \mathrm{d}y$$

$$= \left(\int_{-\infty}^{+\infty} \mathrm{e}^{-x^2} \mathrm{d}x\right)^2 = I_1^2 = \pi.$$

故 $I_1 = \sqrt{\pi}$.

反常积分 $\int_{-\infty}^{+\infty} \mathrm{e}^{-x^2} \mathrm{d}x$ 称为**泊松**(Poisson)**积分**，在概率论中占有重要地位。

例 11 计算 $I = \iint_D x\mathrm{e}^{-y^2} \mathrm{d}x\mathrm{d}y$，其中 D 是曲线 $y=4x^2, y=9x^2$ 在第一象限所围成的区域。

解 区域 D 如图 6-49，这是无界区域. 作直线 $y=b(>0)$，得有界闭区域 D_C:

$$D_C = \left\{(x,y) \,\bigg|\, \frac{\sqrt{y}}{3} \leqslant x \leqslant \frac{\sqrt{y}}{2}, 0 \leqslant y \leqslant b\right\}.$$

显然，当 $b \to +\infty$ 时，$D_C \to D$. 于是

$$I = \lim_{b \to +\infty} \int_0^b \mathrm{d}y \int_{\frac{\sqrt{y}}{3}}^{\frac{\sqrt{y}}{2}} x\mathrm{e}^{-y^2} \mathrm{d}x$$

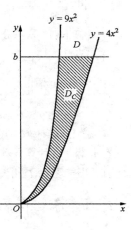

图 6-49

$$= \int_0^{+\infty} dy \int_{\frac{\sqrt{y}}{3}}^{\frac{\sqrt{y}}{2}} x e^{-y^2} dx = \int_0^{+\infty} \frac{x^2}{2} e^{-y^2} \Big|_{\frac{\sqrt{y}}{3}}^{\frac{\sqrt{y}}{2}} dy$$

$$= \int_0^{+\infty} \left(\frac{y}{8} e^{-y^2} - \frac{y}{18} e^{-y^2} \right) dy = \frac{5}{144}.$$

习 题 6.10

1. 将二重积分 $\iint\limits_D f(x,y)dxdy$ 按两种积分次序化为二次积分. 积分区域 D 如下:

(1) 由 $y=x^3, y=1, x=-1$ 围成; (2) 由 $y=x^2, y=4-x^2$ 围成;

(3) 由 $y^2=2x, y=x-4$ 围成; (4) 由 $x^2+\left(y-\frac{1}{2}\right)^2=\frac{1}{4}$ 围成.

2. 交换二次积分的次序:

(1) $\int_0^1 dx \int_{x^2}^x f(x,y)dy$; (2) $\int_0^1 dx \int_{1-x^2}^1 f(x,y)dy + \int_1^e dx \int_{\ln x}^1 f(x,y)dy$;

(3) $\int_0^1 dy \int_{\sqrt{1-y}}^{1+y} f(x,y)dx$; (4) $\int_0^4 dy \int_0^{\frac{y}{2}} f(x,y)dx + \int_4^6 dy \int_0^{6-y} f(x,y)dx$.

3. 若积分区域 $D=\{(x,y)|a \leqslant x \leqslant b, c \leqslant y \leqslant d\}$, 且 $f(x,y)=h(x) \cdot g(y)$, 试证

$$\iint\limits_D f(x,y)dxdy = \int_a^b h(x)dx \cdot \int_c^d g(y)dy.$$

4. 计算下列二重积分:

(1) $\iint\limits_D e^{x+y}dxdy, D: 0 \leqslant x \leqslant 1, 0 \leqslant y \leqslant 1$; (2) $\iint\limits_D \frac{x^2}{1+y^2}dxdy, D: 1 \leqslant x \leqslant 2, 0 \leqslant y \leqslant 1$;

(3) $\iint\limits_D (x^2+y)dxdy, D$ 由 $y=x^2, y^2=x$ 围成; (4) $\iint\limits_D x\cos^2\frac{y}{x}dxdy, D$ 由 $y=0, y=x, x=1$ 围成;

(5) $\iint\limits_D x^2 e^{-y^2}dxdy, D$ 由 $x=0, y=1, y=x$ 围成; (6) $\iint\limits_D \frac{e^{xy}}{y^y-1}dxdy, D$ 由 $y=e^x, y=2, x=0$ 围成.

5. 计算下列二次积分:

(1) $\int_1^5 dy \int_y^5 \frac{1}{y\ln x}dx$; (2) $\int_0^1 dy \int_{\arcsin y}^{\pi-\arcsin y} x dx$.

6. 将二重积分 $\iint\limits_D f(x,y)d\sigma$ 在极坐标下化为二次积分, 积分区域 D 如下:

(1) $a^2 \leqslant x^2+y^2 \leqslant b^2, x \geqslant 0$; (2) $x^2+y^2 \leqslant ax (a>0)$;

(3) $x^2+y^2 \leqslant by (b>0)$; (4) 由 $y=x, y=0, x=1$ 围成.

7. 用极坐标计算下列二重积分:

(1) $\iint\limits_D e^{x^2+y^2}d\sigma, D$ 由圆 $x^2+y^2=4$ 围成; (2) $\iint\limits_D \sqrt{R^2-x^2-y^2}d\sigma, D$ 由圆 $x^2+y^2=Rx$ 围成;

(3) $\iint\limits_D \arctan\frac{y}{x}d\sigma, D$ 由圆 $x^2+y^2=1, x^2+y^2=4$, 直线 $y=x, y=0$ 围成的第一象限的区域;

(4) $\iint\limits_D \ln(1+x^2+y^2)d\sigma, D$ 由圆 $x^2+y^2=1$ 及坐标轴围成的在第一象限的区域;

8. 把下列二次积分化为极坐标形式, 并计算积分值:

(1) $\int_0^a dx \int_0^{\sqrt{a^2-x^2}} (x^2+y^2) dy$; (2) $\int_0^1 dy \int_y^{\sqrt{y}} \frac{1}{\sqrt{x^2+y^2}} dx$.

9. 用积分区域 D 的对称性与被积函数 $f(x,y)$ 的奇偶性计算二重积分.

(1) 有如下计算公式:

(i) 设区域 D 关于 x 轴对称, 且 x 轴上方部分为区域 D_1, 则

$$\iint_D f(x,y) d\sigma = \begin{cases} 0, & f(x,-y) = -f(x,y), \\ 2\iint_{D_1} f(x,y) d\sigma, & f(x,-y) = f(x,y), \end{cases}$$

式中 $f(x,-y) = -f(x,y), f(x,-y) = f(x,y)$ 分别表示 $f(x,y)$ 关于 y 为奇函数和偶函数.

(ii) 设区域 D 关于 y 轴对称, 且 y 轴右方部分为区域 D_1, 则

$$\iint_D f(x,y) d\sigma = \begin{cases} 0, & f(-x,y) = -f(x,y), \\ 2\iint_{D_1} f(x,y) d\sigma, & f(-x,y) = f(x,y), \end{cases}$$

式中 $f(-x,y) = -f(x,y), f(-x,y) = f(x,y)$ 分别表示 $f(x,y)$ 关于 x 为奇函数和偶函数.

(iii) 设区域 D 关于 x 轴、y 轴均对称, D_1 是 D 的第一象限部分, 则

$$\iint_D f(x,y) d\sigma = \begin{cases} 0, & f(-x,y) = -f(x,y) \text{ 或 } f(x,-y) = -f(x,y), \\ 4\iint_{D_1} f(x,y) d\sigma, & f(-x,y) = f(x,y), f(x,-y) = f(x,y), \end{cases}$$

式中 $f(-x,y) = f(x,y), f(x,-y) = f(x,y)$ 分别表示 $f(x,y)$ 关于 x, y 为偶函数.

(iv) 设区域 D 关于原点对称, 且两对称部分的区域为 D_1 和 D_2, 即 $D = D_1 + D_2$, 则

$$\iint_D f(x,y) d\sigma = \begin{cases} 0, & f(-x,-y) = -f(x,y), \\ 2\iint_{D_1} f(x,y) d\sigma, & f(-x,-y) = f(x,y). \end{cases}$$

式中 $f(-x,-y) = -f(x,y)$, 表示 $f(x,y)$ 关于 x, y 均为奇函数.

(v) 区域 D 关于直线 $y = x$ 对称, 且两对称部分的区域为 D_1 和 D_2, 即 $D = D_1 + D_2$, 则

$$\iint_D f(x,y) d\sigma = \begin{cases} \iint_D f(y,x) d\sigma, & \\ 0, & f(x,y) = -f(y,x), \\ 2\iint_{D_1} f(x,y) d\sigma, & f(x,y) = f(y,x). \end{cases}$$

(2) 用上述公式计算下列二重积分:

(i) $\iint_D xy^2 d\sigma$, 其中 $D = \{(x,y) | x^2 + y^2 \leq 4, x \geq 0\}$;

(ii) $\iint_D (x+y) d\sigma$, 其中 D 是由抛物线 $y = x^2, y = 4x^2$ 和直线 $y = 1$ 围成;

(iii) $\iint_D (|x| + y) d\sigma$, 其中 D: $|x| + |y| \leq 1$;

(iv) $\iint_D y[1+xe^{\frac{1}{2}(x^2+y^2)}]d\sigma$,其中 D 由直线 $y=x, y=-1, x=1$ 围成;

(v) $\iint_D \frac{x+y}{x^2+y^2}d\sigma$,其中 D: $x^2+y^2\leq 1, x+y\geq 1$;

(vi) $\iint_D \left(\frac{x^2}{a^2}+\frac{y^2}{b^2}\right)d\sigma$,其中 D: $x^2+y^2\leq R^2$.

10. 求由下列曲线所围成的图形的面积:

(1) 由曲线 $\sqrt{x}+\sqrt{y}=\sqrt{3}, x+y=3$ 所围;   (2) 由曲线 $y^2=10x+25, y^2=-6x+9$ 所围.

11. 计算由下列曲面所围成的立体的体积:

(1) $z=12-x^2+y, y=x^2, y=y^2, z=0$;   (2) $x+y+z=4, x^2+y^2=8, x=0, y=0, z=0$;

(3) $z=x, y^2=2-x, z=0$;   (4) $z=1-x^2-y^2, x=0, y=0, y=1-x, z=0$.

*12. 计算下列无界区域的反常二重积分:

(1) $\iint_{0\leq x\leq y} e^{-(x+y)}dxdy$;   (2) $\iint_D e^{-(x^2+y^2)}\cos(x^2+y^2)dxdy$,其中 D 是全坐标平面;

(3) $\iint_D \frac{1}{x^4+y^2}dxdy$,其中 D 由 $x\geq 1, y\geq x^2$ 所确定的平面区域.

*13. 设 $I=\int_{\frac{1}{2}}^{1}dx\int_{1-x}^{x}f(x,y)dy+\int_{1}^{+\infty}dx\int_{0}^{x}f(x,y)dy$,交换二次积分的次序,并将其化为极坐标系下的二次积分.

总习题六

1. 填空题:

(1) 设 $f(u^2+v^2, u^2-v^2)=\frac{9}{4}-2\left[\left(u^2+\frac{1}{4}\right)^2+\left(v^2-\frac{1}{4}\right)^2\right]$,则 $f_x(x,y)+f_y(x,y)=$ _____;

(2) 设 $z=\frac{1}{x}f(xy)+y\varphi(x+y)$,其中 f, φ 具有二阶连续偏导数,则 $\frac{\partial^2 z}{\partial x\partial y}=$ _____;

(3) 设 $f(x,y)=|x-y|\varphi(x,y)$,其中 $\varphi(x,y)$ 在 $D(0)$ 内连续,若 $f(x,y)$ 在点 $O(0,0)$ 可微,则 $\varphi(0,0)=$ _____;

(4) 交换二次积分的积分次序 $\int_{-1}^{0}dy\int_{2}^{1-y}f(x,y)dx=$ _____;

(5) 设 D 为圆域: $x^2+y^2\leq R^2$,则 $\iint_D f'(x^2+y^2)dxdy=$ _____.

2. 单项选择题:

(1) 考虑二元函数 $f(x,y)$ 在点 $P_0(x_0, y_0)$ 的 4 条性质:

(i) 在 P_0 处连续   (ii) 在 P_0 处两个偏导数连续

(iii) 在 P_0 处可微   (iv) 在 P_0 处两个偏导数存在

若用 "$E\to F$" 表示可由性质 E 推出 F,则有 (   );

(A) (iii)$\Rightarrow$(ii)$\Rightarrow$(i)   (B) (ii)$\Rightarrow$(iii)$\Rightarrow$(i)   (C) (iii)$\Rightarrow$(i)$\Rightarrow$(iv)   (D) (iii)$\Rightarrow$(iv)$\Rightarrow$(i)

(2) 已知函数 $F(x,y)$ 可微,且 $F(x,y)(ydx+xdy)$ 为函数 $f(x,y)$ 的全微分,则 $F(x,y)$ 满足条件 (   );

(A) $F_x(x,y) = F_y(x,y)$ (B) $xF_x(x,y) = yF_y(x,y)$

(C) $xF_y(x,y) = yF_x(x,y)$ (D) $-xF_x(x,y) = yF_y(x,y)$

(3) 设函数 $f(x,y)$ 在 $D(0)$ 内连续，且 $\lim\limits_{(x,y)\to(0,0)} \dfrac{f(x,y)-f(0,0)}{x^2+1-2x\sin x-\cos^2 y} = A > 0$，则 $f(x,y)$ 在点 $O(0,0)$ ( );

(A) 没有极值   (B) 不能判定是否有极值   (C) 有极大值   (D) 有极小值

(4) 设 $f(x)$ 为连续函数，$F(t) = \int_1^t \mathrm{d}y \int_y^t f(x)\mathrm{d}x$，则 $F'(2) = ($);

(A) $f(2)$ (B) $-f(2)$ (C) $2f(2)$ (D) 0

(5) 设 D 是 Oxy 平面上以 $A(1,1), B(-1,1)$ 和 $C(-1,-1)$ 为顶点的三角形区域；D_1 是 D 在第一象限部分，则 $\iint\limits_D (x^3 y^3 + \cos x \sin y)\mathrm{d}x\mathrm{d}y = ($);

(A) $4\iint\limits_{D_1}(x^3 y^3 + \cos x \cos y)\mathrm{d}x\mathrm{d}y$ (B) 0

(C) $2\iint\limits_{D_1}\cos x \sin y \,\mathrm{d}x\mathrm{d}y$ (D) $2\iint\limits_{D_1} x^3 y^3 \mathrm{d}x\mathrm{d}y$

3. 设 $f(x,y) = \dfrac{x\cos(y-1) - (y-1)\cos x}{1 + \sin x + \sin(y-1)}$，求 $f_x(0,1), f_y(0,1)$.

4. 设 $z = f(x^2 y^2 + x^2 + y^3)$，其中 f 具有二阶导数，求 $\dfrac{\partial z}{\partial x}, \dfrac{\partial z}{\partial y}, \dfrac{\partial^2 z}{\partial x^2}$.

5. 设 $f(u,v)$ 具有二阶连续偏导数，且 $\dfrac{\partial^2 f}{\partial u^2} + \dfrac{\partial^2 f}{\partial v^2} = 1$，又 $g(x,y) = f\left(xy, \dfrac{1}{2}(x^2-y^2)\right)$，求 $\dfrac{\partial^2 g}{\partial x^2} + \dfrac{\partial^2 g}{\partial y^2}$.

6. 设函数 $u = f(x,y,z)$ 具有连续的一阶偏导数，又函数 $y = y(x), z = z(x)$ 分别由下列两式确定：

$$\sin y + \cos(xy) = 0, \quad \mathrm{e}^z = \int_0^{x+z} \mathrm{e}^{t^2}\mathrm{d}t,$$

求 $\dfrac{\mathrm{d}u}{\mathrm{d}x}$.

7. 求函数 $f(x,y) = xy\sqrt{1-x^2-y^2}$ ($x^2+y^2 \leqslant 1$) 的极值.

8. 设 $a > b > c > 0$，已知 $u = x^2 + y^2 + z^2$，当 $\dfrac{x^2}{a^2} + \dfrac{y^2}{b^2} + \dfrac{z^2}{c^2} = 1$ 时存在最大值与最小值，求此最大值与最小值.

9. 某企业的生产函数和成本函数分别为

$$Q = f(K,L) = 20\left(\dfrac{3}{4}L^{-\frac{1}{4}} + \dfrac{1}{4}K^{-\frac{1}{4}}\right)^{-4}, \quad C = P_K K + P_L L = 3K + 4L.$$

(1) 若限定成本预算为 80，计算使产量达到最高的投入 K 和 L；

(2) 若限定产量为 120，计算使成本最低的投入 K 和 L.

10. 计算下列二重积分：

(1) $I = \iint\limits_D |\sin(x+y)|\mathrm{d}x\mathrm{d}y$，其中 D 由 $x=0, y=0, x=\pi, y=\pi$ 围成；

(2) $I = \iint\limits_D y\mathrm{d}x\mathrm{d}y$，其中 D 是圆 $x^2+y^2 \leqslant ax$ 与 $x^2+y^2 \leqslant ay$ 的公共部分 ($a > 0$).

第七章 无穷级数

无穷级数是表示函数、研究函数的性质以及进行数值计算的有力工具. 无穷级数理论是微积分理论的发展,应用非常广泛.

本章先讲述数项级数的一些基本概念、性质和判别其敛散性的方法. 然后讲述幂级数的基本性质及将函数展开为幂级数.

§7.1 无穷级数概念与性质

一、无穷级数的收敛与发散

1. 无穷级数收敛与发散的定义

先看一个例题. 将数列

$$\frac{1}{3}, \frac{1}{9}, \frac{1}{27}, \cdots, \frac{1}{3^n}, \cdots$$

的所有项相加,所得的式子

$$\frac{1}{3} + \frac{1}{9} + \frac{1}{27} + \cdots + \frac{1}{3^n} + \cdots \tag{1}$$

称为无穷级数,由于这是无穷多个**数**相加,也称为**数项级数**.

现在的问题是这无穷多个数相加是否有"和"呢？这个"和"的确切含义是什么？为回答这个问题,我们假设以 $S_1, S_2, \cdots, S_n, \cdots$ 分别表示无穷级数(1)式的前 1 项和,前 2 项和,…,前 n 项和,…,即

$$S_1 = \frac{1}{3}, \quad S_2 = \frac{1}{3} + \frac{1}{9}, \quad \cdots, \quad S_n = \frac{1}{3} + \frac{1}{9} + \cdots + \frac{1}{3^n}, \quad \cdots,$$

这样,就得到一个数列 $\{S_n\}$:

$$S_1, S_2, \cdots, S_n, \cdots.$$

按我们对极限概念的理解,不难想到,当 n 无限增大时,若上述数列有极限,自然,这个极限就可以充当无穷级数(1)的和的角色.

对于(1)式,由等比级数前 n 项和的公式,有

$$S_n = \frac{\frac{1}{3}\left[1 - \left(\frac{1}{3}\right)^n\right]}{1 - \frac{1}{3}} = \frac{1}{2}\left(1 - \frac{1}{3^n}\right) \to \frac{1}{2} \quad (n \to \infty),$$

所以,该级数有和,其和为 $\frac{1}{2}$,并可记做

$$\frac{1}{3}+\frac{1}{9}+\frac{1}{27}+\cdots+\frac{1}{3^n}+\cdots=\frac{1}{2}.$$

一般地,把数列

$$u_1, u_2, u_3, \cdots, u_n, \cdots$$

的各项依次用加号连接所得的表示式

$$u_1+u_2+u_3+\cdots+u_n+\cdots \quad \text{或} \quad \sum_{n=1}^{\infty} u_n \qquad (2)$$

称为**无穷级数**,简称**级数**. u_1 称为级数的第一项,u_2 称为级数的第二项,$\cdots$,u_n 称为级数的**一般项**. (2)式是无穷多个数相加,也称为**数项级数**.

级数(2)的前 n 项和

$$S_n = u_1 + u_2 + \cdots + u_n$$

称为级数的**第 n 个部分和**,简称**部分和**. 于是,级数(2)是否存在和就转化为由部分和组成的数列 $\{S_n\}$ 的收敛性问题.

定义 若级数 $\sum_{n=1}^{\infty} u_n$ 的部分和数列 $\{S_n\}$,当 $n \to \infty$ 时有极限 S,即

$$\lim_{n \to \infty} S_n = S,$$

则称该级数**收敛**,S 称为**级数的和**,记做

$$S = \sum_{n=1}^{\infty} u_n = u_1 + u_2 + u_3 + \cdots + u_n + \cdots.$$

此时,也称级数 $\sum_{n=1}^{\infty} u_n$ **收敛**于 S. 若数列 $\{S_n\}$ 没有极限,则称该**级数发散**.

当级数(2)收敛时,其和 S 与部分和 S_n 的差

$$R_n = S - S_n = u_{n+1} + u_{n+2} + \cdots$$

称为**级数的余项**. 显然,R_n 也是无穷级数.

例 1 讨论等比级数 $\sum_{n=1}^{\infty} aq^{n-1}$ 的敛散性,其中 $a \neq 0$,q 是级数的公比.

解 当 $|q| \neq 1$ 时,部分和

$$S_n = \frac{a(1-q^n)}{1-q} \to \begin{cases} \dfrac{a}{1-q}, & |q| < 1, \\ \infty, & |q| > 1 \end{cases} \quad (n \to \infty);$$

当 $q=1$ 时,$S_n = na \to \infty (n \to \infty)$,级数发散;

当 $q=-1$ 时,$S_n = \begin{cases} a, & n \text{ 为奇数}, \\ 0, & n \text{ 为偶数}, \end{cases}$ 显然,当 $n \to \infty$ 时,S_n 没有极限,级数发散.

综上所述,等比级数 $\sum_{n=1}^{\infty} aq^{n-1}$,当 $|q| < 1$ 时收敛,其和为 $\dfrac{a}{1-q}$;当 $|q| \geqslant 1$ 时发散.

例2 判别级数 $\sum_{n=1}^{\infty} \dfrac{1}{n(n+1)}$ 的敛散性.

解 由于级数的一般项

$$u_n = \frac{1}{n(n+1)} = \frac{1}{n} - \frac{1}{n+1} \quad (n=1,2,\cdots),$$

所以

$$S_n = \frac{1}{1\cdot 2} + \frac{1}{2\cdot 3} + \cdots + \frac{1}{n(n+1)}$$

$$= \left(1 - \frac{1}{2}\right) + \left(\frac{1}{2} - \frac{1}{3}\right) + \cdots + \left(\frac{1}{n} - \frac{1}{n+1}\right)$$

$$= 1 - \frac{1}{n+1}.$$

而 $\lim\limits_{n\to\infty} S_n = \lim\limits_{n\to\infty}\left(1 - \dfrac{1}{n+1}\right) = 1$,故级数收敛,其和为 1,即 $\sum_{n=1}^{\infty} \dfrac{1}{n(n+1)} = 1$.

例3 判别级数 $\sum_{n=1}^{\infty}(\sqrt{n+1} - \sqrt{n})$ 的敛散性.

解 级数的前 n 项和

$$S_n = (\sqrt{2} - \sqrt{1}) + (\sqrt{3} - \sqrt{2}) + \cdots + (\sqrt{n+1} - \sqrt{n})$$
$$= \sqrt{n+1} - \sqrt{1},$$

因 $\lim\limits_{n\to\infty} S_n = \lim\limits_{n\to\infty}(\sqrt{n+1} - \sqrt{1}) = \infty$,所以级数发散.

2. 级数收敛的必要条件

定理(级数收敛的必要条件) 若级数 $\sum_{n=1}^{\infty} u_n$ 收敛,则 $\lim\limits_{n\to\infty} u_n = 0$.

证 由于 $u_n = S_n - S_{n-1}$,又级数 $\sum_{n=1}^{\infty} u_n$ 收敛,所以

$$\lim_{n\to\infty} u_n = \lim_{n\to\infty}(S_n - S_{n-1}) = \lim_{n\to\infty} S_n - \lim_{n\to\infty} S_{n-1} = S - S = 0.$$

请注意,$\lim\limits_{n\to\infty} u_n = 0$ 仅是级数 $\sum_{n=1}^{\infty} u_n$ 收敛的**必要条件**,由该条件不能判定级数收敛.例如,级数

$$\sum_{n=1}^{\infty} \frac{1}{n} = 1 + \frac{1}{2} + \frac{1}{3} + \cdots + \frac{1}{n} + \cdots,$$

有

$$\lim_{n\to\infty} u_n = \lim_{n\to\infty} \frac{1}{n} = 0,$$

但该级数发散.该级数称为**调和级数**.下面证明**调和级数发散**.

利用不等式

$$\ln(x+1) - \ln x < \frac{1}{x} \quad (x > 0).$$

则调和级数的前 n 项和

$$S_n = 1 + \frac{1}{2} + \frac{1}{3} + \cdots + \frac{1}{n}$$
$$> (\ln 2 - \ln 1) + (\ln 3 - \ln 2) + \cdots + [\ln(n+1) - \ln n]$$
$$= \ln(n+1).$$

显然,$S_n \to +\infty (n \to \infty)$,故调和级数发散.

由上述定理知,若 $\lim\limits_{n\to\infty} u_n \neq 0$,可判定级数 $\sum\limits_{n=1}^{\infty} u_n$ 一定发散.

二、无穷级数的基本性质

性质 1 若级数 $\sum\limits_{n=1}^{\infty} u_n$ 与 $\sum\limits_{n=1}^{\infty} v_n$ 分别**收敛于** S **与** σ,则级数 $\sum\limits_{n=1}^{\infty} (u_n \pm v_n)$ **收敛**,且其和为 $S \pm \sigma$.

证 级数 $\sum\limits_{n=1}^{\infty} (u_n \pm v_n)$ 的前 n 项和

$$S_n = \sum_{k=1}^{n} (u_k \pm v_k) = \sum_{k=1}^{n} u_k \pm \sum_{k=1}^{n} v_k,$$

则

$$\lim_{n\to\infty} S_n = \lim_{n\to\infty} \sum_{k=1}^{n} u_k \pm \lim_{n\to\infty} \sum_{k=1}^{n} v_k = S \pm \sigma.$$

性质 2 设 a 为非零常数,则级数 $\sum\limits_{n=1}^{\infty} a u_n$ 与 $\sum\limits_{n=1}^{\infty} u_n$ **同时收敛或同时发散**. 当同时收敛时,若 $\sum\limits_{n=1}^{\infty} u_n = S$,则 $\sum\limits_{n=1}^{\infty} a u_n = a \sum\limits_{n=1}^{\infty} u_n = aS$.

证 分别以 S_n 与 σ_n 记级数 $\sum\limits_{n=1}^{\infty} u_n$ 与 $\sum\limits_{n=1}^{\infty} a u_n$ 的前 n 项和,则

$$\sigma_n = \sum_{k=1}^{n} a u_k = a \sum_{k=1}^{n} u_k = a S_n,$$

由于极限 $\lim\limits_{n\to\infty} \sigma_n$ 与 $\lim\limits_{n\to\infty} S_n$ 同时收敛或同时发散,从而级数 $\sum\limits_{n=1}^{\infty} a u_n$ 与 $\sum\limits_{n=1}^{\infty} u_n$ 同时收敛或同时发散.

当 $\lim\limits_{n\to\infty} \sigma_n$ 与 $\lim\limits_{n\to\infty} S_n$ 同时收敛时,有 $\lim\limits_{n\to\infty} \sigma_n = a \lim\limits_{n\to\infty} S_n$,从而

$$\sum_{n=1}^{\infty} a u_n = aS.$$

性质 3 增加、去掉或改变级数的有限项**不改变级数的敛散性**.

证 首先,级数 $\sum\limits_{n=1}^{\infty} u_n$ 的部分和数列 $\{S_n\}$ 与其从第 k 项列出的部分和数列

$$S_k, S_{k+1}, S_{k+2}, \cdots \tag{3}$$

有相同的敛散性.

其次,现不妨设在级数 $\sum_{n=1}^{\infty} u_n$ 的前 k 项中增加了 m 项,且这 m 项之和为 M. 增加 m 项之后所得的新级数,若部分和数列从第 $(k+m)$ 项起列出,则是

$$S_k + M, S_{k+1} + M, S_{k+2} + M, \cdots, \qquad (4)$$

显然,数列(4)与数列(3)有相同的敛散性.从而,级数 $\sum_{n=1}^{\infty} u_n$ 与新级数有相同的敛性.这就证明了级数增加有限项后,不改变级数的敛散性.

同样可证,去掉或改变级数的有限项,不改变级数的敛散性.

性质 4 收敛级数任意加括号后所成级数仍然**收敛**,且**收敛于原级数的和**.

证 设级数 $\sum_{n=1}^{\infty} u_n$ 收敛,且其和为 S. 由该级数加括号所成新级数为

$$(u_1 + u_2 + \cdots + u_{k_1}) + (u_{k_1+1} + u_{k_1+2} + \cdots + u_{k_2}) + \cdots$$
$$+ (u_{k_{n-1}+1} + u_{k_{n-1}+2} + \cdots + u_{k_n}) + \cdots = \sum_{i=1}^{\infty} v_i, \qquad (5)$$

其中 $v_i = u_{k_{i-1}+1} + u_{k_{i-1}+2} + \cdots + u_{k_i}$,并规定 $k_0 = 0$. 设级数(5)的部分和数列为 $\{\sigma_n\}$,则有

$$\sigma_n = S_{k_n},$$

其中 S_{k_n} 为级数 $\sum_{n=1}^{\infty} u_n$ 的前 k_n 项和. 因 $n < k_n$,且当 $n \to \infty$ 时, $k_n \to \infty$,因此

$$\lim_{n \to \infty} \sigma_n = \lim_{k_n \to \infty} S_{k_n} = S.$$

定理得证.

由性质 4 推出,若加括号后所成级数**发散**,则**原级数必发散**.

需要注意的是,若加括号后所成级数收敛,则原级数未必收敛.例如,级数

$$1 - 1 + 1 - 1 + \cdots$$

是发散的,加括号后所得级数

$$(1-1) + (1-1) + \cdots + (1-1) + \cdots = 0 + 0 + \cdots + 0 + \cdots = 0$$

就是收敛的.

例 4 判别级数 $\sum_{n=1}^{\infty} \left[\frac{3}{2^n} + \left(\frac{8}{9} \right)^n \right]$ 的敛散性.

解 由例 1 知,等比级数 $\sum_{n=1}^{\infty} \frac{1}{2^n}, \sum_{n=1}^{\infty} \left(\frac{8}{9} \right)^n$ 均收敛;又由性质 2 知,级数 $\sum_{n=1}^{\infty} \frac{3}{2^n}$ 收敛;再由性质 1 知所给级数收敛.

习 题 7.1

1. 写出下列级数的前 4 项:

(1) $\sum_{n=1}^{\infty} \frac{2^{n-1}}{\sqrt{n+1}}$; (2) $\sum_{n=1}^{\infty} (-1)^{n-1} \frac{(2n-1)!!}{(2n)!!}$; (3) $\sum_{n=1}^{\infty} (-1)^n \frac{x^{2n-1}}{(2n-1)!}$.

2. 写出下列级数的一般项 u_n：

(1) $\dfrac{2}{1} + \dfrac{1}{2} + \dfrac{4}{3} + \dfrac{3}{4} + \cdots$；

(2) $\dfrac{1}{1 \cdot 3} + \dfrac{2}{3 \cdot 5} + \dfrac{4}{5 \cdot 7} + \dfrac{8}{7 \cdot 9} + \cdots$；

(3) $\dfrac{a^2}{3} - \dfrac{a^4}{6} + \dfrac{a^6}{11} - \dfrac{a^8}{18} + \cdots$；

(4) $\dfrac{\sqrt{x}}{2 \cdot 4} + \dfrac{x}{4 \cdot 6} + \dfrac{x\sqrt{x}}{6 \cdot 8} + \dfrac{x^2}{8 \cdot 10} + \cdots$。

3. 已知级数 $\sum\limits_{n=1}^{\infty} u_n$ 的前 n 项和 $S_n = \dfrac{1}{2} - \dfrac{1}{2(2n+1)}$，试写出 u_1, u_n 并写出级数及其和。

4. 用级数收敛的定义判别下列级数的敛散性，若收敛，求其和：

(1) $\sum\limits_{n=1}^{\infty} \ln \dfrac{n+1}{n}$；

(2) $\sum\limits_{n=1}^{\infty} \dfrac{n}{(n+1)!}$；

(3) $\sum\limits_{n=1}^{\infty} (\sqrt{n+2} - 2\sqrt{n+1} + \sqrt{n})$；

(4) $\sum\limits_{n=1}^{\infty} \dfrac{1}{\sqrt{n(n+1)}(\sqrt{n} + \sqrt{n+1})}$。

5. 判别下列级数的敛散性：

(1) $\sum\limits_{n=1}^{\infty} \dfrac{1}{\sqrt[n]{a}} (a > 0)$；

(2) $\sum\limits_{n=1}^{\infty} \left(\dfrac{1}{n^3 + 4} \right)^{\frac{1}{n^2}}$；

(3) $\sum\limits_{n=1}^{\infty} \left(\dfrac{1}{n^2+n+1} + \dfrac{2}{n^2+n+2} + \cdots + \dfrac{n}{n^2+n+n} \right)$。

6. 判别下列级数的敛散性：

(1) $\sum\limits_{n=1}^{\infty} \dfrac{3}{n}$；

(2) $\sum\limits_{n=1}^{\infty} \left(\dfrac{1}{2^n} + \dfrac{3}{5^n} \right)$。

7. (1) 若级数 $\sum\limits_{n=1}^{\infty} u_n$ 收敛，级数 $\sum\limits_{n=1}^{\infty} v_n$ 发散，试证明级数 $\sum\limits_{n=1}^{\infty} (u_n + v_n)$ 发散；

(2) 若级数 $\sum\limits_{n=1}^{\infty} u_n$ 和 $\sum\limits_{n=1}^{\infty} v_n$ 均发散，试以级数 $\sum\limits_{n=1}^{\infty} \dfrac{1}{n}, \sum\limits_{n=1}^{\infty} \dfrac{-1}{n}$ 为例来说明级数 $\sum\limits_{n=1}^{\infty} (u_n + v_n)$ 的敛散性不确定；

(3) 若级数 $\sum\limits_{n=1}^{\infty} u_n$ 收敛且其和为 S，试证明级数 $\sum\limits_{n=1}^{\infty} (u_n + u_{n+3})$ 收敛，并求其和；

(4) 若级数 $\sum\limits_{n=1}^{\infty} u_n$ 发散，试说明级数 $\sum\limits_{n=1}^{\infty} au_n$（$a$ 为常数）的敛散性不确定；

(5) 设级数 $\sum\limits_{n=1}^{\infty} (u_{2n-1} + u_{2n})$ 收敛，且其和为 S，又 $\lim\limits_{n \to \infty} u_n = 0$，试证明级数 $\sum\limits_{n=1}^{\infty} u_n$ 收敛，且其和为 S。

§7.2 正项级数

每一项都是**非负**的级数，即级数
$$u_1 + u_2 + \cdots + u_n + \cdots$$
满足条件 $u_n \geq 0 (n = 1, 2, \cdots)$，则称为**正项级数**。

这是一类重要的级数，因为正项级数在实际应用中经常会遇到，并且一般级数的敛散性判别问题，往往可以归结为正项级数的敛散性判别问题。

设正项级数 $\sum\limits_{n=1}^{\infty} u_n (u_n \geq 0)$ 的部分和数列为 $\{S_n\}$，显然它是单调增加的，即

$$S_1 \leqslant S_2 \leqslant \cdots \leqslant S_n \leqslant \cdots.$$

由单调有界数列必有极限可知,若$\{S_n\}$有上界,则它收敛;若$\{S_n\}$没有上界,则它发散.根据这一事实,我们有正项级数收敛的基本定理.

定理1(收敛的基本定理) 正项级数$\sum_{n=1}^{\infty} u_n (u_n \geqslant 0)$收敛的**充分必要条件是其部分和数列**$\{S_n\}$**有上界**.

例1 证明级数

$$\sum_{n=1}^{\infty} \frac{1}{n^p} = 1 + \frac{1}{2^p} + \frac{1}{3^p} + \cdots + \frac{1}{n^p} + \cdots \quad (p \text{ 为正常数})$$

当$p \leqslant 1$时发散;当$p > 1$时收敛.此级数称为p**级数**.

证 (1) 当$p=1$时,p级数为调和级数$\sum_{n=1}^{\infty} \frac{1}{n}$,发散.

(2) 当$p<1$时,记

$$S_n = 1 + \frac{1}{2^p} + \frac{1}{3^p} + \cdots + \frac{1}{n^p}, \quad \sigma_n = 1 + \frac{1}{2} + \frac{1}{3} + \cdots + \frac{1}{n},$$

显然
$$S_n > \sigma_n. \tag{1}$$

由于调和级数是正项级数且发散,由定理1,σ_n无上界;由(1)式知部分和数列$\{S_n\}$无上界,再由定理1,此时,p级数发散.

(3) 当$p>1$时,我们用积分来证明p级数的部分和数列$\{S_n\}$有上界.由于

$$\frac{1}{n^p} = \int_{n-1}^{n} \frac{1}{n^p} dx,$$

当$n-1 \leqslant x \leqslant n$时,有$\frac{1}{n^p} \leqslant \frac{1}{x^p} (n=2,3,\cdots)$,于是

$$S_n = 1 + \sum_{k=2}^{n} \frac{1}{k^p} = 1 + \sum_{k=2}^{n} \int_{k-1}^{k} \frac{1}{k^p} dx$$

$$\leqslant 1 + \sum_{k=2}^{n} \int_{k-1}^{k} \frac{1}{x^p} dx = 1 + \int_{1}^{n} \frac{1}{x^p} dx$$

$$= 1 + \frac{1}{1-p}\left(\frac{1}{n^{p-1}} - 1\right) < \frac{p}{p-1},$$

即数列$\{S_n\}$有上界.根据定理1,当$p>1$时,p级数收敛.

由定理1可得到判别正项级数敛散性的比较判别法.

定理2(比较判别法) 设$\sum_{n=1}^{\infty} u_n$和$\sum_{n=1}^{\infty} v_n$都是正项级数,且

$$u_n \leqslant c v_n \quad (n=1,2,3,\cdots, \text{常数 } c > 0).$$

(1) 若级数$\sum_{n=1}^{\infty} v_n$ **收敛**,则级数$\sum_{n=1}^{\infty} u_n$ **收敛**;

(2) 若级数$\sum_{n=1}^{\infty} u_n$ **发散**,则级数$\sum_{n=1}^{\infty} v_n$ **发散**.

证 分别以 S_n 和 σ_n 记级数 $\sum\limits_{n=1}^{\infty} u_n$ 与 $\sum\limits_{n=1}^{\infty} v_n$ 的部分和，由 $u_n \leqslant c v_n$，有
$$S_n \leqslant c\sigma_n \quad (n=1,2,3,\cdots).$$

若级数 $\sum\limits_{n=1}^{\infty} v_n$ 收敛，则级数 $\sum\limits_{n=1}^{\infty} c v_n$ 收敛，故数列 $\{c\sigma_n\}$ 有上界，从而数列 $\{S_n\}$ 也必有上界. 于是级数 $\sum\limits_{n=1}^{\infty} u_n$ 收敛.

若级数 $\sum\limits_{n=1}^{\infty} u_n$ 发散，数列 $\{S_n\}$ 无上界，则数列 $\{c\sigma_n\}$ 无上界，从而数列 $\{\sigma_n\}$ 也无上界，故级数 $\sum\limits_{n=1}^{\infty} v_n$ 发散.

在用比较判别法判别级数 $\sum\limits_{n=1}^{\infty} u_n (u_n \geqslant 0)$ 的敛散性时，首先，要凭自己所掌握的级数的有关知识，对所要判别的级数作出初步判断：可能收敛或发散；然后去寻找一个收敛或发散的正项级数与之比较. 经常用来作比较的级数有**等比级数**、**调和级数**和 p **级数**.

例 2 判别下列级数的敛散性：

(1) $\sum\limits_{n=1}^{\infty} \dfrac{1}{n^2+1}$； (2) $\sum\limits_{n=1}^{\infty} \dfrac{1}{\sqrt{n+n^2}}$.

解 (1) 由于 $\dfrac{1}{n^2+1} < \dfrac{1}{n^2} (n=1,2,\cdots)$，且 p 级数 $\sum\limits_{n=1}^{\infty} \dfrac{1}{n^2}$ 收敛. 由比较判别法，所给级数收敛.

(2) 由于 $\dfrac{1}{\sqrt{n+n^2}} \geqslant \dfrac{1}{\sqrt{n^2+n^2}} = \dfrac{1}{\sqrt{2}\,n} (n=1,2,\cdots)$，且级数 $\sum\limits_{n=1}^{\infty} \dfrac{1}{\sqrt{2}\,n}$ 发散. 由比较判别法，所给级数发散.

在实际使用上，比较判别法的下述极限形式往往更为方便.

定理 3（比较判别法的极限形式） 设 $\sum\limits_{n=1}^{\infty} u_n$ 与 $\sum\limits_{n=1}^{\infty} v_n$ 都是正项级数，且
$$\lim_{n\to\infty} \dfrac{u_n}{v_n} = l.$$

(1) 若 $0 < l < +\infty$，则级数 $\sum\limits_{n=1}^{\infty} u_n$ 与 $\sum\limits_{n=1}^{\infty} v_n$ **同时收敛**或**同时发散**；

(2) 若 $l=0$ 且级数 $\sum\limits_{n=1}^{\infty} v_n$ **收敛**，则级数 $\sum\limits_{n=1}^{\infty} u_n$ **收敛**；

(3) 若 $l=+\infty$ 且级数 $\sum\limits_{n=1}^{\infty} v_n$ **发散**，则级数 $\sum\limits_{n=1}^{\infty} u_n$ **发散**.

证 (1) 当 $0 < l < +\infty$ 时，由于 $\lim\limits_{n\to\infty} \dfrac{u_n}{v_n} = l$，对任给正数 ε（设 $\varepsilon < l$），存在正整数 N，当 $n > N$ 时，总有

$$\left|\frac{u_n}{v_n}-l\right|<\varepsilon, \quad 即 \quad (l-\varepsilon)v_n<u_n<(l+\varepsilon)v_n. \tag{2}$$

由比较判别法及(2)式可知,级数 $\sum_{n=1}^{\infty}u_n$ 与 $\sum_{n=1}^{\infty}v_n$ 同时收敛或同时发散.

(2) 当 $l=0$ 时,由(2)式的右半部及比较判别法可得,若级数 $\sum_{n=1}^{\infty}v_n$ 收敛,则级数 $\sum_{n=1}^{\infty}u_n$ 收敛.

(3) 当 $l=+\infty$ 时,即对任给正数 E,存在相应的正整数 N,当 $n>N$ 时,都有

$$\frac{u_n}{v_n}>E \quad 或 \quad u_n>Ev_n.$$

于是,由比较判别法知,若级数 $\sum_{n=1}^{\infty}v_n$ 发散,则级数 $\sum_{n=1}^{\infty}u_n$ 发散.

欲判别正项级数 $\sum_{n=1}^{\infty}u_n$(当 $n\to\infty$ 时,$u_n\to 0$)的敛散性时,若以正项级数 $\sum_{n=1}^{\infty}v_n$(当 $n\to\infty$ 时,$v_n\to 0$)作为基准来进行比较,则**比较判别法的极限形式**,实质上是考查这两个级数的通项 u_n 与 v_n,当 $n\to\infty$ 时,**无穷小的阶**:

(1) 当 $n\to\infty$ 时,若 u_n 与 v_n 是同阶无穷小,则级数 $\sum_{n=1}^{\infty}u_n$ 与 $\sum_{n=1}^{\infty}v_n$ 的敛散性相同.

(2) 当 $n\to\infty$ 时,若 u_n 是比 v_n 较高阶的无穷小,当级数 $\sum_{n=1}^{\infty}v_n$ 收敛时,则级数 $\sum_{n=1}^{\infty}u_n$ 收敛;若 u_n 是比 v_n 较低阶的无穷小,当级数 $\sum_{n=1}^{\infty}v_n$ 发散时,则级数 $\sum_{n=1}^{\infty}u_n$ 发散.

正因为如此,在判别级数 $\sum_{n=1}^{\infty}u_n$($u_n\geq 0$)的敛散性时,可将该级数的通项 u_n 或其部分因子用等价无穷小代换,代换后得到的新级数与级数 $\sum_{n=1}^{\infty}u_n$ 的敛散性相同.

例 3 判别下列级数的敛散性:

(1) $\sum_{n=1}^{\infty}\left(1-\cos\frac{1}{n}\right)$; (2) $\sum_{n=1}^{\infty}2^n\ln\left(1+\frac{1}{3^n}\right)$.

解 (1) 由于

$$\lim_{n\to\infty}\frac{1-\cos\frac{1}{n}}{\frac{1}{n^2}}=\frac{1}{2}, \quad 且级数 \sum_{n=1}^{\infty}\frac{1}{n^2} 收敛,$$

由定理 3 知,所给级数收敛.

(2) 由于当 $n\to\infty$ 时,$\ln\left(1+\frac{1}{3^n}\right)\sim\frac{1}{3^n}$,且级数 $\sum_{n=1}^{\infty}2^n\cdot\frac{1}{3^n}=\sum_{n=1}^{\infty}\left(\frac{2}{3}\right)^n$ 收敛,由定理 3,故所给级数收敛.

例 4 判别级数 $\sum_{n=1}^{\infty} \dfrac{1}{\ln(n+1)}$ 的敛散性.

解 由于

$$\lim_{n\to\infty} \frac{\dfrac{1}{\ln(n+1)}}{\dfrac{1}{n}} = \lim_{n\to\infty} \frac{n}{\ln(n+1)} = +\infty, \quad \text{且} \sum_{n=1}^{\infty} \frac{1}{n} \text{发散},$$

由定理 3,级数发散.

下面讲述的两个判别法,不需要去寻找一个已知敛散性的级数,而用级数本身的项,就能判别级数的敛散.

定理 4（比值判别法） 设 $\sum_{n=1}^{\infty} u_n$ 是正项级数,且

$$\lim_{n\to\infty} \frac{u_{n+1}}{u_n} = \rho.$$

(1) 当 $\rho < 1$ 时,级数收敛；

(2) 当 $1 < \rho \leqslant +\infty$ 时,级数发散.

比值判别法通常又称为**达朗贝尔**(D'Alembert)**判别法**.

证 (1) 当 $\rho < 1$ 时,取一常数 q,满足 $\rho < q < 1$,由于 $\lim\limits_{n\to\infty} \dfrac{u_{n+1}}{u_n} = \rho$,对于取定 q,必存在正整数 N,当 $n > N$ 时,有

$$\frac{u_{n+1}}{u_n} < q, \quad \text{即} \quad u_{n+1} < qu_n \quad (n = N+1, N+2, \cdots),$$

由此推得

$$u_{N+2} < qu_{N+1},$$
$$u_{N+3} < qu_{N+2} < q^2 u_{N+1},$$
$$u_{N+4} < qu_{N+3} < q^3 u_{N+1},$$
$$\vdots$$
$$u_{N+k} < qu_{N+k-1} < q^{k-1} u_{N+1}.$$

由于正数 $q < 1$,且 u_{N+1} 是一个固定的常数.所以,以上式右边各项组成的等比级数 $\sum_{n=1}^{\infty} q^n u_{N+1}$ 收敛.由比较判别法,级数 $\sum_{k=2}^{\infty} u_{N+k}$ 收敛；再由 §7.1 级数的性质 3,原级数 $\sum_{n=1}^{\infty} u_n$ 收敛.

(2) 当 $1 < \rho < +\infty$ 时,由于 $\lim\limits_{n\to\infty} \dfrac{u_{n+1}}{u_n} = \rho$,必存在正整数 N,当 $n > N$ 时,有

$$\frac{u_{n+1}}{u_n} > 1, \quad \text{即} \quad u_{n+1} > u_n \quad (n = N+1, N+2, \cdots).$$

这说明,当 $n > N$ 时,数列 $\{u_n\}$ 单调上升,故 $\lim\limits_{n\to\infty} u_n \neq 0$,从而,原级数发散.

当 $\rho=+\infty$ 时,则对充分大的 n,必有 $u_{n+1}>u_n$,故原级数发散.

注 (1) 当 $\rho=1$ 时,比值判别法失效. 例如,对 p 级数 $\sum\limits_{n=1}^{\infty}\dfrac{1}{n^p}$,有

$$\frac{u_{n+1}}{u_n}=\frac{n^p}{(n+1)^p}=\left(\frac{n}{n+1}\right)^p\to 1\quad(n\to\infty).$$

我们已经知道,当 $p>1$ 时,级数收敛;当 $p\leqslant 1$ 时,级数发散.

例 5 判别下列级数的敛散性:

(1) $\sum\limits_{n=1}^{\infty}\dfrac{2n-1}{3^n}$; (2) $\sum\limits_{n=1}^{\infty}\dfrac{n!}{2^n}$.

解 (1) 由于

$$\lim_{n\to\infty}\frac{u_{n+1}}{u_n}=\lim_{n\to\infty}\frac{2(n+1)-1}{3^{n+1}}\cdot\frac{3^n}{2n-1}=\frac{1}{3}<1,$$

由比值判别法,级数收敛.

(2) 由于

$$\lim_{n\to\infty}\frac{(n+1)!}{2^{n+1}}\cdot\frac{2^n}{n!}=\lim_{n\to\infty}\frac{n+1}{2}=+\infty,$$

由比值判别法,级数发散.

定理 5(根值判别法) 设 $\sum\limits_{n=1}^{\infty}u_n$ 为正项级数,且

$$\lim_{n\to\infty}\sqrt[n]{u_n}=\rho.$$

(1) 当 $\rho<1$ 时,**级数收敛**;

(2) 当 $1<\rho\leqslant+\infty$ 时,**级数发散**.

根值判别法又称为**柯西判别法**.

注 (1) 当 $\rho=1$ 时,根值判别法失效. 例如,对 p 级数 $\sum\limits_{n=1}^{\infty}\dfrac{1}{n^p}$,由于

$$\sqrt[n]{u_n}=\sqrt[n]{\frac{1}{n^p}}=\left(\frac{1}{\sqrt[n]{n}}\right)^p\to 1\quad(n\to\infty),$$

但当 $p>1$ 时,级数收敛;当 $p\leqslant 1$ 时,级数发散.

例 6 判别下列级数的敛散性:

(1) $\sum\limits_{n=1}^{\infty}\left(\dfrac{n}{2n+1}\right)^n$; (2) $\sum\limits_{n=1}^{\infty}\dfrac{3^{2n-1}}{(2n-1)2^{2n-1}}$.

解 (1) 由于

$$\lim_{n\to\infty}\sqrt[n]{u_n}=\lim_{n\to\infty}\sqrt[n]{\left(\frac{n}{2n+1}\right)^n}=\lim_{n\to\infty}\frac{n}{2n+1}=\frac{1}{2}<1,$$

由根值判别法知,所给级数收敛.

(2) 由于

$$\lim_{n\to\infty} \sqrt[n]{u_n} = \lim_{n\to\infty} \sqrt[n]{\frac{3^{2n-1}}{(2n-1)2^{2n-1}}} = \lim_{n\to\infty} \frac{3^{2-\frac{1}{n}}}{\sqrt[n]{2n-1} \cdot 2^{2-\frac{1}{n}}} = \frac{9}{4} > 1,$$

由根值判别法,所给级数发散.

例 7 讨论级数 $\sum_{n=1}^{\infty} 3^n x^{3n} (x>0)$ 的敛散性.

解 因 $x>0$, 这是正项级数. 由于

$$\lim_{n\to\infty} \sqrt[n]{u_n} = \lim_{n\to\infty} \sqrt[n]{3^n x^{3n}} = 3x^3 \begin{cases} <1, & 0<x<\frac{1}{\sqrt[3]{3}}, \\ >1, & \frac{1}{\sqrt[3]{3}}<x, \end{cases}$$

由根值判别法,当 $0<x<\frac{1}{\sqrt[3]{3}}$ 时,级数收敛;当 $x>\frac{1}{\sqrt[3]{3}}$ 时,级数发散. 又当 $x=\frac{1}{\sqrt[3]{3}}$ 时,级数为 $\sum_{n=1}^{\infty} 1$, 发散.

习 题 7.2

1. 用比较判别法判别下列级数的敛散性:

(1) $\sum_{n=1}^{\infty} \frac{1}{n\sqrt{n+1}}$;

(2) $\sum_{n=1}^{\infty} \frac{1}{n^n}$;

(3) $\sum_{n=1}^{\infty} \frac{\ln n}{\sqrt{n}}$;

(4) $\sum_{n=1}^{\infty} \frac{1}{3^n - n}$;

(5) $\sum_{n=1}^{\infty} \frac{1}{n\sqrt[n]{n}}$;

(6) $\sum_{n=1}^{\infty} 2^n \sin\frac{\pi}{3^n}$;

(7) $\sum_{n=1}^{\infty} \frac{1}{(\ln n)^{\ln n}}$;

(8) $\sum_{n=1}^{\infty} n\tan\frac{1}{2^n}$;

(9) $\sum_{n=1}^{\infty} \left[\frac{1}{n} - \ln\left(1+\frac{1}{n}\right)\right]$.

2. 用比值判别法判别下列级数的敛散性:

(1) $\sum_{n=1}^{\infty} \frac{n!}{4^n}$;

(2) $\sum_{n=1}^{\infty} \frac{2^n}{n^3}$;

(3) $\sum_{n=1}^{\infty} \frac{3^n n!}{n^n}$;

(4) $\sum_{n=1}^{\infty} \frac{1}{(2n-1) \cdot 2^{2n-1}}$;

(5) $\sum_{n=1}^{\infty} \frac{(n!)^2}{(2n)!}$;

(6) $\sum_{n=1}^{\infty} \frac{n! \, x^n}{n^n} (x>0)$.

3. 用根值判别法判别下列级数的敛散性:

(1) $\sum_{n=1}^{\infty} n\left(\frac{3}{4}\right)^n$;

(2) $\sum_{n=1}^{\infty} \frac{n^2}{\left(2+\frac{1}{n}\right)^n}$;

(3) $\sum_{n=1}^{\infty} \frac{6^n}{7^n - 5^n}$;

(4) $\sum_{n=1}^{\infty} \frac{n^3(\sqrt{2}+1)^n}{3^n}$;

(5) $\sum_{n=1}^{\infty} \frac{1}{2^n}\left(\frac{n+1}{n}\right)^{n^2}$;

(6) $\sum_{n=1}^{\infty} \frac{x^n}{3^n} (x>0)$.

4. 判别下列级数的敛散性:

(1) $\sum_{n=1}^{\infty} \frac{2+(-1)^n}{2^n}$;

(2) $\sum_{n=1}^{\infty} \frac{n\cos\frac{n\pi}{3}}{3^n}$;

(3) $\sum_{n=1}^{\infty} \frac{(n-1)!}{n^{n-1}}\left(\frac{19}{9}\right)^{n-1}$;

(4) $\sum_{n=1}^{\infty} \frac{n^{n+1}}{(n+1)^{n+2}}$;

(5) $\sum_{n=1}^{\infty} \frac{2^n}{n+3} x^{2n}$;

(6) $\sum_{n=1}^{\infty} \frac{1}{x^{\ln n}} (x>0)$.

5. 证明 $\lim\limits_{n\to\infty}\dfrac{n^n}{(n!)^2}=0$.

6. 判别级数 $\sum\limits_{n=1}^{\infty}\left[\int_0^n(1+x^4)^{\frac{1}{4}}dx\right]^{-1}$ 的敛散性.

§7.3 任意项级数

若在级数 $\sum\limits_{n=1}^{\infty}u_n$ 中,有无穷多个正项和无穷多个负项,则称其为**任意项级数**. 先讨论这类级数中最重要的一种特殊情形,即交错级数.

一、交错级数

若级数的各项符号正负相间,即若 $u_n>0(n=1,2,\cdots)$,则

$$\sum_{n=1}^{\infty}(-1)^{n-1}u_n=u_1-u_2+u_3-u_4+\cdots+(-1)^{n-1}u_n+\cdots$$

称为**交错级数**.

交错级数有下述判别其收敛的定理.

定理 1(莱布尼茨定理) 若交错级数 $\sum\limits_{n=1}^{\infty}(-1)^{n-1}u_n(u_n>0)$ 满足:

(1) $u_n\geqslant u_{n+1}(n=1,2,3,\cdots)$; (2) $\lim\limits_{n\to\infty}u_n=0$,

则该级数**收敛**,且其和 $S\leqslant u_1$;其余项 R_n 的绝对值 $|R_n|\leqslant u_{n+1}$.

证 设 S_n 为级数 $\sum\limits_{n=1}^{\infty}(-1)^{n-1}u_n(u_n>0)$ 的前 n 项和. 为了证明 $\lim\limits_{n\to\infty}S_n$ 存在,我们来证明 $\lim\limits_{n\to\infty}S_{2n}=\lim\limits_{n\to\infty}S_{2n+1}$.

先看数列 $\{S_{2n}\}$. 由于 $u_n\geqslant u_{n+1}$,可知

$$S_{2(n+1)}=S_{2n}+(u_{2n+1}-u_{2n+2})\geqslant S_{2n},$$

即数列 $\{S_{2n}\}$ 是单调增加数列. 又因为

$$S_{2n}=u_1-(u_2-u_3)-(u_4-u_5)-\cdots-(u_{2n-2}-u_{2n-1})-u_{2n}\leqslant u_1, \quad (1)$$

所以数列 $\{S_{2n}\}$ 有上界. 由数列极限存在准则(单调有界数列必有极限),极限 $\lim\limits_{n\to\infty}S_{2n}$ 存在. 设其极限为 S.

再看数列 $\{S_{2n+1}\}$. 由 $\lim\limits_{n\to\infty}u_n=0$ 可知

$$\lim_{n\to\infty}S_{2n+1}=\lim_{n\to\infty}(S_{2n}+u_{2n+1})=\lim_{n\to\infty}S_{2n}+\lim_{n\to\infty}u_{2n+1}=S.$$

综上,有 $\lim\limits_{n\to\infty}S_n=S$,即级数收敛. 又由(1)式知 $S=\lim\limits_{n\to\infty}S_{2n}\leqslant u_1$.

易知,余项可写做

$$R_n=\pm(u_{n+1}-u_{n+2}+\cdots),$$

从而

$$|R_n|=u_{n+1}-u_{n+2}+\cdots.$$

显然，上式也是一个交错级数，且满足定理中的两个条件，所以其和不超过第一项，即 $|R_n| \leqslant u_{n+1}$.

例 1 交错级数 $\sum\limits_{n=1}^{\infty}(-1)^{n-1}\dfrac{1}{n^p}(p>0)$ 是收敛的. 这是因为

$$u_n = \frac{1}{n^p} > \frac{1}{(n+1)^p} = u_{n+1} (n=1,2,\cdots), \quad 且 \quad \lim_{n\to\infty} u_n = \lim_{n\to\infty}\frac{1}{n^p} = 0.$$

二、绝对收敛与条件收敛

由任意项级数（u_n 为任意实数，$n=1,2,\cdots$）

$$u_1 + u_2 + u_3 + \cdots + u_n + \cdots, \tag{2}$$

各项取绝对值后构成的正项级数

$$|u_1| + |u_2| + |u_3| + \cdots + |u_n| + \cdots \tag{3}$$

称为对应于级数(2)的**绝对值级数**.

有时，可通过判别级数(3)的敛散性而推得级数(2)的敛散性. 有下述定理.

定理 2 若任意项级数 $\sum\limits_{n=1}^{\infty} u_n$ 的绝对值级数 $\sum\limits_{n=1}^{\infty} |u_n|$ 收敛，则该级数收敛.

证 令

$$v_n = \frac{1}{2}(u_n + |u_n|) \quad (n=1,2,\cdots),$$

则有

$$0 \leqslant v_n \leqslant |u_n|, \tag{4}$$

$$u_n = 2v_n - |u_n|. \tag{5}$$

于是，由(4)式，根据正项级数的比较判别法，因级数 $\sum\limits_{n=1}^{\infty}|u_n|$ 收敛，所以级数 $\sum\limits_{n=1}^{\infty} v_n$ 收敛，从而级数 $\sum\limits_{n=1}^{\infty} 2v_n$ 收敛.

再由(5)式，因

$$\sum_{n=1}^{\infty} u_n = \sum_{n=1}^{\infty}(2v_n - |u_n|),$$

根据 §7.1 中级数的基本性质 1，可知级数 $\sum\limits_{n=1}^{\infty} u_n$ 收敛.

对任意项级数 $\sum\limits_{n=1}^{\infty} u_n$，若其绝对值级数 $\sum\limits_{n=1}^{\infty} |u_n|$ 收敛，则称级数 $\sum\limits_{n=1}^{\infty} u_n$ **绝对收敛**；若级数 $\sum\limits_{n=1}^{\infty} u_n$ 收敛，而级数 $\sum\limits_{n=1}^{\infty} |u_n|$ 发散，则称级数 $\sum\limits_{n=1}^{\infty} u_n$ **条件收敛**.

例 2 由 p 级数的敛散性及例 1 知，交错级数 $\sum\limits_{n=1}^{\infty}\dfrac{(-1)^{n-1}}{n^p}(p>0)$，当 $p>1$ 时绝对收敛，当 $p \leqslant 1$ 时条件收敛.

注 由于任意项级数各项取绝对值后所构成的级数为正项级数. 根据上述定理 2, 可用正项级数的判别法判别任意项级数的敛散性. 设 $\sum_{n=1}^{\infty} u_n$ 为任意项级数：

(1) 比较判别法只适用于判别任意项级数绝对收敛.

若级数 $\sum_{n=1}^{\infty} |u_n|$ 收敛, 则级数 $\sum_{n=1}^{\infty} u_n$ 收敛, 且为绝对收敛; 若级数 $\sum_{n=1}^{\infty} |u_n|$ 发散, 则不能断定级数 $\sum_{n=1}^{\infty} u_n$ 的敛散性.

(2) 比值判别法、根值判别法对判别任意项级数收敛与发散均适用.

对级数 $\sum_{n=1}^{\infty} u_n$, 若 $\lim\limits_{n\to\infty} \left|\dfrac{u_{n+1}}{u_n}\right| = \rho$, 或 $\lim\limits_{n\to\infty} \sqrt[n]{|u_n|} = \rho$. 当 $\rho < 1$ 时, 它绝对收敛; 当 $\rho > 1$ 时, 必有 $\dfrac{|u_{n+1}|}{|u_n|} > 1$, 所以 $\lim\limits_{n\to\infty} |u_n| \neq 0$, 从而 $\lim\limits_{n\to\infty} u_n \neq 0$, 由级数收敛的必要条件知, 级数发散.

例 3 判别下列级数是否收敛, 若收敛, 是绝对收敛还是条件收敛:

(1) $\sum_{n=2}^{\infty} \dfrac{(-1)^n}{\pi^n} \sin \dfrac{\pi}{n}$； (2) $\sum_{n=1}^{\infty} (-1)^{\frac{n(n-1)}{2}} \dfrac{n^2}{2^n}$.

解 (1) 这是交错级数. 由于

$$\left|\dfrac{(-1)^n}{\pi^n} \sin \dfrac{\pi}{n}\right| \leqslant \dfrac{1}{\pi^n}, \quad \text{且等比级数 } \sum_{n=2}^{\infty} \dfrac{1}{\pi^n} \text{ 收敛},$$

由正项级数的比较判别法知, 级数 $\sum_{n=2}^{\infty} \left|\dfrac{(-1)^n}{\pi^n} \sin \dfrac{\pi}{n}\right|$ 收敛, 从而原级数绝对收敛.

(2) 这是任意项级数 (不是交错级数). 由于

$$\lim_{n\to\infty} \left|\dfrac{u_{n+1}}{u_n}\right| = \lim_{n\to\infty} \dfrac{(n+1)^2}{2^{n+1}} \cdot \dfrac{2^n}{n^2} = \dfrac{1}{2}.$$

由正项级数的比值判别法知, 所给级数绝对收敛.

例 4 讨论级数 $\sum_{n=1}^{\infty} \dfrac{x^n}{n}$ 的敛散性.

解 因 x 可取任意实数, 这是任意项级数. 由于

$$\lim_{n\to\infty} \left|\dfrac{u_{n+1}}{u_n}\right| = \lim_{n\to\infty} \left|\dfrac{x^{n+1}}{n+1}\right| \cdot \left|\dfrac{n}{x^n}\right| = |x|,$$

所以

当 $|x| < 1$ 时, 级数绝对收敛; 当 $|x| > 1$ 时, 级数发散; 当 $x = 1$ 时, 原级数为调和级数, 发散; 当 $x = -1$ 时, 级数 $\sum_{n=1}^{\infty} (-1)^n \dfrac{1}{n}$ 为条件收敛.

习 题 7.3

1. 判别下列交错级数的敛散性:

(1) $\sum_{n=2}^{\infty} \dfrac{(-1)^n}{\ln n}$； (2) $\sum_{n=1}^{\infty} \dfrac{(-1)^{n-1}}{\sqrt[n+1]{\ln(n+1)}}$.

2. 判别下列级数是否收敛,若收敛,是绝对收敛还是条件收敛:

(1) $\sum_{n=1}^{\infty}\left(\dfrac{(-1)^n}{n}+\dfrac{1}{\sqrt[3]{n}}\right)$;   (2) $\sum_{n=1}^{\infty}\dfrac{(-1)^{n-1}}{2n-1}$;   (3) $\sum_{n=1}^{\infty}\dfrac{(-1)^{n+1}\ln\left(2+\dfrac{1}{n}\right)}{\sqrt{(3n-2)(3n+2)}}$;

(4) $\sum_{n=1}^{\infty}\dfrac{\sin n\alpha}{(\ln 10)^n}$;   (5) $\sum_{n=1}^{\infty}(-1)^{n-1}\dfrac{\ln n}{n}$;   (6) $\sum_{n=1}^{\infty}(-1)^{n+1}\dfrac{n!}{2^{n^2}}$;

(7) $\sum_{n=1}^{\infty} n!\left(\dfrac{x}{n}\right)^n$;   (8) $\sum_{n=1}^{\infty}\dfrac{n!}{n^n}2^n\sin\dfrac{n\pi}{5}$;   (9) $\sum_{n=1}^{\infty}(-1)^n\int_0^{\frac{1}{n}}\dfrac{\sqrt{x}}{1+x^2}\mathrm{d}x$.

3. 若级数 $\sum_{n=1}^{\infty} u_n$ 与 $\sum_{n=1}^{\infty} v_n$ 都条件收敛,问:级数 $\sum_{n=1}^{\infty}(u_n+v_n)$ 的敛散性如何?以下面例子来说明:

(1) $\sum_{n=1}^{\infty} u_n=\sum_{n=1}^{\infty}(-1)^{n+1}\dfrac{1}{n}$, $\sum_{n=1}^{\infty} v_n=\sum_{n=1}^{\infty}(-1)^n\dfrac{2}{n}$ 都条件收敛;

(2) $\sum_{n=1}^{\infty} u_n=1+\dfrac{1}{2^2}-\dfrac{1}{3}-\dfrac{1}{4^2}+\dfrac{1}{5}+\dfrac{1}{6^2}-\cdots$, $\sum_{n=1}^{\infty} v_n=-1-\dfrac{1}{2^2}+\dfrac{1}{3}-\dfrac{1}{4^2}-\dfrac{1}{5}+\dfrac{1}{6^2}+\cdots$ 都条件收敛.

§7.4 幂 级 数

一、函数项级数概念

前面我们讨论了以"**数**"为项的级数,这是数项级数. 现在来讨论每一项都是"**函数**"的级数,这就是函数项级数.

设函数序列 $\{u_n(x)\}$:

$$u_1(x),\ u_2(x),\ \cdots,\ u_n(x),\ \cdots$$

定义在同一数集 X 上,则和式

$$u_1(x)+u_2(x)+\cdots+u_n(x)+\cdots \tag{1}$$

称为定义在数集 X 上的**函数项级数**. 在函数项级数(1)中,x 每取定一个值 $x_0 \in X$,则它就成为一个数项级数

$$u_1(x_0)+u_2(x_0)+\cdots+u_n(x_0)+\cdots. \tag{2}$$

这样,函数项级数就可理解为**一族数项级数**. 由此,函数项级数也有收敛与发散问题,而且可用数项级数的知识来讨论它的敛散性问题.

若 $x_0 \in X$,数项级数(2)收敛,则称**函数项级数**(1)**在点** x_0 **收敛**,x_0 称为函数项级数(1)的**收敛点**;若数项级数(2)发散,则称**函数项级数**(1)**在点** x_0 **发散**,x_0 称为函数项级数的**发散点**. 函数项级数(1)所有收敛点的集合 $D \subset X$,称为它的**收敛域**;所有发散点的集合 E 称为它的**发散域**. 对收敛域 D 内的任一点 x,记函数项级数(1)的和为 $S(x)$,显然,$S(x)$ 是定义在 D 上的函数,称为函数项级数(1)的**和函数**,并记做

$$S(x)=u_1(x)+u_2(x)+\cdots+u_n(x)+\cdots=\sum_{n=1}^{\infty}u_n(x),\quad x\in D. \tag{3}$$

级数(1)的前 n 项和

$$S_n(x)=u_1(x)+u_2(x)+\cdots+u_n(x)$$

称为它的**第 n 个部分和函数**. (3)式正是
$$\lim_{n\to\infty} S_n(x) = S(x), \quad x \in D.$$

若记 $R_n(x) = S(x) - S_n(x)$,则称 $R_n(x)$ 为函数项级数(1)的**余项**. 显然,对该级数收敛域 D 内的每一点 x,都有
$$\lim_{n\to\infty} R_n(x) = 0.$$

由此,函数项级数的收敛性问题完全归结为讨论它的部分和函数序列 $\{S_n(x)\}$ 的收敛性问题.

例如,讨论定义在区间 $(-\infty, +\infty)$ 上的函数项级数
$$1 + x + x^2 + \cdots + x^{n-1} + \cdots$$
的收敛域及和函数 $S(x)$.

当 $x \neq \pm 1$ 时,它的部分和函数 $S_n(x) = \dfrac{1-x^n}{1-x}$. 当 $|x| < 1$ 时,
$$S(x) = \lim_{n\to\infty} S_n(x) = \frac{1}{1-x};$$

当 $|x| > 1$ 时,该级数发散. 又,当 $x = \pm 1$ 时,该级数也发散.

综上所述,该级数的收敛域为区间 $(-1, 1)$,其和函数为 $\dfrac{1}{1-x}$.

我们只讲述函数项级数中最重要的幂级数.

二、幂级数及其收敛域

每一项都是幂函数的级数,即形如
$$\sum_{n=0}^{\infty} a_n (x - x_0)^n = a_0 + a_1(x - x_0) + \cdots + a_n(x - x_0)^n + \cdots \tag{4}$$
的函数项级数称为**幂级数**,其中常数 $a_0, a_1, \cdots, a_n, \cdots$ 称为幂级数的**系数**. 我们着重讨论 $x_0 = 0$,即
$$\sum_{n=0}^{\infty} a_n x^n = a_0 + a_1 x + \cdots + a_n x^n + \cdots \tag{5}$$
的情形. 因为只要把幂级数(5)中的 x 换成 $x - x_0$ 就可得到幂级数(4).

首先,用正项级数的比值判别法讨论**幂级数(5)的敛散性问题**. 若设
$$\lim_{n\to\infty} \left| \frac{a_{n+1}}{a_n} \right| = \rho \quad (\text{非零常数}),$$
则
$$\lim_{n\to\infty} \left| \frac{u_{n+1}}{u_n} \right| = \lim_{n\to\infty} \left| \frac{a_{n+1} x^{n+1}}{a_n x^n} \right| = \lim_{n\to\infty} \left| \frac{a_{n+1}}{a_n} \right| \cdot |x| = \rho |x|, \tag{6}$$
于是,当 $\rho |x| < 1$,即 $|x| < \dfrac{1}{\rho}$ 时,幂级数(5)绝对收敛;当 $\rho |x| > 1$,即 $|x| > \dfrac{1}{\rho}$ 时,幂级数(5)发散. 至于当 $\rho |x| = 1$,即 $x = \dfrac{1}{\rho}$ 或 $x = -\dfrac{1}{\rho}$ 时,这可由所得相应的数项级数来判别其敛散性.

若记 $R=\dfrac{1}{\rho}$，通常称 R 为幂级数(5)的**收敛半径**，称区间 $(-R,R)$ 为该幂级数的**收敛区间**. 按函数项级数收敛域的定义，幂级数(5)的**收敛域也是一个区间**，依该级数在 $x=-R$，$x=R$ 的敛散情况，收敛域可能是开区间 $(-R,R)$、闭区间 $[-R,R]$ 或半开区间 $(-R,R]$，$[-R,R)$.

下面看特殊情况：

若 $\lim\limits_{n\to\infty}\left|\dfrac{a_{n+1}}{a_n}\right|=\rho=0$，由(6)式知，对任何 $x\neq 0$，$\lim\limits_{n\to\infty}\left|\dfrac{u_{n+1}}{u_n}\right|=0$，所以幂级数(5)都绝对收敛. 这时，可认为收敛半径 $R=+\infty$，其收敛域为 $(-\infty,+\infty)$.

若 $\lim\limits_{n\to\infty}\left|\dfrac{a_{n+1}}{a_n}\right|=\rho=+\infty$，由(6)式知，除 $x=0$ 外，对其他一切 x 值，幂级数(5)都发散. 这时，可认为收敛半径 $R=0$，收敛域为 $\{0\}$.

由以上分析，我们有如下**求收敛半径 R 的定理**.

定理 1 若幂级数 $\sum\limits_{n=0}^{\infty}a_n x^n$ 的系数满足 $\lim\limits_{n\to\infty}\left|\dfrac{a_{n+1}}{a_n}\right|=\rho$，则

(1) 当 $0<\rho<+\infty$ 时，收敛半径 $R=\dfrac{1}{\rho}$；

(2) 当 $\rho=0$ 时，收敛半径 $R=+\infty$；

(3) 当 $\rho=+\infty$ 时，收敛半径 $R=0$.

例 1 求幂级数 $\sum\limits_{n=0}^{\infty}\dfrac{2^n}{n^2+1}x^n$ 的收敛半径、收敛区间和收敛域.

解 已知 $a_n=\dfrac{2^n}{n^2+1}$，因

$$\lim_{n\to\infty}\left|\dfrac{a_{n+1}}{a_n}\right|=\lim_{n\to\infty}\dfrac{2^{n+1}}{(n+1)^2+1}\cdot\dfrac{n^2+1}{2^n}=2,$$

所以收敛半径 $R=\dfrac{1}{2}$；收敛区间为 $\left(-\dfrac{1}{2},\dfrac{1}{2}\right)$.

当 $x=-\dfrac{1}{2}$ 时，幂级数成为 $\sum\limits_{n=0}^{\infty}\dfrac{(-1)^n}{n^2+1}$，收敛；当 $x=\dfrac{1}{2}$ 时，幂级数成为 $\sum\limits_{n=0}^{\infty}\dfrac{1}{n^2+1}$，收敛.

综上所述，所求的收敛域为 $\left[-\dfrac{1}{2},\dfrac{1}{2}\right]$.

例 2 求幂级数 $\sum\limits_{n=1}^{\infty}\dfrac{(2x-3)^n}{2n-1}$ 的收敛域.

解 令 $t=2x-3$，则所给幂级数化为 $\sum\limits_{n=1}^{\infty}\dfrac{t^n}{2n-1}$. 对于 t 的幂级数，可以求得，其收敛半径 $R=1$，收敛域是 $[-1,1)$.

由 $t=2x-3$，即 $-1\leqslant 2x-3<1$，可解得 $1\leqslant x<2$. 于是，所求收敛域是 $[1,2)$.

例 3 求幂级数 $\sum\limits_{n=0}^{\infty}\dfrac{(-1)^n}{3^n}x^{2n+1}$ 的收敛半径和收敛域.

解 这是缺偶次项的幂级数. 用正项级数的比值法求收敛半径. 记 $u_n = \frac{1}{3^n}x^{2n+1}$, 由于

$$\lim_{n\to\infty}\left|\frac{u_{n+1}}{u_n}\right| = \lim_{n\to\infty}\left|\frac{x^{2n+3}}{3^{n+1}} \cdot \frac{3^n}{x^{2n+1}}\right| = \frac{1}{3}|x|^2.$$

当 $\frac{1}{3}|x|^2 < 1$, 即 $|x| < \sqrt{3}$ 时, 级数收敛; 当 $\frac{1}{3}|x|^2 > 1$, 即 $|x| > \sqrt{3}$ 时, 级数发散. 幂级数的收敛半径 $R = \sqrt{3}$.

当 $x = -\sqrt{3}$ 时, 幂级数成为 $\sum_{n=0}^{\infty}(-1)^{n+1}\sqrt{3}$, 发散; 当 $x = \sqrt{3}$ 时, 幂级数成为 $\sum_{n=0}^{\infty}(-1)^n\sqrt{3}$, 发散. 故幂级数的收敛域为 $(-\sqrt{3}, \sqrt{3})$.

三、幂级数的性质

1. 幂级数的加法运算性质

设幂级数 $\sum_{n=0}^{\infty}a_n x^n$ 和 $\sum_{n=0}^{\infty}b_n x^n$ 的收敛半径分别为 $R_1(>0)$ 和 $R_2(>0)$, 记 $R = \min(R_1, R_2)$, 则在区间 $(-R, R)$ 内, 两个幂级数可逐项相加减, 即

$$\sum_{n=0}^{\infty}a_n x^n \pm \sum_{n=0}^{\infty}b_n x^n = \sum_{n=0}^{\infty}(a_n \pm b_n)x^n.$$

2. 幂级数的分析运算性质

定理 2 设幂级数 $\sum_{n=0}^{\infty}a_n x^n$ 的收敛半径 $R > 0$, 其和函数为 $S(x)$, 则

(1) 函数 $S(x)$ 在收敛域上为**连续函数**.

(2) 函数 $S(x)$ 在收敛区间 $(-R, R)$ 内**可导**, 且有**逐项求导公式**

$$S'(x) = \left(\sum_{n=0}^{\infty}a_n x^n\right)' = \sum_{n=0}^{\infty}(a_n x^n)' = \sum_{n=1}^{\infty}na_n x^{n-1}.$$

级数 $\sum_{n=1}^{\infty}na_n x^{n-1}$ 与 $\sum_{n=0}^{\infty}a_n x^n$ 有**相同的收敛半径**.

(3) 函数 $S(x)$ 在收敛区间 $(-R, R)$ 内**可积**, 且有**逐项求积分公式**

$$\int_0^x S(t)dt = \int_0^x \sum_{n=0}^{\infty}a_n t^n dt = \sum_{n=0}^{\infty}\int_0^x a_n t^n dt = \sum_{n=0}^{\infty}\frac{a_n}{n+1}x^{n+1}.$$

级数 $\sum_{n=0}^{\infty}\frac{a_n}{n+1}x^{n+1}$ 与 $\sum_{n=0}^{\infty}a_n x^n$ 有**相同的收敛半径**.

利用幂级数的分析运算性质可求得一些幂级数的和函数.

例 4 求幂级数

$$\sum_{n=1}^{\infty}(-1)^{n-1}nx^{n-1} = 1 - 2x + 3x^2 - 4x^3 + \cdots + (-1)^{n-1}nx^{n-1} + \cdots$$

的和函数.

分析 1 设法将幂级数化为等比级数,先求得等比级数的和函数,进而再求得幂级数的和函数.

记 $u_n = nx^{n-1}$,为消去系数 n,注意到 $\int_0^x nx^{n-1}dx = x^n$,从函数求积分入手.

解 1 易求得幂级数的收敛域为 $(-1,1)$. 记幂级数的和函数 $S(x)$,即
$$S(x) = 1 - 2x + 3x^2 - 4x^3 + \cdots + (-1)^{n-1}nx^{n-1} + \cdots,$$
于是
$$\int_0^x S(x)dx = \int_0^x dx - 2\int_0^x xdx + 3\int_0^x x^2 dx - \cdots + (-1)^{n-1}n\int_0^x x^{n-1}dx + \cdots$$
$$= x - x^2 + \cdots + (-1)^{n-1}x^n + \cdots = \frac{x}{1+x}.$$

对上式两端求导,得所求和函数
$$S(x) = \left(\int_0^x S(x)dx\right)' = \left(\frac{x}{1+x}\right)' = \frac{1}{(1+x)^2}, \quad -1 < x < 1.$$

分析 2 从已知和函数的等比级数入手,推出幂级数的和函数. 以 $-x$ 为公比的等比级数,有等式
$$x - x^2 + x^3 - \cdots + (-1)^{n-1}x^n + \cdots = \frac{x}{1+x}, \quad -1 < x < 1.$$

解 2 易求得幂级数的收敛域为 $(-1,1)$. 因
$$\sum_{n=1}^{\infty}(-1)^{n-1}x^n = \frac{x}{1+x}, \quad -1 < x < 1,$$
等式两端求导数
$$\left(\sum_{n=1}^{\infty}(-1)^{n-1}x^n\right)' = \left(\frac{x}{1+x}\right)'$$
得所求和函数
$$\sum_{n=1}^{\infty}(-1)^{n-1}nx^{n-1} = \frac{1}{(1+x)^2}, \quad -1 < x < 1.$$

例 5 求数项级数 $\sum_{n=1}^{\infty}(-1)^{n-1}\frac{1}{n}$ 的值.

分析 引入与数项级数相应的幂级数,先求得幂级数的和函数,进而可得数项级数的和.

解 所给级数等于幂级数
$$\sum_{n=1}^{\infty}(-1)^{n-1}\frac{x^n}{n} = x - \frac{x^2}{2} + \frac{x^3}{3} + \cdots + (-1)^{n-1}\frac{x^n}{n} + \cdots$$
在 $x=1$ 处的值.

可以算出上述幂级数的收敛域是 $(-1,1]$. 令
$$S(x) = \sum_{n=1}^{\infty}(-1)^{n-1}\frac{x^n}{n}, \quad -1 < x \leqslant 1,$$

则
$$S'(x) = \left(\sum_{n=1}^{\infty}(-1)^{n-1}\frac{x^n}{n}\right)' = \sum_{n=1}^{\infty}(-1)^{n-1}x^{n-1} = \frac{1}{1+x}, \quad -1<x<1.$$

两端求积分,并注意到 $S(0)=0$,得

$$S(x) = \int_0^x S'(x)dx = \int_0^x \frac{1}{1+x}dx = \ln(1+x), \quad -1 < x \leqslant 1,$$

因级数 $\sum_{n=1}^{\infty}(-1)^{n-1}\frac{x}{n}$ 在 $x=1$ 处收敛,将 $x=1$ 代入上式,得

$$S(1) = \sum_{n=1}^{\infty}(-1)^{n-1}\frac{1}{n} = \ln(1+x)|_{x=1} = \ln 2.$$

习 题 7.4

1. 求下列幂级数的收敛半径与收敛域:

(1) $\sum_{n=0}^{\infty} n! \, x^n$; (2) $\sum_{n=1}^{\infty}\frac{x^n}{(2n)!!}$; (3) $\sum_{n=1}^{\infty}\frac{a^n x^n}{n^2+1}\ (a>0)$;

(4) $\sum_{n=1}^{\infty}\frac{x^n}{n \cdot 2^n}$; (5) $\sum_{n=1}^{\infty}\frac{x^n}{a^{\sqrt{n}}}\ (a>0)$; (6) $\sum_{n=1}^{\infty}\frac{x^n}{a^n+b^n}\ (a>0, b>0)$;

(7) $\sum_{n=0}^{\infty}\frac{2n+1}{2^{n+1}}x^{2n}$; (8) $\sum_{n=1}^{\infty}2^n x^{2n-1}$; (9) $\sum_{n=2}^{\infty}(-1)^n \frac{x^{2n-3}}{2^n n}$.

2. 求下列幂级数的收敛域:

(1) $\sum_{n=1}^{\infty}\frac{n!\,(x-2)^n}{n^n}$; (2) $\sum_{n=0}^{\infty}\frac{1}{2n+1}\left(\frac{1-x}{1+x}\right)^n$.

3. 求下列幂级数的收敛域,并求其和函数:

(1) $\sum_{n=1}^{\infty}\frac{x^n}{n}$; (2) $\sum_{n=1}^{\infty}(-1)^{n-1}(2n-1)x^{2n-2}$; (3) $\sum_{n=0}^{\infty}\frac{(-1)^n}{2n+1}x^{2n+2}$.

4. 求幂级数 $\sum_{n=1}^{\infty}n(n+1)x^n$ 的和函数,并求数项级数 $\sum_{n=1}^{\infty}\frac{n(n+1)}{2^n}$ 的和.

5. 求数项级数 $\sum_{n=1}^{\infty}\frac{1}{(2n-1)\cdot 2^n}$ 的和.

§7.5 函数的幂级数展开

一、泰勒级数

由前一节看到,幂级数在收敛域内可以表示一个函数. 由于幂级数不仅形式简单,而且有很多优越的性质,这就使人们想到与此相反的问题,即能否把一个给定的函数 $f(x)$ 表示为幂级数? 本节就要讨论这个问题.

假若函数 $f(x)$ 在 $U(x_0)$ 内能表示为幂级数,即有

$$f(x) = a_0 + a_1(x-x_0) + a_2(x-x_0)^2 + \cdots + a_n(x-x_0)^n + \cdots, \tag{1}$$

那么,应要求 $f(x)$ 具备什么条件呢? 即:

其一,在什么条件下,能够并如何确定(1)式中的系数 $a_0, a_1, a_2, \cdots, a_n, \cdots$;

其二，在什么条件下，上述幂级数收敛且收敛于函数 $f(x)$.

首先，回顾§3.8中的泰勒中值定理：若函数 $f(x)$ **在含有 x_0 的开区间 (a,b) 内具有直到 $(n+1)$ 阶导数**，则对区间 (a,b) 内的任一点 x，函数 $f(x)$ 可以展开成 n 阶泰勒公式，即

$$f(x) = f(x_0) + f'(x_0)(x - x_0) + \frac{f''(x_0)}{2!}(x - x_0)^2 + \cdots$$
$$+ \frac{f^{(n)}(x_0)}{n!}(x - x_0)^n + \frac{f^{(n+1)}(\xi)}{(n+1)!}(x - x_0)^{n+1}$$
$$= P_n(x) + R_n(x), \quad \xi \text{ 在 } x_0 \text{ 与 } x \text{ 之间},$$

且泰勒多项式 $P_n(x)$ 的系数被函数 $f(x)$ 唯一地确定：

$$a_0 = f(x_0), \quad a_1 = f'(x_0), \quad a_2 = \frac{f''(x_0)}{2!}, \quad \cdots, \quad a_n = \frac{f^{(n)}(x_0)}{n!}.$$

由此可知，若函数 $f(x)$ 满足条件：**在含有 x_0 的开区间 (a,b) 内具有任意阶导数**，则函数 $f(x)$ 就能够并唯一地确定(1)式右端的幂级数的系数

$$a_0 = f(x_0), \quad a_1 = f'(x_0), \quad a_2 = \frac{f''(x_0)}{2!}, \quad \cdots, \quad a_n = \frac{f^{(n)}(x_0)}{n!}, \quad \cdots.$$

即函数 $f(x)$ 就可以写出如下的幂级数

$$f(x_0) + f'(x_0)(x - x_0) + \frac{f''(x_0)}{2!}(x - x_0)^2 + \cdots + \frac{f^{(n)}(x_0)}{n!}(x - x_0)^n + \cdots. \quad (2)$$

这就回答了我们上述提出的第一个问题．幂级数(2)式称为**函数 $f(x)$ 在点 x_0 的泰勒级数**．

其次，记 $S_{n+1}(x)$ 为(2)式的前 $(n+1)$ 项部分和，记 $R_n(x)$ 为其余项．若函数 $f(x)$ 的泰勒级数(2)收敛，且收敛于函数 $f(x)$，必有等式

$$f(x) = f(x_0) + f'(x_0)(x - x_0) + \frac{f''(x_0)}{2!}(x - x_0)^2 + \cdots + \frac{f^{(n)}(x_0)}{n!}(x - x_0)^n + \cdots$$
$$= S_{n+1}(x) + R_n(x)$$

成立，显然，其充分必要条件是

$$\lim_{n \to \infty} S_{n+1}(x) = f(x),$$

或者写做

$$\lim_{n \to \infty} R_n(x) = \lim_{n \to \infty} [f(x) - S_{n+1}(x)] = 0. \quad (3)$$

即**(3)式成立是函数 $f(x)$ 的泰勒级数以 $f(x)$ 为和函数的充分必要条件**．这里的 $R_n(x)$ 就是函数 $f(x)$ 的泰勒公式中的余项，这就回答了我们上述提出的第二个问题．

综上所述，我们有如下定理．

定理 若函数 $f(x)$ 在含有点 x_0 的开区间 (a,b) 内具有任意阶导数，则函数 $f(x)$ 在区间 (a,b) 能展开成（或能表示为）泰勒级数的**充分必要条件是函数 $f(x)$ 的泰勒公式中的余项** $R_n(x)$，当 $n \to \infty$ 时的极限为零，即

$$\lim_{n \to \infty} R_n(x) = 0.$$

这时,有等式
$$f(x) = \sum_{n=0}^{\infty} \frac{f^{(n)}(x_0)}{n!}(x-x_0)^n$$
$$= f(x_0) + f'(x_0)(x-x_0) + \frac{f''(x_0)}{2!}(x-x_0)^2$$
$$+ \cdots + \frac{f^{(n)}(x_0)}{n!}(x-x_0)^n + \cdots \quad (a < x < b).$$

特别地,取 $x_0 = 0$ 时,函数 $f(x)$ 的泰勒级数可写做
$$\sum_{n=0}^{\infty} \frac{f^{(n)}(0)}{n!} x^n = f(0) + f'(0)x + \frac{f''(0)}{2!} x^2 + \cdots + \frac{f^{(n)}(0)}{n!} x^n + \cdots.$$
上式称为**函数 $f(x)$ 的麦克劳林级数**.

二、函数展开成幂级数

这里着重介绍函数 $f(x)$ 的麦克劳林展开式. 将函数 $f(x)$ 展开成麦克劳林级数,有**直接展开法和间接展开法**.

1. 直接展开法

直接按公式 $a_n = \frac{f^{(n)}(0)}{n!}$ ($n = 0, 1, 2, \cdots$) 计算幂级数的系数,并写出幂级数 $\sum_{n=0}^{\infty} \frac{f^{(n)}(0)}{n!} x^n$. 直接展开法的**解题程序**是:

(1) 求出函数 $f(x)$ 的各阶导数,并算出 $f(0), f'(0), f''(0), \cdots, f^{(n)}(0), \cdots$.

(2) 写出函数 $f(x)$ 的麦克劳林级数
$$f(0) + f'(0)x + \frac{f''(0)}{2!} x^2 + \cdots + \frac{f^{(n)}(0)}{n!} x^n + \cdots,$$
并求出其收敛半径 R.

(3) 对于收敛区间 $(-R, R)$ 内的任一点 x,考查余项 $R_n(x)$ 当 $n \to \infty$ 时是否以零为极限. 若
$$\lim_{n \to \infty} R_n(x) = \lim_{n \to \infty} \frac{f^{(n+1)}(\xi)}{(n+1)!} x^{n+1} = 0, \quad \xi \text{ 在 } 0 \text{ 与 } x \text{ 之间},$$
则函数 $f(x)$ 在区间 $(-R, R)$ 内可展开成麦克劳林级数,即有等式
$$f(x) = f(0) + f'(0)x + \frac{f''(0)}{2!} x^2 + \cdots + \frac{f^{(n)}(0)}{n!} x^n + \cdots.$$

例 1 将函数 $f(x) = e^x$ 展开成麦克劳林级数.

解 由 §3.8 例 1 可得函数 $f(x) = e^x$ 的幂级数
$$1 + \frac{1}{1!} x + \frac{1}{2!} x^2 + \cdots + \frac{1}{n!} x^n + \cdots.$$
由 $a_n = \frac{1}{n!}$,易知,该幂级数的收敛半径 $R = +\infty$.

对任何固定的 $x \in (-\infty, +\infty)$,余项的绝对值

$$|R_n(x)| = \left|\frac{e^{\theta x}}{(n+1)!}x^{n+1}\right| < e^{|x|}\frac{|x|^{n+1}}{(n+1)!} \quad (0 < \theta < 1).$$

因 $e^{|x|}$ 为有限数,又 $\frac{|x|^{n+1}}{(n+1)!}$ 是收敛级数 $\sum_{n=1}^{\infty}\frac{|x|^{n+1}}{(n+1)!}$ 的一般项,有 $\frac{|x|^{n+1}}{(n+1)!} \to 0 (n \to \infty)$,所以,当 $n \to \infty$ 时,$|R_n(x)| \to 0$. 于是,得 e^x 的麦克劳林展开式

$$e^x = 1 + \frac{x}{1!} + \frac{x^2}{2!} + \cdots + \frac{x^n}{n!} + \cdots = \sum_{n=0}^{\infty}\frac{1}{n!}x^n \quad (-\infty < x < +\infty).$$

例 2 由 §3.8 例 2 可知,函数 $f(x) = \sin x$ 有幂级数

$$x - \frac{x^3}{3!} + \frac{x^5}{5!} - \cdots + (-1)^{n-1}\frac{x^{2n-1}}{(2n-1)!} + \cdots$$

且收敛半径 $R = +\infty$.

对任何固定的 $x \in (-\infty, +\infty)$,又 $0 < \theta < 1$,有

$$|R_n(x)| = \left|\frac{\sin\left[\theta x + \frac{(n+1)\pi}{2}\right]}{(n+1)!}x^{n+1}\right| \leq \frac{|x|^{n+1}}{(n+1)!} \to 0 \quad (n \to \infty).$$

于是得 $\sin x$ 的麦克劳林展开式

$$\sin x = x - \frac{1}{3!}x^3 + \frac{x^5}{5!} - \cdots + (-1)^n\frac{1}{(2n+1)!}x^{2n+1} + \cdots$$

$$= \sum_{n=0}^{\infty}\frac{(-1)^n}{(2n+1)!}x^{2n+1} \quad (-\infty < x < +\infty).$$

2. 间接展开法

函数的幂级数展开式只有少数比较简单的函数能用直接法得到. 通常则是从已知函数的幂级数展开式出发,通过变量代换、四则运算,或逐项求导、逐项求积分等办法求出其幂级数展开式,这就是间接展开法. 因函数展开成幂级数是唯一的,可以断定,这与直接展开法所得结果相同.

例 3 将函数 $f(x) = \cos x$ 展开成麦克劳林级数.

解 因 $\cos x = (\sin x)'$,又由 $\sin x$ 的麦克劳林展开式,且

$$\left(\frac{(-1)^n}{(2n+1)!}x^{2n+1}\right)' = \frac{(-1)^n}{(2n)!}x^{2n},$$

于是,$\cos x$ 的麦克劳林展开式是

$$\cos x = 1 - \frac{x^2}{2!} + \frac{x^4}{4!} - \cdots + (-1)^n\frac{x^{2n}}{(2n)!} + \cdots$$

$$= \sum_{n=0}^{\infty}\frac{(-1)^n}{(2n)!}x^{2n} \quad (-\infty < x < +\infty).$$

例 4 将函数 $f(x) = \ln(1+x)$ 展开成麦克劳林级数.

解 注意到

$$\ln(1+x) = \int_0^x \frac{1}{1+t} dt,$$

而
$$\frac{1}{1+x} = 1 - x + x^2 - x^3 + \cdots + (-1)^n x^n + \cdots \quad (-1 < x < 1).$$

将上式从 0 到 x 积分,得 $\ln(1+x)$ 的麦克劳林展开式

$$\ln(1+x) = x - \frac{x^2}{2} + \frac{x^3}{3} - \frac{x^4}{4} + \cdots + (-1)^n \frac{x^{n+1}}{n+1} + \cdots$$

$$= \sum_{n=0}^{\infty} (-1)^n \frac{x^{n+1}}{n+1} \quad (-1 < x \leqslant 1).$$

其中当 $x=1$ 时,级数 $\sum_{n=0}^{\infty}(-1)^n \frac{x^{n+1}}{n+1}$ 是收敛的交错级数,而 $\ln(1+x)$ 在 $x=1$ 处有定义且连续,所以上述展开式在 $x=1$ 处也成立.

二项式函数 $f(x) = (1+x)^\alpha$ (α 为任意常数)的麦克劳林级数可由直接展开法与间接展开法结合起来得到. 这里直接给出:

$$(1+x)^\alpha = 1 + \alpha x + \frac{\alpha(\alpha-1)}{2!} x^2 + \cdots + \frac{\alpha(\alpha-1)\cdots(\alpha-n+1)}{n!} x^n + \cdots$$

$$= 1 + \sum_{n=1}^{\infty} \frac{\alpha(\alpha-1)\cdots(\alpha-n+1)}{n!} x^n.$$

该级数的收敛半径 $R=1$. 在端点 $x=\pm 1$ 的收敛情况由 α 的取值而定:当 $\alpha \leqslant -1$ 时,收敛域是 $(-1,1)$;当 $-1 < \alpha < 0$ 时,收敛域是 $(-1,1]$;当 $\alpha > 0$ 时,收敛域是 $[-1,1]$.

比如,当 $\alpha = -1$ 时,得到我们已经知道的等比级数

$$\frac{1}{1+x} = 1 - x + x^2 - \cdots + (-1)^n x^n + \cdots \quad (-1 < x < 1). \tag{4}$$

又如,当 $\alpha = -\frac{1}{2}$ 时,得到

$$\frac{1}{\sqrt{1+x}} = 1 - \frac{1}{2} x + \frac{1 \cdot 3}{2 \cdot 4} x^2 - \frac{1 \cdot 3 \cdot 5}{2 \cdot 4 \cdot 6} x^3 + \cdots \quad (-1 < x \leqslant 1). \tag{5}$$

将(4)式中的 x 换为 x^2,有

$$\frac{1}{1+x^2} = 1 - x^2 + x^4 - x^6 + \cdots + (-1)^n x^{2n} + \cdots \quad (-1 < x < 1).$$

因 $\arctan x = \int_0^x \frac{1}{1+x^2} dt$,上式从 0 到 x 积分,得 $\arctan x$ 的麦克劳林展开式

$$\arctan x = x - \frac{x^3}{3} + \frac{x^5}{5} - \frac{x^7}{7} + \cdots + (-1)^n \frac{x^{2n+1}}{2n+1} + \cdots$$

$$= \sum_{n=0}^{\infty} (-1)^n \frac{x^{2n+1}}{2n+1} \quad (-1 \leqslant x \leqslant 1).$$

当 $x = \pm 1$ 时,由于级数 $\sum_{n=0}^{\infty}(-1)^n \frac{x^{2n+1}}{2n+1}$ 是收敛的交错级数,而 $\arctan x$ 在 $x = \pm 1$ 处有定义且连续,故上式的收敛域应为 $[-1,1]$.

在(5)式中,以 $-x^2$ 代换 x 得

$$\frac{1}{\sqrt{1-x^2}} = 1 + \frac{1}{2}x^2 + \frac{1\cdot 3}{2\cdot 4}x^4 + \frac{1\cdot 3\cdot 5}{2\cdot 4\cdot 6}x^6 + \cdots \quad (-1 < x < 1).$$

因 $\arcsin x = \int_0^x \frac{1}{\sqrt{1-t^2}}dt$,将上式从 0 到 x 积分,得

$$\arcsin x = x + \frac{1}{3}\cdot\frac{1}{2}x^3 + \frac{1}{5}\cdot\frac{1\cdot 3}{2\cdot 4}x^5 + \frac{1}{7}\cdot\frac{1\cdot 3\cdot 5}{2\cdot 4\cdot 6}x^7 + \cdots \quad (-1 < x < 1).$$

例 5 将函数 $f(x) = \cos x$ 在 $x = -\frac{\pi}{3}$ 展开成泰勒级数.

解 因为

$$\cos x = \cos\left[\left(x+\frac{\pi}{3}\right) - \frac{\pi}{3}\right] = \cos\left(x+\frac{\pi}{3}\right)\cos\frac{\pi}{3} + \sin\left(x+\frac{\pi}{3}\right)\sin\frac{\pi}{3}$$

$$= \frac{1}{2}\cos\left(x+\frac{\pi}{3}\right) + \frac{\sqrt{3}}{2}\sin\left(x+\frac{\pi}{3}\right).$$

而 $\cos\left(x+\frac{\pi}{3}\right) = 1 - \frac{1}{2!}\left(x+\frac{\pi}{3}\right)^2 + \frac{1}{4!}\left(x+\frac{\pi}{3}\right)^4 - \cdots \quad (-\infty < x < +\infty),$

$\sin\left(x+\frac{\pi}{3}\right) = \left(x+\frac{\pi}{3}\right) - \frac{1}{3!}\left(x+\frac{\pi}{3}\right)^3 + \frac{1}{5!}\left(x+\frac{\pi}{3}\right)^5 - \cdots \quad (-\infty < x < +\infty),$

所以有

$$\cos x = \frac{1}{2}\sum_{n=0}^{\infty}(-1)^n\left[\frac{1}{(2n)!}\left(x+\frac{\pi}{3}\right)^{2n} + \frac{\sqrt{3}}{(2n+1)!}\left(x+\frac{\pi}{3}\right)^{2n+1}\right] \quad (-\infty < x < +\infty).$$

例 6 将函数 $f(x) = \frac{1}{5+x}$ 在 $x=1$ 展开为泰勒级数.

解 因

$$\frac{1}{5+x} = \frac{1}{6+(x-1)} = \frac{1}{6}\frac{1}{1+\frac{x-1}{6}},$$

将 $\frac{1}{1+x}$ 展开式中的 x 换为 $\frac{x-1}{6}$,得

$$\frac{1}{5+x} = \frac{1}{6}\frac{1}{1+\frac{x-1}{6}}$$

$$= \frac{1}{6}\left[1 - \frac{x-1}{6} + \left(\frac{x-1}{6}\right)^2 - \left(\frac{x-1}{6}\right)^3 + \cdots + (-1)^n\left(\frac{x-1}{6}\right)^n + \cdots\right]$$

$$= \frac{1}{6} - \frac{x-1}{6^2} + \frac{(x-1)^2}{6^3} - \cdots + (-1)^n\frac{(x-1)^n}{6^{n+1}} + \cdots \quad (-5 < x < 7).$$

我们将常用函数的麦克劳林展开式列在下面,望读者能尽量记住:

(1) $e^x = 1 + x + \frac{x^2}{2!} + \frac{x^3}{3!} + \cdots + \frac{x^n}{n!} + \cdots \quad (-\infty < x < +\infty);$

(2) $\sin x = x - \frac{x^3}{3!} + \frac{x^5}{5!} - \cdots + (-1)^n\frac{x^{2n+1}}{(2n+1)!} + \cdots \quad (-\infty < x < +\infty);$

(3) $\cos x = 1 - \dfrac{x^2}{2!} + \dfrac{x^4}{4!} - \cdots + (-1)^n \dfrac{x^{2n}}{(2n)!} + \cdots$ $(-\infty < x < +\infty)$;

(4) $\ln(1+x) = x - \dfrac{x^2}{2} + \dfrac{x^3}{3} - \cdots + (-1)^n \dfrac{x^{n+1}}{n+1} + \cdots$ $(-1 < x \leqslant 1)$;

(5) $(1+x)^\alpha = 1 + \alpha x + \dfrac{\alpha(\alpha-1)}{2!}x^2 + \cdots + \dfrac{\alpha(\alpha-1)\cdots(\alpha-n+1)}{n!}x^n + \cdots$ $(-1 < x < 1)$,

特别地,

$$\dfrac{1}{1-x} = 1 + x + x^2 + \cdots + x^n + \cdots \quad (-1 < x < 1),$$

$$\dfrac{1}{1+x} = 1 - x + x^2 - x^3 + \cdots + (-1)^n x^n + \cdots \quad (-1 < x < 1);$$

(6) $\arctan x = x - \dfrac{x^3}{3} + \dfrac{x^5}{5} - \cdots + (-1)^n \dfrac{x^{2n+1}}{2n+1} + \cdots$ $(-1 \leqslant x \leqslant 1)$.

习 题 7.5

1. 用直接展开法将函数 $f(x) = \cos x$ 展开成麦克劳林级数.

2. 用间接展开法将下列函数展开成麦克劳林级数,并确定收敛于该函数的区域:

(1) $f(x) = a^x$;   (2) $f(x) = \ln(a+x)(a>0)$;   (3) $f(x) = \ln(1+x-2x^2)$;

(4) $f(x) = \sin \dfrac{x}{2}$;   (5) $f(x) = \dfrac{x}{x^2-x-2}$;   (6) $f(x) = \dfrac{x^2}{\sqrt{1-x^2}}$;

(7) $f(x) = \sqrt[3]{8-x^3}$;   (8) $f(x) = (1+x)e^{-x}$;   (9) $f(x) = \displaystyle\int_0^x \dfrac{\sin x}{x} dx$.

3. 将下列函数在指定点展开成幂级数,并求其收敛域:

(1) $f(x) = e^x, x = 1$;   (2) $f(x) = \sin x, x = \dfrac{\pi}{4}$;

(3) $f(x) = \dfrac{1}{x^2+4x+9}, x = -2$;   (4) $f(x) = \dfrac{1}{x^2-3x+2}, x = -1$.

4. 设 $f(x) = \begin{cases} \dfrac{1+x^2}{x}\arctan x, & x \neq 0, \\ 1, & x = 0, \end{cases}$ 试将 $f(x)$ 展开成 x 的幂级数,并求数项级数 $\displaystyle\sum_{n=1}^{\infty} \dfrac{(-1)^n}{1-4n^2}$ 的和.

5. 用下列函数的幂级数展开式求导数:

(1) $f(x) = x^4 \cos x$,求 $f^{(10)}(0), f''(0)$;   (2) 设 $f(x) = x\ln(1-x^2)$,求 $f^{(101)}(0)$.

总 习 题 七

1. 填空题:

(1) 级数 $\displaystyle\sum_{n=1}^{\infty} \dfrac{2n+1}{n^2(n+1)^2}$ 的和 $S =$ _____;

(2) $\displaystyle\lim_{n\to\infty} \dfrac{(2n)!}{2^{n!}} =$ _____;

(3) 若幂级数 $\displaystyle\sum_{n=1}^{\infty} a^{n^2} x^n (a>0)$ 的收敛域为 $(-\infty, +\infty)$,则 a 的取值范围是 _____;

(4) 若级数 $\sum_{n=1}^{\infty}(-1)^{n-1}\dfrac{(x-a)^n}{n}$ 在 $x>0$ 时发散，在 $x=0$ 处收敛，则 $a=$ _____；

(5) 设 $f(x)=\begin{cases}\dfrac{\sin x}{x}, & x\neq 0,\\ 1, & x=0,\end{cases}$ 则 $f^{(50)}(0)=$ _____；

(6) $\int_0^1 x\left(1-\dfrac{x^2}{1!}+\dfrac{x^4}{2!}-\dfrac{x^6}{3!}+\dfrac{x^8}{4!}-\cdots\right)\mathrm{d}x=$ _____；

(7) 级数 $\sum_{n=1}^{\infty}(-1)^{n+1}\dfrac{x^{n+1}}{n(n+1)}$ 在收敛域 $(-1,1]$ 内的和函数 $S(x)=$ _____；

(8) 级数 $\sum_{n=0}^{\infty}\dfrac{2n+1}{n!}$ 的和 $S=$ _____.

2. 单项选择题：

(1) 正项级数 $\sum_{n=1}^{\infty}u_n$ 收敛的充分必要条件是（   ）；

(A) $\lim\limits_{n\to\infty}u_n=0$　　　　　　(B) 若 $\sum_{n=1}^{\infty}v_n$ 是正项级数，且 $\lim\limits_{n\to\infty}\dfrac{u_n}{v_n}=l$ $(0<l<+\infty)$

(C) $\lim\limits_{n\to\infty}\dfrac{u_{n+1}}{u_n}=\rho<1$　　　　(D) 级数的部分和数列 $\{S_n\}$ 有上界

(2) 设 $\alpha=\dfrac{1}{n^n}$，$\beta=\dfrac{1}{n!}$，当 $n\to\infty$ 时,（   ）；

(A) α 与 β 是等价无穷小　　　　(B) α 与 β 是同阶(不等价)无穷小

(C) α 是比 β 较高阶的无穷小　　(D) α 是比 β 较低阶的无穷小

(3) 设级数 $\sum_{n=1}^{\infty}(-1)^n a_n 2^n$ 收敛，则级数 $\sum_{n=1}^{\infty}a_n$（   ）；

(A) 发散　　(B) 绝对收敛　　(C) 条件收敛　　(D) 敛散性不能确定

(4) 设级数 $\sum_{n=1}^{\infty}u_n$ 收敛：

Ⅰ. $v_n=10u_{n+2},n=1,2,\cdots$；　Ⅱ. $u_n<v_n<0,n=1,2,\cdots$；　Ⅲ. $|v_n|<u_n,n=1,2,\cdots$.

则级数 $\sum_{n=1}^{\infty}v_n$ 肯定收敛的条件是（   ）；

(A) 仅Ⅰ　　(B) 仅Ⅰ,Ⅱ　　(C) 仅Ⅱ,Ⅲ　　(D) Ⅰ,Ⅱ,Ⅲ

(5) 设 $k>0$，则级数 $\sum_{n=1}^{\infty}(-1)^n\dfrac{k+n}{n^2}$（   ）；

(A) 发散　　(B) 绝对收敛　　(C) 条件收敛　　(D) 敛散性与 k 有关

(6) 若级数 $\sum_{n=1}^{\infty}a_n(x-1)^n$ 在 $x=-1$ 处收敛，则其在 $x=2$ 处（   ）；

(A) 发散　　(B) 绝对收敛　　(C) 条件收敛　　(D) 敛散性不能确定

(7) 幂级数 $\sum_{n=1}^{\infty}\dfrac{(-1)^{n+1}}{n(2n+1)}(2x)^{2n}$ 的收敛域是（   ）；

(A) $\left[-\dfrac{1}{2},\dfrac{1}{2}\right]$　　(B) $\left(-\dfrac{1}{2},\dfrac{1}{2}\right)$　　(C) $\left[-\dfrac{1}{2},\dfrac{1}{2}\right)$　　(D) $\left(-\dfrac{1}{2},\dfrac{1}{2}\right]$

(8) 在 $f(x)=\cos x$ 的麦克劳林级数中，若 x^5 项和 x^7 项的系数分别用 a_5 和 a_7 表示,则（   ）.

(A) $a_5=a_7$　　(B) $a_5>a_7$　　(C) $|a_5|>|a_7|$　　(D) $a_5<a_7$

3. 设 $a_n = \int_0^{\frac{\pi}{4}} \tan^n x \, dx$，(1) 求 $\sum_{n=1}^{\infty} \frac{1}{n}(a_n + a_{n+2})$ 的值； (2) 试求证：对任意常数 λ，级数 $\sum_{n=1}^{\infty} \frac{a_n}{n^\lambda}$ 收敛.

4. 设级数 $\sum_{n=1}^{\infty} u_n (u_n > 0)$ 收敛，证明下列级数均收敛：

(1) $\sum_{n=1}^{\infty} u_{2n-1}$；　　　(2) $\sum_{n=1}^{\infty} u_n^2$；　　　(3) $\sum_{n=1}^{\infty} \frac{u_n}{n}$；

(4) $\sum_{n=1}^{\infty} u_n \cdot u_{n+1}$；　(5) $\sum_{n=1}^{\infty} \sqrt{u_n \cdot u_{n+1}}$；　(6) $\sum_{n=1}^{\infty} \frac{\sqrt{u_n}}{n}$.

5. 设正值数列 $\{a_n\}$ 单调减少，且级数 $\sum_{n=1}^{\infty} (-1)^n a_n$ 发散，判别级数 $\sum_{n=1}^{\infty} \frac{1}{(a_n+1)^n}$ 的敛散性.

6. 设 $u_n \neq 0 (n=1,2,\cdots)$，且 $\lim_{n \to \infty} \frac{n}{u_n} = 1$，证明：级数 $\sum_{n=1}^{\infty} (-1)^{n+1} \left(\frac{1}{u_n} + \frac{1}{u_{n+1}} \right)$ 条件收敛.

7. 设幂级数 $\sum_{n=1}^{\infty} a_n x^n$ 与 $\sum_{n=1}^{\infty} b_n x^n$ 的收敛半径分别为 $\frac{\sqrt{5}}{3}$ 与 $\frac{1}{3}$，求 $\sum_{n=1}^{\infty} \frac{a_n^2}{b_n^2} x^n$ 的收敛半径.

8. 求幂级数 $1 + \sum_{n=1}^{\infty} (-1)^n \frac{x^{2n}}{2n} (|x|<1)$ 的和函数及其极值.

9. 设 $f(x) = \arctan \frac{1+x}{1-x}$，将 $f(x)$ 展开成 x 的幂级数，并求收敛域；利用展开式求 $f^{(101)}(0)$.

10. 用 x 的幂级数表示函数 $f(x) = \frac{\ln(1-x)}{x}$ 在 $x=0$ 点取值为 1 的原函数.

第八章 微分方程

为了深入研究几何、物理、经济等许多实际问题,常常需要寻求问题中有关变量之间的函数关系.而这种函数关系往往不能直接得到,却只能根据这些学科中的某些基本原理,得到所求函数及其导数或微分之间的关系式,这种关系式就是微分方程;然后,再从这种关系式中解出所求函数.在自然科学、工程技术及经济学中,很多问题的数学模型是微分方程.微分方程是研究与解决这些问题的重要工具.

本章介绍微分方程的一些基本概念;讲述下列微分方程的解法:一阶微分方程中的常见类型、可降阶的二阶微分方程和高阶常系数线性微分方程.最后讲述微分方程应用例题.

§8.1 微分方程的基本概念

我们通过例题来说明微分方程的一些基本概念.

例1 已知某商品的需求价格弹性
$$E_d = -0.04P,$$
且对该商品的最大需求 $Q=1000$,试求需求函数.

本例要求一个需求函数 $Q=\varphi(P)$,按需求价格弹性的定义,它满足关系式
$$\frac{P}{Q}\frac{dQ}{dP} = -0.04P, \quad 即 \quad \frac{dQ}{dP} = -0.04Q \tag{1}$$
且满足条件:当 $P=0$ 时,$Q=1000$.

将(1)式改写为
$$\frac{dQ}{Q} = -0.04dP,$$

两端积分,得
$$\int \frac{dQ}{Q} = -\int 0.04dP, \quad 即 \quad \ln Q = -0.04P + C,$$
其中 C 是任意常数.若以 $\ln C(C>0)$ 来表示上式中的任意常数 C,则上式可写为
$$Q = Ce^{-0.04P}. \tag{2}$$
这是一族需求函数.

将 $P=0, Q=1000$ 代入(2)式,得 $C=1000$,这就得到了我们要求的需求函数
$$Q = 1000e^{-0.04P}.$$

在该问题中,需求函数 $Q=\varphi(P)$ 是我们要寻求的,它是未知的,称为**未知函数**(一元函

数).关系式(1)是一个含有未知函数 Q 及未知函数导数 $\dfrac{dQ}{dP}$ 的方程,称为**常微分方程**[①].简称为**微分方程**,也称为**方程**.由于微分方程(1)中仅含未知函数的一阶导数,所以(1)式称为**一阶微分方程**.

若将函数 $Q=Ce^{-0.04P}$,导数 $\dfrac{dQ}{dP}=-0.04Ce^{-0.04P}$ 代入(1)式中,有

$$-0.04Ce^{-0.04P}=-0.04Ce^{-0.04P},$$

这显然是一个恒等式,这种能使微分方程(1)成为恒等式的函数,称为**微分方程(1)的解**.

(1)式是一阶微分方程,函数 $Q=Ce^{-0.04P}$ 中含有一个任意常数.这种含有任意常数的个数等于微分方程的阶数的解,称为**微分方程的通解**.函数 $Q=1000e^{-0.04P}$ 是当 C 取 1000 时的解,当通解中的任意常数 C 取某一特定值的解,称为**微分方程的特解**.本例中,当 $P=0$ 时,$Q=1000$,这是用来确定通解中的任意常数 C 取特定值的条件,这样的条件一般称为**初值条件**.

例 2 一质量为 m 的物体受重力作用而下落,假设初始位置和初始速度都为 0,试确定该物体下落的距离 s 与时间 t 的函数关系.

该物体只受重力作用而下落,重力加速度是 g.按二阶导数的物理意义,若设下落距离 s 与时间 t 的函数关系为 $s=s(t)$,则有

$$\dfrac{d^2s}{dt^2}=g, \tag{3}$$

对上式两边积分,得

$$\dfrac{ds}{dt}=gt+C_1. \tag{4}$$

按一阶导数的物理意义:$\dfrac{ds}{dt}=v(t)$,其中 $v(t)=gt+C_1$ 应是物体运动的速度,其中 C_1 是任意常数.

对(4)式两边再积分,得

$$s=\dfrac{1}{2}gt^2+C_1t+C_2, \tag{5}$$

其中 C_2 也是任意常数.显然(5)式给出了 s 与 t 的函数关系.

依题意,初始位置和初始速度都为 0,即

$$s(0)=s|_{t=0}=0, \tag{6}$$

$$v(0)=\dfrac{ds}{dt}\bigg|_{t=0}=0. \tag{7}$$

将(7)式代入(4)式,可得 $C_1=0$;再将(6)式和 $C_1=0$ 代入(5)式,可得 $C_2=0$.于是,所求的 s 与 t 的函数关系,即物体下落的运动方程为

---

① 未知函数是多元函数的微分方程称为偏微分方程,我们只讨论常微分方程.

$$s = \frac{1}{2}gt^2.$$

在本例中,需要求出的 s 与 t 的函数关系 $s=s(t)$ 是未知函数;(3)式中含有未知函数的**二阶导数**,称为**二阶微分方程**;函数(5)式,满足微分方程(3),它是该微分方程的解;对于(3)式这样的二阶微分方程,满足它的函数(5)式中含有**两个任意常数**,这是**通解**;而函数 $s=\frac{1}{2}gt^2$,是当 C_1 和 C_2 都取 0 时的解,这是**特解**;而(6)式和(7)式是确定通解(5)中任意常数 C_1 和 C_2 的条件,这是**初值条件**.

分析了以上两个例题,微分方程的一般概念叙述如下:

联系自变量、未知函数及未知函数的导数或微分的方程,称为**微分方程**.

这里须指出,微分方程中可以不显含自变量和未知函数,但必须显含未知函数的导数或微分.正因为如此,简言之,含有未知函数的导数或微分的方程称为**微分方程**.

微分方程中出现的未知函数导数的**最高阶数**,称为**微分方程的阶**.

n 阶微分方程的一般形式是

$$F(x, y, y', y'', \cdots, y^{(n)}) = 0, \tag{8}$$

其中 x 是自变量,y 是未知函数,最高阶导数 $y^{(n)}$ 必须在方程中出现. $F(x,y,y',y'',\cdots,y^{(n)})$ 是 $n+2$ 个变量 $x,y,y',y'',\cdots,y^{(n)}$ 的函数. 若能从方程(8)中解出最高阶导数 $y^{(n)}$,即得微分方程

$$y^{(n)} = f(x, y, y', y'', \cdots, y^{(n-1)}),$$

这是最高阶导数已解出的微分方程. 我们所讨论的微分方程都是已解出(或可解出)最高阶导数的方程.

二阶和二阶以上的微分方程称为**高阶微分方程**.

若将一个函数及其导数代入微分方程中,使微分方程成为恒等式,则**此函数称为微分方程的解**.

含有任意常数的个数等于微分方程的阶数的解,称为**微分方程的通解**;给通解中的任意常数以特定值的解,称为**微分方程的特解**.

用以确定通解中任意常数的条件通常称为**初值条件**.

一阶微分方程的初值条件是:当自变量取某个特定值时,给出未知函数的值:
当 $x=x_0$ 时,$y=y_0$ 或 $y|_{x=x_0}=y_0$.

二阶微分方程的初值条件:当自变量取某个特定值时,给出未知函数及一阶导数的值:
当 $x=x_0$ 时,$y=y_0$,$y'=y_1$ 或 $y|_{x=x_0}=y_0$,$y'|_{x=x_0}=y_1$.

例 3 验证函数 $y=Ce^{x^2}$(C 是任意常数)是一阶微分方程 $\dfrac{\mathrm{d}y}{\mathrm{d}x}=2xy$ 的通解;并求满足初值条件 $y|_{x=0}=1$ 的特解.

解 将 $y=Ce^{x^2}$,$y'=2xCe^{x^2}$ 代入所给微分方程,有

$$2xCe^{x^2} = 2x \cdot Ce^{x^2}.$$

显然,这是恒等式,又因函数 $y=Ce^{x^2}$ 中含有一个任意的常数,故它是所给方程的通解.

将 $x=0, y=1$ 代入所给函数中,有 $C=1$,于是所求特解是 $y=e^{x^2}$.

例 4 验证函数 $y=C_1 x^2+C_2+\dfrac{1}{3}x^3$ (C_1, C_2 是任意常数)是二阶微分方程 $xy''-y'=x^2$ 的通解;并求满足初值条件 $y|_{x=1}=\dfrac{1}{3}, y'|_{x=1}=3$ 的特解.

解 $y'=2C_1 x+x^2, y''=2C_1+2x$. 将 y', y'' 的表达式代入原微分方程,有
$$x(2C_1+2x)-2C_1 x-x^2=x^2.$$

上述是恒等式,又由于函数 $y=C_1 x^2+C_2+\dfrac{1}{3}x^3$ 中含有两个任意常数,故该函数是所给二阶微分方程的通解.

依题设,将 $x=1$ 时, $y=\dfrac{1}{3}, y'=3$ 代入 y 和 y' 的表达式中,得

$$\begin{cases} C_1+C_2+\dfrac{1}{3}=\dfrac{1}{3}, \\ 2C_1+1=3, \end{cases} \quad 即 \quad C_1=1, \quad C_2=-1.$$

于是所求特解是 $y=\dfrac{1}{3}x^3+x^2-1$.

求微分方程满足某初值条件的解的问题,称为微分方程的**初值问题**.

一阶微分方程的初值问题,记做
$$\begin{cases} y'=f(x,y), \\ y|_{x=x_0}=y_0. \end{cases}$$

它的解 $y=\varphi(x)$ 的图形是一条曲线,通常称为微分方程的**积分曲线**,该曲线通过点 (x_0, y_0).

二阶微分方程的初值问题,记做
$$\begin{cases} y''=f(x,y,y'), \\ y|_{x=x_0}=y_0, \quad y'|_{x=x_0}=y_1. \end{cases}$$

它的解 $y=\varphi(x)$ 的图形是一条通过点 (x_0, y_0),且在该点处的切线斜率为 y_1 的曲线.

习 题 8.1

1. 验证所给函数是已知微分方程的解,并说明是通解还是特解:

   (1) $y=C-\ln^2 x$, $2\ln x\,dx+x\,dy=0$;　　(2) $y=x\displaystyle\int_0^x \dfrac{\sin t}{t}dt$, $xy'=y+x\sin x$;

   (3) $y=(C_1+C_2 x)e^x+\dfrac{1}{2}x^2 e^x$, $y''-2y'+y=e^x$;

   (4) $y=x^2-2+\dfrac{1}{2}x\sin x$, $y''+y=x^2+\cos x$.

2. 验证函数 $y=\dfrac{Cx}{x-1}+x^2$ 是微分方程 $(x^2-x)y'+y=x^2(2x-1)$ 的通解;并求 $y|_{x=2}=4$ 的特解.

3. 验证函数 $y=C_1 e^x+C_2 e^{-x}-x^3-6x$ 是微分方程 $y''=y+x^3$ 的通解,并求 $y|_{x=0}=1, y'|_{x=0}=-6$ 的

特解.

4. 验证函数 $y=2(\cos 2x-\sin 3x)$ 是如下初值问题的解：
$$\begin{cases} \dfrac{d^2y}{dx^2}+4y=10\sin 3x, \\ y|_{x=0}=2,\ y'|_{x=0}=-6. \end{cases}$$

5. 求初值问题 $\begin{cases} \dfrac{dy}{dx}=\cos ax\ (a\neq 0\ \text{是常数}), \\ y|_{x=0}=2 \end{cases}$ 的解.

§8.2 一阶微分方程

本节讲授几种常见类型的一阶微分方程的解法. 导数已解出的一阶微分方程的一般形式是
$$y'=f(x,y),$$
也可写做如下形式
$$P(x,y)dx+Q(x,y)dy=0.$$

一、可分离变量的微分方程

形如
$$\frac{dy}{dx}=\varphi(x)\cdot g(y) \tag{1}$$
的微分方程称为**可分离变量的微分方程**. 例如,下列方程都是可分离变量的方程：
$$y'=(1+x)(1+y^2),\quad \sqrt{1-x^2}dy+\sqrt{1-y^2}dx=0.$$
这种方程用**分离变量法**求解. 若 $g(y)\neq 0$,则可将(1)式写成如下形式
$$\frac{1}{g(y)}dy=\varphi(x)dx. \tag{2}$$
若 $\varphi(x),g(y)$ 为连续函数,将(2)式两端分别积分,它们的原函数只相差一个常数,便有
$$\int\frac{1}{g(y)}dy=\int\varphi(x)dx+C, \tag{3}$$
其中 $\int\dfrac{1}{g(y)}dy,\int\varphi(x)dx$ 分别表示函数 $\dfrac{1}{g(y)},\varphi(x)$ 的一个原函数,C 是任意常数. 这就得到了 x 与 y 之间的函数关系. (3)式是微分方程(1)的通解.

可分离变量的微分方程也可写成如下形式
$$M_1(x)M_2(y)dx+N_1(x)N_2(y)dy=0.$$
分离变量,得
$$\frac{N_2(y)}{M_2(y)}dy=-\frac{M_1(x)}{N_1(x)}dx.$$
这就是(2)式的形式.

例1 求微分方程 $\dfrac{dy}{dx}=\dfrac{y+1}{x+2}$ 的通解.

解 这是可分离变量的微分方程. 分离变量,得
$$\frac{1}{y+1}dy=\frac{1}{x+2}dx,$$

两端分别积分
$$\int\frac{1}{y+1}dy=\int\frac{1}{x+2}dx+C,$$

得通解 $\quad \ln(y+1)=\ln(x+2)+\ln C,\quad$ 即 $\quad y=C(x+2)-1.$

例2 求微分方程 $\dfrac{x}{1+y}dx-\dfrac{y}{1+x}dy=0$ 的通解;并求满足 $y|_{x=0}=1$ 的特解.

解 这是可分离变量的微分方程. 分离变量,得
$$(1+x)xdx-y(1+y)dy=0,$$

两端积分
$$\int(x+x^2)dx-\int(y+y^2)dy=C,$$

得通解 $\quad \dfrac{1}{2}x^2+\dfrac{1}{3}x^3-\dfrac{1}{2}y^2-\dfrac{1}{3}y^3=C.$

将 $x=0, y=1$ 代入上式,可得 $C=-\dfrac{5}{6}$. 于是所求特解为
$$3x^2+2x^3-3y^2-2y^3+5=0.$$

二、齐次微分方程

形如
$$\frac{dy}{dx}=\varphi\left(\frac{y}{x}\right) \tag{4}$$

的一阶微分方程,称为**齐次微分方程**. 这种方程可通过变量替换化为可分离变量的微分方程,即由 $\dfrac{y}{x}=v$,令 $y=vx$ 即可.

将 $y=vx$ 两端对 x 求导,得
$$\frac{dy}{dx}=v+x\frac{dv}{dx}.$$

把 $\dfrac{y}{x}=v$ 及上式代入(4)式,得
$$v+x\frac{dv}{dx}=\varphi(v).$$

这是以 x 为自变量, $v(x)$ 为未知函数的可分离变量的微分方程.

例3 求微分方程 $\dfrac{dy}{dx}=\dfrac{y+\sqrt{x^2-y^2}}{x}$ $(x>0)$ 的通解.

解 已知方程可改写为

$$\frac{\mathrm{d}y}{\mathrm{d}x} = \frac{y}{x} + \sqrt{1 - \left(\frac{y}{x}\right)^2},$$

这是齐次微分方程. 令 $y = vx$, 则方程化为

$$v + x\frac{\mathrm{d}v}{\mathrm{d}x} = v + \sqrt{1 - v^2}.$$

分离变量得

$$\frac{\mathrm{d}v}{\sqrt{1-v^2}} = \frac{1}{x}\mathrm{d}x,$$

两边求不定积分

$$\int \frac{\mathrm{d}v}{\sqrt{1-v^2}} = \int \frac{1}{x}\mathrm{d}x + \ln C, \quad 得 \quad \arcsin v = \ln x + \ln C.$$

以 $v = \frac{y}{x}$ 代入上式, 还原变量 y, 得原方程的通解

$$\arcsin \frac{y}{x} = \ln Cx.$$

例 4 一曲线过点 $(2,0)$, 由坐标原点向曲线的切线所作垂线的长, 等于该切线切点的横坐标, 求此曲线方程.

解 设所求曲线方程为 $y = f(x)$, 过曲线上任意一点 $P(x,y)$ 作曲线的切线, 则切线方程为

$$Y - y = y'(X - x) \quad 或 \quad y'X - Y + y - y'x = 0,$$

其中 X, Y 为切线上动点的坐标. 坐标原点到切线的距离

$$d = \frac{|y - y'x|}{\sqrt{1 + y'^2}}.$$

依题设, 有

$$x = \frac{|y - y'x|}{\sqrt{1 + y'^2}} \quad 或 \quad \frac{\mathrm{d}y}{\mathrm{d}x} = \frac{1}{2}\left(\frac{y}{x} - \frac{x}{y}\right).$$

这就是未知函数 $y = f(x)$ (即曲线方程)满足的微分方程, 初值条件为 $y|_{x=2} = 0$.

这是齐次微分方程, 可解得其通解为

$$x^2 + y^2 = Cx (圆族).$$

将 $x = 2, y = 0$ 代入上式, 得 $C = 2$. 所求曲线方程为

$$x^2 + y^2 = 2x.$$

三、一阶线性微分方程

1. 一阶线性微分方程

形如

$$\frac{\mathrm{d}y}{\mathrm{d}x} + P(x)y = Q(x) \tag{5}$$

的微分方程,称为**一阶线性微分方程**,其中 $P(x),Q(x)$ 都是已知的连续函数;$Q(x)$ 称为**自由项**. 微分方程中所含的 y 和 y' 都是一次的且不含 y 与 y' 的乘积.

当 $Q(x)\not\equiv 0$ 时,(5)式称为**一阶非齐次线性微分方程**;当 $Q(x)\equiv 0$ 时,即

$$\frac{\mathrm{d}y}{\mathrm{d}x} + P(x)y = 0 \tag{6}$$

称为与一阶非齐次线性微分方程(5)相对应的**一阶齐次线性微分方程**.

形如(5)的线性微分方程用如下的**常数变易法**求解.

首先,求齐次线性微分方程(6)的通解. 方程(6)是可分离变量的微分方程. 分离变量、积分得

$$\frac{\mathrm{d}y}{y} = -P(x)\mathrm{d}x, \quad \ln y = -\int P(x)\mathrm{d}x + \ln C,$$

由此得通解

$$y = C\mathrm{e}^{-\int P(x)\mathrm{d}x} \quad (C \text{ 是任意常数}). \tag{7}$$

其次,求非齐次线性微分方程(5)的通解. 在齐次线性微分方程的通解(7)式中,将任意常数 C 换成 x 的函数 $u(x)$,这里 $u(x)$ 是一个待定的函数,即设微分方程(5)式有如下形式的解

$$y = u(x)\mathrm{e}^{-\int P(x)\mathrm{d}x}, \tag{8}$$

将其代入微分方程(5)中,它应满足该微分方程,并由此来确定 $u(x)$.

为此,将(8)式对 x 求导,得

$$\frac{\mathrm{d}y}{\mathrm{d}x} = \mathrm{e}^{-\int P(x)\mathrm{d}x} \cdot \frac{\mathrm{d}}{\mathrm{d}x}u(x) - u(x)P(x)\mathrm{e}^{-\int P(x)\mathrm{d}x},$$

把上式和(8)式均代入微分方程(5)中,有

$$\mathrm{e}^{-\int P(x)\mathrm{d}x} \cdot \frac{\mathrm{d}}{\mathrm{d}x}u(x) - u(x)P(x)\mathrm{e}^{-\int P(x)\mathrm{d}x} + P(x)u(x)\mathrm{e}^{-\int P(x)\mathrm{d}x} = Q(x),$$

即

$$\mathrm{d}u(x) = Q(x)\mathrm{e}^{\int P(x)\mathrm{d}x}\mathrm{d}x.$$

两端积分,便得到待定的函数 $u(x)$:

$$u(x) = \int Q(x)\mathrm{e}^{\int P(x)\mathrm{d}x}\mathrm{d}x + C.$$

于是,一阶非齐次线性微分方程(5)的通解是

$$y = \mathrm{e}^{-\int P(x)\mathrm{d}x}\left(\int Q(x)\mathrm{e}^{\int P(x)\mathrm{d}x}\mathrm{d}x + C\right),$$

或

$$y = \mathrm{e}^{-\int P(x)\mathrm{d}x}\int Q(x)\mathrm{e}^{\int P(x)\mathrm{d}x}\mathrm{d}x + C\mathrm{e}^{-\int P(x)\mathrm{d}x}. \tag{9}$$

在(9)式中,第二项是齐次微分方程(6)的通解;而第一项则是当 $C=0$ 时的非齐次微分方程(5)的特解. 若将(9)式的第一项记做 y^*,第二项记做 y_C,则非齐次微分方程(5)的通解是

$$y = y_C + y^*.$$

例 5 求微分方程 $\dfrac{dy}{dx}\cos^2 x + y = \tan x$ 的通解.

解 这是一阶线性微分方程

$$\frac{dy}{dx} + \frac{1}{\cos^2 x} y = \frac{\tan x}{\cos^2 x},$$

其中 $P(x) = \dfrac{1}{\cos^2 x}, Q(x) = \dfrac{\tan x}{\cos^2 x}$.

首先,求线性齐次方程 $\dfrac{dy}{dx} + \dfrac{1}{\cos^2 x} y = 0$ 的通解. 分离变量,并积分

$$\frac{dy}{y} + \frac{dx}{\cos^2 x} = 0, \quad \ln y + \tan x = \ln C,$$

得通解
$$y = C e^{-\tan x}.$$

其次,用常数变易法求所给方程的通解. 设 $y = u(x) e^{-\tan x}$,则

$$\frac{dy}{dx} = \frac{du}{dx} e^{-\tan x} - u e^{-\tan x} \cdot \sec^2 x.$$

将 y 和 y' 的表示式代入原方程中,有

$$\frac{du}{dx} e^{-\tan x} = \frac{\tan x}{\cos^2 x}, \quad du = \frac{\tan x}{\cos^2 x} e^{\tan x} dx,$$

积分,得
$$u = \int \tan x \cdot e^{\tan x} d\tan x = e^{\tan x}(\tan x - 1) + C.$$

于是,原方程的通解为

$$y = [e^{\tan x}(\tan x - 1) + C] e^{-\tan x} = \tan x - 1 + C e^{-\tan x}.$$

例 6 求微分方程 $y' + \dfrac{x}{1-x^2} y = \arcsin x$ 的通解.

解 这是一阶线性微分方程,其中 $P(x) = \dfrac{x}{1-x^2}, Q(x) = \arcsin x$. 用通解公式(9)求解. 由于

$$\int P(x) dx = \int \frac{x}{1-x^2} dx = -\frac{1}{2} \ln(1-x^2) \quad \text{(没写积分常数)},$$

所以
$$e^{\int P(x) dx} = e^{-\frac{1}{2}\ln(1-x^2)} = \frac{1}{\sqrt{1-x^2}}, \quad e^{-\int P(x) dx} = \sqrt{1-x^2}.$$

又
$$\int Q(x) e^{\int P(x) dx} dx = \int \frac{\arcsin x}{\sqrt{1-x^2}} dx = \frac{1}{2}(\arcsin x)^2 \quad \text{(没写积分常数)},$$

于是,所求通解

$$y = e^{-\int P dx} \left[\int Q e^{\int P dx} dx + C \right]$$
$$= \sqrt{1-x^2} \left[\frac{1}{2}(\arcsin x)^2 + C \right].$$

例 7 求微分方程 $y dx + (x - y^3) dy = 0$ 的通解.

解 该方程,若把 y 看成是 x 的函数,则它不是线性微分方程. 但若把 x 看成是 y 的函数,则方程可写成

$$\frac{dx}{dy} + \frac{1}{y}x = y^2,$$

这是一阶线性微分方程. 可以求得该方程的通解是

$$x = \frac{1}{y}\left(\frac{1}{4}y^4 + C\right).$$

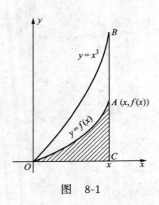

图 8-1

例 8 如图 8-1 所示,曲线 $y=f(x)$ 之下有阴影部分的面积,刚好与其终点 A 向上延伸至曲线 $y=x^3$ 的长度相等,求曲线方程 $y=f(x)$.

解 设点 A 的坐标为 $(x,f(x))$,则曲边三角形 OAC 的面积

$$A = \int_0^x f(x)dx.$$

若点 A 向上延伸与曲线 $y=x^3$ 的交点为 B,则 B 点的坐标为 (x,x^3),$|AB|=x^3-f(x)$.

依题意,有

$$\int_0^x f(x)dx = x^3 - f(x).$$

两边对 x 求导,得

$$f(x) = 3x^2 - f'(x) \quad \text{或} \quad f'(x) + f(x) = 3x^2.$$

这是一阶线性微分方程. 因曲线 $y=f(x)$ 过坐标原点,初值条件是 $y|_{x=0}=0$. 可以求得该曲线方程是

$$y = 3x^2 - 6x + 6 - 6e^{-x}.$$

*2. 伯努利方程

形如

$$y' + P(x)y = Q(x)y^n \quad (n \neq 0, 1)$$

的一阶微分方程,称为**伯努利**(Bernoulli)**方程**. 当 $n=0$ 或 1 时是线性微分方程.

伯努利方程可用变量替换化为线性微分方程,将上述方程两端除以 y^n,得

$$y^{-n}\frac{dy}{dx} + P(x)y^{1-n} = Q(x).$$

作变量替换 $z=y^{1-n}$,则 $\frac{dz}{dx}=(1-n)y^{-n}\frac{dy}{dx}$,代入上式,有

$$\frac{dz}{dx} + (1-n)P(x)z = (1-n)Q(x).$$

这是以 z 为未知函数的一阶线性微分方程. 由此方程解出 z,再还原变量,就得到伯努利方程的解.

伯努利方程也可用**常数变易法求解**.

例 9 求微分方程 $\dfrac{dy}{dx}+\dfrac{1}{x}y=x^2y^6$ 的通解.

解 这是伯努利方程,其中 $n=6$. 方程两端除以 y^6,得

$$y^{-6}\dfrac{dy}{dx}+\dfrac{1}{x}y^{-5}=x^2.$$

令 $z=y^{-5}$,则 $\dfrac{dz}{dx}=-5y^{-6}\dfrac{dy}{dx}$,代入上式,原方程化为

$$\dfrac{dz}{dx}-\dfrac{5}{x}z=-5x^2.$$

这是一阶线性微分方程,可以求得其通解

$$z=x^5\left(\dfrac{5}{2x^2}+C\right).$$

因 $z=y^{-5}$,故原方程的通解是

$$x^5y^5\left(\dfrac{5}{2x^2}+C\right)=1.$$

习 题 8.2

1. 求下列微分方程的通解或给定条件下的特解:

   (1) $(1+y^2)dx=xdy$;
   (2) $(1+y^2)dx+xydy=0$;
   (3) $x\sqrt{1+y^2}+yy'\sqrt{1+x^2}=0$;
   (4) $y'=a^{x+y}$;
   (5) $y^2\sin x dx+\cos^2 x\ln y dy=0$;
   (6) $2x\sqrt{1-y^2}=y'(1+x^2)$;
   (7) $y'\sin x-y\cos x=0$, $y|_{x=\frac{\pi}{2}}=1$;
   (8) $y\ln y dx+xdy=0$, $y|_{x=1}=1$;
   (9) $(1+e^x)yy'=e^x$, $y|_{x=0}=1$;
   (10) $x^2y'\cos y+1=0$, 当 $x\to+\infty$ 时, $y\to\dfrac{16}{3}\pi$.

2. 求下列微分方程的通解:

   (1) $y'=ax+by+c$;
   (2) $(x+y)^2y'=a^2$.

3. 求过点 $(0,-2)$ 的曲线,使其上每一点处切线的斜率都比这点的纵坐标大 3.

4. 设一质点在 10 s 内走过路程 100 m,在 15 s 内走过路程 200 m,若它的速度与所走过的路程成正比,求路程 s 与时间 t 的函数关系.

5. 求下列微分方程的通解或给定条件下的特解:

   (1) $xy'=y+x\cos^2\dfrac{y}{x}$;
   (2) $(x-y)dx+xdy=0$;
   (3) $xy'=y(\ln y-\ln x)$;
   (4) $3xy^2dy=(2y^3-x^3)dx$;
   (5) $y'=\left(\dfrac{y}{x}\right)^2+\dfrac{y}{x}+4$, $y|_{x=1}=2$;
   (6) $(x^2+y^2)dx=xydy$, $y|_{x=1}=0$.

6. 曲线的切线在纵轴上的截距与坐标原点到切点的距离之比等于常数,求此曲线方程.

7. 求下列微分方程的通解或给定条件下的特解:

   (1) $y'+y=e^{-x}$;
   (2) $y'+2xy=4x$;
   (3) $y'-2xy=2xe^{x^2}$;
   (4) $xy'-2y=x^3\cos x$;

(5) $y' - y\tan x = \dfrac{1}{\cos^3 x}$, $y|_{x=0} = 0$; (6) $y' - \dfrac{1}{x}y = -\dfrac{2}{x}\ln x$, $y|_{x=1} = 1$;

(7) $y' - y\ln 2 = 2^{\sin x}(\cos x - 1)\ln 2$, 当 $x \to +\infty$ 时, y 有界;

(8) $y'\sin x - y\cos x = -\dfrac{\sin^2 x}{x^2}$, 当 $x \to \infty$ 时, $y \to 0$;

(9) $2xy' - y = 1 - \dfrac{1}{\sqrt{x}}$, 当 $x \to +\infty$ 时, $y \to -1$.

8. 求下列微分方程的通解:

(1) $\dfrac{\mathrm{d}y}{\mathrm{d}x} = \dfrac{1}{x\cos y + \sin 2y}$; (2) $(\mathrm{e}^{-\frac{1}{2}y^2} - xy)\mathrm{d}y - \mathrm{d}x = 0$.

9. 设 y_1 和 y_2 是方程 $y' + P(x)y = Q(x)$ 的两个不同的解:

(1) 试证: $y = y_1 + C(y_2 - y_1)$ 是该方程的通解, 其中 C 是任意常数;

(2) 问常数 α 和 β 之间有怎样的关系时, 才能使线性组合 $\alpha y_1 + \beta y_2$ 成为该方程的解?

(3) 试证: 若 y_3 是异于 y_1 和 y_2 的第三个特解, 则比式 $\dfrac{y_2 - y_1}{y_3 - y_1}$ 是常数.

10. 设 y_1 是一阶齐次线性方程 $y' + P(x)y = 0$ 的解, y_2 是对应的一阶非齐次线性方程 $y' + P(x)y = Q(x)$ 的解. 证明: $y = Cy_1 + y_2$ (C 是任意常数) 也是 $y' + P(x)y = Q(x)$ 的解.

11. 设 y_1 是微分方程 $y' + P(x)y = Q_1(x)$ 的一个解, y_2 是微分方程 $y' + P(x)y = Q_2(x)$ 的一个解. 试证: $y = y_1 + y_2$ 是微分方程 $y' + P(x)y = Q_1(x) + Q_2(x)$ 的解.

12. 曲线上任一点的切线在 y 轴上的截距, 等于该切点两坐标的等差中项, 求此曲线方程.

*13. 求下列微分方程的通解:

(1) $y' + 2xy = 2xy^2$; (2) $y' + 2xy = y^2 \mathrm{e}^{x^2}$.

*§8.3 可降阶的二阶微分方程

在二阶微分方程

$$y'' = f(x, y, y')$$

中, 有的可降为一阶微分方程来求解. 本节讲授三种易降阶的二阶微分方程.

一、形如 $y'' = f(x)$ 的微分方程

这种二阶微分方程不显含未知函数 y 及其一阶导数, 是最简单的二阶微分方程, 通过两次积分便可得到通解.

例 1 求微分方程 $y'' = \mathrm{e}^{2x}$ 的通解.

解 这是 $y'' = f(x)$ 型方程. 将已给方程积分一次, 得

$$y' = \int \mathrm{e}^{2x} \mathrm{d}x = \dfrac{1}{2}\mathrm{e}^{2x} + C_1;$$

再积分一次, 就得到通解

$$y = \int \left(\dfrac{1}{2}\mathrm{e}^{2x} + C_1\right) \mathrm{d}x = \dfrac{1}{4}\mathrm{e}^{2x} + C_1 x + C_2.$$

二、形如 $y''=f(x,y')$ 的微分方程

这种微分方程中不显含未知函数 y. 我们可以先求出 y', 然后再求出 y, 即通过变量替换

$$y' = p = p(x), \quad 则 \quad y'' = \frac{\mathrm{d}p}{\mathrm{d}x} = p'(x).$$

原方程就降为关于自变量 x 和未知函数 p 的一阶微分方程

$$p' = f(x,p).$$

可用前述求解一阶微分方程的方法求得 p; 由 $y'=p$, 再积分就得到未知函数 y.

例 2 求微分方程 $y''-\dfrac{1}{x}y'=xe^x$ 满足 $y|_{x=1}=0, y'|_{x=1}=1$ 的特解.

解 这是 $y''=f(x,y')$ 型方程. 令

$$y' = p = p(x), \quad 则 \quad y'' = p'(x).$$

将 y', y'' 的表示式代入原方程, 得

$$p' - \frac{1}{x}p = xe^x,$$

这是关于 p 的一阶线性微分方程. 可以求得其通解

$$p = x(e^x + C_1).$$

因 $y'=p$, 从而原微分方程的通解

$$y = \int x(e^x + C_1)\mathrm{d}x = e^x(x-1) + \frac{C_1}{2}x^2 + C_2.$$

将 $x=1, y=0, y'=1$ 代入 y 和 y' 的表示式中, 有

$$\frac{C_1}{2} + C_2 = 0, \quad e + C_1 = 1, \quad 即 \quad C_1 = 1-e, \quad C_2 = -\frac{1-e}{2}.$$

于是所求特解是

$$y = e^x(x-1) + \frac{1-e}{2}x^2 - \frac{1-e}{2}.$$

三、形如 $y''=f(y,y')$ 的微分方程

这种微分方程中不显含自变量 x. 我们可以先求出 y', 然后再求出 y, 即通过变量替换

$$y' = p = p(y),$$

这里, y 是自变量, p 是未知函数. 由复合函数的导数法则

$$y'' = \frac{\mathrm{d}p}{\mathrm{d}x} = \frac{\mathrm{d}p}{\mathrm{d}y} \cdot \frac{\mathrm{d}y}{\mathrm{d}x} = p\frac{\mathrm{d}p}{\mathrm{d}y},$$

原方程就降为关于自变量 y 和新未知函数 p 的一阶微分方程

$$p\frac{\mathrm{d}p}{\mathrm{d}y} = f(y,p).$$

用前述求解一阶微分方程的方法求得 p；再解方程 $y'=p$ 就得到未知函数 y.

例 3 求解微分方程 $2yy''=y'^2+1$.

解 这是 $y''=f(y,y')$ 型方程. 令 $y'=p(y)$, 则 $y''=p\dfrac{\mathrm{d}p}{\mathrm{d}y}$. 将其代入原方程, 得

$$2yp\frac{\mathrm{d}p}{\mathrm{d}y}=p^2+1.$$

这是可分离变量的方程, 可以求得其通解

$$p^2=C_1y-1.$$

因 $\dfrac{\mathrm{d}y}{\mathrm{d}x}=p$, 上式化为

$$\frac{\mathrm{d}y}{\mathrm{d}x}=\pm\sqrt{C_1y-1}.$$

分离变量, 并积分, 得

$$\frac{\mathrm{d}y}{\pm\sqrt{C_1y-1}}=\mathrm{d}x,\quad \pm\frac{2}{C_1}\sqrt{C_1y-1}=x+C_2.$$

上式也可写成 $\dfrac{4}{C_1^2}(C_1y-1)=(x+C_2)^2$, 这就是所求的通解.

习 题 8.3

1. 求下列微分方程的通解：

(1) $y''=\sin x-\cos x$；

(2) $y''=\dfrac{1}{1+x^2}$；

(3) $xy''+y'=0$；

(4) $xy''=2y'+x^3+x$；

(5) $yy''-y'^2=0$；

(6) $2yy''-3y'^2=4y^2$.

2. 求下列微分方程满足初值条件的特解：

(1) $(1+x^2)y''=2xy'$, $y|_{x=0}=1$, $y'|_{x=0}=3$；

(2) $x^2y''+xy'=1$, $y|_{x=1}=0$, $y'|_{x=1}=1$；

(3) $3y'y''=2y$, $y|_{x=0}=1$, $y'|_{x=0}=1$；

(4) $y''=2y^3$, $y|_{x=0}=1$, $y'|_{x=0}=1$.

§8.4 高阶常系数线性微分方程

本节介绍线性微分方程解的基本定理, 重点讲述二阶常系数线性微分方程的解法.

一、线性微分方程解的基本定理

在讲述解的基本定理之前, 先介绍两个函数线性相关与线性无关的概念.

在两个函数 $y_1(x)$ 与 $y_2(x)$ 都有定义的区间 I 上, 若存在两个不全为零的常数 k_1, k_2, 使得恒等式

$$k_1y_1(x)+k_2y_2(x)\equiv 0$$

成立, 则称函数 $y_1(x), y_2(x)$ 在区间 I 上**线性相关**；若仅当 $k_1=k_2=0$ 时, 上述恒等式成立,

则称函数 $y_1(x), y_2(x)$ **线性无关**.

例如,函数 $\sin^2 x$ 与 $1-\cos^2 x$ 在区间 $(-\infty,+\infty)$ 上是线性相关的. 因为若取 $k_1=1$, $k_2=-1$,则在 $(-\infty,+\infty)$ 上有恒等式
$$k_1\sin^2 x + k_2(1-\cos^2 x) \equiv 0$$
成立. 同样可知,函数 x^2 与 $3x^2$ 在区间 $(-\infty,+\infty)$ 上也是线性相关的. 而函数 e^{-2x} 与 xe^{-2x} 在区间 $(-\infty,+\infty)$ 上是线性无关的. 因为仅当 $k_1=k_2=0$ 时,在 $(-\infty,+\infty)$ 上才有恒等式
$$k_1 e^{-2x} + k_2 x e^{-2x} \equiv 0$$
成立. 函数 1 与 x,函数 $e^{\alpha x}\sin\beta x$ 与 $e^{\alpha x}\cos\beta x$ 在区间 $(-\infty,+\infty)$ 上也是线性无关的.

两个函数线性相关、线性无关的概念可以推广到 $n(n>2)$ 个函数的情形. 特别地,当 $n=1$ 时,一个非零函数线性无关.

对于区间 I 上的两个函数,可如下判别其线性关系:若 $\dfrac{y_1(x)}{y_2(x)} \equiv$ 常数,则 $y_1(x)$ 与 $y_2(x)$ 在 I 上线性相关;若 $\dfrac{y_1(x)}{y_2(x)} \not\equiv$ 常数,则 $y_1(x)$ 与 $y_2(x)$ 在 I 上线性无关.

我们以二阶线性微分方程叙述解的基本定理,任何阶(包括一阶)线性微分方程都有类似定理.

二阶线性微分方程的一般形式是
$$y'' + a_1(x)y' + a_2(x)y = f(x), \tag{1}$$
其中 $a_1(x), a_2(x), f(x)$ 都是 x 的已知连续函数,$f(x)$ 称为自由项. 当 $f(x)\not\equiv 0$ 时,(1)式称为**二阶非齐次线性微分方程**;当 $f(x)\equiv 0$ 时,即
$$y'' + a_1(x)y' + a_2(x)y = 0 \tag{2}$$
称为与(1)式相对应的二阶齐次线性微分方程.

定理 1 若函数 $y_1(x)$ 和 $y_2(x)$ 是二阶齐次线性微分方程(2)的解,则
$$y = C_1 y_1(x) + C_2 y_2(x)$$
也是**该方程的解**,其中 C_1, C_2 是任意常数.

定理 2(齐次线性微分方程解的结构定理) 若函数 $y_1(x)$ 和 $y_2(x)$ 是二阶齐次线性微分方程(2)的线性无关的特解,则
$$y_C = C_1 y_1(x) + C_2 y_2(x)$$
是**该方程的通解**,其中 C_1, C_2 是任意常数.

定理 3(非齐次线性微分方程解的结构定理) 若 $y^*(x)$ 是二阶非齐次线性微分方程(1)的一个特解,$y_C(x)$ 是对应的齐次线性微分方程(2)的通解,则**微分方程(1)的通解**是
$$y = y_C(x) + y^*(x).$$

例如,对微分方程
$$y'' - 5y' + 6y = e^{2x}.$$
容易验证:函数 $y_1=e^{2x}, y_2=e^{3x}$ 是齐次线性微分方程

$$y'' - 5y' + 6y = 0$$

的解,且它们线性无关,由定理 2,函数

$$y_C = C_1 e^{2x} + C_2 e^{3x} \quad (C_1, C_2 是任意常数)$$

是齐次方程的通解.

又知,函数 $y^* = -xe^{2x}$ 是所给非齐次线性微分方程的特解,由定理 3,所给方程的通解

$$y = y_C + y^* = C_1 e^{2x} + C_2 e^{3x} - xe^{2x}.$$

定理 4(解的叠加原理) 若函数 $y_1^*(x), y_2^*(x)$ 分别是二阶非齐次线性微分方程

$$y'' + a_1(x)y' + a_2(x)y = f_1(x)$$

与

$$y'' + a_1(x)y' + a_2(x)y = f_2(x)$$

的特解,则 $y_1^*(x) + y_2^*(x)$ 是微分方程

$$y'' + a_1(x)y' + a_2(x)y = f_1(x) + f_2(x)$$

的特解.

二、二阶常系数线性微分方程的解法

在方程(1)中,当 $a_1(x)$ 和 $a_2(x)$ 分别为实常数 p 和 q 时,即

$$y'' + py' + qy = f(x) \tag{3}$$

称为二阶常系数非齐次线性微分方程. 我们只讨论这种方程的解法.

为了求微分方程(3)的通解,按定理 3,**解题程序**是:

首先,求与方程(3)相对应的齐次线性微分方程

$$y'' + py' + qy = 0 \tag{4}$$

的通解.

然后,求方程(3)的一个特解即可.

1. 二阶常系数齐次线性微分方程的解法

按定理 2,求方程(4)的通解,就是要求出其两个线性无关的特解.

在微分方程(4)中,由于 p 和 q 都是常数,通过观察可以看出:若某一函数 $y = y(x)$,它与其一阶导数 y'、二阶导数 y'' 之间仅相差一个常数因子时,则可能是该方程的解.

我们已经知道,函数 $y = e^{rx}$ (r 是常数)具有这一特性. 由此,设函数 $y = e^{rx}$ 是方程(4)的解,其中 r 是待定的常数. 这时将

$$y = e^{rx}, \quad y' = re^{rx}, \quad y'' = r^2 e^{rx}$$

代入方程(4),有

$$e^{rx}(r^2 + pr + q) = 0.$$

因 $e^{rx} \neq 0$,若上式成立,必有

$$r^2 + pr + q = 0, \tag{5}$$

这是关于 r 的二次代数方程. 显然,若常数 r 满足(5)式时,则 $y = e^{rx}$ 一定是二阶齐次线性微

分方程(4)的解.

代数方程(5)完全由微分方程(4)所确定,称代数方程(5)为微分方程(4)或微分方程(3)的**特征方程**;特征方程的根称为**特征根**.

由上述分析,求二阶常系数齐次线性微分方程(4)的解的问题就**转化为求它的特征方程的根的问题**.

特征方程(5)有两个根 r_1 和 r_2. 按二次方程(5)的判别式 $\Delta = p^2 - 4q$ 的三种情况,其特征根有三种情况,从而微分方程(4)的通解有如下三种情况.

1.1 当 $\Delta > 0$ 时,特征根为相异实根 r_1, r_2 的情形

因 $y_1 = e^{r_1 x}, y_2 = e^{r_2 x}$ 是微分方程(4)的两个特解,且它们线性无关;所以,微分方程(4)的通解是

$$y_C = C_1 e^{r_1 x} + C_2 e^{r_2 x} \quad (C_1, C_2 \text{ 是任意常数}).$$

1.2 当 $\Delta = 0$ 时,特征根为重根 $r = r_1 = r_2$ 的情形

因 $r = r_1 = r_2 = -\dfrac{p}{2}$, $y_1 = e^{rx}$ 是微分方程(4)的一个特解. 这时,我们来验证 $y_2 = x e^{rx}$ 也是微分方程(4)的一个特解. 事实上,将

$$y_2 = x e^{rx}, \quad y_2' = e^{rx} + rx e^{rx}, \quad y_2'' = 2r e^{rx} + r^2 x e^{rx}$$

代入方程(4),并注意到 $r = -\dfrac{p}{2}$,有

$$2r e^{rx} + r^2 x e^{rx} + p(e^{rx} + rx e^{rx}) + q x e^{rx}$$
$$= e^{rx}[(r^2 + pr + q)x + 2r + p] = 0.$$

又 $y_1 = e^{rx}$ 与 $y_2 = x e^{rx}$ 显然线性无关,所以,微分方程(4)的通解是

$$y_C = (C_1 + C_2 x) e^{rx} \quad (C_1, C_2 \text{ 是任意常数}).$$

1.3 当 $\Delta < 0$ 时,特征根为共轭复数 $r_1 = \alpha + i\beta, r_2 = \alpha - i\beta$ 的情形

$y_1 = e^{(\alpha + i\beta)x}$ 和 $y_2 = e^{(\alpha - i\beta)x}$ 是微分方程(4)的两个特解,但它们是复数形式. 可以验证

$$\tilde{y}_1 = e^{\alpha x} \cos \beta x, \quad \tilde{y}_2 = e^{\alpha x} \sin \beta x$$

是微分方程(4)的两个实数形式的解,且它们线性无关. 由此,微分方程(4)的通解是

$$y_C = e^{\alpha x}(C_1 \cos \beta x + C_2 \sin \beta x) \quad (C_1, C_2 \text{ 是任意常数}).$$

综上所述,求齐次微分方程(4)的通解的**程序**是:

(1) 写出其特征方程 $r^2 + pr + q = 0$,并求出两个特征根;
(2) 由特征根的情形,写出通解,如表 8.1.

表 8.1

特征方程	特 征 根	通 解 形 式
	相异实根 r_1, r_2	$y_C = C_1 e^{r_1 x} + C_2 e^{r_2 x}$
$r^2 + pr + q = 0$	相同实根 $r = -\dfrac{p}{2}$	$y_C = (C_1 + C_2 x) e^{-\frac{p}{2} x}$
	共轭复根 $r_{1,2} = \alpha \pm i\beta$	$y_C = e^{\alpha x}(C_1 \cos \beta x + C_2 \sin \beta x)$

例1 求微分方程 $y''+y'=0$ 的通解.

解 这是二阶常系数齐次线性微分方程. 特征方程是
$$r^2+r=r(r+1)=0,$$
特征根 $r_1=0, r_2=-1$; 微分方程的通解
$$y_C = C_1 e^{0x} + C_2 e^{-x} = C_1 + C_2 e^{-x} \quad (C_1, C_2 \text{ 是任意常数}).$$

例2 求微分方程 $y''+4y'+4y=0$ 的通解.

解 特征方程是 $r^2+4r+4=(r+2)^2=0$, 有相同特征根 $r=-2$; 微分方程的通解
$$y_C = (C_1 + C_2 x) e^{-2x}.$$

例3 求微分方程 $y''+2y'+5y=0$ 的通解.

解 特征方程是 $r^2+2r+5=0$, 有共轭复根 $r_{1,2}=-1\pm 2i$; 微分方程的通解
$$y_C = e^{-x}(C_1 \cos 2x + C_2 \sin 2x).$$

2. 二阶常系数非齐次线性微分方程的解法

对二阶常系数非齐次线性微分方程
$$y'' + py' + qy = f(x) \tag{6}$$
的求解问题, 由于我们已经会求其相对应的齐次微分方程(4)的通解, 剩下的问题就是如何求出它的一个特解.

下面将直接给出方程(6)的右端 $f(x)$ 取常见形式时求特解 y^* 的方法. 这种方法是根据自由项 $f(x)$ 的形式, 而断定方程(6)应该具有某种特定形式的特解. 特解的形式确定了, 将其代入所给方程, 使方程成为恒等式; 然后再根据恒等关系定出这个具体函数. 这就是通常称之为的**待定系数法**. 这种方法不用求积分就可求出特解 y^*.

2.1 $f(x)$ 为 $e^{\rho x} P_m(x)$ 型

这里, ρ 是常数, $P_m(x)$ 是 x 的 m 次多项式, 即
$$P_m(x) = a_0 x^m + a_1 x^{m-1} + \cdots + a_{m-1} x + a_m,$$
其中 $a_0, a_1, \cdots, a_{m-1}, a_m$ 是常数, 且 $a_0 \neq 0$. 请注意下述特殊情况:

当 $m=0$ 时, $P_0(x)=a_0$, 这理解成是零次多项式, 这时, $f(x)=e^{\rho x}P_0(x)=a_0 e^{\rho x}$; 特别地, 当 $a_0=1$ 时, $f(x)=e^{\rho x}$.

当 $\rho=0$ 时, $e^{\rho x}=1$, 这时 $f(x)=e^{\rho x}P_m(x)=P_m(x)$, 即 $f(x)$ 为 m 次多项式.

对二阶常系数非齐次线性微分方程
$$y'' + py' + qy = e^{\rho x} P_m(x),$$
由于 p, q 为常数, 且指数函数的导数仍为指数函数, 可以验证, 该方程有如下形式的特解
$$y^* = x^k e^{\rho x} Q_m(x),$$
其中, $Q_m(x)$ 与 $P_m(x)$ 是同次多项式, 即
$$Q_m(x) = b_0 x^m + b_1 x^{m-1} + \cdots + b_{m-1} x + b_m,$$
其系数 $b_0, b_1, \cdots, b_{m-1}, b_m$ 是待定常数.

特解 y^* 中 k 的取值为：

(1) 当 ρ 不是特征方程(5)的根时,取 $k=0$,待定特解
$$y^* = e^{\rho x}Q_m(x);$$

(2) 当 ρ 是特征方程(5)的单根时,取 $k=1$,待定特解
$$y^* = xe^{\rho x}Q_m(x);$$

(3) 当 ρ 是特征方程(5)的重根时,取 $k=2$,待定特解
$$y^* = x^2 e^{\rho x}Q_m(x).$$

例 4 求微分方程 $y''+y'=4xe^x$ 的通解.

解 这是二阶常系数非齐次线性微分方程,该方程的特征根 $r_1=0, r_2=-1$(见例 1). 自由项 $f(x)=4xe^x$,是 $e^{\rho x}P_m(x)$ 型,其中 $m=1, \rho=1$. 因 $\rho=1$ 不是特征根,故设所给方程的特解
$$y^* = e^x(ax+b).$$
由此
$$y^{*\prime} = e^x[ax+(a+b)], \quad y^{*\prime\prime} = e^x[ax+(2a+b)].$$
将 $y^*, y^{*\prime\prime}$ 的表示式代入原微分方程,并消去等式两边的 e^x,得
$$2ax + 3a + 2b = 4x.$$
比较等式两端 x 同次幂的系数,得方程组
$$\begin{cases} 2a = 4, \\ 3a + 2b = 0. \end{cases}$$
可解得 $a=2, b=-3$,故
$$y^* = e^x(2x-3).$$
于是,原方程的通解(见例 1)
$$y = y_C + y^* = C_1 + C_2 e^{-x} + e^x(2x-3).$$

例 5 求微分方程 $y''+4y'+4y=8e^{-2x}$ 的特解.

解 $f(x)=8e^{-2x}=e^{\rho x}P_0(x), \rho=-2$ 是特征方程的重根(见例 2),设特解
$$y^* = ax^2 e^{-2x}.$$
可求得
$$y^{*\prime} = 2ae^{-2x}(x-x^2), \quad y^{*\prime\prime} = 2ae^{-2x}(2x^2 - 4x + 1).$$
将 $y^*, y^{*\prime}, y^{*\prime\prime}$ 的表示式代入原方程,可求得 $a=4$. 于是所求特解
$$y^* = 4x^2 e^{-2x}.$$

2.2 $f(x)$ 为 $e^{\rho x}(A\cos\theta x + B\sin\theta x)$ 型

这里 A, B, ρ, θ 均为常数,且 $\theta > 0$,A 与 B 不同时为零. 特别地,当 $f(x)=A\cos\theta x + B\sin\theta x$ 时,理解成是 $\rho=0$ 时的情况.

对于二阶常系数非齐次线性微分方程
$$y'' + py' + qy = e^{\rho x}(A\cos\theta x + B\sin\theta x),$$

由于 p,q 为常数,可以推得,该方程有如下形式的特解
$$y^* = x^k e^{\rho x}(a\cos\theta x + b\sin\theta x),$$
其中 a,b 是待定常数,k 的取值为:

(1) 当 $\rho \pm i\theta$ 不是特征方程(5)的根时,取 $k=0$,待定特解
$$y^* = e^{\rho x}(a\cos\theta x + b\sin\theta x);$$

(2) 当 $\rho \pm i\theta$ 是特征方程(5)的根(1重特征根)时,取 $k=1$,待定特解
$$y^* = x e^{\rho x}(a\cos\theta x + b\sin\theta x).$$

例 6 求微分方程 $y''-3y'+2y=2e^{-x}\cos x$ 的通解.

解 特征根 $r_1=1, r_2=2$. $f(x)=2e^{-x}\cos x$ 是 $e^{\rho x}(A\cos\theta x+B\sin\theta x)$型,其中 $\rho=-1,\theta=1,A=2,B=0$. 因 $\rho\pm i\theta=-1\pm i$ 不是特征方程的根,故设原微分方程的特解
$$y^* = e^{-x}(a\cos x + b\sin x).$$
易求得
$$y^{*\prime} = e^{-x}[(b-a)\cos x - (a+b)\sin x], \quad y^{*\prime\prime} = e^{-x}(2a\sin x - 2b\cos x).$$
将 $y^*, y^{*\prime}, y^{*\prime\prime}$ 的表示式代入原微分方程,并消去 e^{-x},得
$$(5a-5b)\cos x + (5a+5b)\sin x = 2\cos x.$$
比较上述等式两端的系数,可解得 $a=\dfrac{1}{5}, b=-\dfrac{1}{5}$,故
$$y^* = \frac{1}{5}e^{-x}(\cos x - \sin x).$$
于是,所求通解
$$y = y_C + y^* = C_1 e^x + C_2 e^{2x} + \frac{1}{5}e^{-x}(\cos x - \sin x).$$

例 7 求微分方程 $y''+4y=\sin 2x$ 的特解.

解 特征根 $\lambda_{1,2}=\pm 2i$. $f(x)=\sin 2x=e^{\rho x}(A\cos\theta x+B\sin\theta x)$,其中 $\rho=0,\theta=2$. 因 $\rho\pm i\theta=\pm 2i$ 是特征方程的根,设特解
$$y^* = x(a\cos 2x + b\sin 2x).$$
可求得
$$y^{*\prime} = (a+2bx)\cos 2x + (b-2ax)\sin 2x,$$
$$y^{*\prime\prime} = (4b-4ax)\cos 2x - (4a+4bx)\sin 2x.$$
将 $y, y^{*\prime\prime}$ 的表示式代入原微分方程,有
$$4b\cos 2x - 4a\sin 2x = \sin 2x,$$
可知 $a=-\dfrac{1}{4}, b=0$. 于是所求特解
$$y^* = -\frac{1}{4}x\cos 2x.$$

例 8 求微分方程 $y''-3y'=18x-10\cos x$ 的通解.

解 特征根 $r_1=0, r_2=3$,齐次线性方程的通解 $y_C=C_1+C_2 e^{3x}$.

根据解的叠加原理,需分别求下述两个方程
$$y'' - 3y' = 18x \quad 和 \quad y'' - 3y' = -10\cos x$$
的特解.

对上述前一个方程,$f(x) = 18x = e^{\rho x} P_1(x)$,因 $\rho = 0$ 是单特征根,设特解
$$y_1^* = x(ax + b),$$
可求得 $a = -3, b = -2$,于是 $y_1^* = -3x^2 - 2x$.

对上述后一个方程,$f(x) = -10\cos x = e^{\rho x}(A\cos x + B\sin x)$,因 $\rho \pm i\theta = \pm i$ 不是特征根,设其特解
$$y_2^* = a\cos x + b\sin x,$$
可求得 $a = 1, b = 3$,于是 $y_2^* = \cos x + 3\sin x$.

所求通解
$$y = y_C + y_1^* + y_2^* = C_1 + C_2 e^{3x} - 3x^2 - 2x + \cos x + 3\sin x.$$

*三、n 阶常系数线性微分方程的解法

n **阶常系数非齐次线性微分方程**的一般形式是
$$y^{(n)} + p_1 y^{(n-1)} + p_2 y^{(n-2)} + \cdots + p_{n-1} y' + p_n y = f(x), \tag{7}$$
其中 $p_1, p_2, \cdots, p_{n-1}, p_n$ 都是实常数,$f(x)$ 是 x 的已知连续函数. 与方程(7)相对应的**齐次线性微分方程**是
$$y^{(n)} + p_1 y^{(n-1)} + p_2 y^{(n-2)} + \cdots + p_{n-1} y' + p_n y = 0. \tag{8}$$
方程(7)或(8)的**特征方程**是 n **次代数方程**
$$r^n + p_1 r^{n-1} + p_2 r^{n-2} + \cdots + p_{n-1} r + p_n = 0. \tag{9}$$
方程(9)有 n 个特征根(重根按重数计算,复根成对).

1. 齐次线性微分方程的通解

齐次方程(8)的解由特征根确定. 特征根 r 与齐次线性微分方程(8)对应于 r 的线性无关解见表 8.2.

表 8.2

特征根 r	齐次线性微分方程(8)对应于 r 的线性无关解
r 是单实根	1 个: e^{rx}
r 是 $k(k \geqslant 2)$ 重实根	k 个: $e^{rx}, xe^{rx}, \cdots, x^{k-1} e^{rx}$
$\alpha \pm i\beta$ 是单复根	2 个: $e^{\alpha x}\cos\beta x, e^{\alpha x}\sin\beta x$
$\alpha \pm i\beta$ 是 $k(k \geqslant 2)$ 重复根	$2k$ 个: $e^{\alpha x}\cos\beta x, xe^{\alpha x}\cos\beta x, \cdots, x^{k-1} e^{\alpha x}\cos\beta x$ $e^{\alpha x}\sin\beta x, xe^{\alpha x}\sin\beta x, \cdots, x^{k-1} e^{\alpha x}\sin\beta x$

特征方程(9)有 n 个根,每一个根确定齐次线性微分方程(8)一个解,共得齐次线性微分方程(8)的 n 个解,且这 n 个解线性无关,设其 n 个解为 $y_1, y_2, \cdots, y_n$. 于是,常系数齐次线性

微分方程(8)的通解是

$$y_C = C_1 y_1 + C_2 y_2 + \cdots + C_n y_n \quad (C_1, C_2, \cdots, C_n \text{ 是任意常数}).$$

2. 非齐次线性微分方程的特解

非齐次线性微分方程(7)的自由项 $f(x) = e^{\rho x} P_m(x)$ 或 $f(x) = e^{\rho x}(A\cos\theta x + B\sin\theta x)$ 时，可按表 8.3 确定**待定特解的形式**，用待定系数法求出其特解 y^*.

表 8.3

$f(x)$ 的形式	确定待定特解的条件	待定特解的形式	
$e^{\rho x} P_m(x)$ $P_m(x)$ 是 m 次多项式	ρ 不是特征根	$e^{\rho x} Q_m(x)$	$Q_m(x)$ 是 m 次多项式
	ρ 是单特征根	$x e^{\rho x} Q_m(x)$	
	ρ 是 $k(k\geqslant 2)$ 重特征根	$x^k e^{\rho x} Q_m(x)$	
$e^{\rho x}(A\cos\theta x + B\sin\theta x)$	$\rho \pm i\theta$ 不是特征根	$e^{\rho x}(a\cos\theta x + b\sin\theta x)$	
	$\rho \pm i\theta$ 是单特征根	$x e^{\rho x}(a\cos\theta x + b\sin\theta x)$	
	$\rho \pm i\theta$ 是 $k(k\geqslant 2)$ 重特征根	$x^k e^{\rho x}(a\cos\theta x + b\sin\theta x)$	

于是，n 阶常系数非齐次线性微分方程(7)的通解为

$$y = y_C + y^* = C_1 y_1 + C_2 y_2 + \cdots + C_n y_n + y^*.$$

例 9 求微分方程 $y''' - y'' + y' - y = x^2 + x$ 的通解.

解 特征方程

$$r^3 - r^2 + r - 1 = (r-1)(r^2+1) = 0,$$

特征根 $r_1 = 1, r_{2,3} = \pm i$.

$f(x) = x^2 + x$，因 $\rho = 0$ 不是特征根，设特解

$$y^* = ax^2 + bx + c.$$

将 $y^*, y^{*'}, y^{*''}, y^{*'''}$ 的表示式代入原方程，可求得 $a = -1, b = -3, c = -1$.

于是所求通解

$$y = y_C + y^* = C_1 e^x + C_2 \cos x + C_3 \sin x - x^2 - 3x - 1.$$

例 10 求微分方程 $y''' - 2y'' + 2y' = 2\cos 4x$ 的通解.

解 特征方程

$$r^3 - 2r^2 + 2r = r(r^2 - 2r + 2) = 0,$$

特征根 $r_1 = 0, r_{2,3} = 1 \pm i$.

$f(x) = 2\cos 4x$，因 $\rho \pm i\theta = \pm 4i$ 不是特征根，设特解

$$y^* = a\cos 4x + b\sin 4x.$$

将 $y^{*'}, y^{*''}, y^{*'''}$ 的表示式代入原方程，可求得 $a = \dfrac{1}{65}, b = -\dfrac{7}{260}$.

于是所求通解

$$y = y_C + y^* = C_1 + e^x(\cos x + \sin x) + \frac{1}{65}\left(\cos 4x - \frac{7}{4}\sin 4x\right).$$

例 11 求微分方程 $y^{(4)} - 2y''' + 2y'' - 2y' + y = e^x$ 的通解.

解 特征方程
$$r^4 - 2r^3 + 2r^2 - 2r + 1 = (r-1)^2(r^2+1) = 0,$$
特征根 $r_{1,2}=1, r_{3,4}=\pm i$.

$f(x)=e^x$, 因 $\rho=1$ 是二重特征根, 设特解
$$y^* = ax^2 e^x.$$
将 $y^*, y^{*\prime}, y^{*\prime\prime}, y^{*\prime\prime\prime}, y^{(4)}$ 的表示式代入原方程, 可求得 $a=\frac{1}{4}$.

于是所求通解
$$y = y_C + y^* = (C_1 + C_2 x)e^x + C_3 \cos x + C_4 \sin x + \frac{1}{4}x^2 e^x.$$

习 题 8.4

1. 判定下列各函数组在其定义域内是线性相关还是线性无关：
   (1) $x, \dfrac{1}{x}$; (2) e^{-x}, xe^{-x}; (3) $\log_a x, \log_a x^2 (x>0)$;
   (4) $e^{-2x}\sin 3x, e^{-2x}\cos 3x$; (5) $e^x, e^x\int_0^x e^t dt$; (6) $x, x\int_{x_0}^1 \dfrac{e^t}{t^2}dt (x_0>0)$.

2. 已知二阶常系数齐次线性微分方程的特征方程, 试写出对应的齐次线性微分方程：
   (1) $2r^2 - 3r - 5 = 0$; (2) $r^2 - 6r + 13 = 0$;
   (3) $r^2 - 4r = 0$; (4) $r^2 - 4 = 0$.

3. 已知二阶常系数齐次线性微分方程的特征根, 试写出对应的微分方程及其通解：
   (1) $r_1=2, r_2=-3$; (2) $r_1=-5, r_2=-5$;
   (3) $r_1=i, r_2=-i$; (4) $r_1=0, r_2=1$.

4. 已知二阶常系数齐次线性微分方程两个线性无关的特解, 试写出原微分方程：
   (1) $1, x$; (2) e^{-x}, e^x; (3) e^{2x}, xe^{2x}; (4) $e^{2x}\cos x, e^{2x}\sin x$.

5. 求下列微分方程的通解或在给定条件下的特解：
   (1) $y'' + y' - 2y = 0$; (2) $y'' - 12y' + 36y = 0$;
   (3) $4y'' - 8y' + 5y = 0$; (4) $y'' + ay = 0$ (a 是实数);
   (5) $y'' + y' + y = 0, y|_{x=0}=2, y'|_{x=0}=2$; (6) $y'' - 10y' + 25y = 0, y|_{x=0}=0, y'|_{x=0}=1$;
   (7) $y'' + 4y' + 4y = 0, y|_{x=0}=1, y'|_{x=0}=1$; (8) $y'' - 2y' + 10y = 0, y|_{x=\frac{\pi}{6}}=0, y'|_{x=\frac{\pi}{6}}=e^{\frac{\pi}{6}}$.

6. 已知微分方程 $y'' + py' + qy = f(x)$ 的特征根和 $f(x)$, 试写出微分方程待定特解 y^* 的形式：
   (1) $r_1=0, r_2=1, f(x)=Ax^2+Bx+C$; (2) $r_1=-1, r_2=-1, f(x)=e^{-x}(Ax+B)$;
   (3) $r_1=0, r_2=-1, f(x)=4x^2 e^x$; (4) $r_1=-i, r_2=i, f(x)=\sin x+\cos x$;
   (5) $r_1=1, r_2=1, f(x)=e^{-x}(A\cos x+B\sin x)$;
   (6) $r_1=-1-i, r_2=-1+i, f(x)=e^{-x}(A\cos x+B\sin x)$.

7. 写出下列二阶非齐次线性微分方程待定特解的形式：
   (1) $y'' - 7y' = (x-1)^2$; (2) $y'' - 8y' + 16y = (1-x)e^{4x}$;
   (3) $y'' + 4y' + 8y = e^{2x}(\sin 2x + \cos 2x)$; (4) $y'' - 4y' + 8y = e^{2x}(\sin 2x - \cos 2x)$.

8. 求下列非齐次线性微分方程的特解：
   (1) $y'' + y' - 2y = x^2$; (2) $y'' + y' = xe^{-x}$;

(3) $y''-2y'+y=\cos x$;

(4) $y''-2y'+5y=e^x\sin 2x$.

9. 求下列微分方程的通解或给定条件下的特解:

(1) $y''+9y-9=0$;

(2) $y''+8y'=8x$;

(3) $y''+4y'+3y=9e^{-3x}$;

(4) $y''+y'+y=e^x(x+x^2)$;

(5) $y''+6y'+9y=8\sin x+6\cos x$;

(6) $y''+4y=8\sin 2x$;

(7) $y''+2y'+5y=e^{-x}\cos 2x$;

(8) $y''-4y'+5y=e^{2x}(2\cos x+\sin x)$;

(9) $y''-5y'+6y=(12x-7)e^{-x}, y|_{x=0}=0, y'|_{x=0}=0$;

(10) $y''+4y=\sin x, y|_{x=0}=1, y'|_{x=0}=1$;

(11) $y''-3y'+2y=4+2e^{-x}\cos x$, 当 $x\to+\infty$ 时, $y\to 2$.

*10. 求下列微分方程的通解:

(1) $y'''-2y''-3y'=0$;

(2) $y^{(4)}+4y'''+10y''+12y'+5y=0$;

(3) $y'''-2y''+y'=e^x$;

(4) $y^{(4)}+2y'''+2y''+2y'+y=\dfrac{1}{2}\cos x$.

§8.5 微分方程在经济学中的应用

微分方程在经济学中有着广泛的应用,这里举几个常见的例题.

例1 求逻辑斯谛(logistic)方程 $\dfrac{dy}{dt}=\alpha y(N-y)$ 的通解,其中 $\alpha>0$ 是常数,N 是常数且 $N>y>0$.

解 这是可分离变量的微分方程. 分离变量

$$\dfrac{dy}{y(N-y)}=\alpha dt, \quad 即 \quad \left(\dfrac{1}{y}+\dfrac{1}{N-y}\right)dy=\alpha N dt,$$

两端积分得通解

$$y=\dfrac{CNe^{Nat}}{1+Ce^{Nat}}=\dfrac{N}{1+\dfrac{1}{C}e^{-Nat}} \quad (C>0 \text{ 是任意常数}). \tag{1}$$

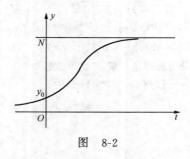

图 8-2

该解的图形(积分曲线)称为逻辑斯谛曲线,如图 8-2 所示.

逻辑斯谛方程在经济学、生物学等学科中有着广泛的应用:当变量 $y=f(t)$ 的变化率 $\dfrac{dy}{dt}$ 与其 t 时的 y 值及 $N-y$ (N 是饱和值)都成正比时,则 y 是按逻辑斯谛曲线变化的. 看下面的例题.

例2 技术推广模型.

一项新技术要在总数为 N 个的企业群体中推广. $P=P(t)$ 为时刻 t 已掌握该项技术的企业数. 新技术推广采用已掌握该项技术的企业向尚未掌握该项技术的企业扩展,若推广的速度与已掌握该项技术的企业数 P 及尚未掌握该项技术的企业数 $N-P$ 成正比. 求 $P=P(t)$ 所满足的微分方程,并求方程的解.

解 新技术的推广速度应是 $\dfrac{\mathrm{d}P}{\mathrm{d}t}$. 依题设, 有微分方程

$$\frac{\mathrm{d}P}{\mathrm{d}t} = kP(N - P),$$

其中 $k > 0$ 是比例系数.

显然, 这是逻辑斯谛方程, 方程中的 N 是饱和值. 方程的通解是

$$P(t) = \frac{N}{1 + \dfrac{1}{C}\mathrm{e}^{-Nkt}} \quad (C > 0 \text{ 是任意常数}).$$

这就是技术推广模型.

例 3 人口增长模型.

某地区, 在任何时刻 t 人口的增长率是常数; 或者说单位时间内人口增加的数量与当时人口数成正比, 且比例系数为常数. 若以 $P = P(t)$ 表示时刻 t 的人口数, 且 $t = 0$ 时的人口数为 P_0, 则有初值问题

$$\begin{cases} \dfrac{1}{P} \cdot \dfrac{\mathrm{d}P}{\mathrm{d}t} = r, \\ P|_{t=0} = P_0. \end{cases} \quad \text{或} \quad \begin{cases} \dfrac{\mathrm{d}P}{\mathrm{d}t} = rP \ (r > 0 \text{ 是常数}), \\ P|_{t=0} = P_0. \end{cases}$$

这是可分离变量的微分方程, 易求得初值问题的解为

$$P = P_0 \mathrm{e}^{rt}.$$

这是人口增长的指数模型.

上式表明, 人口随时间按指数形式增长, 这种增长是人类无法承受的. 该模型中忽略了资源与环境对人口增长的限制. 若考虑资源与环境的因素, 可将模型中的常数 r 视为人口数 P 的函数, 且应是 P 的减函数. 特别是当 P 达到某一最大允许量 P_M 时, 应有增长率为零; 当人口数超过 P_M 时, 应发生负增长. 基于如上想法, 可令

$$r(P) = k\left(1 - \frac{P}{P_M}\right) = \frac{k}{P_M}(P_M - P) \quad (k > 0 \text{ 是常数}).$$

由此导出微分方程的初值问题

$$\begin{cases} \dfrac{\mathrm{d}P}{\mathrm{d}t} = \dfrac{k}{P_M}(P_M - P)P \quad (k > 0 \text{ 是常数}), \\ P|_{t=0} = P_0. \end{cases}$$

若将上述方程中的 $\dfrac{k}{P_M}$ 看做是逻辑斯谛方程中的比例系数 a, P_M 是饱和值, 该微分方程也是逻辑斯谛方程, 其通解是

$$P = \frac{P_M}{1 + \dfrac{1}{C}\mathrm{e}^{-kt}}.$$

将 $t = 0, P = P_0$ 代入上式, 得 $C = \dfrac{P_0}{P_M - P_0}$, 于是有人口增长模型

$$P = \frac{P_M}{1+\left(\dfrac{P_M}{P_0}-1\right)e^{-kt}}.$$

显然,有

$$\lim_{t\to+\infty} P = \lim_{t\to+\infty}\frac{P_M}{1+\left(\dfrac{P_M}{P_0}-1\right)e^{-kt}} = P_M.$$

若适当选择模型中的参数 k,可利用该模型预测未来人口数.实际上,除人口外,上述模型还可用来讨论一般生物群的变化规律.

例 4 经济增长模型.

设 $Y=Y(t)$ 为 t 时刻的国民总收入,$K=K(t)$ 为 t 时刻的资本存量,$L=L(t)$ 为 t 时刻的劳力数.现有如下经济增长模型

$$\begin{cases} Y = AK^\alpha L^{1-\alpha}, & (2)\\ \dfrac{dK}{dt} = sY, & (3)\\ L = L_0 e^{rt}, & (4) \end{cases}$$

其中 A,s,L_0,r 均为正常数,$\alpha\in(0,1)$. s 为边际储蓄倾向,L_0 为初始($t=0$ 时)劳力数,r 为劳力增长率,(2)式为生产函数.

(1) 设 $K(0)=K_0$,求资本函数 $K=K(t)$;

(2) 求 $\lim\limits_{t\to+\infty}\dfrac{K}{L}$;

(3) 求 $\lim\limits_{t\to+\infty}\dfrac{Y}{L}$.

解 (1) 先导出未知函数 $K(t)$ 满足的微分方程.

将(4)式代入(2)式得

$$Y = AK^\alpha L_0^{1-\alpha} e^{(1-\alpha)rt},$$

再将该式代入(3)式得

$$\frac{dK}{dt} = sAK^\alpha L_0^{1-\alpha} e^{(1-\alpha)rt}.$$

这是可分离变量的微分方程.分离变量

$$\frac{1}{K^\alpha}dK = sAL_0^{1-\alpha} e^{(1-\alpha)rt}dt,$$

两端积分,可得其通解为

$$K^{1-\alpha} = \frac{sA}{r}L_0^{1-\alpha} e^{(1-\alpha)rt} + C.$$

由 $K(0)=K_0$,确定任意常数 $C = K_0^{1-\alpha} - \dfrac{sA}{r}L_0^{1-\alpha}$.于是,得到资本函数

$$K = K(t) = \left[\frac{sA}{r}L_0^{1-\alpha}(e^{(1-\alpha)rt} - 1) + K_0^{1-\alpha}\right]^{\frac{1}{1-\alpha}}.$$

(2) 由于 $1-\alpha > 0, K_0$ 是常数,且

$$\frac{K}{L} = \left[\frac{\frac{sA}{r}L_0^{1-\alpha}(e^{(1-\alpha)rt} - 1) + K_0^{1-\alpha}}{L_0^{1-\alpha}e^{(1-\alpha)rt}}\right]^{\frac{1}{1-\alpha}}$$

$$= \left[\frac{sA}{r} - \frac{sA}{r}\frac{1}{e^{(1-\alpha)rt}} + \left(\frac{K_0}{L_0}\right)^{1-\alpha}\frac{1}{e^{(1-\alpha)rt}}\right]^{\frac{1}{1-\alpha}},$$

所以

$$\lim_{t \to +\infty}\frac{K}{L} = \left(\frac{sA}{r}\right)^{\frac{1}{1-\alpha}}. \tag{5}$$

(3) 由于 $Y = Ak^\alpha L^{1-\alpha}$,所以

$$\frac{Y}{L} = AK^\alpha L^{-\alpha} = A\left(\frac{K}{L}\right)^\alpha,$$

从而,由(5)式知

$$\lim_{t \to +\infty}\frac{Y}{L} = A\left(\frac{sA}{r}\right)^{\frac{\alpha}{1-\alpha}}.$$

注 $\dfrac{K}{L}$ 是资本-劳力比率,即人均占有的资本,它的永久平均值是 $\left(\dfrac{sA}{r}\right)^{\frac{1}{1-\alpha}}$.

$\dfrac{Y}{K}$ 是收入-劳力比率,即人均收入,它的永久平均值是 $A\left(\dfrac{sA}{r}\right)^{\frac{\alpha}{1-\alpha}}$.

例 5 价格调整模型.

已知某商品的需求函数与供给函数分别为

$$Q_d = a - bP \quad (a, b > 0),$$
$$Q_s = -c + dP \quad (c, d > 0).$$

(1) 确定市场处于均衡状态时,商品的价格;

(2) 设 $P = P(t)$,且 $P(t)$ 的变化率与超额需求成正比,又商品的初始价格为 P_0,求 $P(t)$ 的表达式;

(3) 求 $\lim\limits_{t \to +\infty} P(t)$.

分析 (1) 当供给量与需求量相等时,市场处于均衡状态.

(2) 市场不均衡时,$Q_d \neq Q_s$,价格 P 由需求与供给的相对力量支配:当 $Q_d > Q_s$ 时,供不应求,价格上涨;当 $Q_d < Q_s$ 时,供过于求,价格下降. $Q_d - Q_s$ 称为超额需求.

这样,市场由不均衡达到均衡,必须经过调整,在调整过程中,价格 P 可看做是时间 t 的函数,并假设 $P(t)$ 的变化率与这一时刻的超额需求成正比.

解 (1) 由

$$Q_d = Q_s, \quad 即 \quad a - bP = -c + dP$$

解得均衡价格 $\overline{P}=\dfrac{a+c}{b+d}$.

(2) 由题设,有市场动态均衡模型

$$\begin{cases} Q_d = a - bP & (a,b>0), \quad (6)\\ Q_s = -c + dP & (c,d>0), \quad (7)\\ \dfrac{dP}{dt} = \alpha(Q_d - Q_s) & (\alpha>0), \quad (8)\\ P|_{t=0} = P_0, \end{cases}$$

其中 $\alpha>0$ 是调节系数,因 P 是 t 的函数,所以,Q_d 和 Q_s 也是 t 的函数.

将 Q_d 与 Q_s 的表达式代入(8)式中,整理,得一阶线性微分方程

$$\dfrac{dP}{dt} + \alpha(b+d)P = \alpha(a+c).$$

易求得其通解为

$$P(t) = Ce^{-\alpha(b+d)t} + \overline{P},$$

其中,C 是任意常数,$\overline{P}$ 是前面解得的均衡价格.

由初值条件 $P|_{t=0}=P_0$,可得 $C=P_0-\overline{P}$. 若记 $k=\alpha(b+d)$,于是价格调整模型的解为

$$P(t) = (P_0 - \overline{P})e^{-kt} + \overline{P}.$$

(3) $\lim\limits_{t\to+\infty} P(t) = \lim\limits_{t\to+\infty}[(P_0-\overline{P})e^{-kt}+\overline{P}] = \overline{P}$.

不论是初始价格 $P_0>\overline{P}$ 还是 $P_0<\overline{P}$,当 $t\to+\infty$ 时,都有 $P(t)\to\overline{P}$,如图 8-3 所示.

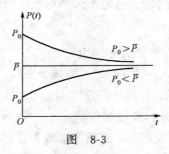

图 8-3

习 题 8.5

1. 已知某商品的需求价格弹性 $E_d = \dfrac{P}{P-25}$,且该商品的最大需求量为 100,试求需求函数 $Q=\varphi(P)$.

2. 在理想情形下,人口数以常数比率增长,若某地区人口在 1990 年为 3000 万,在 2000 年为 3800 万,试确定在 2020 年的人口数.

3. 某公司的净资产(单位:万元)因资产本身产生的利息以 5% 的年利率增加,同时公司每年还必须以 200 万元的数额连续支付职工的工资:

(1) 列出描述净资产 W 的微分方程;

(2) 假设公司的初始净资产为 W_0(单位:万元),求净资产 $W(t)$ 的表达式;

(3) 求当初始净资产 W_0 分别为 3000 万元，4000 万元和 5000 万元的特解，并解释今后公司净资产的变化特点。

4. 设一机械设备在任意时刻 t 以常数比率贬值。若设备全新时价值 10000 元，5 年末价值 6000 元，求该设备在出厂 20 年末的价值。

5. 在某一地区，一种新产品推向市场，t 时刻的销售量为 $Q(t)$。统计表明，该产品的最大需求量为 N，且产品销售的速度与 $Q(t)$ 及潜在的销售数量 $N-Q(t)$ 都成正比。试确定 $Q(t)$ 满足的微分方程，并求解微分方程。

6. 某养鱼池最多养 1000 条鱼，鱼数 y 是时间 t 的函数，且鱼的数目的变化速度与 y 及 $1000-y$ 的乘积成正比。现养鱼 100 条，3 个月后为 250 条，求函数 $y=y(t)$，以及 6 个月后养鱼池里鱼的数目。

7. 欲订购货物，设库存费 E 随订购货物体积 V 增加而增加。若其变化率等于库存费的平方与体积的平方和除以两倍的库存费与体积乘积之商，且当 $V=1$ 时，$E=3$，求 E 与 V 之间的函数关系。

8. 某制造公司根据经验发现，其设备的运行和维修成本 C 与大修间隔时间 t 的关系如下
$$\frac{dC}{dt} - \frac{b-1}{t}C = -\frac{ab}{t^2},$$
式中，a,b 是常数且 $a>0, b>1$。又当 $t=t_0$ 时，$C=C_0$，求 $C(t)$。

9. 制造和销售成本 C 与件数 Q 的关系用如下方程表示
$$\frac{dC}{dQ} + aC = b + kQ,$$
式中 a,b,k 都是常数。又当 $Q=0$ 时，$C=0$，求函数 $C(Q)$。

10. 设 $Y=Y(t),D=D(t)$ 分别为 t 时刻的国民收入和国民债务，有如下经济模型
$$\begin{cases} \dfrac{dY}{dt} = \rho Y, & \rho > 0 \text{ 为常数}, \\ \dfrac{dD}{dt} = kY, & k > 0 \text{ 为常数}. \end{cases}$$
(1) 若 $Y(0)=Y_0, D(0)=D_0$，求 $Y(t), D(t)$；

(2) 求 $\lim\limits_{t\to+\infty} \dfrac{D(t)}{Y(t)}$。

11. 设 $C=C(t)$ 表示某台机器的修理和运行成本，$S=S(t)$ 是该机器的残留价值，它们满足方程
$$\begin{cases} \dfrac{dC}{dt} = \dfrac{\alpha}{S(t)} + \beta, \\ \dfrac{dS}{dt} = -\lambda S(t), \end{cases}$$
其中 α, β, λ 都是正数，若 $S(0)=S_0, C(0)=C_0$，求 $S(t)$ 和 $C(t)$。

12. 设 $C=C(t), I=I(t), Y=Y(t)$ 分别表示在 t 时刻的消费、投资和国民收入。现有如下国民经济收支模型：
$$\begin{cases} Y = C + I, & (1) \\ C = a + bY, & (2) \\ I = kC', & (3) \end{cases}$$
其中，(2)式是消费函数，$a>0$ 是自发消费，b 是边际消费倾向，$0<b<1$。(3)式说明，投资不是由消费决定，而是由消费的变动，从而由收入的变动决定，$k>0$ 是常数。

(1) 设 $Y(0)=Y_0$，求 $Y(t), I(t)$； (2) 求极限 $\lim\limits_{t\to+\infty} \dfrac{Y(t)}{I(t)}$。

总习题八

1. 填空题：

(1) 方程 $e^{y'} = x$ 的通解是_____；

(2) 若连续函数 $f(x)$ 满足关系式 $f(x) = \int_0^{2x} f\left(\dfrac{t}{2}\right) dt + \ln 2$，则 $f(x) =$ _____；

(3) 若函数 $\sin^2 x, \cos^2 x$ 都是方程 $y'' + p(x)y' + q(x)y = 0$ 的解，则 $p(x) =$ _____，$q(x) =$ _____；

(4) 线性无关的函数 $y_1(x), y_2(x), y_3(x)$ 都是方程 $y'' + p(x)y' + q(x)y = f(x)$ 的解，则该方程的通解是_____。

2. 单项选择题：

(1) 设 y^* 是方程 $y' + P(x)y = Q(x)$ 的一个特解，C 是任意常数，则该方程的通解是( )；

(A) $y = y^* + e^{-\int P(x)dx}$ (B) $y = y^* + Ce^{-\int P(x)dx}$

(C) $y = y^* + e^{-\int P(x)dx} + C$ (D) $y = y^* + Ce^{\int P(x)dx}$

(2) 已知 $r_1 = 0, r_2 = 4$ 是方程 $y'' + py' + qy = 0$ (p, q 是常数) 的特征方程的两个根，则该方程是( )；

(A) $y'' + 4y' = 0$ (B) $y'' - 4y' = 0$

(C) $y'' + 4y = 0$ (D) $y'' - 4y = 0$

(3) 设 $p > 0$，方程 $y'' + py' + qy = 0$ 的所有解当 $x \to +\infty$ 时，都趋于零，则( )；

(A) $q > 0$ (B) $q \geq 0$

(C) $q < 0$ (D) $q \leq 0$

(4) 设 $y(x)$ 是方程 $y'' - y' - e^{\sin x} = 0$ 的解，且 $y'(x_0) = 0$，则 $y(x)$ ( )。

(A) 在 $U(x_0)$ 内单调增   (B) 在 $U(x_0)$ 内单调减

(C) 在 x_0 处取得极小值   (D) 在 x_0 处取得极大值

3. 求方程 $y' = \sqrt{|y|}$ 的通解。

4. 已知方程 $y' = \dfrac{y}{x} + \varphi\left(\dfrac{x}{y}\right)$ 有通解 $y = \dfrac{x}{(\ln Cx)^{\frac{1}{2}}}$，求 $\varphi(x)$。

5. 求下列微分方程的通解：

(1) $y' + f'(x)y = f(x)f'(x)$，其中 $f(x), f'(x)$ 为已知连续函数；

(2) $f'(y)y' + P(x)f(y) = Q(x)$，其中 $f(y), f'(y), P(x), Q(x)$ 为已知连续函数。

6. 求方程 $y' + xy = Q(x)$ 的通解和满足 $y|_{x=0} = 0$ 的连续解，其中 $Q(x) = \begin{cases} x, & 0 \leq x \leq 1, \\ 0, & x > 1. \end{cases}$

7. 利用变量代换，求下列非线性微分方程的通解：

(1) $y' \cos y + \sin y = x + 1$；   (2) $y' = y(e^x + \ln y)$。

8. 求满足下列方程的可微函数 $f(x)$：

(1) $f(x) + x^2 = \int_a^x t f(t) dt$；   (2) $nf(x) = \int_0^1 f(xt) dt$。

9. 求微分方程 $y'' + \lambda^2 y = \sin x$ ($\lambda > 0$) 的通解。

10. 就参数 λ 取不同的值写出方程 $y'' - 2y' + \lambda y = e^x \sin 2x$ 的特解。

第九章 差分方程初步

在经济分析与企业管理中,许多经济数据都是以等间隔时间周期统计的.例如,银行中的定期存款按所设定的时间间隔计息,国民收入按年统计等.这些量是变量,通常称这类变量为离散型变量.描述离散型变量之间关系的数学模型称为离散型模型.对取值是离散化的经济变量,差分方程是研究它们之间变化规律的有效方法.

本章介绍差分方程的基本概念,常系数线性差分方程的解法及其在经济学中的简单应用.

差分方程的基本概念、解的基本定理及其解法与微分方程的基本概念、解的基本定理及其解法极其类似,可对照微分方程的知识学习本章内容.

§9.1 差分方程的基本概念

一、差分概念

设 A_0 是初始存款($t=0$ 时的存款,单位:年),年利率为 $r(0<r<1)$.若以一年为 1 期,按复利计息,则 t 年末的本利和 A_t 是 t 的函数,记做 $A_t=f(t)$,显然有下式

$$A_{t+1} = A_t + rA_t, \quad t = 0, 1, 2, \cdots. \tag{1}$$

若将上式写做

$$A_{t+1} - A_t = rA_t \quad 或 \quad f(t+1) - f(t) = rf(t), \quad t = 0, 1, 2, \cdots,$$

则等式左端就是相邻两年本利和的改变量.若记

$$\Delta A_t = A_{t+1} - A_t \quad 或 \quad \Delta f(t) = f(t+1) - f(t),$$

则上式称为函数 $f(t)$ 在时刻 t 的差分.

对离散型变量,差分是一个重要概念.一般如下定义.

设自变量 t 取离散的等间隔的整数值:$t=0, \pm 1, \pm 2, \cdots$,$y_t$ 是 t 的函数,记做 $y_t=f(t)$.显然,y_t 的取值是一个序列.

当自变量由 t 改变到 $t+1$ 时,**相应的函数值之差称为函数 $y_t=f(t)$ 在 t 的一阶差分**,记做 Δy_t,即

$$\Delta y_t = y_{t+1} - y_t = f(t+1) - f(t).$$

按一阶差分的定义,可以定义函数的高阶差分.

函数 $y_t=f(t)$ 在 t 的**一阶差分的差分定义为该函数在 t 的二阶差分**,记做 $\Delta^2 y_t$,即

$$\Delta^2 y_t = \Delta(\Delta y_t) = \Delta y_{t+1} - \Delta y_t = (y_{t+2} - y_{t+1}) - (y_{t+1} - y_t)$$

$$= y_{t+2} - 2y_{t+1} + y_t.$$

依次定义函数 $y_t=f(t)$ 在 t 的三阶差分为

$$\Delta^3 y_t = \Delta(\Delta^2 y_t) = \Delta^2 y_{t+1} - \Delta^2 y_t = \Delta y_{t+2} - 2\Delta y_{t+1} + \Delta y_t$$
$$= y_{t+3} - 3y_{t+2} + 3y_{t+1} - y_t.$$

一般,定义函数 $y_t=f(t)$ 在 t 的 n 阶差分为

$$\Delta^n y_t = \Delta(\Delta^{n-1} y_t) = \Delta^{n-1} y_{t+1} - \Delta^{n-1} y_t$$
$$= \sum_{k=0}^{n} (-1)^k \frac{n(n-1)\cdots(n-k+1)}{k!} y_{t+n-k}$$
$$= \sum_{k=0}^{n} (-1)^k \frac{n!}{k!(n-k)!} y_{t+n-k}.$$

上式表明,函数 $y_t=f(t)$ 在 t 的 n 阶差分是该函数的 n 个函数值 $y_{t+n}, y_{t+n-1}, \cdots, y_{t+1}, y_t$ 的线性组合.

由于函数 $y_t=f(t)$ 的函数值是一个序列,按一阶差分的定义,它是序列的相邻值之差. 自然,一阶差分就能量度序列的变化情况:当 $\Delta y_t > 0$ 时,表明序列是增加的;当 $\Delta y_t < 0$ 时,表明序列是减少的. 同样,二阶差分的符号能量度一阶差分的增加或减少,自然,它也能量度序列的变化情况:当 $\Delta^2 y_t > 0$ 时,表明序列变化的速度在增大;当 $\Delta^2 y_t < 0$ 时,表明序列变化的速度在减少.

例 1 设 $y_t = t^2 - 3t + 1$,求 $\Delta y_t, \Delta^2 y_t$.

解 $\Delta y_t = y_{t+1} - y_t = [(t+1)^2 - 3(t+1) + 1] - (t^2 - 3t + 1) = 2t - 2.$
$\Delta^2 y_t = \Delta(\Delta y_t) = \Delta y_{t+1} - \Delta y_t = [2(t+1) - 2] - (2t - 2) = 2.$

二、差分方程的基本概念

在上述存款问题中,若用函数 $A_t = f(t)$ 在 t 的差分 $\Delta A_t = A_{t+1} - A_t$ 形式表示(1)式,则有

$$\Delta A_t = rA_t, \quad t = 0, 1, 2, \cdots. \tag{2}$$

若将 A_0 和 r 作为已知条件,并用此来确定 t 年末的本利和,则 $A_t = f(t)$ 是一个未知函数. 我们已经知道可由下式算出 A_t:

$$A_t = (1+r)^t A_0, \quad t = 0, 1, 2, \cdots. \tag{3}$$

在(1)式和(2)式中,因含有未知函数 $A_t = f(t)$,这是一个函数方程;又,在方程(1)中含有两个未知函数的函数值 A_t 和 A_{t+1},在方程(2)中含有未知函数的差分 ΔA_t. 像这样的函数方程称为**差分方程**,以下简称为**方程**. 在方程(1)中,未知函数下标的最大差数是 1,即 $(t+1)-t=1$,在方程(2)中,仅含未知函数 $A_t=f(t)$ 的**一阶差分**,故方程(1)或(2)称为**一阶差分方程**.

上述(3)式,是 A_t 与 t 之间的函数关系式,就是要求的未知函数,它满足差分方程(1)或

(2),这个函数称为该**差分方程的解**.

由上述例题分析,差分方程的基本概念如下叙述.

联系自变量,未知函数及未知函数的差分的函数方程,称为**差分方程**.

由于差分方程中必须含有未知函数的差分(自变量、未知函数可以不显含),简言之,含有未知函数的差分的函数方程称为**差分方程**.

按函数差分定义,任意阶的差分都可表示为函数 $y_t = f(t)$ 在不同点的函数值的线性组合. 故差分方程又可定义为:

联系自变量和多个点的未知函数值的方程称为**差分方程**.

例如,以下都是差分方程:

$$\Delta y_t + 2y_t - 3 = 0, \tag{4}$$

$$\Delta^2 y_t - 3\Delta y_t - 5 = 0, \tag{5}$$

$$\Delta^3 y_t + y_t + 3 = 0. \tag{6}$$

若用函数 $y_t = f(t)$ 的不同点的函数值的线性组合表示上述各差分方程,则分别为

$$y_{t+1} + y_t - 3 = 0, \tag{4'}$$

$$y_{t+2} - 5y_{t+1} + 4y_t - 5 = 0, \tag{5'}$$

$$y_{t+3} - 3y_{t+2} + 3y_{t+1} + 3 = 0. \tag{6'}$$

差分方程中实际所含差分的**最高阶数**,称为**差分方程的阶数**. 或者说,差分方程中未知函数下标的**最大差数**,称为**差分方程的阶数**.

例如,(4)式或(4')式是一阶差分方程;(5)式或(5')式是二阶差分方程. 从形式上看,(6)式是三阶差分方程. 但(6)式可化为

$$\Delta^2 y_t - \Delta y_t + y_t + 3 = 0.$$

即(6)式实际上所含差分的最高阶数是二阶,即它是二阶差分方程. 若从(6')式看,方程中未知函数下标的最大差数是 2,这显然是二阶差分方程.

由上述定义,n 阶差分方程的一般形式为

$$\Phi(t, y_t, \Delta y_t, \Delta^2 y_t, \cdots, \Delta^n y_t) = 0 \tag{7}$$

或

$$F(t, y_t, y_{t+1}, \cdots, y_{t+n}) = 0, \tag{8}$$

其中,(7)式中必须实际含有 $\Delta^n y_t$,(8)式中必须含有 y_t 和 y_{t+n}.

由于经济学中经常遇到的是形如(8)式的差分方程,所以我们只讨论这种形式的差分方程.

若把一个函数 $y_t = \varphi(t)$ 代入差分方程中,使其成为恒等式,则称**函数** $y_t = \varphi(t)$ **为差分方程的解**.

含有任意常数的个数等于差分方程的阶数的解,称为**差分方程的通解**;给任意常数以确定值的解,称为**差分方程的特解**.

用以确定通解中任意常数的条件通常称为**初值条件**. 一阶差分方程的初值条件为一个，一般是 $y_0=a_0$ (a_0 是常数)；二阶差分方程的初值条件为两个，一般是 $y_0=a_0, y_1=a_1$ (a_0,a_1 是常数)；依此类推.

例 2 验证函数 $y_t=C+2t$ (C 是任意常数)是一阶差分方程 $y_{t+1}-y_t=2$ 的通解，并求满足初值条件 $y_0=1$ 的特解.

解 将 $y_t=C+2t, y_{t+1}=C+2(t+1)$ 代入所给方程，有
$$C+2(t+1)-C-2t=2,$$
显然，这是恒等式，即 $y_t=C+2t$ 是所给方程的解. 由于在该解中含有一个任意常数，故是所给一阶差分方程的通解.

将 $y_0=1$ 代入通解中，可得 $C=1$，于是所求特解为 $y_t=1+2t$.

这里要指出，在差分方程中，若保持自变量 t 的滞后结构不变，而将 t 向前或推后一个相同的间隔，所得到的新的差分方程与原差分方程有相同的解，即它们是等价的. 例如，方程
$$ay_{t+4}+by_{t+3}+c=0 \quad \text{与} \quad ay_{t+1}+by_t+c=0$$
是等价的. 基于这个原因，在求解差分方程时，可根据需要或方便，将方程中不同点的未知函数的下标均移动相同的值.

习 题 9.1

1. 求下列函数的差分：
   (1) $y_t=C$，求 Δy_t；
   (2) $y_t=3^t$，求 $\Delta^2 y_t$；
   (3) $y_t=2t^2-3$，求 $\Delta^2 y_t$；
   (4) $y_t=\ln(1+t)$，求 $\Delta^3 y_t$.

2. 将下列差分方程化成用函数值形式表示的方程，并指出方程的阶数：
   (1) $\Delta y_t - 2y_t - 5 = 0$；
   (2) $\Delta^2 y_t - 3\Delta y_t - 3y_t - t = 0$；
   (3) $\Delta^3 y_t - 2\Delta^2 y_t - 3y_t = -2(t+1)$；
   (4) $\Delta^3 y_t + y_t + 2 = 0$.

3. 将差分方程化成以函数差分表示的形式：
   (1) $y_{t+1}+y_t-3=0$；
   (2) $y_{t+2}-5y_{t+1}+y_t-2=0$.

4. 试证下列函数是所给差分方程的解：
   (1) $y_t=C+2t+t^2$, $y_{t+1}-y_t=3+2t$；
   (2) $y_t=C_1(-2)^t+C_2 3^t$, $y_{t+2}-y_{t+1}-6y_t=0$；
   (3) $y_t=\dfrac{C}{1+Ct}$, $y_{t+1}=\dfrac{y_t}{1+y_t}$，并求 $y_0=-4$ 的特解；
   (4) $y_t=(C_1+C_2 t)5^t+\dfrac{1}{4}3^t$, $y_{t+2}-10y_{t+1}+25y_t=3^t$，并求 $y_0=1, y_1=0$ 的特解.

5. 已知 $y_t=C_1+C_2 a^t$ 是差分方程 $y_{t+2}-3y_{t+1}+2y_t=0$ 的通解，试确定常数 a.

§9.2 常系数线性差分方程

本节先概述线性差分方程的解的基本定理，然后讲述常系数线性差分方程的解法.

一、线性差分方程解的基本定理

这里我们以二阶线性差分方程叙述解的基本定理,任何阶(包括一阶)线性差分方程都有类似定理.

二阶线性差分方程的一般形式为
$$y_{t+2} + a(t)y_{t+1} + b(t)y_t = f(t), \tag{1}$$
其中 $a(t), b(t)$ 和 $f(t)$ 均为 t 的已知函数,且 $b(t) \neq 0$. 若 $f(t) \not\equiv 0$,则(1)式称为**二阶非齐次线性差分方程**;若 $f(x) \equiv 0$,则(1)式变为
$$y_{t+2} + a(t)y_{t+1} + b(t)y_t = 0. \tag{2}$$
(2)式称为与(1)式相对应的**二阶齐次线性差分方程**.

定理 1 若函数 $y_1(t), y_2(t)$ 是二阶齐次线性差分方程(2)的解,则
$$y(t) = C_1 y_1(t) + C_2 y_2(t)$$
也是**该方程的解**,其中 C_1, C_2 是任意常数.

定理 2(齐次线性差分方程解的结构定理) 若函数 $y_1(t), y_2(t)$ 是二阶齐次线性差分方程(2)的线性无关的特解,则
$$y_C(t) = C_1 y_1(t) + C_2 y_2(t)$$
是**该方程的通解**,其中 C_1, C_2 是任意常数.

定理 3(非齐次线性差分方程解的结构定理) 若 $y^*(t)$ 是二阶非齐次线性差分方程(1)的一个特解,$y_C(t)$ 是齐次线性差分方程(2)的通解,则**差分方程(1)的通解**是
$$y_t = y_C(t) + y^*(t).$$

例 1 由于函数 $y_1(t) = 3^t, y_2(t) = t3^t$ 都是齐次差分方程
$$y_{t+2} - 6y_{t+1} + 9y_t = 0$$
的解,且它们线性无关,由定理 2 知,该方程的通解是
$$y_C(t) = C_1 3^t + C_2 t 3^t = (C_1 + C_2 t)3^t \quad (C_1, C_2 \text{是任意常数}).$$
又知,函数 $y^*(t) = \frac{1}{18} t^2 3^t$ 是非齐次差分方程
$$y_{t+2} - 6y_{t+1} + 9y_t = 3^t$$
的特解,故根据定理 3,该方程的通解是
$$y_t = y_C(t) + y^*(t) = (C_1 + C_2 t)3^t + \frac{1}{18} t^2 3^t.$$

定理 4(解的叠加原理) 若函数 $y_1^*(t), y_2^*(t)$ 分别是二阶非齐次线性差分方程
$$y_{t+2} + a(t)y_{t+1} + b(t)y_t = f_1(t)$$
与
$$y_{t+2} + a(t)y_{t+1} + b(t)y_t = f_2(t)$$
的特解,则 $y_1^*(t) + y_2^*(t)$ 是差分方程
$$y_{t+2} + a(t)y_{t+1} + b(t)y_t = f_1(t) + f_2(t)$$

的特解.

按定理 2 和定理 3,求解常系数非齐次线性差分方程的**解题程序**是:

(1) 求齐次线性差分方程的通解 $y_C(t)$;

(2) 求非齐次线性差分方程的一个特解 $y^*(t)$,

则非齐次线性差分方程的通解就是

$$y_t = y_C(t) + y^*(t).$$

二、一阶常系数线性差分方程的解法

一阶常系数非齐次线性差分方程的一般形式为

$$y_{t+1} + a y_t = f(t), \tag{3}$$

其中 a 为已知常数,且 $a \neq 0$,$f(t)$ 为已知函数.与方程(3)相对应的一阶齐次线性差分方程为

$$y_{t+1} + a y_t = 0. \tag{4}$$

1. 求齐次线性差分方程的通解

为了求出一阶齐次差分方程(4)的通解,按上述定理 2,只要求出其一个非零的特解即可.注意到方程(4)的特点,y_{t+1} 是 y_t 的常数倍,而函数 $\lambda^{t+1} = \lambda \cdot \lambda^t$ 满足这个特点.不妨设方程有形如下式的特解

$$y_t = \lambda^t,$$

其中 λ 是非零待定常数.将其代入方程(4),有

$$\lambda^{t+1} + a\lambda^t = 0, \quad 即 \quad \lambda^t(\lambda + a) = 0.$$

因 $\lambda^t \neq 0$,故 $y_t = \lambda^t$ 是方程(4)的解的充要条件是

$$\lambda + a = 0.$$

显然,$\lambda = -a$,即一阶齐次差分方程(4)的非零特解为

$$y_t = (-a)^t.$$

从而其通解为

$$y_C(t) = C(-a)^t \quad (C \text{ 为任意常数}).$$

称一次代数方程 $\lambda + a = 0$ 为差分方程(3)或(4)的**特征方程**;特征方程的根称为**特征根**或**特征值**.

2. 求非齐次线性差分方程的特解和通解

下面就函数 $f(t)$ 的常见形式用**待定系数法**求非齐次差分方程(3)的特解.

根据 $f(t)$ 的形式,按表 9.1 确定待定特解的形式,比较方程两端的系数,可得到特解 $y^*(t)$.

表 9.1

$f(t)$的形式	确定待定特解的条件	待定特解的形式	
$\rho^t P_m(t)\,(\rho>0)$ $P_m(t)$是m次多项式	ρ 不是特征根	$\rho^t Q_m(t)$	$Q_m(t)$是m次多项式
	ρ 是特征根	$\rho^t t Q_m(t)$	
$\rho^t(a\cos\theta t+b\sin\theta t)$ $(\rho>0)$	令 $\delta=\rho(\cos\theta+i\sin\theta)$	δ 不是特征根	$\rho^t(A\cos\theta t+B\sin\theta t)$
		δ 是特征根	$\rho^t t(A\cos\theta t+B\sin\theta t)$

注 当 $f(t)=\rho^t(a\cos\theta t+b\sin\theta t)$时，因 ρ 和 θ 为已知，令
$$\delta=\rho(\cos\theta+i\sin\theta),$$
可计算出 δ.

例 2 求差分方程 $y_{t+1}-y_t=2^t t$ 的通解.

解 特征方程为 $\lambda-1=0$，特征根 $\lambda=1$，齐次差分方程的通解为
$$y_C(t)=C\cdot 1^t=C.$$
$f(t)=2^t t=\rho^t P_1(t)$，因 $\rho=2$ 不是特征根，设非齐次差分方程有特解
$$y^*(t)=2^t(B_0+B_1 t).$$
将其代入已知方程，有
$$2^{t+1}[B_0+B_1(t+1)]-2^t(B_0+B_1 t)=2^t t.$$
等式两端消去 2^t，并整理，得
$$B_0+2B_1+B_1 t=t.$$
比较关于 t 的同次幂系数，可解得 $B_0=-2$，$B_1=1$，故 $y^*(t)=2^t(t-2)$.

于是，所求通解为
$$y_t=y_C+y^*=C+2^t(t-2)\quad (C\text{ 为任意常数}).$$

例 3 求差分方程 $2y_{t+1}-6y_t=3^t$ 的通解.

解 已知方程可写做 $y_{t+1}-3y_t=\dfrac{1}{2}3^t$. 特征根 $\lambda=3$，齐次差分方程的通解为
$$y_C(t)=C3^t.$$
$f(t)=\dfrac{1}{2}3^t=\rho^t P_0(t)$，因 $\rho=3$ 是特征根，设非齐次差分方程的特解
$$y^*(t)=B3^t t.$$
将其代入已知方程，有
$$B3^{t+1}(t+1)-3B3^t t=\dfrac{1}{2}3^t,$$
可解得 $B=\dfrac{1}{6}$，故 $y^*(t)=\dfrac{1}{6}3^t t$.

于是，所求通解为
$$y_t=y_C+y^*=C3^t+\dfrac{t}{6}3^t\quad (C\text{ 为任意常数}).$$

例 4 求差分方程 $2y_{t+1}-y_t=2+t$ 满足初值条件 $y_0=4$ 的特解.

解 方程可写做 $y_{t+1}-\frac{1}{2}y_t=1+\frac{1}{2}t$. 特征根 $\lambda=\frac{1}{2}$, 齐次差分方程的通解为
$$y_C(t)=C\left(\frac{1}{2}\right)^t.$$
$f(t)=1+\frac{1}{2}t=\rho^t P_1(t)$, 其中 $\rho=1$. 因 $\rho=1$ 不是特征根, 设非齐次差分方程的特解
$$y^*(t)=B_0+B_1 t.$$
将其代入已知方程, 有
$$2[B_0+B_1(t+1)]-(B_0+B_1 t)=2+t,$$
可解得 $B_0=0, B_1=1$, 故 $y^*(t)=t$. 已知方程的通解为
$$y_t=C\left(\frac{1}{2}\right)^t+t.$$
由 $y_0=4$ 可得 $C=4$, 于是所求特解
$$y_t=4\left(\frac{1}{2}\right)^t+t=\left(\frac{1}{2}\right)^{t-2}+t.$$

例 5 求差分方程 $y_{t+1}+y_t=\cos\pi t$ 的通解.

解 特征根 $\lambda=-1$, 齐次差分方程的通解 $y_C(t)=C(-1)^t$.
$f(t)=\cos\pi t=\rho^t(a\cos\theta t+b\sin\theta t)$, 其中 $a=1, b=0, \rho=1, \theta=\pi$. 令
$$\delta=\rho(\cos\theta+i\sin\theta)=\cos\pi+i\sin\pi=-1.$$
因 $\delta=-1$ 是特征根, 设非齐次差分方程的特解
$$y^*(t)=t(A\cos\pi t+B\sin\pi t).$$
将其代入原方程, 有
$$(t+1)[A\cos\pi(t+1)+B\sin\pi(t+1)]+t(A\cos\pi t+B\sin\pi t)=\cos\pi t. \tag{5}$$
因 $\cos\pi(t+1)=-\cos\pi t$, $\sin\pi(t+1)=-\sin\pi t$,
(5)式可化为
$$-A\cos\pi t-B\sin\pi t=\cos\pi t.$$
由此, $A=-1, B=0$, 故 $y^*(t)=-t\cos\pi t$.

于是, 所求通解
$$y_t=C(-1)^t-t\cos\pi t.$$

例 6 求差分方程 $y_{t+1}-2y_t=2^t\sin\frac{\pi}{2}t$ 的通解.

解 特征根 $\lambda=2$, 齐次差分方程的通解 $y_C(t)=C2^t$.
$f(t)=2^t\sin\frac{\pi}{2}t=\rho^t(a\cos\theta t+b\sin\theta t)$, 其中 $a=0, b=1, \rho=2, \theta=\frac{\pi}{2}$. 令
$$\delta=\rho(\cos\theta+i\sin\theta)=2\left(\cos\frac{\pi}{2}+i\sin\frac{\pi}{2}\right)=2i.$$
因 $\delta=2i$ 不是特征根, 设特解

$$y^*(t) = 2^t\left(A\cos\frac{\pi}{2}t + B\sin\frac{\pi}{2}t\right).$$

将其代入原方程,有

$$2^{t+1}\left[A\cos\frac{\pi}{2}(t+1) + B\sin\frac{\pi}{2}(t+1)\right]$$
$$- 2\cdot 2^t\left(A\cos\frac{\pi}{2}t + B\sin\frac{\pi}{2}t\right) = 2^t\sin\frac{\pi}{2}t. \tag{6}$$

因 $\cos\frac{\pi}{2}(t+1) = -\sin\frac{\pi}{2}t,\quad \sin\frac{\pi}{2}(t+1) = \cos\frac{\pi}{2}t,$

方程(6)可化为

$$(B-A)\cos\frac{\pi}{2}t - (A+B)\sin\frac{\pi}{2}t = \frac{1}{2}\sin\frac{\pi}{2}t.$$

可解得 $A = B = -\frac{1}{4}$,故 $y^*(t) = 2^t\left(-\frac{1}{4}\cos\frac{\pi}{2}t - \frac{1}{4}\sin\frac{\pi}{2}t\right).$

所求通解 $y_t = C2^t - 2^{t-2}\left(\cos\frac{\pi}{2}t + \sin\frac{\pi}{2}t\right)$ (C 为任意常数).

3. 迭代解法

一阶常系数非齐次线性差分方程(3)也可直接用迭代法求解.

将差分方程(3)写成迭代形式

$$y_{t+1} = (-a)y_t + f(t).$$

分别以 $t=0,1,2,\cdots$ 代入上式,得

$y_1 = (-a)y_0 + f(0),$

$y_2 = (-a)y_1 + f(1) = (-a)^2 y_0 + (-a)f(0) + f(1),$

$y_3 = (-a)y_2 + f(2) = (-a)^3 y_0 + (-a)^2 f(0) + (-a)f(1) + f(2),$

$\vdots$

$y_t = (-a)^t y_0 + (-a)^{t-1}f(0) + (-a)^{t-2}f(1) + \cdots + (-a)f(t-2) + f(t-1)$

$\quad = C(-a)^t + \sum_{k=0}^{t-1}(-a)^k f(t-k-1),$

其中 $C=y_0$ 是任意常数. 上式就是方程(3)的通解,其中第一项是方程(4)的通解,第二项是方程(3)的特解.

特别地,当 $f(t)=b$(常数)时,

若 $-a\neq 1$,由等比级数求和公式,$\sum_{k=0}^{t-1}(-a)^k b = b\frac{1-(-a)^t}{1+a}$,这时

$$y_t = C(-a)^t + b\frac{1-(-a)^t}{1+a} = \widetilde{C}(-a)^t + \frac{b}{1+a},\quad t=0,1,2,\cdots,$$

其中 $\widetilde{C} = C - \frac{b}{1+a}.$

若 $-a = 1, y_t = C + bt, t = 0,1,2,\cdots.$

综上所述,差分方程 $y_{t+1}+ay_t=b$ 的通解为

$$y_t = \begin{cases} \widetilde{C}(-a)^t + \dfrac{b}{1+a}, & a \neq -1, \\ C + bt, & a = -1. \end{cases}$$

例 7 求差分方程 $y_{t+1}-2y_t=3^t$ 的通解.

解 该方程中 $a=-2, f(t)=3^t$. 由通解表达式,所求通解

$$y_t = C2^t + \sum_{k=0}^{t-1} 2^k \cdot 3^{t-k-1} = C2^t + 3^{t-1} \sum_{k=0}^{t-1} \left(\frac{2}{3}\right)^k$$

$$= C2^t + 3^{t-1} \frac{1-\left(\dfrac{2}{3}\right)^t}{1-\dfrac{2}{3}} = \widetilde{C}2^t + 3^t,$$

其中 $\widetilde{C}=C-1$ 为任意常数.

三、二阶常系数线性差分方程的解法

二阶常系数非齐次线性差分方程的一般形式为

$$y_{t+2} + ay_{t+1} + by_t = f(t), \tag{7}$$

其中 a,b 为已知常数,且 $b\neq 0, f(t)$ 为已知函数.与方程(7)相对应的二阶齐次线性差分方程为

$$y_{t+2} + ay_{t+1} + by_t = 0. \tag{8}$$

1. 求齐次线性差分方程的通解

为了求出二阶齐次差分方程(8)的通解,按上述中定理 2,这就要求出其两个线性无关的特解.与一阶齐次差分方程同样分析,设方程(8)有特解

$$y_t = \lambda^t,$$

其中 λ 为非零待定常数.将其代入方程(8)中,有

$$\lambda^t(\lambda^2 + a\lambda + b) = 0.$$

因 $\lambda^t \neq 0$,故 $y_t = \lambda^t$ 为方程(8)的解的充要条件是

$$\lambda^2 + a\lambda + b = 0. \tag{9}$$

称二次代数方程(9)为差分方程(7)或(8)的**特征方程**.特征方程的根称为**特征根**或**特征值**.

按代数方程(9)的根的情况,分别讨论.

1.1 特征方程有相异实根 λ_1 与 λ_2 的情形

这时,方程(8)有两个特解 $y_1(t)=\lambda_1^t$ 与 $y_2(t)=\lambda_2^t$,且它们线性无关.于是,其通解是

$$y_C(t) = C_1\lambda_1^t + C_2\lambda_2^t \quad (C_1, C_2 \text{ 为任意常数}).$$

1.2 特征方程有重根 $\lambda=\lambda_1=\lambda_2$ 的情形

这时,$\lambda=-\dfrac{1}{2}a$,方程(8)有一个特解 $y_1(t)=\left(-\dfrac{1}{2}a\right)^t$.直接验证可知 $y_2(t)=t\left(-\dfrac{1}{2}a\right)^t$

也是方程(8)的一个特解.显然,$y_1(t)$与$y_2(t)$线性无关.于是,方程(8)的通解是
$$y_C(t) = (C_1 + C_2 t)\left(-\frac{1}{2}a\right)^t \quad (C_1,C_2 \text{ 为任意常数}).$$

1.3 特征方程有共轭复根 $\lambda_{1,2}=\alpha\pm i\beta$ 的情形

这时,$y_1(t)=(\alpha+i\beta)^t$与$y_2(t)=(\alpha-i\beta)^t$是方程(8)的两个特解,但它们是复数形式.可以验证,方程(8)有两个线性无关的实数形式的特解
$$\tilde{y}_1(t) = r^t\cos\omega t, \quad \tilde{y}_2(t) = r^t\sin\omega t,$$
其中,$r=\sqrt{b}=\sqrt{\alpha^2+\beta^2}$,$\omega$ 由 $\tan\omega=\dfrac{\beta}{\alpha}$ 确定,$\omega\in(0,\pi)$;$\alpha=0$ 时,$\omega=\dfrac{\pi}{2}$.

于是,方程(8)的通解是
$$y_C(t) = r^t(C_1\cos\omega t + C_2\sin\omega t) \quad (C_1,C_2 \text{ 为任意常数}).$$

综上所述,求齐次差分方程(8)的通解的**程序**是:

首先,写出其特征方程 $\lambda^2+a\lambda+b=0$,并求出特征根;

然后,由特征根的情形写出通解,如表 9.2.

表 9.2

特征方程	特征根	通解形式
$\lambda^2+a\lambda+b=0$	相异实根 λ_1,λ_2	$y_C(t)=C_1\lambda_1^t+C_2\lambda_2^t$
	相同实根 $\lambda=-\dfrac{a}{2}$	$y_C(t)=(C_1+C_2 t)\left(-\dfrac{a}{2}\right)^t$
	共轭复根 $\lambda_{1,2}=\alpha\pm i\beta$	令 $r=\sqrt{b}$,$\tan\omega=\dfrac{\beta}{\alpha}$;$\alpha=0$ 时,$\omega=\dfrac{\pi}{2}$ $y_C(t)=r^t(C_1\cos\omega t+C_2\sin\omega t)$

例 8 求差分方程 $y_{t+2}+y_{t+1}-6y_t=0$ 的通解.

解 所给差分方程的特征方程是
$$\lambda^2 + \lambda - 6 = 0,$$
它有相异实根 $\lambda_1=-3$,$\lambda_2=2$,于是所求通解是
$$y_C(t) = C_1(-3)^t + C_2 2^t \quad (C_1,C_2 \text{ 是任意常数}).$$

例 9 求差分方程 $y_{t+2}-2y_{t+1}+y_t=0$ 的通解.

解 特征方程是 $\lambda^2-2\lambda+1=0$,它有重根 $\lambda_1=\lambda_2=1$,于是所求通解是
$$y_C(t) = C_1 + C_2 t \quad (C_1,C_2 \text{ 是任意常数}).$$

例 10 求差分方程 $y_{t+2}-2y_{t+1}+2y_t=0$ 满足初值条件 $y_0=1$,$y_1=2$ 的特解.

解 特征方程是 $\lambda^2-2\lambda+2=0$,它有共轭复根 $\lambda_{1,2}=1\pm i$.

令 $r=\sqrt{2}$,由 $\tan\omega=\dfrac{1}{1}=1$ 得 $\omega=\dfrac{\pi}{4}$. 于是原方程的通解是
$$y_C(t) = (\sqrt{2})^t\left(C_1\cos\frac{\pi}{4}t + C_2\sin\frac{\pi}{4}t\right).$$

代入初值条件,有
$$1 = C_1, \quad 2 = \sqrt{2}\left(\frac{\sqrt{2}}{2}C_1 + \frac{\sqrt{2}}{2}C_2\right), \quad 即 \quad C_1 = 1, \quad C_2 = 1.$$

所求特解
$$y_t = (\sqrt{2})^t\left(\cos\frac{\pi}{4}t + \sin\frac{\pi}{4}t\right).$$

2. 求非齐次线性差分方程的特解和通解

下面就函数 $f(t)$ 的常见形式用**待定系数法**求非齐次差分方程(7)的特解.求特解的**程序**是:

(1) 根据方程(7)的 $f(t)$ 的形式写出待定特解 $y^*(t)$ 的形式,见表 9.3;

(2) 将 $y^*(t)$ 代入方程(7)中,得到一个恒等式;

(3) 比较等式两端的系数,可得到一个确定待定常数的方程或方程组,由此可解得待定常数的值;

(4) 写出方程(7)的特解 $y^*(t)$,进而写出方程(7)的通解 $y_t = y_C + y^*$.

表 9.3

$f(t)$ 的形式	确定待定特解的条件	待定特解的形式	
$\rho^t P_m(t)(\rho>0)$ $P_m(t)$ 是 m 次多项式	ρ 不是特征根	$\rho^t Q_m(t)$	$Q_m(t)$ 是 m 次多项式
	ρ 是单特征根	$\rho^t t Q_m(t)$	
	ρ 是 $k(k\geqslant 2)$ 重特征根	$\rho^t t^k Q_m(t)$	
$\rho^t(a\cos\theta t + b\sin\theta t)$ $(\rho>0)$	令 $\delta = \rho(\cos\theta + i\sin\theta)$	δ 不是特征根	$\rho^t(A\cos\theta t + B\sin\theta t)$
		δ 是单特征根	$\rho^t t(A\cos\theta t + B\sin\theta t)$
		δ 是 $k(k\geqslant 2)$ 重特征根	$\rho^t t^k(A\cos\theta t + B\sin\theta t)$

注 (1) 前述表 9.1 正是表 9.3 的特例.

(2) 表 9.3 适用于 $n(\geqslant 2)$ 阶常系数非齐次线性差分方程确定待定特解形式.对二阶差分方程,表中的 $k=2$.

例 11 求差分方程 $y_{t+2} + y_{t+1} - 6y_t = 2^t(5t+2)$ 的通解.

解 特征根是 $\lambda_1 = -3, \lambda_2 = 2$. $f(t) = 2^t(5t+2) = \rho^t P_1(t)$,因 $\rho=2$ 是单特征根,故设特解
$$y^*(t) = 2^t t(B_0 + B_1 t).$$

将其代入原方程,有
$$2^{t+2}(t+2)[B_0 + B_1(t+2)] + 2^{t+1}(t+1)[B_0 + B_1(t+1)]$$
$$- 6 \cdot 2^t t(B_0 + B_1 t) = 2^t(5t+2),$$

即
$$20B_1 t + 10B_0 + 18B_1 = 5t + 2.$$

由 $20B_1 = 5, 10B_0 + 18B_1 = 2$ 可解得 $B_0 = -\frac{1}{4}, B_1 = \frac{1}{4}$,故

$$y^*(t) = 2^t t\left(\frac{1}{4}t - \frac{1}{4}\right).$$

由例 8,于是所求通解

$$y_t = y_C + y^* = C_1(-3)^t + C_2 2^t + 2^{t-2}(t^2 - t).$$

例 12 求差分方程 $y_{t+2} - 2y_{t+1} + 2y_t = 3 \cdot 5^t$ 的通解.

解 特征根 $\lambda_{1,2} = 1 \pm i$. $f(t) = 3 \cdot 5^t = \rho^t P_0(t)$,因 $\rho = 5$ 不是特征根,设特解

$$y^*(t) = B \cdot 5^t.$$

将其代入原方程,有

$$B \cdot 5^{t+2} - 2B \cdot 5^{t+1} + 2B \cdot 5^t = 3 \cdot 5^t,$$

可解得 $B = \frac{3}{17}$,故 $y^*(t) = \frac{3}{17} 5^t$. 由例 10,于是所求通解

$$y_t = y_C + y^* = (\sqrt{2})^t \left(C_1 \cos \frac{\pi}{4} t + C_2 \sin \frac{\pi}{4} t\right) + \frac{3}{17} 5^t.$$

例 13 求差分方程 $y_{t+2} - 2y_{t+1} + y_t = 4$ 满足初值条件 $y_0 = 1, y_1 = 5$ 的特解.

解 特征根 $\lambda_1 = \lambda_2 = 1$. $f(t) = 4 = \rho^t P_0(t)$,因 $\rho = 1$ 是二重特征根,设特解

$$y^*(t) = Bt^2.$$

将其代入原方程,有

$$(t+2)^2 B - 2(t+1)^2 B + t^2 B = 4,$$

可解得 $B = 2$,故 $y^*(t) = 2t^2$. 由例 9,原方程的通解是

$$y_t = y_C + y^* = C_1 + C_2 t + 2t^2.$$

将初值条件代入上式,有

$$1 = C_1, \quad 5 = C_1 + C_2 + 2, \quad \text{即} \quad C_1 = 1, \quad C_2 = 2.$$

所求特解

$$y_t = 1 + 2t + 2t^2.$$

例 14 求差分方程 $y_{t+2} - 4y_{t+1} + 4y_t = 25\sin \frac{\pi}{2} t$ 的通解.

解 特征根 $\lambda_1 = \lambda_2 = 2$. $f(t) = 25\sin \frac{\pi}{2} t = \rho^t (a\cos\theta t + b\sin\theta t)$,因 $\rho = 1, \theta = \frac{\pi}{2}$,令

$$\delta = \rho(\cos\theta + i\sin\theta) = \cos\frac{\pi}{2} + i\sin\frac{\pi}{2} = i.$$

由于 $\delta = i$ 不是特征根,设特解

$$y^*(t) = A\cos\frac{\pi}{2}t + B\sin\frac{\pi}{2}t.$$

将其代入原方程,有

$$A\cos\frac{\pi}{2}(t+2) + B\sin\frac{\pi}{2}(t+2) - 4\left[A\cos\frac{\pi}{2}(t+1) + B\sin\frac{\pi}{2}(t+1)\right]$$
$$+ 4\left(A\cos\frac{\pi}{2}t + B\sin\frac{\pi}{2}t\right) = 25\sin\frac{\pi}{2}t.$$

用三角公式

$$\cos\left(\frac{\pi}{2}t+\pi\right)=-\cos\frac{\pi}{2}t, \quad \sin\left(\frac{\pi}{2}t+\pi\right)=-\sin\frac{\pi}{2}t,$$
$$\cos\left(\frac{\pi}{2}t+\frac{\pi}{2}\right)=-\sin\frac{\pi}{2}t, \quad \sin\left(\frac{\pi}{2}t+\frac{\pi}{2}\right)=\cos\frac{\pi}{2}t.$$

上式简化为
$$(3A-4B)\cos\frac{\pi}{2}t+(4A+3B)\sin\frac{\pi}{2}t=25\sin\frac{\pi}{2}t.$$

由 $3A-4B=0, 4A+3B=25$,可得 $A=4, B=3$,故
$$y^*(t)=4\cos\frac{\pi}{2}t+3\sin\frac{\pi}{2}t.$$

于是所求通解
$$y_t=y_C+y^*=(C_1+C_2t)2^t+4\cos\frac{\pi}{2}t+3\sin\frac{\pi}{2}t.$$

例 15 求差分方程 $y_{t+2}-4y_t=2^t\cos\pi t$ 的通解.

解 特征根 $\lambda_1=-2, \lambda_2=2$,齐次方程的通解为 $y_C=C_1(-2)^t+C_2 2^t$. 又设 $f(t)=2^t\cos\pi t$,因 $\rho=2, \theta=\pi$. 令
$$\delta=2(\cos\pi+\mathrm{i}\sin\pi)=-2.$$

因 $\delta=-2$ 是单特征根,设特解
$$y^*(t)=2^t t(A\cos\pi t+B\sin\pi t).$$

将其代入原方程,有
$$2^{t+2}(t+2)[A\cos\pi(t+2)+B\sin\pi(t+2)]-4[2^t t(A\cos\pi t+B\sin\pi t)]=2^t\cos\pi t.$$

用三角公式
$$\cos(\pi t+2\pi)=\cos\pi t, \quad \sin(\pi t+2\pi)=\sin\pi t,$$

上式简化为
$$8A\cos\pi t+8B\sin\pi t=\cos\pi t.$$

由此得 $A=\frac{1}{8}, B=0$,故 $y^*(t)=2^t t\cdot\frac{1}{8}\cos\pi t$. 于是,所求通解
$$y_t=y_C+y^*=C_1(-2)^t+C_2 2^t+2^{t-3}t\cos\pi t \quad (C_1, C_2 \text{ 为任意常数}).$$

*四、n 阶常系数线性差分方程的解法

n 阶常系数非齐次线性差分方程的一般形式为
$$y_{t+n}+a_1 y_{t+n-1}+\cdots+a_n y_t=f(t), \tag{10}$$

其中,$a_1, a_2, \cdots, a_n$ 都是已知常数,且 $a_n\neq 0, f(t)$ 是已知函数. 与方程(10)相对应的齐次线性差分方程为
$$y_{t+n}+a_1 y_{t+n-1}+\cdots+a_n y_t=0. \tag{11}$$

差分方程(10)或(11)的特征方程是

$$\lambda^n + a_1\lambda^{n-1} + \cdots + a_n = 0. \tag{12}$$

1. 求齐次线性差分方程的通解

由于特征方程(12)一定有 n 个根,由此可得到齐次线性差分方程(11)的 n 个线性无关的特解.特征根 λ 与齐次差分方程(11)对应于 λ 的线性无关的解见表 9.4.

表 9.4

特征根 λ	齐次差分方程(11)对应于 λ 的线性无关解	
λ 是单实根	1 个: λ^t	
λ 是 $k(k\geqslant 2)$ 重实根	k 个: $\lambda^t, t\lambda^t, \cdots, t^{k-1}\lambda^t$	
$\alpha\pm i\beta$ 是单复根	2 个: $r^t\cos\omega t, r^t\sin\omega t$	其中,$r=\sqrt{\alpha^2+\beta^2}$, $\tan\omega = \dfrac{\beta}{\alpha}$, $\omega \in (0,\pi), \alpha=0, \omega=\dfrac{\pi}{2}$
$\alpha\pm i\beta$ 是 $k(k\geqslant 2)$ 重复根	$2k$ 个: $r^t\cos\omega t, tr^t\cos\omega t, \cdots, t^{k-1}r^t\cos\omega t$ $r^t\sin\omega t, tr^t\sin\omega t, \cdots, t^{k-1}r^t\sin\omega t$	

差分方程(11)的 n 个线性无关特解的线性组合就是其通解 $y_C(t)$.

2. 求非齐次线性差分方程的特解和通解

用待定系数法求非齐次线性差分方程(10)的特解 $y^*(t)$. 见表 9.3.

例 16 求差分方程 $y_{t+3}+\dfrac{1}{2}y_{t+2}-y_{t+1}-\dfrac{1}{2}y_t=6$ 的通解.

解 这是三阶差分方程,特征方程是

$$\lambda^3 + \frac{1}{2}\lambda^2 - \lambda - \frac{1}{2} = (\lambda-1)(\lambda+1)\left(\lambda+\frac{1}{2}\right) = 0,$$

特征根 $\lambda_1=1, \lambda_2=-1, \lambda_3=-\dfrac{1}{2}$,齐次方程的通解

$$y_C(t) = C_1 + C_2(-1)^t + C_3\left(-\frac{1}{2}\right)^t.$$

$f(t)=6$,因 $\rho=1$ 是单特征根,设特解

$$y^*(t) = Bt.$$

将其代入原方程,有

$$B(t+3) + \frac{1}{2}B(t+2) - B(t+1) - \frac{1}{2}Bt = 6,$$

可解得 $B=2$,所以 $y^*(t)=2t$. 从而,所求通解

$$y_t = y_C + y^* = C_1 + C_2(-1)^t + C_3\left(-\frac{1}{2}\right)^t + 2t.$$

例 17 求差分方程 $y_{t+4}+2y_{t+2}+y_t=2^t$ 的通解.

解 这是四阶差分方程,特征方程是 $\lambda^4+2\lambda^2+1=(\lambda^2+1)^2=0$,特征根 $\lambda_1=\lambda_2=i, \lambda_3=\lambda_4=-i$. 因 $\alpha=0, \beta=1$,所以 $r=\sqrt{\alpha^2+\beta^2}=1, \omega=\dfrac{\pi}{2}$. 齐次方程的通解

$$y_C(t) = (C_1+C_2 t)\cos\frac{\pi}{2}t + (C_3+C_4 t)\sin\frac{\pi}{2}t.$$

$f(t)=2^t$,因 $\rho=2$ 不是特征根,设特解
$$y^*(t)=B2^t.$$
将其代入原方程,有
$$B2^{t+4}+2B2^{t+2}+B2^t=2^t.$$
可解得 $B=\dfrac{1}{25}$,故 $y^*(t)=\dfrac{1}{25}2^t$. 所求通解
$$y_t=y_C+y^*=(C_1+C_2t)\cos\dfrac{\pi}{2}t+(C_3+C_4t)\sin\dfrac{\pi}{2}t+\dfrac{2^t}{25}.$$

习 题 9.2

1. 求下列一阶差分方程的通解:

(1) $y_{t+1}-y_t=3+2t$; (2) $2y_{t+1}-y_t=2+t^2$;

(3) $y_{t+1}+2y_t=3\cdot 2^t$; (4) $3y_t-3y_{t-1}=t3^t+1$;

(5) $y_{t+1}-3y_t=\sin\dfrac{\pi}{2}t$; (6) $y_{t+1}+2y_t=2^t\cos\pi t$.

2. 求下列一阶差分方程满足初值条件的特解:

(1) $y_{t+1}+y_t=40+6t^2, y_0=21$; (2) $7y_{t+1}+2y_t=7^{t+1}, y_0=1$;

(3) $y_{t+1}+4y_t=3\sin\pi t, y_0=1$; (4) $y_{t+1}+2y_t=2t-1+e^t, y_0=\dfrac{1}{e+2}$.

3. 求差分方程 $y_{t+1}-ay_t=e^{bt}(a\neq 0, b$ 为常数) 的通解.

4. 证明:通过变换 $z_t=y_t-\dfrac{b}{1+a}$,可将非齐次差分方程 $y_{t+1}+ay_t=b$ 化为 z_t 的齐次差分方程,并由这个齐次差分方程的通解得到原方程的通解.

5. 用迭代法求差分方程 $y_{t+1}+y_t=2^t$ 的通解.

6. 求下列二阶齐次线性差分方程的通解或满足初值条件的特解:

(1) $y_{t+2}-y_{t+1}-6y_t=0$; (2) $y_{t+2}-6y_{t+1}+9y_t=0$;

(3) $y_{t+2}-y_{t+1}+y_t=0$; (4) $y_{t+2}+2y_{t+1}-3y_t=0, y_0=-1, y_1=1$;

(5) $4y_{t+2}+4y_{t+1}+y_t=0, y_0=3, y_1=-2$; (6) $y_{t+2}-4y_{t+1}+16y_t=0, y_0=1, y_1=2+2\sqrt{3}$.

7. 求下列二阶非齐次线性差分方程的通解:

(1) $y_{t+2}-3y_{t+1}+3y_t=5$; (2) $y_{t+2}-3y_{t+1}+2y_t=20+4t$;

(3) $y_{t+2}-6y_{t+1}+9y_t=3^t$; (4) $9y_{t+2}+3y_{t+1}-6y_t=(4t^2-10t+6)\left(\dfrac{1}{3}\right)^t$;

(5) $3y_{t+2}-2y_{t+1}-y_t=10\sin\dfrac{\pi}{2}t$; (6) $y_{t+2}-4y_{t+1}+5y_t=\cos\pi t$.

8. 求下列二阶非齐次线性差分方程满足初值条件的特解:

(1) $y_{t+2}-2y_{t+1}+4y_t=1+2t, y_0=0, y_1=1$; (2) $y_{t+2}-10y_{t+1}+25y_t=3^t, y_0=1, y_1=0$.

*9. 求下列差分方程的通解:

(1) $y_{t+3}+2y_{t+2}-y_{t+1}-2y_t=1-5t$; (2) $y_{t+3}+y_{t+2}-8y_{t+1}-12y_t=2^t$;

(3) $y_{t+3}-4y_{t+2}+9y_{t+1}-10y_t=-2^t$; (4) $y_{t+4}+4y_{t+2}+4y_t=18$.

§9.3　差分方程在经济学中的应用

差分方程在经济学中有着广泛应用. 这里举几个常见的例题.

例1　贷款模型.

某人购房时向银行贷款 80 万元,银行贷款年利率为 5%,计划在 15 年内以分期付款方式还清贷款. 假设每年付款 P 万元,付款 t 年后尚欠银行的款额(单位:万元)以 y_t 表示,因 $y_0=80$ 万元,$y_{15}=0$(还清贷款),则 y_t 所满足的差分方程为

$$y_{t+1} = y_t + y_t \cdot 0.05 - P,$$

于是,有贷款模型

$$\begin{cases} y_{t+1} - (1.05)y_t = -P, & (1) \\ y_0 = 80, y_{15} = 0. & (2) \end{cases}$$

方程(1)是一阶常系数非齐次线性差分方程. 其通解为

$$y_t = y_C + y^* = C(1.05)^t + \frac{-P}{1-1.05} = C(1.05)^t + 20P.$$

由初值条件(2),得

$$\begin{cases} 80 = C + 20P, \\ 0 = C(1.05)^{15} + 20P, \end{cases}$$

解之得 $C=-74.15, P=7.71$. 即每年应向银行付款 7.71 万元.

例2　动态供需均衡模型.

假设生产某种产品要求有一个固定的生产周期,并以此周期作为度量时间 t 的单位. 在这种情况下规定,第 t 期的供给量 Q_{st} 由前一期的价格 P_{t-1} 决定,即供给量"滞后"于价格一个时期,而第 t 期的需求量 Q_{dt} 由现期价格 P_t 决定,即需求量是"非时滞"的. 取"时滞"的供给函数和"非时滞"的需求函数的线性形式,且假定每个时期中市场价格总是确定在市场销清的水平上,便有**动态供需均衡模型**

$$\begin{cases} Q_{dt} = \alpha - \beta P_t (\alpha, \beta > 0), & (3) \\ Q_{st} = -\gamma + \delta P_{t-1} (\gamma, \delta > 0), & (4) \\ Q_{dt} = Q_{st}. & (5) \end{cases}$$

又设当 $t=0$ 时,P_0 是初始价格.

(1) 试确定价格 P_t 满足的差分方程,并解该差分方程;

(2) 分析价格 P_t 随时间 t 的变化情况.

解　(1) 将(3)式和(4)式代入(5)式,得

$$P_t + \frac{\delta}{\beta} P_{t-1} = \frac{\alpha+\gamma}{\beta} \quad \text{或} \quad P_{t+1} + \frac{\delta}{\beta} P_t = \frac{\alpha+\gamma}{\beta}.$$

这是一阶常系数非齐次线性差分方程. 该方程的通解为

$$P_t = C\left(-\frac{\delta}{\beta}\right)^t + \frac{\alpha+\gamma}{\beta+\delta} \quad (C \text{ 为任意常数}).$$

将 $t=0$ 时,初始价格 P_0 代入上式得

$$C = P_0 - \frac{\alpha+\gamma}{\beta+\delta}.$$

记 $\overline{P} = \frac{\alpha+\gamma}{\beta+\delta}$(静态均衡价格),于是,满足初始价格为 P_0 时的解为

$$P_t = (P_0 - \overline{P})\left(-\frac{\delta}{\beta}\right)^t + \overline{P}. \tag{6}$$

(2) (i) 若初始价格 $P_0 = \overline{P}$,这时由(6)式知

$$P_t = \overline{P}.$$

这是"静态均衡"的情形.

(ii) 若初始价格 $P_0 \neq \overline{P}$,

当 $\delta < \beta$ 时

$$\lim_{t \to +\infty} P_t = \lim_{t \to +\infty}\left[(P_0 - \overline{P})\left(-\frac{\delta}{\beta}\right)^t + \overline{P}\right] = \overline{P},$$

即价格 P_t(振荡)稳定地趋于均衡价格 $\overline{P}$;

当 $\delta > \beta$ 时

$$\lim_{t \to +\infty} P_t = \lim_{t \to +\infty}\left[(P_0 - \overline{P})\left(-\frac{\delta}{\beta}\right)^t + \overline{P}\right] = +\infty,$$

即随着时间延续,P_t 将无限(振荡)增大;

当 $\delta = \beta$ 时,在 $t \to +\infty$ 时,P_t 在两个数值 P_0 与 $2\overline{P} - P_0$ 上来回摆动.

例 3 消费模型.

设 Y_t, C_t, I_t 分别是时期 t 的国民收入、消费和投资,有如下模型

$$\begin{cases} C_t = \alpha Y_t + a, & (7) \\ I_t = \beta Y_t + b, & (8) \\ Y_t - Y_{t-1} = \theta(Y_{t-1} - C_{t-1} - I_{t-1}), & (9) \end{cases}$$

其中 a, b, α, β 和 θ 均为常数,且 $0 < \alpha < 1, 0 < \beta < 1, 0 < \alpha + \beta < 1, 0 < \theta < 1, a \geq 0, b \geq 0$. 若基期国民收入 Y_0 已知,求 Y_t, C_t 和 I_t.

解 将 $C_{t-1} = \alpha Y_{t-1} + a, I_{t-1} = \beta Y_{t-1} + b$ 代入(9)式,并整理,得

$$Y_t - [1 + \theta(1 - \alpha - \beta)]Y_{t-1} = -\theta(a + b).$$

这是一阶常系数非齐次线性差分方程,易求得其通解是

$$Y_t = C[1 + \theta(1 - \alpha - \beta)]^t + \frac{a+b}{1-\alpha-\beta}.$$

由 $t=0$ 时 Y_t 为 Y_0,可确定 $C = Y_0 - \frac{a+b}{1-\alpha-\beta}$,于是

$$Y_t = \left(Y_0 - \frac{a+b}{1-\alpha-\beta}\right)[1 + \theta(1 - \alpha - \beta)]^t + \frac{a+b}{1-\alpha-\beta}.$$

由(7)式得
$$C_t = \alpha Y_t + a = (C_0 - A)[1 + \theta(1 - \alpha - \beta)]^t + A,$$
其中,$C_0 = \alpha Y_0 + a$ 是基期消费,$A = \dfrac{\alpha(a+b)}{1-\alpha-\beta}$;

由(8)式得
$$I_t = \beta Y_t + b = (I_0 - B)[1 + \theta(1 - \alpha - \beta)]^t + B,$$
其中,$I_0 = \beta Y_0 + b$ 是基期投资,$B = \dfrac{\beta(a+b)}{1-\alpha-\beta} + b$.

习 题 9.3

1. 设 A_t 为 t 期(以年为单位)存款总额,r 为年利率,且初始存款为 A_0,求 t 期的本利和,并求当 $r = 5\%$,$A_0 = 100$ 万元时 A_5 的值.

2. 某公司由银行贷款 5000 万元购买设备.银行年利率为 6%.该公司计划在 10 年内用分期付款方式还清贷款,试问该公司每年需要向银行付款多少万元?

3. 某公司在每年支出总额比前一年增加 10% 的基础上再追加 100 万元,若以 C_t 表示第 t 年的支出总额(单位:百万元),求 C_t 满足的差分方程;若 2005 年该公司的支出总额为 2000 万元,问 3 年后支出总额为多少万元?

4. 已知需求函数和供给函数如下:
$$Q_{dt} = 80 - 4P_t, \quad Q_{st} = -10 + 2P_{t-1}.$$
(1) 求动态均衡价格 P_t,并确定均衡是否是稳定的;

(2) 若初始价格 $P_0 = 18$,计算 P_1, P_2, P_3, P_4.

5. 设某商品在 t 时期的需求量 Q_{dt},供给量 Q_{st} 都是现时期价格 P_t 的函数,有如下模型
$$\begin{cases} Q_{dt} = 21 - 2P_t, \\ Q_{st} = -3 + 6P_t, \\ P_{t+1} = P_t - 0.3(Q_{st} - Q_{dt}). \end{cases}$$
求动态均衡价格 P_t,并确定它是否收敛?初始价格 P_0 已知.

6. 试解下述卡恩(Kahn)模型,即求 Y_t 和 C_t:
$$\begin{cases} Y_t = C_t + I, \\ C_t = \alpha Y_{t-1} + \beta, \quad 0 < \alpha < 1, \beta > 0. \end{cases}$$
其中 Y_t, C_t 分别是时期 t 的国民收入和消费,I 是投资,假设每期数量相同.

总 习 题 九

1. 填空题:

(1) 设 $y_0 = 0$,且 y_t 满足差分方程 $y_{t+1} - y_t = t$,则 $y_{100} = $ _____;

(2) 已知 $y_1(t) = 4t^3$,$y_2(t) = 3t^2$ 是方程 $y_{t+1} + a(t)y_t = f(t)$ 的两个特解,则方程 $y_{t+1} + a(t)y_t = 0$ 的一个特解 $y_t = $ _____,通解 $y_C(t) = $ _____,方程 $y_{t+1} + a(t)y_t = f(t)$ 的通解 $y(t) = $ _____;

(3) 差分方程 $y_{t+1} + 3y_t = 3^t \cos \pi t$ 的待定特解形式是 $y^*(t) = $ _____;

(4) 差分方程 $y_{t+2}+y_t=a\cos\frac{\pi}{2}t+b\sin\frac{\pi}{2}t$ 的通解形式是 $y_t=$ _____ .

2. 单项选择题：

(1) 下列等式中，是差分方程的是（　　）；
 (A) $2\Delta y_{t+1}+2y_{t+1}=2^t$ 　　　　　(B) $\Delta^2 y_t+y_{t+2}+2y_{t+1}-y_t=0$
 (C) $\Delta^3 y_t-y_{t+3}+3y_{t+2}-3y_{t+1}-y_t=0$ 　(D) $y_{t+1}-y_{t-1}=2$

(2) 下列差分方程中，是二阶差分方程的是（　　）；
 (A) $\Delta^2 y_t+\Delta y_t=0$ 　　　　　(B) $y_{t+2}+2y_{t+1}-3y_{t-1}=t$
 (C) $3y_t+y_{t-2}=3^t$ 　　　　　(D) $\Delta^3 y_t-y_{t+3}+y_t=3$

(3) 若函数 $y_1(t),y_2(t)$ 是二阶齐次线性差分方程的解，则 $y(t)=C_1y_1(t)+C_2y_2(t)$ (C_1,C_2 是任意常数)（　　）；
 (A) 一定是该方程的解 　　　　　(B) 一定是该方程的通解
 (C) 一定是该方程的特解 　　　　　(D) 未必是该方程的解

(4) 差分方程 $3y_t-3y_{t-1}=1$ 的通解是（　　）.
 (A) $y_t=C+\frac{1}{3}$ 　(B) $y_t=C+\frac{1}{3}t$ 　(C) $y_t=C3^t+\frac{1}{3}$ 　(D) $y_t=C3^t+\frac{1}{3}t$

3. 证明函数差分的四则运算性质：
 (1) $\Delta(y_t\pm z_t)=\Delta y_t\pm\Delta z_t$；　　　(2) $\Delta(Cy_t)=C\Delta y_t$ (C 是常数)；
 (3) $\Delta(y_t\cdot z_t)=y_{t+1}\cdot\Delta z_t+z_t\cdot\Delta y_t$；　(4) $\Delta\left(\dfrac{y_t}{z_t}\right)=\dfrac{z_t\Delta y_t-y_t\cdot\Delta z_t}{z_t\cdot z_{t+1}}$.

4. 设函数 $f(x)$ 二阶连续可导，$h>0$ 为常数，分别称
$$\Delta_h f(x)=f(x+h)-f(x),\quad \Delta_h^2 f(x)=\Delta_h(\Delta_h f(x))$$
为 $f(x)$ 的步长为 h 的一阶和二阶差分．证明
$$\Delta_h^2 f(x)=\int_0^h dz\int_0^h f''(x+y+z)dy.$$

5. 选择恰当的变量代换，化差分方程 $(t+1)^2 y_{t+1}+2t^2 y_t=e^t$ 为常系数线性差分方程，并求其通解．

6. 已知差分方程 $(a+by_t)y_{t+1}=cy_t$，其中 $a>0,b>0,c>0$，又知 $y_0>0$，

(1) 试证对所有的 $t=1,2,\cdots, y_t>0$；

(2) 试证代换 $z_t=\dfrac{1}{y_t}$ 可将已知方程化为关于 z_t 的线性差分方程，并由此求出原方程的通解和 y_0 为已知的特解；

(3) 求方程 $(2+3y_t)y_{t+1}=4y_t,y_0=\dfrac{1}{2}$ 的特解，并考查当 $t\to+\infty$ 时，y_t 的极限．

7. 选择恰当的变量代换，化差分方程 $\dfrac{y_{t+2}}{t+3}+\dfrac{2y_{t+1}}{t+2}-\dfrac{3y_t}{t+1}=2\cdot 3^t$ 为常系数线性差分方程，并求其通解．

8. 求差分方程 $y_{t+2}-y_t=\sin\theta t$（θ 是常数）的通解．

9. 求差分方程 $y_{t+2}-2\cos\alpha\cdot y_{t+1}+y_t=1$（$\alpha$ 是常数）的通解．

习题参考答案与提示

习题 1.1

1. (1) $D=(-\infty,+\infty), y=\dfrac{e^x-e^{-x}}{2}, Y=(-\infty,+\infty)$;

(2) $D=(-\infty,+\infty), y=\ln\dfrac{1+x}{1-x}, Y=(-1,1)$;

(3) $D=[0,4], y=\begin{cases}\sqrt{4x-x^2}, & 0\leqslant x\leqslant 2,\\ \dfrac{x+2}{2}, & 2<x\leqslant 6,\end{cases}$ $Y=[0,6]$;

(4) $D=[0,+\infty), y=\begin{cases}-\log_2(x-1), & 2\leqslant x\leqslant +\infty,\\ \sqrt[3]{\dfrac{2-x}{2}}, & 0<x<2, \\ 1+\sqrt{-x}, & -\infty<x\leqslant 0,\end{cases}$ $Y=(-\infty,+\infty)$.

2. $D=(-\infty,+\infty); 13,-5,-1,1,5,7,22$.

3. $\dfrac{1}{2-x}, D=\{x\mid x\in\mathbf{R},x\neq 1,x\neq 2\}; 1+x, D=\{x\mid x\in\mathbf{R},x\neq -1\}; \dfrac{x}{2x+1}$,

$D=\left\{x\mid x\in\mathbf{R},x\neq -1,x\neq -\dfrac{1}{2}\right\}; \dfrac{x-1}{x}, D=\{x\mid x\in\mathbf{R},x\neq 1,x\neq 0\}$.

4. $\begin{cases}x-2, & x\leqslant 0,\\ -x-2, & x>0;\end{cases}$ $\begin{cases}x+2, & x\geqslant 0,\\ x^2+2, & x<0.\end{cases}$

5. (1) $y=\ln u, u=\sin v, v=x^3$; (2) $y=u^2, u=\arctan v, v=\dfrac{1}{x}$.

6. (1) $y=\sqrt{u}, u=x^3+\sqrt{x}$; (2) $y=u^2, u=\arctan v, v=\dfrac{2x}{1-x^2}$; (3) $y=\ln u, u=\dfrac{(1-x)e^x}{\arccos x}$.

7. (1) $\dfrac{1}{1-x}$; (2) $\dfrac{4x^2-x+1}{3(1-2x)}$. 提示 (2) 令 $t=\dfrac{x+1}{2x-1}$ 得 $x=\dfrac{t+1}{2t-1}$ 代入原等式,

解 $\begin{cases}f(t)-2f\left(\dfrac{t+1}{2t-1}\right)=\dfrac{t+1}{2t-1},\\ -2f(t)+f\left(\dfrac{t+1}{2t-1}\right)=t\end{cases}$ 可得 $f(t)$.

8. $y=e^{g(x)\ln f(x)}$. **9.** (1),(2),(3),(4) 分别关于 x 轴,y 轴,原点,直线 $y=x$ 对称.

习题 1.2

1. (1) $y_n=(-1)^n\cdot n$; (2) $y_n=\dfrac{1+(-1)^n}{n}, 0$; (3) $\dfrac{n+1}{2n+1}, \dfrac{1}{2}$; (4) $\dfrac{1}{1\times 2}+\dfrac{1}{2\times 3}+\cdots+\dfrac{1}{n(n+1)}, 1$.

3. 提示 $s_n=\dfrac{1-q^{n+1}}{1-q}$. **4.** 有极限,极限是 A.

5. 提示 (1) $y_n<y_{n+1}$,且 $y_n<1+\dfrac{1}{2^2}+\dfrac{1}{2^3}+\cdots+\dfrac{1}{2^n}<\dfrac{3}{2}$;

(2) $y_{n+1}-y_n=\dfrac{1}{(2n+1)\cdot 2(n+1)}>0$,且 $y_n<\dfrac{n}{n+1}<1$.

习　题　1.3

2. $-1,1$,不存在.

3. $\lim\limits_{x\to 0}f(x)$ 不存在,因 $f(0^-)=-1,f(0^+)=0$；$\lim\limits_{x\to 1}f(x)$ 存在,因 $f(1^-)=f(1^+)=1$.

4. 无穷小：(1) $x\to 0^+$；　(2) $x\to 3$；　(3) $x\to 0$；
   无穷大：(1) $x\to 0^-$；　(2) $x\to +\infty,x\to 2^+$；　(3) $x\to \infty$.

5. $x\to 0, x\to -1^+, x\to +\infty$.　　6. (1) 0；　(2) 0；　(3) 0；　(4) 0；　(5) 0.

习　题　1.4

1. (1) 1；　(2) $\dfrac{1}{2}$；　(3) $A=\max\{a_1,a_2,\cdots,a_m\}$.

   提示　(1) $\dfrac{n}{\sqrt{n^2+n}}<y_n<\dfrac{n}{\sqrt{n^2+1}}$；　(2) $\dfrac{n(n+1)}{2(n^2+n+n)}<y_n<\dfrac{n(n+1)}{2(n^2+n+1)}$；　(3) 见本节例1.

2. (1) 4；　(2) 6；　(3) ∞；　(4) $-\dfrac{1}{5}$；　(5) $\dfrac{3}{2}$；　(6) n；

   (7)、(8) $\dfrac{n(n+1)}{2}$；　(9) $-\dfrac{1}{2\sqrt{2}}$；　(10) $\dfrac{15}{2}$；　(11) $\dfrac{3}{2}$；　(12) 1.

3. (1) 1；　(2) 1；　(3) $\dfrac{\alpha}{\beta}$；　(4) 1；　(5) $-\dfrac{1}{2}$；　(6) $\dfrac{1}{2}$；

   (7) $\cos a$；　(8) $-\sin a$；　(9) 1；　(10) 1.

   提示　(7) $\sin x-\sin a=2\cos\dfrac{x+a}{2}\sin\dfrac{x-a}{2}$；　(8) $\cos x-\cos a=-2\sin\dfrac{x+a}{2}\sin\dfrac{x-a}{2}$.

4. (1) $a=4,b=-12$；　(2) $a=4,b=-5$.

   提示　(1) $2^2+2a+b=0$ 且 $x^2+ax+b=(x-2)(x-k)$；　(2) $\dfrac{x^2+ax+b}{\sin(x^2-1)}=\dfrac{x^2-1}{\sin(x^2-1)}\cdot\dfrac{x^2+ax+b}{x^2-1}$.

5. (1) $\dfrac{1}{2}$；　(2) 3；　(3) $\dfrac{2}{3}$；　(4) $\dfrac{4^6\cdot 2^{19}}{5^{25}}$；　(5) $\dfrac{1}{2}$；

   (6) $\dfrac{\sqrt{2}}{\sqrt[3]{4}}$；　(7) 1；　(8) -1；　(9) 0；　(10) $\dfrac{1}{2}$.

6. (1) 2；　(2) $\dfrac{1}{5}$.

   提示　(1) $s_n=\sum\limits_{k=1}^{n}\dfrac{1}{1+2+\cdots+k}=\sum\limits_{k=1}^{n}\dfrac{2}{k(k+1)}=2\sum\limits_{k=1}^{n}\left(\dfrac{1}{k}-\dfrac{1}{k+1}\right)=2\left(1-\dfrac{1}{n+1}\right)$；

   (2) $\dfrac{1}{(5n-4)(5n+1)}=\dfrac{1}{5}\left(\dfrac{1}{5n-4}-\dfrac{1}{5n+1}\right)$.

7. (1) e^x；　(2) e^{mk}；　(3) e^{-8}；　(4) e^{-2}；　(5) 1；　(6) 1；　(7) e^{-3}；　(8) e^{-1}；　(9) e；　(10) e^{-1}.

8. 16.49 万元.　　9. 22.47 万元.　　10. (1) 0；　(2) $\dfrac{4}{7}$；　(3) ∞；　(4) $\dfrac{1}{3}$.

11. (1) $a=-4,b=-4$；　(2) $a\neq -4,b$ 为任意数；　(3) $a=-4,b=-2$；　(4) a 为任意数,$b=4$.

12. 0.　**提示**　用复合函数的极限法则.　　13. $\dfrac{1}{2}$；$\left(\dfrac{2}{3}\right)^{\frac{1}{2}}$；1.　**提示**　用幂指函数的极限.

14. (1) $y=5,x=1$；　(2) $y=\dfrac{x}{2}+\dfrac{\pi}{2},y=\dfrac{x}{2}-\dfrac{\pi}{2}$；　(3) $y=0,x=1,x=2$；

(4) $y=0, y=x$.　提示　(4) $\dfrac{\ln(1+e^x)}{x}=\dfrac{\ln e^x(e^{-x}+1)}{x}=1+\dfrac{\ln(e^{-x}+1)}{x}$.

15. (1) $a=1, b=-1$;　(2) $a=1, b=-\dfrac{1}{2}$.

习 题 1.5

1. (1) 较高阶;　(2) 较低阶;　(3) 同阶;　(4) 等价.

3. (1) $\dfrac{1}{2}$;　(2) -1;　(3) 2;　(4) -1;　(5) 1;　(6) $\dfrac{3}{5}$.

　　提示　(5) $\ln(x+\sqrt{1+x^2})=\ln[1+(x+\sqrt{1+x^2}-1)]$;　(6) $a^{\frac{1}{x}}-b^{\frac{1}{x}}=(a^{\frac{1}{x}}-1)-(b^{\frac{1}{x}}-1)$.

4. -4.

习 题 1.6

1. (1) 不连续, 因 $\lim\limits_{x\to 1}f(x)=-1\neq f(1)$;　(2) 不连续, 因 $\lim\limits_{x\to 1}f(x)$ 不存在或不左连续.

2. $\dfrac{1}{e}$.　提示　令 $t=x-e$, 则 $\dfrac{\ln x-1}{x-e}=\ln\left(1+\dfrac{t}{e}\right)^{\frac{1}{t}}$.

3. $a=13, b=-12$.

4. (1) $x=0$, 可去间断点, 补充定义 $f(0)=0$;　(2) $x=0$, 跳跃间断点;

(3) $x=0$, 振荡型间断点;　(4) $x=0$, 可去间断点, 改变定义, 令 $f(0)=1$;

(5) $x=0$, 第二类间断点;

(6) $x=0$, 跳跃间断点, $x=-1$, 无穷型间断点; $x=1$, 可去间断点, 补充定义 $f(1)=\dfrac{1}{2}$;

(7) $x=0$, 无穷型间断点; $x=1$, 跳跃间断点;

(8) $x=0$, 跳跃间断点; $x=1$, 可去间断点, 补充 $f(1)=\dfrac{1}{3}$.

习 题 1.7

1. $(-\infty,1)\cup(2,+\infty)$.　提示　求函数的定义域.　　2. $a=1, b=2$.

3. $(-\infty,-1)\cup(-1,1)\cup(1,+\infty)$; $x=-1, x=1$;
$f(-1^-)=1, f(-1^+)=-1, f(1^-)=1, f(1^+)=-1$.　提示　$f(x)=\begin{cases} x, & |x|<1, \\ 0, & |x|=1, \\ -x, & |x|>1. \end{cases}$

4. 没有最大值, 有最小值 $f(0)=0$.　　7. 提示　令 $F(x)=f(x+a)-f(x)$, 则其在 $[0,1-a]$ 上连续.

总 习 题 一

1. (1) $a^{\ln x}(\ln^2 x-1)$;　(2) -3;　(3) $\dfrac{\ln a}{2}$;　(4) $\dfrac{\pi}{3}$;　(5) 0;　(6) 3;

(7) 2;　(8) $(-\infty,1)\cup(1,+\infty)$.

提示　(2) 由 $x=f^{-1}(f(x))$ 得 $3=\dfrac{4x}{x-1}$, 即 $x=-3$;

(3) $I=\lim\limits_{n\to\infty}\dfrac{1}{n^2}\ln[a^1 a^2 \cdots a^n]=\lim\limits_{n\to\infty}\dfrac{1}{n^2}\ln a^{\frac{n(n+1)}{2}}$;

(4) $I=\arccos[\lim\limits_{x\to+\infty}(\sqrt{x^2+x}-x)]$;

(5) 无穷小乘有界变量;

(6) $I = \lim\limits_{x\to 0} \dfrac{3\arcsin x + e^{x^2} - 1 + 1 - \cos x}{\tan x - \ln(1-x^2)} = \lim\limits_{x\to 0} \dfrac{3\arcsin x}{\tan x}$;

(7) 由 $I = \lim\limits_{x\to 0} \dfrac{1}{x}\left[f(x) - 1 - \dfrac{\sin x}{x}\right] = 2$ 知，$\lim\limits_{x\to 0}\left[f(x) - 1 - \dfrac{\sin x}{x}\right] = 0$;

(8) $f(x) = \begin{cases} 1+x, & |x|<1, \\ 0, & |x|>1, x=-1, \\ 1, & x=1. \end{cases}$

2. (1) (C); (2) (B); (3) (D); (4) (B); (5) (A); (6) (A); (7) (B); (8) (D).

提示 (1) $f(3x) = \dfrac{3x}{3x-1} = \dfrac{\frac{3x}{x-1}}{\frac{2x+x-1}{x-1}}$;

(2) 因 $0 < f(x) < 1 < x^2$，有 $f(x^2) = 2f(x) > [f(x)]^2$，且 $f(f(x)) < 0$；

(3) (C) 为 $0 \cdot \infty$ 型，(D) 的极限是 ∞，故不存在；

(5) 分母分子分别除以 $x^{\frac{n(n+1)}{2}}$；

(6) 当 $x \to 0$ 时，$1 - \cos(e^{x^2} - 1) \sim \dfrac{x^4}{2}$; (7) $\lim\limits_{x\to 1^+} e^{-\frac{1}{x-1}} = 0$；

(8) $|x| > 0$ 时，函数有意义，$\lim\limits_{x\to\infty} \dfrac{y}{x} = 1$，$\lim\limits_{x\to\infty}(y-x) = \dfrac{\pi}{2}$.

3. $\varphi(x) = \sin[\ln(x-1)], x \in [1 + e^{-\frac{\pi}{2}}, 1 + e^{\frac{\pi}{2}}]$.

4. 提示 (1) 令 $x_1 = x_2 = 0$; (2) 令 $x_1 = -x, x_2 = x$; (3) 令 $x_1 = x + \pi, x_2 = x$;

(4) 令 $x_1 = x + 2\pi, x_2 = x + \pi$; (5) 令 $x_1 = 2x, x_2 = 0$.

5. $f(\varphi(x)) = \begin{cases} e^{x+2}, & x < -1, \\ x+2, & -1 \leqslant x < 0, \\ e^{x^2-1}, & 0 \leqslant x < \sqrt{2}, \\ x^2 - 1, & x \geqslant \sqrt{2}. \end{cases}$

6. (1) 0; (2) $\dfrac{1}{\sqrt{2a}}$; (3) $\dfrac{3}{2}$; (4) $\ln 2$; (5) $\dfrac{2}{3}$; (6) $\dfrac{\beta^2 - \alpha^2}{2}$.

提示 (1) $\sin\ln(x+1) - \sin\ln x = 2\sin\left[\dfrac{1}{2}\ln\left(1 + \dfrac{1}{x}\right)\right] \cdot \cos\left[\dfrac{1}{2}\ln x(x+1)\right]$;

(2) $I = \lim\limits_{x\to a^+} \dfrac{1}{\sqrt{x+a}}\left(\dfrac{\sqrt{x}-\sqrt{a}}{\sqrt{x-a}} + 1\right)$; (3) $I = \lim\limits_{x\to+\infty} \dfrac{\ln\frac{1+\sqrt{x}+\sqrt[3]{x}}{\sqrt{x}} + \frac{1}{2}\ln x}{\ln\frac{1+\sqrt[3]{x}+\sqrt[4]{x}}{\sqrt[3]{x}} + \frac{1}{3}\ln x}$;

(4) $I = \lim\limits_{x\to+\infty}\left[x\ln 2 + \ln\left(1 + \dfrac{1}{2^x}\right)\right] \cdot \dfrac{1}{x} = \ln 2 + \lim\limits_{x\to+\infty} \dfrac{\frac{1}{2^x}}{x}$;

(5) $\left(\dfrac{1+x \cdot 2^x}{1+x \cdot 3^x}\right)^{\frac{1}{x^2}} = \left[1 + \dfrac{x(2^x - 3^x)}{1+x \cdot 3^x}\right]^{\frac{1+x \cdot 3^x}{x(2^x-3^x)} \cdot \frac{2^x - 3^x}{x} \cdot \frac{1}{1+x \cdot 3^x}}$;

(6) $\cos\alpha x - \cos\beta x = -2\sin\dfrac{\alpha+\beta}{2}x \cdot \sin\dfrac{\alpha-\beta}{2}x$.

7. $\sqrt{a}$. **提示** $y_{n+1} = \dfrac{1}{2}\left(\sqrt{y_n} - \sqrt{\dfrac{a}{y_n}}\right)^2 + \sqrt{a}$，即 $y_{n+1} \geqslant \sqrt{a}$；

又 $y_{n+2} = \dfrac{1}{2}\left(y_{n+1} + \dfrac{a}{y_{n+1}}\right) \leqslant \dfrac{1}{2}\left(y_{n+1} + \dfrac{y_{n+1}^2}{y_{n+1}}\right) = y_{n+1}$.

8. $e-1$. 提示 对 $0 \leqslant k \leqslant n-1$, 有 $\dfrac{e^{\frac{1+k}{n}}}{n+1} \leqslant \dfrac{e^{\frac{1+k}{n}}}{n+\frac{k^2}{n^2}} \leqslant \dfrac{e^{\frac{1+k}{n}}}{n}$,

$\dfrac{1}{n+1}\sum\limits_{k=0}^{n-1} e^{\frac{1+k}{n}} \leqslant y_n \leqslant \dfrac{1}{n}\sum\limits_{k=0}^{n-1} e^{\frac{1+k}{n}}$, $\dfrac{e^{\frac{1}{n}}}{n+1} \cdot \dfrac{1-e}{1-e^{\frac{1}{n}}} \leqslant x_n \leqslant \dfrac{e^{\frac{1}{n}}}{n} \cdot \dfrac{1-e}{1-e^{\frac{1}{n}}}$,

又 $\lim\limits_{n\to\infty} n(1-e^{\frac{1}{n}}) = \lim\limits_{n\to\infty}(n+1)(1-e^{\frac{1}{n}}) = -1$.

9. $a = \ln b = e$, 即 $a = e, b = e^e$. 提示 $f(0^-) = e, f(0^+) = \ln b$.

10. 提示 在区间 $[c,d]$ 上用零点定理: (1) 设 $F(x) = 2f(x) - f(c) - f(d)$;
(2) 设 $F(x) = (m+n)f(x) - mf(c) - nf(d)$.

习 题 2.1

1. (1) 12;　(2) $\dfrac{1}{2\sqrt{2}}$.　**2.** (1) $-\sin x$;　(2) e^x.

3. (1) $-f'(x_0)$;　(2) $-f'(4)$;　提示 (2) $\dfrac{f(8-x)-f(4)}{x-4} = -\dfrac{f(4+(4-x))-f(4)}{4-x}$.

4. (1) $f(x) = \ln x, x_0 = e$;　(2) $f(x) = \cos x, x_0 = \pi$.

5. 可导, $f'(0) = -1$. 提示 $\lim\limits_{x\to 0} f(x) = 1 = f(0)$.

6. (1) $-\dfrac{3}{16}$;　(2) 0;　(3) $-\dfrac{\sqrt{2}}{2}$;　(4) $9\ln 3$.

7. (1) 连续但不可导;　(2) 连续且可导, $f'(0) = 0$.　**8.** $a = e, b = e$.

9. (1) $y = 1, x = \dfrac{\pi}{2}$;　(2) $y = ex$; $ey + x - e^2 - 1 = 0$.

10. 不可导;可作切线,切线方程为 $x = 0$.

习 题 2.2

1. (1) $3x^2 - 3 - \dfrac{3}{x^2} + \dfrac{3}{x^4}$;　(2) $3^x \ln 3 + \dfrac{1}{x\ln 3}$;　(3) $3x^2 \cos x - x^3 \sin x$;　(4) $\dfrac{1}{\sqrt{x}} + \arctan x + \dfrac{x}{1+x^2}$;

(5) $2xe^x \cos x + x^2 e^x \cos x - x^2 e^x \sin x$;　(6) $2^x[x\sin x \cdot \ln 2 + (x + \ln 2)\cos x]$;　(7) $2 - \dfrac{11}{(x+2)^2}$;

(8) $\dfrac{x\sec^2 x + \sin x \sec^2 x - \tan x - \sin x}{(x+\sin x)^2}$;　(9) $\dfrac{2^x \ln 2}{(2^x+1)^2} + \dfrac{1-x\ln 4}{4^x}$;　(10) $-\dfrac{1}{(\arcsin x)^2 \sqrt{1-x^2}}$.

2. (1) $\dfrac{\pi}{2} + 1 + \dfrac{\sqrt{2}}{6}$;　(2) $\dfrac{1}{2}$.

3. (1) $6(2x+3)^2$;　(2) $3\sin(1-3x)$;　(3) $\dfrac{x}{\sqrt{a^2+x^2}}$;　(4) $-6x^2 e^{-2x^3}$;

(5) $-\dfrac{1}{x^2+1}$;　(6) $\dfrac{4x\sqrt{x}+1}{6\sqrt{x}\sqrt[3]{(x^2+\sqrt{x})^2}}$;　(7) $\dfrac{6}{x}(\ln x)^2$;

(8) $-\dfrac{2\arccos \dfrac{x}{2}}{\sqrt{4-x^2}}$;　(9) $\dfrac{2}{e^x+e^{-x}}$;　(10) $-\dfrac{1}{x^2}\sin\dfrac{2}{x} \cdot e^{-\cos^2\frac{1}{x}}$;

(11) $\frac{1}{4}\sec^2\frac{x}{2}\sqrt{\cot\frac{x}{2}}$; (12) $-\frac{3}{x^2+1}\left(\arctan\frac{1}{x}\right)^2$; (13) $2(\arctan^2 x+\tan x)\left(\frac{2\arctan x}{1+x^2}+\sec^2 x\right)$;

(14) $-\sin 2x\cdot\cos(\cos 2x)$; (15) $\frac{1}{\sqrt{a^2+x^2}}$; (16) $\frac{1}{\sqrt{2x+x^2}}$;

(17) $\dfrac{4\sqrt{x}\sqrt{x+\sqrt{x}}+2\sqrt{x}+1}{8\sqrt{x}\sqrt{x+\sqrt{x}}\sqrt{x+\sqrt{x+\sqrt{x}}}}$; (18) $\dfrac{e^x\left(4\sqrt{e^x}\sqrt{e^x+\sqrt{e^x}}+2\sqrt{e^x}+1\right)}{8\sqrt{e^x}\sqrt{e^x+\sqrt{e^x}}\sqrt{e^x+\sqrt{e^x+\sqrt{e^x}}}}$.

4. (1) $\frac{1}{2\sqrt{x}}f'(\sqrt{x}+1)$; (2) $\frac{2f(x)f'(x)}{1+f^2(x)}$; (3) $e^{f(x)}[e^x f'(e^x)+f(e^x)f'(x)]$;

(4) $\frac{x^3-\sqrt{1+x^2}}{x^2\sqrt{1+x^2}}e^{f\left(\frac{1}{x}+\sqrt{1+x^2}\right)}\cdot f'\left(\frac{1}{x}+\sqrt{1+x^2}\right)$; (5) $\frac{e^x}{1+e^{2x}}f'(\arctan e^x)$; (6) $\frac{f'(x)}{f(x)}$.

6. (3) 提示 由 $f(x+T)=f(x)$ 求导. **8.** $6\sqrt{3}x+12y-12-\sqrt{3}\pi=0$.

9. $y=\sqrt[3]{4}(x+1)$ 及 $y=-\frac{\sqrt[3]{2}}{2}(x+1)$; $y=3$ 及 $x=2$; $x=3$ 及 $y=0$.

10. $F'(x)=\begin{cases}2xf'(x^2), & x\geqslant 0,\\ -2xf'(-x^2), & x<0.\end{cases}$

习 题 2.3

1. (1) $2e^{-x^2}(2x^2-1)$; (2) $-\frac{2(1+x^2)}{(1-x^2)^2}$; (3) $e^{-x}(4\sin 2x-3\cos 2x)$;

(4) $a^x(2+4x\ln a+x^2\ln^2 a)$; (5) $\frac{2\ln x-3}{x^3}$; (6) $\frac{x^2-2a^2}{(x^2-a^2)^{\frac{3}{2}}}$.

2. $1,1,0$. **3.** (1) $\frac{2}{x^3}f'\left(\frac{1}{x}\right)+\frac{1}{x^4}f''\left(\frac{1}{x}\right)$; (2) $(e^x+1)^2 f''(e^x+x)+e^x f'(e^x+x)$.

6. (1) $\frac{(-1)^n n!\,a^n}{(ax+b)^{n+1}}$; (2) $2^{n-1}\cos\left(2x+\frac{n\pi}{2}\right)$; (3) $(n+x)e^x$.

7. (1) $e^x(x^2+100x+2450)$; (2) $(870-x^2)\cos x-60x\sin x$.

习 题 2.4

1. (1) $\frac{ay-x^2}{y^2-ax}$; (2) $\frac{1}{1-\varepsilon\cos y}$; (3) $-\frac{y(1+e^{xy})}{1+x+xe^{xy}}$;

(4) $\frac{\cos(x+y)}{e^y-\cos(x+y)}$; (5) $\frac{y(x-1)}{x(1-y)}$; (6) $\frac{y^2-xy\ln y}{x^2-xy\ln x}$.

2. $\frac{y(y-\sin x)}{1-xy}$; e^2. **3.** (1) $-\frac{2(x^2+y^2)}{(x+y)^3}$; (2) $\frac{e^{2y}(3-y)}{(2-y)^3}$.

4. $x+2y-3=0$. **5.** $x-y-4=0, 2x+y-4=0$.

6. (1) $f(x)^{g(x)}\left(g'(x)\ln f(x)+g(x)\frac{f'(x)}{f(x)}\right)$; (2) $x^{\tan x}\left(\frac{\ln x}{\cos^2 x}+\frac{\tan x}{x}\right)$;

(3) $\left(\frac{x}{1+x}\right)^x\left(\ln\frac{x}{1+x}+\frac{1}{1+x}\right)$;

(4) $2^x\cdot x^{2^x}\left(\ln 2\cdot\ln x+\frac{1}{x}\right)+(\sin x)^{\cos x}\left(\frac{\cos^2 x}{\sin x}-\sin x\cdot\ln\sin x\right)$;

(5) $\sqrt[3]{(3x-1)^5}\sqrt{\frac{x-1}{2-x}}\left[\frac{5}{3x-1}+\frac{1}{2(x-1)}+\frac{1}{2(2-x)}\right]$;

(6) $\dfrac{(1-x)\sqrt{\sin x}}{e^{2x-1}(\arcsin x)^3}\left(-\dfrac{1}{1-x}+\dfrac{1}{2}\cot x-2-\dfrac{3}{\arcsin x \cdot \sqrt{1-x^2}}\right)$.

习 题 2.5

1. (1) $\Delta y=17\,\text{cm}^2, dy=16\,\text{cm}^2$; (2) $\Delta y=8.25\,\text{cm}^2, dy=8\,\text{cm}^2$; (3) $\Delta y=1.61\,\text{cm}^2, dy=1.6\,\text{cm}^2$.

2. $\Delta y=130;4;0.31;0.0301;\ dy=30;3;0.3;0.03;\ \Delta y-dy\to 0$ (当 $\Delta x\to 0$ 时).

3. (1) $x^{a-1}(1+a\ln x)dx$; (2) $-(\sin x+\cos x)dx$; (3) $e^x[1+e^{e^x}(1+e^{e^x})]dx$;

   (4) $\dfrac{\ln(1+\sqrt{x})}{\sqrt{x}+x}dx$; (5) $-\dfrac{1}{x^2+1}dx$; (6) $2x(1+\ln x^2)dx+\sin 2xdx$.

4. (1) $\dfrac{2x-x^2-y^2}{x^2+y^2-2y}dx$; (2) $\dfrac{2(e^{2x}-xy)}{x^2-\cos y}dx$;

   (3) $\dfrac{2x\cos 2x-y-xye^{xy}}{x^2e^{xy}+x\ln x}dx$; (4) $-\dfrac{y^2+\sin(x+y^2)}{e^y+2xy+2y\sin(x+y^2)}dx$.

5. (1) $\dfrac{e^{2t}}{1-t}$; (2) $\dfrac{2t}{t^2-1}$; (3) $\dfrac{t}{2}$. 6. (1) $2x-y=0,\ x+2y=0$; (2) $x=0,y=0$.

7. **提示** 用公式 $f(x)\approx f(0)+f'(0)x$.

8. (1) 1.0067; (2) 0.998; (3) 0.002; (4) 0.7954; (5) 3.0048; (6) 0.4849.

   提示 (1) 由 $(1+x)^{\alpha}\approx 1+\alpha x$, 取 $x=0.02$; (2) 由 $e^x\approx 1+x$, 取 $x=-0.002$;

   (3) 由 $\ln(1+x)\approx x$, 取 $x=0.002$; (4) 设 $f(x)=\arctan x, x_0=1, \Delta x=0.02$.

   (5) 由 $(1+x)^{\alpha}\approx 1+\alpha x, \sqrt[5]{245}=(243+2)^{\frac{1}{5}}=3\left(1+\dfrac{2}{243}\right)^{\frac{1}{5}}$;

   (6) $\sin 29°=\sin\left[\dfrac{\pi}{6}+\left(-\dfrac{\pi}{180}\right)\right]$, 设 $f(x)=\sin x, x_0=\dfrac{\pi}{6}, \Delta x=-\dfrac{\pi}{180}$.

9. $\Delta S=4.04\pi\,\text{m}^2, dS=4\pi\,\text{m}^2$.

习 题 2.6

1. (1) $\overline{P}=5, \overline{Q}=7$; (2) $\overline{P}=2, \overline{Q}=4$.

2. $R=\begin{cases}200Q, & 0\leqslant Q\leqslant 500, \\ 100000+(200-20)(Q-500), & 500<Q\leqslant 700, \\ 13600, & 700<Q\end{cases}$ (单位:元).

3. $C=a+bQ$(万元), $MC=b$ 万元/吨.

4. (1) 0; (2) $\dfrac{bx}{a+bx}$; (3) $ax\ln a$; (4) $\dfrac{1}{\ln ax}$. 5. **提示** 用函数弹性的定义.

6. (1) $\dfrac{100P}{100P-400}$; (2) $P=1, E_d=-0.33, P=2, E_d=-1, P=3, E_d=-3$.

7. $E_d=-bP$. 8. $E_s=\dfrac{2P^2+6P}{P^2+6P-18}$, $E_s|_{P=3}=4$. 9. $E_M=-\dfrac{b}{M}$.

10. **提示** 收益函数 $R=\varphi^{-1}(Q)\cdot Q$, 且 $\varphi'(P)=\dfrac{1}{[\varphi^{-1}(Q)]'}$.

11. (1) $E_R=\dfrac{P}{R}\dfrac{dR}{dP}$; (2) $E_R|_{P=5}=0.75$; (3) $E_R=1+E_d$. 12. (1) 0.06; (2) 5.

13. 7288.4万. **提示** 取 $e^{0.6}=1.8221$. 14. 60.65万元. **提示** 取 $e^{-0.5}=0.6065$.

总习题二

1. (1) $-f'(a)$; (2) $\dfrac{g'(0)}{f'(0)}t$; (3) 3; (4) 1; (5) -2; (6) $e^{2t}(1+2t)$; (7) $a^n f^{(n)}(ax+b)$;
   (8) -1.

2. (1) (C); (2) (D); (3) (A); (4) (B); (5) (D).
   提示 (2) $f^2(x)-f^2(x_0)=(f(x)+f(x_0))(f(x)-f(x_0))$; (3) $f'(x)$是奇函数;
   (4) 由微分定义,$f(x)=\arcsin x$.

3. (1) 1; (2) $\ln 2-1$. 4. $a=5, b=-4, f'(0)=-4$.

5. (1) $n\in \mathbf{N}_+$; (2) $n>1, f'(x)=\begin{cases} nx^{n-1}\sin\dfrac{1}{x}-x^{n-2}\cos\dfrac{1}{x}, & x\neq 0, \\ 0, & x=0; \end{cases}$ (3) $n>2$.

6. $\begin{cases} f'\left(x^2\arctan\dfrac{1}{x}\right)\left(2x\arctan\dfrac{1}{x}-\dfrac{x^2}{1+x^2}\right), & x\neq 0, \\ 0, & x=0. \end{cases}$

7. (1) $\dfrac{f(x)f'(x)+g(x)g'(x)}{\sqrt{f^2(x)+g^2(x)}}$; (2) $\dfrac{f'(x)+f(x)^{g(x)-1}[f(x)g'(x)\ln f(x)+f'(x)g(x)]}{1+[1+f(x)+f(x)^{g(x)}]^2}$;
   (3) $\dfrac{g(x)f'(x)-f(x)g'(x)\log_{g(x)}f(x)}{f(x)g(x)\ln g(x)}$.

8. 提示 $f''(x)=\lim\limits_{h\to 0}\dfrac{f'(x+h)-f'(x)}{h}$,将$f'(x+h), f'(x)$用$f(x+h), f(x-h), f(x)$表示出来.

9. 提示 用数学归纳法. 11. (1) $\dfrac{y+2x}{x-2y}dx, -3dx$; (2) $3x+y-4=0, x-3y+2=0$.

12. (1) $a=\dfrac{1}{e}, x_0=e^2, y_0=1$; (2) $e^{-2}x-2y+1=0$.

习 题 3.1

1. (1) 不满足,$f(x)$在$[0,1]$上不连续; (2) 不满足,$f(x)$在$(-1,1)$内不可导;
   (3) 不满足,$f(0)\neq f(1)$; (4) 满足,$\xi=\dfrac{\pi}{2}$.

2. 满足,$\xi=\sqrt{\dfrac{4}{\pi}-1}$. 3. 满足,$\xi=\dfrac{14}{9}$.

4. 有三个实根,分别在区间$(1,2),(2,3),(3,4)$内部.

5. 提示 用罗尔定理,并用反证法. 6. 提示 与5题同.

7. 提示 $F(x)=xf(x)$在$[0,1]$上用罗尔定理.

9. 提示 $f(x)=\sqrt{x}$在$[x,x+1]$上用拉格朗日中值定理.

10. 提示 用拉格朗日中值定理证明等式,再推出不等式:
    (1) $f(x)=\arcsin x$在$[x,y]$上; (2) $f(x)=\ln x$在$[x,1+x]$上; (3) $f(x)=x^n$在$[a,b]$上.

11. 提示 对$f(x)$和$\ln(1+x)$在$[0,x]$上用柯西中值定理.

习 题 3.2

1. (1) $(-\infty,+\infty)$减; (2) $(-\infty,+\infty)$增; (3) $(-\infty,0),(2,+\infty)$增,$(0,2)$减;
   (4) $(-\infty,-1),(0,1)$减,$(-1,0),(1,+\infty)$增;

(5) $\left(-1,-\frac{\sqrt{2}}{2}\right),\left(\frac{\sqrt{2}}{2},1\right)$减，$\left(-\frac{\sqrt{2}}{2},\frac{\sqrt{2}}{2}\right)$增； (6) $(0,e)$增，$(e,+\infty)$减.

2. 提示　推证 $F'(x)>0$.

3. (1) 极大值 $f\left(-\frac{1}{3}\right)=\frac{32}{27}$，极小值 $f(1)=0$；　　(2) 极大值 $f(0)=2$，极小值 $f(\pm 2)=-14$；

   (3) 极大值 $f(0)=0$，极小值 $f\left(\frac{2}{5}\right)=-\frac{3}{5}\sqrt[3]{\frac{4}{25}}$；

   (4) 极大值 $f\left(\frac{1}{3}\right)=\frac{1}{3}\sqrt[3]{4}$，极小值 $f(1)=0$；　　(5) 极小值 $f(0)=0$；

   (6) 极小值 $f\left(\frac{3}{2}\right)=-\frac{11}{16}$；　　(7) 极小值 $f(0)=0$，极大值 $f(\pm 1)=\frac{1}{e}$；　　(8) 无极值.

4. (1) $(-\infty,0),(2,+\infty)$增，$(0,2)$减，极大值 $f(0)=\frac{1}{3}$，极小值 $f(2)=-1$；

   (2) $(-\infty,0),(1,2)$减，$(0,1),(2,+\infty)$增，极小值 $f(0)=0,f(2)=0$，极大值 $f(1)=1$.

5. $a=2$，极大值 $f\left(\frac{\pi}{3}\right)=\sqrt{3}$.　　6. $a=\frac{1}{2},b=\sqrt{3},x=\frac{\sqrt{3}}{3}$.

7. 提示　(1) 令 $F(x)=\ln x-\frac{2(x-1)}{x+1}$，则 $F(1)=0,F'(x)>0$；

   (2) 令 $F(x)=1+x\ln(x+\sqrt{1+x^2})-\sqrt{1+x^2}$，则 $F(0)=0,F'(x)>0$；

   (3) 令 $F(x)=\ln(1-x)+x-x\ln(1-x)$，则唯一的驻点 $x=0$，极小值 $F(0)=0$；

   (4) 令 $F(x)=\frac{\sin x}{x}$，则 $\lim_{x\to 0^+}F(x)=1,F\left(\frac{\pi}{2}\right)=\frac{2}{\pi}$，且 $F'(x)<0$；

8. 1 个.

习　题　3.3

1. (1) 最大值 $f(1)=5$，最小值 $f(-2)=4$；　　(2) 最大值 $f(0)=0$，最小值 $f(-1)=-2$；

   (3) 最大值 $f(1)=e$，最小值 $f(0)=0$；　　(4) 最大值 $f(1)=\frac{1}{2}$，没有最小值.

2. $\frac{a}{6},\frac{2a^3}{27}$.　　提示　设截去的正方形边长为 x，则容积 $V=x(a-2x)^2,x\in\left(0,\frac{a}{2}\right)$.

3. $r=\sqrt[3]{\frac{bV}{2\pi a}},h=\sqrt{\frac{4a^2V}{b^2\pi}}$.　　提示　设底半径为 r，高为 h，总造价 $C=2\pi r^2 a+\frac{2Vb}{r},r\in(0,+\infty)$.

4. $t=5$ h.　　提示　设经过 t 小时，则两船距离 $S=\sqrt{(75-12t)^2+(6t)^2},t\in(0,6.25)$.

5. 铁路与水平河道的夹角为 $\arctan\frac{3}{4}$.　　提示　设铁路与水平河道的夹角为 α，则铁路长
$$S=\frac{27}{\sin\alpha}+\frac{64}{\cos\alpha},\quad \alpha\in\left(0,\frac{\pi}{2}\right).$$

6. 宽 ≈ 21.8 cm，长 ≈ 24.6 cm.　　提示　设书页宽为 x cm，则长为 $\frac{536}{x}$ cm，且能用来排字的面积
$$A=(x-2.4\times 2)\left(\frac{536}{x}-2.7\times 2\right),\quad x\in(4.8,99.3).$$

7. $x_0=\frac{27}{\sqrt{181}},y_0=\frac{20}{\sqrt{181}}$.　　提示　设所求点 $M_0(x_0,y_0)$，则有 $-\frac{4x_0}{9y_0}=-\frac{3}{5}$ 和 $\frac{x_0^2}{9}+\frac{y_0^2}{4}=1$.

习　题　3.4

1. $Q=20$ 件，$\pi=3146$ 元.　　2. $Q=300$ 台，$\pi=2.5$ 万元.

3. 售价 115 元/件. **提示** 利润函数 $\pi = (100+P-70)\left(180-\dfrac{3}{25}P^2\right)$.

4. (1) $Q=11$; (2) $a=111, b=2$.
提示 (1) 由 $MR=MC, \dfrac{d^2R}{dQ^2}<\dfrac{d^2C}{dQ^2}$ 确定产量; (2) 用 $MR=P\left(1+\dfrac{1}{E_d}\right)$.

5. 利率 $r=0.08$. **提示** 纯收益(即利润)函数 $\pi(r)=0.16kr-kr^2(k>0$ 比例系数).

6. $P=9$,总收益价格弹性 $E_R=0$.   **7.** (1) $Q=100, AC|_{Q=100}=250$; (2) $MC|_{Q=100}=250$.

8. $Q=\left[\dfrac{a}{c(\alpha-1)}\right]^{\frac{1}{\alpha}}$.   **9.** (1) $L=\dfrac{32}{3}, Q=455.1$; (2) $L=8, AP=48$.

10. (1) $t=2$(万元/吨), $T=10$; (2) $\pi=14, Q=5, P=6$.

11. (1) $t=2.5, T=6.25$; (2) $\overline{P}_t=5.75, \overline{Q}_t=2.5$.

12. (1) $Q=20$; (2) $Q=10$; (3) $Q=10$; (4) $Q=10$; (5) $Q=6$; (6) $Q=12$.

13. $t=48$ 年; $R_t=110.59$ 千元.   **14.** $t=\dfrac{1}{25r^2}$; $t\approx 11$ 年.

15. $Q=20$ 万件, $E=1$ 万元.   **16.** $\sqrt{\dfrac{DC_2}{2C_1}}$.

习 题 3.5

1. (1) $(-\infty,0), (1,+\infty)$ 凹, $(0,1)$ 凸, 拐点 $(0,1)$ 和 $(1,0)$;   (2) $(-\infty,0)$ 凸, $(0,+\infty)$ 凹, 拐点 $(0,0)$;
(3) $\left(-\infty,\dfrac{1}{2}\right)$ 凸, $\left(\dfrac{1}{2},+\infty\right)$ 凹, 拐点 $\left(\dfrac{1}{2}, e^{\arctan\frac{1}{2}}\right)$;
(4) $\left(-\infty,-\dfrac{1}{\sqrt{3}}\right), \left(\dfrac{1}{\sqrt{3}},+\infty\right)$ 凹, $\left(-\dfrac{1}{\sqrt{3}},\dfrac{1}{\sqrt{3}}\right)$ 凸, 拐点 $\left(\pm\dfrac{1}{\sqrt{3}},\dfrac{3}{4}\right)$;
(5) $(-\infty,0), \left(\dfrac{1}{4},+\infty\right)$ 凹, $\left(0,\dfrac{1}{4}\right)$ 凸, 拐点 $(0,0)$ 和 $\left(\dfrac{1}{4},-\dfrac{3}{16\sqrt[3]{16}}\right)$;
(6) $(-\infty,-1)$ 凸, $(-1,+\infty)$ 凹, 拐点 $(-1,54/7)$.

2. 提示 (1) 设 $f(t)=t^3$, 须证明 $f''(t)>0$; (2) 设 $f(t)=e^t$, 须证明 $f''(t)>0$.

3. $a=1, b=-3, c=-24, d=16$.

4. 提示 (1) 已知条件 $f''(x)\geqslant 0, x\in I$ 且等号只在个别点成立;
(2) 已知条件 $f''(x)\leqslant 0, x\in I$ 且等号只在个别点成立, 又 $f(x)>0$.

习 题 3.6

1. (1) $(-\infty,+\infty)$; (2) 偶函数; (3) 水平渐近线 $y=0$;
(4) $(-\infty,0)$ 增, $(0,+\infty)$ 减, 极大值 $y=\dfrac{1}{\sqrt{2\pi}}\approx 0.3989$;
(5) $(-\infty,-1), (1,+\infty)$ 凹, $(-1,1)$ 凸, 拐点 $\left(\pm 1, \dfrac{1}{\sqrt{2\pi e}}\approx 0.242\right)$.

2. (1) $(-\infty,0), (2,+\infty)$ 增, $(0,2)$ 减, 极大值 $y=6$, 极小值 $y=2$; $(-\infty,1)$ 凸, $(1,+\infty)$ 凹, 拐点 $(1,4)$.
(2) 垂直渐近线 $x=-1$, 斜渐近线 $y=x-1$; $(-\infty,-2), (0,+\infty)$ 增, $(-2,-1), (-1,0)$ 减, 极大值 $y=-4$, 极小值 $y=0$; $(-\infty,-1)$ 凸, $(-1,+\infty)$ 凹.
(3) 垂直渐近线 $x=0$, 水平渐近线 $y=-2$; $(-\infty,-2), (0,+\infty)$ 减, $(-2,0)$ 增, 极小值 $y=-3$; $(-\infty,-3)$ 凸, $(-3,0), (0,+\infty)$ 凹, 拐点 $\left(-3,-\dfrac{26}{9}\right)$.

(4) 垂直渐近线 $x=0$, 斜渐近线 $y=x+3$; $(-\infty,-1),(2,+\infty)$ 增, $(-1,0),(0,2)$ 减, 极大值 $y=\mathrm{e}^{-1}$, 极小值 $y=4\mathrm{e}^{\frac{1}{2}}$; $\left(-\infty,-\frac{2}{5}\right)$ 凸, $\left(-\frac{2}{5},0\right),(0,+\infty)$ 凹, 拐点 $\left(-\frac{2}{5},\frac{8}{5}\mathrm{e}^{-\frac{5}{2}}\right)$.

习题 3.7

1. (1) -1; (2) $\frac{1}{2}$; (3) ∞; (4) 2; (5) 0; (6) 1; (7) 1; (8) 3; (9) $\frac{1}{2}$; (10) 2.

2. (1) $-\frac{2}{\pi}$; (2) 1; (3) $\frac{1}{2}$; (4) $\frac{1}{2}$; (5) 1; (6) e^2; (7) $\mathrm{e}^{-\frac{1}{2}}$; (8) 1; (9) 1; (10) 1; (11) $\mathrm{e}^{\frac{1}{3}}$. 提示 (11) 求 $\lim\limits_{x\to 0^+}\left(\frac{\tan x}{x}\right)^{\frac{1}{x^2}}$.

3. (1) $-\frac{\mathrm{e}}{2}$; (2) 2; (3) 3. 4. 1. 5. (1) 0; (2) 1; (3) 1.

习题 3.8

1. $-4+11(x+1)-7(x+1)^2+2(x+1)^3$.

2. (1) $1-x^2+\frac{1}{2!}x^4+\cdots+\frac{(-1)^n}{n!}x^{2n}+o(x^{2n})$; (2) $\frac{2}{2!}x^2-\frac{2^3}{4!}x^4+\cdots+\frac{(-1)^{n-1}2^{2n-1}}{(2n)!}x^{2n}+o(x^{2n})$; (3) $-x^3-\frac{1}{2}x^5-\frac{1}{3}x^7-\cdots-\frac{1}{n}x^{2n+1}+o(x^{2n+1})$. 提示 (2) $\sin^2 x=\frac{1}{2}(1-\cos 2x)$.

3. (1) $-\frac{1}{6}$; (2) $-\frac{1}{12}$; (3) $-\frac{1}{2}$; (4) $-\frac{1}{16}$; (5) $\frac{1}{3}$; (6) $\frac{1}{2}$.

总习题三

1. (1) $\left(\frac{1}{\mathrm{e}}\right)^{\frac{1}{\mathrm{e}}}$; (2) $f^{(n)}(-n-1)=-\mathrm{e}^{-(n+1)}$; (3) 2; (4) -1; (5) $-\frac{1}{6}$.

2. (1) (A); (2) (D); (3) (D); (4) (A); (5) (C); (6) (C); (7) (C); (8) (C); (9) (A); (10) (B).

   提示 (1) 缺 $f(x)$ 在 $[a,b]$ 上连续; (2) 函数 $y=f(-x)$ 的图形与 $y=f(x)$ 的图形关于 y 轴对称; (3) 缺 $f(x)$ 在 x_0 连续, 不能选 (B); (4) $f''(x_0)=-4f(x_0)<0$; (5) 画出 $y=f(x)$ 的图形; (6) 由 $f''(x)=0$, 有 $\lim\limits_{x\to 0}\frac{f''(x)}{x}=\lim\limits_{x\to 0}\frac{x-[f'(x)]^2}{x}\xlongequal{\text{洛必达}}\lim\limits_{x\to 0}\frac{1-2f'(x)f''(x)}{1}=1$, 由此知 $f''(x)$ 在 $x=0$ 两侧变符号; (7) $f(x)=\frac{\sqrt{x}}{x+10^4}$ 的最大值是 $f(10^4)$, 将 x 改为 n.

3. 提示 $f(x)=a_0 x^n+a_1 x^{n-1}+\cdots+a_{n-1}x$ 在 $[0,x_0]$ 上用罗尔定理.

4. 提示 $f(x)=\ln^2 x$ 在 $[a,b]$ 上用拉格朗日中值定理.

5. 提示 欲证等式为 $\frac{f(b)-f(a)}{b^2-a^2}=\frac{f'(\xi)}{2\xi}$, 对函数 $f(x)$ 和 $g(x)=x^2$ 在 $[a,b]$ 上用柯西中值定理.

6. n 为偶数时: $k>0, f(x_0)$ 是极小值, $k<0, f(x_0)$ 是极大值; n 为奇数时: $k>0, f(x)$ 在 x_0 增, $k<0, f(x)$ 在 x_0 减.

7. (1) $a>0, b^2-3ac\leqslant 0$; (2) $b^2-3ac>0$. 提示 (1) 应有 $f'(x)\geqslant 0$; (2) $f'(x)$ 有相异二实根.

8. $\frac{3\sqrt{3}}{4}$. 提示 设正方形 A 的中心为 $A(x,y)$, 求面积 $S=y(1+x)$ 的最大值, 其中 $y=\sqrt{1-x^2}$,

344 微积分

$x\in(-1,1)$.

9. (1) $t=\dfrac{a-b}{2}$；　(2) 因 $\dfrac{\mathrm{d}P_t}{\mathrm{d}t}=\dfrac{\beta}{2(\alpha+\beta)}>0, \dfrac{\mathrm{d}Q_t}{\mathrm{d}t}=-\dfrac{1}{2(\alpha+\beta)}<0$；　(3) $\dfrac{\beta(a-b)}{4(\alpha+\beta)}, \dfrac{(2\alpha+\beta)(a-b)}{4(\alpha+\beta)}$.

10. 0.　**提示**　设 $f(x)=\sqrt{x}(\sqrt[x]{x}-1)$，用洛必达法则.

习 题 4.1

说明　本章答案中，凡是"求"不定积分的题目均未加积分常数 C. 望读者自己加上.

1. (1) $\mathrm{e}^{-x}+C, -\mathrm{e}^{-x}+C, x+C$；　(2) $\dfrac{a^x}{\ln^2 a}+C_1 x+C_2, \dfrac{x}{\ln a}-\dfrac{C_1}{\ln a}a^{-x}+C_2$；

   (3) $\mathrm{e}^x-\cot x+C$；　(4) $\dfrac{1}{3}x^3+2x+C$；

2. (1) $x^3-x^2+\ln|x|-\dfrac{1}{x}$；　(2) $\dfrac{2}{3}x^{\frac{3}{2}}+2\sqrt{x}-\dfrac{2}{5}x^{\frac{5}{2}}$；

   (3) $\mathrm{e}^x+\dfrac{2^x}{\ln 2}+\dfrac{2^x \mathrm{e}^x}{1+\ln 2}$；　(4) $3^x\left(\dfrac{\mathrm{e}^{2x}}{\ln 3+2}+\dfrac{\mathrm{e}^x}{\ln 3+1}+\dfrac{1}{\ln 3}\right)$；

   (5) $\arctan x+\ln|x|$；　(6) $2x-4\arctan\dfrac{x}{2}$；　(7) $\arcsin x$；　(8) $4\arcsin\dfrac{x}{2}$；

   (9) $\ln|x+\sqrt{x^2+2}|$；　(10) $\ln|x+\sqrt{x^2-1}|$；

   (11) $\dfrac{1}{2}\ln\left|\dfrac{2+x}{2-x}\right|+\ln|x|$；　(12) $\dfrac{1}{2}\ln\left|\dfrac{x-2}{x+2}\right|+\dfrac{1}{\sqrt{2}}\arctan\dfrac{x}{\sqrt{2}}$；

   (13) $-\cot x-x$；　(14) $\dfrac{1}{2}(x-\sin x)$；　(15) $-\cot x+\csc x$；　(16) $-\cot x-\tan x$；

   (17) $-\cos x+\sin x$；　(18) $\tan x+\sec x$；　(19) $-\cot x+\csc x$；　(20) $\ln|\sec x+\tan x|$；

   (21) $\ln|\csc x-\cot x|+\cos x$；　(22) $\ln|\tan x|-2x$；　(23) $\ln|1-\cos x|$；　(24) $x-\ln|\cos x|$.

3. (1) $y=\ln x+1$；　(2) $y=\dfrac{1}{2}x^2+\mathrm{e}^x+1$.

4. $f(x)=x^3-6x^2-15x+2$.　**提示**　$f'(x)=a(x+1)(x-5)$.

习 题 4.2

1. (1) $\dfrac{1}{4}\arctan\dfrac{\mathrm{e}^{2x}}{2}+C, \dfrac{1}{8}\ln\left|\dfrac{\mathrm{e}^{2x}-2}{\mathrm{e}^{2x}+2}\right|+C, \dfrac{1}{2}\ln(\mathrm{e}^{2x}+\sqrt{4+\mathrm{e}^{2x}})+C, \dfrac{1}{2}\arcsin\dfrac{\mathrm{e}^{2x}}{2}+C$；

   (2) $\begin{cases}\cos x+C, & x\geqslant 0, \\ \dfrac{1}{2}x^2+1+C, & x<0.\end{cases}$　**提示**　(2) 用在 $x=0$ 的连续性确定积分常数.

2. (1) $\dfrac{1}{3}\mathrm{e}^{3x}$；　(2) $\mathrm{e}^{\arctan x}$；　(3) $\mathrm{e}^{\sqrt{2x-1}}$；

   (4) $\mathrm{e}^{\mathrm{e}^x}$；　(5) $-\dfrac{1}{\ln 2}2^{\tan\frac{1}{x}}$；　(6) $\dfrac{2}{9}(1+3x)^{\frac{3}{2}}$；

   (7) $\dfrac{1}{6}(2x^2+5)^{\frac{3}{2}}$；　(8) $\dfrac{3}{4}(x^2+2x)^{\frac{2}{3}}$；　(9) $-\dfrac{4}{3}\sqrt{1-x\sqrt{x}}$；

   (10) $\dfrac{2}{3}(\arcsin x)^{\frac{3}{2}}$；　(11) $\dfrac{1}{3}(3+\ln x)^3$；　(12) $-\dfrac{1}{2}\left(\arctan\dfrac{1}{x}\right)^2$；

   (13) $2(\tan x-1)^{\frac{1}{2}}$；　(14) $\dfrac{1}{2}(\ln\tan x)^2$；　(15) $-\dfrac{1}{x\sin x}$；

   (16) $2\sqrt{x+\mathrm{e}^x}$；　(17) $\dfrac{3}{2}(\sin x-\cos x)^{\frac{2}{3}}$；　(18) $(\arcsin\sqrt{x})^2$；

(19) $\dfrac{1}{3}[(x+1)^{\frac{3}{2}}-(x-1)^{\frac{3}{2}}]$; (20) $\dfrac{1}{6}[(x^2+2)^{\frac{3}{2}}+x^3]$; (21) $-\dfrac{1}{5}\ln|3-5x|$;

(22) $\ln|\ln x+1|$; (23) $\ln(e^x+e^{-x})$; (24) $\dfrac{1}{3}\ln|1+\sin^3 x|$;

(25) $\ln|\ln\sin x|$; (26) $\ln|1+\sin x\cos x|$; (27) $2\ln|x+\sqrt{x}|$;

(28) $-\ln|\cos e^x|$; (29) $\dfrac{2}{3}\ln|\cos\sqrt{1-x^3}|$; (30) $2\ln|\sin\sqrt{x}|$;

(31) $\dfrac{1}{6}\arctan\dfrac{2x}{3}$; (32) $\dfrac{1}{3}\arctan x^3$; (33) $2\arctan\sqrt{x}$;

(34) $-2\arctan\sqrt{1-x}$; (35) $\dfrac{1}{4}\arctan\dfrac{1+x^2}{2}$; (36) $\dfrac{1}{2}\arctan(\sin^2 x)$;

(37) $\arcsin(\ln x)$; (38) $\dfrac{2}{3}\arcsin(x\sqrt{x})$; (39) $\arcsin\dfrac{x+1}{\sqrt{6}}$;

(40) $\arcsin\dfrac{\sin x}{\sqrt{2}}$; (41) $-\arcsin e^{-x}$; (42) $-\cos\sqrt{1+x^2}$;

(43) $x-\dfrac{1}{2}\cos 2x$; (44) $\dfrac{1}{3}\sin(x^3+2)$; (45) $-\dfrac{1}{2}\tan(1-x^2)$;

(46) $\ln\left|\dfrac{x+1}{x+2}\right|$; (47) $\dfrac{1}{4\sqrt{2}}\ln\left|\dfrac{\sqrt{2}+x^2}{\sqrt{2}-x^2}\right|$; (48) $\dfrac{1}{4\sqrt{2}}\ln\left|\dfrac{x^2-1-\sqrt{2}}{x^2-1+\sqrt{2}}\right|$;

(49) $\dfrac{1}{6}\ln\left|\dfrac{3+\sin x}{3-\sin x}\right|$; (50) $\dfrac{1}{8}\ln\left|\dfrac{2+e^{2x}}{2-e^{2x}}\right|$; (51) $\dfrac{1}{2}x-\dfrac{1}{4}\sin 2x$;

(52) $\sin x-\dfrac{1}{3}\sin^3 x$; (53) $\dfrac{3}{8}x-\dfrac{1}{4}\sin 2x+\dfrac{1}{32}\sin 4x$; (54) $\dfrac{1}{5}\cos^5 x-\dfrac{1}{3}\cos^3 x$;

(55) $\dfrac{1}{2}\sin x+\dfrac{1}{10}\sin 5x$; (56) $\dfrac{1}{2}\cos x-\dfrac{1}{10}\cos 5x$; (57) $\tan x+\dfrac{1}{3}\tan^3 x$;

(58) $-e^{-x}-\arctan e^{-x}$; (59) $x-\ln(1+e^x)+\dfrac{1}{1+e^x}$.

提示 (9) $(1-x\sqrt{x})'=-\dfrac{3}{2}\sqrt{x}$; (12) $\left(\arctan\dfrac{1}{x}\right)'=-\dfrac{1}{1+x^2}$;

(14) $(\ln\tan x)'=\dfrac{1}{\sin x\cos x}$; (15) $(x\sin x)'=x\cos x+\sin x$;

(18) $(\arcsin\sqrt{x})'=\dfrac{1}{2\sqrt{x}\sqrt{1-x}}$; (19),(20) 分母有理化;

(24) $(1+\sin^3 x)'=3\sin^2 x\cos x$; (25) $(\ln\sin x)'=\cot x$;

(26) $(1+\sin x\cos x)'=\cos 2x$; (27) $(x+\sqrt{x})'=\dfrac{1+2\sqrt{x}}{2\sqrt{x}}$;

(34) $\dfrac{1}{(2-x)\sqrt{1-x}}=\dfrac{1}{[1+(1-x)]\sqrt{1-x}}dx$; (35) $x^4+2x^2+5=(1+x^2)^2+4$;

(36) $(\sin^2 x)'=2\sin x\cos x$; (38) $(x\sqrt{x})'=\dfrac{3}{2}\sqrt{x}$;

(39) $\sqrt{5-2x-x^2}=\sqrt{6-(x+1)^2}$; (40) $\sqrt{1+\cos^2 x}=\sqrt{2-\sin^2 x}$;

(41) $\dfrac{1}{\sqrt{e^{2x}-1}}=\dfrac{e^{-x}}{\sqrt{1-e^{-2x}}}$; (43) $(\sin x+\cos x)^2=1+\sin 2x$;

(55) $\cos 2x\cos 3x=\dfrac{1}{2}(\cos x+\cos 5x)$; (57) $\sec^4 x dx=\sec^2 x d\tan x$;

(58) $\dfrac{1}{e^x(1+e^{2x})} = \dfrac{1+e^{2x}-e^{2x}}{e^x(1+e^{2x})}$; (59) $\dfrac{1}{(1+e^x)^2} = \dfrac{1+e^x-e^x}{(1+e^x)^2}$.

3. (1) $2(\sqrt{x} - \arctan\sqrt{x})$; (2) $\dfrac{2}{45}(5x-6)(2x+3)^{\frac{5}{4}}$;

 (3) $2\sqrt{x} - 3\sqrt[3]{x} + 6\sqrt[6]{x} - 6\ln(1+\sqrt[6]{x})$; (4) $-3(1-2x)^{\frac{1}{6}} + 3\arctan(1-2x)^{\frac{1}{6}}$;

 (5) $\ln\left|\dfrac{\sqrt{1-x}-\sqrt{1+x}}{\sqrt{1-x}+\sqrt{1+x}}\right| + 2\arctan\sqrt{\dfrac{1-x}{1+x}}$; (6) $-\dfrac{3}{2}\sqrt[3]{\dfrac{x+1}{x-1}}$.

提示 (3) 令 $x=t^6$; (4) 令 $x=\dfrac{1}{2}(1-t^6)$; (6) $\dfrac{1}{\sqrt[3]{(x+1)^2(x-1)^4}} = \dfrac{1}{x^2-1}\sqrt[3]{\dfrac{x+1}{x-1}}$.

4. (1) $-\dfrac{4}{3}(4-x^2)^{\frac{3}{2}} + \dfrac{1}{5}(4-x^2)^{\frac{5}{2}}$; (2) $\ln|x+\sqrt{x^2-9}| - \dfrac{\sqrt{x^2-9}}{x}$; (3) $-\dfrac{\sqrt{4+x^2}}{4x}$;

 (4) $-\dfrac{1}{a^2}\dfrac{x}{\sqrt{x^2-a^2}}$; (5) $\dfrac{1}{2}(\arcsin x + \ln|x+\sqrt{1-x^2}|)$; (6) $\dfrac{1}{4}\sqrt{4x^2+9} + \dfrac{1}{2}\ln|2x+\sqrt{4x+9}|$;

 (7) $2\arcsin\dfrac{x+1}{2} + \dfrac{x+1}{2}\sqrt{3-2x-x^2}$; (8) $\sqrt{x^2+x+1} + \dfrac{1}{2}\ln\left|x+\dfrac{1}{2}+\sqrt{x^2+x+1}\right|$.

提示 (6) $I = \dfrac{1}{8}\int\dfrac{8x}{\sqrt{4x^2+9}}dx + \dfrac{1}{2}\int\dfrac{2}{\sqrt{4x^2+9}}dx$; (7) $3-2x-x^2 = 4-(x+1)^2$, 令 $x+1=2\sin t$;

 (8) $I = \int\dfrac{x+\dfrac{1}{2}}{\sqrt{x^2+x+1}}dx + \dfrac{1}{2}\int\dfrac{1}{\sqrt{x^2+x+1}}dx$.

5. (1) $-\dfrac{(a^2-x^2)^{\frac{3}{2}}}{3a^2x^3}$; (2) $\dfrac{\sqrt{x^2-1}}{x} - \arcsin\dfrac{1}{x}$.

习 题 4.3

1. (1) $\dfrac{1}{4}\left(\cos 2x - \dfrac{\sin 2x}{x}\right) + C$; (2) $\dfrac{e^x}{x} + C$.

提示 (1) $I = \dfrac{1}{2}\int x d[f(2x)]$; (2) $I = \int\dfrac{e^x}{x}dx + \int e^x d\dfrac{1}{x}$.

2. (1) $-x\cos x + \sin x$; (2) $\dfrac{x^2}{4} - \dfrac{1}{4}x\sin 2x - \dfrac{1}{8}\cos 2x$;

 (3) $-\dfrac{1}{9}(3x+1)e^{-3x}$; (4) $\dfrac{x^2 a^x}{\ln a} - \dfrac{2xa^x}{(\ln a)^2} + \dfrac{2a^x}{(\ln a)^3}$;

 (5) $x\arccos x - \sqrt{1-x^2}$; (6) $\dfrac{1+x^2}{2}(\arctan x)^2 - x\arctan x + \dfrac{1}{2}\ln(1+x^2)$;

 (7) $2\sqrt{x}(\ln x - 2)$; (8) $\dfrac{\ln x}{1-x} + \ln\left|\dfrac{1-x}{x}\right|$;

 (9) $\dfrac{1}{4}x^4\left(\ln^2 x - \dfrac{1}{2}\ln x + \dfrac{1}{8}\right)$; (10) $-\dfrac{2}{17}e^{-2x}\left(\cos\dfrac{x}{2} + 4\sin\dfrac{x}{2}\right)$;

 (11) $x\tan x + \ln|\cos x| - \dfrac{x^2}{2}$; (12) $\dfrac{x}{2}[\sin(\ln x) + \cos(\ln x)]$;

 (13) $\dfrac{1}{2}(\sec x \tan x + \ln|\sec x + \tan x|)$; (14) $-\cot x \cdot \ln\tan x - \cot x$;

 (15) $-\dfrac{x}{2\sin^2 x} - \dfrac{\cot x}{2}$; (16) $-\cos x \cdot \ln\tan x + \ln|\csc x - \cot x|$;

 (17) $\dfrac{1}{2}(x^2-1)\ln\dfrac{1+x}{1-x} + x$; (18) $\dfrac{x}{4}\sec^4 x - \dfrac{1}{4}\tan x - \dfrac{1}{12}\tan^3 x$.

提示 (2) $\sin^2 x = \dfrac{1-\cos 2x}{2}$; (11) $\tan^2 x = \sec^2 x - 1$;

(13) $\sec^3 x dx = \sec x d\tan x$; (14) $dv = \csc^2 x dx$;

(15) $dv = -\dfrac{2\cos x}{\sin^3 x}dx$; (16) $dv = \sin x dx$;

(17) $dv = x dx$; (18) $dv = \tan x \sec^4 x dx$.

3. (1) $\dfrac{1}{2}x^2 e^{x^2} - \dfrac{1}{2}e^{x^2}$; (2) $\ln x \cdot \ln\ln x - \ln x$;

(3) $-2\sqrt{x}\cos\sqrt{x} + 2\sin\sqrt{x}$; (4) $\dfrac{x}{\sqrt{1+x^2}}\ln x - \ln(x+\sqrt{1+x^2})$;

(5) $\dfrac{x}{\sqrt{1-x^2}}\arccos x - \ln\sqrt{1-x^2}$; (6) $x - e^{-x}\arctan e^x - \dfrac{1}{2}\ln(1+e^{2x})$.

提示 (3) 令 $x = t^2$; (4) 令 $x = \tan t$; (5) 令 $x = \cos t$; (6) $dv = -de^{-x}$,若先换元,令 $x = \ln t$.

4. $I_n = -\dfrac{1}{n}\sin^{n-1}x\cos x + \dfrac{n-1}{n}I_{n-2}(n \geqslant 2)$, $I_0 = x + C$, $I_1 = -\cos x + C$.

5. $\dfrac{x e^{\frac{x}{2}}}{2(1+x)^{\frac{3}{2}}}$. 提示 $2F(x)F'(x) = \dfrac{x e^x}{(1+x)^2}$,两端分别求积分.

习 题 4.4

1. (1) $\ln(x+5)^2|x-2|$; (2) $\dfrac{1}{5}\ln\dfrac{(1+2x)^2}{1+x^2} + \dfrac{1}{5}\arctan x$;

(3) $\dfrac{1}{x+1} + \dfrac{1}{2}\ln|x^2-1|$; (4) $\dfrac{1}{4}\ln\dfrac{1+x^2}{(1+x)^2} + \dfrac{x-1}{2(1+x^2)}$;

(5) $\ln\dfrac{(x-1)^2}{\sqrt{x^2-x+1}} + \dfrac{5}{\sqrt{3}}\arctan\dfrac{2x-1}{\sqrt{3}}$; (6) $\ln\dfrac{(x+2)^{\frac{1}{10}}(x-2)^{\frac{1}{10}}}{(x^2+2x+2)^{\frac{11}{20}}} + \dfrac{7}{10}\arctan(x+1)$.

2. (1) $\dfrac{x^2}{2} + 4x + 8\ln|x-1|$; (2) $\dfrac{1}{3}x^3 + \dfrac{1}{2}x^2 + 4x + \ln\dfrac{x^2|(x-2)^5|}{|(x+2)^3|}$;

(3) $x + \dfrac{1}{3}\arctan x - \dfrac{8}{3}\arctan\dfrac{x}{2}$.

总 习 题 四

1. (1) $e^x + C$; (2) $\cos(\ln x)$; (3) $\ln(x+\sqrt{1+x^2})$; (4) $\dfrac{e^x}{2}(x+1) + x + C$;

(5) $e^{2x}\tan x + C$; (6) $\arctan(x+1) + \dfrac{1}{x^2+2x+2} + C$.

提示 (4) 等式两端求导数; (5) $(\tan x + 1)^2 = \sec^2 x + 2\tan x$;

(6) $x^2 = x^2 + 2x + 2 - (2x+2)$.

2. (1) (D); (2) (C); (3) (C); (4) (D); (5) (D); (6) (A).

提示 (6) $f(g(x)) = x, g(f(x)) = x, f'(x) = \dfrac{1}{g'(f(x))}$.

3. $F(x) = \begin{cases} \dfrac{1}{3}x^3 - \dfrac{2}{3}, & x < -1, \\ x, & |x| \leqslant 1, \\ \dfrac{1}{3}x^3 + \dfrac{2}{3}, & x > 1. \end{cases}$ 提示 用 $F(x)$ 在 $x = \pm 1$ 的连续性确定积分常数.

4. (1) $\ln|\sin x| - x$; (2) $x - \tan x + \sec x$;

(3) $\dfrac{1}{a^2-b^2}\ln|a^2\sin^2 x+b^2\cos^2 x|$;

(4) $-\dfrac{1}{2}\left(\arctan\dfrac{1}{x}\right)^2$;

(5) $-\dfrac{1}{2}\left(\ln\dfrac{1+x}{x}\right)^2$;

(6) $\dfrac{2}{3}[\ln(x+\sqrt{1+x^2})]^{\frac{3}{2}}$;

(7) $\dfrac{1}{\ln 3-\ln 2}\arctan\left(\dfrac{3}{2}\right)^x$;

(8) $2\arctan[f(\sqrt{x})]$;

(9) $-\arcsin\dfrac{\cos x}{\sqrt{2}}$;

(10) $\dfrac{1}{\sqrt{2}}\arcsin\dfrac{\sqrt{2}\sin x}{\sqrt{3}}$;

(11) $\dfrac{1}{2\sqrt{2}}\ln\left|\dfrac{\sqrt{2}+\sqrt{1+x^2}}{\sqrt{2}-\sqrt{1+x^2}}\right|$;

(12) $\ln\left|\dfrac{xe^x}{1+xe^x}\right|$;

(13) $-3(1-2x)^{\frac{1}{6}}+3\arctan(1-2x)^{\frac{1}{6}}$;

(14) $\dfrac{1}{5}(\arcsin x+2\ln|2x+\sqrt{1-x^2}|)$;

(15) $\sqrt{4+x^2}+\dfrac{4}{\sqrt{4+x^2}}$;

(16) $\dfrac{1}{\sqrt{2}}\ln\left|x-\dfrac{3}{4}+\sqrt{x^2-\dfrac{3}{2}x-\dfrac{1}{2}}\right|$;

(17) $\sqrt{1+x^2}\arctan x-\ln(x+\sqrt{1+x^2})$;

(18) $\dfrac{1}{8}e^{2x}(2-\cos 2x-\sin 2x)$;

(19) $x\arcsin\sqrt{\dfrac{x}{1+x}}-\sqrt{x}+\arctan\sqrt{x}$;

(20) $\dfrac{e^x\sin x}{1+\cos x}$;

(21) $2e^{\frac{x}{2}}\sqrt{\cos x}$;

(22) $\dfrac{1}{4}\ln\left|\dfrac{x^2-1}{x^2+1}\right|$;

(23) $\ln\dfrac{(x-1)^2}{|x|}-\dfrac{1}{x-1}-\dfrac{1}{(x-1)^2}$;

(24) $\dfrac{1}{5}\ln\dfrac{(2x+1)^2}{1+x^2}+\dfrac{1}{5}\arctan x$.

提示 (3) $\sin 2x=\dfrac{1}{a^2-b^2}(a^2\sin 2x-b^2\sin 2x)$; (5) $-\dfrac{1}{x(x+1)}dx=d[\ln(x+1)-\ln x]$;

(6) $[\ln(x+\sqrt{1+x^2})]'=\dfrac{1}{\sqrt{1+x^2}}$;

(7) $I=\int\dfrac{\left(\dfrac{3}{2}\right)^x}{\left(\dfrac{3}{2}\right)^{2x}+1}dx$;

(8) $\dfrac{f'(\sqrt{x})}{\sqrt{x}}dx=2d[f(\sqrt{x})]$;

(9) $1+\sin^2 x=2-\cos^2 x$;

(10) $2+\cos 2x=3-2\sin^2 x$;

(11) $1-x^2=2-(\sqrt{1+x^2})^2$;

(12) 分子、分母同乘 e^x;

(17) $dv=\dfrac{x}{\sqrt{1+x^2}}dx$;

(18) $\sin^2 x=\dfrac{1-\cos 2x}{2}$; (19) $dv=dx$; (20) $I=\int\dfrac{e^x}{1+\cos x}dx+\int\dfrac{\sin x}{1+\cos x}de^x$;

(21) $I=\int e^{\frac{x}{2}}\sqrt{\cos x}dx-2\int e^{\frac{x}{2}}d\sqrt{\cos x}$;

(22) $I=\dfrac{1}{4}\int\dfrac{(x^2+1)-(x^2-1)}{(x^2-1)(x^2+1)}dx^2$;

(24) $\dfrac{1}{(2x+1)(x^2+1)}=\dfrac{4}{5(2x+1)}-\dfrac{2x-1}{5(x^2+1)}$.

5. (1) $I_1=\dfrac{1}{2\sqrt{3}}\arctan\dfrac{x^2-1}{\sqrt{3}x}+\dfrac{1}{4}\ln\left|\dfrac{x^2-x+1}{x^2+x+1}\right|$, $I_2=\dfrac{1}{2\sqrt{3}}\arctan\dfrac{x^2-1}{\sqrt{3}x}-\dfrac{1}{4}\ln\left|\dfrac{x^2-x+1}{x^2+x+1}\right|$;

(2) $I_1=\dfrac{1}{4\sqrt{2}}\arctan\dfrac{x^4-1}{\sqrt{2}x^2}+\dfrac{1}{8\sqrt{2}}\ln\left|\dfrac{x^4-\sqrt{2}x^2+1}{x^4+\sqrt{2}x^2+1}\right|$,

$I_2=\dfrac{1}{4\sqrt{2}}\arctan\dfrac{x^4-1}{\sqrt{2}x^2}-\dfrac{1}{8\sqrt{2}}\ln\left|\dfrac{x^4-\sqrt{2}x^2+1}{x^4+\sqrt{2}x^2+1}\right|$;

(3) $I_1 = \frac{1}{2}(\ln|\sin x - \cos x| - x)$,　$I_2 = \frac{1}{2}(\ln|\sin x - \cos x| + x)$;

(4) $I_1 = \frac{1}{2\sqrt{2}}\ln\left|\csc\left(x+\frac{\pi}{4}\right) - \cot\left(x+\frac{\pi}{4}\right)\right| - \frac{1}{2}(\sin x + \cos x)$,

$I_2 = \frac{1}{2\sqrt{2}}\ln\left|\csc\left(x+\frac{\pi}{4}\right) - \cot\left(x+\frac{\pi}{4}\right)\right| + \frac{1}{2}(\sin x + \cos x)$.

提示 (1) $I_1 + I_2 = \int \frac{1}{\left(x-\frac{1}{x}\right)^2 + 3} d\left(x-\frac{1}{x}\right)$, $I_1 - I_2 = \int \frac{1}{\left(x+\frac{1}{x}\right)^2 - 1} d\left(x+\frac{1}{x}\right)$;

(2) $I_1 + I_2 = \frac{1}{2}\int \frac{1}{\left(x^2-\frac{1}{x^2}\right)^2 + 2} d\left(x^2-\frac{1}{x^2}\right)$, $I_1 - I_2 = \frac{1}{2}\int \frac{1}{\left(x^2+\frac{1}{x^2}\right)^2 - 2} d\left(x^2+\frac{1}{x^2}\right)$;

(4) $\sin x + \cos x = \sqrt{2}\sin\left(x+\frac{\pi}{4}\right)$.

习 题 5.1

1. (1) 对；(2) 否. **提示** (2) 区间长度相同，e^{-x^2} 单调减且 $e^{-x^2} > 0$.
2. (1) 正确；(2) 可得出. 　3. 正确.
4. (1) 对；(2) 否；(3) 对.

  提示 (2) 令 $f(x) = x - \ln(1+x)$，在 $[0,1]$ 上，因 $f'(x) > 0$，则 $f(x) \geqslant f(0) = 0$;

  (3) $I \leqslant \int_{10}^{20} \left|\frac{\sin x}{\sqrt{1+x^2}}\right| dx < \int_{10}^{20} \frac{1}{10} dx$.

5. $I_1 < I_2$. **提示** $\sin(\sin x) < \sin x, \cos(\sin x) > \cos x$.
6. (1) $I < 0$；(2) $I > 0$. **提示** (1) 在 $\left[\frac{1}{4}, 1\right]$ 上, $x^3 \ln x < 0$；(2) 在 $\left[-\frac{\pi}{2}, 0\right]$ 上, $e^x \sin x < 0$.
7. (1) $\frac{1}{2e} \leqslant I \leqslant 1$；(2) $\frac{2}{\sqrt[4]{e}} \leqslant I \leqslant 2e^2$.

习 题 5.2

1. (1) $\sin x^2 \cos x$；(2) $3x^5\sqrt{1+x^3}$；(3) $\frac{4x^3 \sin x^4}{\sqrt{1+e^{x^4}}} - \frac{2x \sin x^2}{\sqrt{1+e^{x^2}}}$.
2. $-e^{y^2} \cos x^2$.　3. (1) $\frac{1}{2}$；(2) $\frac{2}{3}$.
4. **提示** 证 $F(x)$ 在 $[a,b]$ 上增，并用零点定理.
5. 最大值 $f(2) = 6$，最小值 $f\left(\frac{1}{2}\right) = -\frac{3}{4}$.

  提示 先求 $f(x)$，再求 $f(x)$ 的最值；等式两端求导时，$\int_0^{2x} xf(t)dt = x\int_0^{2x} f(t)dt$.

6. $\sqrt{1-x^2} + \frac{\pi}{2-\pi} \cdot \frac{1}{1+x^2}$. **提示** 等式两端在 $[-1,1]$ 上求定积分.
7. (1) $\frac{\pi}{3a}$；(2) $\frac{\pi}{6}$；(3) -1；(4) $2\ln 3$；(5) 2；(6) $\frac{1}{3}(|b|^3 - |a|^3)$.

  提示 (6) 分 $a < b \leqslant 0, a < 0 < b, 0 \leqslant a < b$ 三种情况求积分.

8. $2\sqrt{2}$. **提示** $\sqrt{1-\sin 2x} = |\sin x - \cos x|$.
9. $\begin{cases} 1-e^{-x}, & 0 \leqslant x < 1, \\ x^2 - e^{-1}, & 1 \leqslant x \leqslant 2. \end{cases}$ **提示** 当 $0 \leqslant x \leqslant 1$ 时, $F(x) = \int_0^x e^{-t}dt$；当 $1 < x \leqslant 2$ 时, $F(x) = \int_0^1 e^{-x}dt + \int_1^x 2t dt$.

习 题 5.3

1. (1) $\dfrac{\pi^3}{192}$; (2) $\dfrac{1}{3}\ln\dfrac{1+\sqrt{5}}{2}$; (3) $\ln\dfrac{2e}{1+e}$; (4) $\dfrac{4}{3}$.

   提示 (3) $d\cos^2 x = -2\sin 2x\,dx$; (4) $\sqrt{\cos x - \cos^3 x} = \sqrt{\cos x}\,|\sin x|$.

2. (1) $7\dfrac{1}{3}$; (2) $\dfrac{8}{3}+\ln 3$; (3) $\ln\dfrac{\sqrt{3}}{3}(\sqrt{2}+1)$; (4) $\dfrac{\pi a^4}{8}$.

3. $\ln 3 + \dfrac{4\sqrt{2}}{3}$. **提示** 令 $t = x-3$. 　4. **提示** (1) 证 $F(-x) = F(x)$.

5. (1) $\dfrac{3}{16}\pi$; (2) $\dfrac{4}{3}\ln 2$; (3) $\dfrac{\pi}{2}$; (4) $\pi\sin 1$.

   提示 (3) $\arctan e^x + \arctan e^{-x} = \dfrac{\pi}{2}$; (4) $\arccos(-x) = \pi - \arccos x$.

6. (1) $\dfrac{\pi}{4}$; (2) $\dfrac{\pi}{12}$; (3) $\dfrac{\pi}{8}\ln 2$; (4) $\dfrac{b-a}{2}$. **提示** (3) $\tan\left(\dfrac{\pi}{4}-u\right) = \dfrac{1-\tan u}{1+\tan u}$.

7. $\dfrac{(b-a)^2\pi}{8}$. 　8. **提示** (1) 令 $x = \dfrac{1}{t}$.

9. **提示** (1) 等式为 $\int_0^a xf(\varphi(x))dx = \int_0^a (a-x)f(\varphi(a-x))dx$; (2) 令 $x = \dfrac{4}{t}$.

10. **提示** 要证 $F(x+T) = F(x)$. 　11. **提示** (2) $\sin^n x$ 以 2π 为周期.

12. (1) $\dfrac{\pi}{8} - \dfrac{1}{4}$; (2) $\dfrac{\pi}{8} - \dfrac{1}{4}\ln 2$; (3) $\dfrac{\pi}{4} + \dfrac{1}{2}\ln 2$; (4) $\dfrac{16}{3}\pi - 2\sqrt{3}$; (5) $2\left(1-\dfrac{1}{e}\right)$;
    (6) $2e-4$. **提示** (4) 令 $x = t^2$.

13. $\dfrac{1}{6}(e-2)$. **提示** 已知 $f(0) = 0$,令 $u = f(x), dv = (x-1)^2 dx$. 　14. 2. **提示** 用分部积分法.

15. (2) $\dfrac{1}{2652}$; (3) $\dfrac{m!\,n!}{(m+n+1)!}$. **提示** (2) 令 $t = x-1$; (3) $I = \int_0^1 (1-x)^n \dfrac{x^{m+1}}{m+1}dx$.

习 题 5.4

1. (1) e^{-1}; (2) π; (3) $1-\ln 2$; (4) $\ln 2$; (5) 1; (6) $\dfrac{1}{2}$.

3. $p > 1$ 时收敛,其值是 $\dfrac{1}{1-p}(\ln 2)^{1-p}$; $p \leqslant 1$ 时发散.

4. **提示** $I_1 = \dfrac{1}{2}\int_0^{+\infty} \dfrac{\sin 2x}{2x} d(2x)$; I_2 用分部积分法.

5. (1) $\dfrac{32}{3}$; (2) $\dfrac{\pi^2}{4}$; (3) $2(1-e^{-\sqrt{\pi}})$; (4) $3(1+\sqrt[3]{2})$; (5) π; (6) 发散.

6. $e^{-1}-1$. **提示** 用分部积分法.

7. $p < 1$ 时收敛,其值是 $\dfrac{1}{1-p}(b-a)^{1-p}$; $p \geqslant 1$ 时发散.

习 题 5.5

1. (1) 收敛; (2) 发散; (3) 发散; (4) 收敛; (5) 收敛; (6) 收敛.

   提示 (1) $\dfrac{\sin^2 x}{1+x^2} < \dfrac{1}{x^2}$; (2) $\dfrac{1}{1+x|\sin x|} \geqslant \dfrac{1}{1+x}$; (3) 取 $x^p = x$; (4) 取 $x^p = x^{\frac{3}{2}}$; (5) 取 $x^p = x^2$;
   (6) 取 $x^p = x^2$.

2. (1),(2),(3)均绝对收敛.

　　提示　(1) $\left|\dfrac{\sin x}{x^{1+p}}\right| \leqslant \dfrac{1}{x^{1+p}}$；(2) $\left|\dfrac{\cos(2x+3)}{\sqrt{x^3+1}\sqrt[3]{x^2+1}}\right| \leqslant \dfrac{1}{\sqrt{x^3+1}\sqrt[3]{x^2+1}}$；(3) $\left|\dfrac{\sin x}{x}\mathrm{e}^{-x}\right| \leqslant \mathrm{e}^{-x}$.

3. (1) 收敛；(2) 收敛；(3) 发散；(4) $n<3$ 时收敛；$n\geqslant 3$ 时发散.

　　提示　(1) $\dfrac{x^4}{\sqrt{1-x^4}} \leqslant \dfrac{1}{\sqrt{1-x}}$；(2) 取 $(b-x)^p = (1-x)^{\frac{1}{2}}$；(3) 取 $(b-x)^p = (2-x)$；

　　(4) 取 $(x-a)^p = x^{n-2}$.

4. 绝对收敛.　提示　$\left|\dfrac{\ln x}{1-x^2}\right| = -\dfrac{\ln x}{1-x^2}$，取 $x^p = x^{\frac{1}{2}}$.

5. (1) 绝对收敛；(2) $m>-1, n>m+1$ 时收敛；$m\leqslant -1, n\leqslant m+1$ 时发散.

　　提示　(1) $I = \int_0^1 \dfrac{\sin\sqrt{x}}{x^2+x}\mathrm{d}x + \int_1^{+\infty} \dfrac{\sin\sqrt{x}}{x^2+x}\mathrm{d}x = I_1 + I_2$；对 I_1，取 $(x-a)^p = x^{\frac{1}{2}}$；对 I_2，

$$\left|\dfrac{\sin\sqrt{x}}{x^2+x}\right| \leqslant \dfrac{1}{x^2};$$

　　(2) $I = \int_0^1 \dfrac{x^m}{1+x^n}\mathrm{d}x + \int_1^{+\infty} \dfrac{x^m}{1+x^n}\mathrm{d}x = I_1 + I_2$；对 I_1，取 $(x-a)^p = x^{-m}$，对 I_2，取 $x^p = x^{n-m}$.

6. $\dfrac{105}{16}\sqrt{\pi}$；$\dfrac{12}{5}$.

7. (1) $\dfrac{(2n-1)!!}{2^{n+1}}\sqrt{\pi}$；(2) $\Gamma(n+1) = n!$.

　　提示　(1) $I = \dfrac{1}{2} \cdot 2\int_0^{+\infty} x^{2\left(n+\frac{1}{2}\right)-1}\mathrm{e}^{-x^2}\mathrm{d}x = \dfrac{1}{2}\Gamma\left(n+\dfrac{1}{2}\right)$；(2) $I \xrightarrow{t=\ln\frac{1}{x}} \Gamma(n+1)$.

8. 1.　提示　令 $\dfrac{x-u}{\sqrt{2}\,\sigma} = t$.

习　题　5.6

1. (1) $\dfrac{1}{3}$；(2) 1；(3) $\mathrm{e}+\mathrm{e}^{-1}-2$；(4) $2(\sqrt{2}-1)$；(5) $\dfrac{7}{6}$；(6) $\dfrac{3}{2}-2\ln 2$；(7) $\dfrac{9}{2}$；(8) $\dfrac{8}{5}$.

2. $\dfrac{\sqrt{3}}{3}\pi - \dfrac{3}{4}$.　**3.** $\dfrac{4}{5}$.　提示　$g(x) = \begin{cases} 0, & x<0, \\ x^{\frac{1}{4}}, & x\geqslant 0. \end{cases}$

4. (1) $p=-\dfrac{4}{5}, q=3$；(2) $\dfrac{225}{32}$.

　　提示　面积 A 由两个参数 p, q 表示，由 p 与 q 的关系将 A 化为只含一个参数.

5. (1) 4π；(2) $\dfrac{64}{3}\pi$；(3) $\dfrac{\pi^2}{4}$；(4) $\dfrac{512}{7}\pi$；(5) $V_x = \dfrac{\pi^2}{2}, V_y = 2\pi^2$；

　　(6) $V_x = \pi\left(2 - \dfrac{2}{3}\mathrm{e}\right), V_y = \pi\left(\dfrac{\mathrm{e}^2}{6} - \dfrac{1}{2}\right)$.

6. (1) $\dfrac{4\pi}{5}(32-a^5)$；(2) πa^4；(3) $1, \dfrac{129}{5}\pi$.　**7.** $\dfrac{2}{3}a^3\tan\alpha$.

习　题　5.7

1. (1) $R = 7Q - Q^2$；(2) 250 台，3.25 万元；(3) -0.25 万元.

2. 41, 5615.4.

3. (1) 20 万元，19 万元；(2) 320 台；(3) 20.48 万元，15.08 万元，5.4 万元.

4. 4台,9万元/台.

5. (1) $12t^{\frac{5}{4}}+30$; (2) 414.

6. 118万元.   7. 约 5.22×10^6 m³.   8. 65940元.   9. 4.213万元.

10. 606.61万元.   11. 购进轿车合算,因10年的租金为38756元.   12. 3亿元.

总 习 题 五

1. (1) $y=2x$; (2) 0; (3) $\sin x^2$; (4) 0; (5) 4; (6) $4\sqrt{2}$; (7) 3; (8) 1.

   提示 (2) $0<\int_0^1 \ln(1+x^n)dx \leqslant \int_0^1 x^n dx = \frac{1}{n+1}$; (3) 令 $x-t=u$; (4) 令 $x=\pi-t$.

2. (1) (A); (2) (B); (3) (B); (4) (B); (5) (B); (6) (A); (7) (D); (8) (D); (9) (B); (10) (C).

   提示 (4) 在 $\left(0,\frac{\pi}{4}\right)$ 内,$\frac{\tan x}{x}>\frac{x}{\tan x}$,且 $\frac{\tan x}{x}$ 单调增;

   (6) 将积分区间化为 $[0,\pi]$; (7) 函数 $|\sin nx|$ 以 $\frac{\pi}{n}$ 为周期; (10) 两端分别计算.

3. $\frac{1+2x}{x+x^2+1}$.   提示 令 $x+t=u$.   4. $a=1,b=0,c=\frac{1}{2}$.   5. $\frac{1}{2}$.   提示 $\frac{\infty}{\infty}$ 型.

6. $I_1=\frac{\pi}{2}\left(\frac{\pi^2}{3}-\frac{1}{2}\right), I_2=\frac{\pi}{2}\left(\frac{\pi^2}{3}+1\right)$.   提示 计算 I_1+I_2, I_2-I_1.

7. 提示 把左端关于 y 的积分化为关于 x 的积分.   8. 提示 先用积分中值定理,再用罗尔定理.

9. 提示 令 $F(x)=\int_0^x f(t)dt - x\int_0^1 f(t)dt$.   10. $c=1, I=\ln 2$.

11. $\frac{3}{2}-\frac{1}{\ln 2}$.   提示 不能将 I 写成 $\int_1^2 \frac{1}{x\ln^2 x}dx - \int_1^2 \frac{1}{(x-1)^2}dx$.

12. (1) $\left(1,\frac{1}{2}\right)$; (2) $\frac{1}{12}$; (3) $\frac{3\pi}{160}$; (4) $\frac{\pi}{10}$.   13. 8年,18.4×10^6 元.

习 题 6.1

1. (1) Ⅱ; (2) Ⅳ; (3) Ⅶ.

2. $(3,-2,1); (-3,-2,1),(3,2,1),(3,-2,-1),(3,2,-1),(-3,-2,-1),(-3,2,1)$.

4. $\left(\frac{1}{2},1,2\right)$.

5. (1) $Ax+By+Cz=0$; (2) $By+Cz=0, Ax+Cz=0, Ax+By=0$;
   (3) $By+Cz+D=0, Ax+Cz+D=0, Ax+By+D=0$;
   (4) $z=C, x=C, y=C$; (5) $z=0, x=0, y=0$.

6. $x+2y+3z=4$;在平面上.   7. $4,6,-2$.

8. $(1,-2,2), R=4$.   9. $(x-2)^2+(y+1)^2+(z-3)^2=14$.

10. 母线平行于 z 轴的圆柱面.

习 题 6.2

1. (1) $\{(x,y) | 1 \leqslant x^2+y^2 \leqslant 4\}$; (2) $\{(x,y) | x \geqslant 0, 0 \leqslant y \leqslant x^2\}$;
   (3) $\{(x,y) | y>0, x>y+1 \text{ 或 } y<0, y<x<y+1\}$.

2. (1) $\frac{5}{2}, \frac{x^2+y^2}{xy}$; (2) $\frac{x^2-y^2}{2x}, \frac{xy}{1+x^2}$.   3. (1) $\frac{x^2(1-y)}{1+y}$; (2) $\frac{e^x+\ln y}{x+y}$.

5. (1) 0； (2) 2. **提示** (1) $\left|\sin\dfrac{1}{x^2y^2}\right|\leqslant 1$；(2) $\dfrac{xy}{\sqrt{xy+1}-1}=\sqrt{xy+1}+1$.

6. 不存在. **提示** 点(x,y)沿抛物线$y=kx^2(k\neq 0)$趋于$(0,0)$时, $\dfrac{x^2y}{x^4+y^2}$趋于不同的值.

7. 连续. **提示** 因 $\left|\dfrac{x}{\sqrt{x^2+y^2}}\right|\leqslant\dfrac{|x|}{|x|}=1$, $\lim\limits_{(x,y)\to(0,0)}\dfrac{x}{\sqrt{x^2+y^2}}\cdot y=0$.

8. 曲线 $y^2=2x$.

习　题　6.3

1. (1) $-\dfrac{y^2}{(x-y)^2},\dfrac{x^2}{(x-y)^2}$；　(2) $\dfrac{2x}{y}\sec^2\dfrac{x}{y},-\dfrac{x^2}{y^2}\sec^2\dfrac{x^2}{y}$；

(3) $\dfrac{1}{x-2y},-\dfrac{2}{x-2y}$；　(4) $\dfrac{x^2+y-2xy^2}{1+(y^2-x)^2},\dfrac{-y^2-x+2yx^2}{1+(y^2-x)^2}$；

(5) $\left[\dfrac{\cos(\sqrt{x}+\sqrt{y})}{2\sqrt{x}}+\sin(\sqrt{x}+\sqrt{y})\cdot y\right]e^{xy}$,

$\left[\dfrac{\cos(\sqrt{x}+\sqrt{y})}{2\sqrt{y}}+\sin(\sqrt{x}+\sqrt{y})\cdot x\right]e^{xy}$；

(6) $(x+2y)^{x+2y}[1+\ln(x+2y)], 2(x+2y)^{x+2y}[1+\ln(x+2y)]$；

(7) $x^{x^y}\cdot x^{y-1}(y\ln x+1), x^{x^y}\cdot x^y\ln^2 x$；

(8) $\dfrac{z}{y}\left(\dfrac{x}{y}\right)^{z-1},-\dfrac{z}{y}\left(\dfrac{x}{y}\right)^z,\left(\dfrac{x}{y}\right)^z\ln\dfrac{x}{y}$；　(9) $\dfrac{z}{y}e^{\frac{xz}{y}}\ln y,\dfrac{1}{y}e^{\frac{xz}{y}}\left(1-\dfrac{xz\ln y}{y}\right),\dfrac{x\ln y}{y}e^{\frac{xz}{y}}$.

2. (1) 1,0；　(2) 1,-1；　(3) 1,-1,0.

3. (1) $x^2y+y^2+\varphi(x),\varphi(x)$ 是 x 的任意函数；　(2) $(2-x)\sin y+\dfrac{1}{y}\ln\left|\dfrac{1-y}{1-xy}\right|$.

4. (1) $-\dfrac{2xy}{(x^2+y^2)^2},\dfrac{2xy}{(x^2+y^2)^2},\dfrac{x^2-y^2}{(x^2+y^2)^2}$；

(2) $-\dfrac{4y}{(x-y)^3}\sin\dfrac{x+y}{x-y}-\dfrac{4y^2}{(x-y)^4}\cos\dfrac{x+y}{x-y}, -\dfrac{4x}{(x-y)^3}\sin\dfrac{x+y}{x-y}-\dfrac{4x^2}{(x-y)^4}\cos\dfrac{x+y}{x-y}$,

$\dfrac{2(x+y)}{(x-y)^3}\sin\dfrac{x+y}{x-y}+\dfrac{4xy}{(x-y)^4}\cos\dfrac{x+y}{x-y}$；

(3) $e^{xe^y+2y},xe^{xe^y+y}(xe^y+1),e^{xe^y+y}(xe^y+1)$.

5. $-\dfrac{2}{9}$.　**6.** (1) $\dfrac{3}{8}y^2x^{-\frac{5}{2}},0,-\dfrac{1}{2}yx^{-\frac{3}{2}},x^{-\frac{1}{2}}$；(2) $-2x\sin(xy)-x^2y\cos(xy)$.　**8.** $-1,1$.

习　题　6.4

1. (1) $y^{\sin x}\cdot\cos x\ln y\,dx+y^{\sin x-1}\sin x\,dy$；　(2) $\dfrac{\sqrt{y}}{\sqrt{1-x^2y}}dx+\dfrac{x}{2\sqrt{y(1-x^2y)}}dy$；

(3) $\dfrac{1}{\sqrt{x^2+y^2}}\left(dx+\dfrac{y}{x+\sqrt{x^2+y^2}}dy\right)$；　(4) $\dfrac{1}{\sqrt{x^2+y^2+z^2}}(xdx+ydy+zdz)$；

(5) $yx^{y^z-1}(yzdx+zx\ln x\cdot dy+yx\ln x\cdot dz)$.

2. (1) $\dfrac{3}{\sqrt{2e}}(dx+dy)$；　(2) $\dfrac{1}{2}dx$.

3. $\Delta f=(2a+b)h+(b+2c)k+ah^2+bhk+ck^2, df=(2a+b)h+(b+2c)k$.

4. $x^4+5x^2y^3-3xy^4+y^5+C, C$ 为任意常数.

5. (1) 0.97； (2) 0.01． **提示** (1) $f(x,y)=x^y$，求 $f(1-0.03,1+0.05)$ 的近似值；

(2) $f(x,y)=\ln\dfrac{1+\tan x}{1-\sin y}$，求 $f(0-0.01,0+0.02)$ 的近似值．

6. 减少 6.64 吨． **7.** 33.2 mm³．

习 题 6.5

1. (1) $e^x(\sin x+\cos x)$； (2) $\dfrac{(1+x)e^x}{1+x^2e^{2x}}$； (3) $4t^3+36t+30$； (4) $e^{ax}\sin x$．

2. $f_1+\dfrac{f_2}{1+\varphi'(y)}$，$f_{11}+\dfrac{f_{12}+f_{21}}{1+\varphi'(y)}+\dfrac{f_{22}}{[1+\varphi'(y)]^2}-\dfrac{f_2\cdot\varphi''(y)}{[1+\varphi'(y)]^3}$．

提示 将 $x=y+\varphi(y)$ 两端对 x 求导，得 $\dfrac{dy}{dx}=\dfrac{1}{1+\varphi'(y)}$，其中 $\varphi'(y)$ 仍是 x 的复合函数．

3. (1) $e^{x^2+y^2}[2x(\sin x+\cos y)+\cos x]$，$e^{x^2+y^2}[2y(\sin x+\cos y)-\sin y]$；

(2) $e^{xy}\left[\dfrac{(\sqrt{x}+\sqrt{y})}{2\sqrt{x}}+y\sin(\sqrt{x}+\sqrt{y})\right]$，$e^{xy}\left[\dfrac{\cos(\sqrt{x}+\sqrt{y})}{2\sqrt{y}}+x\sin(\sqrt{x}+\sqrt{y})\right]$；

(3) $\dfrac{x^4-y^4+2x^3y}{x^2y}e^{\frac{x^2+y^2}{xy}}$，$\dfrac{y^4-x^4+2xy^3}{xy^2}e^{\frac{x^2+y^2}{xy}}$； (4) $\dfrac{1}{2}\sqrt{\dfrac{y}{x}}f_1+f_2$，$\dfrac{1}{2}\sqrt{\dfrac{x}{y}}f_1-f_2$；

(5) $2x\dfrac{d\varphi}{du}$，$1-2y\dfrac{d\varphi}{du}$； (6) $2xf_1+2xf_2+2yf_3$，$2yf_1-2yf_2+2xf_3$；

(7) $f_1+yf_2+yzf_3$，xf_2+xzf_3，xyf_3； (8) f_1+2xf_2，f_1+2yf_2，f_1+2zf_2．

4. $f_1+f_2\cdot f_x$，$f_2\cdot f_y$，其中 $u=x,v=f(x,y)$．

6. $2yf_2+y^4f_{11}+4x^2y^2f_{22}+4xy^3f_{12}$，$2yf_1+2xf_2+2xy^3f_{11}+2x^3yf_{22}+5x^2y^2f_{12}$．

7. $4xyf''(x^2+y^2)$，$2f'(x^2+y^2)+4y^2f''(x^2+y^2)$．

8. $f_1+xyf_{11}+yzf_{13}+xzf_{31}+z^2f_{32}$，$y^2f_{12}+xyf_{13}+f_3+yzf_{32}+xzf_{33}$．

习 题 6.6

1. (1) $\dfrac{y^x\ln y}{1-xy^{x-1}}$ $(xy^{x-1}\neq 1)$； (2) $-\dfrac{y^2f_1+f_2}{2xyf_1+f_2}$． **2.** $\dfrac{2(x^2-y^2)}{x-2y}$．

3. (1) $\dfrac{z\sin x-\cos y}{\cos x-y\sin z}$，$\dfrac{x\sin y-\cos z}{\cos x-y\sin z}$； (2) $\dfrac{y^2z^3\sqrt{x^2+y^2+z^2}+x}{3xy^2z^2\sqrt{x^2+y^2+z^2}+z}$，$\dfrac{2xyz^3\sqrt{x^2+y^2+z^2}-y}{3xy^2z^2\sqrt{x^2+y^2+z^2}+z}$；

4. $\dfrac{1}{e^z-1}$，$\dfrac{e^z}{(1-e^z)^3}$，$\dfrac{e^z}{(1-e^z)^3}$． **5.** $y^2z^3+3xy^2z^2\cdot\dfrac{3yz-2x}{2z-3xy}$，$2xyz^3+3xy^2z^2\cdot\dfrac{3xz-2y}{2z-3xy}$．

7. $\dfrac{2x}{\varphi'\left(\dfrac{z}{y}\right)-2z}$，$\dfrac{\dfrac{z}{y}\varphi'\left(\dfrac{z}{y}\right)-\varphi\left(\dfrac{z}{y}\right)}{\varphi'\left(\dfrac{z}{y}\right)-2z}$． **提示** 由 $x^2+y^2-y\varphi\left(\dfrac{z}{y}\right)=0$ 确定 $z=f(x,y)$．

习 题 6.7

1. (1) 极小值 $f(3,-1)=-8$； (2) 极小值 $f(1,1)=f(-1,1)=f(1,-1)=f(-1,-1)=2$；

(3) 极小值 $f(0,0)=0$ 和 $f(1,0)=0$； (4) 极小值 $f(1,0)=-5$，极大值 $f(-3,2)=31$．

2. (1) 极小值 $f(1,-2)=-2$，极大值 $f(1,-2)=8$；

(2) 极小值 $f(-2,0)=1$，极大值 $f\left(\dfrac{16}{7},0\right)=-\dfrac{8}{7}$．

3. 当 $x=\dfrac{ab^2}{a^2+b^2}, y=\dfrac{a^2b}{a^2+b^2}$ 时,最小值 $z=\dfrac{a^2b^2}{a^2+b^2}$.

4. 当 $x=-\dfrac{1}{2}, y=\dfrac{1}{4}$ 时, $d=\dfrac{7\sqrt{2}}{8}$. 　提示　求 $d=\dfrac{|x+y+2|}{\sqrt{2}}$ 在条件 $y-x^2=0$ 下的极值.

5. $\left(\dfrac{21}{13}, 2, \dfrac{63}{26}\right)$.

7. 长、宽为 $\sqrt[3]{2a}$,高为 $\dfrac{\sqrt[3]{2a}}{2}$. 　　8. 各边长分别为 $6\,\mathrm{m}, 6\,\mathrm{m}, 3\,\mathrm{m}$.

9. $h=2r=2\sqrt{\dfrac{A}{3\pi}}, r$ 为半径,h 为高.

10. 最大值 $z|_{(\sqrt{2},\sqrt{2})}=2\sqrt{2}+1$,最小值 $z|_{(-\sqrt{2},-\sqrt{2})}=-2\sqrt{2}+1$.
    提示　$z=x+y+1$ 是空间平面,在 $x^2+y^2<4$ 时无极值,最值在 $x^2+y^2=4$ 上取得.

11. 最大值 $f\left(\dfrac{3}{2}, 4\right)=f\left(-\dfrac{3}{2}, -4\right)=106\dfrac{1}{4}$,最小值 $f(2,-3)=f(-2,3)=-50$.

12. $y=0.0487x-2.26$.

习　题　6.8

1. $\dfrac{\partial Q_1}{\partial P_1}, \dfrac{\partial Q_1}{\partial P_2}, \dfrac{\partial Q_2}{\partial P_1}, \dfrac{\partial Q_2}{\partial P_2}$ 分别为:(1) $-2, -1, -1, -2$,互补;
   (2) $-ae^{P_2-P_1}, ae^{P_2-P_1}, be^{P_1-P_2}, -be^{P_1-P_2}$,竞争;

2. $E_{11}=-4, E_{22}=-2, E_{12}=-3.4, E_{21}=-0.1$.

3. (1) $4Q_1+Q_2, Q_1+10Q_2$；　(2) $18, 63$.

4. $E_{11}=-\alpha, E_{22}=-\beta, E_{12}=\beta, E_{21}=\alpha; E_{1Y}=\gamma, E_{2Y}=1-\gamma$.

5. (1) $300K^{-\frac{1}{4}}L^{\frac{1}{3}}, \dfrac{400}{3}K^{\frac{3}{4}}L^{-\frac{2}{3}}; E_K=\dfrac{3}{4}, E_L=\dfrac{1}{3}$; 　(2) $8, 2; \dfrac{1}{3}, \dfrac{2}{3}$.

6. $Q_1=5, Q_2=3, \pi=120$. 　7. $Q_1=50, Q_2=23, P_1=318, P_2=64$.

8. (1) $K=16, L=64, Q=128, \pi=128$；　(2) $\pi=113$.

9. $Q_1=5, Q_2=3$. 　　10. $K=16, L=4, C=64$.

11. $K=8, L=6, Q=200\sqrt[3]{6}$. 　　12. $Q_1=369, Q_2=631$. 　13. $10, 15$.

习　题　6.9

1. (1) $V=\iint\limits_{D}(1-x^2-y^2)\mathrm{d}\sigma$; 　(2) $V=\iint\limits_{D}\sqrt{x^2+y^2}\mathrm{d}\sigma$;
   (3) $V=\iint\limits_{D}(4-x-y)\mathrm{d}\sigma$; 　(4) $V=\iint\limits_{D}\sqrt{y-x^2}\mathrm{d}\sigma$.

2. (1) 1; 　(2) $\dfrac{2}{3}\pi R^3; 1$.
   提示　(2) 以原点为心,R 为半径的上半球的体积;用积分中值定理.

3. (1) $I_1\leqslant I_2$；　(2) $I_1>I_2$. 　提示　(1) 在 D 内 $\ln(x^2+y^2)\leqslant 0, \sqrt{1-x^2-y^2}\geqslant 0$;
   (2) $z=x^2+y^2\geqslant 0$,由 D_1 与 D_2 看 $I_1=4I_2$.

4. (1) 否；　(2) 否；　(3) 对. 　提示　在 D 上,$f(x,y)=x-1>0, f(x,y)=y-1>0$ 并不总成立；而 $f(x,y)=x+1\geqslant 0$(只有 $x=-1$ 时,等号成立)总成立.

习 题 6.10

1. (1) $\int_{-1}^{1}dx\int_{x^3}^{1}f(x,y)dy=\int_{-1}^{1}dy\int_{-1}^{\sqrt[3]{y}}f(x,y)dx$;

(2) $\int_{-\sqrt{2}}^{\sqrt{2}}dx\int_{x^2}^{4-x^2}f(x,y)dy=\int_{0}^{2}dy\int_{-\sqrt{y}}^{\sqrt{y}}f(x,y)dx+\int_{2}^{4}dy\int_{-\sqrt{4-y}}^{\sqrt{4-y}}f(x,y)dx$;

(3) $\int_{0}^{2}dx\int_{-\sqrt{2x}}^{\sqrt{2x}}f(x,y)dy+\int_{2}^{8}dx\int_{x-4}^{\sqrt{2x}}f(x,y)dy=\int_{-2}^{4}dy\int_{\frac{y^2}{2}}^{y+4}f(x,y)dx$;

(4) $\int_{-\frac{1}{2}}^{\frac{1}{2}}dx\int_{\frac{1}{2}-\sqrt{\frac{1}{4}-x^2}}^{\frac{1}{2}+\sqrt{\frac{1}{4}-x^2}}f(x,y)dy=\int_{0}^{1}dy\int_{-\sqrt{y-y^2}}^{\sqrt{y-y^2}}f(x,y)dx$.

2. (1) $\int_{0}^{1}dy\int_{y}^{\sqrt{y}}f(x,y)dx$; (2) $\int_{0}^{1}dy\int_{1-y}^{e^y}f(x,y)dx$;

(3) $\int_{0}^{1}dx\int_{1-x^2}^{1}f(x,y)dy+\int_{1}^{2}dx\int_{x-1}^{1}f(x,y)dy$; (4) $\int_{0}^{2}dx\int_{2x}^{6-x}f(x,y)dy$.

4. (1) $(e-1)^2$; (2) $\frac{7}{12}\pi$; (3) $\frac{33}{140}$; (4) $\frac{1}{6}+\frac{1}{12}\sin 2$; (5) $\frac{1}{6}-\frac{1}{3e}$; (6) $\ln 2$.

提示 (4) 先对 y 积分; (5),(6) 先对 x 积分.

5. (1) 4; (2) π. **提示** 先改变积分次序.

6. (1) $\int_{-\frac{\pi}{2}}^{\frac{\pi}{2}}d\theta\int_{a}^{b}f(r\cos\theta,r\sin\theta)rdr$; (2) $\int_{-\frac{\pi}{2}}^{\frac{\pi}{2}}d\theta\int_{0}^{a\cos\theta}f(r\cos\theta,r\sin\theta)rdr$;

(3) $\int_{-\frac{\pi}{2}}^{\frac{\pi}{2}}d\theta\int_{0}^{b\sin\theta}f(r\cos\theta,r\sin\theta)rdr$; (4) $\int_{0}^{\frac{\pi}{4}}d\theta\int_{0}^{\frac{1}{\cos\theta}}f(r\cos\theta,r\sin\theta)rdr$.

7. (1) $\pi(e^4-1)$; (2) $\frac{R^3}{9}(3\pi-4)$; (3) $\frac{3}{64}\pi^2$; (4) $\frac{\pi}{4}(2\ln 2-1)$.

8. (1) $I=\int_{0}^{\frac{\pi}{2}}d\theta\int_{0}^{a}r^3dr=\frac{\pi}{8}a^4$; (2) $I=\int_{0}^{\frac{\pi}{4}}d\theta\int_{\cos^2\theta}^{\sin\theta}dr=\sqrt{2}-1$.

9. (2) (i) $\frac{64}{15}$; (ii) $\frac{2}{5}$; (iii) $\frac{2}{3}$; (iv) $-\frac{2}{3}$; (v) $2-\frac{\pi}{2}$; (vi) $\frac{\pi R^4}{4}\left(\frac{1}{a^2}+\frac{1}{b^2}\right)$.

提示 (2) (i) D 关于 x 轴对称,xy^2 关于 y 是偶函数,
$$I=2\int_{0}^{2}dx\int_{0}^{\sqrt{4-x^2}}xy^2dy.$$

(ii) D 关于 y 轴对称,被积函数为 x,x 关于 x 是奇函数,
$$I=\iint_{D}xd\sigma+\iint_{D}yd\sigma=\iint_{D}yd\sigma;$$

(iii) D 关于 x 轴、y 轴及坐标原点对称,$I=\iint_{D}|x|d\sigma+\iint_{D}yd\sigma=4\iint_{D_1}xd\sigma$,其中 D_1 是 D 位于第一象限部分;

(iv) $D=D_1+D_2$(图 1),D_1,D_2 分别关于 x 轴、y 轴对称,$xye^{\frac{1}{2}(x^2+y^2)}$ 关于 y,关于 x 为奇函数,$I=\iint_{D_2}yd\sigma$;

(v) D 关于直线 $y=x$ 对称,$f(x,y)=f(y,x)$.

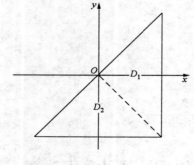

图 1

$$I = 2\int_0^{\frac{\pi}{4}} d\theta \int_{\frac{1}{\sin\theta+\cos\theta}}^1 (\sin\theta + \cos\theta) dr;$$

(vi) $I = \frac{1}{2}\left(\frac{1}{a^2} + \frac{1}{b^2}\right) \cdot 4\int_0^{\frac{\pi}{2}} d\theta \int_0^R r^3 dr.$

10. (1) 3； (2) $\frac{16}{3}\sqrt{15}$.

11. (1) $4\frac{9}{140}$； (2) $8\pi - \frac{32\sqrt{2}}{3}$； (3) $\frac{32}{15}\sqrt{2}$； (4) $\frac{1}{3}$.

12. (1) $\frac{1}{2}$； (2) $\frac{\pi}{2}$； (3) $\frac{\pi}{4}$. **提示** (1) 取直线 $x=a(>0)$, $I = \lim_{a \to +\infty} \int_0^a dy \int_0^y e^{-(x+y)} dx$;
(2) 取有界闭区域 $D_a: x^2+y^2 \leqslant a^2$;
(3) 取直线 $y=b(b>1)$, 得 $D_C: 1 \leqslant x \leqslant \sqrt{b}$, $x^2 \leqslant y \leqslant b$.

13. $I = \int_0^{\frac{1}{2}} dy \int_{1-y}^{+\infty} f(x,y) dx + \int_{\frac{1}{2}}^{+\infty} dy \int_y^{+\infty} f(x,y) dx;$ $I = \int_0^{\frac{\pi}{4}} d\theta \int_{\frac{1}{\cos\theta+\sin\theta}}^{+\infty} f(r\cos\theta, r\sin\theta) r dr.$

总 习 题 六

1. (1) $-2x - 2\left(y + \frac{1}{2}\right)$;　(2) $yf''(xy) + \varphi'(x+y) + g\varphi''(x+y)$;
(3) 0;　(4) $\int_1^2 dx \int_x^{1-x} f(x,y) dy$;　(5) $\pi[f(R^2) - f(0)].$
提示 (1) $f(x,y) = \frac{9}{4} - \left[x^2 + \left(y + \frac{1}{2}\right)^2\right];$
(3) 由 $f(x,y)$ 在 $(0,0)$ 可微知 $f_x(0,0)$ 存在，从而 $\varphi(0,0) = 0$.

2. (1) (B)；　(2) (B)；　(3) (D)；　(4) (A)；　(5) (C).
提示 (2) 用 $f_{xy}(x,y) = f_{yx}(x,y)$;
(3) 因 $x^2 + 1 - 2x\sin y - \cos^2 y = (x - \sin y)^2$, $f(0,0) = 0$, 且在 $D°(0)$ 内 $f(x,y) - f(0,0) > 0$;
(4) 交换积分次序化为变上限 t 的定积分;
(5) $x^3 y^3$ 关于 x, 关于 y 都是奇函数, $I_1 = \iint_D x^3 y^3 dx dy = 0$, $\cos x \sin y$ 关于 x 是偶函数, 关于 y 是奇函数,
$$I_2 = \iint_D \cos x \sin y dx dy = 2\iint_{D_1} \cos x \sin y dx dy.$$

3. 1, -1.　**提示** 由 $f(x,1)$ 求 $f_x(0,1)$, 由 $f(0,y)$ 求 $f_y(0,1)$.

4. $f'(u) \cdot (2xy^2 + 2x)$, $f'(u)(2x^2y + 3y^2)$, $f''(u)(2xy^2 + 2x)^2 + f'(u)(2y^2 + 2)$, 其中 $u = x^2y^2 + x^2 + y^3$.

5. $x^2 + y^2$.

6. $f_1 + f_2 \cdot \frac{y\sin(xy)}{\cos y - x\sin(xy)} + f_3 \cdot \frac{e^{(x+3)^2}}{e^z - e^{(x+z)^2}}.$

7. 极大值 $f\left(\frac{\sqrt{3}}{3}, \frac{\sqrt{3}}{3}\right) = f\left(-\frac{\sqrt{3}}{3}, -\frac{\sqrt{3}}{3}\right) = \frac{\sqrt{3}}{9},$
极小值 $f\left(\frac{\sqrt{3}}{3}, -\frac{\sqrt{3}}{3}\right) = f\left(-\frac{\sqrt{3}}{3}, \frac{\sqrt{3}}{3}\right) = -\frac{\sqrt{3}}{9}.$

8. 在点 $(\pm a, 0, 0)$ 取最大值 a^2, 在点 $(0, 0, \pm c)$ 取最小值 c^2.

9. (1) $K=\dfrac{80}{4\left(\dfrac{9}{4}\right)^{\frac{4}{3}}+3}$, $L=\dfrac{80\left(\dfrac{9}{4}\right)^{\frac{4}{3}}}{4\left(\dfrac{9}{4}\right)^{\frac{4}{3}}+3}$;

(2) $K=6\left[\dfrac{3}{4}\left(\dfrac{9}{4}\right)^{-\frac{1}{3}}+\dfrac{1}{4}\right]^4$, $L=6\left[\dfrac{3}{4}+\dfrac{1}{4}\left(\dfrac{9}{4}\right)^{\frac{1}{3}}\right]^4$.

提示 (1) 以 $\left(\dfrac{Q}{20}\right)^{-\frac{1}{4}}=\dfrac{3}{4}L^{-\frac{1}{4}}+\dfrac{1}{4}K^{-\frac{1}{4}}$ 为目标函数;

(2) 约束条件可简化为 $6^{-\frac{1}{4}}=\dfrac{3}{4}L^{-\frac{1}{4}}+K^{-\frac{1}{4}}$.

10. (1) $\dfrac{7}{12}\pi$; (2) $\dfrac{a^3}{16}\left(\dfrac{\pi}{2}-1\right)$. **提示** (2) $I=\int_0^{\frac{\pi}{4}}\mathrm{d}\theta\int_0^{a\sin\theta}r^2\sin\theta\mathrm{d}r+\int_{\frac{\pi}{4}}^{\frac{\pi}{2}}\mathrm{d}\theta\int_0^{a\cos\theta}r^2\sin\theta\mathrm{d}r$.

习 题 7.1

1. (1) $\dfrac{1}{\sqrt{2}}+\dfrac{2}{\sqrt{3}}+\dfrac{4}{\sqrt{4}}+\dfrac{8}{\sqrt{5}}+\cdots$; (2) $\dfrac{1}{2}-\dfrac{1\cdot 3}{2\cdot 4}+\dfrac{1\cdot 3\cdot 5}{2\cdot 4\cdot 6}-\dfrac{1\cdot 3\cdot 5\cdot 7}{2\cdot 4\cdot 6\cdot 8}+\cdots$;

(3) $-x+\dfrac{1}{3!}x^3-\dfrac{1}{5!}x^5+\dfrac{1}{7!}x^7-\cdots$.

2. (1) $\dfrac{n-(-1)^n}{n}$; (2) $\dfrac{2^{n-1}}{(2n-1)(2n+1)}$; (3) $(-1)^{n-1}\dfrac{a^{2n}}{n^2+2}$; (4) $\dfrac{x^{\frac{n}{2}}}{2n(2n+2)}$.

3. $u_1=\dfrac{1}{1\cdot 3}$, $u_n=\dfrac{1}{(2n-1)(2n+1)}$, $\sum_{n=1}^{\infty}\dfrac{1}{(2n-1)(2n+1)}$, $\dfrac{1}{2}$.

4. (1) 发散; (2) 收敛,$S=1$; (3) 收敛,$S=1-\sqrt{2}$; (4) 收敛,$S=1$.

提示 (2) $u_n=\dfrac{1}{n!}-\dfrac{1}{(n+1)!}$; (3) $u_n=(\sqrt{n+2}-\sqrt{n+1})-(\sqrt{n+1}-\sqrt{n})$;

(4) $u_n=\dfrac{\sqrt{n+1}-\sqrt{n}}{\sqrt{n(n+1)}}=\dfrac{1}{\sqrt{n}}-\dfrac{1}{\sqrt{n+1}}$.

5. 均发散. **提示** 用收敛的必要条件:(2) $u_n=\mathrm{e}^{-\frac{\ln(n^3+4)}{n^2}}$; (3) $u_n>\dfrac{\dfrac{n(n+1)}{2}}{n^2+n+n}$.

6. (1) 发散; (2) 收敛. 7. (3) $2S-u_1-u_2-u_3$. **提示** (5) $\lim_{n\to\infty}x_n=a\Leftrightarrow\lim_{n\to\infty}x_{2n-1}=\lim_{n\to\infty}x_{2n}=a$.

习 题 7.2

1. (1) 收敛; (2) 收敛; (3) 发散; (4) 收敛; (5) 发散; (6) 收敛; (7) 收敛; (8) 收敛; (9) 收敛.

提示 (1) $u_n\leqslant\dfrac{1}{n^{\frac{3}{2}}}$; (2) $u_n\leqslant\dfrac{1}{2^n}$; (3) $u_n\geqslant\dfrac{1}{\sqrt{n}}$ $(n\geqslant 3)$; (4) $\dfrac{u_n}{\dfrac{1}{3^n}}\to 1$; (6) $n\to\infty$, $\sin\dfrac{\pi}{3^n}\sim\dfrac{\pi}{3^n}$;

(7) $(\ln n)^{\ln n}=\mathrm{e}^{\ln n\ln\ln n}=n^{\ln\ln n}>n^2$ (当 $\ln\ln n>2$ 时); (8) $n\to\infty$, $\tan\dfrac{1}{2^n}\sim\dfrac{1}{2^n}$;

(9) $\lim_{x\to 0}\dfrac{x-\ln(1+x)}{x^2}\xlongequal{\text{洛必达法则}}\dfrac{1}{2}$.

2. (1) 发散; (2) 发散; (3) 发散; (4) 收敛; (5) 收敛; (6) $0<x<\mathrm{e}$,收敛,$x\geqslant\mathrm{e}$ 发散.

提示 (6) $x=\mathrm{e}$ 时,$\lim_{n\to\infty}u_n\neq 0$.

3. (1) 收敛； (2) 收敛； (3) 收敛； (4) 收敛； (5) 发散； (6) $0<x<3$,收敛,$x\geq 3$ 发散.
4. (1) 收敛； (2) 收敛； (3) 收敛； (4) 发散； (5) $|x|<\frac{1}{\sqrt{2}}$,收敛,$|x|\geq\frac{1}{\sqrt{2}}$,发散；
   (6) $0<x\leq e$ 发散,$x>e$ 收敛.
   提示 (1) $u_n<\frac{3}{2^n}$； (2) $u_n\leq\frac{n}{3^n}$； (3) 比值判别法； (4) $v_n=\frac{1}{n+1}$,考虑 $\lim\limits_{n\to\infty}\frac{u_n}{v_n}$； (5) 根值判别法；
   (6) $x^{\ln n}=e^{\ln n\ln x}=n^{\ln x}$.
5. 提示 证明 $\sum\limits_{n=1}^{\infty}\frac{n^n}{(n!)^2}$ 收敛. 　　6. 收敛． 提示 $0<u_n=\dfrac{1}{\int_0^n\sqrt[4]{1+x^4}\,dx}\leq\dfrac{1}{\int_0^n x\,dx}=\dfrac{2}{n^2}$.

习 题 7.3

1. (1) 收敛； (2) 发散． 提示 (2) $u_n=e^{-\frac{1}{n+1}\ln\ln(n+1)}$,而 $\lim\limits_{x\to+\infty}\frac{\ln\ln x}{x}=0,\lim\limits_{n\to\infty}u_n=1$.
2. (1) 发散； (2) 条件收敛； (3) 条件收敛； (4) 绝对收敛； (5) 条件收敛； (6) 绝对收敛；
   (7) $|x|<e$,绝对收敛,$|x|\geq e$,发散； (8) 绝对收敛； (9) 绝对收敛.
   提示 (3) 当 $n\to\infty$ 时,$|u_n|$ 与 $\frac{1}{n}$ 是同阶无穷小； $\left|\frac{u_{n+1}}{u_n}\right|<1$,且 $\lim\limits_{n\to\infty}u_n=0$.
   (4) $|u_n|\leq\frac{1}{2^n}$； (5) 当 $n>e^2$ 时,$\frac{\ln n}{n}>\frac{2}{n}$；当 $x>e$ 时,$\frac{\ln x}{x}$ 单调减且 $\frac{\ln x}{x}\to 0(x\to\infty)$.
   (9) $0<\int_0^{\frac{1}{n}}\frac{\sqrt{x}}{1+x^2}\,dx<\int_0^{\frac{1}{n}}\sqrt{x}\,dx$.
3. 收敛,可能条件收敛,也可能绝对收敛：(1) 条件收敛；(2) 绝对收敛.

习 题 7.4

1. (1) $R=0,\{0\}$； (2) $R=+\infty,(-\infty,+\infty)$； (3) $R=\frac{1}{a},\left[-\frac{1}{a},\frac{1}{a}\right]$； (4) $R=2,[-2,2]$；
   (5) $R=1,0<a\leq 1$ 时,$(-1,1)$；$a>1$ 时,$[-1,1]$； (6) $R=\max(a,b),(-R,R)$；
   (7) $R=\sqrt{2},(-\sqrt{2},\sqrt{2})$； (8) $R=\frac{1}{\sqrt{2}},\left(-\frac{1}{\sqrt{2}},\frac{1}{\sqrt{2}}\right)$；
   (9) $R=\sqrt{2},[-\sqrt{2},\sqrt{2}]$.
2. (1) $(2-e,2+e)$； (2) $(0,+\infty)$. 提示 (2) 令 $t=\frac{1-x}{1+x}$.
3. (1) $-\ln(1-x),-1\leq x<1$； (2) $\frac{1-x^2}{(1+x^2)^2},-1<x<1$； (3) $x\arctan x,-1\leq x\leq 1$.
4. $\frac{2x}{(1-x)^3},-1<x<1,8$. 　　5. $\frac{1}{\sqrt{2}}\ln(1+\sqrt{2})$. 提示 $\sum\limits_{n=1}^{\infty}\frac{x^{2n}}{2n-1}$ 在 $x=\frac{1}{\sqrt{2}}$.

习 题 7.5

2. (1) $\sum\limits_{n=0}^{\infty}\frac{(\ln a)^n}{n!}x^n,(-\infty,+\infty)$； (2) $\ln a+\sum\limits_{n=1}^{\infty}\frac{(-1)^{n-1}}{n}\left(\frac{x}{a}\right)^n,(-a,a)$；
   (3) $\sum\limits_{n=1}^{\infty}\frac{(-1)^{n-1}2^n-1}{n}x^n,\left(-\frac{1}{2},\frac{1}{2}\right]$； (4) $\sum\limits_{n=0}^{\infty}\frac{(-1)^n}{(2n+1)!}\left(\frac{x}{2}\right)^{2n+1},(-\infty,+\infty)$；
   (5) $\frac{1}{3}\sum\limits_{n=0}^{\infty}\left[(-1)^n-\frac{1}{2^n}\right]x^n,(-1,1)$； (6) $\sum\limits_{n=0}^{\infty}\frac{(2n)!}{(2^n n!)^2}x^{2n+2},(-1,1)$；

(7) $2\left[1-\dfrac{x^3}{24}-\sum\limits_{n=2}^{\infty}\dfrac{2\cdot 5\cdot\cdots\cdot(3n-4)}{3^n\cdot n!}\left(\dfrac{x}{2}\right)^{3n}\right],[-2,2]$;

(8) $1+\sum\limits_{n=2}^{\infty}(-1)^{n-1}\dfrac{n-1}{n!}x^n,(-\infty,+\infty)$; (9) $\sum\limits_{n=0}^{\infty}\dfrac{(-1)^n}{(2n+1)!}\cdot\dfrac{x^{2n+1}}{2n+1},(-\infty,+\infty)$.

提示 (1) $f(x)=e^{x\ln a}$;   (2) $f(x)=\ln a+\ln\left(1+\dfrac{x}{a}\right)$;   (3) $f(x)=\ln(1+2x)+\ln(1-x)$;

(5) $f(x)=\dfrac{1}{3}\left(\dfrac{1}{x+1}+\dfrac{2}{x-2}\right)$;   (7) $f(x)=2\left[1-\left(\dfrac{x}{2}\right)^3\right]^{\frac{1}{3}}$.

3. (1) $e\cdot\sum\limits_{n=0}^{\infty}\dfrac{(x-1)^n}{n!},(-\infty,+\infty)$; (2) $\dfrac{\sqrt{2}}{2}\sum\limits_{n=0}^{\infty}(-1)^n\left[\dfrac{\left(x-\dfrac{\pi}{4}\right)^{2n}}{(2n)!}+\dfrac{\left(x-\dfrac{\pi}{4}\right)^{2n+1}}{(2n+1)!}\right],(-\infty,+\infty)$;

(3) $\sum\limits_{n=0}^{\infty}(-1)^n\dfrac{(x+2)^{2n}}{5^{n+1}},(-2-\sqrt{5},-2+\sqrt{5})$; (4) $\sum\limits_{n=0}^{\infty}\left(\dfrac{1}{2^{n+1}}-\dfrac{1}{3^{n+1}}\right)(x+1)^n,(-3,1)$.

提示 (1) $f(x)=e^{1+(x-1)}$; (2) $f(x)=\sin\left[\dfrac{\pi}{4}+\left(x-\dfrac{\pi}{4}\right)\right]=\dfrac{\sqrt{2}}{2}\left[\cos\left(x-\dfrac{\pi}{4}\right)+\sin\left(x-\dfrac{\pi}{4}\right)\right]$;

(3) $f(x)=\dfrac{1}{5+(x+2)^2}$; (4) $f(x)=\dfrac{1}{2-(x+1)}+\dfrac{1}{-3+(x+1)}$.

4. $f(x)=1+\sum\limits_{n=1}^{\infty}\dfrac{(-1)^n 2x^{2n}}{1-4n^2},[-1,1]$; $\dfrac{\pi}{4}-\dfrac{1}{2}$.

提示 因 $\arctan x=\sum\limits_{n=0}^{\infty}\dfrac{(-1)^n}{2n+1}x^{2n+1}$, 故 $f(x)=\dfrac{1+x^2}{x}\arctan x=1+\sum\limits_{n=1}^{\infty}\dfrac{(-1)^n 2}{1-4n^2}x^{2n}$; $\sum\limits_{n=1}^{\infty}\dfrac{(-1)^n}{1-4n^2}=\dfrac{1}{2}[f(1)-1]$.

5. (1) $-5040,0$; (2) $-\dfrac{101!}{50}$. **提示** 若 $f(x)=\sum\limits_{n=0}^{\infty}a_n x^n$, 则 $f^{(n)}(0)=a_n n!\ (n=0,1,2,\cdots)$.

总 习 题 七

1. (1) 1; (2) 0; (3) $0<a<1$; (4) -1; (5) $-\dfrac{1}{51}$; (6) $\dfrac{1}{2}\left(1-\dfrac{1}{e}\right)$; (7) $(1+x)\ln(1+x)-x$;
(8) $3e$.

提示 (1) $u_n=\dfrac{1}{n^2}-\dfrac{1}{(n+1)^2}$; (2) $\sum\limits_{n=1}^{\infty}\dfrac{(2n)!}{2^{n!}}$ 收敛;

(3) $\left|\dfrac{a^{(n+1)^2}}{a^{n^2}}\right|\to 0(n\to\infty)$; (4) 求收敛区间,$a+1=0$; (5) 用 $\sin x$ 的幂级数展开式;

(6) 用 e^{-x^2} 的幂级数展开式; (7) $S'(x)=\ln(1+x)$; (8) $\sum\limits_{n=0}^{\infty}\dfrac{1}{n!}=e$.

2. (1) (D); (2) (C); (3) (B); (4) (D); (5) (C); (6) (B); (7) (A); (8) (A).

提示 (2) $\sum\limits_{n=1}^{\infty}\dfrac{n!}{n^n}$ 收敛; (3) $\lim\limits_{n\to\infty}|(-1)^n a_n 2^n|=\lim\limits_{n\to\infty}\dfrac{|a_n|}{\dfrac{1}{2^n}}=0$;

(4) Ⅱ: $-u_n>0$, 且 $-v_n<-u_n$, $\sum\limits_{n=1}^{\infty}(-v_n)$ 收敛; Ⅲ: 由 $|v_n|<u_n$ 知 $u_n>0$, 当 $v_n>0,v_n<0$ 时, $\sum\limits_{n=1}^{\infty}v_n$ 收敛.

(6) 由 $\sum_{n=1}^{\infty} a_n(-2)^n$ 收敛知 $\sum_{n=1}^{\infty} a_n t^n (t=x-1)$ 在 $|t|<2$ 时绝对收敛. (7) 只考查区间端点.

3. (1) 1. 提示 (1) $a_n + a_{n+2} = \dfrac{1}{n+1}$; (2) $a_n < \int_0^1 t^n dt = \dfrac{1}{n+1}, \dfrac{a_n}{n^\lambda} < \dfrac{1}{n^\lambda(n+1)} < \dfrac{1}{n^{\lambda+1}}$.

4. 提示 (1) 记 $\sigma_n = \sum_{k=1}^{n} u_{2k-1}, S_{2n-1} = \sum_{k=1}^{2n-1} u_k, S = \sum_{n=1}^{\infty} u_n$, 则 $\sigma_n < S_{2n-1} < S$;

(5) $u_n + u_{n+1} > \sqrt{u_n \cdot u_{n+1}}$; (6) $\dfrac{\sqrt{u_n}}{n} < \dfrac{1}{2}\left(\dfrac{1}{n^2} + u_n\right)$.

5. 收敛. 提示 令 $\lim_{n \to \infty} a_n = a$, 则必有 $a > 0$.

6. 提示 可推出 $\sum_{n=1}^{\infty} (-1)^{n+1} \dfrac{1}{u_n}, \sum_{n=1}^{\infty} (-1)^{n+1} \dfrac{1}{u_{n+1}}$ 均收敛, 而 $\sum_{n=1}^{\infty} \dfrac{1}{u_n}, \sum_{n=1}^{\infty} \dfrac{1}{u_{n+1}}$ 均发散.

7. $R=5$. **8.** $S(x) = 1 - \dfrac{1}{2}\ln(1+x^2)$, 极大值 $S(0) = 1$.

9. $f(x) = \dfrac{\pi}{4} + \sum_{n=0}^{\infty} \dfrac{(-1)^n}{2n+1} x^{2n+1}, [-1,1]; f^{(101)}(0) = 100!$. 提示 $f(x) - f(0) = \int_0^x f'(x) dx, f(0) = \dfrac{\pi}{4}$.

10. $F(x) = 1 - \sum_{n=1}^{\infty} \dfrac{x^2}{n^2}, x \in [-1,1]$. 提示 $x=0$ 是 $f(x) = \dfrac{\ln(1-x)}{x}$ 的可去间断点, $f(x)$ 在 $[-1,1]$ 内任何闭区间上可积.

习 题 8.1

1. (1) 通解; (2) 特解; (3) 通解; (4) 特解.

2. $y = x^2$. **3.** $y = \dfrac{1}{2}(e^x + e^{-x}) - x^3 - 6x$. **5.** $y = \dfrac{1}{a}\sin ax + 2$.

习 题 8.2

1. (1) $y = \tan(\ln Cx)$; (2) $x^2(1+y^2) = C$;

(3) $\sqrt{1+x^2} + \sqrt{1+y^2} = C$; (4) $a^x + a^{-y} = C$;

(5) $y = (1 + Cy + \ln y)\cos x$; (6) $y = \sin[C + \ln(1+x^2)]$;

(7) $y = \sin x$; (8) $y = 1$;

(9) $y = \sqrt{1 + \ln\left[\dfrac{1}{2}(1+e^x)\right]^2}$; (10) $y = \arcsin\left(\dfrac{\sqrt{3}}{2} + \dfrac{1}{x}\right) + 5\pi$.

2. (1) $b(ax+by+c) + a = Ce^{bx}$; (2) $x + y = a\tan\left(C + \dfrac{y}{a}\right)$.

提示 (1) 令 $u = ax+by+c$; (2) 视 x 为 y 的函数, 令 $u = x+y$.

3. $y = e^x - 3$. **4.** $s = 25 \times 2^{\frac{t}{5}}$.

5. (1) $\tan\dfrac{y}{x} = \ln Cx$; (2) $y = x(C - \ln x)$; (3) $y = xe^{1+Cx}$;

(4) $y^3 + x^3 = Cx^2$; (5) $y = 2x\tan\left(\ln x^2 + \dfrac{\pi}{4}\right)$; (6) $y^2 = x^2 \ln x^2$.

6. $y = \dfrac{1}{2}\left(Cx^{1-k} - \dfrac{x^{1+k}}{C}\right)$. 提示 先写出切线方程: $Y - y = y'(X - x)$, 其中 X, Y 是切线上动点的坐标. 有 $y - xy' = k\sqrt{x^2+y^2}$.

7. (1) $y = (x+C)e^{-x}$; (2) $y = 2 + Ce^{-x^2}$; (3) $y = (x^2+C)e^{x^2}$;

(4) $y=x^2(\sin x+C)$;　　(5) $y=\dfrac{\sin x}{\cos^2 x}$;　　(6) $y=2\ln x-x+2$;

(7) $y=2^{\sin x}$;　　(8) $y=\dfrac{\sin x}{x}$;　　(9) $y=\dfrac{1}{2\sqrt{x}}-1$.

8. (1) $x=Ce^{\sin y}-2(1+\sin y)$;　　(2) $x=(C+y)e^{-\frac{1}{2}y^2}$.　提示　视 x 为 y 的函数.

9. (2) $\alpha+\beta=1$.　　12. $y=C\sqrt{x}-x$.　提示　$y-xy'=\dfrac{1}{2}(x+y)$.

13. (1) $y=(1+Ce^{x^2})^{-1}$;　　(2) $y=\dfrac{e^{-x^2}}{C-x}$.

习 题 8.3

1. (1) $-\sin x+\cos x+C_1 x+C_2$;　　(2) $x\arctan x-\dfrac{1}{2}\ln(1+x^2)+C_1 x+C_2$;　　(3) $C_1\ln x+C_2$;

   (4) $\dfrac{1}{4}x^4-\dfrac{1}{2}x^2+\dfrac{C_1}{3}x^3+C_2$;　　(5) $C_2 e^{C_1 x}$;　　(6) $\cos^2(x+C_1)+C_2$.

2. (1) x^3+3x+1;　　(2) $\ln x+\dfrac{1}{2}\ln^2 x$;　　(3) $\left(1+\dfrac{1}{3}x\right)^3$;　　(4) $\dfrac{1}{1-x}$.

习 题 8.4

1. (3),(6)线性相关;其余线性无关.

2. (1) $2y''-3y'-5y=0$;　　(2) $y''-6y'+13y=0$;

   (3) $y''-4y'=0$;　　(4) $y''-4y=0$.

3. (1) $y''+y'-6y=0$, $y_C=C_1 e^{2x}+C_2 e^{-3x}$;　　(2) $y''+10y'+25y=0$, $y_C=(C_1+C_2 x)e^{-5x}$.

   (3) $y''+y=0$, $y_C=C_1\cos x+C_2\sin x$;　　(4) $y''-y'=0$, $y_C=C_1+C_2 e^x$.

4. (1) $y''=0$;　　(2) $y''-y=0$;　　(3) $y''-4y'+4y=0$;　　(4) $y''-4y'+5y=0$.

5. (1) $y=C_1 e^x+C_2 e^{-2x}$;　　(2) $y=(C_1+C_2 x)e^{6x}$;　　(3) $y=e^x\left(C_1\cos\dfrac{1}{2}x+C_2\sin\dfrac{1}{2}x\right)$;

   (4) 当 $a=0$ 时, $y=C_1+C_2 x$; 当 $a>0$ 时, $y=C_1\cos\sqrt{a}\,x+C_2\sin\sqrt{a}\,x$;

   　　当 $a<0$ 时, $y=C_1 e^{-\sqrt{-a}\,x}+C_2 e^{\sqrt{-a}\,x}$.

   (5) $y=e^{-\frac{1}{2}x}\left(2\cos\dfrac{\sqrt{3}}{2}x+2\sqrt{3}\sin\dfrac{\sqrt{3}}{2}x\right)$;　　(6) $y=xe^{5x}$;

   (7) $y=(1+3x)e^{-2x}$;　　(8) $y=-\dfrac{1}{3}e^x\cos 3x$.

6. (1) $y=x(ax^2+bx+c)$;　　(2) $y=e^{-x}x^2(ax+b)$;

   (3) $y=e^x(ax^2+bx+c)$;　　(4) $y=x(a\cos x+b\sin x)$;

   (5) $y=e^{-x}(a\cos x+b\sin x)$;　　(6) $y=xe^{-x}(a\cos x+b\sin x)$.

7. (1) $y=x(ax^2+bx+c)$;　　(2) $y=x^2 e^{4x}(ax+b)$;

   (3) $y=e^{2x}(a\cos 2x+b\sin 2x)$;　　(4) $y=xe^{2x}(a\cos 2x+b\sin 2x)$.

8. (1) $y=-\dfrac{1}{2}(x^2+x)-\dfrac{3}{4}$;　　(2) $y=-\dfrac{1}{2}(x^2+2x)e^{-x}$;

   (3) $y=-\dfrac{1}{2}\sin x$;　　(4) $y=-\dfrac{1}{4}xe^x\cos 2x$.

9. (1) $y=C_1\cos 3x+C_2\sin 3x+1$;　　(2) $y=C_1+C_2 e^{-8x}+\dfrac{1}{2}x^2-\dfrac{1}{8}x$;

(3) $y = C_1 e^{-3x} + C_2 e^{-x} - \dfrac{9}{2} x e^{-3x}$;

(4) $y = e^{-\frac{x}{2}} \left(C_1 \cos \dfrac{\sqrt{3}}{2} x + C_2 \sin \dfrac{\sqrt{3}}{2} x \right) + \dfrac{1}{3} e^x \left(x^2 - x + \dfrac{1}{3} \right)$;

(5) $y = (C_1 + C_2 x) e^{-3x} + \sin x$;   (6) $y = C_1 \cos 2x + C_2 \sin 2x - 2x \cos 2x$;

(7) $y = e^{-x}(C_1 \cos 2x + C_2 \sin 2x) + \dfrac{1}{4} x e^{-x} \sin 2x$;   (8) $y = e^{2x}(C_1 \cos x + C_2 \sin x - \dfrac{1}{2} x \cos x + x \sin x)$;

(9) $y = e^{2x} - e^{3x} + x e^{-x}$;   (10) $y = \cos 2x + \dfrac{1}{3}(\sin 2x + \sin x)$;

(11) $y = 2 + \dfrac{1}{5} e^{-x}(\cos x - \sin x)$.

10. (1) $y = C_1 + C_2 e^{-x} + C_3 e^{3x}$;   (2) $y = e^{-x}(C_1 + C_2 x) + e^{-x}(C_3 \cos 2x + C_4 \sin 2x)$;

(3) $y = C_1 + (C_2 + C_3 x) e^x + \dfrac{1}{2} x^2 e^x$;   (4) $y = (C_1 + C_2 x) e^{-x} + C_3 \cos x + C_4 \sin x - \dfrac{1}{8} x \cos x$.

习 题 8.5

1. $Q = 100 - 4P$.   2. 6096.89 万.

3. (1) $\dfrac{dW}{dt} = 0.05W - 200$;   (2) $W(t) = 4000 + (W_0 - 4000) e^{0.05t}$;

(3) $W_0 = 3000$ 时, $W = 4000 - 1000 e^{0.05t}$, 当 $t = 27.7$ 时, $W = 0$, 说明第 28 年净资产为负值; $W_0 = 4000$ 时, $W = 4000$, 净资产长期稳定不变; $W_0 = 5000$ 时, $W = 4000 + 1000 e^{0.05t}$, 净资产将以指数形式增加.

4. $P = 1296$ 元.   5. $\dfrac{dQ}{dt} = kQ(N - Q) \quad (k > 0), \quad Q(t) = \dfrac{N}{1 + C e^{-Nkt}}$.

6. $y(t) = \dfrac{1000 \cdot 3^{\frac{t}{3}}}{9 + 3^{\frac{t}{3}}}$; $y(t) = 500$ 条.   7. $E^2 = V^2 + 8V$.   8. $C(t) = \dfrac{a}{t} + \dfrac{C_0 t_0 - a}{t_0^b} t^{b-1}$.

9. $C(Q) = \dfrac{ab - k}{a^2}(1 - e^{-aQ}) - \dfrac{k}{a} Q$.   10. (1) $Y(t) = Y_0 e^{\mu t}$, $D(t) = D_0 + \dfrac{k}{\rho}(e^{\mu t} - 1)$;   (2) $\dfrac{k}{Y_0 \rho}$.

11. $S(t) = S_0 e^{-\lambda t}$, $C(t) = C_0 + \beta t + \dfrac{\alpha}{\lambda S_0}(e^{\lambda t} - 1)$.   提示 由第二个方程先解出 $S(t)$.

12. (1) $Y(t) = (Y_0 - Y_e) e^{\mu t} + Y_e$, $I(t) = (1 - b)(Y_0 - Y_e) e^{\mu t}$, 其中 $\mu = \dfrac{1-b}{kb}$, $Y_e = \dfrac{a}{1-b}$;   (2) $\dfrac{1}{1-b}$.

总 习 题 八

1. (1) $y = x(\ln x - 1) + C$;   (2) $e^{2x} \ln 2$;   (3) $p(x) = -2 \cot 2x$, $q(x) = 0$;   (4) C.

2. (1) (B);   (2) (B);   (3) (A);   (4) (C).

3. $y = \begin{cases} \dfrac{(x+C)^2}{4}, & y > 0, \\ -\dfrac{(C-x)^2}{4}, & y < 0. \end{cases}$ 4. $\varphi(x) = -\dfrac{1}{2x^3}$.

5. (1) $y = f(x) - 1 + C e^{-f(x)}$;   (2) $f(y) = e^{-\int P(x) dx} \left[\int Q(x) e^{\int P(x) dx} dx + C \right]$.

提示 (2) 方程为 $\dfrac{df(y)}{dx} + P(x) f(y) = Q(x)$.

6. $y = \begin{cases} 1 + C_1 e^{-\frac{x^2}{2}}, & 0 \leqslant x \leqslant 1, \\ C_2 e^{-\frac{x^2}{2}}, & x > 1; \end{cases}$ $y = \begin{cases} 1 - e^{-\frac{x^2}{2}}, & 0 \leqslant x \leqslant 1, \\ (e^{\frac{1}{2}} - 1) e^{-\frac{x^2}{2}}, & x > 1. \end{cases}$

提示 由 $y|_{x=0}=0$ 得 $C_1=-1$；由 y 在 $x=1$ 处连续确定 C_2．

7. (1) $\sin y=x+C\mathrm{e}^{-x}$；　(2) $\ln y=(x+C)\mathrm{e}^x$．　**提示** (1) 令 $z=\sin y$；(2) 令 $z=\ln y$．

8. (1) $2-(2+a^2)\mathrm{e}^{\frac{1}{2}(x^2-a^2)}$；　(2) $Cx^{\frac{1-n}{n}}$．　**提示** 令 $u=xt$．

9. $\lambda=1$ 时，$y=C_1\cos x+C_2\sin x-\frac{1}{2}x\cos x$，$\lambda\neq 1$ 时，$y=C_1\cos\lambda x+C_2\sin\lambda x+\frac{1}{\lambda^2-1}\sin x$．

10. $\lambda=5$ 时，$y^*=-\frac{1}{4}x\mathrm{e}^x\cos 2x$，$\lambda\neq 5$ 时，$y^*=\frac{1}{\lambda-5}\mathrm{e}^x\sin 2x$．

习　题　9.1

1. (1) 0；　(2) $4\cdot 3^t$；　(3) 4；　(4) $\ln\frac{(4+t)(2+t)^3}{(3+t)^3(1+t)}$．

2. (1) $y_{t+1}-3y_t-5=0$，一阶；　(2) $y_{t+2}-5y_{t+1}+y_t-t=0$，二阶；
   (3) $y_{t+3}-5y_{t+2}+7y_{t+1}-6y_t=-2(t+1)$，三阶；　(4) $y_{t+3}-3y_{t+2}+3y_{t+1}+2=0$，二阶．

3. (1) $\Delta y_t+2y_t-3=0$；　(2) $\Delta^2 y_t-3\Delta y_t-3y_t-2=0$．

4. (3) $y_t=\frac{4}{4t-1}$；　(4) $y_t=\left(\frac{3}{4}-\frac{9}{10}t\right)5^t+\frac{1}{4}3^t$．　5. 2．

习　题　9.2

1. (1) $C+2t+t^2$；　(2) $C\left(\frac{1}{2}\right)^t+8-4t+t^2$；　(3) $C(-2)^t+\frac{3}{4}2^t$；　(4) $C+3^t\left(\frac{1}{2}t-\frac{1}{4}\right)+\frac{1}{3}t$；
   (5) $C3^t-\frac{1}{10}\cos\frac{\pi}{2}t-\frac{3}{10}\sin\frac{\pi}{2}t$；　(6) $C(-2)^t-2^{t-1}t\cos\pi t$．

2. (1) $(-1)^t+3t^2-3t+20$；　(2) $\frac{44}{51}\left(-\frac{2}{7}\right)^t+\frac{1}{51}7^{t+1}$；
   (3) $(-4)^t+\sin\pi t$；　(4) $\frac{5}{9}(-2)^t+\frac{2}{3}t-\frac{5}{9}+\frac{1}{\mathrm{e}+2}\mathrm{e}^t$．

3. $\begin{cases} Ca^t+\frac{1}{\mathrm{e}^b-a}\mathrm{e}^{bt}, & \mathrm{e}^b\neq a, \\ Ca^t+t\mathrm{e}^{b(t-1)}, & \mathrm{e}^b=a. \end{cases}$　**提示**　$f(t)=(\mathrm{e}^b)^t P_0(t)$．

4. $y_t=C(-a)^t+\frac{b}{1+a}$．　**提示**　将 $y_t=z_t+\frac{b}{1+a}$ 代入已知方程得 $z_{t+1}+az_t=0$．　5. $C(-1)^t+\frac{1}{3}\cdot 2^t$．

6. (1) $C_1(-2)^t+C_2 3^t$；　(2) $(C_1+C_2 t)3^t$；　(3) $C_1\cos\frac{\pi}{3}t+C_2\sin\frac{\pi}{3}t$；
   (4) $-\frac{1}{2}[1+(-3)^t]$；　(5) $\left(-\frac{1}{2}\right)^t(3+t)$；　(6) $4^t\left(\cos\frac{\pi}{3}t+\sin\frac{\pi}{3}t\right)$．

7. (1) $(\sqrt{3})^t\left(C_1\cos\frac{\pi}{6}t+C_2\sin\frac{\pi}{6}t\right)+5$；　(2) $C_1+C_2 2^t-22t-2t^2$；
   (3) $(C_1+C_2 t)3^t+\frac{1}{18}t^2 3^t$；　(4) $C_1(-1)^t+C_2\left(\frac{2}{3}\right)^t-(t^2-t+2)\left(\frac{1}{3}\right)^t$；
   (5) $C_1+C_2\left(-\frac{1}{3}\right)^t+\cos\frac{\pi}{2}t-2\sin\frac{\pi}{2}t$；
   (6) $(\sqrt{5})^t(C_1\cos\omega t+C_2\sin\omega t)+0.1\cos\pi t$，$\omega=\arctan\frac{1}{2}$．

8. (1) $2^t\left(-\frac{1}{3}\cos\frac{\pi}{3}t+\frac{1}{3\sqrt{3}}\sin\frac{\pi}{3}t\right)+\frac{1}{3}(1+2t)$；　(2) $\left(\frac{3}{4}-\frac{9}{10}t\right)5^t+\frac{1}{4}3^t$．

9. (1) $C_1+C_2(-2)^t+C_3(-1)^t+\frac{23}{18}t-\frac{5}{12}t^2$；　(2) $(C_1+C_2 t)(-2)^t+C_3 3^t-2^{t-4}$；
   (3) $C_1 2^t+(\sqrt{5})^t(C_2\cos\omega t+C_3\sin\omega t)-\frac{1}{10}t^2$，$\omega=\arctan 2$；

(4) $(\sqrt{2})^t\left[(C_1+C_2t)\cos\dfrac{\pi}{2}t+(C_3+C_4t)\sin\dfrac{\pi}{2}t\right]+2.$

习 题 9.3

1. $A_t=A_0(1+r)^t, t=0,1,2,\cdots. A_5=127.63$ 万元. 提示 $A_{t+1}=A_t+rA_t.$

2. 679.34 万元. 提示 $y_{t+1}=y_t+y_t\cdot 0.06-P.$

3. $C_{t+1}=(1+0.1)C_t+1$(单位：百万元)；$C_0=20\times 10^6$ 元时，$C_3=29.93\times 10^6$ 元.

4. (1) $P_t=C_1(-0.5)^t+15$, 稳定； (2) $13.5, 15.75, 14.625, 15.$

   提示 (1) 由 $Q_{dt}=Q_{st}$ 得 $P_t+\dfrac{1}{2}P_{t-1}=\dfrac{45}{2}.$

5. $P_t=(P_0-3)(-1.4)^t+3$, 不收敛. 提示 将 Q_{dt}, Q_{st} 代入 P_{t+1} 中，得 $P_{t+1}+1.4P_t=7.2$, 并由 P_0 确定任意常数 C.

6. $Y_t=(Y_0-\overline{Y})\alpha^t+\overline{Y}, \overline{Y}=\dfrac{I+\beta}{1-\alpha}; C_t=(Y_0-\overline{Y})\alpha^t+\dfrac{\alpha I+\beta}{1-\alpha}.$ 提示 由 $Y_t-\alpha Y_{t-1}=I+\beta$ 及 $C_t-\alpha C_t=\alpha I+\beta$ 解得通解 Y_t, C_t, 并由 Y_0 及 $C_0=Y_0-I$ 确定任意常数.

总 习 题 九

1. (1) $99+98+\cdots+1=4950$；
   (2) $y_t=4t^3-3t^2, y_C(t)=C(4t^3-3t^2), y(t)=C(4t^3-3t^2)+3t^2$ 或 $y(t)=C(4t^3-3t^2)+4t^3$；
   (3) $3^t(A\cos\pi t+B\sin\pi t)$； (4) $C_1\cos\dfrac{\pi}{2}t+C_2\sin\dfrac{\pi}{2}t+t\left(A\cos\dfrac{\pi}{2}t+B\sin\dfrac{\pi}{2}t\right).$

2. (1) (D)； (2) (C)； (3) (A)； (4) (B). 3. 提示 用差分的定义.

4. 提示 等式两端均为 $f(x+2h)-2f(x+h)+f(x).$ 5. $\dfrac{C(-2)^t}{t^2}+\dfrac{\mathrm{e}^t}{(\mathrm{e}+2)t^2}.$ 提示 设 $z_t=t^2y_t.$

6. (2) 通解 $y_t=\begin{cases}\left[C\left(\dfrac{a}{c}\right)^t+\dfrac{b}{c-a}\right]^{-1}, & a\neq c, \\ \left[C+\dfrac{b}{c}t\right]^{-1}, & a=c.\end{cases}$ (C 是任意常数)，

   特解 $y_t^*=\begin{cases}\left[\left(\dfrac{1}{y_0}-\dfrac{b}{c-a}\right)\left(\dfrac{a}{c}\right)^t+\dfrac{b}{c-a}\right]^{-1}, & a\neq c, \\ \left[\dfrac{1}{y_0}+\dfrac{b}{c}t\right]^{-1}, & a=c.\end{cases}$

   (3) $y_t^*=\left[\left(\dfrac{1}{2}\right)^{t+1}+\dfrac{3}{2}\right]^{-1}$, 当 $t\to+\infty$ 时，$y_t^*\to\dfrac{2}{3}.$

   提示 (1) 用数学归纳法.

7. $(t+1)\left[C_1+C_2(-3)^t+\dfrac{1}{6}3^t\right].$ 提示 令 $z_t=\dfrac{y_t}{t+1}.$

8. $\begin{cases}C_1+C_2(-1)^t+\dfrac{1}{2}t\sin\theta t, & \theta=k\pi, \\ C_1+C_2(-1)^t-\dfrac{1}{2\sin\theta}\cos\theta(t-1), & \theta\neq k\pi,\end{cases}$ $k=0,\pm 1,\pm 2,\cdots.$

9. $\begin{cases}C_1+C_2t+\dfrac{1}{2}t^2, & \cos\alpha-1=0, \\ (C_1+C_2t)(-1)^t+\dfrac{1}{4}, & \cos\alpha+1=0, \\ C_1\cos\alpha t+C_2\sin\alpha t+\dfrac{1}{2(1-\cos\alpha)}, & \cos^2\alpha-1\neq 0.\end{cases}$

参 考 文 献

[1] 刘书田. 微积分. 北京：北京工业大学出版社，1995.
[2] 华东师范大学数学系. 数学分析. 第三版. 北京：高等教育出版社，2001.
[3] 〔美〕休斯-哈雷特 D 等. 微积分. 胡乃囧等译. 北京：高等教育出版社，1997.
[4] 〔英〕格拉斯. 经济数学方法入门. 潘天敏等译. 郑州：河南科学技术出版社，1984.

名词术语索引

A

凹	§3.5

B

B 函数	§5.5
被积函数	§4.1
被积表达式	§4.1
比较判别法	§5.5
闭区域	§6.2
比值判别法	§7.2
边际	§2.6
边界	§6.2
变上限的定积分	§5.2
伯努利方程	§8.2
不定积分	§4.1

C

差分	§9.1
差分方程	§9.1
差分方程的阶数	§9.1
差分方程的特解	§9.1
差分方程的通解	§9.1
常数变易法	§8.2
常微分方程	§8.1
成本函数	§2.4
初等函数	§1.1
初值条件	§8.1
垂直渐近线	§1.3

D

单侧极限	§1.3
单调减少	§2.1
单调增加	§2.1
导数	§2.1
等比级数	§7.2
定积分	§5.1
对数求导法	§2.4
多元函数	§6.2

E

n 阶导数	§1.5
二重积分	§6.9
二阶差分	§9.1
二阶导数	§2.3
二阶微分方程	§8.1
二元函数	§6.2

F

反常积分	§5.4
反函数	§1.1
分部积分法	§4.3
分段函数	§1.1
符号函数	§1.1
复合函数	§1.1
复利	§1.4
赋值法	§4.4

G

Γ 函数	§5.5
高阶导数	§2.3
高阶偏导数	§6.3
高阶微分方程	§8.1
根值判别法	§7.2
供给函数	§2.6
供给价格弹性	§2.6

拐点	§3.5		**L**	
H			拉格朗日中值定理	§3.1
函数	§1.1		拉格朗日函数	§6.7
函数项级数	§7.4		拉格朗日乘数	§6.7
和函数	§7.4		莱布尼茨定理	§7.3
换元积分法	§3.4		莱布尼茨公式	§2.4
J			利润函数	§2.4
			连续	§1.6
积分变量	§4.1		邻域	§1.1
积分号	§4.1		零点定理	§1.7
积分区间	§5.1		洛必达法则	§3.7
积分区域	§6.9		罗尔定理	§3.1
积分上限	§5.1		**M**	
积分下限	§5.1			
积分中值定理	§5.1		麦克劳林公式	§3.8
极限	§1.1		麦克劳林级数	§7.5
级数	§7.1		幂级数	§7.4
极值	§3.2		**N**	
极值点	§3.2			
价格函数	§2.6		内点	§6.2
间断点	§1.6		牛顿-莱布尼茨公式	§5.2
交错级数	§7.3		**P**	
解的叠加原理	§8.4			
介值定理	§1.7		p级数	§7.2
经济批量公式	§3.4		佩亚诺型余项	§3.8
绝对收敛	§5.5		偏导数	§6.3
绝对值	§1.1		偏改变量	§6.3
均衡价格	§2.6		**Q**	
均衡数量	§2.6			
K			齐次微分方程	§8.2
			曲边梯形	§5.1
开集	§6.2		曲顶柱体	§6.9
开区域	§6.2		全改变量	§6.4
可分离变量的微分方程	§8.2		全导数	§6.5
柯西判别法	§5.5		全微分	§6.4
柯西中值定理	§3.1		全微分形式的不变性	§6.5
空间直角坐标系	§6.1		区间	§1.1

取整函数	§ 1.1	无穷大	§ 1.3

S

实数集	§ 1.1	瑕点	§ 5.4
收敛半径	§ 7.4	下凹(上凸)	§ 2.6
收敛区间	§ 7.4	斜渐近线	§ 1.4
收敛数列	§ 1.2	需求函数	§ 2.6
收益函数	§ 2.4	需求价格偏弹性	§ 6.8
数列	§ 1.2	需求价格弹性	§ 2.6
双曲抛物面	§ 6.1		
水平渐近线	§ 1.3		

Y

		一阶差分	§ 9.1

T

		一阶线性非齐次微分方程	§ 8.2
泰勒多项式	§ 3.8	一阶线性齐次微分方程	§ 8.2
泰勒公式	§ 3.8	一阶线性微分方程	§ 8.2
泰勒级数	§ 7.5	一阶微分方程	§ 8.1
泰勒中值定理	§ 3.8	一阶微分形式的不变性	§ 2.5
弹性	§ 2.6	隐函数	§ 2.4
特征方程	§ 8.4	隐函数存在定理	§ 6.6
特征根	§ 8.4	有界变量	§ 1.3
调和级数	§ 7.1	有界区域	§ 6.2
条件极值	§ 6.7	右极限	§ 1.2
条件收敛	§ 7.3	右连续	§ 1.6
贴现	§ 1.4	原函数	§ 4.1
凸	§ 3.5		

Z

		增长率	§ 2.6

W

微分	§ 2.5	正项级数	§ 7.2
微分方程	§ 8.1	驻点	§ 2.2
微分方程的阶	§ 8.1	总成本函数	§ 2.6
微分方程的解	§ 8.1	总收益函数	§ 2.6
微分方程的特解	§ 8.1	最大值	§ 1.7
微分方程的通解	§ 8.1	最小二乘法	§ 6.7
微积分基本定理	§ 5.2	最小值	§ 1.7
微元法	§ 5.6	左极限	§ 1.2
无界区域	§ 6.2	左连续	§ 1.6
无穷小	§ 1.3		